Buddecke · Fischer
Pathophysiologie · Pathobiochemie · Klinische Chemie

Eckhart Buddecke · Michael Fischer

Pathophysiologie
Pathobiochemie
Klinische Chemie

für Studierende der Medizin und Ärzte

W DE G

Walter de Gruyter · Berlin · New York 1992

Professor Dr. med. Eckhart Buddecke
Institut für Physiologische Chemie und Pathobiochemie an der Universität Münster

Dr. med. Michael Fischer
Institut für Medizinische und Pharmazeutische Prüfungsfragen (IMPP), Mainz

Das Buch enthält 97 Abbildungen und 84 Tabellen.

∞ Gedruckt auf säurefreiem Papier, das die US-ANSI-Norm über Haltbarkeit erfüllt.

Die Deutsche Bibliothek – CIP-Einheitsaufnahme

Buddecke, Eckhart:
Pathophysiologie, Pathobiochemie, klinische Chemie : für Studierende der Medizin und Ärzte / Eckhart Buddecke ; Michael Fischer. – Berlin ; New York : de Gruyter, 1992
ISBN 3-11-012844-6
NE: Fischer, Michael:

Printed in Germany
Satz und Druck: Arthur Collignon GmbH, Berlin
Buchbinderische Verarbeitung: Lüderitz & Bauer GmbH, Berlin

Vorwort

Die Fortschritte der Physiologie und Biochemie haben die naturwissenschaftlichen Grundlagen der Medizin erweitert und gefestigt. Nachdem die Lebensvorgänge in zunehmendem Maße als physikalische Gesetzmäßigkeiten und definierte chemische Reaktionen oder biochemische Funktionsabläufe erkannt werden, lassen sich auch Erkrankungen als distinkte Störungen physiologischer Reaktionsabläufe oder als pathobiochemische Prozesse (Molekularkrankheiten) beschreiben. Dabei hat das zunehmende Spektrum physikalischer, chemischer, molekularbiologischer und radio-bzw.immunchemischer Analysenverfahren die Möglichkeit einer quantitativen Bestimmung der für die Medizin relevanten klinisch-chemischen Kenngrößen entscheidend verbessert.

Die vorliegende Einführung in die Pathophysiologie, Pathobiochemie und Klinische Chemie beschreibt genetische und erworbene Störungen physikalischer, biochemischer und zellbiologischer Reaktionen oder Strukturdefekte der Bausteine des menschlichen Organismus soweit sie sich als Symptome mit Krankheitswert manifestieren und zeigt, welche Methoden der Klinischen Chemie und Physiologie zur Erkennung, Verlaufskontrolle, Behandlung und Prävention von Erkrankungen eingesetzt werden können. Ebenso wird dargestellt, welche diagnostische Validität Laborresultate besitzen, welchen Einflußgrößen und Störfaktoren sie unterliegen, welche Beziehung zu Referenzbereichen besteht und wie ein klinisch-chemischer Befund oder Ergebnisse physikalischer Meßverfahren zu interpretieren sind.

Das Verständnis von Pathophysiologie, Pathobiochemie und Klinischer Chemie setzt ein Basiswissen der Physiologie und Biochemie voraus, die Lerninhalte des vorklinischen Studiums sind. Diese Tatsache gestattet einen Verzicht auf die Repetition physiologischer und biochemischer Grundlagen und macht – bei bewußtem Verzicht auf Vollständigkeit – die Begrenzung des dargestellten Lehrinhalts auf einen angemessenen Umfang möglich. Eine detaillierte Kenntnis einzelner Labormethoden wurde nicht angestrebt, bedeutsamer erscheint ein Verständnis des methodischen Prinzips und ihr erkenntnistheoretischer Wert.

Eine synoptische Behandlung der Pathophysiologie, Pathobiochemie und Klinische Chemie wird der klinischen Medizin bessere theoretische Grundlagen liefern und fördert die kritische Bewertung klinisch-chemischer Befunde und physikalischer Meßverfahren. Bei der Auswahl des Stoffes wurde daher die revidierte und neu gegliederte Fassung des **Gegenstandskatalogs 2** (GK 2) für den ersten Abschnitt der ärztlichen Prüfung eingehend berücksichtigt, in dem

Pathophysiologie, Pathobiochemie und Klinische Chemie als integrierte Lernziele dargestellt sind. Das Lehrbuch umfaßt das ärztliche Basiswissen und erlaubt eine gezielte Vorbereitung auf die ärztlichen Prüfungen.

Fachkollegen und Mitarbeiter haben das Buch durch zahlreiche Anregungen und kritische Hinweise unterstützt, dem Verlag Walter de Gruyter danken die Autoren für die verständnisvolle Zusammenarbeit.

Münster/Mainz, Juli 1992 E. Buddecke/M. Fischer

Inhaltsverzeichnis

C. Stoffe und Stoffwechsel

D. Stoffwechselregulation

E. Zellen, Organe und funktionelle Systeme

F. Bestimmung von Pharmakakonzentrationen im Plasma (Drug Monitoring) und klinisch-toxikologische Analytik

Nomenklatur

Abkürzungen. Die internationale Union für reine und angewandte Chemie (IUPAC = International Union for Pure and Applied Chemistry) und die internationale Union für Biochemie (IUB) haben ab 1965 Regeln für die Verwendung von Abkürzungen und Symbolen chemischer Namen herausgegeben, die in der Biochemie von Interesse sind. Die in diesem Buch verwendeten Abkürzungen folgen den Regeln der IUPAC und IUB. In Anpassung an den allgemeinen Gebrauch wurde eine Reihe zusätzlicher Abkürzungen aufgenommen.

Ionisationszustand von Säuren und Basen. Bei der Darstellung organischer Säuren, saurer und basischer Gruppen mit chemischen Formeln wurde in der Regel der Ionisationszustand nicht berücksichtigt. Aus Gründen der Vereinfachung wurde jeweils der nicht ionisierte Zustand dargestellt.

Enzyme. Die gemeinsame Kommission der IUPAC und IUB hat 1984 Empfehlungen für die Nomenklatur und Klassifikation von Enzymen, Enzymeinheiten und Symbolen der Enzymkinetik veröffentlicht (Enzyme Nomenclature, Academic Press Inc., London, 1984). Nach diesen Empfehlungen erhält ein Enzym einen systematischen Namen und eine vierstellige Codenummer. Neben den systematischen Namen werden Trivialnamen angegeben, die wegen ihrer Kürze für den allgemeinen Gebrauch empfohlen und auch hier benutzt werden. Auch für die Nomenklatur und Systematik der multiplen Formen von Enzymen bzw. Isoenzymen liegen Empfehlungen der IUB vor.

SI-Einheiten. Für die Angabe von Normbereichen bzw. Resultaten klinisch-chemischer Untersuchungen wird das internationale System der Maßeinheiten (Système International d'Unités, SI-System) verwendet. Das SI-System ist von zahlreichen Staaten (u. a. Schweiz, Österreich und Bundesrepublik Deutschland) offiziell angenommen und z. T. gesetzlich vorgeschrieben (Bundesrepublik Deutschland: Gesetz über Einheiten im Meßwesen vom 2. 7. 1969 (Bundesgesetzblatt I, S. 709)). Das Gesetz schreibt den Gebrauch der SI-Einheiten bei der Übermittlung von Meßergebnissen für die Bundesrepublik Deutschland ab 1. 1. 1978 vor.

Reaktionsschemata und Tabellen

Reaktionsschemata. In Diagrammen oder schematischen Darstellungen chemischer Reaktionen bzw. Reaktionsfolgen werden verschiedene Typen von Reaktionspfeilen verwendet. Ist bei enzymkatalysierten Reaktionen das Enzym angegeben, steht es – eingerahmt – jeweils neben oder über dem (den) Reaktionspfeil(en). Reaktionspfeile und Symbole haben folgende Bedeutung:

⟶ Reaktionsrichtung einer chemischen Reaktion, schließt jedoch die Reversibilität nicht aus.

⇄ Reversible chemische Reaktion.

—···→ Reaktionsfolge, bei der ein (oder mehrere) Zwischenprodukt(e) nicht in die schematische Darstellung aufgenommen wurde(n).

------→ Stoffwechselnebenweg oder Reaktionen, die nur unter bestimmen, im Stoffwechsel meist nicht gegebenen Bedingungen reversibel sind.

Teilnahme eines Coenzyms oder Cosubstrats und/oder anderer Faktoren (in abgekürzter Schreibweise) an einer enzymkatalysierten Reaktion.

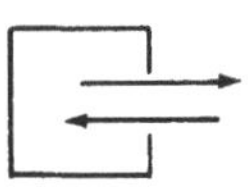
Materialaustausch von Zellen oder subzellulären Kompartimenten. Aufnahme und/oder Abgabe von Substraten oder Produkten des Stoffwechsels.

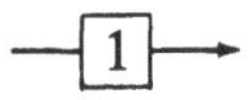
Stimulierte oder beeinflußte (in der Legende näher bezeichnete) Reaktion bzw. Reaktionsfolge.

Gehemmte bzw. unterbrochene (in der Legende näher bezeichnete) Reaktion bzw. Reaktionsfolge.

Rückkopplungs-(feed-back-)Hemmung einer Synthesekette durch ein End- oder Zwischenprodukt des Stoffwechsels.

Tabellen. Soll in Tabellen ohne Angabe von Zahlenwerten eine Zunahme oder Abnahme zum Ausdruck gebracht werden, so geben die Symbole jeweils die relative Veränderung gegenüber dem Referenzbereich an. Es werden folgende Symbole verwendet:

N	Referenzbereich, normal.
↑(↑↑)	Zunahme (starke Zunahme), Erhöhung, Vermehrung (Zunahme der Stoffmengen-, Massen- oder Anzahlkonzentration oder der Aktivität eines Enzyms).
↓(↓↓)	Abnahme (starke Abnahme), Erniedrigung, Verminderung (Abnahme der Stoffmengen-, Massen- oder Anzahlkonzentration oder der Aktivität eines Enzyms).
+	Positive Reaktion, Vorhandensein der angegebenen Komponente oder des Systems.
O(∅)	Keine Veränderung, fehlende oder negative Reaktion, Fehlen der angegebenen Komponente oder des Systems.

Tabelle der Abkürzungen

Bei den Abkürzungen für Enzyme ist der von der IUB empfohlene Trivialname sowie in Klammern der systematische Name und die Klassifikationsnummer angegeben. Hinter den Abkürzungen für Aminosäuren steht das Ein-Buchstaben-Symbol in Klammern

A	Adenosin
AAS	Atomabsorptionsspektrometrie
Acetyl-CoA	Acetyl-Coenzym A
AcG	Akzeleratorglobulin
ACTH	Adrenocorticotropin, adrenocorticotropes Hormon
ADH	Antidiuretisches Hormon (Adiuretin)
ADH	Alkoholdehydrogenase (Alkohol:NAD-Oxidoreduktase, 1.1.1.1)
ADP	Adenosin-5′-diphosphat
AFP	α-Fetoprotein
AHF	Antihämophiler Faktor (F VIII)
AIDS	Acquired Immune Deficiency Syndrome
Ala (A)	Alanin
ALD	Fructose-bisphosphat-Aldolase (D-Frucotse-1,6-bisphosphat:D-Glyceraldehyd-3-phosphat-Lyase, 4.1.2.13)
ALP	s. AP
ALT (GPT)	Alanin-Aminotransferase (Glutamat-Pyruvat-Transaminase) (L-Alanin:2-Oxoglutarat-Aminotransferase, 2.6.1.2)
AML	Akute myeloische Leukämie
AMP	Adenosin-5′-phosphat
Amylase	α-Amylase (1,4-α-D-Glucanohydrolase, 3.2.1.1)
ANP	Atriales natriuretisches Peptid
ANV	Akutes Nierenversagen
AP	Alkalische Phosphatase (Orthophosphorsäure-Monoester-Phosphohydrolase, 3.1.3.1)
Apo-A (B, C, D, E)	Apolipoprotein A (B, C, D, E)
APP	Amyloid Precursor Protein
ARDS	Adult Respiratory Distress Syndrom
Arg (R)	Arginin
APRTase	Adenin-phosphoribosyl-Transferase (2.4.2.7)
Asn (N)	Asparagin

Asp (D)	Asparaginsäure
AST (GOT)	Aspartat-Aminotransferase (Glutamat-Oxalacetat-Transaminase) (L-Aspartat:2-Oxoglutarat-Aminotransferase, 2.6.1.2)
ATP	Adenosin-5'-triphosphat
BAO	Basic Acid Output (Magensaftsekretionsanalyse)
BE	Base Excess (Basenabweichung)
BKS	Blutkörperchensenkung
BSG	Blutkörperchensenkungsgeschwindigkeit
BU	Bromuracil
C	Cytidin
CA	Carboanhydratase (Carbonatdehydratase, 4.2.1.1)
CAM	Cell Adhesion Molecule
cAMP	3',5'-Adenosinmonophosphat (Cyclo-AMP)
CDP	Cytidin-5'-diphosphat
CEA	Carcinoembryonales Antigen
Cer	Ceramid
CF	Cystische Fibrose
cGMP	3',5'-Guanosinmonophosphat (Cyclo-GMP)
CHE	Cholin-Esterase (Acylcholin-Acylhydrolase, 3.1.1.8)
CK (CPK)	Kreatinkinase (ATP:Kreatin-N-Phosphotransferase, 2.7.3.2)
CK-MM (BB, MB)	Skelettmuskelspezifisches (gehirnspezifisches, hybrides Isoenzym der Kreatinkinase)
CLL	Chronische lymphatische Leukämie
CML	Chronische myeloische Leukämie
CMP	Cytidin-5'-phosphat
CNI	Chronische Niereninsuffizienz
CoA	Coenzym A
CRF	Corticotropin Releasing Faktor (Hormon)
CRF	Corticotropin Releasing Factor, Corticoliberin
CRH	Corticotropin (ACTH) Releasing Hormon
CRP	C-reaktives Protein
CS	Chondroitinsulfat
CSF	Colony Stimulating Factor
CTP	Cytidin-5'-triphosphat
CURL	Compartment of Uncoupling of Receptor and Ligand
Cyclo-AMP	s. cAMP
Cys (C)	Cystein

d	"desoxy" in Kohlenhydraten und Nucleotiden
DAG	Diacylglycerol
DC	Dünnschichtchromatographie
DIC	Disseminierte intravaskuläre Gerinnung (Verbrauchskoagulopathie)
DNA	Desoxyribonucleinsäure
DON	6-Diazo-5-Oxo-Norleucin
DOPA	Dihydroxyphenylalanin
dRib	2-Desoxyribose
DS	Dermatansulfat
EDRF	Endothelium Derived Relaxing Factor (= Stickstoffmonoxid, NO)
EDTA	Ethylendiamintetraacetat
EEG	Elektroenzephalogramm
EGF	Epidermaler Wachstumsfaktor (Epidermal Growth Factor)
EIA	Enzymimmunoassay
EKG	Elektrokardiogramm
ELISA	Enzyme Linked Immunosorbent Assay
EMG	Elektromyographie
ENO	Enolase (2-Phospho-D-glycerat-Hydrolase, 4.2.1.11)
EPO	Erythropoetin
Ery	Erythrozyten
Fab	Antigenbindendes Fragment von Immunglobulinen
FAD	Flavinadenindinucleotid
Fc	Kristallisierbares Fragment von Immunglobulinen
FFA	Freie (nicht veresterte) Fettsäuren (Free Fatty Acid)
FGF, (aFGF, bFGF)	Fibroblasten Wachstumsfaktor (Fibroblast Growth Factor, a = saurer, b = basischer)
FMN	Riboflavin-5′-phosphat
$FolH_4$	Tetrahydrofolsäure
FRC	Funktionelle Residualkapazität
Fru	Fructose
FSF	Fibrin stabilisierender Faktor
FSH	Follikelstimulierendes Hormon
FSH-RH	FSH-Releasing Hormon
FT_4	Freies Thyroxin
G	Guanosin
GABA	γ-Aminobuttersäure

GAG	Glykosaminoglykane (Gesamtglykosaminoglykane)
Gal	Galaktose
GAPDH	Glycerinaldehyd-Phosphatdehydrogenase (D-Glycerinaldehyd-3-phosphat:NAD-Oxidoreduktase (phosphorylierend), 1.2.1.12)
GC	Gaschromatographie
G-CSF	Granulozyten koloniestimulierender Faktor
GDP	Guanosin-5'-diphosphat
GH-RH	Growth Hormone Releasing Hormone
GH-RIH	Growth Hormone Release Inhibiting Hormone (Somatostatin)
GIP	Gastric Inhibitory Polypeptide (Enterogastron)
GK	Glycerinkinase (ATP:Glycerin-3-Phosphotransferase, 2.7.1.30
Glc	Glucose (auch G, wenn keine Verwechslung mit Guanosin möglich ist)
GlcA (GlcUA)	Glucuronsäure
GlcN	Glucosamin
GlcNAc	N-Acetylglucosamin
GlDH	Glutamatdehydrogenase (L-Glutamat:NAD(P)-Oxidoreduktase (desaminierend), 1.4.1.3)
Gln (Q)	Glutamin
Glu (E)	Glutaminsäure
Gly (G)	Glycin
GMP	Guanosin-5'-phosphat
GM-CSF	Granulozyten/Makrophagen koloniestimulierender Faktor
GOD	Glucose-Oxidase (Glucose-Sauerstoff-Oxidoreduktase, 1.1.3.4)
GOT (SGOT)	s. AST
GPT	s. ALT
GSH	Glutathion
GSSG	Oxidiertes Glutathion
γ-GT	γ-Glutamyltransferase (γ-Glutamyl-Peptid:Aminosäure-γ-Glutamyltransferase, 22.3.2.2)
GTP	Guanosin-5'-triphosphat
G-6-PDH	Glucose-6-Phosphatdehydrogenase (D-Glucose-6-phosphat:NADP-1-Oxidoreduktase, 1.1.1.49)
Hb, HbCO, HbO_2	Hämoglobin, Kohlenmonoxid-Hämoglobin, oxygeniertes Hämoglobin

β-HBDH	β-Hydroxybutyrat-Dehydrogenase (Isoenzym der LDH)
HCC	Humanes Chorioncorticotropin
HCG	Humanes Choriongonadotropin
HDL	High Density Lipoprotein
HETE	5-Hydroxy-6,8,11,14-eicosatetraensäure
HHL	Hypophysenhinterlappen
His (H)	Histidin
HK	Hämatokrit
HL (LTH)	Luteinisierendes Hormon
HLA	Human Leucocyte Antigen
HMG-CoA-Reduktase	Hydroxymethylglutaryl-CoA-Reduktase (Mevalonat:NAD-Oxidoreduktase (CoA-acylierend), 1.1.1.88)
HPLC	High Performance Liquid Chromatography
HVL	Hypophysenvorderlappen
Hyl	Hydroxylysin
Hyp	Hydroxyprolin
I	Inosin
IC	Immunkomplexe
ICDH	Isocitrat-Dehydrogenase (Threo-D-Isocitrat:NAD-Oxidoreduktase (decarboxylierend) 1.1.1.41)
ICSH	Luteinisierendes Hormon
IDL	Intermediate Density Lipoprotein
IDP	Inosin-5′-diphosphat
IF (α, β, γ)	Interferon (α, β, γ)
IgA (D, E, G, M)	Immunglobulin(e) der Klasse A (D, E, G, M)
IGF	Insulin Growth Factor
IGV	Intrathorakales Gasvolumen
IL	Interleukin
Ile (I)	Isoleucin
IP_3	Inositoltrisphosphat
ITP	Inosin-5′-triphosphat
IU	International Unit
IUB	International Union of Biochemistry
IUPAC	International Union for Pure and Applied Chemistry
I.P.	isoelektrischer Punkt
kB	Kilobasen
K_m	Michaelis-Konstante
KS	Keratansulfat

LAP	Aminopeptidase (Leucinaminopeptidase) (α-Aminoacylpeptid-Hydrolase (3.4.11.1)
LCAT	Lecithin-Acyltransferase (Lecithin: Cholesterin-Acyltransferase, 2.3.1.43)
LDH	Lactatdehydrogenase (L-Lactat:Oxidoreduktase, 1.1.1.27)
LDH-1 (2, 3, 4, 5)	Isoenzym 1 (2, 3, 4, 5) der Lactatdehydrogenase
LDL	Low Density Lipoprotein
Leu (L)	Leucin
LH-RH	LH-Releasing Hormon
Lipase	Triacylglycerin-Lipase (Triacylglycerin-Acylhydrolase, 3.1.1.3)
LP	Lipoproteine
LT	Leukotriene
Lys (K)	Lysin
M.	Morbus
Man	Mannose
MAO	Maximal Acid Output (Magensaftsekretionsanalyse)
MCH	Mittlerer Hb-Gehalt des Einzelerythrozyten
MCHC	Mittlere korpuskuläre Hämoglobinkonzentration der Erythrozyten
MCV	Mittleres korpuskuläres Volumen der Erythrozyten
MDH	Malatdehydrogenase (L-Malat:Oxidoreduktase, 1.1.1.37)
ME	Malatdehydrogenase (decarboxylierend, Malatenzym, 1.1.1.40)
Meg-CSA	Koloniestimulierende Aktivität für Megakaryopoese
Met (M)	Methionin
MHC	Haupt-Histokompatibilitätskomplex
MIF	Migrations-Inhibitions-Factor
Mol.-Gew.	Molgewicht, relative molare Masse
MRH	MSH Releasing Hormone, Melenaoliberin
mRNA	Messenger Ribonucleinsäure
MSH	Melanozyten-stimulierendes Hormon
NA (NS)	Nicotinamid (Nicotinsäureamid)
NAD	NAD^+, Nicotinamidadenindinucleotid
$NADH_2$	$NADH+H^+$, reduziertes NAD
NADP	$NADP^+$, Nicotinamidadenindinucleotidphosphat
$NADPH_2$	$NADPH+H^+$, reduziertes NADP
NeuAc, NANA	N-Acetylneuraminsäure

NK	Natürliche Killerzelllen
NMN	Nicotinamidmononucleotid
NMR	Nuclear Magnetic Resonance (Kernspinresonanz-Spektroskopie, Kernspintomographie)
NNR	Nebennierenrinde
NSE	Neuronenspezifische Enolase
OCT	Ornitihin-Carbamyltransferase (Carbamylphosphat-L-Ornithin-Carbamyltransferase, 2.1.3.3)
Orn	Ornithin
P	Anorganisches Phosphat
PAF	Plättchen Aktivierender Faktor
PAPS	3′-Phosphoadenosin-5′-phosphosulfat
PAS	Periodsäure-Schiff-Reagenz
PCR	Polymerase Chain Reaction (Polymerasekettenreaktion)
PDGF	Platelet Derived Growth Factor
PEF	Exspiratorischer Spitzenfluß (Peak Flow)
PF	Plättchenfaktor
PFK	6-Phosphofructokinase (ATP:Fructose-6-phosphat-1-Phosphotransferase, 2.7.1.11)
PG	Prostaglandine
Phe (F)	Phenylalanin
PIF	Prolactin Inhibierender Faktor
PK	Pyruvatkinase (ATP:Pyruvat-2-O-Phosphotransferase, 2.7.1.40)
PKU	Phenylketonurie
POD	Peroxidase (Donor-Wasserstoffperoxid-Oxidoreduktase, 1.11.1.7)
Pro (P)	Prolin
PSA	Prostata-spezifisches Antigen
PTA	Plasma Thromboplastin Antecedent
PTH	Parathormon
PTT (aPTT)	Partielle Thromboplastinzeit (aktivierte PTT)
PTZ	Thrombinzeit (Plasmathrombinzeit)
P-Lipide	Phospholipide
RFLP	Restriktions-Fragment- Längen-Polymorphismus
RH	Releasing Hormone
RIA	Radioimmunoassay

Rib	Ribose
RNA	Ribonucleinsäure
rRNA	Ribosomale Ribonucleinäsure
SDH	L-Iditol-Dehydrogenase (Sorbit-Dehydrogenase) (L-Iditol:NAD-5-Oxidoreduktase, 1.1.1.14)
SDS	Sodium Dodecyl Sulfate
Ser (S)	Serin
SHBG	Sexualhormon-bindendes Globulin
SISI	Short Increment Sensitivity Index
SP	Saure Phosphatase (Orthophosphorsäure-monoester-Phosphohydrolase, 3.1.3.2)
STH	Somatotropes Hormon
T	Thymidin
T_3 (T_4)	Triiodthyronin, (Tetraiodthyronin, Thyroxin)
TBG	Thyroxin-bindendes Globulin
TEBK	Transferrin-Eisenbindungskapazität
TG	Thyreoglobulin
TGF-ß	Transformierender Wachstumsfaktor (Transforming Growth Factor)
Thr (T)	Threonin
TLC	Dünnschichtchromatographie (Thin-Layer-Chromatography)
TNF	Tumor Necrosis Factor
TPA	Tissue Polypetide Antigen
tPA	Gewebe-Plasminogen-Aktivator (Tissue Type Plasminogen Activator)
TPP	Thiaminpyrophosphat
TPZ	Thromboplastinzeit
tRNA	Transfer-Ribonucleinsäure
Trp (W)	Tryptophan
TSH	Thyreoidea stimulierendes Hormon
TX	Thromboxan
Tyr (Y)	Tyrosin
U	Uridin
UDP	Uridin-5′-diphosphat
UDPG	Uridin-5′-diphosphat-glucose
UMP	Uridin-5′-phosphat
UTP	Uridin-5′-triphosphat
UV	Ultraviolett

Val (V)	Valin
VIP	Vasoactive Intestinal Peptide
VLDL	Very Low Density Lipoprotein
vWF	von Willebrand Faktor
WHO	Weltgesundheitsorganisation
ZNS	Zentralnervensystem
Zyklo-AMP	s. Cyclo-AMP, cAMP, 3′-5′-Adenosinmonophosphat

A. Allgemeine Pathobiochemie und Pathophysiologie

1. Grundbegriffe

Pathophysiologie und Pathobiochemie beschreiben Einschränkungen oder Störungen der physikalischen Funktionen und/oder biochemischer Reaktionen des (menschlichen) Organismus, die sich als physische und/oder psychische Leistungsminderung mit Krankheitswert manifestieren. Solche Funktionseinschränkungen können **angeboren** (hereditär) oder **erworben** (exogen) sein, ihre Ursache also in **genetischen Defekten** oder **Umwelteinflüssen** haben.

Für Pathophysiologie und Pathobiochemie ergeben sich die Grenzen zwischen Gesundheit und Krankheit aus dem Fehlen bzw. dem Nachweis meßbarer Abweichungen molekularbiologischer, biochemischer oder physikalischer Kenngrößen von der durch statistische Verfahren ermittelten Norm. Da jedoch der „Norm" entsprechenden ärztlichen und laboratoriumsmedizinischen Befunden je nach normativer Setzung verschiedene Inhalte und Definitionen zugeordnet werden können, ist der Übergang vom Zustand „gesund" zum Zustand „krank" dynamischer Natur und fließend.

Biochemische Individualität und Krankheitsdisposition. Das menschliche Genom ist nicht für alle Individuen identisch, sondern weist Unterschiede in der Basensequenz auf. Solche Strukturvarianten der Gene beruhen auf Punktmutationen oder (seltener) Deletionen, Insertionen, Duplikationen oder lokalen Rearrangements, die alle zu einer Änderung der Basensequenz führen. Dieses als **DNA-Polymorphismus** bezeichnete Phänomen bedingt die Bildung strukturell veränderter, aber in ihrer Funktion identischer oder so geringfügig veränderter Genprodukte (Proteine), daß sie denselben Phänotyp realisieren. Der DNA-Polymorphismus ist aber auch Grundlage der biochemischen Individualität. Sie drückt sich darin aus, daß etwa 15% der Gene jedes Individuum Heterozygotie aufweist (d. h. daß das Gen durch 2 verschiedene Allele im Genlocus der 2 homologen Chromosomen vertreten ist) und daß etwa die Hälfte der bisher bekannten Proteine in polymorphen Formen vorkommen (**Proteinpolymorphismus, Proteinvarianten**).

So gibt es z. B. mehr als 500 Varianten vom Hämoglobin und mehr als 80 Varianten des Enzyms Glucose-6-phosphat-Dehydrogenase (S. 78). Ein besonders stark ausgeprägter Polymorphismus ist für die Gene des Haupt-Histokompatibilitäts-Komplexes (Major Histokompatibility Complex, MHC) nachgewiesen. Ihre Genprodukte werden als **MHC-Proteine** bzw. **MHC-Antigene** bezeichnet und lassen sich an der Zellmembran, im Zytoplasma und im Kern aller Organe und Gewebe als individualspezifische Antigene nachweisen. Unter den MHC-Antigenen wurden von dem auf der Membran von Leukozyten lokalisiertem **HLA-System** (Human Leucocyte Antigen) mehr als 50 verschiedene Spezifitäten identifiziert. Die **MHC-Gene** treten in Millionen von Varianten auf und determinieren damit die **genetische Identität** und **biochemische Individualität** eines Menschen. Genetische Identität besteht nur bei syngenen Individuen (eineiigen Zwillingen). Dies hat die Konsequenz, daß eine allogene Transplantation nur bei Übereinstimmug bestimmter genetischer Marker (HLA-System, MHC-Proteine, serologische Merkmale) erfolgversprechend ist.

Die Funktionsunterschiede varianter Genprodukte sind nicht nur für die Konstitution des Organismus, sondern auch für seine Verhaltensweise gegenüber

Beispiele für die Korrelation zwischen HLA-Merkmalen und Erkrankungen

Erkrankungen	Assoziiertes HLA-Merkmal	Relatives Risiko*
Primäre idiopathische Hämochromatose	A 3	8,2
Spondylitis ankylopoetika (M. Bechterew)	B 27	141,0
Reiter-Syndrom	B 27	46,0
Akute Uveitis anterior	B 27	30,0
Chronisch-aktive Hepatits (HBs-Ag-pos.)	B 35	5,0
Adrenogenitales Syndrom	Bw 47	15,4
Psoriasis vulgaris	Cw 6	13,3
Multiple Sklerose	DR 2	4,1
Narkolepsie	DR 2	100,0
Myasthenia gravis	DR 3	2,6
Diabetes mellitus Typ I	DR 3	3,3
	DR 4	6,4
Zöliakie	DR 3	10,8
	DR 7	4,8
Rheumatoide Arthritis	DR 4	4,2
Autoimmunthyreoiditis (Hashimoto)	DR 5	3,2

* Das relative Risiko gibt an, wievielmal häufiger die Krankheit in Individuen vorkommt, die das Antigen besitzen, verglichen mit der Häufigkeit von Personen, die es nicht aufweisen.
Relatives Risiko 1,0 bedeutet keine Abweichung von der Norm.

der Umwelt von Bedeutung. So kann im Einzelfall eine genetische Konstitution für eine bestimmte Krankheit disponieren (z. B. erhöhtes Risiko einer Erkrankung an Morbus Bechterew bei Trägern des HLA Merkmals B 27, Tab.), aber auch ein Selektionsvorteil im Sinne einer Anpassung an besondere Umweltbedingungen bieten (z. B. Malariaresistenz heterozygoter Individuen mit Hämoglobinopathien bzw. Erythrozyten-Enzymopathien (S. 218).

Differenzierung und Altern. Bei der embryonalen Entwicklung und Organdifferenzierung wird das gesamte genetische Material der diploiden befruchteten Eizelle an die Tochterzellen weitergegeben. Während der zellulären Differenzierungsprozesse und der Organbildung werden jedoch spezifische Gene des für alle somatischen Zellen identischen genetischen Materials an- oder abgeschaltet, so daß jedes Organ nicht nur ein gewebsspezifisches Muster aktiver und inaktiver Gene aufweist, sondern auch zu unterschiedlichen biochemischen Leistungen fähig ist. So enthalten z. B. nur Leber und Niere die Enzyme der Gluconeogenese, die Synthese von Hormonen ist auf spezielle Hormondrüsen beschränkt und die Bildung von Keratin ist eine spezifische Leistung der Epidermiszellen. Bei der Differenzierung treten häufig „Enzymcluster" (funktionell zusammengehörige Enzymgruppen) auf. Das hierfür erforderliche Einschalten von Genaktivitäten wird durch **Induktionsstoffe** (Proteine) gesteuert, die vermutlich auf den Zellkern wirken, wo sie übergeordnete Gene (**„homoeotische Gene"**) aktivieren, die ihrerseits eine größere Anzahl nachgeordneter Gene kontrollieren und so den Anstoß zur Bildung zellspezifischer Genprodukte und zur Differenzierung von Organanlagen geben. An der Regulation der embryonalen Differenzierung und Zellteilung sind Wachstumsfaktoren, Cytokine und Signalstoffe (z. B. cAMP) beteiligt.

Maligne transformierte Zellen verlieren häufig ihre organ- und gewebsspezifischen Eigenschaften und entdifferenzieren sich in Richtung auf einen Zustand, in dem sie embryonalen Zellen ähneln und auch embryonalspezifische Proteine (z. B. carcinoembryonales Antigen, S. 515) produzieren.

Zelluläres Altern. Humane Embryonalzellen (z. B. Hautfibroblasten) teilen sich unter Kulturbedingungen in einem Standardmedium etwa 50-mal. Gegen Ende der Teilungsperiode verlangsamt sich die Zellteilung, kommt schließlich zum Stillstand und nach einer (variablen) Ruheperiode sterben die Zellen ab. Hautfibroblasten eines 40 jährigen Menschen stellen die Zellteilung nach ≈ 40 Verdoppelungen ein, die Zellen eines 80 jährigen nach ≈ 30 Zellteilungen.

Zellalterung und **Zelltod** sind biologische Prozesse, deren Ursache und molekulare Mechanismen noch unbekannt sind. Nach der **Fehlertheorie** ist die Zellalterung das Ergebnis einer Ansammlung sich im genetischen Apparat ständig replizierender und vermehrender Fehler, die sich bei der Transkription und Translation auf die Genprodukte auswirken und zu kontinuierlich zunehmenden Funktionseinschränkungen führen. Die Fehlerrate bei der DNA-Replikation liegt in der Größenordnung von 1 Irrtum/10^9 – 10^{10} Nucleotidreste. Dabei ist jedoch für die einzelne Zelle die Alterung nicht genau vorprogrammiert. In einem Klon gleichartiger normaler Fibroblasten teilen sich manche Zellen oft, andere nur wenige Male. Das Aufhören der Zellteilung scheint das Ergebnis einer Zustandsänderung der Zelle zu sein, die zufällig eintritt, wobei die Wahrscheinlichkeit jedoch in jeder weiteren Zellgeneration zunimmt, bis es schließlich in der Population keine vermehrungsfähigen Zellen mehr gibt und nach einer Ruhephase der Zelltod eintritt.

Menschliche Zellen von Patienten mit **Werner-Syndrom (Progeria adultorum)** altern vorzeitig. Ihre kultivierten Zellen stellen schon nach einer anomal geringen Zahl von Zellteilungen ihre Vermehrung ein und reagieren schlecht auf die Wachstumsfaktoren PDGF und FGF (S. 197).

Alternsabhängige Gewebs- und Organveränderungen. Alternsveränderungen von Organen sind durch verminderte Aufnahme von Substraten und reduzierte Ausscheidungsfähigkeit für Stoffwechselendprodukte gekennzeichnet. Eine Abnahme des Wassergehaltes und Ablagerungen von atypischen Stoffwechselprodukten (z. B. das „Alterspigment" Lipofuscin) sowie eine generelle Verringerung der Synthesekapazität für zelluläre Baustein und reduzierte Regenerationsfähigkeit lassen sich in zahlreichen Organen nachweisen.

Die Reduktion der Organreserven mit zunehmendem Lebensalter bedingt bei Störung des Gleichgewichts anaboler und kataboler Prozesse eine Größenverminderung der Zellen bei gleichbleibender Zellzahl (**Altersatrophie der Organe**). Einer altersabhängigen physiologischen Involution unterliegen Thymus, Gonaden und das Endometrium, die wiederum organspezifische Funktionseinschränkungen nach sich ziehen. Auch das Altersemphysem, die Altersosteoporose und der Elastizitätsverlust der Haut sind kennzeichnende Merkmale. Für die **extrazelluläre Matrix** bindegewebsreicher Organe ist eine alternsabhängige Verringerung des Mol.-Gew. wasserbindender Proteoglykane (z. B. im Knorpelgewebe) und eine Abnahme des Chondroitinsulfat/Keratansulfat-Quotienten charakteristisch.

Die Lehre von der Entstehung und Behandlung altersbedingter Erkrankungen wird von der **Geriatrie** vertreten.

2. Hereditäre Störungen

Molekularkrankheiten. Heredopathien (Erbkrankheiten) haben ihre Ursache in krankhaften Erbanlagen in Form defekter Gene oder Gengruppen, die klinisch als körperliche, geistige oder kombinierte Anomalien in Erscheinung treten. Der molekulare Basisdefekt kann durch **Genmutation, Genommutation** oder **Chromosomenmutationen** (S. 43) bedingt sein und ist in vielen Fällen als fehlerhafte DNA-Basensequenz des betroffenen Gens aufgeklärt. Die Zahl der genetisch determinierten, d. h. durch Mutation entstandenen **Molekularkrankheiten** (Stoffwechselkrankheiten) beträgt beim Menschen über 4 000. Genetische Defekte umfassen alle Bereiche des Stoffwechsels u. a.:

- **Enzymdefekte** (S. 78). Kommt es aufgrund eines genetischen Defekts zur verminderten Synthese eines Enzyms oder zur Synthese eines Enzyms mit herabgesetzter Aktivität oder zum Ausbleiben der Enzymsynthese, so resultiert in dem betroffenen Stoffwechselweg eine **Akkumulation von Stoffwechselprodukten vor dem Enzymblock** (z. B. Phenylketonurie, S. 59) und eine **herabgesetzte oder ausbleibende Synthese** des Stoffwechselprodukts **hinter dem Enzymblock** (z. B. Adrenogenitales Syndrom, S. 176). Die in der Zelle akkumulierenden, bei einem Enzymdefekt nicht umgesetzten, Zwischen- oder Endprodukte des Stoffwechsels können als Speichermaterial in stark erhöhter Konzentration (z. B. bei Glykogenosen) oder als unphysiologische Zwischenprodukte des Stoffwechsels (z. B. bei Mucopolysaccharidosen, S. 176) in erhöhter Konzentration intrazellulär akkumuliert werden.

- **Defekte Membranstrukturen und Transportprozesse**. Fehlerhafte oder fehlende Bausteine der Zellmembran führen zu morphologischen Veränderungen (z. B. Sphärozytose, S. 215) oder funktionellen Ausfällen (z. B. zystische Fibrose, S. 265) oder zu Rezeptordefekten (LDL-Rezeptor, S. 122) oder zu gestörten transmembranösen Transportprozessen (z. B. Cystinose und Cystinurie, S. 65).

- **Genetische Defekte subzellulärer Organellen**, wie z. B. **Chediak-Higashi-Syndrom**, bei dem es zum Auftreten von lysosomalen **Riesengranula** in neutrophilen und eosinophilen Granulozyten, Lympho- und Monozyten kommt oder das **Zellweger-Syndrom**, bei dem morphologische und funktionelle Veränderungen der **Peroxisomen** zu schweren (meist letalen) klinischen Ausfallserscheinungen führen, sind selten.

- **Defekte von Blutplasmaproteinen**. Für zahlreiche Blutplasmaproteine sind Defekte (vollständiges Fehlen) oder das Auftreten genetischer Varianten (Polymorphismus) beschrieben (S. 71). Sie können Transportproteine, Gerinnungsfaktoren oder Proteinase-Inhibitoren betreffen (S. 73).

- **Defekte von Proteinen der extrazellulären Matrix**. Unter den Störungen des Kollagenstoffwechsels sind >10 genetische Defekte in ihrem molekularen Mechanismus aufgeklärt (S. 417).

Monogene Erbleiden sind primär durch ein einziges mutiertes Gen bedingt. Sie werden entsprechend den Mendelschen Gesetzen vererbt. Bei monogenen Defekten kann ein autosomal dominanter oder ein autosomal rezessiver Erbgang, aber auch eine X- bzw. Y-chromosomale Lokalisation vorliegen.

Eine Auswahl genetischer Defekte und ihrer Prävalenz (Häufigkeit einer bestimmten Krankheit) gibt die Tabelle. Eine Vielzahl genetisch bedingter Stoffwechselstörungen ist in den nachfolgenden Kapiteln beschrieben.

Beispiele autosomal-dominanter (A), autosomal-rezessiver (B) und X-chromosomal-rezessiver (C) genetischer Defekte

A. Dominanter Defekt	Defektes oder fehlendes Molekül	Prävalenz
Ascorbinsäure-Auxotrophie	Gulonolacton-Oxidase	1 : 1
Fam. Hypercholesterinämie	LDL(Apo B/E)-Rezeptor	1 : 500
Elliptozytose	Erythrozytenmembran-Protein 4.1	1 : 2500
Sphärozytose	Erythrozyten-Protein Spectrin	1 : 5000
Osteogenesis imperfecta	α-Kette des Kollagen Typ I	1 : 15000
Myotone Dystrophie	Myofibrillenmembran-Protein	1 : 30000
B. Rezessiver Defekt	**Defektes oder fehlendes Molekül**	**Prävalenz**
Sichelzellanämie	HbS (Glu → Val)	1 : 625
Cyst. Pankreasfibrose	Cl^--Kanalregulator-Protein	1 : 1500
M. Gaucher Typ I	Lysosomale Glucocerebrosidase	1 : 2000
Cystinurie	Intestin. Aminosäuretransportsystem	1 : 2000
Phenylketonurie	Phenylalanin-Hydroxylase	1 : 11000
Mucopolysaccharidosen	Lysosom. Glykosidasen bzw. Sulfatasen	1 : 25000
Cystinose	Lysosomales Cystintransportsystem	1 : 40000
Glykogenosen	Glykogen-abbauende Enzyme	1 : 50000
Galaktosämie	Hexose-1-phosphat-Uridyl-Transferase	1 : 57000
Homocystinurie	Cystathionin-β-Synthetase	1 : 200000
C. X-Chromosomaler Defekt	**Defektes oder fehlendes Molekül**	**Prävalenz**
Muskeldystrophie (Duchenne)	Dystrophin	1 : 10000
Lesch-Nyhan-Syndrom	HGPRT	1 : 10000
Glykosphingosid-Lipidose	α-Galaktosidase-A	1 : 40000
Hämophilie B	Faktor IX	1 : 50000

Polygene Erbleiden (multifaktorielle Erbleiden). Eine große Zahl erbabhängiger normaler oder pathologischer Merkmale wird nicht durch ein einzelnes Gen (monogen) bestimmt, sondern ist durch mehrere (viele) Genpaare determiniert.

Im Gegensatz zu den monogenen Erbleiden gelingt es bei polygenen Erberkrankungen nicht, einen molekularen Basisdefekt nachzuweisen oder wahrscheinlich zu machen. Beispiele für polygene (multifaktorielle) Vererbung sind Körpergröße und Intelligenz. Polygenbedingte Merkmale manifestieren sich in einer abgestuften kontinuierlichen Variationsreihe und kommen in einer Population in einer eingipfligen Häufigkeitskurve nach dem Bild der Gauss'schen Normalverteilung vor. Der Übergang vom Normalen zum Pathologischen ist fließend.

Polygenbedingte Erbleiden sind häufiger und auch von größerer praktischer Bedeutung als monogene Erbleiden. Beispiele für polygenbedingte Krankheiten, die durch Festsetzung eines Grenzwertes zwischen „normal" und „pathologisch" definiert werden, sind

- Adipositas (Körpergewicht + 30% über dem Normalgewicht,
- Diabetes mellitus (Nüchternblutzucker >140 mg/dl),
- Hypertonie (systolischer Blutdruck >160 mm Hg, diastolischer Blutdruck >95 mm Hg).

Entscheidendes Kriterium polygener Krankheiten ist die quantitative Abweichung in Funktion oder Merkmalen, die in der Population eine breite Streuung und eine eingipflige Häufigkeitskurve zeigen.

Bei der **multifaktoriellen polygenen Vererbung mit Schwellenwerteffekt** kommt es zur Ausprägung des pathologischen Merkmals erst, wenn eine gewisse Mindestzahl normal-verteilter Gene überschritten wird. Polygene Erbleiden mit Schwellenwerteffekten sind u. a.

- Lippen-, Kiefer-Gaumenspalte
- Hüftluxation
- Pylorusstenose
- Spina bifida
- Klumpfuß

3. Erworbene Störungen

Die funktionelle Kapazität des gesunden und erwachsenen Menschen ist im jungen Lebensalter um ein Mehrfaches höher als es für die Erhaltung des Lebens erforderlich ist. Dieses als Organreserve bezeichnete Phänomen befähigt den Organismus zu **homöostatischen Regelprozessen** mit deren Hilfe exogene (erworbene) Störungen adaptiv bzw. reaktiv kompensiert werden können. Die Fähigkeit zur Homöostase nimmt altersabhängig ab.

Adaptive und reaktive Störungen. Chronische Blutverluste (z. B. Ulcus ventriculi) werden durch adaptive Steigerung der Hämatopoese (S. 212) kompensiert, eine überschießende immunologische Abwehrreaktion gegen Antigene (Bakterien, Viren, Nahrungs- und Arzneimittel) kann zu allergischen bzw. anaphylaktischen Erscheinungen führen. Zell- und Gewebsschädigungen durch physikalische Noxen, chemische Agenzien und Infektionen (S. 486) führen zu Reparaturprozessen, die akute oder chronische Entzündungen oder Erkrankungen auslösen oder unterhalten können.

Neoplastische Entartung. Ein erworbener Verlust der die Zellteilung kontrollierenden Regulationsmechanismen mit der Folge eines ungehemmten autonomen und invasiven Wachstums ist ein charakteristisches Merkmal von **Tumorzellen**, die sich durch maligne Transformation aus Normalzellen entwickeln. Die **maligne Transformation** resultiert häufig aus der verstärkten Expression oder veränderten genetischen Information von Genprodukten der **c-Onkogene** (S. 509).

Teratogene Noxen. Eine vorgeburtliche Schädigung des Embryos durch teratogene Noxen (z. B. Infektion mit dem Rötelnvirus, Arzneimittel, Sauerstoffmangel, Strahleneinwirkung) wirkt sich in einer Embryopathie bzw. Fetopathie aus. Die teratogene Determinationsphase, die beim Menschen zwischen dem 18. und 85. Tag nach der Befruchtung liegt, ist für einzelne Körperteile und Organanlagen zeitlich verschieden (Abbildung).

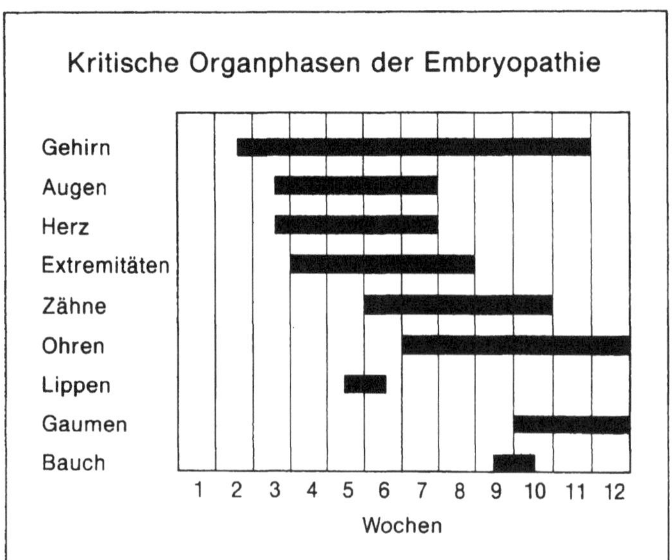

Störungen der Zellstruktur, Zellkommunikation und des Zellstoffwechsels. Alle Organe und Gewebe unterliegen einem kontinuierlichen Stoffumsatz, der nicht nur durch anabole und katabole Stoffwechselprozesse, sondern auch durch ständigen Zelluntergang und synchron und im gleichen Ausmaß verlaufende Zellerneuerung durch Zellteilung gekennzeichnet ist. Die Erhaltung der Organstruktur und -funktion trotz ständiger Zellerneuerung wird durch Regelmechanismen gesteuert, an denen humorale Faktoren (Hormone, Cytokine, Lymphokine) beteiligt sind, die Wachstum und Differenzierung der Organzellen kontrollieren, aber auch die Proliferation inhibieren können (z. B. Hemmung des Wachstums durch Zell-Zell-Kontakte).

Jede genetische oder erworbene Störung dieses homöostatischen Systems kann zu Einschränkung oder Verlust von Zell- und Organfunktionen führen.

Herabgesetzte oder fehlende Aktivität der zellulären Enzymproteine können durch Gendefekte, aber auch durch exogene Faktoren (Arzneimittel, Xenobiotika) verursacht sein und nicht nur zum Ausfall bestimmter Reaktionen des Stoffwechsels, sondern auch zu einem vermehrten Umsatz akkumulierter Substrate durch alternative Stoffwechselwege führen (s.o).

Schädigungen von Zellfunktionen durch Xenobiotika (Arzneimittel, Schädlingsbekämpfungsmittel, Kosmetika) oder bakterielle Toxine sind weitere Faktoren, die Struktur, Stoffwechsel und Kommunikation von Zellen stören können.

Störungen von Organfunktionen. Die organotrope – d. h. auf ein oder mehrere bestimmte Organe gerichtete – Wirkung zahlreicher Hormone z. B. TSH, (S. 164), ACTH (S. 176), STH (S. 160)) und die segmentale Nervenversorgung innerer Organe (z. B. Th 8–11 Leber und Gallenblase) erklären veränderte Organfunktionen durch gestörte humorale und nervale Steuermechanismen. Beispiele sind die Hyperchlorhydrie des Magensaftes unter dem Einfluß des N. sympathicus (Th 8), Störungen der Rückkopplungskontrolle zwischen übergeordneten und nachgeordneten Hormonen (z. B. hypothalamisch/hypophysäres Cushingsyndrom, S. 178), Überwiegen antiinsulärer Hormone (Steroiddiabetes, S. 178) oder Ausfälle des extrapyramidalen motorischen Systems.

Eine mangelhafte Versorgung von Geweben mit Sauerstoff (Hypoxie) oder Substraten können ihre Ursache u. a. in Mikrozirkulationsstörungen, Hypotonie, entzündlichen (Ödembildung) oder arteriosklerotischen Veränderungen haben. Eine **Hungeratrophie** tritt bei mangelhaftem Substratangebot, eine **degenerative Atrophie** bei Substratverwertungsstörungen (arteriosklerotische Prozesse), eine **Inaktivitätsatrophie** der Muskulatur bei Ruhigstellung ein.

Funktionsverlust durch pathologische Speicherprozesse. Die Ablagerung von Speichersubstanzen aufgrund gestörter kataboler enzymatischer Reaktionen (z. B. Glykogenosen, S. 93), Sphingolipidosen (S. 129), Amyloidosen (S. 423), Alzheimer Erkrankung (S. 423) bedingen eine schwere Funktionsbeeinträchtigung der betroffenen Organe. Chronische Exposition gegenüber toxischen Substanzen (z. B. Leberzirrhose durch Ethylalkohol (S. 275) , Lungenemphysem mit fibroblastischem Gewebsumbau durch Quarzstaub, Bronchialcarcinom durch Tabakrauch) führt zu Funktionsverlust oder Zerstörung von Organen. Auch endogene Substanzen können zell- und organschädigende Wirkung entfalten (z. B. Leberschaden durch Hyperbilirubinämie bei Cholestase, durch Konkremente und Tumoren).

Infektionen. Viele Mikroorganismen finden in vielzelligen Organismen ideale Lebensbedingungen. Die Interaktion zwischen dem Wirtsorganismus und pathogenen Bakterien oder Viren wird einerseits bestimmt durch spezifische und unspezifische immunologische Abwehrmechanismen des Wirtsorganismus, andererseits durch Anpassungsstrategien der Bakterien oder Viren, die sich auf die Besiedlung bestimmter Gewebe oder Organe dadurch spezialisiert haben, daß sie auf ihrer Oberfläche Proteine, Glykoproteine oder Kohlenhydratstrukturen aufweisen, mit deren Hilfe sie sich an komplementäre Strukturen (Rezeptoren) des Wirtsorganismus anheften. Rhinoviren, Hepatitisviren oder das AIDS-Virus sind Beispiele.

Die Mucosaoberfläche des Respirations-, Gastrointestinal- oder Urogenitaltraktes sind Prädilektionsstellen primärer bakterieller Besiedlung. Die Anheftung der Bakterien wird dabei vermittelt durch Proteine der Bakterienzellwand oder der Fimbrien – sog. **Adhäsine** – die sich mit hoher Affinität an spezifische Rezeptorstrukturen der eukaryoten Zelle binden und damit den ersten Schritt einer Infektion einleiten. Als invasive Keime können sie dann in die Schleimhautepithelien eindrigen und zur **Entzündung** und Zerstörung der Zellen führen (S. 486).

Die Pathogenität der nichtinvasiven Mikroorganismen beruht dagegen auf der Produktion von **Exotoxinen**, die von den pathogenen Mikroorganismen abgegeben und von korrespondierenden Strukturen der Zelloberfläche erkannt und gebunden werden. In diese Gruppe gehören z. B. die Cholera-Vibrionen, deren **Enterotoxine** nach Kontakt mit den Darmepithelien die Adenyl-Cyclase und die Bildung von zyklischem AMP (cAMP) stimulieren. Dadurch kommt es zur verminderten Natriumresorption und zur gesteigerten aktiven Chlorid-, Bicarbonat- und Wassersekretion der Enterozyten in das Darmlumen. Die Folgen sind profuse wäßrige Diarrhoen mit exzessiver Exsiccose sowie Kaliumverlust und metabolischer Acidose ohne morphologisch faßbare Epithelschädigung.

Das die menschliche Immunschwäche verursachende AIDS-Virus (HIV) infiziert mit hoher Selektivität die **T-Helferzellen** (T_4-Zellen) des Wirtsorganismus, da das HIV-Hüllprotein GP 120 eine spezifische Affinität zu dem CD4-Membranprotein der T-Helferzellen besitzt. Der Anlagerung des HIV folgt ein Eindringen in die T-Helferzelllen, die durch die intrazelluläre Vermehrung und Ausschleusung des HIV geschädigt und schließlich zerstört werden.

B. Allgemeine klinische Chemie und Hämatologie

I. Laboratoriumsuntersuchungen und ihre Befunde

1. Allgemeines

Aufgabe der klinischen Chemie im Bereich der präventiven und therapeutischen Medizin ist die Messung physikalischer, chemischer und biochemischer Eigenschaften von menschlichem Untersuchungsgut. Klinisch-chemische Untersuchungsverfahren werden eingesetzt,

- um Kranke von Gesunden (bzw. Nichtkranken) zu unterscheiden,
- um eine klinische Vermutungsdiagnose zu sichern oder infrage zu stellen,
- um den Verlauf einer Krankheit zu überwachen bzw. therapeutische Maßnahmen (Arzneimittelgabe) zu kontrollieren,
- im Rahmen der Vorsorgemedizin.

Die klinische Chemie bedient sich hierfür qualitativer und quantitativer Analysenverfahren. Das **Untersuchungsgut** – als **Spezimen** bezeichnet – umfaßt:

- Blut (arteriell, venös, kapillär)
- Plasma, Serum
- korpuskuläre Bestandteile (Erythrozyten, Granulozyten, Lymphozyten, Thrombozyten)
- Gewebsflüssigkeiten (Liquor, Exsudat, Transsudat, Synovialflüssigkeit, Amnionflüssigkeit)
- natürliche Ausscheidungsprodukte (Urin, Urinsediment, Stuhl, Speichel, Sputum, Magensaft, Schweiß, Pankreassekret, Ejakulat)
- Gewebsproben (Punktatzylinder, Biopsiematerial)
- Konkremente (Gallensteine, Harnkonkremente)

Klinisch-chemische Analysen dienen der Identifizierung und/oder quantitativen Beschreibung eines als **Probe** (Sample) bezeichneten Stoffgemisches, bei dem es sich in der Regel um Bestandteile des menschlichen Körpers handelt. Die Probe wird aus dem **Untersuchungsgut** (Spezimen) durch geeignete Verfahren (S. 24) gewonnen. Mit der **qualitativen** Analyse wird die Art der Bestandteile identifiziert, mit der **quantitativen** Analyse wird deren Menge bestimmt. Die Komponente, die identifiziert und bestimmt werden soll, ist der **Analyt**. Eine **klinisch-chemische Kenngröße** (Parameter) ist das Resultat einer quantitativen

Analyse und gibt den normalen oder veränderten Gehalt eines Analyts in einer Körperflüssigkeit oder einem Gewebe an.

Der größte Teil der biologischen Proben entfällt (in der Reihenfolge ihrer Häufigkeit) auf

- Serum (Klinische Chemie)
- EDTA-Blut (Hämatologie)
- Urin (qualitative und quantitative Analyse)
- Citratblut (Hämostaseologie)
- Vollblut (Blutgruppenserologie)
- Heparinblut (Säure-Basen-Haushalt, Blut-Gas-Analyse)

2. Wahl der Meßgröße und des Meßverfahrens

Für die Laboratoriumsuntersuchung werden diejenigen klinisch-chemischen Meßgrößen ausgewählt, die aufgrund der vorliegenden Erfahrungen geeignet sind, eine Diagnose zu bestätigen oder einen Krankheitsverlauf zu beurteilen

Nachweisgrenzen (g/g Probenmaterial) verschiedener Meßverfahren

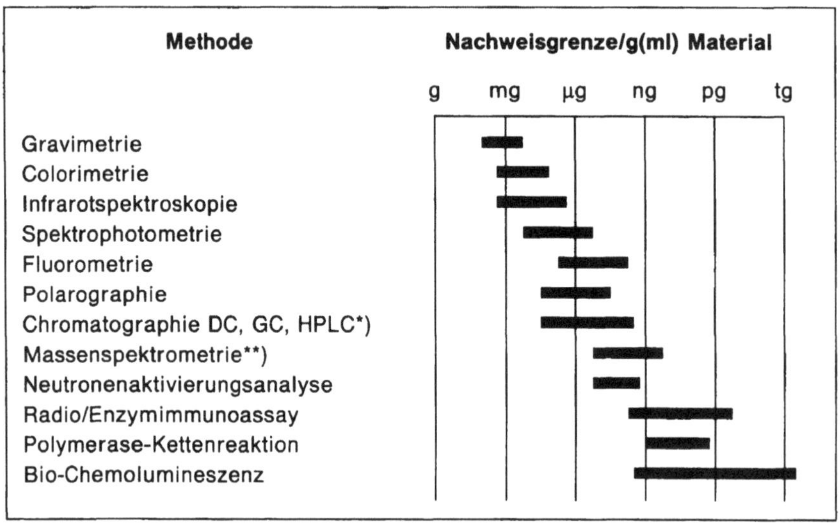

*) DC = Dünnschichtchromatographie
GC = Gaschromatographie
HPLC = Hochleistungsflüssigkeitschromatographie
**) in Verbindung mit GC oder HPLC

und zu überwachen. Die Auswahl erfolgt aufgrund der klinischen Beurteilung des Krankheitsbildes und der daraus abgeleiteten Vermutungsdiagnose. Die nachfolgenden Kapitel enthalten zahlreiche Beispiele. Einige Meßgrößeneinheiten sind in der Tabelle (S. 14) zusammengestellt.

Bei der Auswahl des Meßverfahrens ist die zu erwartende Konzentration des Analyten in der Probe zu berücksichtigen. Die Nachweisgrenzen verschiedener Meßverfahren gibt die Tabelle wieder.

3. Vorbereitung des Patienten

Für die Entnahme des Untersuchungsguts (Untersuchungsmaterial, Spezimen) ist eine Vorbereitung des Patienten (nüchtern bzw. postprandial, ggf. Flüssigkeitskarenz) erforderlich. Ferner müssen Geschlecht, Alter, Ernährungszustand, vorangegangene körperliche Aktivität und Arzneimittelvorbehandlungen bekannt sein, da klinisch-chemische Kenngrößen biologische Variable sind, die durch die genannten Faktoren beeinflußt werden können (s. u.).

4. Gewinnung des Untersuchungsgutes

Viele klinisch-chemische Kenngrößen werden nicht im Vollblut, sondern im Serum bzw. Plasma bestimmt. Serumproben werden durch Zentrifugation aus Vollblut nach spontaner Gerinnung, Plasma durch Zentrifugation ungerinnbar gemachten Vollbluts (Zusatz von EDTA, Citrat, Oxalat oder Heparin) gewonnen. Serum und Plasma sind frei von zellulären (korpuskulären) Bestandteilen, Plasma besitzt jedoch eine höhere Gesamtproteinkonzentration (bedingt durch Fibrinogen, das dem Serum fehlt), Serum dagen höhere Aktivitäten saurer Phosphatase und LDH, die beim Gerinnungsprozeß aus Thrombozyten abgegeben werden.

5. Transport und Verwahrung

Bei der Probenvorbereitung ist zu unterscheiden, ob Serum, Plasma oder Vollblut als Untersuchungsmaterial dienen. Bei Serum- bzw. Plasmaproben soll die Zeit von der Blutentnahme bis zur Abtrennung der zellulären Bestandteile von Serum (Plasma) durch Zentrifugation nicht länger als 1 h betragen.

Vollblut soll unter Zusatz von Ammoniumheparinat innerhalb von 6 h analysiert werden, dabei ist zu beachten, daß eine Reihe von Stoffwechselprozessen im Vollblut weiterlaufen. Dazu gehören:

- **Erythrozyten- und Zellstoffwechsel.** Erythrozyten und andere zelluläre bzw. korpuskuläre Bestandteile verbrauchen auch in vitro Glucose und geben Lactat und NH_4^+ ab, so daß nach längerer Lagerung im Vollblutplasma falsch niedrige Glucose- bzw. falsch hohe Lactat- und NH_4^+-werte gemessen werden. Diese Störung läßt sich verhindern, indem entweder unmittelbar nach Entnahme Kapillarblut enteiweißt wird oder Plasma bzw. Serum von venösem Blut innerhalb von 30 min durch Zentrifugation getrennt werden. Auch der Zusatz eines Glykolysehemmers (z. B. Natriumfluorid, Uranylacetat) bei Bestimmung von Lactat oder Ammoniak im Vollblut ist möglich. Zu beachten ist außerdem, daß **Kalium**, **LDH**, **saure Phosphatase**, **AST = GOT**, **ALT = GPT** und **Kreatinin** bei Raumtemperatur aus den Erythrozyten in das Plasma diffundieren, wenn die Glucosekonzentration unter einen kritischen Wert gesunken ist.

- **Aufbewahrungszeit.** Im Vollblut sind die Meßwerte bis 24 h bei Raumtemperatur (Postversand) für folgende Bestimmungen stabil: Gesamtprotein, Cholesterin, Harnsäure, Harnstoff, Triglyceride (keine Berücksichtigung von freiem Glycerin), Kreatinin (nur enzymatisch). Dies gilt auch für die Aktivität folgender Enzyme: AP, α-Amylase, CHE, γ-GT und GLDH.

Für die Aufbewahrung von Serum-/Plasmaproben ohne Änderung der Meßgrößen bzw. Änderung der Werte um <10% gilt folgendes:

- Enzyme, Substrate und Elektrolyte lassen sich bei 4° C für 8 Tage, bei 20° – 25° C 3–5 Tage ohne signifikante Änderung der Meßgrößen aufbewahren.
- Gerinnungsfaktoren und Antikörper sind nach Schockgefrierung bei –20° C über Wochen stabil. Werden gefrorene Proben nicht in verschlossenen Gefäßen aufbewahrt, kommt es zu Wasserverlusten durch Sublimation.
- Die Bestimmung zellulärer Bestandteile aus EDTA-Vollblut muß innerhalb eines Tages erfolgen.
- Im Urin (nach Zusatz von Thymol aufbewahrt) sind Substrate und Elektrolyte stabil, Enzyme in der Regel instabil.

6. Einflußgrößen

Alle Veränderungen der zu bestimmenden klinisch-chemischen Kenngrößen, die **in vivo**, d. h. am zu untersuchenden Probanden eintreten, werden als **Einflußgrößen** bezeichnet.

Unveränderliche individuelle Einflußgrößen sind

- die **Altersabhängigkeit** (z. B. Gesamtcholesterin, alkalische Phosphatase)
- **Geschlechtsunterschiede** (z. B. Estrogene, Testosteron, Erythrozytenzahl, Hämoglobin- und Eisenspiegel, Kreatinin)

Variable endogene Faktoren sind

- **Ernährung und Nahrungsaufnahme**. Wegen des postprandialen Anstiegs der Werte für Glucose, Cholesterin, Triglyceride, Harnstoff, Harnsäure und Eisen, erfolgt die Abnahme des Untersuchungsgutes (Blut) im Nüchternzustand. Eine 30 min bis mehrere h nach einer Mahlzeit eintretende **Hyperlipoproteinämie** (S. 119) bewirkt (vorwiegend bei Triglyceridwerten >500 mg/dl) u. a.
  - eine Verminderung der Elektrolyte über einen Verdrängungseffekt durch die Lipoproteine,
  - eine Störung der photometrischen Messung von Enzymen und Substanzen in Richtung eines falsch niedrigen oder nicht meßbaren Wertes,
  - an Blutzellzählgeräten ein unplausibles Ergebnis,
  - unplausible Ergebnisse bei Einsatz von Radio- oder Enzymimmunoassays.
- **Körperliche Aktivität**. Anstieg der Kreatinkinase-, Transaminasen-, LDH- und α-HBDH-Aktivität, sowie Proteinurie und Anstieg des Lactats und Abfall des Pyruvatspiegels im Serum nach schwerer körperlicher Belastung.
- **Körperlage**. Beim Übergang der Körperlage vom Liegen zum Stehen kommt es zur Verminderung des intravasalen Blutvolumens um ≈10% (Orthostase). Nach 10–30 min Orthostase erhöhen sich die Werte für **Gesamtprotein**, **Immunglobuline**, **Hämatokrit**, Erythrozyten- und Leukozytenzahl, Hämoglobin und alle proteinassoziierten Komponenten u. a. **Calcium**, **Renin**, **Thyroxin**, **Bilirubin**, **Lipoproteine**. Bei Patienten mit Ödemneigung können die Änderungen bis zu 30% betragen.
- **Stauzeit**. Empfohlen wird eine Stauzeit (z. B. der Cubitalvene) von maximal 1 min bis zum Einstechen der Kanüle. Danach Stauung lockern und Blut aspirieren. Nach 6 min Stauung kommt es z. B. zu Aktivitätserhöhungen von ALT, CK, LDH, γ-GT und AP und zu Konzentrationserhöhungen von Gesamtprotein, Albumin, Ig, Fructosamin und Bilirubin.
- **Diagnostische Maßnahmen**. Anstieg der **Akute-Phase-Proteine** (z. B. CRP) nach endoskopischen, röntgenologischen und kleinen chirurgischen Eingriffen. Anstieg der sauren tartrathemmbaren Phosphatase nach rektaler Untersuchung der Prostata, Anstieg des Prolaktinwertes nach Palpation der Mamma.

Physiologische Faktoren sind veränderliche, aber individuelle Einflußgrößen. Dazu gehören:

- **Entnahmezeitpunkt des Untersuchungsgutes.** Konzentrationsschwankungen im Laufe des Tages durch circadiane Rhythmen unterliegen endokrinologische und andere Kenngrößen (Tabelle). Keinem statistisch gesicherten Tageseinfluß unterliegen Kreatinin, anorganisches Phosphat, Harnsäure, Gesamtprotein, Cholesterin, AST, ALT, AP, LDH und α-Amylase.
- **Schwangerschaft und Menstruationszyklus.** Charakteristische zyklische Änderungen der Estrogene, Gestagene, FSH und LH.

Tageszeitabhängige Änderungen klinisch-chemischer Kenngrößen (Blut/Serum)
(Zahlen geben Uhrzeiten an)

Kenngröße	Maximum	Minimum	% Abweichung*
ACTH	6–10	0–4	150–200
Cortisol	morgens	nachts	180–200
Testosteron	4–6	16–20	30–50
Aldosteron	0–6	vormittags	60–80
STH	22–24	vormittags	300–400
Katecholamine	vormittags	nachts	90–120
Hämoglobin/Hämatokrit	morgens	nachts	8–15
Eosinophilenzahl	4–5	20	30–40
Eisen	12–16	20–4	50–70

* Schwingungsbreite des Gleichwertes

7. Störfaktoren

Alle Faktoren, welche **nach der Entnahme** des Untersuchungsguts, die **in vitro**-Konzentration zur Bestimmung eines Analyten vermeidbar beeinflussen, sind **Störfaktoren**. Hierzu gehören:

- **Unsachgemäße Entnahmetechnik** von Blut. Bei der Abnahme von Kapillarblut kann durch Drücken oder Pressen der Einstichstelle dem Kapillarblut extravasale Flüssigkeit beigemischt werden, wodurch ein Volumenfehler bis zu 15% entstehen kann.
- **Temperatur**. Temperaturabhängig sind alle Enzymreaktionen. Anstieg der Enzymaktivität um 10% bei Erhöhung der Temperatur um 1° C (20% bei Erhöhung um 2° C). Bei Raumtemperatur treten aus Erythrozyten (Vollblut)

Inhaltsbestandteile in das Serum über (s. o.). Temperaturabhängig ist ferner der pH-Wert des Blutes (Säure-Basen-Haushalt).

- **Hämolyse**. Eine Hämolyse der Blutprobe mit Austritt der intrazellulären Bestandteile in das Serum kann eintreten durch

  zu lange Venenstauung
  zu starkes Aspirieren bzw. Entleeren der Spritze
  feuchte Probenröhrchen
  ungenügende Vermischung mit Antikoagulantien
  Stoßen oder Schütteln des Röhrchens
  Kälteeinwirkung
  zu langes Stehen der Blutprobe

In hämolytischen Seren werden die Meßgrößen für folgende Parameter beeinflußt:

Fälschlich zu hohe Werte werden für alle Bestandteile bestimmt, die in Erythrozyten in höherer Konzentration vorliegen als im Plasma: K^+, LDH, saure Phosphatase (SP), AST (=GOT).

Bei photometrischen Messungen in einem Wellenlängenbereich von 300–500 nm resultieren für alle Blutbestandteile, bei deren Messung ein farbiges Reaktionsprodukt entsteht, fälschlich zu hohe Werte wie z. B. Eisen, Kreatinin, γ-GT, alkalische Phosphatase.

Zu niedrige Werte werden durch Störung chemischer Reaktionen, z. B. Diazoreaktion bei der Bilirubinbestimmung, gemessen.

- **Trübung photometrischer Reaktionsansätze** durch starke Vermehrung der Immunglobuline vom Typ IgM (z. B. M. Waldenström, chronisch-aggressive Hepatitis) oder durch Hypertriglyceridämie.

- **Störung durch Lichteinwirkung.** Lichtempfindlich (UV- bzw. sichtbares Licht) sind Bilirubin, Porphyrin, Urobilinogen, die kolorimetrische Chloridbestimmung bei Verwendung von Silbernitrat und der Hämagglutinationstest für HCG.

- **Kontamination**. Häufig ist eine Kontamination des Untersuchungsgutes durch Infusionslösungen, die Proteine, Glucose (Dextrine) und Elektrolyte enthalten. Auch eine exogene Einschleusung von Kalium und Natrium (aus EDTA) oder NH_4^+ (aus Heparin) ist möglich. Dagegen spielt die Einschleppung von Eisen, Phosphat (aus Spülmitteln) oder die Hämolyse durch Detergentien bei Verwendung von Einmalartikeln (Spritze, Reaktionsgefäße) eine nur untergeordnete Rolle.

8. Referenzintervalle (Referenzbereich)

Als „Normalbereich" (Normalwertbereich) eines Analyts gelten im allgemeinen Werte, die innerhalb eines Streubereiches 95% gesunder („normaler") Probanden liegen. Da der Begriff „normal" jedoch eine wenig definierte Größe darstellt und Mißverständnisse in sich birgt, wurde der Begriff der **Referenzwerte** bzw. des **Referenzbereichs** eingeführt.

Das Referenzwertkonzept basiert auf einer **Referenzpopulation** die aus Referenzindividuen besteht, wobei ein Referenzindividuum eine Person ist, die ausgewählt wurde, weil sie bestimmten Kriterien entspricht. Die Referenzpopulation wird repräsentiert durch eine Referenzgruppe (Kollektiv) durch deren Untersuchung **Referenzwerte** gewonnen werden. Aus den Referenzwerten läßt sich durch graphische Darstellung bzw. statistische Analyse eine Referenzverteilung erstellen. Die Referenzverteilung gibt wiederum diejenigen Grenzwerte an (**Referenzgrenze**) zwischen denen sich das **Referenzintervall** (Referenzbereich) befindet. Das Referenzintervall wird häufig so gewählt, daß es 95% der Analysenergebnisse (= 4 Stadardabweichungen der Referenzstichproben) umfaßt. Die **Referenzstichprobe** verkörpert eine adäquate Anzahl von Referenzindividuen innerhalb einer Referenzpopulation.

Die Auswahlkriterien für eine Referenzpopulation müssen definiert sein z. B. nach Geschlecht, nach Alter, Gewicht o.a. Kriterien. Entscheidend ist allein die exakte Beschreibung der Referenzpopulation.

9. Medizinische Beurteilung

Jedes Analysenergebnis muß unter Berücksichtigung von Patientendaten einer **medizinischen Beurteilung** unterzogen werden. Erst hierdurch erhält es die Qualität eines klinisch-chemischen Befundes. Die medizinische Beruteilung erfolgt als

- **longitudinale Beurteilung**, bei der das Analysenergebnis mit einem früheren Ergebnis des Patienten verglichen wird und als
- **transversale Beurteilung**, bei der das Analysenergebnis mit dem Referenzintervall einer repräsentativen Referenzpopulation verglichen wird.

Der medizinischen Beurteilung geht eine **Plausibilitätskontrolle** voraus, zu der die folgenden Verfahren herangezogen werden:

- **Extremwertkontrolle**. Prüfung, ob das Analysenergebnis innerhalb der empirischen Grenzwerte der betreffenden Kenngröße liegt. Außerhalb der empirischen Grenzwerte liegende Ergebnisse können „Warngrenzen“ für eine bestehende Gefährdung des Patienten sein.

- **Trendkontrolle.** Sie erfaßt Änderungen von Analysenwerten im zeitlichen Ablauf einer Krankheit gegenüber einem Vorwert, der in der Regel nicht mehr als 4–8 Tage zurückliegen soll. Bei der Trendkontrolle arbeitet man mit Grenzwerten für den Anstieg oder Abfall einer Kenngröße, die in Prozent angegeben werden. Sie hat sich besonders bewährt, um Verwechslungen von Patienten bzw. Proben zu erkennen.
- **Konstellationskontrolle.** Eine Reihe von Krankheitsbildern führt zu typischen Konstellationen zweier oder mehrerer Kenngrößen. So ist z. B. eine Hämolyse mit hohem freien Hämoglobin immer mit einer Vermehrung der LDH im Serum verknüpft. Erniedrigte Konzentrationen von T_3 und T_4 (S. 164) gehen in der Regel mit erhöhtem TSH-Spiegel einher. Eine Erhöhung der Alanin-Aminotransferase (ALT = GPT) ist mit hoher Wahrscheinlichkeit meist mit einer Erhöhung der Aktivitäten von Aspartat-Aminotransferase (AST = GOT) verknüpft. Atypische Konstellationen bedürfen der Nachprüfung.
- **Kontrolle der klinischen Erwartung.** Die ermittelten Kenngrößen bzw. Konstellationen müssen der klinischen Erwartung entsprechen. So läßt z. B. die Diagnose Hepatitis mit Ikterus eine Hyperbilirubinämie und meist auch den Anstieg der Aktivität der Transaminasen ALT und AST erwarten. Ist das nicht der Fall, so ist an eine Material- bzw. Namensverwechslung zu denken.
- **Kontrolle des Untersuchungsauftrags.** Ein implausibler Untersuchungsauftrag liegt vor, wenn die Analyse von klinisch-chemischen Kenngrößen verlangt wird, die nicht dem klinischen Problem entsprechen bzw. nicht für das bestimmte Krankheitsbild typisch sind oder nicht geeignet sind, die Vermutungsdiagnose zu bestätigen.

Für die Interpretation von Laboratoriumsbefunden müssen ferner eine Reihe von Kriterien herangezogen werden, deren Summe den Aussagewert des klinisch-chemischen Befundes bestimmt.

Dazu gehören:

- **Diagnostische Empfindlichkeit**(Sensitivität). Sie gibt die Wahrscheinlicheit an, mit der ein Patient ein positives Ergebnis liefert. Die Sensitivität wird in Prozent angegeben und errechnet sich aus dem Quotienten

$$\text{Diagnostische Empfindlichkeit} = \frac{\text{Alle positiven Ergebnisse}}{\text{Alle richtig-positiven Ergebnisse}}$$

- **Diagnostische Spezifität.** Sie gibt die Wahrscheinlichkeit an, mit der ein Nichtkranker ein negatives Ergebnis liefert. Der prozentuale Wert der Spezifität errechnet sich aus dem Quotienten

$$\text{Diagnostische Spezifität} = \frac{\text{Alle richtig-negativen Ergebnisse}}{\text{Alle Nichtkranken}}$$

(analytische Spezifität, S. 38)

- **Prädiktive Werte.** Sie geben Antwort auf die Frage wie groß die Wahrscheinlichkeit von Krankheit ist, wenn der Test positiv ist bzw. die Wahrscheinlichkeit von Nichtkrankheit, wenn der Test negativ ist. Der prädiktive Wert des positiven Resultats (%) wird aus dem Quotienten

$$\text{Prädiktiver Wert} = \frac{\text{Zahl der richtig-positiven Ergebnisse}}{\text{Zahl aller positiven Ergebnisse}}$$

errechnet. Der prädiktive Wert des negativen Resultats errechnet sich analog.

Für die Deutung eines klinisch-chemischen Befundes müssen auch Begleitkrankheit, Organspezifität und biologische Halbwertszeit des betreffenden Analyten im Blut berücksichtigt werden.

Biologische Halbwertszeit von Proteinen (Durchschnittswerte)

Proteine	Tage
Prokonvertin (Faktor VII)	0,3
Antihämophiles Globulin (Faktor VIII)	0,5
Pseudocholinesterase	1,0
Präalbumin	1,9
Retinolbindendes Protein	2,1
Fibrinogen	5,0
IgM	5,1
IgA	5,7
Transferrin	7,5
Albumin	19
IgG	21
Hämoglobin	60
Myosin	180
Kollagen	>360

- **Biologische Halbwertszeit.** Die Kenntnis der biologischen Halbwertszeiten ist vor allem für die Interpretation enzymdiagnostischer Befunde von Bedeutung. Bei Enzymen mit einer Halbwertzeit von <24 h (z. B. AST, CK, GLDH, s. Tabelle S. 83) können flüchtige Anstiege oft nicht beobachtet werden, wenn die Probennahme erst nach einigen Tagen erfolgt. Als Parameter für akute Funktions- und Syntheseausfälle des Leberparenchyms eignet sich z. B. der Konzentrationsabfall der Blutgerinnungsfaktoren (kurze Halbwertszeit!), nicht jedoch derjenige des Albumins (längere Halbwertszeit, s. Tabelle).
- **Prävalenz und Inzidenz.** Die **Prävalenz** gibt die epidemiologische Häufigkeit aller Fälle einer bestimmten Krankheit oder eine Mutation (S. 42) in einer Population zum Zeitpunkt der Untersuchung an, während die **Inzidenz** Aussagen (bzw. Voraussagen) über die Anzahl **neuer** Erkrankungsfälle in der Zeiteinheit (meist ein Jahr) macht.

II. Klinisch-chemische Analytik

1. Untersuchungsgut (Spezimen) und biologische Probe

Die für die klinisch-chemische Analytik bestimmte **biologische Probe** wird aus dem Untersuchungsgut (Spezimen) in einem präanalytischen Teilschritt gewonnen. Dies geschieht z. B. durch Zentrifugieren von Blut zur Abtrennung der zellulären (korpuskulären) Bestandteile, durch Abmessen und ggf. exakte Verdünnung eines definierten Volumens (von Serum, Plasma, Urin) durch Pipettieren, durch Extraktion (z. B. zur Bestimmung der Katecholamine im Blutplasma) oder Veraschung (z. B. zur Bestimmung von Elektrolyten in Gewebsproben).

2. Trennverfahren

Das für die klinisch-chemische Analyse bestimmte Untersuchungsgut wird einem Trennverfahren unterzogen, wenn es neben dem gesuchten Analyten weitere den Nachweis bzw. die Bestimmungsreaktion störende Substanzen enthält, oder wenn das Trennverfahren selbst einen Teilschritt der Analytik darstellt. Beispiele für einige in der klinischen Chemie eingesetzte Trennverfahren gibt die Tabelle.

Trennverfahren	Anwendungsbeispiele
Zentrifugation	Trennung von Serum/Plasma und korpuskulären Elementen des Blutes
Ultrazentrifugation	Lipoproteinprofil
Elektrophorese	Fraktionierung von Serumproteinen, Liquorproteinen, Lipoproteinen, Isoenzymen
Hochleistungsflüssigkeits-Chromatographie (HPCL)	Trennung von Katecholaminen, Porphyrinen, Nachweis von Pharmaka
Dünnschichtchromatographie (TLC, DC)	Drogenscreening
Gaschromatographie (GC)	Profile von Steroiden, Gallensäuren, Fettsäuren, Alkoholen

Elektrophorese. Die Trennung von Stoffgemischen mit Hilfe der Elektrophorese basiert auf der unterschiedlichen (anionischen oder kationischen) Nettoladung, der Größe von Molekülen und der dadurch bedingten unterschiedlichen Wanderungsgeschwindigkeit und Wanderungsrichtung im elektrischen Feld. Eine wichtige Anwendung im klinischen Labor ist die Trägerelektrophorese auf Zelluloseacetatfolien, bei der Proteine, Enzyme und Lipoproteine aus verschiedenen Körperflüssigkeiten getrennt werden. Die Abbildung zeigt einige typische Elektropherogramme von Serumproteinen.

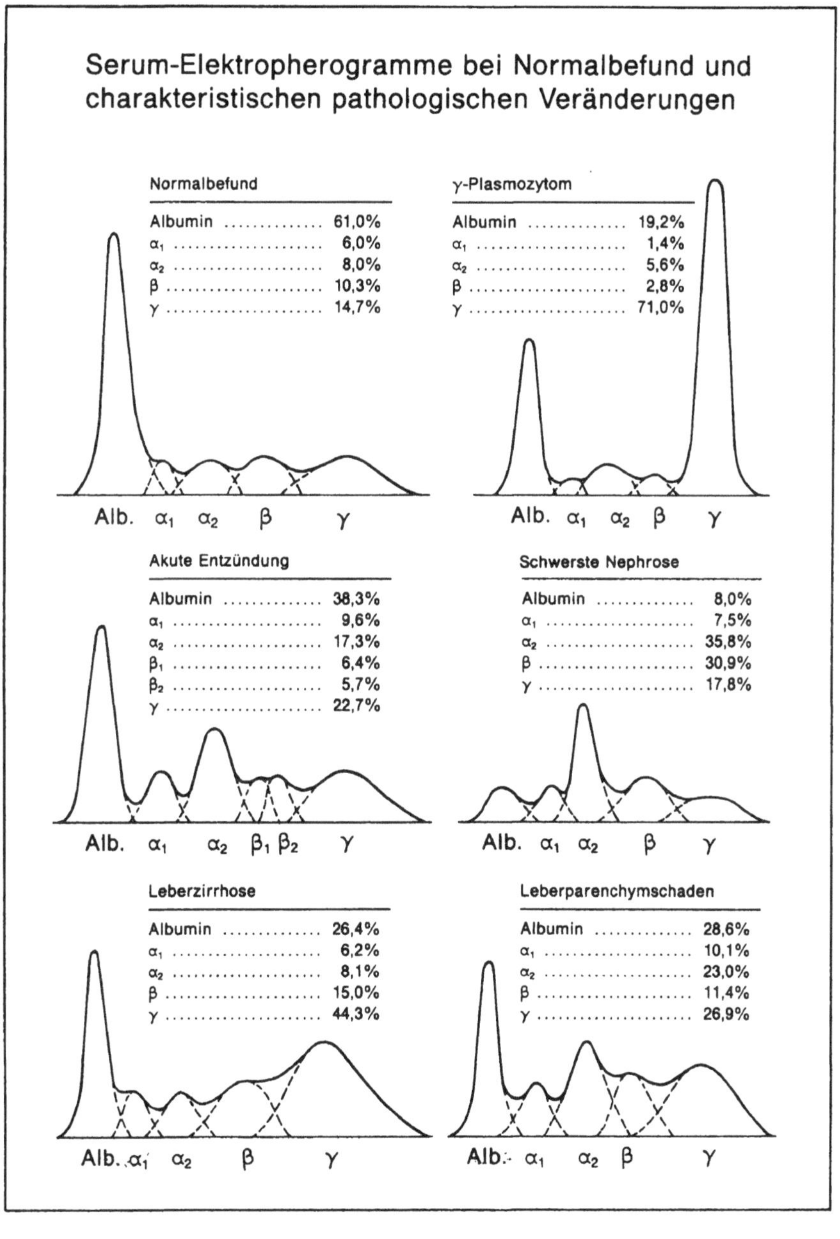

Als Trägermedium können auch Agarose und Polyacrylamidgel eingesetzt werden, die für Serumproteine eine große Anzahl scharfer Banden liefert und sich auch für die Immunelektrophorese eignen.

3. Analysenverfahren

Spektralphotometrische Techniken. Die Spektralphotometrie wird im klinisch-chemischen Labor häufig zur Messung von Substratkonzentrationen und Enzymaktivitäten eingesetzt und umfaßt verschiedene Verfahren:

- **Absorptionsphotometrie.** Es wird die Absorption eines (in der Regel) monochromatischen Lichtstrahls durch eine transparente Probe gemessen. Nach dem Lambert-Beerschen Gesetz

$$E = \varepsilon \cdot c \cdot d$$

E = Extinktion (dimensionslos)
c = Konzentration ($mol \times l^{-1}$)
d = Schichtdicke (mm)
ε = Molarer Extinktionskoeffizient ($l \times mol^{-1} \times mm^{-1}$)

ist die Lichtabsorption proportional zur Konzentration des Analyten. Farbige Verbindungen können bei Vergleich der Extinktion der Probe mit Standard- (Referenz-) Lösungen quantitativ bestimmt werden.
Besitzt die gesuchte Substanz eine Eigenfarbe im sichtbaren oder UV-Licht, kann die Absorption direkt gemessen und die Konzentration mit Hilfe des bekannten molaren Absorptionskoeffizienten errechnet werden.

Die Bestimmung von Enzym- und Substrataktivitäten erfolgt häufig unter direkter oder indirekter Ausnutzung NAD- bzw. NADP-abhängiger enzymatischer Reaktionen, da **NADH** und **NADPH** meßtechnisch gut zu erfassen sind und ihr molarer Extinktionskoeffizient $6{,}3 \times 10^2\ mol^{-1} \times mm^{-1}$ (bei 340 nm und 25° C) bekannt ist. Bei der **Endpunktmessung** wird die Änderung nach vollständig abgelaufener Reaktion gemessen, d. h. wenn keine Extinktionsänderung mehr eintritt. Dagegen wird bei der **kinetischen Messung** der Reaktionsablauf fortlaufend registriert und die wiederholt kontrollierte Extinktionsänderung pro Zeiteinheit für die Berechnung des Resultats herangezogen.

- **Reflektionsphotometrie.** Liegt die gefärbte Probe nicht in Lösung, sondern als Farbfleck (Dünnschichtchromatographie, trägergebundene Analytik auf trockenen Reagenzträgern (S. 28, 384)) vor, wird die Reflexion des eingestrahlten Lichts gemessen. Das Lambert-Beersche Gesetz gilt nicht. Durch Einsatz geräteintegrierter elektronischer Rechenvorgänge können jedoch Kalibrierung und Auswertung rasch und fehlerfrei durchgeführt werden.

- **Emissionsphotometrie**. Mit der Emissionsphotometrie lassen sich zahlreiche metallische Kationen quantitativ bestimmen. Das Prinzip beruht auf Verdampfung wässriger Kationenlösungen, wobei die Moleküle schließlich zu Atomen zerfallen, die wiederum unter Aufnahme thermischer Energie ihrer Außenelektronen auf ein höheres energetisches Niveau gehoben werden. Bei Rückkehr auf das energetische Ausgangsniveau kommt es zur Emission von Lichtquanten, die ein **charakteristisches (Atombanden- oder Ionen-) Spektrum** erzeugen. Die zur Messung geeignete spektrale Resonanzlinie ist die stärkste Linie im Metallspektrum (z. B. 767/769 nm für Kalium). Mit Lösungen bekannter Konzentration müssen Eichkurven erstellt werden.

In der klinischen Chemie wird die Emissionsspektroskopie vorzugsweise für die Bestimmung von Na^+, K^+ und Lithium (eingeschränkt auch Ca^{2+}) eingesetzt, wobei das Konzentrationsverhältnis von zu messenden und anderweitig in Lösung vorliegenden Metallen (z. B. Na^+/K^+-Verhältnis) berücksichtigt werden muß.

- **Atomabsorptionsphotometrie**. Durch Zufuhr thermischer Energie gehen Metalle in einen gasförmigen Zustand über, werden bei der Atomabsorptionsphotometrie aber **nicht angeregt**, da die Zahl der Atome im (nicht angeregten) Grundzustand gemessen wird. Die beim Verglühen der Metalle entstehende heiße Atomwolke wird von einer Hohlkathodenlampe durchstrahlt, die das Spektrum des zu untersuchenden Elements emittiert. Aus dem Spektrum werden eine (oder mehrere) Banden derjenigen Wellenlänge selektioniert, die von den Atomen des zu messenden Metalls absorbiert werden. Die Absorption ist um so größer, je größer die Zahl der Atome des betreffenden Elements in der Atomwolke ist. In der klinischen Chemie wird die Atomabsorptionsphotometrie hauptsächlich zur Bestimmung von Kalium, Natrium, Calcium, Magnesium, Zink und Blei eingesetzt.

Konduktivitätsmessung (Coulometrie). Die elektrische Leitfähigkeit einer wäßrigen Lösung hängt von der in der Zeiteinheit transportierten Strommenge – gemessen in Coulomb – ab. In der klinischen Chemie wird die Coulometrie vorzugsweise zur Bestimmung von Chloridionen in Lösung einer biologischen Probe eingesetzt. Dabei werden aus einer Silberelektrode Ag-Ionen durch Elektrolyse freigesetzt, die mit den Chloridionen der Lösung unlösliches AgCl bilden. Sind die Chloridionen der Lösung verbraucht, steigt die Leitfähigkeit der Lösung durch die entstehenden freien Ag^+-Ionen an und zeigt das Reaktionsende an. Der Verbrauch der Silberionen ist der Chloridkonzentration proportional.

Potentiometrie. Potentiometrische Messungen erfassen Elektrodenpotentiale. Dabei werden die Potentialunterschiede zwischen einer Referenzelektrode (mit konstantem Potential) und einer Meßelektrode, deren Potential von der umgebenden Lösung abhängt, in einem Stromkreis mit hohem Widerstand gemessen. Beide Elektroden bilden eine Meßkette, die bei Eintauchen in eine ionenhaltige Lösung ein Potential ausbilden, das meßtechnisch erfaßt wird.

Die Potentiometrie wird eingesetzt zur

- pH-Messung (Blut-pH-Messung, S. 152, Magensekretionsanalyse, S. 266). Zur pH-Messung werden üblicherweise Glaselektroden und Bezugselektroden (z. B. Silber/Silberchlorid) eingesetzt. Das System muß streng thermostabilisiert sein (Temperaturschwankung $<0{,}1°$ C). Bei der Blut-pH-Messung kann der pH-Wert entweder **direkt** mit einer pCO_2-Elektrode (s. u.) oder **indirekt** nach Äquilibrierung der Blutprobe mit zwei Gasgemischen verschiedenen bekannten CO_2-Gehalts (Siggaard-Andersen-Methode) ermittelt werden.
- Na^+-, K^+- und Ca^{2+}-Bestimmung mit ionensensitiven Elektroden. Für die Bestimmung der Natriumkonzentration werden Elektroden mit Natrium-selektiven Glassorten, für die Bestimmung der K^+- und Ca^{2+}-Konzentration Ionenaustauscher-Membranelektroden verwendet.
- pCO_2-Bestimmung (Blutgasanalyse, S. 152), deren Prinzip darauf beruht, daß der pH-Wert in einer Bicarbonatlösung gemessen wird, die vom Meßgut durch eine CO_2-durchlässige Membran getrennt ist. Da die Membran für andere, den pH-Wert verändernde, Ionen undurchlässig ist, hängt der pH-Wert der Lösung lediglich vom CO_2-Partialdruck ab.

Trägergebundene Reagentien. Bei den trägergebundenen Reagentien sind alle für die qualitative oder quantitative Bestimmung eines Analyten erforderlichen Chemikalien in **nicht-gelöster** („trockener“) **Form** auf einer Trägerfolie imprägniert und ggf. durch Membranen definierter Durchlässigkeit voneinander getrennt (sog. **Trockenchemie**). Die Reaktion wird durch Auftragen der Probe – Blut, Serum, Plasma oder Urin – eingeleitet und läuft nach dem gleichen Prinzip wie bei Anwendung gelöster Reagentien ab nur mit dem Unterschied, daß das Lösungsmittel für den Reaktionsansatz ausschließlich aus der Probe stammt. Bei Blutproben werden die zellulären Bestandteile in einer besonderen Schicht abgetrennt, so daß nur das Plasma in die Reagenzzone diffundiert. Der in einer Indikatorzone gebildete Farbstoff wird durch Reflektometrie (s. o.) erfaßt.

Kompetitive Proteinbindungsanalyse. Proteinbindungsanalysen dienen der spezifischen quantitativen Bestimmung kleiner Mengen (ng-Bereich) eines Liganden, der in der klinischen Chemie dem Analyten entspricht und häufig ein **Hapten** (Antigen) oder ein **Medikamennt** repräsentiert. Beispiele sind Steroidhormone, Schilddrüsenhormone (T_3, T_4), Vitamin D, Vitamin B_{12} und Herzglykoside. Die quantitative Analyse des zu bestimmenden Liganden setzt voraus, daß der Ligand auch in „markierter" Form verfügbar (meist commerziell erhältlich) ist.

Das Prinzip der kompetitiven Proteinbindungsanalyse besteht darin, daß der markierte Ligand zunächst an ein spezifisches Bindgungsprotein (Antikörper, Rezeptor) gebunden wird, wobei das Bindungsprotein im Unterschuß vorliegen

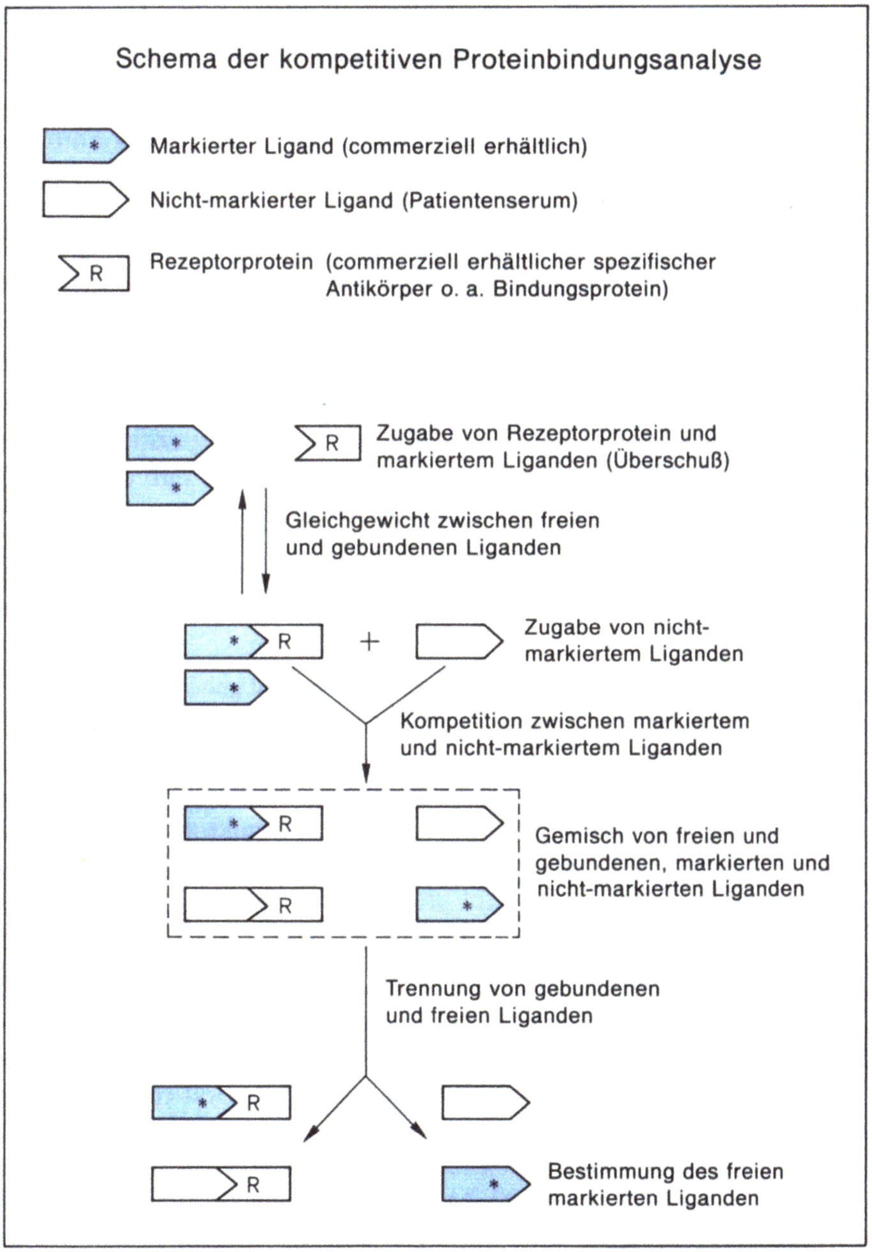

muß. Bei Zusatz des zu bestimmenden nicht-markierten Liganden kommt es zu einer Kompetition zwischen markiertem und nicht-markiertem Liganden um das Bindungsprotein, so daß nach Einstellung eines Gleichgewichts sowohl gebundener wie freier Ligand im Reaktionsansatz in markierter und nicht-markierter Form vorhanden sind. Der aus der Bindung verdrängte freie markierte Ligand wird abgetrennt und mit Hilfe seiner Markierung quantitativ bestimmt. Die Menge des freien markierten Liganden ist um so größer, je mehr (nicht-markierte) Liganden das zu prüfende Serum bzw. die Probe ursprünglich enthielt. Einer unter gleichen Bedingungen aufgestellten Eichkurve wird die gesuchte Serumkonzentration der Liganden entnommen.

Die **Markierung des Liganden** (Hapten, Antigen, Pharmakon) kann durch Radionuclide (z. B. ^{125}I-Thyroxin, ^{57}Co-Vitamin B_{12}) durch Enzyme (z. B. Peroxidase, alkalische Phosphatase), durch fluorogene Substanzen (Fluoreszein, Tetramethylrhodaminisothiocyanat) oder luminogene Substanzen (z. B. Acridinester) erfolgen. Die quantitative Bestimmung des markierten Liganden (Signalträger) erfolgt dann durch Radioaktivitätsbestimmung, enzymatische Reaktion mit Bildung eines Farbstoffs, Fluoreszenzmessung oder Lumineszenzmessung.

Das **Bindungsprotein** kann ein spezifischer **Antikörper**, ein spezifischer **Rezeptor** oder ein spezifisches Bindungsprotein sein, wesentlich ist, daß der zu bestimmende Ligand mit hoher Spezifität gebunden wird.

Das Prinzip der kompetitiven Bindungsnalysen läßt sich in vielfältiger Weise variieren. Eine weite Verbreitung haben vor allem folgende Proteinbindungsverfahren gefunden:

- **Radioimmunoassay (RIA).** Der Radioimmunoassay gehört zu den empfindlichsten, spezifischsten und genauesten Analyseverfahren, die in der klinischen Chemie verfügbar sind. Die Spezifität des Radioimmunoassay ist durch die dieser Bestimmungsmethode zugrundeliegenden Antigen-Antikörper-Reaktion gegeben, die Empfindlichkeit drückt sich darin aus, daß Antigenmengen in einer Größenordnung von 10^{-12} bis 10^{-15} g noch nachweisbar sind, die Präzision ergibt sich aus der Genauigkeit der Messung von Radioaktivitäten.

  Der **kompetitive** (klassische) **Radioimmunoassay** basiert auf dem Phänomen, daß radioaktiv markiertes und nicht-markiertes Antigen, die sich immunologisch nicht voneinander unterscheiden, um die Bindung an den für sie spezifischen Antikörper konkurrieren. Da die Reaktion reversibel ist und dem Massenwirkungsgesetz gehorcht, stellt sich in Lösung ein für die Reaktionspartner charakteristisches Gleichgewicht zwischen freiem (markiertem bzw. nicht-markiertem) Antigen und freiem Antikörper einerseits, sowie dem Antigen-Antikörper-Komplex andererseits, ein. Da beim Radioimmunoassay immer mit einer **limitierten Menge von Antikörpern** (s. o.) gearbeitet wird, liegt neben dem Antigen-Antikörper-Komplex stets noch freies (radioaktiv markiertes bzw. nicht-markiertes) Antigen vor, das von dem Antigen-Antikörper-Komplex abgetrennt wird, und dessen Radioaktivität ein Maß für die Konzentration des gesuchten, nicht-markierten Antigens darstellt. Durch Eichkurven läßt sich für jedes Testsystem die Menge des in einer Probe enthaltenen Antigens ermitteln.

Eine Modifikation ist der **nicht kompetitive RIA**, bei dem der **Antikörper im Überschuß** vorliegt, aber an eine feste Phase (z. B. Röhrchenwand) gebunden ist. Nach Bindung des Antigens (Probe, Serum) und Waschen zur Entfernung freier Antikörper und störender Serumbestandteile wird ein 2. radioaktiv markierter Antikörper zugesetzt, der mit dem bereits an den 1. Antikörper gebundenen Antigen reagiert, so daß ein Antikörper-Antigen-Antikörper-Komplex („Sandwichprinzip") entsteht. Meßgröße für das zu bestimmende Antigen ist die **Radioaktivität des gebundenen 2. Antikörpers**. Neben der endokrinologischen Diagnostik gibt es zahlreiche Anwendungsgebiete des Radioimmunoassay. Er läßt sich nicht nur auf klassische Antigene (Proteine, Peptide), sondern auch auf andere Stoffgruppen (Steroide, Arzneimittel u. a.) anwenden. Eine Übersicht gibt die Tabelle.

Anwendungsmöglichkeiten des Radioimmunoassay/Enzymimmunoassay zur quantitativen Bestimmung von Antigenen (Haptenen)

• **Proteine, Peptide** **Hormone:** LH, FSH, TSH, TRH, Prolactin, STH, ACTH, Vasopressin, Ocytocin, MSH, Parathormon, Calcitonin, Glukagon, Enteroglukagon, Gastrin, Sekretin, HCG, Erythropoetin, Angiotensin I und II, Renin, Bradykinin **Plasmaproteine:** Albumin, IgG, IgA, IgM, IgE, Lipoproteine, Thyroxin-bindendes Globulin, Retinol-bindendes Protein, Transferrin. Blutgerinnungsfaktoren u. a. **Enzyme:** Trypsin, α-Chymotrypsin, Pepsinogen, Fructose-1,6,-Bisphosphatase u. a. **Mikrobiologische Antigene und Tumormarker:** α-Fetoprotein, Carcinoembryonales Antigen, Onkogene, Australiaantigen, Schistosoma-Mansoni-Antigen, Hepatitis-Oberflächenantigen
• **Haptene** **Steroide:** Estrogene, Gestagene, Testosteron, Glucocorticoide, Aldosteron, D-Hormon u. a. **Vitamine:** Vitamin B_{12}, Folsäure **Schilddrüsenhormone:** T_3, T_4 **Verschiedene:** Digoxin, Morphin, Zyklo-AMP, Zyklo-GMP

- **Enzymimmunoassay (EIA).** Der kompetitive EIA ähnelt im Prinzip dem kompetitiven Radioimmunoassay, vermeidet aber die beim RIA auftretenden Probleme des Strahlenschutzes und der Beseitigung radioaktiver Abfälle.
  Der EIA nutzt die Tatsache aus, daß einerseits ein Enzym (sog. „Marker-Enzym") bei chemischer Konjugation an ein Antigen oder Hapten seine Aktivität nicht verliert, andererseits aber auch das enzymkonjugierte Hapten oder Antigen ihre Fähigkeit zur spezifischen Bindung an Antikörper beibehalten.
  Auch der EIA kann als **nichtkompetitiver EIA** nach dem „Sandwichprinzip" durchgführt werden und verläuft analog dem nichtkompetitiven RIA.
- **Enzyme Linked Immuno Sorbent Assay (ELISA).** Bei diesem Verfahren wird das zu bestimmende Antigen, das in der zu untersuchenden Lösung (z. B. Blutplasma) enthalten ist, zusammen mit einer definierten Menge des gleichen, aber enzymkonjugierten Antigens und einem spezifischen (unlöslich gemachten) Antikörper inkubiert, wobei der Antikörper im Unterschuß vorhanden sein muß. Im Reaktionsansatz konkurrieren Antigen und enzymkonjugiertes Antigen um die Bindung an den Antikörper, wobei sich ein durch das Massenwirkungsgesetz bestimmtes Reaktionsgleichgewicht einstellt.
  Man trennt den unlöslichen Antigen-Antikörper-Komplex ab und bestimmt die enzymatische Aktivität des freien enzymkonjugierten Antigens durch Substratzugabe. Die Abnahme der Aktivität des Enzyms gegenüber der dem Testansatz zugesetzten Enzymaktivität ist der Konzentration des gesuchten Antigens umgekehrt proportional. Es ist jedoch auch möglich, die Enzymaktivität des unlöslichen Antigen-Antikörper-Komplexes zu bestimmen, da das enzymkonjugierte Antigen auch nach Bindung an den Antikörper seine enzymatische Aktivität noch besitzt.
  Eine weitere Enzymimmunoassay-Methode unterscheidet sich von dem ELISA dadurch, daß das enzymkonjugierte Antigen bzw. Hapten bei Bindung an den Antikörper seine Aktivität verliert.
  Das Verfahren des Enzymimmunoassay eignet sich gut, um kleine Moleküle – Pharmaka, Hormone, Peptide – quantitativ zu bestimmen.

Turbidimetrie. Eine direkte Messung immunologischer Reaktionen ist durch turbidimetrische Messungen der Präzipitation von Antigen und Antikörpern bei einem unslöslichen Antigen-Antikörper-Komplex möglich. Bei allen Präzipitationsreaktionen sind Temperatur, pH-Wert, Ionenstärke und vor allem das Verhältnis Antigen:Antikörper von Bedeutung. Da sowohl bei Antikörper- wie auch Antigenüberschuß der unlösliche Antigen-Antikörper-Komplex zunehmende Tendenz zur Löslichkeit zeigt, muß mit äquivalenten Konzentrationen von Antigen und Antikörper gearbeitet werden. Die bei Reaktion äquivalenter Mengen von Antigen und Antikörpern eintretende Trübung, die den Übergang in einen unlöslichen Antigen-Antikörper-Komplex anzeigt, kann durch turbidimetrische Messung meist im nahen UV-Bereich erfaßt werden. Durch Zusatz eines Akzelerators (z. B. Polyethylenglykol) wird die Antigen-Antikörper-Reaktion so beschleunigt, daß neben Endpunkt-Bestimmungen auch kinetische Messungen möglich sind.

Westernblot. Der Nachweis eines spezifischen Proteins (z. B. Virusprotein) in einer biologischen Probe (z. B. Serum) gelingt durch eine Kombination von Gelelektrophorese und Blotting-Technik. Nach der Elektrophorese werden die Proteine auf ein Nitrocellulosepapier übertragen, das auf diese Weise einen genauen Abdruck des Proteinbandenmusters erhält (engl. blotting). Das Papier wird dann mit einer Lösung inkubiert, die einen spezifischen Antikörper gegen das gesuchte Protein enthält. Wurde der Antikörper zuvor mit einem Enzym markiert, kann das von dem Antikörper gebundene Protein anhand einer enzymatischen Farbreaktion sichtbar gemacht werden.

DNA-DNA-Hybridisierung (Southern-Blot-Technik). Das Auffinden spezifischer Gene oder Genfragmente innerhalb einer Genbibliothek wird durch die DNA-DNA-Hybridisierungstechnik erreicht. Genbibliotheken, die als genomische oder cDNA-Bibliothek angelegt sein können, enthalten die genomische DNA bzw. cDNA der betreffenden Zelle als Fragmente, die in einem Bakterien-Vektorplasmid oder in Phagen (z. B. Phage Lambda) eingebaut sind. Zur Identifizierung eines bestimmten Gens werden die in den Vektoren enthaltenen DNA-Fragmente enzymatisch herausgeschnitten und auf Agarosegel nach ihrer Größe getrennt. Das entstehende DNA-Bandenmuster wird nach Denaturierung der DNA auf Nitrocellulose übertragen (Blotting) und dort durch Erhitzen immobilisiert. Anschließend wird mit einer „DNA-Sonde", die radioaktiv oder anderweitig markiert ist, und eine dem gesuchten Gen komplementäre DNA-Teilsequenz enthält, hybridisiert. Das gesuchte Genfragment kann dann durch Autoradiographie lokalisiert und identifiziert werden. Voraussetzung für die Herstellung einer spezifischen DNA-Sonde ist allerdings, daß die Aminosäuresequenz des zum jeweiligen Gen gehörenden Genproduktes wenigstens teilweise bekannt ist.

Das Verfahren wurde zuerst (1975) von E. Southern, Edinbourgh/Scotland, beschrieben und wird als Southern-Blot bezeichnet. In der klinischen Chemie wird die **Southern-Blot-Technik** u. a. zur pränatalen Diagnostik genetischer Stoffwechselstörungen (z. B. Hämoglobinopathien, LDL-Rezeptordefekte, Duchenne-Typ der Muskeldystrophie) eingesetzt.

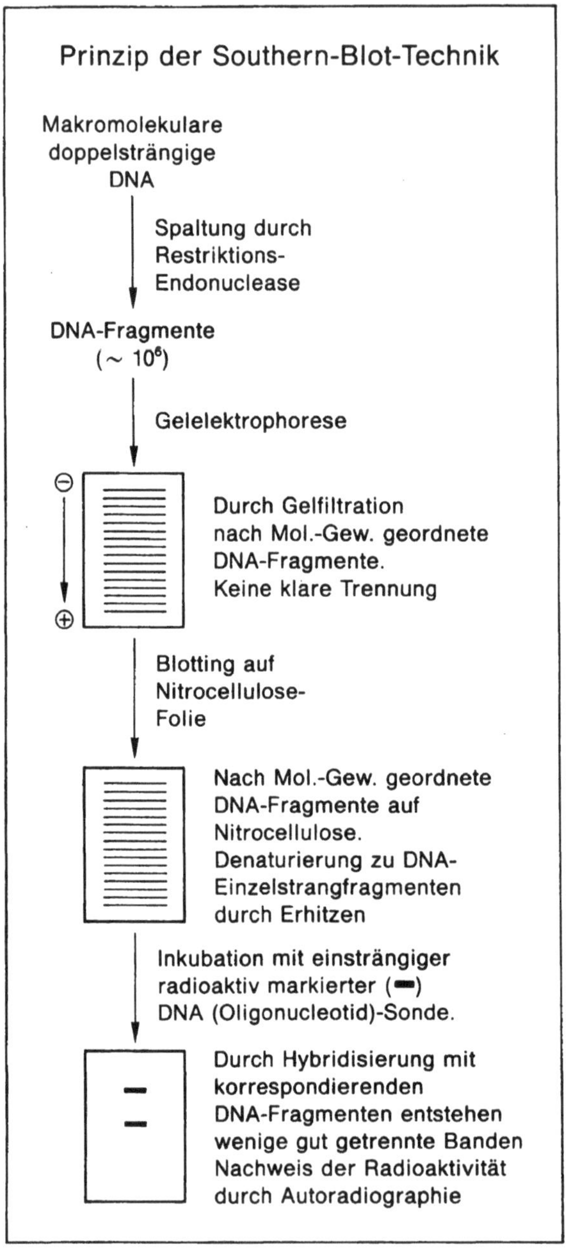

Mit DNA-Sonden kann in analoger Weise auch der RNA-Bestand einer Zeile durchmustert und geprüft werden, ob die Zellen eines Gewebes eine bestimmte mRNA transkribieren. Da es sich um eine analoge Technik handelt, wird das Verfahren als **„Northern-Blot"** bezeichnet.

PCR (Polymerase Chain Reaction) s.S. 51, **RFLP** s.S. 50

Zellzählung. Zur Zellzählung (Zählung von Leukozyten, Thrombozyten und Erythrozyten) kann man Zählkammern oder Partikelzählgeräte verwenden. Zählkammern sind flache Glaskammern von definierter Tiefe und mit graduierter Unterteilung der Bodenfläche (Zählnetz). Die Zählkammer dient zur mikroskopischen Auszählung korpuskulärer Bestandteile einer Flüssigkeitsprobe. Für die Keimzahlbestimmung in der Bakteriologie eignen sich Turbimetrie und Nephelometrie.

Partikelzählgeräte (Coulter-Counter) gestatten die automatische Zählung und Volumenbestimmung anhand der elektrischen Widerstandserhöhung bei Durchtritt der in einem leitfähigen Medium aufgeschwemmten Zellen durch eine Meßöffnung.

Hämostasiologische Bestimmungsmethoden. Bei Störungen des Blutgerinnungssystems werden zunächst Global-(Such-)Tests durchgeführt, mit denen bestimmte Phasen oder Teilstrecken des Gerinnungsablaufs erfaßt werden und an die sich ggf. die Bestimmung von Einzelfaktoren (z. B. Fibrinogen, Prothrombin) des Blutgerinnungssystems anschließt. Wichtigste Globaltests sind:

- Blutungszeit (S. 248)
- Thromboplastinzeit (S. 249)
- partielle Thromboplastinzeit (S. 250)
- Zählung der Thrombozyten (S. 240)

Da viele Einzelfaktoren des Blutgerinnungssystems **Proteaseaktivität** aufweisen, kann die quantitative Bestimmung auch mit Hilfe chromogener Substrate erfolgen, die durch die proteolytische Aktivität der Faktoren (z. B. Thrombin) zu einem Farbstoff umgesetzt werden.

Störungen der Hämostase können nicht nur durch Mangel an Einzelfaktoren, sondern auch durch Mangel an Inhibitoren der Blutgerinnung bedingt sein. Solche Inhibitoren sind z. B. Antithrombin III, Protein C und S sowie Heparin-Cofaktor II (S. 247).

4. Standards und Kontrollproben

Die Bestimmung von Analytkonzentrationen in Patientenproben erfolgt durch Vergleich mit Standardlösungen bekannter Konzentration. Zur Herstellung von Standardlösungen müssen Substanzen von bekanntem Reinheitsgrad verwendet werden.

Einen **primären Standard** erhält man durch exakte Einwaage von Reinsubstanzen. Bei einem **sekundären Standard**, der die gleichen Haupt- und Nebenbestandteile wie Patientenproben enthält, muß die Konzentrationsermittlung durch chemische Analyse erfolgen.

Im Gegensatz zum Standard sind **Kontrollproben** lediglich ein Hilfsmittel für die Qualitätskontrolle (Qualitätssicherung, s. u.). Kontrollproben sollen möglichst alle Haupt- und Nebenbestandteile enthalten, die auch in Patientenproben vorkommen und auch in der gleichen Struktur vorliegen. Ein solches System wird als **Matrix** bezeichnet. Eine biologische Matrix kann z. B. ein natürlicher Serumpool sein, der eine den Patientenproben ähnliche Matrix darstellt und von dem – nach Abfüllung des Pools in Einzelportionen und Aufbewahrung bei −15 bis −17° C Proben bei jeder Untersuchungsserie mitgeführt werden. Matrixeinflüsse können dadurch berücksichtigt werden. Sollen Kontrollproben für die Richtigkeitskontrolle verwendet werden, müssen die zu kontrollierenden Bestandteile genau bekannt sein.

Bei jeder Analysenserie muß eine Kontrollprobe mitgeführt werden. Liegt das Meßergebnis außerhalb von 3 Standardabweichungen (Kontrollgrenze), muß nach Fehlerquellen gesucht werden.

5. Maßeinheiten

Das internationale System der Maßeinheiten (Système International d'Unitités, **SI-Einheiten**) benutzt voneinander unabhängige **Basisgrößen**, deren Gebrauch bei der Übermittlung von Meßergebnissen gesetzlich vorgeschrieben ist. Die nachfolgende Tabelle gibt eine Übersicht.

Vielfache und Teile von Basisgrößen

Multiplikator	Vorsatz	Vorsatzzeichen	Multiplikator	Vorsatz	Vorsatzzeichen
10^{18}	Exa	E	10^{-1}	Dezi	d
10^{15}	Peta	P	10^{-2}	Zenti	c
10^{12}	Tera	T	10^{-3}	Milli	m
10^{9}	Giga	G	10^{-6}	Mikro	µ
10^{6}	Mega	M	10^{-9}	Nano	n
10^{3}	Kilo	k	10^{-12}	Piko	p
10^{2}	Hekto	h	10^{-15}	Femto	f
10^{1}	Deka	da	10^{-18}	Atto	a

Basisgrößen der SI-Einheiten

Meßgröße Name	Symbol	Einheit Name	Symbol
Länge	l	Meter	m
Masse	m	Kilogramm	kg
Zeit	t	Sekunde	s
elektr. Stromstärke	I	Ampère	A
thermodynam. Temperatur	T	Kelvin	K
Stoffmenge	n	Mol	mol

Von der Basisgröße der SI-Einheiten abgeleitete Einheiten

Meßgröße Name	Symbol	Einheit Name	Symbol
Volumen	V	Kubikmeter	m^3
Konzentrationen		Liter	l
Stoffmengenkonzentration	c	Mol/Liter	mol/l
Massenkonzentration	ϱ	Kilogramm/Liter	kg/l
Anzahlkonzentration	C	Reziprokes Liter	1/l
Kraft		Newton	$N = m \cdot kg/s^2$
Druck	p	Pascal	$Pa = N/m^2$
Energie		Joule	J = N/m
Leistung		Watt	W = J/s
Radioaktivität		Bequerel	Bq = 1/s

Im Zusammenhang mit den SI-Einheiten dürfen folgende Einheiten benutzt werden: Minute (min), Stunde (h), Tag (d), Liter (l), Grad Celsius (°C).

Enzymeinheiten

1. Eine **Einheit** (U = Unit) ist die Enzymmenge, welche die Umwandlung von 1 µmol Substrat/min. katalysiert.

2. Eine **katalytische Einheit** (kat = Katal) ist die Enzymmenge, welche die Umwandlung von 1 mol Substrat/sec katalysiert.

Ein U (1 µmol/min) = 1/60 µkat (16,67 nkat).

6. Fehlerarten und Qualitätssicherung

Präzision und **Richtigkeit** sind wichtige Qualitätskriterien eines analytischen Verfahrens und entscheidende Voraussetzung für die Gewinnung zuverlässiger Meßergebnisse. Präzions- und Richtigkeitskontrollen sind wesentliche Elemente der laborinternen Qualitätssicherung (Qualitätskontrolle).

- **Die Präzision** eines analytischen Verfahrens wird bestimmt durch die Übereinstimmung der Ergebnisse wiederholter Messungen der gleichen (derselben) Probe an verschiedenen Tagen. Die Präzisionskontrolle, die bei **jeder Analysenserie** durchgeführt werden muß, erfaßt **zufällige Fehler**. Zur Präzisionskontrolle wird dieselbe Probe an 20 hintereinander folgenden Untersuchungstagen analysiert und anhand der Ergebnisse der Mittelwerte, die **Warngrenze** (± 2 Standardabweichungen vom Mittelwert) und die **Kontrollgrenze** (± 3 Standardabweichungen vom Mittelwert) errechnet. Die Unpräzision von Tag zu Tag darf höchstens 1/8 des Referenzintervalls (Normalbereichs) betragen. Die Ergebnisse der Präzisionskontrolle werden in eine Kontrollkarte eingetragen. Ein Analysenergebnis ist **außer Kontrolle**, wenn
  - der Wert ausserhalb der Kontrollgrenze liegt,
  - 7 aufeinanderfolgende Werte eine aufsteigende oder abfallende Tendenz zeigen oder
  - 7 aufeinanderfolgende Werte auf einer Seite des Mittelwertes liegen.
- **Die Richtigkeit** eines analytischen Verfahrens ist gegeben, wenn der ermittelte Wert (Istwert) innerhalb enger Toleranzen mit dem wahren Wert (Sollwert) übereinstimmt. Die **Richtigkeitskontrolle**, die bei **jeder 4. Analysenserie** durchgeführt werden muß, erfaßt **systematische Fehler**. Ein systematischer Fehler liegt vor, wenn die Differenz zwischen Analysenergebnis und Sollwert größer als 3 Standardabweichungen ist. Ursachen für systematische Fehler können z. B. falsche Konzentration der Kalibrierlösung (durch Verdunsten des Lösungsmittels, unreines Kalibriermaterial) oder unzureichende Linearität der Kalibrierfunktion sein.

Diejenige Methode, mit der man den „wahren Gehalt" eines Bestandteils in einer Probe möglichst genau (richtig und präzise) bestimmt, wird als **definitive Methode** oder als **Referenzmethode** bezeichnet.

Spezifität. Im Gegensatz zur diagnostischen Spezifität (S. 22) gibt die **analytische Spezifität** (Selektivität) die Fähigkeit eines analytischen Verfahrens an, unter einer unbekannten Zahl chemisch oder immunologisch ähnlicher Verbindungen oder Enzymaktivitäten, in der biologischen Probe nur die gesuchte Komponente (den Analyt) quantitativ zu bestimmen.

Grobe Fehler können durch Probenverwechslung, durch Verwendung falscher Pipetten oder unbrauchbar gewordener Reagentien entstehen.

Ringversuche werden wie folgt durchgeführt: Eine größere Anzahl von Laboratorien erhält Abfüllungen derselben Kontrollprobe zur Analyse der vereinbarten Bestandteile. Die Ergebnisse werden dem Versuchsleiter übermittelt, der eine statistische Auswertung vornimmt und den Teilnehmern des Ringversuches ein Zertifikat ausstellt, wenn das Meßergebnis des zu bestimmenden Analyten nicht außerhalb der Kontrollgrenze (bestimmt nach dem Mittelwert aller Ringversuchsteilnehmer) liegt. Die Teilnahme an Ringversuchen (2 × jährlich) ist gesetzlich vorgeschrieben.

C. Stoffe und Stoffwechsel

I. Nucleinsäuren

1. Genom und Gene

In der Zelle sind die Chromosomen das stoffliche Äquivalent der DNA. Die 46 Chromosomen des Menschen (diploider Chromosomensatz) enthalten 46 DNA-Moleküle (**1 Chromosom = 1 DNA-Molekül**).

Jede Somazelle des menschlichen Organismus besitzt die gleiche Anzahl gleicher Chromosomen, also auch die gleiche DNA-Ausstattung und damit die gleiche genetische Information. Von der gesamten genetischen Information, die jeder Zelle zur Verfügung steht und als **Genom** bezeichnet wird, machen die einzelnen Zellen der Organe und Gewebe jedoch in ganz unterschiedlichem Umfang Gebrauch. Dies erklärt ihre unterschiedlichen biochemischen Leistungen und Funktionen.

Das Genom somatischer Zellen des Menschen besteht aus etwa 3×10^9 Basenpaaren. Nur 3–5% des Genoms entfallen auf proteincodierende Sequenzen, der Rest des Genoms codiert für die verschiedenen Ribonucleinsäuren (mRNA, tRNA, rRNA) und enthält Promotor-, Regulator-, Intron- und Intergen-Sequenzen sowie Bereiche unbekannter Funktion.

Gene. Der Abschnitt des DNA-Moleküls, der ein Protein (z. B. ein Enzym oder eine RNA) codiert, wird als **Gen** bezeichnet. Gene sind also Funktionseinheiten im genetischen Material, denen definierte Nucleotidabschnitte der DNA entsprechen. In vielzelligen Organismen ist das Gen, das für ein bestimmtes Protein codiert, meist nicht in einem zusammenhängenden Abschnitt, sondern in verschiedenen Teilstücken auf der DNA vorhanden. Die Teilstücke, in denen der Bereich eines eukaryotischen Gens repräsentiert ist, werden als **Exons** bezeichnet und sind durch Basensequenzen, die keine Information für die Synthese des betreffenden Proteins liefern – sog. **Introns** – unterbrochen.

Die Zahl der Strukturgene des Menschen wird auf über 50 000 geschätzt. Von etwa 1000 Genen kennt man die komplette Nucelotidsequenz. An der vollständigen Entschlüsselung des menschlichen Genoms (Human Genom Project) wird weltweit an zahlreichen Zentren molekularbiologischer Forschung gearbeitet.

2. Mutation

Unter dem Begriff der Mutation wird eine Reihe umschriebener Reproduktionsirrtümer des genetischen Materials zusammengefaßt. Sie beruhen auf einer **irreversiblen Veränderung der Basensequenz** und folglich des Informationsgehalts der DNA, der bei der Replikation an die Tochter-DNA oder bei der Transkription an die korrespondierende RNA weitergegeben wird. Die Folge einer Mutation ist ein genetischer Defekt, der sich als **Molekularkrankheit** manifestiern kann. Beispiele für die Prävalenz (Häufigkeit) von Mutationen gibt die Abbildung.

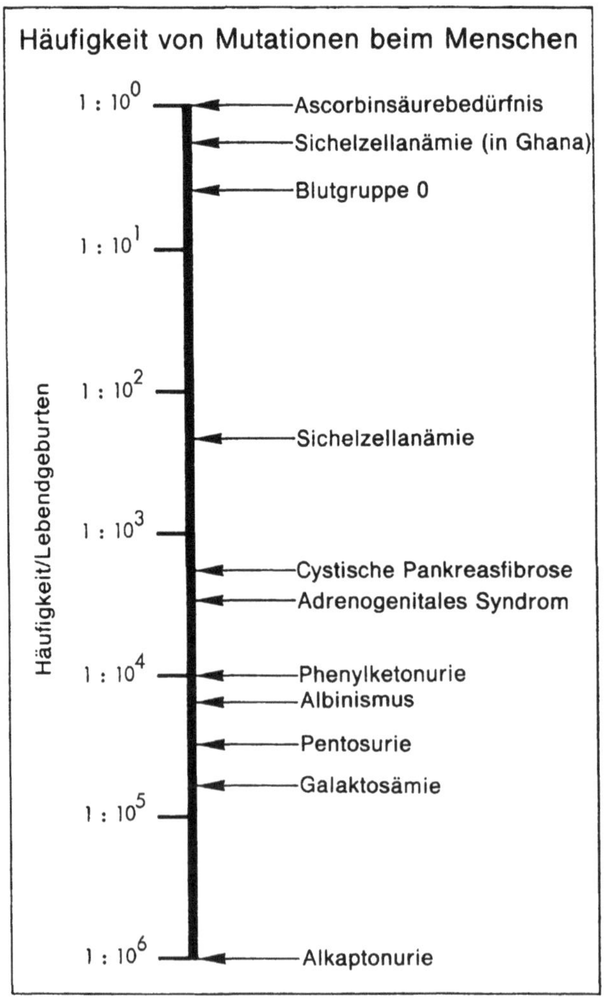

Keimbahnmutationen sind genetische Defekte der Keimzelle (Gameten) und werden nach dem Gesetz der Vererbung an alle oder einen Teil der Nachkommen weitergegeben. **Somatische Mutationen** betreffen einzelne somatische Zellen. Sie vererben sich nur auf die Tochterzellen dieser somatischen Zellen und lassen ein somatisches Mosaik entstehen. Die Keimzellen und damit die folgenden Generationen bleiben dagegen unbeeinflußt. Die **maligne Transformation** einer Normalzelle zu einer Tumorzelle ist das Ergebnis einer somatischen Mutation.

Mutationen treten beim Menschen spontan auf. Ursache und Mechanismus sind unbekannt. Je nach Ausmaß der Mutation unterscheidet man verschiedene Typen von Mutationen:

- Genommutationen betreffen den gesamten Genbestand eines Organismus. In diese Gruppen fallen die numerischen Chromosomenaberrationen (Veränderung der normalen Anzahl der Chromosomen). Numerische Chromosomenaberrationen können die Gonosomen (Geschlechtschromosomen) wie z. B. das Klinefelter Syndrom (S. 185) oder die Autosomen wie z. B. das Downsyndrom (Trisomie 21, Mongolismus,) betreffen.
- Chromosomenmutationen betreffen den Verlust, das Hinzukommen oder die Umlagerung einzelner Segmente eines Chromosoms und treten als strukturelle Chromosomenaberration oder Chromatidaberrationen in Erscheinung. Ein Beispiel gibt die chronische myeloische Leukämie (S. 235).
- Genmutationen sind definierte Veränderungen des einzelnen Gens. Hierbei sind nur eine oder wenige Basen bzw. Basenpaare der DNA betroffen (Punktmutationen). Der Verlust einer Base (**Deletion**) oder Einfügung eines zusätzlichen Nucleotidpaares (**Insertion**) führen zu einer Rasterverschiebung der DNA, so daß bei der Transkription infolge falschen Ablesens eine veränderte RNA entsteht und Proteine gebildet werden, die – beginnend mit dem durch Deletion oder Insertion veränderten Triplett – eine völlig andere Aminosäuresequenz aufweisen.
  Wird im Rahmen einer Mutation eine Base ausgetauscht, so bezeichnet man diesen Vorgang als **Transition**, wenn z. B. eine Purinbase gegen eine andere Purinbase ausgetauscht wird,dagegen als **Transversion**, wenn es zum Austausch einer Purinbase gegen eine Pyrimidinbase oder umgekehrt kommt.

Prinzipien der Mutagenese. Mutationen lassen sich experimentell induzieren:

- Mutation durch UV-Licht. Einwirkung von ultraviolettem Licht führt zur Dimerisierung von zwei unmittelbar miteinander benachbarten Thyminbasen in der DNA (Abbildung). Als Folge der durch die Thymindimerisierung verursachten Strukturänderung der DNA komt es zu Störungen sowohl der

DNA-Replikation als auch der RNA-Synthese, falls das Thymindimere nicht in einem DNA-Reparaturprozeß (S. 45) wieder entfernt und durch die ursprüngliche Basensequenz ersetzt wird. Bleibt die Reparatur aus, kann es bei der DNA-Replikation zu Brüchen oder Schleifenbildungen innerhalb der neugebildeten DNA kommen. Eine Schleifenbildung kann mit dem Einfügen zusätzlicher Basen in den DNA-Strang (Insertion) verbunden sein.

Mutation durch Thymindimerisierung unter UV-Einfluß

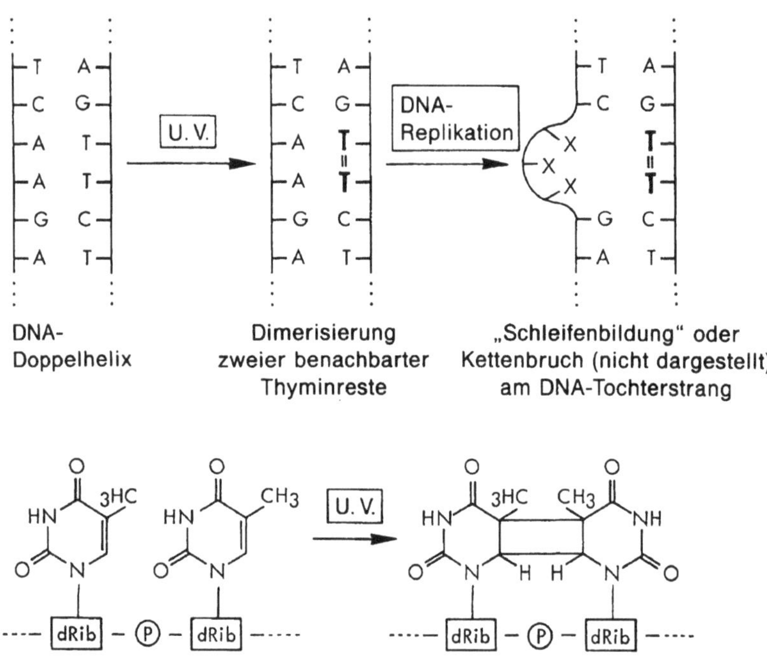

- Energiereiche Strahlung (Röntgenstrahlen, α-, β- und γ-Strahlen) hat die Eigenschaft, bei der Absorption Energie zu übertragen und Moleküle zu ionisieren. Diese Ionisierung leitet die Bildung von Hydroxyl- und Perhydroxylradikalen ein, die strukturelle Veränderungen an zahlreichen Bausteinen verursachen. An Nucleinsäuren (DNA, RNA) können hohe Strahlendosen zu einer Zerstörung von Purin- und Pyrimidinbasen führen. Unabhängig von ihrer direkten Wirkung auf die DNA-Struktur führen ionisierende Strahlen zu einer Wachstumshemmung, die – dosisabhängig – aus einer Hemmung der DNA-Synthese und Blockierung der Mitose besteht.

- Mutation durch Basenanaloge. In der Natur nicht vorkommende Strukturanaloge von Basen können anstelle der richtigen Basen in die DNA eingebaut werden und zur Mutation führen. Ein gut untersuchtes Beispiel ist das 5-Bromuracil (BU), das bei der DNA-Synthese an die Stelle des Thymins treten kann, das nicht nur mit Adenin, sondern auch mit Guanin korrespondieren kann. Auf diese Weise kann ein AT-Paar in ein GC-Paar übergehen (Mutation).
- Mutation durch chemische Veränderung normaler Basen. Eine Reihe von Mutationen auslösenden Chemikalien verändert die DNA durch direkte chemische Modifikation der Basen. Beispiele hierfür sind **Nitrit** und **Hydroxylamin**. Nitrit führt zum Verlust der Aminogruppe von Cytosin, Adenin und Guanin und bewirkt dadurch die Umwandlung von C nach U, von A nach Hypoxanthin und von G nach Xanthin. Hydroxylamin greift Cytosin an und erzeugt eine modifizierte Base, die mit Adenin paart.
- Mutation durch Intercalation. Bestimmte Acridinfarbstoffe schieben sich innerhalb der DNA-Doppelhelix zwischen zwei nebeneinanderliegende Basenpaare und verlängern dadurch die DNA um einen bestimmten Betrag (0,34 nm), also die Distanz, die ein normales Basenpaar einnimmt. Bei der Synthese neuer DNA-Stränge kann dann entweder eine Base ausgelassen oder eine zusätzliche Base eingeführt werden.
- Mutation durch alkylierende Substanzen. Alkylierende Chemikalien (Stickstofflost, Zyklophosphamid, Ethylenimine u. a.) können zu Quervernetzungen innerhalb der DNA-Doppelspirale, zu einzelnen Strangbrüchen oder zu Brüchen in beiden komplementären DNA-Strängen führen.
- Wegen der temperaturabhängigen Instabilität der DNA lassen sich (im Experiment) auch Mutationen durch Temperaturerhöhungen auslösen.

3. DNA-Reparatur

Zellen besitzen die Fähigkeit, durch Mutation entstandene Informationsdefekte, insbesondere unter UV-Einwirkungen gebildete Thymindimere zu erkennen und zu entfernen. Dies erfolgt entweder durch eine enzymatische lichtabhängige Spaltung der Dimeren in die Monomeren (Photoaktivierung) oder (häufiger) durch die Exzisionsreparatur (sog. „Dunkelreparatur"), bei der die DNA in unmittelbarer Nähe der Thymindimeren durch eine Endonuclease „eingeschnitten" und ein Abschnitt des mutierten DNA-Stranges durch die Exonucleaseaktivität der DNA-Polymerase aus der DNA heraushydrolysiert wird. Die entstandene Lücke wird durch eine de novo Synthese mit Hilfe der gleichen DNA-Polymerase geschlossen, wobei der intakte Komplementärstrang als Matrize dient, und die Verknüpfung zwischen neusynthetisiertem DNA-Stück und altem DNA-Strang durch eine DNA-Ligase erfolgt. Bei der Reparatur kurzer Strangabschnitte (Abbildung) kommt es zu einer Verschiebung der Schnittstelle („nick translation"). Die Aktivität der Reparaturenzyme ist während der DNA-Teilung 4–6mal intensiver als während der G_o- oder G_1-Phase.

DNA-Reparatur

Fehlerfreie Kurzstrangreparatur unter Verschiebung der Schnittstelle.
1 Endonuclease, 2 – 4 DNA-Polymerase I, 5 DNA-Ligase
1 – 5 Mögliche Defekte bei Xeroderma pigmentosum

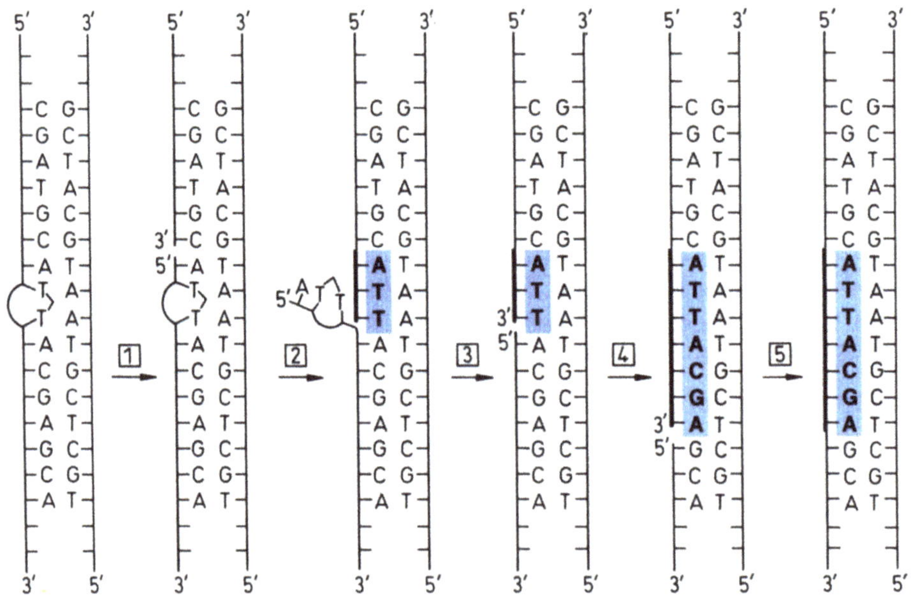

Reparaturdefekte. Defekte im Reparaturvermögen menschlicher Zellen haben ihre Ursache in mangelhafter oder fehlender Aktivität der am Reparaturprozeß beteiligten Enzyme. Die klinische Manifestation von DNA-Reparaturdefekten zeigt sich in verschiedenen Krankheitsbildern.

Xeroderma pigmentosum (Xp). Xp-Kranken fehlt infolge eines genetischen Defekts die Endonuclease oder ein anderes an der Reparatur beteiligtes Enzym. Sie können daher UV-induzierte Thymindimere aus ihrer DNA nicht im erforderlichen Umgang entfernen und sind extrem empfindlich gegen Sonnenlicht. Aus den entstehenden warzenartigen Gebilden der Haut entwickeln sich langsam bösartige Tumoren.

Die Beteiligung mehrerer Enzyme an der Reparatur der DNA ist die Ursache für die Existenz weiterer DNA-Reparaturdefekte, zu denen weitere Krankheitsbilder gehören (Ataxia teleangiectasia, Fanconi-Anämie, Cockayne-Syndrom, Bloom-Syndrom).

4. Hemmstoffe der Nucleinsäure- und Proteinbiosynthese

Das System der Nucleinsäure- und Proteinbiosynthese kann durch zahlreiche, chemisch definierte Substanzen, die eine Zelle von außen her erreichen, inhibiert werden. Dabei ist eine Beeinflussung auf verschiedenen Ebenen des Zellstoffwechsels möglich.

Ein Teil der Hemmstoffe vermag Wachstum und Zellteilung von malignen Tumoren und bei neoplastischen Erkrankungen des hämopoetischen Systems zu unterdrücken. Der Effekt dieser als **Zytostatika** bezeichneten Verbindungen (S. 518) ist jedoch nicht spezifisch, sondern erstreckt sich auf alle Gewebe mit hoher Zellteilungsrate (z. B. Knochenmark, Keimdrüsen, Darmschleimhaut, Haarfollikel).

Viele Hemmstoffe sind jedoch mit hoher (oder relativ hoher) Spezifität gegen den Stoffwechsel von Mikroorganismen gerichtet, ohne den Stoffwechsel des Wirtsorganismus zu beeinträchtigen. Solche antimikrobiellen Wirkstoffe – **Chemotherapeutika** und **Antibiotika** – werden bei der Behandlung von bakteriellen Infektionen eingesetzt. Nach ihrem Angriffsort bzw. Wirkungsmechanismus lassen sich die Hemmstoffe wie folgt klassifizieren:

Inhibitoren der Purin- und Pyrimidinbiosynthese. Von den Hemmstoffen der Purinbiosynthese haben die Folsäureantagonisten (Methotrexat, Aminopterin) praktische Bedeutung (z. B. bei Behandlung der akuten Leukämie), welche die Reaktion $FolH_2 \rightarrow FolH_4$ inhibieren und dadurch die Bereitstellung von Formyl-$FolH_4$ bzw. Methylen-$FolH_4$ für die Purin- bzw. Pyrimidinbiosynthese verhindern. 5-Ioduracil wird als Thyminanaloges in die DNA eingebaut und läßt sich als Chemotherapeutikum gegen DNA-Viren bei Infektionen der Cornea verwenden.

Hemmstoffe der DNA-, RNA- und Proteinbiosynthese. Das Schema erläutert das Wirkungsprinzip von Inhibitoren der DNA-Replikations-, der Transkriptions- und Translationsphase. Die genannten Hemmstoffe sind Beispiele einer sich ständig vergrößernden Zahl von Wirkstoffen, die z. T. als Bakteriostatika und z. T. als Zytostatika bzw. onkozide Substanzen große praktische Bedeutung erlangt haben. Inhibitoren der DNA-Replikation bzw. der RNA-Biosynthese wirken außerdem – soweit sie mit der DNA-Doppelhelix bzw. dem DNA-Matrizenstrang reagieren – mutagen.

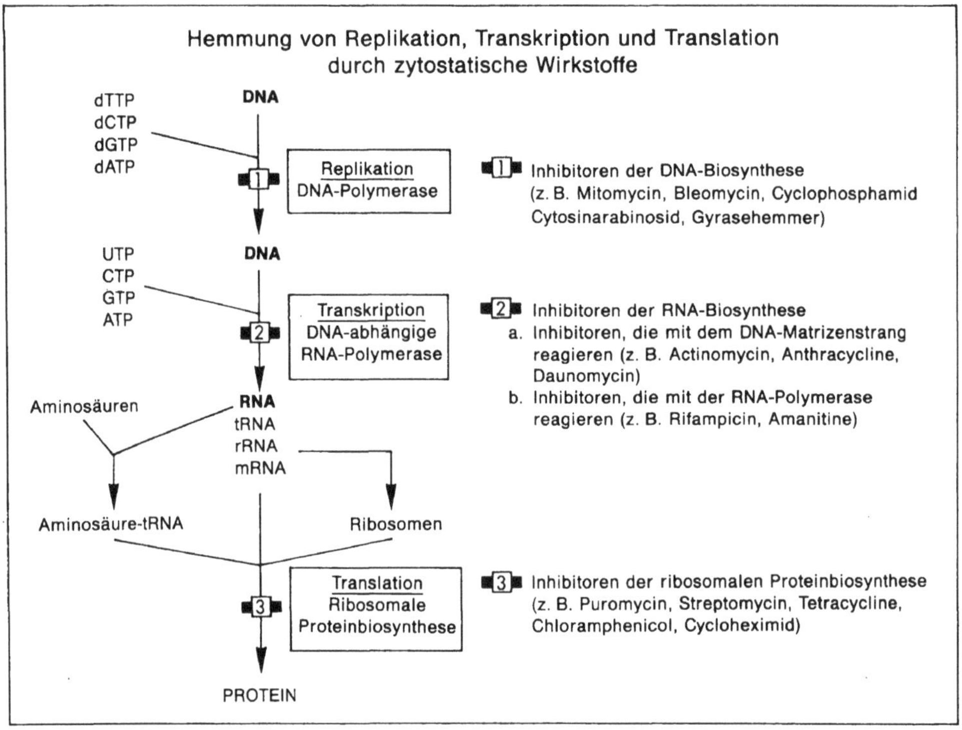

5. Therapie genetischer Defekte

Die Möglichkeit einer Behandlung genetisch bedingter Stoffwechselstörungen sind begrenzt. Für eine **symptomatische** Therapie bieten sich folgende Möglichkeiten:

- **Verhinderung der Akkumulation eines nicht metabolisierbaren Substrats**. Die Folgesymptome eines Enzymdefekts lassen sich weitgehend verhindern durch Behandlung mit einer Diät, welche das nicht metabolisierbare Substrat nicht oder in nur geringer Menge enthält. Dieses Prinzip ist z. B. bei der phenylalaninarmen Diät bei Phenylketonurie (S. 55) und durch Ausschaltung der Nahrungslactose bzw. Galaktose bei Galaktosämie (S. 90) realisiert.

- **Supplementierung des fehlenden Endprodukts**. Beispiele sind die Behandlung des familiären Hypothyreoidismus mit Thyroxin, des Adrenogenitalen Syndroms mit Glucocorticoiden und der Glykogenspeicherkrankheit Typ I mit häufigen kleinen Glucosegaben zur Vermeidung der Hypoglykämie.
- **Substitution des Genprodukts**. Sie kann bestehen in einer Zufuhr von Immunglobulinen bei erblichem Antikörpermangel-Syndrom (S. 497) oder von gereinigtem Faktor VIII bei der (klassischen) Hämophilie A (S. 242).
- **Enzyminduktion**. Begrenzte Erfolge wurden mit einer Induktion der UDP-Glucuronyl-Transferase durch Phenobarbital bei Hyperbilirubinämie (Konjugationsikterus, S. 284) erzielt. Die Behandlung setzt allerdings eine Restaktivität des fehlenden Enzyms voraus. Homozygote Patienten reagieren nicht.
- **Aktivierung coenzymabhängiger Enzyme** durch Substitution des Coenzyms bzw. seiner Vorstufe (Vitamine, Tabelle S. 200).
- **Vermeidung bestimmter Medikamente**. Bei Enzymdefekten kann eine Stoffwechselbalance ohne klinische Symptome bestehen, die erst bei Belastung durch exogene Fremdstoffe gestört wird. So können zahlreiche Medikamente bei Vorliegen eines Enzymmangels die Restaktivität der Glucose-6-phosphat-Dehydrogenase in Erythrozyten so weit herabsetzen, daß es zu akuten hämolytischen Krisen kommt.

Eine **causale** Therapie enzymatischer Defekte durch Einführen neuen genetischen Materials, das die Information für das fehlende Enzym oder Protein enthält, ist theoretisch möglich. Es handelt sich um eine genetische Manipulation, die z.Zt. noch als futuristisch angesehen werden muß, als therapeutisches Prinzip aber zu einer tatsächlichen Korrektur des genetischen Defekts führen kann.

6. Genetische Laboruntersuchungen

Southern-Blot und RFLP. Eine molekularbiologische Analyse der genomischen DNA des Menschen wird in zunehmendem Maße für die Diagnose maligner Tumoren und Erbkrankheiten eingesetzt. Für den Nachweis von Mutationen wird die DNA aus Zellkernen (weiße Blutzellen, Amnionzellen, Chorionzottenzellen) isoliert und mit Restriktionsendonucleasen in Fragmente gespalten, die dann gelelektrophoretisch aufgetrennt, auf Nitrozellulose übertragen („blotting") und dort fixiert werden. Falls durch Mutationen Erkennungsequenzen für Restriktionsendonucleasen zerstört oder neugeschaffen werden, läßt sich für die gebildeten DNA-Fragmente eine veränderte elektrophoretische Mobilität nachweisen. Die Detektion und Identifizierung der DNA-Fragmente erfolgt mit geeigneten (radioaktivmarkierten oder biotinylierten) Gen-Sonden (Oligo- bzw. Polynucleotiden), die spezifisch mit den DNA-Fragmenten hybridisieren.

Dieses als **Southern-Blot-Technik** (Abbildung S. 33) bezeichnete Verfahren (nach ihrem Erfinder E.M. Southern) läßt sich zur Bestimmung des **Restriktions-Fragment-Längen-Polymorphismus** ausnutzen. Da das menschliche Genom nicht für alle Individuen identisch ist, (**DNA-Polymorphismus**) entstehen bei der enzymatischen Spaltung der genomischen DNA mit Restriktionsendonucleasen DNA-Fragmente, die nicht für alle Individuen die gleiche Länge (d. h. Anzahl der Basen) besitzen können, da Unterschiede in der Basensequenz zur Bildung einer neuen bzw. zum Verlust einer bereits vorhandenen Schnittstelle des Enzyms führen. Konsequenterweise können nach enzymatischer Spaltung des menschlichen Genoms mit einem **Restriktionsenzym** bei Eltern und Kindern (Geschwister) unterschiedlich lange DNA-Fragmente entstehen. Dies hat zu der Bezeichnung **Restriktions-Fragment-Längen-Polymorphismus (RFLP)** geführt.

Die meisten, den RFLP verursachenden Polymorphismen, die mit einer Häufigkeit von etwa 1:1 000 Basenpaaren auftreten, erlauben eine Realisierung desselben Phänotyps. Die Bedeutung für die Genanalyse liegt jedoch in der Tatsache, daß Restriktionspolymorphismen in unmittelbarer Nähe oder weiterer Umgebung von Krankheitsgenen liegen können und auf diese Weise feststellbar ist, ob innerhalb einer Familie ein Mitglied das veränderte Gen besitzt oder nicht. Die Tabelle gibt eine Übersicht.

DNA-Analyse von Erbkrankheiten durch RFLP-Technik

A. RFLP in unmittelbarer Nachbarschaft des Krankheitsgens

B. RFLP in weiterer Umgebung des Krankheitsgens

A	B
Sichelzellanämie	Hämophile A
Lesch-Nyhan-Syndrom	Muskeldystrophie
Hämophilie B	(Typ Duchenne)
Thalassämie	Retinitis pigmentosa
Diabetes m. Typ II	Alzheimer Krankheit
STH-Mangel	Chorea Huntington

Bei einigen Erbkrankheiten, bei denen Restriktionspolymorphismen in unmittelbarer Nachbarschaft oder weiterer Umgebung des Krankheitsgens erkannt werden können, sind Mutationen auch für die betroffenen Strukturgene bekannt (**intragene Mutationen**). Wird durch die Mutation die Erkennungsregion für eine am Strukturgen angreifende Restriktionsendonuclease zerstört oder neugeschaffen, lassen sich durch spezifische Gen-Sonden DNA-Fragmente des veränderten Strukturgens direkt nachweisen. Dies ist u. a. für die Hämophilie A und B, für die familiäre Hypercholesterinämie (LDL-Rezeptordefekt), für das Lesch-Nyhan-Syndrom, für das Retinoblastom, für die Sichelzellanämie und die Thalassämie der Fall.

Northern-Blot. Ein Verfahren, das analog dem Southern Blot abläuft, jedoch dem **Nachweis von RNA** dient. Die aus Zellen isolierte einzelsträngige RNA wird nach Trennung durch Gelelektrophorese und Transfer auf eine Trägermatrix fixiert und mit einer markierten DNA- oder RNA-Sonde hybridisiert. Die Northern-Blot-Technik erlaubt z. B. den Nachweis und die Quantifizierung der für ein gesuchtes Protein spezifischen mRNA.

Polymerasekettenreaktion (Polymerase Chain Reaction, PCR). Die PCR ist eine Methode zur Amplifikation (Vermehrung) von DNA- und RNA-Sequenzen in vitro. Diese Reaktion führt zu einer deutlichen Verbesserung der Erkennbarkeit von Nucleinsäuren einschließlich der Details ihrer Basensequenzen. Die PCR macht molekulare Analysen von DNA möglich, die in 100 oder weniger Leukozyten oder in einer einzigen Haarwurzel enthalten sind.

Das Startmaterial für die PCR ist ein Gen oder ein DNA-Segment mit der zu amplifizierenden Sequenz. Die Reaktion beginnt mit Denaturierung der doppellsträngigen DNA-Moleküle durch Erhitzen. An die beiden der dabei entstehenden DNA-Einzelstränge werden kurze (ca. 11–35 Basen lange) DNA-Oligonucleotide angelagert, die zu den Enden der zu vermehrenden Zielsequenz auf der Ursprungs-DNA komplementär sind. Die Oligonucleotide dienen als Startsequenz (Primer), an deren 3'-Enden Polymerasen mit der Herstellung neuer Stränge beginnen. Die alten Stränge sind dabei die Kopiervorlagen (Matrize, Template) für die neuen. Die Primer bestimmen gleichzeitig die Länge des zu amplifizierenden Abschnitts in der DNA-Zielsequenz.

Auch RNA-Sequenzen können vermehrt werden, indem sie zunächst mit reverser Transkriptase in DNA umgeschrieben und dann als DNA amplifiziert werden.

Jeder Amplifikationszyklus besteht aus 3 Teilprozessen:

- Anlagerung der Primer bei 50° C an die durch Denaturierung (bei 91° C) getrennten Doppelstränge des DNA- oder DNA-Segment-Doppelstrangmoleküls.
- Synthese neuer Stränge durch Zugabe einer hitzestabilen DNA-Polymerase bei 72° C. Hitzestabile DNA-Polymerase wird aus Archebakterien gewonnen, die in der Natur in heißen Quellen leben und deren Enzyme auch bei

91° C stabil sind. Damit genügt für die PCR eine einmalige Zugabe von Enzymen zu Beginn der Reaktion.

- Denaturierung der DNA-Synthese-Doppelstrangprodukte durch kurzzeitiges Erhitzen auf auf 91° C mit anschließendem Wiederabkühlen auf Temperaturen zwischen 60 und 70° C und Start eines neuen Zyklus.

Da in jedem Reaktionszyklus beide Stränge eines DNA-Moleküls als Matrize genutzt werden, nimmt die Zahl der DNA-Moleküle im Gesamtverlauf einer PCR exponentiell zu. So werden aus einem DNA-Molekül im ersten Zyklus zwei Moleküle, dann 4, 8, 16, 32 usw. Theoretisch steigt die Zahl um 2^n, wobei n die Zahl der Reaktionszyklen ist. Primer-DNA und die für die Synthese der neuen DNA-Stränge notwendigen Desoxynucleotidtriphosphate werden zu Beginn der Reaktion im Überschuß zugegeben. Ihre Konzentration nimmt mit jedem Zyklus ab.

Die hohe Empfindlichkeit der PCR bringt allerdings auch die Gefahr, falsch positive Ergebnisse durch Amplifizierung von kontaminierender DNA mit sich, so daß eine rigide Reglementierung der Arbeitstechnik und Leerwertkontrollen obligat sind.

Die PCR-Technik vereinfacht die Diagnostik in vielen Bereichen der Medizin. Das gilt für den Nachweis von Virus-DNA oder -RNA, für die **Feststellung somatischer Mutationen** (Nachweis von Deletion und Insertion), die zur Bildung von Tumoren führen und für forensische Zwecke z. B. für die DNA-abhängige Personenidentifizierung. In der Humangenetik erleichtert sie die Erkennung der Ursachen von **monogenen Erbkrankheiten** und den Nachweis von Sequenzpolymorphismen im Genom, die nicht unbedingt zu Krankheiten führen aber zu Krankheiten disponieren.

7. Pathobiochemie des Purinstoffwechsels

Harnsäure (Urat) entsteht im Stoffwechsel durch Abbau von Purinbasen (Adenin, Guanin und Derivate), die als Bausteine von Nucleinsäuren und Nucleotiden aus endogenen und exogenen Quellen stammen können (Abbildung). Die Ausscheidung von Urat erfolgt über die Niere und den Intestinaltrakt.

Hyperurikämie (Gicht). Eine Erhöhung der Harnsäurekonzentration in Blut und Körpersäften führt wegen der begrenzten Löslichkeit der Harnsäure (bis 405 µmol/l, 6,8 mg/100 ml Serum) zur Ablagerung freier Harnsäure bzw. von Harnsäuresalzen (Uraten) im Gelenkknorpel (**Arthritis urica**), in der Niere (**Gichtniere**) und zur Konkrementbildung in den ableitenden Harnwegen (Nieren-, Ureter-, Blasensteine). Der **akute Gichtanfall** ist durch plötzlich auftretende enorme Schmerzhaftigkeit und intensive entzündliche Reaktion der befallenen Gelenke gekennzeichnet. Der Gichtanfall wird durch die Phagozytose der Harnsäurekristalle durch Leukozyten und Makrophagen ausgelöst. Wegen der Unfähigkeit zum enzymatischen Abbau der Harnsäure gehen die phagozytierenden Zellen jedoch schließlich zugrunde und setzen dabei entzündungserregende und schmerzverursachende Mediatorstoffe (Prostaglandine, S. 491) frei.

Bei Serum-Harnsäurewerten zwischen 7 und 8 mg/dl tritt in 20%, bei Werten >9 mg/dl in 80–100% der Betroffenen ein Gichtanfall auf.

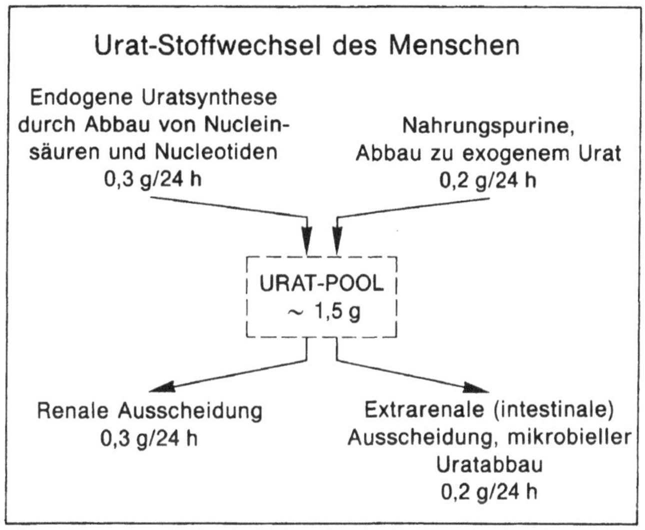

Ursachen der Hyperurkämie (s. Abbildung) können sein:

- Vermehrte Bildung (Biosynthese) von Harnsäure oder
- verminderte renale Ausscheidung.

Eine Hyperurikämie kann als

- **primäre** Hyperurikämie (genetisch bedingt) oder als
- **sekundäre** Hyperurikämie (Folge einer Grundkrankheit) auftreten.

Primäre Hyperurikämie (primäre Gicht). Der Uratpool des Menschen beträgt etwa 1 g. Bei der primären Hyperurikämie ist die Menge auf 15–25 g erhöht. Das Schema zeigt verschiedene pathogenetische Möglichkeiten, die primär zu einer vermehrten Synthese oder verminderten Ausscheidung von Harnsäure führen können. Bei der überwiegenden Anzahl der Fälle primärer Gicht liegt eine Ausscheidungsstörung für Harnsäure vor.

Purinstoffwechsel und primäre Hyperurikämien

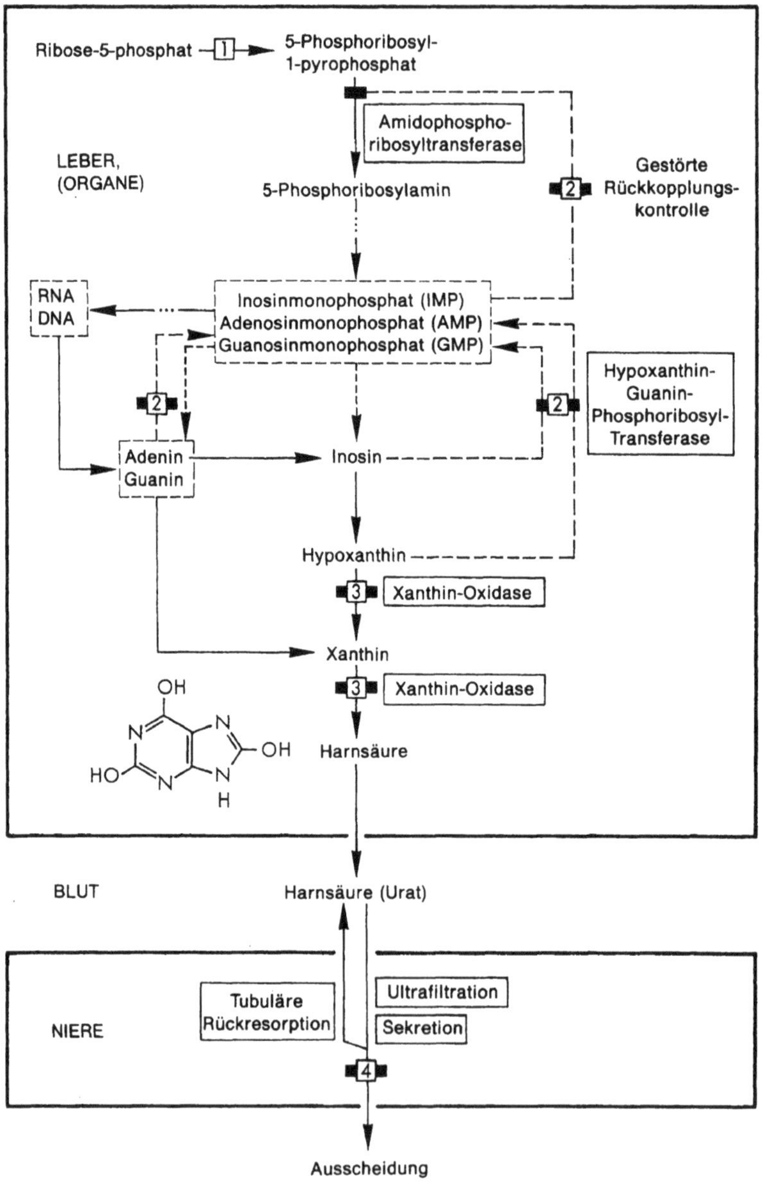

1 - 3 Vermehrte Bildung   4 Verminderte Ausscheidung

1 Vermehrte Bereitstellung von Synthesevorstufen

2 Gestörte Rückkopplungskontrolle, Mangel an Hypoxanthin-Guanin-Phosphoribosyl-Transferase (Lesch-Nyhan-Syndrom)

3 Gesteigerte Aktivität der Leber-Xanthinoxidase

- Eine **gesteigerte Synthese der Harnsäure** kann unterschiedliche Ursachen haben:

  – vermehrte Bereitstellung von Vorstufen der Purinbiosynthese (5-Phosphoribosyl-1-pyrophosphat, Glutamin). Dies ist bei einem Defekt der Glucose-6-phosphat-Phosphatase (Glykogenspeicherkrankheit Typ I), der Glutathion-Reduktase, der Glutaminase und der Glutamat-Dehydrogenase der Fall.
  – Gestörte Rückkopplungskontrolle. Bei der Regulation der Purinbiosynthese nimmt die Phosphoribosyl-Transferase eine Schlüsselstellung ein, da ihre Aktivität allosterisch durch IMP, GMP und AMP reguliert wird (negative Feedback-Kontrolle). Eine Störung dieses Regulationsmechanismus liegt beim **Lesch-Nyhan-Syndrom** vor, bei dem aufgrund eines Defekts der Hypoxanthin-Guanin-Phosphoribosyl-Transferase (HGPT) die intrazelluläre IMP- und GMP-Konzentration erniedrigt ist. Dies führt zu einer etwa 20-fachen Steigerung der Purinbiosynthese mit entsprechend verstärktem Purinabbau und erhöhtem Harnsäurespiegel im Blut und in den Geweben. Die klinischen Symptome dieser rezessiv vererbbaren geschlechtsgebundenen Krankheit (es werden nur männliche Personen befallen) sind verzögerte geistige Entwicklung, aggressives Verhalten und Tendenz zur Selbstverstümmelung.
  – Eine vermehrte Harnsäurebildung kann auch über eine aus ungeklärten Gründen gesteigerte Aktivität der Leber-Xanthin-Oxidase zustande kommen, die das Fließgleichgewicht des Purinstoffwechsels in Richtung auf die Harnsäuresynthese verschiebt.

- Die Pathogenese der **verminderten Harnsäureausscheidung** über die Niere ist ein komplexer aus Filtration, Rückresorption und tubulärer Sekretion bestehender Prozeß. Häufig ist die Harnsäuresekretion bei der primären Gicht verringert.

Sekundäre Hyperurikämie. Eine Übersicht über die sekundären Hyperurikämien gibt die Tabelle.

- **Eine sekundär vermehrte Harnsäurebildung** kommt gehäuft bei erhöhtem Zellumsatz vor. Dies erklärt das Auftreten einer sekundären Hyperurikämie bei Hämoblastosen, Polyzythämie und chronischer Anämie, bei Strahlen- und Zytostatikatherapie und bei ausgedehnter Gewebszerstörung. In allen diesen Fällen kommt es zu einem **gesteigerten Katabolismus der Nucleinsäuren** mit Abbau der purinhaltigen Basen zum Stoffwechselendprodukt. Außerdem besteht eine eindeutige Relation zwischen der Zufuhr von Nahrungspurinen (purinreiche Lebensmittel sind Leber, Niere, Bries, Wildfleisch, Fleischextrakt, Ölsardinen, Hering) und dem Blutharnsäurespiegel.

Mögliche Ursachen sekundärer Hyperurikämien

Vermehrte Harnsäurebildung	Verminderte renale Harnsäureausscheidung
• Hämoblastosen • Chronische myeloische Leukämie • Polyzythämie • Osteomyelosklerose • Chronische hämolytische Anämie • Strahlen- und Zytostatika-Therapie • Ausgedehnte Gewebezerstörung (Pneumonie, Eklampsie) • Vermehrte Zufuhr von Nahrungspurinen • Fructose-Infusion	• Chronische Nierenkrankheiten • Hoher Alkoholspiegel • Acidosen • Lactacidämie, Ketoacidose (Fasten, Diabetes mellitus) • Arzneimittel (Saluretika, Pyrazinamid) • Vergiftungen (Blei, Beryllium)

Bei purinfreier Kost sinkt der Harnsäurespiegel auf einen Wert von 180–210 µmol/l (3,0–3,5 mg/100 ml Serum), um bei Purinzulagen proportional anzusteigen.
Das wegen seiner cortical-stimulierenden Wirkung eingenommene Genußgift Coffein ist ein Purinderivat (1,3,7-Trimethylxanthin), wird jedoch z. T. durch Oxidation bis zu Harnstoff, z. T. durch Demethylierung zu Harnsäurederivaten, aber nicht zu Harnsäure abgebaut. Der Harnsäurespiegel des Serums und die Harnsäureausscheidung im Urin werden bei Gichtkranken durch Coffeingaben nicht verändert.

- Eine **sekundäre durch verminderte renale Harnsäureausscheidung** bedingte **Hyperurikämie** kann folgende Ursachen haben:
  - Nierenkrankheiten, wenn die tubuläre Sekretion von Harnsäure (S. 369) beeinträchtigt ist.
  - Erhöhung der Milchsäure- oder Ketonkörperkonzentration im Serum führt zu Hyperurikämie, die durch eine Konkurrenz der **Milchsäure** bzw. der **ß-Hydroxybuttersäure** und **Acetessigsäure** mit der Harnsäure um das tubuläre Ausscheidungs-Transportsystem bedingt ist.
  - **Medikamente**, die durch Hemmung der renalen Ausscheidung zu einer verminderten Harnsäureausscheidung der Niere führen. Dazu gehören u. a. Saluretika (z. B. Thiazide, Furosemid), Salizylsäure und die Tuberkulostatika Pyrazinamid, Isonikotinsäurehydrazid, D-Cycloserin und Ethambutol.

Therapeutische Aspekte. Allopurinol – ein Isomeres des Hypoxanthins – ist als kompetitiver Inhibitor der Xanthin-Oxidase wirksam, vermag also die Harnsäurebildung deutlich zu reduzieren. Der therapeutische Effekt besteht jedoch nicht nur in der Ausscheidung des besser löslichen Hypoxanthins als Endprodukt des Purinstoffwechsels (anstelle der Harnsäure), sondern zeigt sich bei Langzeitwirkung besonders in einer Suppression der Purinbioynthese. Sie kommt durch Umwandlung des Allopurinols im Stoffwechsel in ein atypisches Nucleotid zustande, das einen stark allosterischen Hemmeffekt auf die Amidophosphoribosyl-Transferase – das Schrittmacherenzym der Purinbiosynthese – entfaltet (Abbildung).

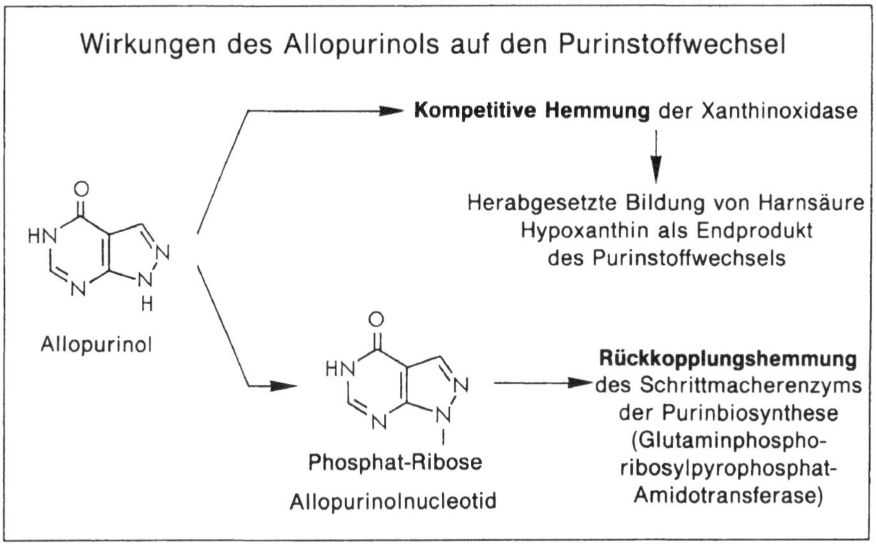

Die Allopurinoltherapie wird ergänzt durch urikosurisch wirksame Medikamente (Probenecid, Sulfinpyrazon, Benzbromaron), die über eine Hemmung der tubulären Rückresorption zu einer vermehrten Ausscheidung von Harnsäure führen. Da die Löslichkeit der Harnsäure bei sauren pH-Werten deutlich geringer ist, muß die Behandlung mit Urikosurika durch Alkalisierung des Harns sowie reichliche Flüssigkeitszufuhr unterstützt werden (s. Harnkonkremente, S. 372).

8. Labormedizinische Harnsäurebestimmung

Harnsäurebestimmung im Serum. 3 Tage vor Gewinnung des Untersuchungsgutes Verabreichung einer Purin- (und Protein-) armen Diät und Vermeidung von Alkoholabusus. Für die quantitative Bestimmung wird die Harnsäure mit Uricase zu Allantoin, CO_2 und H_2O_2 umgesetzt.

$$\text{Harnsäure} + 2\,H_2O + O_2 \rightarrow \text{Allantoin} + CO_2 + H_2O_2$$

Da Harnsäure – nicht jedoch Allantoin – eine starke Absorption im UV-Bereich (Maximum bei 293 nm) zeigt, kann die Menge des entstehenden Allantoins durch Abnahme der Extinktion bei 293 nm über den molaren Extinktionskoeffizienten (Quarzküvetten!) direkt gemessen werden. Auch eine Bestimmung über das in äquivalenter Menge entstehende H_2O_2 ist möglich, das in einer Indikatorreaktion mit Peroxidase als Hilfsenzym nachgewiesen werden muß.

Mit HPLC-Methoden in Verbindung mit spektrophotometrischer bzw. elektrochemischer Detektion lassen sich neben der Harnsäure auch Xanthin und Hypoxanthin quantitativ bestimmen.

Referenzbereich: Männer 180–420 µmol (30–70 mg) Harnsäure/l
Frauen 140–340 µmol (23–57 mg) Harnsäure/l

Nach der Menopause entspricht der Referenzbereich der Frauen demjenigen der Männer.

Plasma ist zur Analyse nicht geeignet, da es stets eine leichte Trübung zeigt, Antikoagulantien (z. B. EDTA und Natriumoxalat) sind Uricase-Inhibitoren, Ascorbinsäure absorbiert bei 293 nm und stört den UV-Test.

Harnsäureausscheidung im Urin. Der 24 h-Urin muß unter 4 ml Toluol bei Zimmertemperatur gesammelt und unter Lichtabschluß aufbewahrt werden. Zur Analyse wird ein Teil Urin mit 9 Teilen dest. Wasser verdünnt. Vorhandene Präzipitate von unlöslicher Harnsäure werden mit heißer gesättigter Lithiumcarbonat-Lösung solubilisiert und mit der Urinprobe vereinigt.

Referenzbereich: Bei normaler Ernährung 1,5–4,5 mmol (250–750 mg) Harnsäure/Tag, bei purinreicher Ernährung bis 12 mmol (2 000 mg) Harnsäure/Tag.

II. Aminosäuren und Proteine

1. Angeborene Aminosäureabbaudefekte

Die Kenntnis des Stoffwechsels der Aminosäuren, insbesondere ihrer Abbauwege, ist die Voraussetzung für das Verständnis zahlreicher erblicher Stoffwechselstörungen. Diese sind nicht nur von theoretischem Interesse. Die **Diagnose** einer erblichen Störung des Aminosäurestoffwechsels muß vielmehr schon in den **ersten Lebenswochen** erfolgen, da nur durch frühzeitiges Einleiten einer adäquaten Therapie (Diät) die sonst unvermeidlichen **schweren und irreversiblen Schäden** – die häufig zum Schwachsinn führen – vermieden oder gemildert werden können.

Bei den hereditären Aminosäureabbaudefekten ist aufgrund eines **genetischen Defektes** der Organismus nicht in der Lage, ein am Abbau einer Aminosäure beteiligtes Enzym in genügender Menge zu bilden. Dies führt zu vollständiger oder partieller Blockierung des Abbauweges, zur Akkumulation desjenigen Zwischenprodukts, das aufgrund des Enzymdefekts nicht weiter umgesetzt werden kann, und zu dessen Ausscheidung im Harn. Die Diagnose wird durch den Nachweis der erhöhten Konzentration in Blut und Harn gestellt.

Alle genetischen Defekte, von denen mehr als 40 verschiedene Typen bekannt sind, werden autosomal rezessiv vererbt und sind mit einer Verminderung der Lebensfähigkeit verbunden. Ihre Häufigkeit variiert von etwa $1:10^4$ bis $1:10^7$. Bei nur wenigen Krankheitsbildern wird das Erwachsenenalter erreicht. Eine kausale Behandlung ist nicht möglich. Die diätetische Beschränkung der betroffenen Aminosäure kann die Symptome mildern.

Phenylketonurie (Oligophrenia phenylpyruvica, Föllingsche Erkrankung). Wegen ihrer weiten Verbreitung kommt dieser autosomal rezessiv vererbten Störung des Phenylalaninstoffwechsels besondere Bedeutung zu. Die Prävalenz (Erkrankungsfrequenz) beträgt in allen Bevölkerungsgruppen der Erde etwa 1:10000, die Zahl der Heterozygoten, d. h. der nicht erkrankten Defektträger, wird mit 1:50 angenommen. Der zugrundeliegende Enzymdefekt betrifft die **Phenylalanin-Hydroxylase,** von der bei den Erkrankten alle 3 Isoenzyme vollständig fehlen und so eine Umwandlung des Phenylalanins in Tyrosin im Intermediärstoffwechsel unmöglich wird. Als Folge akkumuliert das Phenylalanin im Blutplasma (Hyperphenylalaninämie 1,2–3,6 mmol/l, 20–60 mg/dl gegenüber Referenzwerten von 0,06–0,24 mmol/l, 1–4 mg/10 ml) und beträchtliche Mengen des Phenylalanins und seiner atypischen Stoffwechselprodukte werden im Urin ausgeschieden. Unter den desaminierten Stoffwechselprodukten, die in nachfolgender Tabelle zusammengestellt sind, nimmt die Phenylbrenztraubensäure den größten Anteil ein. Die auch physiologischerweise gebildete Phenylessigsäure wird zum größten Teil in der Leber mit Glutamin zu einem Konjugationsprodukt, dem Phenylacetylglutamin umgewandelt. Da Phenylalanin und Tryptophan bei der Passage der Bluthirnschranke um ein gemeinsames Transportsystem konkurrieren, ist der Transport des Tryptophans in das Gehirn und dessen Konvertierung zu Serotonin herabgesetzt.

Ausscheidung von Phenylalanin und seiner Stoffwechselprodukte bei Phenylketonurie

Stoffwechselprodukt	Ausscheidung im Urin (g/24 h) normal	Phenylketonurie
Phenylalanin	0,03	0,3 – 1,0
Phenylbrenztraubensäure	–	0,3 – 2,0
Phenylmilchsäure	–	0,3 – 0,5
Phenylessigsäure	–	vermehrt
Phenylacetylglutamin	0,2 – 0,3	2,0 – 2,5

Die Phenylketonurie führt zu verzögerter geistiger Entwicklung und zum Schwachsinn (Oligophrenie). Myelinisierungsdefekte und deutliche Verminderung des Cerebrosidgehalts lassen sich nachweisen. Auch die Melaninsynthese und die Bildung von Katecholaminen sind eingeschränkt.

Da Entwicklungsstörungen und Schwachsinn ausbleiben, wenn eine rigorose Beschränkung des Phenylalanins in der Nahrung (bis zum 10. Lebensjahr bzw. bis zum Abschluß der cerebralen Entwicklung) durchgeführt wird, ist die Frühdiagnose der Phenylketonurie entscheidend. Beim Neugeborenen kommt es zu einem **Anstieg der Phenylalaninkonzentration** im Blut allerdings **erst nach Nahrungsaufnahme** (Proteinbelastung), so daß die (als Reihenuntersuchung durchgeführte) mikrobiologische (semi)quantitative Bestimmung des Phenylalaningehalts im Blut (Guthrie-Test) erst vom 4. – 6. Lebenstag an sichere Hinweise auf das Vorliegen einer Erkrankung gibt.

Sonderformen der Phenylketonurie und Hyperphenylalaninämie können u. a. dadurch bedingt sein, daß die Phenylalanin-Hydroxylase eine verringerte Affinität zum Cofaktor (Tetrahydrobiopterin) besitzt (**Hyperphenylalaninämie ohne Phenylketonurie**). Auch eine verzögerte Reifung der Phenylalanin-Hydroxylase kann vorliegen. Sie verschwindet nach der Geburt ohne Behandlung im Säuglings- oder Kindesalter. Eine **maternale Phenylketonurie** kann bei heterozygoten Neugeborenen phenylketonurischer Mütter auftreten, da das materne Phenylalanin aktiv über die Plazenta in den fetalen Kreislauf eingeschleust wird.

Störungen des Phenylalaninstoffwechsels

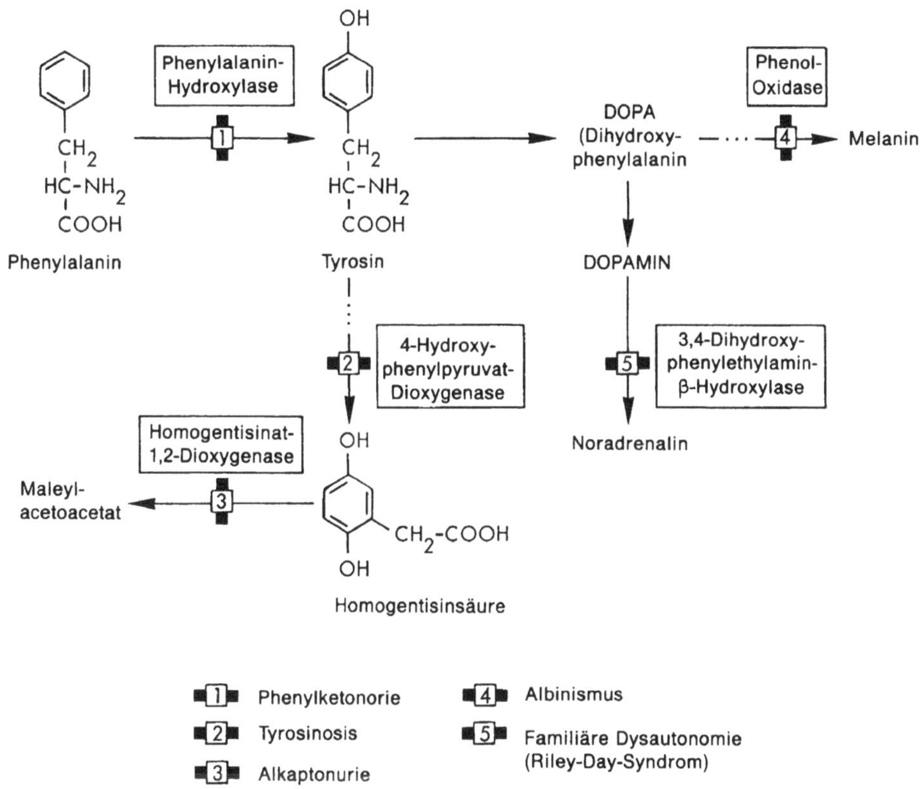

Alkaptonurie. Ist der Abbau des Tyrosins wegen Fehlens der Homogentisinsäure-Dioxygenase (Prävalenz $3-5 \times 10^5$) auf der Stufe der **Homogentisinsäure** blockiert, so kann diese nicht weiter zum Maleylacetoacetat abgebaut werden, sondern wird im Urin ausgeschieden. An der Luft wandelt sie sich spontan in ein dunkelgefärbtes Oxidationsprodukt (Alkapton) um, das auch im Organismus selbst gebildet und vorzugsweise im Knorpelgewebe (S. 423) abgelagert wird, das dadurch eine dunkle Farbe erhält (Ochronosis). **Homogentisinsäure** reduziert Silber- und Kupfersalzlösungen, gibt also positive Reduktionsproben.

Da die Homogentisinsäure-Dioxygenase ein Vitamin C-abhängiges Enzym ist, wird die Alkaptonurie auch bei extremem Ascorbinsäuremangel beobachtet, verschwindet jedoch im Gegensatz zu der genetischen Form nach Ascorbinsäuregaben wieder.

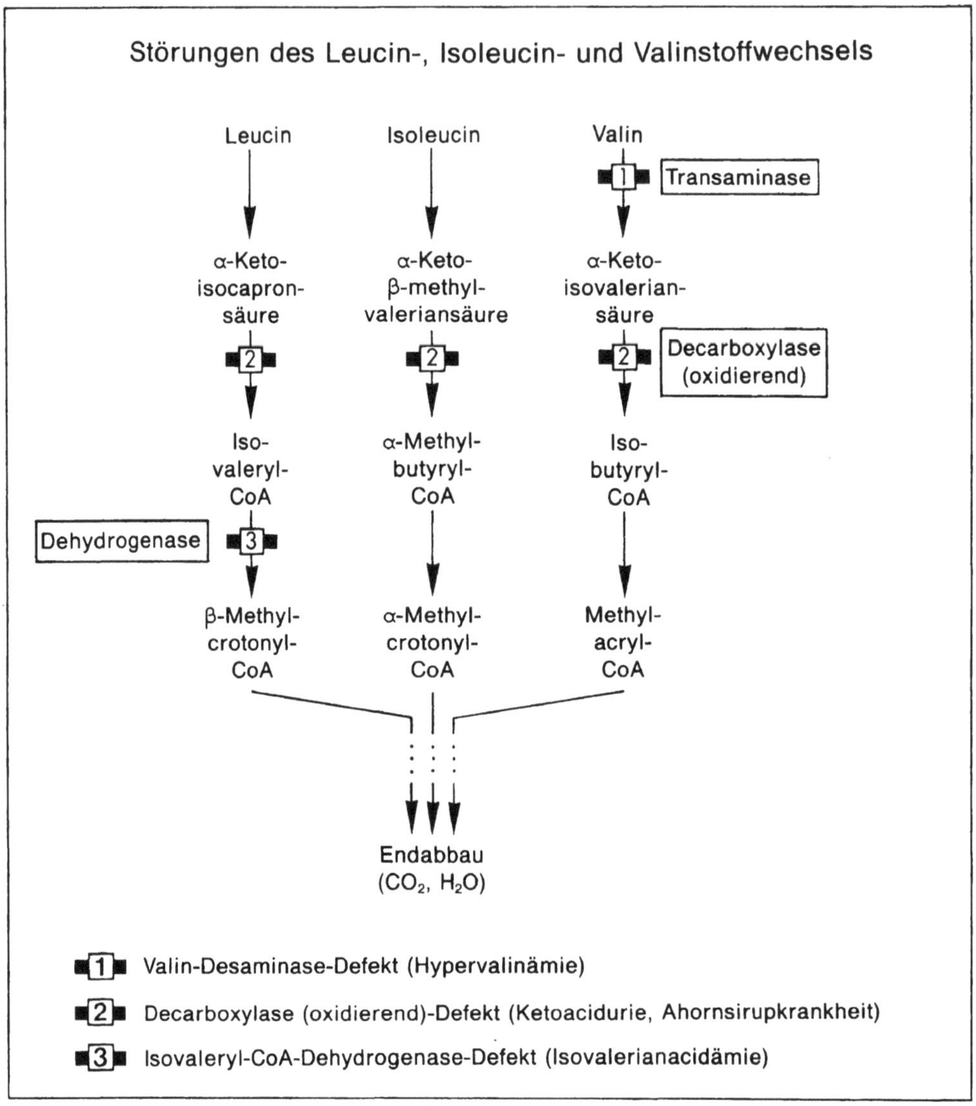

Störungen des Leucin-, Isoleucin- und Valinstoffwechsels. Die **Ketoacidurie** (Ahornsirupkrankheit) ist eine vererbbare Stoffwechselstörung (Prävalenz $1{:}4-6\times10^4$) der verzweigtkettigen Aminosäuren **Leucin, Isoleucin** und **Valin**. Nach der Desaminierung bleibt der Abbau – aufgrund eines Decarboxylasedefekts – auf der Stufe der α-Ketosäuren bzw. α-Hydroxysäuren stehen, die im Harn ausgeschieden werden. Durch den Abbaublock kommt es ferner zu einer etwa 10-fachen **Erhöhung des Plasmaspiegels von Leucin, Isoleucin und Valin**, die ebenfalls ausgeschieden werden, und deren Zersetzungsprodukte dem Harn einen eigentümlichen charakteristischen Malzgeruch (Ahornsirup) verleihen. Die Krankheit ist von schweren, vor allen Dingen das Zentralnervensystem betreffenden Entwicklungsstörungen (pathologisches Encephalogramm, klonische Krämpfe, Atemnot, Cyanosis) begleitet, die im Kindesalter zum Tode führen, wenn nicht eine diätetische Beschränkung der Zufuhr von Leucin, Isoleucin und Valin erfolgt.

Von der Ahornsirupkrankheit sind Varianten bekannt, bei denen eine 5–10 proz. Restaktivität der Decarboxylase vorhanden ist und akute Stoffwechselentgleisungen, die von komatösen Zuständen begleitet sein können, nur bei übermäßiger Proteinzufuhr oder erhöhtem Proteinumsatz (fieberhafte Infekte, Gravidität) eintreten.

Störungen des Glycinabbaus. Für den Abbau des Glycins existieren alternative Stoffwechselwege: Desaminierung durch die Glycin-Oxidase führt zur Glyoxylsäure, die entweder in einer Kondensationsreaktion mit α-Ketoglutarat zu 2-Hydroxy-3-ketoadipinsäure reagiert oder in Glykolsäure umgewandelt wird. Ein Defekt der beteiligten Enzyme und Blockierung dieser Abbauwege führt zur exzessiven Steigerung der Oxalatsynthese, die physiologischerweise für den

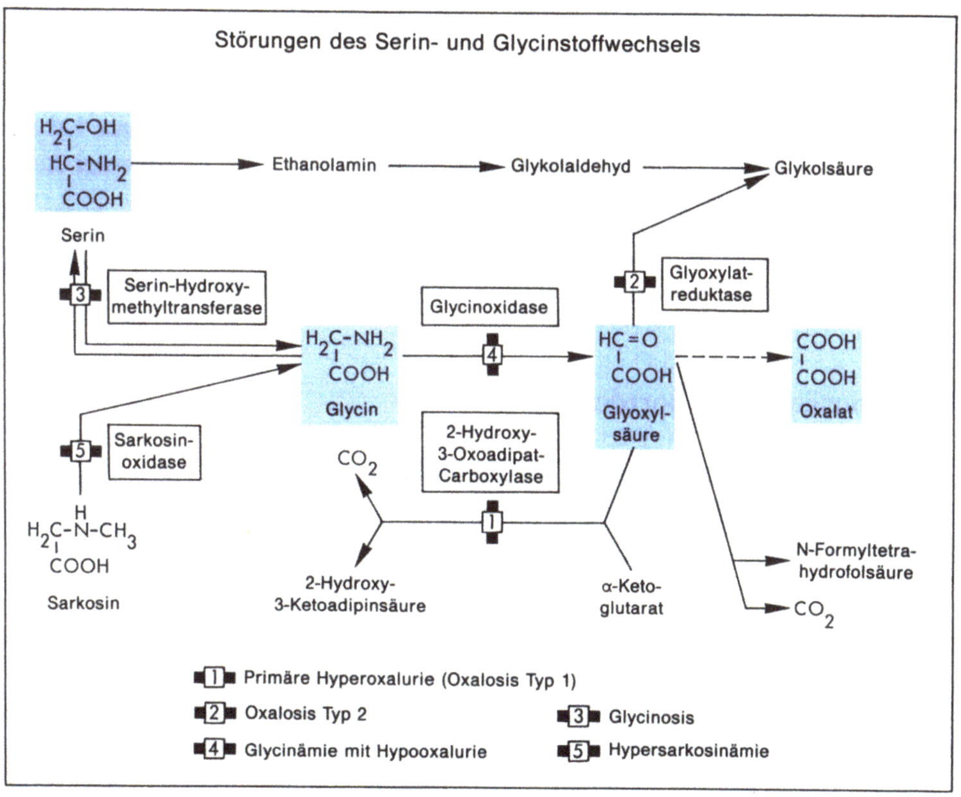

Glycinabbau nur geringe Bedeutung besitzt. Die resultierenden Erkrankungen sind die **primäre Hyperoxalurie** (Oxalosis Typ 1) und die **Oxalosis** Typ 2 (Schema). In einer Pyridoxalphosphat-abhängigen Transaminasereaktion kann Glyoxylsäure mit Glutamat eine Rückreaktion zu Glycin und α-Ketoglutarat eingehen (Kap. Niere, S. 374).

Bei diesen Stoffwechselstörungen werden unabhängig von der Zufuhr mit Nahrungsoxalat große Mengen von Oxalsäure mit dem Harn ausgeschieden. Die Folge ist eine Ablagerung von **Calciumoxalat im Nierenparenchym** und in den ableitenden Harnwegen (Steinbildung). Infolge der Konkrementbildung kommt es meist noch im Kindesalter zum Tod durch Nierenversagen oder Bluthochdruck.

Ist dagegen der direkte Abbau des Glycins durch Enzymdefekte blockiert, resultiert eine Glycinämie mit Hypooxalurie bzw. Glycinosis (Schema), die bei schwerer Entwicklungsstörung des Zentralnervensystems zum Tod in den ersten Lebensjahren führt.

Früherkennung und Prävention von Aminosäureabbaudefekten. Eine Reihe von Aminosäureabbaudefekten kann durch pränatale Diagnostik (Nachweis des Enzymdefekts in Amnion- und/oder Chorionzottenzellen, erhöhte Konzentration der betreffenden Aminosäure oder ihrer akkumulierenden Abbauprodukte im Fruchtwasser) erkannt werden. Eine Analyse ist bei Risikoschwangerschaften (familiäre Belastung) indiziert. Die Phenylketonurie wird durch routinemäßige Neugeborenen-Überwachung erfaßt. Als **präventive Maßnahme** bei erkannter Erkrankung wird eine **diätetische Beschränkung der betroffenen Aminosäure** (sowie der Proteinzufuhr) durchgeführt.

Erbliche Störungen des Aminosäureabbaus sind auch für die Aminosäuren Cystein, Methionin, Histidin, Tryptophan, Prolin und Hydroxyprolin bekannt.

2. Aminosäuretransportdefekte

Die Resorption der L-Aminosäuren aus dem Darm und ihre Rückresorption durch das Tubulussystem der Niere erfolgt über Aminosäuretransportsysteme, die sich nach ihrer Spezifität für verschiedene Aminosäuregruppen klassifizieren lassen.

Bei genetisch bedingten Ausfallserscheinungen des Aminosäuretransportsystems, die auf Niere und Darm beschränkt sein können, häufig aber beide Organe betreffen, treten meist schwere Krankheitserscheinungen auf, die durch Aminosäuremangelerscheinungen, Retardierung des Wachstums und der geistigen Entwicklung, ferner durch Ausscheidung größerer Mengen von Aminosäuren im Harn (Aminoacidurie) bzw. das Auftreten bakterieller Abbauprodukte der betreffenden Aminosäuren durch die Mikroorganismen des Darms gekennzeichnet sind.

Hartnupsyndrom. Der mit einer Prävalenz von 1:15 000 auftretende Transportdefekt betrifft das intestinale und renale Tubulustransportsystem für die Monoamino-Monocarbonsäuren Leu, Ile, Val, Ala, Ser, Thr, Asn, Gln, Phe, Tyr und Trp, die einerseits im Intestinum vermindert resorbiert, andererseits jedoch mit dem Urin vermehrt ausgeschieden werden. Die Symptomatik ist durch Retardierung der geistigen Entwicklung, cerebellare Ataxie, Nicotinsäuremangel (Pellagra als Folge unzureichender Tryptophanversorgung) gekennzeichnet. Die bakteriellen Abbauprodukte des Tryptophans (Indolderivate) werden in Harn und Faeces ausgeschieden.

Cystinosis (infantile nephropathische Cystinose). Bei dieser mit der Häufigkeit von 1:40 000 bis 1:60 000 auftretenden erblichen Cystinspeicherkrankheit kommt es infolge einer Störung der ATP-abhängigen Ausschleusung von Cystin aus den Lysosomen zu einer **Ablagerung von Cystinkristallen** in vielen Organen, vorzugsweise im retikuloendothelialen System (RES, Milz, Leber, Niere, Lunge) und ist frühzeitig erkennbar an Cystinablagerungen in der Hornhaut des Auges. Der Stoffwechseldefekt führt zum Tod an **akutem Nierenversagen** innerhalb der ersten Lebensjahre.

Cystinurie. Bei der Cystinurie (Häufigkeit 1:2000 bis 1:15 000) liegt ein Defekt im gemeinsamen Transportsystem für Cystin, Lysin, Arginin und Ornithin in Dünndarm und Nierentubulus vor. Es werden 3 auf allelen Mutationen beruhende Typen unterschieden. Trotz reduzierten oder fehlenden intestinalen Transports werden aufgrund der Rückresorptionsstörung im Nierentubulus alle 4 **Aminosäuren im Urin** vermehrt ausgeschieden, jedoch bei den verschiedenen Typen in unterschiedlichem Ausmaß. Wegen der geringen Löslichkeit von Cystin besteht bei einer Urinkonzentration von >0.85–125 mmol/l die Gefahr einer **Steinbildung** in der **Niere** und den ableitenden Harnwegen. Auch die bakteriellen Abbauprodukte des intestinal akkumulierenden Lysin, Arginin und Ornithin (Cadaverin, Agmatin und Putrescin) werden mit dem Urin ausgeschieden.

3. Erworbene und sekundäre Störungen des Aminosäurestoffwechsels

Unzureichende enterale Resorption von Aminosäuren bei Maldigestion und Malabsorption (S. 257) reduziert die Aminosäureversorgung des Organismus.

Bei Leberschäden (Zirrhose, Leberzerfallscoma, S. 287) kann die Leber ihre Funktion als zentrales Organ des Aminosäurestoffwechsels nicht erfüllen. Bei akuter Hepatitis sind Phenylalanin und Tyrosin regelmäßig, bei Leberzirrhose auch Prolin, Citrullin, Glutaminsäure und Ammoniak im Serum vermehrt. Nierenerkrankungen mit Schädigung des Tubulusapparates (z. B. Nephrose, S. 380) oder hereditäre Tubulopathien (S. 370) können sekundär zu Aminosäureverlusten führen. Eine renale Hyperaminoacidurie kann auch ihre Ursache in Schwermetallvergiftungen (Blei, Cadmium, Kupfer) oder Schädigung durch Tetrazyklin haben.

4. Labormedizinische Untersuchungen des Aminosäurestoffwechsels

Für die klinisch-chemische Diagnostik von Aminoacidopathien stehen semiquantitative Screening-Methoden und quantitative Aminosäureanalysen zur Verfügung. Für die **Dünnschichtchromatographie**, die nach Anfärbung der Aminosäuren mit Ninhydrin eine semiquantitative Bestimmung gestattet und für die quantitative Bestimmung von Aminosäuren durch **Kationenaustauschchromatographie** mit vollautomatisch arbeitenden Geräten muß das Untersuchungsgut (Serum/Plasma, Urin, Liquor, Fruchtwasser) enteiweißt werden. Meßgrößen sind µmol/l Serum oder Plasma bzw. µmol/Tag/kg (24 h-Sammelurin). Zu beachten ist die **circadiane Rhythmik der Aminosäurekonzentration** im Serum (Minimum am frühen Morgen, Maximum am frühen Nachmittag).

Bei **Hyperaminoacidämie** und **Hyperaminoacidurie** werden im Urin neben den Aminosäuren mehr als 300 **organische Säuren** ausgeschieden, die aus dem Aminosäureabbau stammen. Sie können nach Derivatisierung gaschromatographisch identifiziert und quantifiziert werden.

5. Allgemeine Störungen des Proteinstoffwechsels

Proteinumsatz. Der Stoffwechsel der Proteine ist durch ein dynamisches, durch Hormone und Regelprozese gesteuertes Gleichgewicht von Synthese und Abbau gekennzeichnet und läßt sich quantitativ für jedes Protein durch seine **Halbwertszeit** ausdrücken. Die Halbwertszeiten der Proteine des menschlichen Organismus schwanken jeweils um Stunden (z. B. Blutgerinnungsfaktoren) bis zu Tagen (z. B. Albumin, IgG) oder Monaten (z. B. Hämoglobin, Myosin).

Da die Proteine im Rahmen des Ersatzes durch Neusynthese zu Aminosäuren abgebaut werden, und deren Stickstoff im Harn ausgeschieden wird, läßt sich der Gesamtproteinumsatz aus der Stickstoffausscheidung berechnen (**Stickstoffbilanz**). Hierfür kann in erster Näherung die Menge des pro 24 h ausgeschiedenen Harnstoffs herangezogen werden, dessen Stickstoff 80–90% des ausgeschiedenen Gesamtstickstoffs enthält. Neubildung durch Synthese und enzymatischen Abbau des Gesamtproteins liegen beim erwachsenen Menschen (70 kg) in einer Größenordnung von 40 g Protein/24 h. Die für die Synthese benötigten Aminosäuren entstammen zu etwa 20% den Nahrungsproteinen, ≈80% des Aminosäurebedarfs werden durch Reutilisation abgebauter Körperproteine gedeckt.

Regulationsstörungen. Die mangelnde Versorgung des Organismus mit Nahrungsproteinen oder eine vollständige Unterbrechung der Zufuhr von Nahrungsenergie (**Hunger**, Fasten) führt zu Störungen oder Umstellungen des Protein- und Gesamtstoffwechsels. Erkrankungen des Magen- und Darmtrakts können einen gestörten enzymatischen Abbau (**Maldigestion**) und/oder ungenügende Resorption (**Malabsorption**) zur Folge haben. Aminosäuretransportdefekte sind genetisch bedingte Störungen, die wiederum den Proteinstoffwechsel beeinträchtigen. Ebenso können Erkrankungen anderer Organe (z. B. Leber, Niere, Haut) oder endokrine Dysfunktionen das dynamische Gleichgewicht des Proteinstoffwechsels stören und sich in Veränderungen des Plasmaproteinverteilungsmusters (Dysproteinämie) manifestieren.

Pathoproteinämien. Pathoproteinämien sind pathologische Abweichungen in der Konzentration bzw. im Verteilungsmuster der Blutplasmaproteine. Die Zahl der Plasma- bzw. Serumproteine beträgt über 100, ihre Konzentration weist beträchtliche Unterschiede auf. Trotz der unterschiedlichen Halbwertszeiten wird die Zusammensetzung der Blutplasmaproteine durch Homöostase in engen Grenzen konstant gehalten. Der Nachweis quantitativer Veränderungen der Blutplasmaproteine oder ihres Verteilungsmusters, das durch Elektrophorese (S. 25) angezeigt wird, kann durch hereditäre (erbliche) oder erworbene Störungen bedingt sein.

- **Hyperproteinämie.** Eine echte Vermehrung aller Serumproteine gibt es nicht. Eine pathologische **Hyperproteinämie** beruht stets auf der selektiven Zunahme eines (oder weniger) Plasmaproteins(e) und hat damit Merkmale einer **Dysproteinämie** bzw. **Paraproteinämie** (s. u.). Eine relative Vermehrung der Plamsmaproteine kann nach Wasserverlust (Durst, Erbrechen, Diarrhoe) eintreten.
- **Hypoproteinämie.** Eine **Hypoproteinämie** liegt bei absoluter oder relativer Verminderung der Plasmaproteine vor, betrifft aber selten alle Proteinfraktionen gleichmäßig. Als Ursache kommen in Betracht:
  - mangelhafte Proteinzufuhr (Hunger, Fehlernährung, Malabsorption,

– mangelhafte Proteinbiosynthese (Lebererkrankungen, kataboler Proteinstoffwechsel bei Infekten, Fieber oder Corticoidtherapie), Proteinverluste durch Proteinurie (S. 371), Blutungen, Verbrennungen oder Punktion eiweißreicher Flüssigkeiten (Aszites, Pleuraerguß).

- **Dysproteinämie**. Hereditäre oder erworbene Änderung des Verteilungsmusters der quantitativen Zusammensetzung der Bluteiweißfraktionen. Bei genetisch bedingtem Fehlen oder Verminderung einzelner Plasmaproteine liegt eine **Defektdysproteinämie** vor.

6. Proteinmangelsyndrome

Die im Organismus ablaufende Proteinsynthese erfordert die kontinuierliche Bereitstellung von Aminosäuren und einen intakten Energiestoffwechsel. Ein Proteinmangelsyndrom mit Einschränkung der Protein- und Energiezufuhr kann je nach zeitlicher Dauer in verschiedenen Manifestationsformen auftreten:

Hunger, Fasten. Bei akutem (über mehrere Tage bis zu 4 Wochen) andauerndem Nahrungsentzug (0-Diät, Fasten) kommt es unter erhaltener Flüssigkeits- und Mineralzufuhr zu charakteristischen Umstellugen des Stoffwechsels. Da die Kohlenhydratreserven (Glykogen) des menschlichen Organismus nur für wenige Stunden zur Aufrechterhaltung des Blutzuckers beitragen und als Energiequelle dienen können, kommt es zum **Absinken des Insulinspiegels** und zur **Mobilisation der Depot-Triglyceride** des Fettgewebes (etwa 150 g/24 h) und zur Erhöhung der **Gluconeogenese** (Anstieg des Blutcortisolspiegels), zu der vorzugsweise die Muskelproteine (etwa 45 g/24 h) herangezogen werden (Reduktion der Muskelmasse). Ein minimaler Blutglucosespiegel ($\approx$2 mmol/l) wird auch bei längerem Fasten zur Versorgung von Nierenmark, Erythrozyten und ZNS aufrechterhalten. Der oxidative Abbau von Fettsäuren bei relativem Kohlenhydratmangel führt zur Bildung von **Ketonkörpern**, die jedoch von der Muskulatur und – bei längerem Fasten – auch vom Zentralnervensystem utilisiert und zu CO_2 und H_2O verstoffwechselt werden. Die Stickstoffausscheidung im Urin beträgt in den ersten Hungertagen 10–12 g/24 h und sinkt dann kontinuierlich bis auf einen Wert von etwa 3 g/24 h ab (**negative Stickstoffbilanz**). Auch die Calcium-Phosphat- und Magnesiumbilanz wird negativ. Die Reduktion des Körpergewichts beträgt nach einer Woche etwa 13% nach 30 Tagen bis 21% des Ausgangsgewichts.

Chronische Unterernährung geht meist mit einseitiger (relativ kohlenhydratreicher- und absoluter Proteinmangel-)Ernährung einher. Sie hat eine negative Stickstoffbilanz (Abbau von Muskulatur), Abnahme des Proteingehalts im

Blutplasma und Kreatinurie zur Folge. Im Verteilungsmuster der Blutplasmaproteine findet man eine elektrophoretisch nachweisbare starke **Verminderung des Albumins** bei Erhöhung der β- und γ-Globuline. Infolge der Mobilisation körpereigener Lipide und gestörter Lipoproteinsynthese der Leber kann es zu einer Fettleber (S. 277) kommen. Die verstärkte Gluconeogenese (Proteinabbau → Osteoporose) ist von einem Anstieg der Cortisolkonzentration begleitet.

Ein chronischer Hungerzustand führt zur Abnahme des Körpergewichtes, Leistungseinschränkung und zunehmender Reduktion sämtlicher Körperfunktionen und wird als **Inanition** (Eiweißmangeldystrophie) bezeichnet, die bei einem über Monate bis Jahre ablaufenden Entkräftungsprozeß schließlich in **Marasmus** übergeht.

Eine starke Abmagerung mit allgemeinem Kräfteverfall und Apathie tritt bei Geschwulstleiden, chronischen Infektionskrankheiten und u.U. auch als Alterserscheinung auf und wird als **Kachexie** bezeichnet. Die bei bösartigen Tumoren auftretende Tumorkachexie ist vermutlich durch den **Tumor Necrosis Faktor** (Kachektin) mitbedingt, der u. a. eine Aufnahme und Speicherung von Triglyceriden im Fettgewebe verhindert.

Kwashiorkor. Ist der Proteinmangel mit einer gleichzeitig gesteigerten Energiezufuhr in Form von Kohlenhydraten verbunden, stehen **Ödeme, Hypoproteinämie, Leberverfettung und Steathorrhoe** als Symptome im Vordergrund. Weitere Folgen sind schwere Entwicklungsstörungen, **Wachstumsstillstand** und verminderte Resistenz gegenüber Infektionen. Der Kwashiorkor tritt überwiegend in Gebieten mit chronischem Nahrungsproteinmangel (Entwicklungsländer) auf. Betroffen sind meist Kinder im Alter von 2–6 Jahren, die während der Wachstumsphase einen erhöhten Proteinbedarf haben, deren Nahrung aber vorwiegend aus Kohlenhydraten (Mais, Reis, Hirse) besteht.

Magen-, Darm- und Pankreaserkrankungen. Chronische Erkrankungen des Magens, des Darms und Pankreas führen häufig zu einem Proteinmangelsyndrom, das entweder auf einem ungenügenden enzymatischen Aufschluß der Nahrungsproteine (Maldigestion, S. 258), auf ungenügender Resorption von Aminosäuren bzw. Peptiden (Malabsorption, S. 258) oder auf einer vermehrten Abgabe von Proteinen in den Magen-Darmtrakt (exsudative Enteropathie, S. 260) beruhen kann. Typische Symptome sind die Heraufsetzung der Stickstoffausscheidung im Stuhl (normal 0,5–2,0 g/24 h), Hypoproteinämie, Hypoalbuminämie und Ödeme.

Erkrankungen der Leber. Die Leber ist ein wichtiges Organ der Proteinbiosynthese und der Proteinspeicherung. Erkrankungen mit Schwund des Leberparenchyms (z. B. Leberzirrhose) oder Funktionsausfall (Entzündugen, Nekrose) führen zu einer Störung der Proteinbiosynthese, die sich besonders für Proteine mit kurzer Halbwertszeit bemerkbar macht. Bei Entzündungen mit Permeabilitätsstörungen der Zellmembran können zusätzliche Zellproteine in das Blutplasma übertreten (Nachweis zytoplasmatischer oder mitochondrialer Leberenzyme in der klinisch-chemischen Diagnostik der Lebererkrankungen).

Erkrankungen der Niere. Die tägliche Proteinausscheidung mit dem Harn beträgt beim Stoffwechselgesunden <70 mg/24 h. Eine Proteinurie (S. 371) kann durch vermehrte glomeruläre Proteinfiltration oder durch verminderte Rückresorption im proximalen Abschnitt des Tubulussystems zustande kommen. Am häufigsten sind Kombinationen von glomerulären und tubulären Prozessen (Kap. Niere, S. 371).

Erkrankungen der Haut. Thermische Schäden der Haut treten nach Verbrennungen (Verbrühungen) auf und führen zur Koagulation (Hitzedenaturierung) der Proteine und zu einer Permeabilitätssteigerung der benachbarten Kapillaren, die durch Freisetzung vasoaktiver Wirkstoffe bedingt ist. Es kommt zur Exsudation aus den Wundflächen und zu Ödembildung, die einen Verlust an Serumproteinen (bis zu 50%) zur Folge haben. Auch ausgedehnte nässende Ekzeme können Proteinverluste verursachen.

Endokrine Dysfunktion. Da der Proteinstoffwechsel auch einer hormonellen Regulation unterliegt, können sekundären Störungen des Proteinstoffwechsels auch primäre endokrine Dysfunktionen zugrunde liegen: Zu einer **negativen Stickstoffbilanz** führen die proteinkatabol wirkenden Schilddrüsenhormone und Glucocorticoide. Anabol wirkende Hormone sind das Wachstumshormon, Insulin und Testosteron. Die unter dem Einfluß dieser Hormone gemessene **positive Stickstoffbilanz** kommt vorwiegend durch gesteigerte Proteinbiosynthese in der Muskulatur zustande.

7. Hereditäre Dysproteinämien

Proteinvarianten. Von einem Gen, das die Information für die Synthese eines bestimmten Proteins (Genprodukt) codiert, können zwei oder mehrere verschiedene Zustandsformen existieren, die als **Allele** bezeichnet werden. Ein alleler Zustand eines Gens ist einem Mutationsereignis analog, wird aber viel häufiger beobachtet als eine Mutation. Allele Gene nehmen auf homologen Chromosomen homologe Loci ein. Bei homozygoten Individuen sind die Allele in Allelenpaaren identisch, bei Heterozygoten dagegen verschieden.

Gibt es von einer Genart eine Reihe verschiedener Allele, spricht man von multipler Allelie und bezeichnet die Genprodukte – sofern es sich um Proteine handelt – als **Proteinvarianten**. Als weitere Synonyme sind die Begriffe **„Protein-Polymorphismus"** und **„multiple molekulare Formen von Proteinen"** im Gebrauch.

Proteinvarianten sind von zahlreichen Blutplasmaproteinen, aber auch von Enzymen bekannt bezeichnet (Kap. Enzyme, S. 77, 85).

Das Auftreten verschiedener Varianten eines Proteins ist ein allgemeines Phänomen. Im Gegensatz zu den Blutplasmaprotein**defekten** hat das Auftreten von Blutplasmaprotein**varianten** meist keine pathologische Bedeutung. Die Tabelle gibt Beispiele für die Blutplasmaproteine.

Proteindefekte. Durch Mutation werden abgewandelte Gene erzeugt, die funktionell zu veränderten (oder fehlenden) Genprodukten führen. Da ein Protein meistens aus mehr als 100 Aminosäuren besteht, und bei einer Punktmutation jede der Aminosäuren durch eine andere ersetzt werden kann, ist eine Vielzahl von strukturell durch Mutation veränderten Proteinen möglich. Sie unterscheiden sich in ihren physikalisch-chemischen und funktionellen Eigenschaften voneinander je nachdem, welche Aminosäure an welcher Stelle substituiert wurde. Betrifft eine solche Mutation ein Enzymprotein, so kann dessen Konformation so verändert werden, daß es zu einer hochgradigen Reduktion oder zu einem Verlust der enzymatischen Aktivität kommt. In vielen Fällen läßt sich das durch Mutation veränderte und katalytisch nicht mehr aktive Enzymprotein durch immunologische Methoden nachweisen.

Beispiele für genetischen Polymorphismus (Proteinvarianten) von Blutplasmaproteinen

Plasmaprotein	Zahl der Protein-Varianten	Defektdysproteinämie: Bezeichnung	Defektdysproteinämie: Symptome
Albumin	20	Analbuminämie	Geringe Ödemneigung, Transportstörungen für Thyroxin
α_1-Antitrypsin	25	α_1-Antitrypsin-mangel	Bronchopulmonale Erkrankungen, Lungenemphysem, Leberzirrhose
α_2-Glykoprotein	4	Transcortin-mangel	Transportstörung für Glucocorticoide
Haptoglobin	3	A-Haptoglobinämie	Keine
Caeruloplasmin	6	A-Caeruloplasmin-ämie	Wilson'sche Erkrankung
Transferrin	20	A-Transferrinämie	Eisenrefraktäre Anämie, Hämosiderose
Fibrinogen	2	A-Fibrinogenämie	Blutgerinnungsstörungen

Eine Mutation kann jedoch auch Operator-, Repressorgen, Promotor oder Repressor betreffen, so daß u.U. keine Synthese von mRNA und spezifischem Protein stattfindet und ein echter – genetisch bedingter – Proteindefekt vorliegt. Blutplasmaproteindefekte werden als **Defektdysproteinämien** bezeichnet (Tabelle), da sie immer eine Änderung der quantitativen Zusammensetzung der Plasmaproteine zur Folge haben.

8. Erworbene Dysproteinämien

Reaktive Veränderungen der Blutplasmaproteine können Ausdruck einer – auf ein oder wenige Proteine bechränkten – vermehrten Synthese oder durch verstärkten Abbau bzw. Proteinverluste (S. 371) bedingt sein. Sie werden ausgelöst durch akute oder chronische Erkrankungen (Entzündungen), toxische Organschäden oder Arzneimittel (z. B. Immunsuppressiva, Dicumarole). Die Tabelle gibt einige Beispiele.

Gammopathien haben ihre Ursache in der Vermehrung eines Zellklons (selten auch von zwei verschiedenen oder mehreren Zellklonen) aus der Klasse der Immunoglobuline und werden deshalb als monoklonale (oligoklonale, polyklonale) **Immunoglobulinopathien** bezeichnet. Ihr Syntheseort sind Zellen des lymphoretikulären Systems, die auch physiologischerweise Immunglobuline synthetisieren und sezernieren, jedoch bei Tumoren und Entzündungen zu exzessiver Produktion von Immunglobulinen übergehen. Charakteristisch für die Gammopathien ist der schmalbasige spitze Gipfel im Elektropherogramm, der im Bereich der γ-, seltener der β- oder α-Globuline liegt (Unterschied zur breitbasigen polyklonalen Gammaglobulinvermehrung bei Leberzirrhose, chronischen Infekten und Kollagenosen).

Das **Plasmozytom** (multiples Myelom, M. Kahler) gehört zu den malignen Gammopathien und ist eine neoplastische Erkrankung des lymphatischen Systems, bei der Plasmazellen Immunglobuline der Klasse IgA und IgG (selten IgD und IgE) bilden. Der maligne entartete Plasmazellklon bildet Absiedlungen in verschiedenen Organen, insbesondere im Skelettsystem, in dem osteolytische Prozesse röntgenologisch nachgewiesen werden können. Typisch ist der **„Schrotschußschädel“** bei Plasmozytom.

Bei 60% aller Plasmozytomkranken synthetisieren die Plasmazellen das **Bence-Jones-Protein**, bei dem es sich um ein inkomplettes, nur aus L-Ketten bestehendes Immunglobulin handelt. Bei der **Makroglobulinämie Waldenström** und **Schwerekettenkrankheit** treten monoklonal vermehrte IgM bzw. die schweren Ketten der Immunglobuline IgG, IgA oder IgM auf (α-, γ- und μ-Kette).

Beispiele für hereditäre und erworbene Dysproteinämien des menschlichen Blutserums (Blutplasmas)

Ordnung nach elektrophoretischer Mobilität bei pH 8,6. Konzentrationsangaben in g/l Serum bzw. Plasma. Lipoproteine siehe Kapitel Lipide. Immunglobuline siehe Kapitel Blut

↑ Vermehrung, ↓ Verminderung

Proteine	g/l	Pathobiochemie
Präalbumin	0,25	↑ bei schweren Leberleiden
Albumin	44,0	↓ bei Leberzirrhose, Nephrose, Analbuminämie
Saures α_1-Glykoprotein	0,90	↑ bei chronischen Entzündungen, rheumatoide Arthritis, malig. Neoplasien
α_1-Antitrypsin	0,290	↑ bei entzündlichen Prozessen, juveniler Leberzirrhose, Lungenemphysem
Prothrombin		↓ bei Lebererkrankungen, Antikoagulantien-Therapie
Transcortin	0,070	↓ Syndrom mit geringer Cortisol-Bindungskapazität
α_1-Fetoprotein		↑ bei Hepatom und embryonalen Tumoren, ↑ Hepatitis, Leberzirrhose
Gc-Globulin	0,400	↓ bei schwerem Leberschaden
Antithrombin III	0,230	↑ bei Leberschaden
Caeruloplasmin	0,350	↑ bei Schwangerschaft ↓ bei Wilsonscher Krankheit
C'l-Inaktivator	0,240	↓ bei angioneurotischem Ödem
Haptoglobin	1,70	↓ bei hämolytischen Erkrankungen, Leberschaden ↑ bei nephrotischem Syndrom, Leberleiden, Diabetes mellitus
α_2-Makroglobulin	2,60	↑ bei Nephrose, Leberschaden, Diabetes mellitus
Serum-Cholinesterase	0,001	↓ bei genetischem Mangel, Leberschaden
Plasminogen	0,120	↓ bei starker Fibrinolyse
Hämopexin	0,750	↓ bei hämolytischen Anämien
C 2-Komponente		↓ bei familiärem Mangel an C 2
C 3-Komponente	1,10	↓ bei Autoimmunerkrankungen (Glomerulonephritis, Lupus erythematodes u. a.)
Transferrin	2,95	↓ bei Nephrose, malignen Neoplasien, Fe-Mangelanämie
Fibrinogen	3,00	↑ bei Leberschaden, Hyperfibrinolyse, Afribrinogenämie
Fibrinstabilisierender Faktor (XIII)		↑ bei gestörter Wundheilung
C-reaktives Protein		↑ bei akut-entzündlichen Prozessen
β_2-Glykoprotein	0,200	↓ bei genetischen Defekten
Lysozym		↑ bei Monozyten-Leukämie

Benigne monoklonale Gammopathien (essentielle bzw. asymptomatische Gammopathien) treten in zunehmender Häufigkeit mit steigendem Lebensalter auf.

Kryoglobuline. Die bei monoklonalen oder polyklonalen Gammopathien gebildeten Immunglobuline zeigen gelegentlich anomale **Temperatursensitivität**.

Bei Abkühlen von Plasma oder Serum unter 37° C gehen sie in einen kristallinen oder amorphen Niederschlag über, der sich bei Wiedererwärmen auf 37° C ganz oder teilweise wieder auflöst. Diese gelartige Erstarrung der Proteine, die wegen ihres Verhaltens auch als **Kryoproteine** bezeichnet werden, kann durch Viskositätssteigerung des Blutes und Kapillarthrombosen zur **Kryopathie** (Purpura, Kälteurtikaria, Zyanose, Parästhesien) u.U. zu Nekrosen, Gangrän der Akren, Amyloidablagerung und Nierenschädigung führen. Kryoglobuline werden auch bei rheumatoider Arthritis, bei Sjögren-Syndrom u. a. chronischen Erkrankungen gebildet.

Rheumafaktoren. Autoantikörper, die gegen die Fc-Domäne von Immunglobulinen (IgM, IgG oder IgA) gerichtet sind, lassen sich häufig bei Patienten mit **rheumatoider Arthritis**, aber auch bei anderen chronischen Erkrankungen (Kollagenosen, chronische Infektionskrankheiten) nachweisen und werden als Rheumafaktoren bezeichnet.

9. Labormedizinische Untersuchungen der Plasma/Serum-Proteine

Die Bestimmung des **Gesamtproteins im Serum/Plasma** mit Hilfe der Biuret-Methode und die Fraktionierung der Serumproteine durch **Elektrophorese** auf Acetatfolie sind Basisuntersuchungen für die folgende Indikationen gelten:

- Nachweis einer Dysproteinämie
- Zuordnung zu bestimmten Krankheitgruppen und Reaktionsstadien von Krankheiten durch Nachweis charakteristischer Konstellationstypen der Serumproteine
- Verlaufsbeurteilung des Krankheitszustandes

Bestimmung des Gesamtproteins im Serum/Plasma. Das **Biuret-Reagenz** bindet in alkalischer Lösung an Peptidbindungen unter Bildung eines rot-violetten Farbkomplexes, dessen Intensität der Proteinkonzentration proportional und der spezifisch für Proteine ist.

Referenzbereich:	Erwachsene	66–83 g/l Serum
	Neugeborene	46–68 g/l Serum

Erniedrigte Werte finden sich bei **verminderter Proteinbiosynthese** (z. B. Mangelernährung, Malabsorption, schwerem Leberparenchymschaden, Antikörpermangelsyndrom, Endstadium neoplastischer Erkrankungen) oder **vermehrtem Proteinverlust** (z. B. exsudative Enteropathie, Colitis ulcerosa, nephrotischem Syndrom, Aszites).

Einflußgröße auf die Bestimmung der Gesamtproteinkonzentration ist die Körperlage (Konzentrationsunterschiede bis zu 10% bei Änderung vom Liegen zum Stehen). Ikterische, hämolytische, lipämische Seren, proteinhaltige Infusionslösungen und Röntgenkontrastmittel können das Ergebnis der Gesamtproteinbestimmung verfälschen.

Mit der **Serumproteinelektrophorese** lassen sich die Proteine des Serums in 5 Teilfraktionen auftrennen, deren Absolutkonzentration bzw. prozentualer Anteil bei Dysproteinämien in charakteristischer Weise verändert sein kann. Die folgende Tabelle gibt die Referenzbereiche an.

Trennung der Serum-Proteine durch Acetatfolien-Elektrophorese

Fraktion	g/l[a]	%[b]
Albumin	35,2 – 50,4	60,6 – 68,6
α_1-Globuline	1,3 – 3,9	1,3 – 3,4
α_2-Globuline	5,4 – 11,3	4,2 – 7,6
β-Globuline	5,9 – 12,4	7,0 – 10,4
γ-Globuline	5,8 – 15,2	12,1 – 17,7

a) Werte für Erwachsene
b) Färbung mit Amidoschwarz und densitometrische Auswertung

Serum-Einzelproteine können durch spezifische Untersuchungen mit differenzierterem diagnostischen Aussagewert und hoher diagnostischer Spezifität quantitativ mit folgenden Methoden bestimmt werden:

- Radiale Immundiffusion, quantitative Immunelektrophorese, Immunometrie, Radioimmunoassay (S. 30) und Enzymimmunoassay
- Proteine in Urin und Liquor s. Kap. Niere (S. 384) und Nervensystem (S. 484).

Für die Diagnostik und Klassifizierung von monoklonalen (oligoklonalen) Gammopathien wird die **Elektrophorese** der Serumproteine (Gammopathien) bzw. Urinproteine (Bence-Jones-Protein) als Suchtest eingesetzt. Charakteristisch für die Gammopathien ist der schmalbasige spitze Gipfel im Elektropherogramm, der im Bereich der γ- oder β-Globuline liegt (Abbildung S. 25).

- Das **Bence-Jones-Protein** läßt sich auch durch einfache Kochprobe (Ausfällung bei 50° – 60° C, Löslichkeit bei weiterem Erhitzen auf 100° C) nachweisen.

Ausscheidung von Harnstoff im Urin: s. Kap. Niere (S. 383).

III. Enzyme

1. Enzymopathien

Die herabgesetzte Aktivität eines Enzyms, die Veränderung des Enzymverteilungsmusters innerhalb einer Zelle oder eines Organs oder der Verlust zellulärer Enzyme führen zu Störungen des Stoffwechsels und u.U. zur Stoffwechselinsuffizienz des Organs. Der Verlust zellulärer Enzyme durch Austritt aus der Zelle ist immer ein Sekundärvorgang, d. h. durch einen Primärschaden bedingt.

Als **hereditäre** (primäre) **Enzymopathien** bezeichnet man Erkrankungen, die ihre Ursache in einem ein bestimmtes Enzym betreffenden genetischen Defekt (genetischer Enzymdefekt) haben. **Erworbene** (sekundäre) **Enzymopathien** treten als Folge exogener Einflüsse auf ein Zellsystem (mangelnde Versorgung mit Substraten, Zellschädigung, Enzymhemmung durch Inhibitoren) auf. Da bei den sekundären Enzymopathien zelluläre Enzyme häufig in den Extrazellulär-

Klassifikation von Enzymopathien

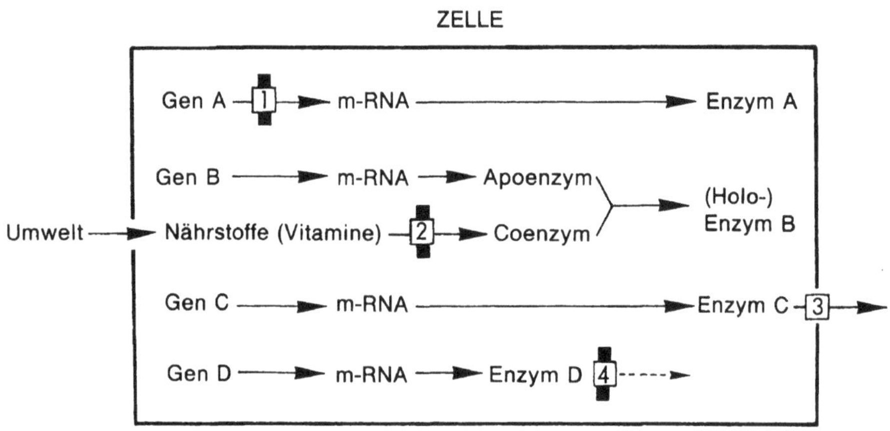

1 Genetischer Defekt. Ausbleiben der Enzymbiosynthese oder Synthese eines partiell inaktiven Enzyms.

2 Mangelhafte Versorgung der Zelle mit Coenzymvorstufen (Vitaminen).

3 Enzymverlust bei erhöhter Permeabilität der Zellmembran oder bei Zellschaden.

4 Enzymaktivitätshemmung durch Inhibitor

raum bzw. in das Plasma übertreten, spielen sie für die Erkennung und Verlaufskontrolle von Organschäden in der klinisch-chemischen Diagnostik eine wichtige Rolle.

Eine Klassifizierung von Enzymopathien in schematischer Form gibt die vorstehende Abbildung.

2. Hereditäre Enzymopathien

Kommt es aufgrund einer Mutation (Genveränderung) zur Synthese eines Enzyms mit fehlerhafter Struktur, so kann dessen katalytische Aktivität bis zur vollständigen Inaktivität herabgesetzt sein. Enzymdefekte (sehr geringe bzw. fehlende Aktivität) oder Enzymdefizienz (herabgesetzte Aktivität) können folgende Ursachen haben:

- Es liegt eine **Veränderung der Enzymstruktur** vor, wobei die Aktivität des Enzyms vermindert, seine molekulare Konzentration im Gewebe oder Serum jedoch normal ist. Ursache ist die Mutation (Punktmutation) eines Strukturgens, die zu einer Veränderung der Aminosäuresequenz des Enzyms führt.
- Zusätzlich zu der Veränderung der Enzymstruktur kann eine verminderte Syntheserate oder eine erhöhte Abbaugeschwindigkeit vorliegen.
- Das Enzym weist keine Veränderungen seiner Primärsequenz auf, jedoch kann seine **Syntheserate vermindert** oder (seltener) gesteigert sein. Solche Defekte werden auf Störungen in der Kontrolle der Genexpression zurückgeführt.
- Das betreffende Protein wird überhaupt nicht synthetisiert. Die Entscheidung darüber, ob die Synthese des Proteins vollständig blockiert ist oder aber ein katalytisch inaktives Enzymprotein gebildet wird, läßt sich durch immunologischen Nachweis des Enzymproteins führen. In zahlreichen Fällen von „Enzymdefekten" hat die immunologische Diagnostik eine äquivalente Menge an enzyminaktivem Protein nachgewiesen.

Enzymvarianten („Enzympolymorphismen"). Das Auftreten von Proteinvarianten ist ein häufiges Ereignis (Kap. Proteine und Aminosäuren, S. 71). Auch die die Enzymvarianten treten bei etwa 1/3 aller Enzyme auf. Bezüglich ihrer katalytischen Aktivität weisen Enzymvarianten alle Übergänge auf von normaler über verminderte Aktivität mit nur geringen oder passager auftretenden klinischen Erscheinungen bis zum fast vollständigen Aktivitätsverlust mit schweren Allgemeinsymptomen.

Von der Glucose-6-phosphat-Dehydrogenase kennt man mehr als 80 Isoenzyme (Varianten), von denen 40 eine normale oder nur geringfügig reduzierte Aktivität aufweisen und daher auch keine klinischen Symptome verursachen. Etwa 20 Varianten sind von einem Enzymdefekt begleitet, der jedoch erst durch die Einwirkung eines exogenen Stoffes (Medikamente, Infektionen, Favabohnen) ausgelöst wird, während die restlichen Varianten sich auch ohne Gegenwart einer auslösenden Noxe als Enzymdefekt manifestieren.

Enzymvarianten leiten sich von allelen Genen eines Genlocus ab, **Isoenzyme** sind dagegen genetisch unabhängige Proteine, die sich von multiplen Genloci ableiten.

Enzymdefekte. Der Funktionsausfall eines Enzyms – z. B. innerhalb eines Stoffwechselweges A → D (s. Schema) – wirkt sich nicht nur auf die verminderte oder fehlende Bildung seines Reaktionsprodukts aus (I), sondern führt ebenso zum Anstau des Metaboliten, der von dem defekten Enzym nicht mehr umgesetzt werden kann, und häufig auch zu einem Rückstau von Stoffwechselprodukten oder zur Speicherung des akkumulierten Zwischenprodukts (II) bzw. zu dessen Ausscheidung mit dem Harn. Auch eine Umwandlung des akkumulierten Zwischenprodukts über Stoffwechselnebenwege zu atypischen, sonst nur in geringer Konzentration gebildeten Stoffwechselprodukten (III) ist möglich.

Auswirkungen bei Funktionsausfall eines Enzyms

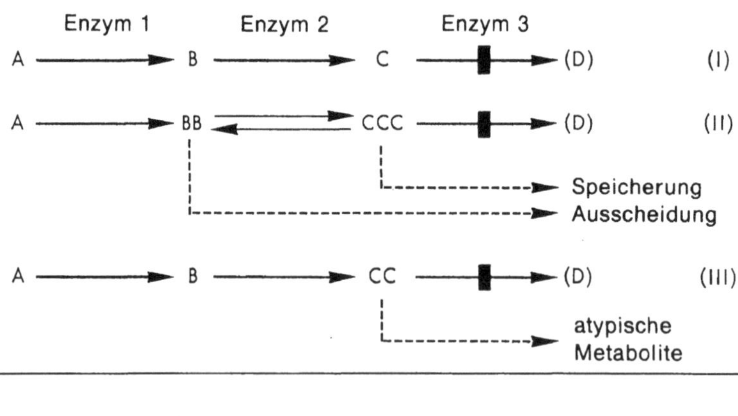

Beispiele sind die ausbleibende Tyrosinsynthese und der gleichzeitige Anstau von Phenylalanin bei der Phenylketonurie (S. 59), der durch Rückstau erhöhte Galaktosespiegel im Blut bei Galaktosämie (S. 91), die Speicherung von Glykogen (S. 93) oder partieller Abbauprodukte von Sphingolipiden und Glykosaminoglykanen bei den lysosomalen Speicherkrankheiten (S. 419) und die Bildung von Galaktitol (Dulcit) aus Galaktose oder von Phenylessigsäure aus

Phenylalanin als atypische, über einen Nebenweg gebildete Stoffwechselprodukte. Auch Pharmaka-induzierte Enzymhemmungen können eine unphysiologische Konzentrationserhöhung von Metaboliten des Zellstoffwechsels herbeiführen (z. B. Anstieg des Hypoxanthinblutspiegels bei Allopurinolbehandlung (S. 57).

Coenzymbedingte Enzymopathien. Auch coenzymabhängige Enzyme können Sitz von Stoffwechselstörungen sein. Viele Coenzyme benötigen Vitamine als Stoffwechselvorstufen, aus denen sie durch enzymatische Umwandlung gebildet werden. Apoenzym und Coenzym gehen dabei oft eine nicht-kovalente dissoziable Verbindung ein, wobei das katalytisch aktive Holoenzym entsteht.

Eine herabgesetzte oder fehlende Enzymaktivität kann bei coenzymabhängigen Enzymen folgende Ursache haben:

- reduzierte Affinität des Coenzyms zum strukturell veränderten Apoenzym,
- Blockierung der enzymatischen Umwandlung des Vitamins zum Coenzym (Defekt der enzymatischen Reaktion Vitamin → Coenzym),
- mangelhafte Zufuhr des Vitamins oder der Vitaminvorstufe mit der Nahrung (Hypovitaminose, Avitaminose, Kap. Vitamine und Coenzyme, S. 200).

Solche Störungen sind durch Beispiele in der folgenden Tabelle belegt.

Beispiele für Coenzym- bzw. Vitaminmangel-bedingte Enzymopathien

Enzymdefekt	Coenzymvorstufe (Vitamin)	Stoffwechseldefekt
1. **Herabgesetzte Affinität des Apoenzyms zum Coenzym**		
Cystathioninsynthetase	Pyridoxin (B_6)	Homocystinurie
Cystathioninlyase	Pyridoxin (B_6)	Cystathioninurie
Glyoxylat-α-Ketoglutarat-carboligase	Pyridoxin (B_6)	Oxalose
α-Ketosäuredecarboxylase	Thiamin (B_1)	Ahornsirupkrankheit
Propionyl-CoA-Carboxylase	Biotin	Propionacidurie
2. **Defekt der enzymatischen Umwandlung von Vitamin zum Coenzym**		
5′-Desoxy-adenylcobalamin-synthese	Cobalamin (B_{12})	Methylmalonacidurie, Methylmalonacidurie mit Homocystinurie
3. **Verminderte Bildung des Vitamins aus Vorstufen**		
Intestinaler Tryptophantransport	Nicotinamid	Hartnupsche Krankheit

In Fällen herabgesetzter Affinität des Apoenzyms zum Coenzym kann durch exzessive Erhöhung der Vitaminzufuhr eine so hohe Konzentration an Coenzym-Apoenzym-Komplex erreicht werden, daß die katalytische Aktivität des Holoenzyms wieder im Normbereich liegt. Die hierfür benötigte tägliche Vitaminzufuhr liegt für Pyridoxin in der Größenordnung von 0,5–2,0 g, für Thiamin und Biotin etwa 30 mg, für Cobalamin etwa 1 mg und für Nikotinamid 0,25 g.

3. Erworbene Enzymaktivitätsänderungen

Malnutrition. Bei Proteinmangelsyndromen (S. 257) oder Unterversorgung mit Vitaminen kann die Aktivität von Enzymen herabgesetzt, aber auch gesteigert sein. So geht z. B. die Aktivität der Acetyl-CoA-Carboxylase der Leber (Schrittmacherenzym der Fettsäuresynthese) nach einer 24 h- Hungerperiode auf die Hälfte des Normalwertes zurück, dagegen werden die Aktivitäten der hormonsensitiven Lipase des Fettgewebes und der Enzyme der Gluconeogenese unter gleichen Bedingungen gesteigert. Vitamin K-Mangel führt zur Drosselung der Prothrombinsynthese und Hypoprothrombinämie.

Entzündliche und toxische Veränderungen des Organenzymmusters. Zellschäden der unterschiedlichsten Ursache (Kap. Entzündung, S. 486) betreffen primär häufig die besonders exponierte Zellmembran, die mit Verlust ihrer Fähigkeit zur selektiven Kontrolle der Permeabilitätsprozesse und erhöhter Durchlässigkeit reagiert. Der Austritt zellulärer Enzyme durch die geschädigte Membran (S. 83) hat Stoffwechselstörungen zur Folge, insbesondere, wenn in der geschädigten Zelle eine Kompensation des Enzymverlusts durch de novo Synthese nicht möglich ist.

Hemmung und Aktivierung von Zellenzymen. Zahlreiche Pharmaka, Gifte oder in pflanzlichen und tierischen Nahrungsmitteln enthaltene Wirkstoffe haben den Charakter von **Enzyminhibitoren**. Sie bewirken häufig eine definitive Hemmung, indem sie durch kovalente Bindung an eine funktionelle Gruppe das Enzym irreversibel inaktivieren. Beispiele hierfür sind die **Acetylsalizylsäure** (S. 491), die den Essigsäurerest in kovalenter Bindung auf die Zyklooxygenase (Prostaglandinsynthese) übertragen kann oder das **Rifampicin** (S. 48), das (bei Bakterien) die DNA-abhängige RNA-Polymerase inhibiert. Die Enzymhemmung wird in diesen Fällen erst dann und in dem Umfang wieder aufgenommen, wenn funktionell aktives Enzym durch Neusynthese bereitgestellt wird.

Umgekehrt können Arznei- oder Fremdstoffe über eine Induktion der Proteinbiosynthese zu einer **Aktivitätssteigerung** von Enzymen führen. Hierbei spielt das Cytochrom P_{450}-abhängige Hydroxylierungssystem der Leber eine wichtige Rolle. Viele Arzneimittel z. B. **Phenobarbital, Phenylbutazon, Rifampicin** oder Fremdstoffe wie (das krebsauslösende) Benzpyren, steigern die Aktivität der Cytochrom P_{450}-abhängigen Hydroxylase durch Induktion der Neusynthese. Die Bedeutung einer Induktion hydroxylierender Enzymsysteme liegt darin, daß einerseits die Enstehung toxischer Metabolite verstärkt werden kann („Giftung"), andererseits Medikamente aufgrund der induktiv gesteigerten Aktivität des hydroxylierenden Enzymsystems rascher abgebaut werden. So wird z. B. der Abbau von kontrazeptiven Estrogenen durch die Behandlung mit dem tuberkulostatischen Rifampicin um fast das 5-fache gesteigert und damit die kontrazeptive Wirkung der Estrogene herabgesetzt.

Phenobarbital kann zur Induktion des Dicumarol-abbauenden Enzymsystems führen, so daß mit gleichzeitiger Gabe von Barbitursäurederivaten und dem gerinnungshemmenden Dicumarol größere Mengen benötigt werden, um einen blutgerinnungshemmenden Effekt zu erzielen.

Änderung des Enzymmusters durch Entdifferenzierung. Bei Lebertumoren, aber auch bei nicht malignen Erkrankungen entdifferenziert sich das Lebergewebe zum fetalen Verteilungstyp, das u. a. durch Unterschiede des Lactat-Dehydrogenase- und Aldolase-Isoenzym-Verteilungsmusters gegenüber dem Organ des Erwachsenen gekennzeichnet ist. Nach Abklingen der Schädigung und Normalisierung der Zellfunktion ist eine Redifferenzierung möglich.

4. Enzyme im Blutplasma

Im normalen Plasma bzw. Serum des Menschen lassen sich zahlreiche Zellenzyme in relativ konstanter Aktivität nachweisen. Im Säuglingsalter sind die Aktivitäten meist höher als beim Erwachsenen. Die Zellenzyme des Serums entstammen verschiedenen Quellen. Den größten Anteil an den Serumenzymen scheinen Leber und Muskelenzyme zu haben, welche die Zellen dieser Organe über einen physiologischen Exportmechanismus verlassen. Auch Thrombozyten und vermutlich Leukozyten können Enzyme ohne nachweisbare Schädigung an das Blut abgeben. Dagegen scheint der Anteil an Enzymaktivitäten, die aus physiologischem Zellumsatz („Zellmauserung") stammen, gering zu sein, da bei einem geordneten Zellabbau keine Abgabe aktiver Enzyme erfolgt.

Zellschädigung. Nach entzündlicher oder toxischer Schädigung oder bei neoplastischer Veränderung von Organen gelangen intrazelluläre Enzyme in den Extrazellulärraum. Die Verteilung der ausgetretenen Zellenzyme auf die ver-

Beispiele für Herkunft und Abbau von Serumenzymen
Mögliche Ursachen für eine Veränderung der Aktivität von Serumenzymen

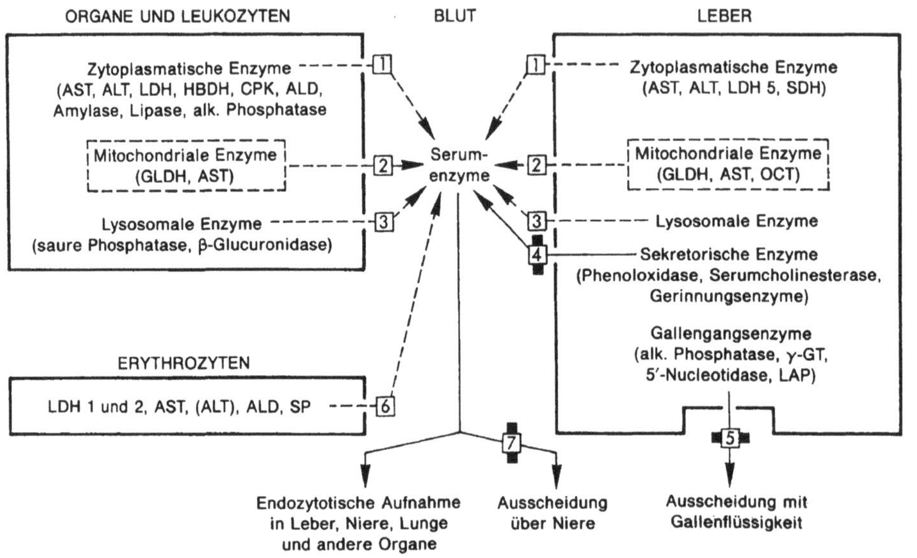

[1] Erhöhte Aktivität zytoplasmatischer Enzyme im Serum (Permeabilitätsstörung der Zellmembran, Zellschaden)

[2] Erhöhte Aktivität mitochondrialer Enzyme im Serum (schwerer Zellschaden, Mitochondriendestruktion)

[3] Erhöhte Aktivität lysosomaler Enzyme im Serum (vermehrte Abgabe)

[4] Verminderte Aktivität von Sekretionsenzymen im Serum (herabgesetzte Synthese bei Zellschäden)

[5] Erhöhte Aktivität von Gallengangsenzymen im Serum (bei Obstruktion der ableitenden Gallenwege)

[6] Erhöhte Aktivität von Erythrozytenenzymen im Serum bei Hämolyse

[7] Veränderte Aktivität von Serumenzymen durch erhöhte oder verminderte renale Ausscheidung

schiedenen Flüssigkeitsräume erfolgt innerhalb von Minuten und ist nach wenigen Stunden abgeschlossen. Dies führt zu einem **Anstieg** der **Enzymaktivität** im **Blutplasma**. Die darauf folgende Abnahme des Enzymaktivitätsspiegels im Blutplasma entspricht der **Enzymelimination**, deren **Kinetik** – unabhängig von der absoluten Aktivität des Enzyms – einer **Exponentialfunktion** folgt und eine Berechnung von Halbwertszeiten der einzelnen Enzyme erlaubt (Tabelle). Der Abfall der Enzymaktivitäten im Plasma beruht also nicht auf einem Verlust ihrer katalytischen Aktivität, sonder ist Ausdruck der Tatsache, daß die Zellen der meisten Gewebe und Organe – vor allem Leber, Niere und Lunge – in der Lage sind, Enzymproteine aus der Zirkulation aufzunehmen. Dieser Prozeß erfolgt auch bei schweren Erkrankungen mit weitgehender Konstanz.

Enzyme mit geringerem Molekulargewicht (z. B. α-Amylase) können auch durch Ausscheidung über die Niere aus dem Plasma eliminiert werden.

Halbwertszeiten von Plasmaenzymen

Stunden				Tage			
α-Amylase	3 – 6	AST(GOT)	12 – 22	ALT(GPT)	1 – 3	LDH 1	3 – 7
Lipase	3 – 6	CPK	13 – 17	γ-GT	3 – 4	CHE	8 – 12
LDH 5	8 – 12	GLDH	17 – 19	AP	3 – 7		

Nach ihrer Funktion und Bedeutung für die Diagnostik lassen sich 3 Gruppen von Enzymen im Serum unterscheiden:

1. Zellenzyme,
2. Sekretionsenzyme,
3. Enzyme der Gallenflüssigkeit

Zellenzyme. Zellenzyme verbleiben nach ihrer intrazellulären Synthese innerhalb der Zelle. Erst bei Zellschäden mit pathologischer Steigerung der Permeabilität der Zellmembran oder Zytolyse mit Strukturverlust und Zelltod treten die Enzyme der Zelle in den Extrazellulärraum und in das Blutplasma über und sind dort in erhöhter Aktivität nachweisbar.

Je ausgedehnter der geschädigte Bezirk eines Organs ist, d. h. je mehr Zellen beteiligt sind und je schwerer (akuter) die Schädigung ist, desto höher ist der zu erwartende Aktivitätsanstieg von Zellenzymen im Plasma. Der Übertritt der Zellenzyme in das Blut erfolgt jedoch nicht gleichmäßig, sondern hängt von folgenden Faktoren ab:

- Von dem **Konzentrationsgradienten:** Enzyme mit höherer Aktivität in der Zelle führen zu einem rascheren Anstieg der Aktivität im Serum.
- Von dem **Molekulargewicht** des Enzyms: Enzyme mit geringerem Mol.-Gew. diffundieren rascher als Enzyme mit höherem Mol.-Gew..
- Von der **subzellulären Lokalisation**: Zytoplasmatische Enzyme erscheinen eher und bei geringerer Schädigung im Blutserum als z. B. mitochondriale Enzyme, die eine Desintegration der Mitochondrienstruktur voraussetzen.
- Unterschiedliche **Halbwertszeit** für Enzyme im Plasma. Nach dem Austritt aus der Zelle unterliegen die Enzyme einer unterschiedlich raschen Aktivitätsabnahme (s. o.). Die Halbwertszeiten der Enzyme im Plasma sind enzymspezifische Kenngrößen und schwanken zwischen Stunden und Tagen (Tabelle). Auch für einzelne Isoenzyme können große Unterschiede bestehen.

Sekretionsenzyme. Die Zellen einiger Organe produzieren Enzyme, die für den Export aus der Zelle bestimmt sind und ihren Wirkungsort nach aktiver

Sekretion aus der Zelle erreichen. So synthetisiert z. B. die Leber Enzyme, die unmittelbar nach der Bildung an das Blut abgegeben werden (Serum-Cholinesterase, Caeruloplasmin, das Phenol-Oxidaseaktivität besitzt, Blutgerinnungsfaktoren mit Enzymaktivität) und deren Aktivität im Blut daher stets höher ist als in der Leber selbst. Leberschäden, die auch die Synthese dieser Enzyme betreffen, führen daher zum Absinken der Aktivität der Sekretionsenzyme im Blut.

Enzyme der Gallenflüssigkeit. Eine physiologische Ausscheidung von Enzymen des Blutplasmas über Leber und Gallenflüssigkeit ist nicht nachweisbar, doch gelangen „Exkretionsenzyme", die in Gallengangsepithelien synthetisiert werden, mit der Galle in den Intestinaltrakt wie z. B. alkalische Phosphatase, Leucin-Aminopeptidase oder (ein Teil der) γ-Glutamyl-Transpeptidase. Bei einem Gallengangsverschluß kommt es nicht nur durch Rückstau, sondern auch durch verstärkte Synthese zur vermehrten Abgabe dieser Enzyme an das Blut. Sie werden daher auch als „**Cholestase-anzeigende Enzyme**" bezeichnet (Kap. Leber, S. 292).

Beispiele für Aktivitätssteigerungen der Serum-Enzyme bei Organschäden

Geschädigtes Organ	Enzymaktivitätsänderung
Leber*/Galle	AST, ALT, γ-GT, GLDH LDH-Isoenzym 5, alk. Phosphatase
Herzmuskel	CK-MB, α-HBDH, AST LDH-Isoenzym 1
Skelettmuskel	CK-MM, Aldolase LDH-Isoenzyme 3–5
Skelett (Knochen)	alk. Phosphatase
Prostata	Tartrathemmbare saure Phosphatase
Pankreas	α-Amylase, Lipase
Hämopoetisches System (Hämolyse)	α-HBDH, LDH-Isoenzyme 1–2

* Aktivitätsverminderung der Pseudocholinesterase bei Leberschaden

5. Labormedizinische Enzymaktivitätsbestimmungen

Die Bestimmung von Enzymaktivitäten in Körperflüssigkeiten, insbesondere im Serum/Plasma z. T. auch in Zellen (Erythrozyten, Leukozyten), bilden einen erheblichen Teil der klinisch-chemischen Analyse.

Der diagnostische Wert von Enzymaktivitätsbestimmungen hängt von der Einhaltung der Standardbedingungen unter Berücksichtigung von Störfaktoren und Einflußgrößen ab. Dazu gehören

- Temperatur
- Messung im optimalen pH-Bereich des Enzyms (Pufferzusammensetzung!),
- Konzentration und Wahl des spezifischen Substrats,
- Berücksichtigung von Enzyminhibitoren (z. B. EDTA, Heparin) und ihrer Konzentration oder von Aktivatoren (Zusatz von Thiolverbindungen zur Aktivierung der CK) und ihrer Konzentration.
- Aufbewahrungszeit und -temperatur (S. 75).

Methoden der Isoenzymbestimmung. Eine Trennung bzw. Differenzierung von Isoenzymen mit anschließender Aktivtätsmessung läßt sich – wie folgende Beispiele zeigen – u. a. erreichen durch:

- Elektrophorese (5 Isoenzyme der LDH),
- Immuninhibition (Hemmung der CK-M-Untereinheit der Kreatin-Kinase durch Antikörper),

Beispiele für Organverteilungsmuster von Isoenzymen

Enzym	Isoenzymtyp	Organ
Aldolase	A 4 B 4	Skelettmuskel Niere, Leber
Alkalische Phosphatase (ALP)	Hepat. ALP Knochen-ALP Intestin. ALP Plazent. ALP	Leber/Galle Knochen Dünndarm Plazenta
Kreatin-Kinase (CK)	CK-MM CK-MB CK-BB	Skelettmuskel Herzmuskel ZNS, glatte Muskulatur
Lactat-Dehydrogenase (LDH)	1,2 3–5	Herzmuskel, Erythrozyten Skelettmuskel
Saure Posphatase	1 2* 3* 4 5	Erythrozyten Prostata, Monozyten Thrombozyten Myelozyten, Monozyten Knochen, Granulozyten

* Tartratsensitiv

Relative Organspezifität von Enzymen (Referenzbereich für Erwachsene)

Enzyme	Referenzbereich (U/l)	Herkunftsort
Lactat-Dehydrogenase (LDH)*	120 – 140	Skelett-, Herzmuskel, Erythrozyten
α-Hydroxybutyrat-Dehydrogenase (αHBDH)	68 – 135	Herzmuskel, Erythrozyten
Glutaminsäure-Dehydrogenase (GLDH)	♂ <8, ♀ <3	Leber-Mitochondrien, Niere, ZNS, Lunge
Aspartat-Aminotransferase (AST = GOT)	♂ 5 – 17, ♀ 5 – 15	Herzmuskel, Leber, ZNS, Erythrozyten
Alanin-Aminotransferase (ALT = GPT)	♂ 5 – 23, ♀ 5 – 19	Leber-Zytoplasma, Niere, Skelett, Herzmuskel
γ-Glutamyl-Transpeptidase (γGT)	♂ 6 – 28, ♀ 4 – 18	Leber, Gallenwegsepithel, Niere, Pankreas
Kreatin-Kinase (CK)*	♂ <80, ♀ <70	Herz-, Skelettmuskel
α-Amylase	40 – 130	Pankreas, Parotis
Lipase	20 – 160	Pankreas
Leucin-Arylamidase (LAP)	♂ 20 – 35, ♀ 16 – 32	Gallenwegsepithel
Alkalische Phosphatase (AP)*	40 – 190	Knochen, Leber, Gallenwegsepithel, Dünndarm
Saure Phosphatase (SP gesamt)*	bis 11	Erythrozyten, Granulozyten, Thrombozyten
Saure Phosphatase (Prostata)	3 – 4	Prostata
Serum-Pseudocholinesterase (CHE)	♂ 1300 – 3700 ♀ 1200 – 3200	Leber (Sekretionsenzym)
Aldolase*	bis 3	Niere, Leber

* weitere Differenzierung durch Isoenzymverteilungsmuster

- Inaktivierungsreagentien (Hemmung der sauren Phosphatase der Prostata durch Tartrat),
- Thermische Inaktivierung (Inaktivierung der alkalischen Phosphatase des Knochens bei 55° C nach 8 min, Stabilität der alkalischen Phosphatase der Plazenta bis 70° C).

6. Diagnostische Bedeutung von Enzymaktivitätsänderungen

Viele in der klinisch-chemischen Diagnostik benutzte Enzyme gehören zu den Hauptketten des Stoffwechsels, sind also in allen Organen vorhanden (LDH, Transaminasen, Hydrolasen). Sie bilden ein Grundmuster, das allerdings entsprechend der speziellen Funktion der einzelnen Organe durch eine spezifische Ausstattung mit Enzymen und Isoenzymen ergänzt bzw. modifiziert wird, so daß der Begriff der **relativen Organspezifität** geprägt wurde. Die aus dem geschädigten Organ in das Plasma ausgetretenen Enzyme können also eine für die betroffenen Organe relativ spezifische Konstellation aufweisen. Die Tabelle gibt einige Beispiele.

IV. Kohlenhydrate

1. Pathobiochemie des Kohlenhydratstoffwechsels

Abbau- und Resorptionsdefekte. Eine Übersicht über die Störungen des Kohlenhydratstoffwechsels, die ihre Ursache in fehlendem bzw. unvollständigem intestinalen oder zellulärem enzymatischen Abbau oder ausbleibendender Reorption infolge eines Transportdefekts haben, gibt das Stoffwechselschema mit folgender Klassifizierung

- Absorptionsstörungen
  - Maldigestion (Enzymdefekte)
  - Malabsorption (Transportdefekte)
- Zelluläre Abbaustörungen

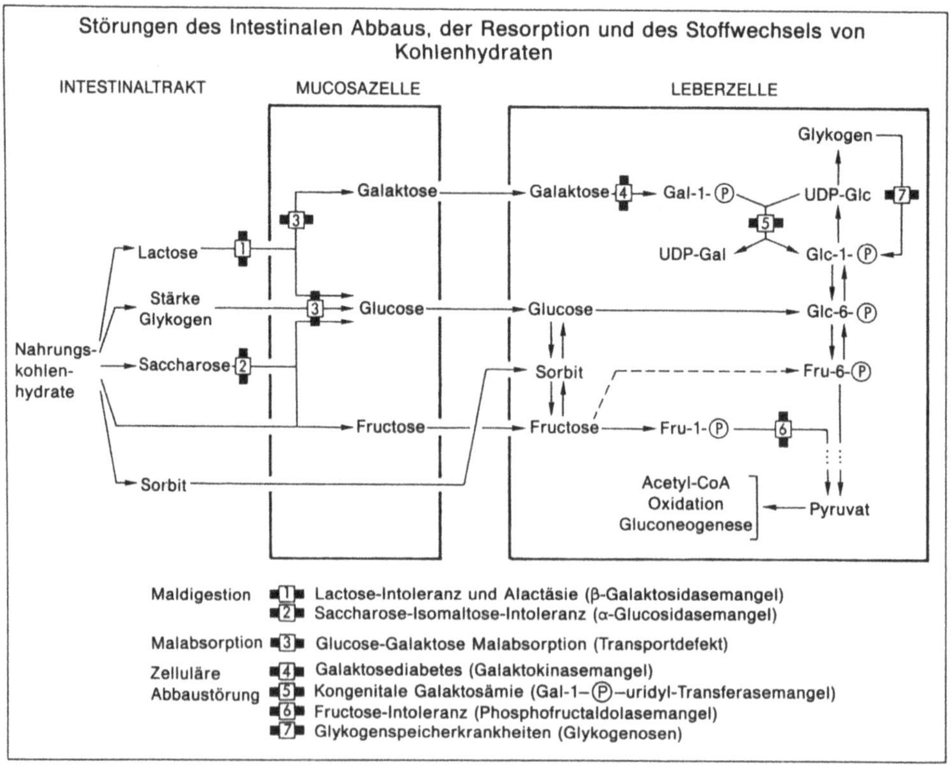

Störungen des Intestinalen Abbaus, der Resorption und des Stoffwechsels von Kohlenhydraten

2. Absorptionsstörungen

Enzymdefekte sind für Lactase, Saccharase und Isomaltase beschrieben. Die Disaccharidsubstrate dieser Enzyme werden nicht zu den Monosacchariden abgebaut, folglich auch nur in geringem Umfang resorbiert und im Intestinaltrakt bakteriell abgebaut (vergärt).

Lactoseintoleranz (Lactose-Malabsorption). Ein Mangel an β-Galaktosidase („Lactase") wird als Lactoseintoleranz bezeichnet. Sie ist die häufigste Form des Disaccharidasemangels und kann **angeboren** sein (kompletter Galaktosidasemangel) oder nach der Stillzeit (**erworbene Form**) auftreten. Bei der Lactoseintoleranz wird die Nahrungslactose (βGal(1–4)Glc) nicht hydrolysiert, sondern z. T. resorbiert (**Lactosämie**) und mit dem Harn ausgeschieden (**Lactosurie**). Zum größten Teil bleibt die Lactose jedoch unresorbiert (Lactose-Malabsorption) und wird durch die intestinalen Bakterien vergärt. Die Folge sind **Diarrhoen**. Gleichzeitig scheint jedoch eine Rückresorptionsstörung für Aminosäuren im Nierentubulussystem vorzuliegen, die zur Aminoacidurie führt. Die diagnostische Klärung erfolgt durch den Lactosetoleranztest (Kap. Gastrointestinaltrakt, S. 267).

Die angeborene Lactoseintoleranz ist vor allem für ostasiatische Volksstämme (z. B. Thailand) charakteristisch, bei denen Milch (40 g Lactose/l) als Abführmittel verwendet wird.

Saccharose-Isomaltose-Intoleranz (Saccharose-Maltose-Malabsorption). Bei der Saccharose-Isomaltose-Intoleranz fehlen die multiplen Maltaseformen 3, 4 und 5 (die Saccharase- bzw. Isomaltaseaktivität haben), so daß Saccharose (Rohrzucker) und Isomaltose bzw. α-1,6-Oligosaccharide nicht hydrolysiert und verwertet werden. Kennzeichnend ist das Auftreten einer **Diarrhoe nach Saccharose-Einnahme**, die durch Produkte der bakteriellen Vergärung der nicht resorbierten Saccharose zustande kommt. Beim bakteriellen Abbau der Saccharose entsteht auch Wasserstoff, der nach Resorption durch die Lunge ausgeatmet wird und eine nicht-invasive Diagnostik (H_2-Atemtest, S. 268) in der Atemluft nach Saccharose-Belastung ermöglicht.

Bei Stärkezufuhr sind die Erscheinungen nur gering ausgeprägt oder fehlen, da die Zahl der α-1,6-glykosidischen Bindung im Stärkemolekül (die beim Abbau Isomaltose geben) begrenzt ist. Da bei fehlendem Abbau zu den Monosacchariden auch keine Resorption stattfindet, wird dieser Enzymdefekt auch als **Saccharose-Isomaltose-Malabsorption** bezeichnet. Die Krankheitssymptome lassen sich durch Einhalten einer saccharosefreien Diät verhindern.

Ein **defekter Transportmechanismus für Glucose und Galaktose** führt zur **Glucose-Galaktose-Malabsorption.** Dieser kombinierte Defekt, der für Glucose und

Galaktose spezifischen aktiven Transportprozesse, hat eine Störung in der Aufnahme von Glucose und Galaktose durch die Mucosazellen zur Folge, führt jedoch nicht zu vollständiger Hemmung der Glucose- und Galaktosepassage, da ein passiver Transport (Diffusion) noch möglich ist. Die Glucose-Galaktose-Malabsorption ist meist mit entsprechenden **Störungen der tubulären Rückresorption** in der Niere (**renaler Diabetes**) gekoppelt.

Die nicht resorbierten Monosaccharide werden durch intestinale Mikroorganismen utilisiert, so daß bei Verabreichung von Glucose und Galaktose (oder glucosehaltigen Polysacchariden) **Diarrhoen** auftreten. Bei oraler Belastung mit Glucose steigt der Blutzuckerspiegel nicht oder nur verzögert an. Die diätetische Behandlung (Stärke-, Glykogen-, Glucose- bzw. Lactose-freie Nahrung) ist wegen der ubiquitären Verbreitung glucosehaltiger Kohlenhydrate erschwert.

3. Zelluläre Stoffwechseldefekte

Galaktoseintoleranz. Als Galaktoseintoleranz bezeichnet man erbliche Stoffwechselstörungen, bei denen aufgrund eines hepatozellulären Enzymdefekts eine Galaktoseverwertung nicht möglich ist. Die zwei bisher bekannten Defekte betreffen die Galaktose-1-phosphat-Uridyltransferase (**kongenitale Galaktosämie**) und die Galaktokinase (**Galaktosediabetes).**

Kongenitale Galaktosämie (Transferase-Defizienz). Die kongenitale Galaktosämie ist eine angeborene Stoffwechselstörung, die sich (unbehandelt) in Dystrophie, Ikterus, Hepato-Splenomegalie mit Entwicklung einer Zirrhose (Kap. Leber, S. 288), Katarakt (Linsentrübung) und Intelligenzstörungen äußert. Ursache dieser kongenitalen Erkrankung ist das Fehlen der **Galaktose-1-phosphat-Uridyltransferase*** (Abbildung). Dies bedingt, daß exogene Galaktose nicht verwertet werden kann. Freie Galaktose, Galaktose-1-phosphat und z. T. auch **Galaktitol** (Dulcit) reichern sich in Blut, Erythrozyten und Gewebe an und sind Ursache der Stoffwechselstörung und Organveränderungen.

Die osmotische Schädigung durch Galaktitol, das nicht verstoffwechselt wird, aber die Zellen auch nicht wieder verlassen kann, spielt dabei eine wichtige Rolle. Dieser atypische Metabolit scheint die (oder eine der) Ursache(n) der **Linsentrübung** zu sein und – über eine kompetitive Hemmung des Inositolstoffwechsels im Gehirn (Inositolphosphatsynthese!) – an der Entwicklung des **Intelligenzdefekts** mitbeteiligt zu sein.

* Systematischer Name: UDP-Hexose-1-phosphat-Uridyltransferase (EC 2.7.7.12)

Stoffwechselwege der Galaktose (Gal) und Störungen bei Galaktosediabetes (1) und kongenitaler Galaktosämie (2)

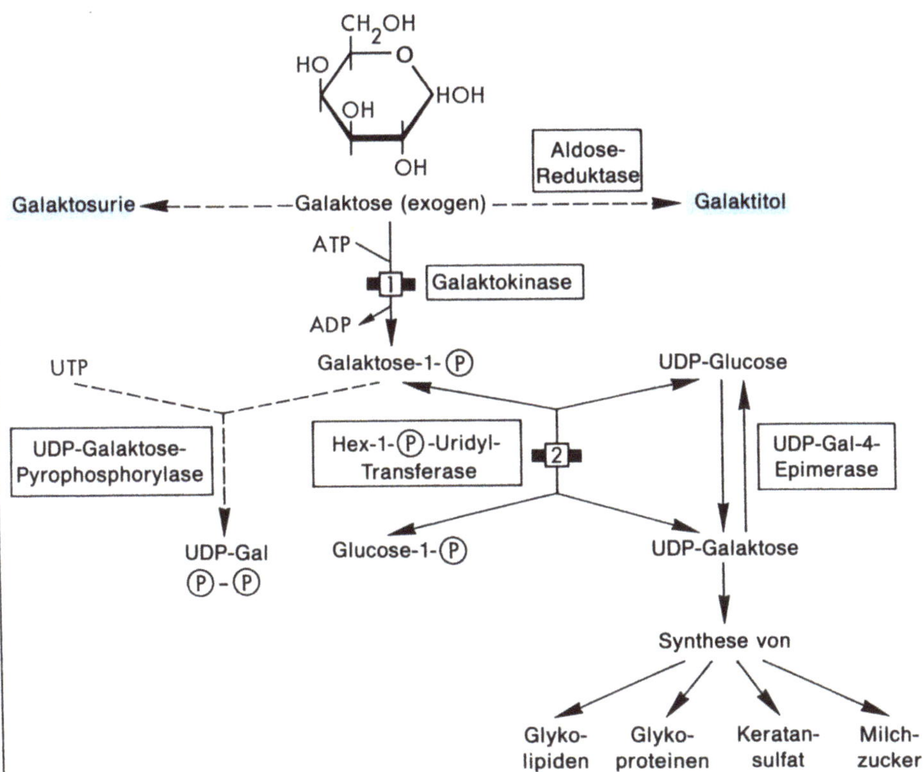

Die endogene Galaktosesynthese (UDP-Glc → UDP-Gal) ist nicht gestört. Bei galaktosefreier Ernährung ist die körperliche und geistige Entwicklung normal. Der Enzymmangel läßt sich durch Bestimmung der Gal-1-phosphat-Uridyltransferaseaktivität in Erythrozyten diagnostizieren.

Ein alternativer Stoffwechselweg für die Bildung von UDP-Galaktose besteht in der Raktion UTP + Galaktose-1-phosphat → UDP-Galaktose + Pyrophosphat. Diese Reaktion wird durch die Uridin-diphosphatgalaktose-Pyrophosphorylase katalysiert, die in der fetalen und kindlichen Leber nur in sehr geringer Aktivität vorhanden ist, mit steigendem Lebensalter jedoch an Aktivität zunimmt, so daß die von Galaktosämie betroffenen Kinder später die Fähigkeit zum Umsatz von Nahrungsgalaktose gewinnen (Abbildung).

Fructoseintoleranz. Bei der angeborenen (autosomal rezessiv vererbbaren) Fructoseintoleranz ist eine Verwertung von Nahrungsfructose wegen des **Fehlens der Leber-Phosphofructaldolase** gestört, so daß sich bei Zufuhr von Nahrungsfructose Fructose und Fructose-1-phosphat in der Leber anreichern. Da das Fructose-1-phosphat die Leber-Phosphorylase, die Fructose-Bisphosphataldolase und die Fructose-1,6-bisphosphat-Phosphatase hemmt, kommt es zu einer Störung des Glykogenabbaus, der Glykolyse und der Gluconeogenese sowie zu einer durch Fructosebelastung auslösbaren charakteristischen **Senkung des Blutzuckerspiegels,** die bis zum **hypoglykämischen Schock** führen kann. Bei Kleinkindern sinkt der Blutzuckerspiegel auf Werte unter 0,55 mmol/l (10 mg/dl), bei Erwachsenen ist die Hypoglykämie (z. B. nach obsthaltigen Mahlzeiten) weniger stark ausgeprägt. Unbehandelt (ohne Saccharose-, Sorbit- und Fructose-freie Ernährung) führt die Erkrankung zu Dystrophie, Hirn- und Leberschäden.

Glykogenspeicherkrankheiten (Glykogenosen). Unter dieser Bezeichnung werden verschiedene vererbbare Krankheiten zusammengefaßt, die durch eine abnorm hohe Speicherung von Glykogen in der Leber, Muskulatur, in den Nierentubuluszellen u. a. Organen charakterisiert sind. Die bisher bekannten, in der nachstehenden Tabelle aufgeführten Typen haben ihre Ursache im Fehlen eines Enzyms des Glykogenstoffwechsels.

Die Diagnose der Glykogenspeicherkrankheiten wird durch histologischen Nachweis der exzessiven Glykogenspeicherung und durch den histochemischen Nachweis des Enzymdefekts im Biopsiematerial (Leber, Muskulatur oder Leukozyten bei Typ II und IV) gestellt. Eine diagnostische Differenzierung ist auch durch den **Adrenalin- bzw. Glukagon-Belastungstest** möglich. Er basiert auf der Tatsache, daß intravenöse Adrenalininjektion über eine Aktivierung der Leber- und Muskel-Phosphorylase physiologischerweise zur Hyperglykämie und Lactatämie führt. Der adrenalinduzierte Anstieg des Blutzuckers und des Lactats bleibt aus, wenn der Abbau von Leber- **und** Muskelglykogen gestört ist. Bei den muskulären Formen, bei denen lediglich die Mobilisierung des Muskelglykogens nicht möglich ist, wird nur der Anstieg des Blutlactats vermißt.

Bei der häufigsten Form der **Glykogenosen** – dem **Typ I** (v. Gierke) – liegt ein autosomal rezessiver Erbgang vor. Von der Glykogenspeicherung betroffen sind vorwiegend Leber (Hepatomegalie!) und Niere. Wegen der fehlenden Freisetzung von Glucose aus dem Leberglykogen sind extrem niedrige Blutzuckerspiegel und **hypoglykämische Symptome** häufig. Das infolge des Enzymdefekts (s.Tab.) sich anstauende Glucose-6-phosphat aktiviert die Glykogensynthese und verstärkt die pathologische Glykogenspeicherung. Durch Adrenalin- bzw. Glukagoninjektion läßt sich keine Hyperglykämie induzieren, dagegen führt die Adrenalinaktivierung der Muskel-Phosphorylase zu **erhöhtem**

Lactatspiegel. Die infolge des niedrigen Insulinspiegels (Fehlen des adäquaten Sekretionsreizes für Insulin) erhöhte Lipolyse kann zu **Hyperlipämie** und **Ketoacidose** führen. Die häufig beobachtete **Hyperurikämie** ist Folge der erhöhten Konzentration von Lactat, das die Harnsäureausscheidung im Nierentubulus kompetitiv hemmt.

Symptome und Diagnostik bei Glykogenspeicherkrankheiten

Typ	Enzym-Defekt	Betroffene Organe	Symtome	Glukagon- bzw. Adrenalin-test*	Fasten-hypo-glykämie
Typ I (v. Gierke)	Glc-6-Ⓟ-Phosphatase	Leber, Niere, Dünndarm	Hepatomegalie, Hyperlipämie, Ketoacidose, Lactatacidose Hyperurikämie, Hypoglykämie	+	+
Typ II (Pompe)	Amylo-1,4-α-Glucosidase	Skelettmuskulatur, Leber, ZNS, Leukozyten	Kardiomegalie, Muskelschwäche	–	–
Typ III (Cori)	Amylo-1,6-α-Glucosidase	Skelettmuskulatur, Leber, Leukozyten	(Hepatomegalie)	(+)	(+)
Typ IV (Andersen)	Amylo-1,4-1,6-Transglucosidase	Skelettmuskulatur, Leber	Hepatomegalie, progrediente Leberzirrhose	(+)	–
Typ V (McArdle)	Muskel-Phosphorylase	Skelettmuskulatur	Muskelkrämpfe bei Belastung	–	–
Typ VI (Hers)	Leber-Phosphorylase	Leber, Leukozyten	(Hepatomegalie), mäßige Hyperlipämie, mäßige Keto- und Lactatacidose	(+)	–

* Ein positiver Test bedeutet Ausbleiben der Glukagon- bzw. Adrenalin-induzierten Hyperglykämie

4. Melliturien

Eine Ausscheidung von Nichtglucose-Zuckern mit dem Urin wird als **Melliturie** bezeichnet. Sie kann auf angeborenen Stoffwechselstörungen beruhen. Dies ist bei der harmlosen, nicht therapiebedürftigen **essentiellen Fructosurie** der Fall, einer Abbaustörung der Fructose, bei der die Fructokinase fehlt, und bei der hereditären **Fructoseintoleranz** (S. 88). Der blockierte Abbau der Fructose führt zu einer Rückstauung von freier Fructose im Blut und zur Ausscheidung im Urin.

Bei der **essentiellen Galaktosämie** und beim **Galaktosediabetes** (S. 90) erscheint die aufgrund der Abbaustörung akkumulierte Galaktose im Blut und wird über die Niere ausgeschieden (mehrere Gramm/24 h).

Lactose wird bei der **Lactoseintoleranz** (S. 89), jedoch auch physiologischerweise in den letzten Monaten der Gravidität und während der Lactation mit dem Harn (0,5 – 1,0 g/24 h) ausgeschieden.

Bei der **familiären essentiellen Pentosurie** besteht ein Enzymdefekt der L-Xylulose-Reduktase, der zu einem Block der Reaktion L-Xylulose → Xylit führt. Bei dieser ohne Symptome einhergehenden harmlosen Stoffwechselanomalie werden 1 – 5 g L-Xylulose/24 h ausgeschieden.

Die **renale** (autosomal dominant vererbbare) **Glucosurie** ist eine angeborene Stoffwechselstörung, die durch eine **mangelhafte Glucoserückresorption** im proximalen Tubulus gekennzeichnet ist. Da sie ohne Symptome einhergeht, wird sie häufig nur als Zufallsbefund bei Urinuntersuchungen entdeckt. Die Tatsache, daß die im Urin ausgeschiedenen Glucosemengen zwischen wenigen Gramm bis zu 50 g/24 h variieren können, weist auf die Existenz verschiedener Formen hin. Der Blutzucker liegt bei dieser Stoffwechselanomalie im Normbereich.

Eine renale Glucosurie kann kombiniert mit einer Phosphatrückresorptionsstörung auftreten (**renaler Phosphatdiabetes**) und auch mit einer Rückresorptionsstörung für Aminosäuren kombiniert sein (Debré-de Toni-Fanconi-Syndrom, s. Kap. Niere, S. 370).

5. Diabetes mellitus

Der Diabetes mellitus (Zuckerkrankheit) ist eine chronische Stoffwechselerkrankung, die auf einem relativen oder absoluten Mangel an Insulin beruht. Die bei einem vollständigen Fehlen von Insulin eintretenden akuten Stoffwechselstörungen sind lebensbedrohlich. Die Prognose wird durch Spätsyndrome und Komplikationen bestimmt. Der Diabetes mellitus erfordert eine diätetische (kohlenhydratarme Nahrung) und gegebenenfalls medikamentöse (Insulin, orale Antidiabetika) Behandlung.

Ein Diabetes mellitus liegt vor, wenn bei wiederholter Messung beim nüchternen Probanden die Blutglucosekonzentration im Vollblut über 100 mg/dl

(6,7 mmol/l) liegt oder nach Glucosebelastung über 200 mg/dl (11,1 mmol/l) ansteigt.

Das Vorkommen (Prävalenz) des Diabetes mellitus in den wirtschaftlich entwickelten Industrienationen (Überflußgesellschaft) liegt bei 2 bis 3%.

Formen des Diabetes mellitus. Die Unterscheidung verschiedener Diabetes mellitus-Typen (Abb.) ist nicht nur wegen ihrer unterschiedlichen Pathogenese, sondern auch wegen der daraus folgenden therapeutischen Konsequenz von Bedeutung. Etwa 5% der an Diabetes mellitus Erkrankten gehören dem **Typ I**, ≈95% dem **Typ II** an.

Schema zur Pathogenese verschiedener Diabetes mellitus-Typen

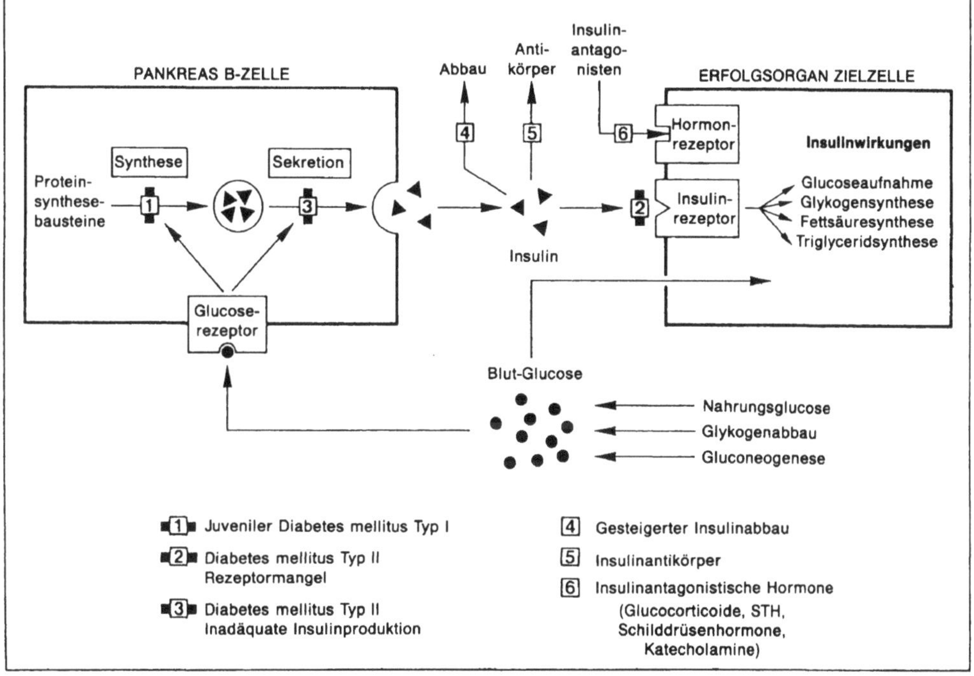

- **Diabetes mellitus-Typ I.** Ein Ausfall der β-Zellen des Pankreas hat einen totalen Insulinmangel zur Folge. Dieser Zustand ist für den **juvenilen** (absoluten) **Insulinmangel-Diabetes** charakteristisch. Histologisch beobachtet man im Beginn des Typ I Diabetes eine entzündliche Reaktion des Inselgewebes (Insulitis), die auf einer besonderen Disposition des Immunsystems beruht und mit Merkmalen des 6. Chromosoms assoziiert ist. Individuen mit den HLA-Antigenen DR 3 (meist gekoppelt mit B 8) und/oder DR 4 (meist gekoppelt mit B 15) haben eine erhöhte Bereitschaft, einen Diabetes mellitus-Typ I zu entwickeln. Die Insulitis kann durch Viren (Mumps, Coxsackie B, Röteln, Masern, Influenza) ausgelöst werden. Autoantikörper gegen Inselzellen werden im Beginn der Erkrankung nachgewiesen. Wegen der therapeutischen stets notwendigen Insulinzufuhr wird dieser Diabetestyp auch als Insulin-abhängiger (engl.) **Insulin Dependent Diabetes Mellitus** (IDDM) bezeichnet.

- **Diabetes mellitus Typ II.** Der erst im Erwachsenenalter auftretende pathogenetisch jedoch nicht einheitliche Diabetes mellitus Typ II zeigt keine direkte Insulinabhängigkeit **(Nicht-Insulinabhängiger-Diabetes, NIDM)** und ist durch mildere Verlaufsformen gekennzeichnet.
  Der Typ II Diabetes manifestiert sich nicht nur in einer verminderten Insulinsynthese-Kapazität der B-Zellen, sondern auch in einer herabgesetzten Insulinempfindlichkeit (Insulinsensitivität) der Zielorgane (Insulinresistenz). Die **Insulinresistenz** hat ihre Ursache häufig in einem genetisch bedingten **Strukturdefekt des Insulinrezeptors** oder in einem Defekt der Rezeptor-gekoppelten intrazellulären Signalübertragung **(Postrezeptordefekt)**. Hauptgründe für die Insulinresistenz sind **Adipositas**, **Fettstoffwechselstörungen** und **antiinsulär wirksame Hormone** (Abbildung). Die Insulinresistenz führt zu einem gesteigerten Insulinbedarf, so daß vor allem in der Frühphase des Typ II Diabetes normale oder sogar **erhöhte Insulinkonzentrationen** im Blut gemessen werden. Im Verlauf des Typ II Diabetes nimmt die Insulinsynthese-Kapazität durch Erschöpfung der Inselzellen jedoch ab. Die Insulinsekretion ist nicht nur vermindert, sondern auch qualitativ gestört, da das **Insulin verzögert freigesetzt** wird.

Die Erkennung einer diabetischen Stoffwechsellage erfolgt durch

- Die Bestimmung des Nüchternblutzuckers (S. 107),
- den oralen Glucosetoleranztest (S. 109),
- die Harnglucosebestimmung (S. 109),
- den intravenösen Tolbutamidtest mit quantitativer Analyse des Seruminsulins und des C-Peptids (S. 111).

Stoffwechselstörungen bei Insulinmangel. Die Symptome des Diabetes mellitus sind durch einen unvollständigen oder fehlenden Ablauf aller jener Stoffwechselprozesse gekennzeichnet, die physiologischerweise durch Insulin unterhalten oder gefördert werden:

- **Störungen des Kohlenhydratstoffwechsels. Hyperglykämie** und **Glucosurie** sind nicht nur Folge einer Unfähigkeit der Zellen zur Aufnahme (Skelettmuskulatur, Fettgewebe) oder Verwertung (Leber) der Glucose, sondern auch durch die bei Insulinmangel **gesteigerte Gluconeogenese** mitbedingt. Die insulinabhängige Glykogensynthese der Leber ist eingeschränkt. Die

gesteigerte Gluconeogenese ist wiederum eine Folge des bei Insulinmangel extrem **erhöhten Glukagonspiegels**, der in der Leber zu einer Abnahme der Fructose-2,6-bisphosphat-Konzentration führt und so die Glykolyse inhibiert und die Gluconeogenese stimuliert.
Bei Anstieg des Blutglucosespiegels über Werte von 170–180 mg/dl ist die Rückresorption der Glucose im Tubulussystem der Niere nicht mehr vollständig, und es kommt zur Ausscheidung von Glucose mit dem Urin (**Glucosurie**). Bei schwerem, unbehandeltem Diabetes mellitus können täglich mehrere 100 Gramm Glucose ausgeschieden werden.

- **Störungen des Lipidstoffwechsels**. Synthese und Deposition von Triglyceriden im Fettgewebe sind eingeschränkt, die Mobilisation der Triglyceride dagegen stimuliert und führt zu einer gesteigerten Freisetzung von Fettsäuren aus dem Fettgewebe, die in der Leber metabolisiert werden. Eine Verwertung des dabei gebildeten Acetyl-CoA über den Citratzyklus ist jedoch wegen Mangels an Oxalacetat, das für die Gluconeogenese abgezweigt wird, nicht möglich. Als Folge kommt es zu einem Rückstau der Zwischenprodukte des Fettsäureabbaus und zu einem Ausweichen auf die Bildung von **Ketonkörpern**, die an das Blut abgegeben (**Ketonämie**) und mit dem Urin (**Ketonurie**) bzw. mit der Atemluft (**Aceton**) ausgeschieden werden.
  Die bei Diabetes mellitus gesteigerte Lipolyse und die meist vermehrte Aufnahme von Lipiden mit der Nahrung führen zu einer gesteigerten Triglyceridsynthese in der Leber und zu **sekundärer Hyperlipoproteinämie** (Kap. Lipide, S. 124) mit Vermehrung der VLDL (Typ IV oder V).
- **Störungen des Proteinstoffwechsels**. Die Proteinbiosynthese ist gehemmt, der Proteinabbau gesteigert. Die freigesetzten Aminosäuren werden bevorzugt für die Gluconeogenese und den Energiestoffwechsel benötigt.
- **Störungen des Elektrolytstoffwechsels**. Wichtige Primärfolge des Insulinmangels ist der zelluläre Kaliumverlust. Sekundär kommt es zu Störungen des Wasser-, Natrium- und Säure-Basenhaushalts.

Glykohämoglobine und glykosylierte Serumproteine. Die freie Glucose des Blutplasmas kann in einer nicht-enzymatischen Reaktion mit Serumproteinen und nach Aufnahme in die Erythrozyten mit Hämoglobin reagiern. Durch Reaktion der freien Aldehydgruppe der Glucose mit freien (N-terminalen) Aminogruppen der Proteine bzw. des Hämoglobins entstehen – nach Amadoriumlagerung – **Fructosaminderivate** der betreffenden Proteine, die bis zu ihrem Abbau stabil und nachweisbar bleiben. Das 75–80% des Glyko-Hb ausmachende Fructosaminderivat des Hämoglobins wird als **Glykohämoglobin A_{1c}** bezeichnet und gilt als aussagekräftiger Langzeitparameter zur Beurteilung einer diabetischen Stoffwechsellage während der letzten 4–6 Wochen („Glucosegedächtnis der Erythrozyten"), da die Höhe des Blutzuckers mit dem %-Anteil des Hb A_{1c} korreliert.

Die Bestimmung des Fructosamin- (Ketosamin-) Gehaltes der **glykosylierten Serumproteine** kann als Parameter für eine glykämische Stoffwechsellage herangezogen werden und bietet wegen der kürzeren Halbwertszeit der Serumproteine (1–3 Wochen) den Vorteil der kürzeren Ansprechbarkeit auf Veränderungen der diabetischen Stoffwechsellage im Vergleich zu Hb A_{1c}. Auch Gewebsproteine unterliegen einer nicht-enzymatischen Glykosylierung und können mitverantwortlich sein an der Verdickung der Basalmembran der Niere und der universellen **Mikroangiopathie**, aber auch bei der Pathogenese der diabetischen **Neuropathie** eine Rolle spielen (S. 103).

Beurteilung der diabetischen Stoffwechsellage nach dem Ergebnis der Bestimmung von Glyko-Hb A_{1c} und glykosylierten Serumproteinen (Fructosamine)

Stoffwechsellage	% Hb A_{1c} des Gesamt-Hb	µmol/l Fructosamin*
normal	< 8	220–280
befriedigend	<10	280–320
schlecht	10–12	370–450
dekompensiert	>12	>450

* Colorimetrische Fructosaminbestimmung mit glykosyliertem Serumalbumin als Standard

Coma diabeticum. Die durch einen schweren (absoluten oder relativen) Insulinmangel ausgelöste komplexe Regulationsstörung des Kohlenhydrat- und Lipidstoffwechsels führt unbehandelt zum Coma diabeticum. Es lassen sich verschiedene Formen unterscheiden:

- **Ketoacidotisches Coma**. Die durch Ketonkörpersynthese bedingte Ketonämie hat eine **metabolische (nicht-respiratorische) Acidose** (Ketoacidose) zur Folge, da pro Mol Acetessigsäure bzw. β-Hydroxybuttersäure ein Mol H^+ im Blut freigesetzt wird und ein korrespondierender Verlust von Kationen (Na^+, K^+) im Urin eintritt, der die durch die Hyperglykämie in Gang gesetzte osmotische Diurese (**Polyurie**!) verstärkt und eine Dehydration begünstigt. Der Wasserverlust kann im Zustand einer schweren **Exsikkose** schließlich 10% des Körpergewichts (etwa 6 l) betragen und zur Anurie führen. Die Therapie besteht daher – neben der erforderlichen Insulinzufuhr (0,1 E/kg) – in einem Ausgleich des Flüssigkeit- und Elektrolytdefizits durch intravenöse Zufuhr hypotoner Kochsalzlösung, in Kaliumsubstitution (wegen des bestehenden Phosphatverlustes als gepufferte Phosphatlösung) und Korrektur des Blut-pH-Wertes (z. B. 88 mmol Natriumbicarbonat in 0,45 proz. Kochsalzlösung bei einem Blut-pH-Wert von 7,2). Klinische

Symptome des ketoacidotischen Coma sind **Apathie, Erniedrigung des Muskeltonus** und **Kußmaul-Atmung**.

- Eine (relativ seltene) Sonderform des diabetischen Comas ist das **hyperosmolare-hyperglykämische**, nicht mit einer Ketoacidose einhergehende **Coma**, das durch **Hyperosmolalität** (>350 mmol osmotisch wirksame Teilchen/kg Wasser, normal 290–310) bei normalen Blutketonkörperwerten, **Hyperglykämie** von mindestens 33,3 mmol/l (600 mg/dl) und Bewußtseinstrübung oder Bewußtlosigkeit charakterisiert ist. Bei dieser Comaform entsteht eine hypertone Dehydratation, das Flüssigkeitsdefizit beträgt 15–20% des Körpergewichts (bis zu 10 Liter) und ist durch rasche Infusion hypotoner (0,45 proz.) NaCl-Lösung auszugleichen. Pathogenetisch kann diese Comaform durch eine in manchen Fällen offenbar vorhandene unterschiedliche Insulinempfindlichkeit des Kohlenhydrat- und Lipidstoffwechsels erklärt werden.
- Das **lactacidotische Coma** ist eine (sehr schwere) sekundäre Stoffwechselstörung, die sich auf dem Boden diabetischer Spätsymptome entwickelt. Hauptursachen sind **Hypoxie des Herzmuskels** (Atheromatose der Koronarien) und **Leberschädigung**, in deren Folge das bei der Gluconeogenese entstehende Pyruvat zu Lactat reduziert und das vorwiegend bei Muskelarbeit, anfallende Lactat nicht utilisiert wird. Auch **Biguanidbehandlung** und Überinfusionen von Fructose und Sorbit können Ursache einer Lactatacidose sein, die an einem Anstieg der Lactatkonzentration von >7 mmol/l und einem Lactat/Pyruvat-Quotienten von >10:1 erkannt wird. Der Blutglucosespiegel kann dabei erniedrigt, normal oder erhöht sein.

Ursachen des Insulinmangels. Neben den Diabetes mellitus-Typen I und II kann ein absoluter oder ein relativer Insulinmangel mit diabetischer Stoffwechsellage auch bei folgenden Erkrankungen oder Fehlregulationen des Stoffwechsels eintreten:

- Chronische Pankreatitis, Pankreascarcinom oder Hämochromatose können zur Verminderung der Zahl der Inselzellen und schließlich zum Funktionsverlust führen.
- Hämochromatose und Leberzirrhose führen zu Funktionseinschränkungen des Leberparenchyms. Die gestörte Glucoseutilisation (Glykogensynthese) und der Ausfall der Glykolyse führen zur Hyperglykämie (**hepatogener Diabetes mellitus**).
- Auftreten von **Insulinantikörpern**.
- Beschleunigter **Abbau des Insulins**. Bei hämolytischen Erkrankungen führt die Freisetzung Insulin-abbauender Enzyme aus den Erythrozyten zu erniedrigter Insulinkonzentration im Blut.

- Synthese eines Insulins mit abweichender Primärstruktur.
- **Hormonelle Fehlregulation** mit Überproduktion von Insulinantagonisten z. B.
  - eine vermehrte Produktion von **STH** hat diabetogene Wirkung, da STH die Wirksamkeit des Insulins an der Stelle des Erfolgsorgans herabsetzt. Dies erklärt die höhere Diabetesfrequenz bei Patienten mit Akromegalie bei Hypophysenvorderlappenadenom (**hypophysärer Diabetes**).
  - Die Überfunktion der Nebenniere mit vermehrter Produktion von **Glucocorticoiden** oder eine vermehrte **ACTH**-Sekretion durch die Hypophyse ist durch Erhöhung des Blutzuckers gekennzeichnet (**Steroiddiabetes**). Die Erhöhung des Blutzuckerspiegels ist Folge einer peripheren Utilisationsstörung der Glucose und einer gesteigerten Gluconeogenese.
  - Eine erhöhte Ausschüttung von Adrenalin und Noradrenalin beim **Phäochromozytom** führt zu permanenter Freisetzung von Glucose aus den Glykogenspeichern und zur Hyperglykämie.

Diabetes-Stadien. Unabhängig vom Diabetes-Typ werden die Diabetes-Stadien auf Vorschlag der WHO nach dem Ergebnis des oralen Glucosetoleranztests (S. 109) unterteilt, wobei

- normale Glucosetoleranz,
- verminderte Glucosetoleranz und
- Diabetes mellitus

unterschieden werden (Tabelle).

Bewertung des oralen Glucosetoleranztests

Nach 10 h Nahrungskarenz orale Zufuhr von 75 g Glucose als 25 proz. Lösung. Bestimmung der Glucosekonzentration im Blut nüchtern und nach 60, 120 und 180 min.

		Normale Glucose-toleranz	Verminderte Glucose-toleranz	Diabetes mellitus
Nüchtern-wert	mmol/l mg/dl	< 6,6 <120	< 6,6 <120	> 6,6 >120
2-Stunden-wert	mmol/l mg/dl	< 6,6 <120	7,7 – 11 140 – 200	> 11 >200

Die Bezeichnungen asymptomatischer, latenter und subklinischer Diabetes mellitus wurden fallen gelassen.

Medikamentöse Stimulierung und Hemmung der Insulinsekretion. Orale Antidiabetika vom Sulfonamidtyp (z. B. Tolbutamid, Glibenclamid) setzen durch Erniedrigung der K^+-Permeabilität und Steigerung des Ca^{2+}-Einstroms mobilisierbares Insulin exozytotisch aus den B-Zellen des Pankreas frei, sind also nur wirksam, wenn die körpereigene Insulinproduktion teilweise erhalten ist. **Diazoxid** hat (außer einem blutdrucksenkenden Effekt) eine blutzuckersteigernde Wirkung, da es die Insulinsekretion hemmt und die Glucoseabgabe an die Leber erhöht.

Glukagon/Insulin-Relation. Der molare Quotient Insulin/Glukagon beträgt im Hungerzustand 0,4 und steigt nach Nahrungsaufnahme in Abhängigkeit vom Kohlenhydratgehalt auf Werte von 5–15 an. Der Anstieg des Insulin/Glukagon-Quotienten wird ausgelöst durch das **Darmwandglukagon**, das bei enteraler Glucosezufuhr freigesetzt wird und in den Inselzellen des Pankreas eine Ausschüttung von Insulin bewirkt. Umgekehrt hemmt Insulin die Freisetzung von Glukagon aus den α-Zellen des Pankreas. Beim Insulinmangel-Diabetes fällt die Hemmwirkung des Insulins auf die Glukagon-produzierenden α-Zellen fort, so daß es zu einer **vermehrten Glukagonsekretion** und Verschiebung des Insulin/Glukagon-Quotienten kommt, der zu einer Verschlechterung der diabetischen Stoffwechsellage beiträgt.

6. Diabetische Spätkomplikationen

Weniger als 1% der an Diabetes mellitus Erkrankten stirbt an der primären Stoffwechselstörung (Insulinmangel) und den dadurch bedingten Folgesymptomen. Bestimmend für den Krankheitsverlauf sind die vaskulären Komplikationen. Sie werden unterteilt in die diabetische **Makroangiopathie** und **Mikroangiopathie**. Weitere für den Diabetes mellitus charakteristische Zweiterkrankungen sind die diabetische **Retinopathie**, die diabetische **Nephropathie** und die diabetische **Neuropathie**.

Makroangiopathie. Die Makroangiopathie entspricht dem morphologischen und klinischen Krankheitsbild der **Arteriosklerose** (S. 353), die im manifesten Stadium durch eine Akkumulation von Lipiden in der Gefäßwand gekennzeichnet ist und die durch die beim Diabetes mellitus bestehende **sekundäre Hyperlipoproteinämie** begünstigt wird. Es ist noch nicht geklärt, ob durch Insulinmangel bedingte Veränderungen im Stoffwechsel der Arterienwand die Makroangiopathie mitverursachen.

Mikroangiopathie. Die diabetische Mikroangiopathie ist durch diabetesspezifische Veränderungen an der Basalmembran der Kapillaren gekennzeichnet und

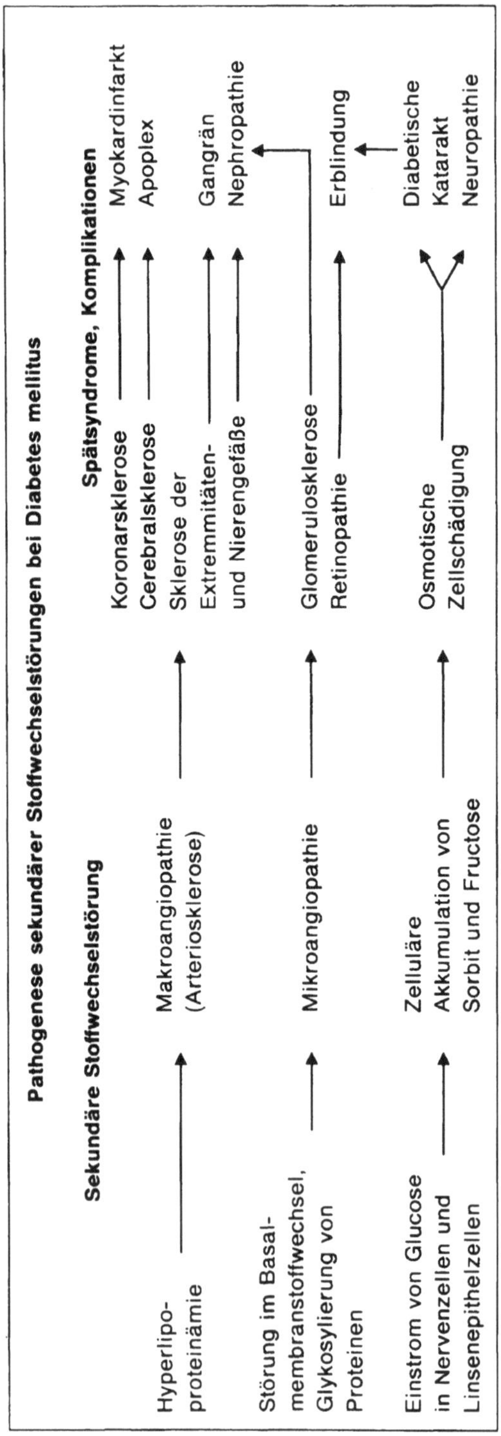
Pathogenese sekundärer Stoffwechselstörungen bei Diabetes mellitus
Sekundäre Stoffwechselstörung
Spätsyndrome, Komplikationen
Hyperlipo-proteinämie
Makroangiopathie (Arteriosklerose)
Koronarsklerose
Myokardinfarkt
Cerebralsklerose
Apoplex
Sklerose der Extremmitäten- und Nierengefäße
Gangrän
Nephropathie
Störung im Basal-membranstoffwechsel, Glykosylierung von Proteinen
Mikroangiopathie
Glomerulosklerose
Retinopathie
Erblindung
Einstrom von Glucose in Nervenzellen und Linsenepithelzellen
Zelluläre Akkumulation von Sorbit und Fructose
Osmotische Zellschädigung
Diabetische Katarakt
Neuropathie

läßt sich praktisch an allen Gefäßprovinzen nachweisen. Sie führt zu typischen Krankheitsbildern (Retinopathie, Nephropathie mit Glomerulosklerose, diabetische Gangrän und wahrscheinlich auch Neuropathie). Die Mikroangiopathie ist streng mit der Diabetesdauer korreliert. Die Störungen des Basalmembranstoffwechsels stehen vermutlich mit der Bildung glykolysierter Hämoglobine und Basalmembranproteine in Zusammenhang.

Bei der **diabetischen Retinopathie** bilden sich Mikroaneurysmen der Retinagefäße, die bei Ruptur zu Retinablutungen, Narbenbildung und Erblindung führen.

Diabetische Nephropathie. Zu den häufigsten und prognostisch ungünstigsten Spätkomplikationen der Diabetestypen I und II gehört die diabetische Nephropathie. Durch Insulinmangel und Hyperglykämie bedingte pathogenetische Faktoren sind die morphologischen Veränderungen und der gestörte Stoffwechsel der **glomerulären Basalmembran**, in der einerseits wegen fehlerhafter (?) und herabgesetzter Synthese des Proteoheparansulfat die Zahl der glomerulären Negativladungen vermindert ist und es andererseits aufgrund der gestörten renalen Hämodynamik (Mikroangiopathie) und einer Zunahme des Kollagentyp IV-Gehaltes zu einer Verdickung der Basalmembran (**Glomerulosklerose**) kommt. Die Basalmembranverdickung führt paradoxerweise zu einer vermehrten Durchlässigkeit für Proteine.

Die diabetische Nephropathie verläuft in verschiedenen Stadien mit typischen Befundkonstellationen:

- Im Stadium der klinischen Latenz ist bei normalem Blutdruck zunächst nur die GFR gesteigert, eine Proteinurie fehlt.
- Im Stadium der beginnenden Nephropathie (5–15 Jahre nach Diabetesbeginn) kommt es bei normaler und später abfallender GFR zur Hypertonie und Mikroalbuminurie (< 300 mg/24 h) und weiterhin zu persistierender Proteinurie (> 300 mg/24 h).
- Im Endstadium (15–20 Jahre nach Diabetesbeginn) kommt es bei erniedrigter GFR zu massiver Proteinurie, renaler Hypertonie und chronischer Niereninsuffizienz (Kap. Niere S. 376).

Diabetische Katarakt (Cataracta diabetica) **und diabetische Neuropathie.** Eine chronische Erhöhung der Glucosekonzentration im Blut und Gewebe hat schädliche Konsequenzen für Augenlinse und periphere Nerven. Die Gründe hierfür liegen in der Tatsache, daß diese Gewebe

- für Glucose frei permeabel sind und
- Glucose über den Sorbitstoffwechselweg zu Sorbit und Fructose umsetzen. Sorbit und Fructose können jedoch weder rasch abgebaut werden noch in den Extrazellulärraum oder die Zirkulation zurückdiffundieren.

Bei der Entwicklung einer **diabetischen Katarakt** häufen sich in den Epithelzellen der Augenlinse aufgrund des erhöhten extrazellulären Glucoseangebots Sorbit und Fructose als Produkte des Sorbitstoffwechselweges an. Der damit verbundene Anstieg des osmotischen Drucks führt zunächst zu vermehrtem Einstrom von Wasser und bewirkt eine hydropische Schwellung der Zellen. Dieser Prozeß ist begleitet von Elektrolytverschiebungen, die durch erhöhten Einstrom von Na^+ charakterisiert sind. Dies führt sekundär zum Ausfall aktiver Transportprozesse, die zu Energiemangel und schließlich unter völligem Zusammenbruch der Osmoregulation zur Quellung und Trübung der Linsenfasern.

Für die Pathogenese der **diabetischen Neuropathie** ist die Feststellung von Bedeutung, daß die Aldose-Reduktase in den peripheren Nerven vorwiegend in den Schwannschen Zellen, die Sorbit-Dehydrogenase hauptsächlich in den Achsenzylindern lokalisiert ist. Beide Enzyme setzen die bei Hyperglykämie vermehrte, in die Nervenzelle eindringende, Glucose zu Sorbit bzw. Fructose um, die sich um ein Vielfaches gegenüber der Norm anreichern und damit eine primäre osmotische Schädigung setzen. Sie erklärt die morphologischen Läsionen, die Herabsetzung der Nervenleitungsgeschwindigkeit und den Ausfall der Reflexe, der Sensibilität und Tiefensensibilität, der besonders in den unteren Extremitäten ausgeprägt ist.

7. Stoffwechsel im Hungerzustand

Hunger ist der Zeitraum zwischen Beendigung der intestinalen Resorption nach Nahrungsaufnahme und Beginn der nächsten Resorption nach erneuter Nahrungsaufnahme. Diese Stoffwechselphase beträgt physiologischerweise 6–18 h. Ein längerer Hungerzustand mit mindestens zweiwöchiger Nahrungskarenz wird als **Fasten** bezeichnet. Die während des Hungers bzw. des Fastens notwendige Energie wird durch folgende Energiespeicher sichergestellt:

- 300–400 g Glykogen (Leber, Skelett, Muskel)
- 10–15 kg Triglyceride (Depotfette)
- 2 kg Proteine (vorwiegend Skelettmuskulatur)

Der über einen längeren Zeitraum anhaltende totale Kalorienentzug (bei adäquater Zufuhr von Flüssigkeit und Mineralien) führt zu einer charakteristischen Umstellung des Stoffwechsels (s. a. S. 68):

- Nach Verbrauch der geringen Kohlenhydratreserve sinkt der Insulinspiegel ab (Fehlen des adäquaten Sekretionsreizes). Der relative Glucosemangel wird kompensiert durch eine verstärkte Glucocorticoid-induzierte **Gluco-**

neogenese, so daß die Glucoseversorgung des Zentralnervensystems (120 g/d) und der Erythrozyten (ca. 25 g/d) aufrechterhalten wird.

- Zur Energiegewinnung werden die Triglyceride des Fettgewebes mobilisiert. Die freigesetzten Fettsäuren können nur begrenzt oxidativ abgebaut werden, da die Utilisation des entstehenden Acetyl-CoA im Citratzyklus wegen des für die Gluconeogenese bereitgestellten Oxalacetats nur beschränkt möglich ist. Da weiterhin eine Verwertung der Fettsäuren für die Fettsäuresynthese wegen des relativen Energiemangels und des Absinkens der Aktivität der Acetyl-CoA-Carboxylase eingeschränkt ist, kommt es zu vermehrter **Ketonkörperbildung**. Sie stellt eine gewisse Analogie zur diabetischen Stoffwechsellage dar.
- Im Gegensatz zum Diabetes mellitus kommt es jedoch bei längerem Hungerzustand **nicht** zu einer **Ketoacidose**, da die Gluconeogenese und Fettsäuremobilisation einer intakten endokrinologischen Steuerung unterliegen und auch eine gewisse Menge Insulin weiter produziert wird, so daß keine Stoffwechselentgleisung eintritt. Außerdem kann bei Hunger der überwiegende Teil der aus den Triglyceridreserven des Fettgewebes freigesetzten Fettsäuren (ca. 150 g/d) von Skelettmuskel, Herzmuskel und Niere direkt zur Energiegewinnung verbraucht werden. Die **Ketonkörper** können bei längerem Fasten vom Zentralnervensystem utilisiert und zu CO_2 und H_2O verstoffwechselt werden.

8. Hyperlactatämie und Lactatacidosen

Eine vermehrte Produktion von Lactat mit Anstieg des Blutlactatspiegels (z. B. bei körperlicher Belastung, vermehrter Katecholaminausschüttung oder Kohlenhydratinfusionen) wird als **Hyperlactatämie** bezeichnet, wenn der Lactat/Pyruvat-Quotient normal ist und der pH-Wert des Blutes im Normbereich liegt. Ist bei erhöhtem Blutlactatspiegel (>5 mmol/l) der Lactat/Pyruvat-Quotient erhöht und der pH-Wert des Blutes erniedrigt, liegt eine **Lactatacidose** (Lactacidose) vor.

Eine temporäre Lactatämie, wie sie physiologischerweise nach schwerer körperlicher Belastung auftritt, wird durch Regelmechanismen kurzfristig kompensiert, so daß es nicht zu einer Acidose kommt. Eine pathologische Hyperlactatämie mit Verschiebung des Blut-pH-Wertes kann eintreten bei

- **Diabetes mellitus**. (S. 94)
- **Lebererkrankungen**. Bei chronischen Leberentzündungen und Leberzirrhose ist die Verwertung des (vorwiegend aus der Muskulatur stammenden) Lactats durch die Leber eingeschränkt.

- **Alkoholabusus.** Beim Abbau des Ethanols in der Leber durch die Alkohol-Dehydrogenase und Aldehyd-Dehydrogenase entstehen große Überschüsse an $NADH_2$, die verstärkt zur Reduktion von Pyruvat zu Lactat herangezogen werden. Bei der Alkoholintoxikation ist ferner die Verwertung des beim Ethanol entstehenden Acetats und des daraus in großem Überschuß gebildeten Acetyl-CoA im Citratzyklus nur begrenzt möglich.
- **Anaerobe Bedingungen** (Hypoxie). Bei Sauerstoffmangel (Schock, Herzstillstand, kardiopulmonaler Bypass, schwere Anämie, Nierenversagen) verschiebt sich das Gleichgewicht zwischen Bildung und Abbau im Lactat, und es kann eine massive Lactatacidose auftreten.
- **Kongenitale Lactacidosen** (selten). Eine Aktivitätseinschränkung der Thiaminpyrophosphat-abhängigen Pyruvat-Dehydrogenase limitiert den Abbau von Pyruvat zu Acetyl-CoA. Bei Pyruvat-Carboxylase- oder Fructose-1,6-Bisphosphatase-Mangel ist die Gluconeogenese gestört. Das unter diesen Bedingungen nicht verstoffwechselte Pyruvat wird zu Lactat reduziert und an die Zirkulation abgegeben.

9. Hypoglykämien

Eine Störung der Koordination bzw. Regulation zwischen Glucoseabgabe durch die Leber (Glykogenreservoir oder Gluconeogenese) und Glucoseaufnahme durch die verbrauchenden Organe hat eine Hypoglykämie zur Folge.

Nach dem Zeitpunkt des Auftretens unterscheidet man die **Nüchternhypoglykämie**, die im Nüchternzustand oder während körperlicher Arbeit auftritt, und die **reaktive Hypoglykämie** nach Aufnahme kohlenhydrathaltiger Nährstoffe. Die Tabelle macht Angaben zur Pathogenese der Hypoglykämien bei Insulinüberproduktion bzw. infolge extrainsulärer Faktoren. Auch schwere, mit Zerstörung des Parenchyms einhergehende, Organschäden (nekrotisierende Hepatitis, akute Pankreatitis) können zur Hypoglykämie führen.

Eine Hypoglykämie kann sich akut entwickeln und führt dann zu einer reaktiven Adrenalinausschüttung, die an der charakteristischen Symptomatik (Zittern, Schwitzen, Herzklopfen, Nausea) erkennbar ist.

Bei langsam auftretenden Hypoglykämien fehlen Adrenalinwarnsymptome, ihre Gefahr liegt im Auftreten plötzlicher schwerer Störungen des Zentralnervensystems (hypoglykämischer Schock).

Pathogenese der Hypoglykämien

Hypoglykämietyp	Hypoglykämie infolge	
	Insulinüberproduktion	extrainsulärer Wirkungen
Nüchtern- bzw. Arbeitshypoglykämie	• Inselzelladenom bzw. Inselzellcarcinom • Funktioneller Hyperinsulinismus bei Neugeborenen diabetischer Mütter	• Störungen von Glykogenabbau und Gluconeogenese (Glykogenspeicherkrankheiten, Fructose-1,6-bisphosphat-Phosphatasemangel, Leberschaden) • Endokrine Störungen (STH-Glucocorticoid-, ACTH-Mangel) • Tumorhypoglykämie
Reaktive Hypoglykämie (nach KH-reichen Mahlzeiten)	• Vegetative Dystonie (überschießende Insulinsekretion) • Verzögerte endogene Insulinsekretion bei Diabetes mellitus • Leucin-induzierte Hypoglykämie	• Enzymdefekte mit sekundärer Glykogenabbaustörung (Fructoseintoleranz, Galaktosämie, Galaktosediabetes)

10. Labormedizinische Untersuchungen des Kohlenhydratstoffwechsels

Glucose im Blut bzw. **Plasma/Serum**. Die Konzentration an freier Glucose im Blut (Blutzucker) ist eine während des ganzen Lebens konstante individuelle Größe, die beim Erwachsenen nach 12 stdg. Fasten 3,9–6,1 mmol/l (70–110 mg/ml) beträgt. Für die Diagnostik von Störungen des Kohlenhydratstoffwechsels, die mit einer Hyperglykämie bzw. Hypoglykämie einhergehen, ist die Bestimmung der Blutglucose ein wichtiger Parameter.

Die Bestimmung des Nüchternblutzuckers wird nach 12 stdg. Nahrungskarenz meist mit Kapillarblut durchgeführt. Dazu wird ein definiertes Volumen (0.02–0,1 ml) aus der Fingerbeere bzw. dem Ohrläppchen entnommen, enteiweißt (Perchlorat, Uranylacetat) und die Blutglucose quantitativ durch eine enzymatische Reaktion bestimmt.

Die enzymatischen Verfahren (Abbildung) sind spezifisch für Glucose, gemessen wird entweder die Zunahme der Extinktion für NADPH + H (Methode 1, 2) oder die der Glucosekonzentration proportionale Farbstoffentwicklung (Methode 3).

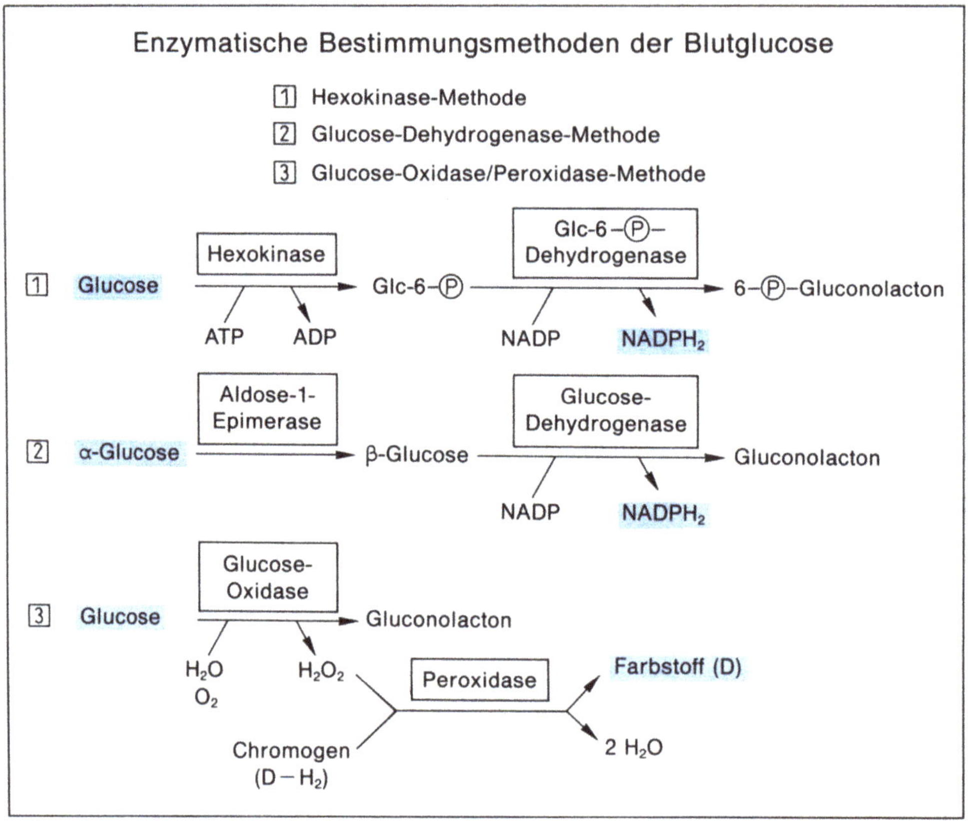

Die enzymatischen Bestimmungsmethoden 1 und 2 sind wenig störanfällig, die Glucose-Oxidase-Methode wird jedoch durch reduzierende Substanzen (z. B. Ascorbinsäure, Harnsäure, Glutathion aus lysierten Erythrozyten), die mit H_2O_2 reagieren, gestört.

Eine Bestimmung der Blutglucose ist auch im Serum bzw. enteiweißtem Plasma (nach Uranylacetatfällung) möglich, bei schwankendem Hämatokrit kommt es jedoch zu Differenzen zwischen Serum und Vollblut (je höher der Hämatokrit desto höher die Serumglucose im Vergleich zur Vollblutglucose).

Bei der Beurteilung der Blutglucose sind die raschen physiologischen Konzentrationsveränderungen, die circadiane Rhythmik sowie ggf. arteriovenöse und kapillarvenöse Differenzen zu berücksichtigen. Im venösen Vollblut sind die Nüchternglucosewerte die gleichen wie im kapillären Vollblut. Die Werte nach Glucosebelastung liegen jedoch tiefer, so daß die angegebenen Werte um 20 mg/dl (1,1 mmol/l) reduziert werden müssen. Die im Plasma gemessenen Werte sind ca. 15% höher als im Vollblut.

Referenzbereich Kapillarblut: Neugeborene 1,7–5,6 mmol/l (30–100 mg/dl)
Erwachsene 3,9–6,1 mmol/l (70–110 mg/dl)
Postprandialer Wert (1 h nach der Mahlzeit) <10 mmol/l(<180mg/dl)

Eine Glucosebestimmung im Vollblut (Kapillarblut) ist auch mit der **Teststreifenmethode** (S. 28) möglich, die mit der Peroxidase-Glucose-Oxidase-Reaktion arbeitet. Die der Blutglucose proportionale Farbstoffentwicklung kann entweder an einer Vergleichsskala semiquantitativ abgeschätzt oder reflektometrisch mit hinreichender Genauigkeit bestimmt werden.

Glucose im Urin. Ein Übertritt von Glucose in den Harn (Glucosurie) findet statt, wenn der Blutzuckerwert von 8,3–8,88 mmol/l (150–160 mg/dl) (Nierenschwelle) übersteigt.

Die quantitative Bestimmung der Glucose im Harn hat geringere diagnostiche Bedeutung, ist aber mit der enzymatischen Hexokinase-Reaktion möglich. Eine semiquantitative Bestimmung der Glucosekonzentration läßt sich mit Hilfe von Teststreifen vornehmen, die auf der Glucose-Oxidase/Peroxidase-Methode basieren. Die Nachweisgrenze beträgt 1 mg Glucose/ml Harn. Die Bestimmung der Harnglucose muß unmittelbar nach der Gewinnung des Harns (spätestens nach 2 h) erfolgen, da die Konzentration durch Glucose-verbrauchende Bakterien, Erythrozyten oder Leukozyten des Harns kontinuierlich abnimmt. Die Teststreifenmethode liefert falsch-negative Resultate bei Ausscheidung größerer Mengen Ascorbinsäure, Harnsäure, Homogentisinsäure, 3-Hydroxyindolessigsäure oder Salizylsäure.

Melliturien. Die Ausscheidung von Nicht-Glucosezucker mit dem Urin beruht meist auf angeborenen Stoffwechselstörungen (S. 90), erfolgt jedoch auch physiologischerweise in den letzten Monaten der Gravidität und während der Lactation (Lactoseausscheidung).

Mit **Reduktionsproben** (Fehlingsche Probe, Silbernitratmethode) werden neben Glucose alle reduzierenden Zucker (Fructose, Galaktose, Pentosen, Lactose) erfaßt, nicht jedoch die Saccharose. Für die Identifizierung der bei einer Melliturie ausgeschiedenen Monosaccharide oder Disaccharide stehen spezielle enzymatische Verfahren bzw. die HPLC zur Verfügung.

Funktionsprüfungen des Kohlenhydratstoffwechsels. Der **orale Glucosetoleranztest** ist das wichtigste Verfahren bei der Diagnose von Störungen des Kohlenhydratstoffwechsels. Die Bedeutung dieser Methode liegt darin, daß durch enterale Resorption von Glucose auf physiologischem Wege eine Störung der Blutzuckerhomöostase erzeugt wird, die es erlaubt, klinisch noch nicht in Erscheinung tretende Vorstadien des Diabetes mellitus frühzeitig zu erkennen.

Die Diagnose einer verminderten Glucosetoleranz erfolgt durch Blutglucosebestimmung vor und nach oraler Gabe von 75 g Glucose. Unter diesen Bedingungen gelten die Grenzwerte der Tabelle (S. 100) als Beurteilungskriterien. Das Blutzuckerprofil bei verminderter Glucosetoleranz zeigt die Abbildung.

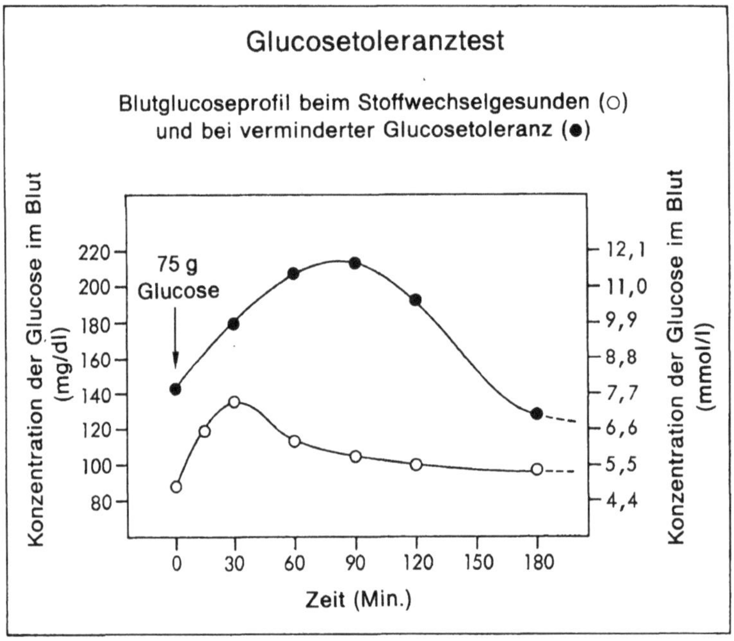

Das Ergebnis des Glucosetoleranztests erlaubt Aussagen über ein erhöhtes statistisches Risiko an Diabetes mellitus zu erkranken. Dies gilt für Individuen mit

- vorangegangener verminderter Glucosetoleranz, die z. B. im Rahmen eines Infektes vorgelegen hat, zum Zeitpunkt der Diagnose aber nicht mehr nachweisbar ist und für Individuen mit
- potentiell verminderter Glucosetoleranz, wobei eine gestörte oder pathologische Glucosetoleranz bisher noch nicht vorgelegen hat, die Probanden aufgrund von genetischen Faktoren jedoch ein höheres Risiko haben, an Diabetes zu erkranken (z. B. Geschwister von Diabetikern).

Verschiedene Medikamente verschlechtern die Glucosetoleranz und können einen Glucosebelastungstest im Sinne falsch-positiver Ergebnisse beeinflussen. Dazu gehören u. a. Thiazide, Methyl-DOPA, Glucocorticoide, Kontrazeptiva, Barbiturate, Salizylate und Tetrazyklin.

Bei folgenden Erkrankungen bzw. Zuständen ist das Ergebnis nicht eindeutig interpretierbar: Schilddrüsenerkrankungen, Operationen bzw. Trauma (Anstieg der Glucocorticoide), langdauernde Bettlägerigkeit, Gravidität, Adipositas (>20% des Normgewichts).

Bestimmung des glykosylierten Hämoglobins (Hb A_{1c}). Eine Analyse des glykosylierten Hb A_{1c} ist nach Hämolyse der Blutprobe und Trennung des nicht-glykosylierten normalen vom glykosylierten Hb auf einer Kationenaustauschersäule möglich, da das weniger basische glykosylierte Hämoglobin eher eluiert wird als das nicht-glykosylierte Hämoglobin. Der Anteil des Hb A_{1c} an den gesamtglykosylierten Hämoglobinformen beträgt etwa 80%, der Rest sind die instabilen glykosylierten Hämoglobine, die mit der Kationenaustauschermethode nicht erfaßt werden Angegeben wird der % Anteil des Hb_{1c} am Gesamt-Hb (Referenzbereiche: Tab. S. 98).

Die **glykosylierten Serumproteine** werden durch eine **Fructosaminbestimmung** erfaßt, die auf der reduzierenden Eigenschaft der Ketonamine beruht. Die medizinische Beurteilung der gewonnenen Ergebnisse ist in der Tabelle (S. 98) zusammengestellt.

Zu niedrige Werte des glykosylierten Hb werden bei verkürzter Erythrozytenüberlebenszeit (hämolytische Erkrankungen), fälschlich erhöhte Werte bei Hämoglobinopathien (z. B. Thalassämie), bei Niereninsuffizienz, chronischem Alkoholismus oder hoch dosierter Dauerbehandlung mit Acetylsalizylsäure gefunden.

Bestimmung des Insulins und des C-Peptids. Zur Differentialdiagnose des Hyperinsulinismus (Frühphase des Diabetes mellitus Typ II, Inselzelladenom) ist neben der Bestimmung der Blutglucosekonzentration die Messung der Konzentration des Insulins und des C-Peptids von Bedeutung.
Die quantitative Bestimmung des Insulins im Serum/Plasma kann entweder im **Hungerversuch** (Blutentnahme nach 12 h Nahrungskarenz und während weiterem 24–48 h Nahrungsentzug) oder im **Tolbutamidtest** erfolgen.

Beim Tolbutamidtest wird dem nüchternen Probanden zunächst 1 g des die Insulinsekretion stimulierenden **Tolbutamid** injiziert. Dabei kommt es innerhalb von 5 min zu einem steilen Anstieg der Insulinkonzentration im Serum. Nach 5, 20 und 30 min wird das Insulin durch Enzymimmunoassay (EIA) bzw. Radioimmunoassay (RIA) quantitativ bestimmt.

Referenzbereich (nüchtern) 58–172 pmol Insulin/l
(8–24 U/l = 0,34–1,0 µg/l)

3 Tage vor Beginn des Tests müssen alle Medikamente, welche die Sekretion des Insulins beeinflussen (Salizylate, Antikoagulantien, Chloramphenicole, Hypertensiva), abgesetzt werden.

Während der Biosynthese des Insulins wird aus der Vorstufe Proinsulin, das **C-Peptid** abgespalten und an das Serum abgegeben. Seine Konzentration gibt Auskunft über die Sekretionsleistung des Inselzellorgans, seine (radioimmunologische) Bestimmung hat den Vorteil, daß es im Gegensatz zum Insulin nicht metabolisiert wird und auch nicht mit Insulinatiköpern reagiert.

Referenzbereich (nüchtern) 0,37 – 1,2 nmol/l (1,1 – 3,6 µg/l)

Insulinantikörper können die Bestimmung des Insulins durch RIA bzw. EIA stören. Beim Tolbutamidtest (s. u.) kann es infolge des steilen Anstiegs der Insulinkonzentration und Absinkens der Glucosekonzentration innerhalb der ersten 30 min – besonders beim Inselzelladenom – zu schwer verlaufenden **hypoglykämischen Anfällen** kommen, so daß eine strenge Indikationsstellung geboten ist, und der Test gegebenenfalls abgebrochen werden muß.

Beim **Tolbutamidtest** wird das Maximum der C-Peptidsekretion (s.o) bereits nach 5 min erreicht. Beim Inselzellcarcinom und beim Diabetes Typ II kommt es zu einer zeitlichen Verzögerung des C-Peptid-Sekretionsgipfels bis zu 60 min.

Bestimmung des Lactats. Nach mindestens 2 h körperlicher Ruhe wird arterielles (oder ungestaut gewonnenes) Venenblut entnommen und **sofort** mit eiskalter Perchlorsäure enteiweißt. Das Lactat wird enzymatisch mit Hilfe Lactat-Dehydrogenase (LDH) und Alanin-Aminotransaminase (ALT) nach folgender gekoppelter Reaktion bestimmt:

$$\text{Lactat} + \text{NAD}^+ \rightarrow \text{Pyruvat} + \text{NADH} + \text{H}^+$$
$$\text{Pyruvat} + \text{L-Glutamat} \rightarrow \text{L-Alanin} + \alpha\text{-Ketoglutarat}$$

Meßgröße ist NADH. Eine Pyruvatbestimmung ist mit der gleichen Reaktion in Rückwärtsrichtung möglich.

Referenzbereich:	Erwachsene	9 – 16 mg/dl (1,0 – 1,78 mmol/l)
	Neugeborene	4 – 26 mg/dl (0,4 – 2,9 mmol/l)
	Lactat/Pyruvat-Quotient	10 – 20/1

Bei schweren und akuten Hypoxien kommt es zu einem Lactatantieg (bei kaum veränderter Pyruvatkonzentration) um mehr als das Zehnfache. Auch bei Nieren- und Leberinsuffizienz sowie bei Biguanidtherapie (Diabetes mellitus) treten Lactatacidosen auf.

V. Lipide und Lipoproteine

Die Lipide des menschlichen Organismus unterliegen einem ständigen lebhaften Umsatz, an dem die Lipide aller Organe – auch die Depotlipide – teilnehmen. Unter Heranziehung tierexperimenteller Ergebnisse lassen sich für die Halbwertszeit der Fettsäuren folgende Größenordnungen angeben: Leber 4–6 Tage, Fettgewebe 15–20 Tage, Gehirn 20–30 Tage.

Der **Lipidtransport** innerhalb der einzelnen Organe erfolgt über die **Lipoproteine** (S. 115) und die **freien** (albumingebundenen) **Fettsäuren** des Blutes.

1. Lipidresorption und Resorptionsstörungen

Die mit der Nahrung aufgenommenen tierischen oder pflanzlichen Lipide werden vorwiegend im Dünndarm unter der Wirkung lipidspaltender Enzyme des Pankreassekrets (Triglycerid-Lipase, Phospholipase A_1, A_2, B, Cholesterinester-Hydrolase und des Dünndarmsekrets (Phospholipase C) vollständig oder weitgehend in ihre Strukturbestandteile zerlegt. Eine Ausnahme machen die Triglyceride kurzkettiger Fettsäuren (z. B. Trioctanoin), die auch ohne vorherige Hydrolyse – und ohne Mitwirkung von Gallensäuren – rasch durch die Mucosazelle aufgenommen und dort durch mikrosomale Enzyme hydrolysiert werden können.

Resorption. Die lipidlöslichen Bestandteile der Lipide (Fettsäuren, Cholesterin, Carotinoide) werden nach Komplexbildung mit konjugierten Gallensäuren in wasserlöslicher Form (Choleinsäuren mit micellarer Struktur) resorbiert. Mit den Lipiden werden auch die **lipidlöslichen Vitamine** aufgenommen. In den Mucosazellen finden eine Resynthese der Lipide und die Bildung der Chylomikronen statt, die über das Lymphgefäßsystem abtransportiert werden.

Kurzkettige Fettsäuren (bis zu 10 C-Atomen) können nach der Resorption in freier (nicht veresterter) Form direkt über die V. portae die Leber erreichen. Mit dem Stuhl werden physiologischerweise 1–2 g Lipide bzw. Fettsäuren/24 h ausgeschieden.

Resorptionsstörungen. Eine Störung des intestinalen Lipidstoffwechsels kann bei Fehlen oder mangelnder Aktivität der lipidspaltenden Enzyme oder bei Störungen der Resorption eintreten (Schema).

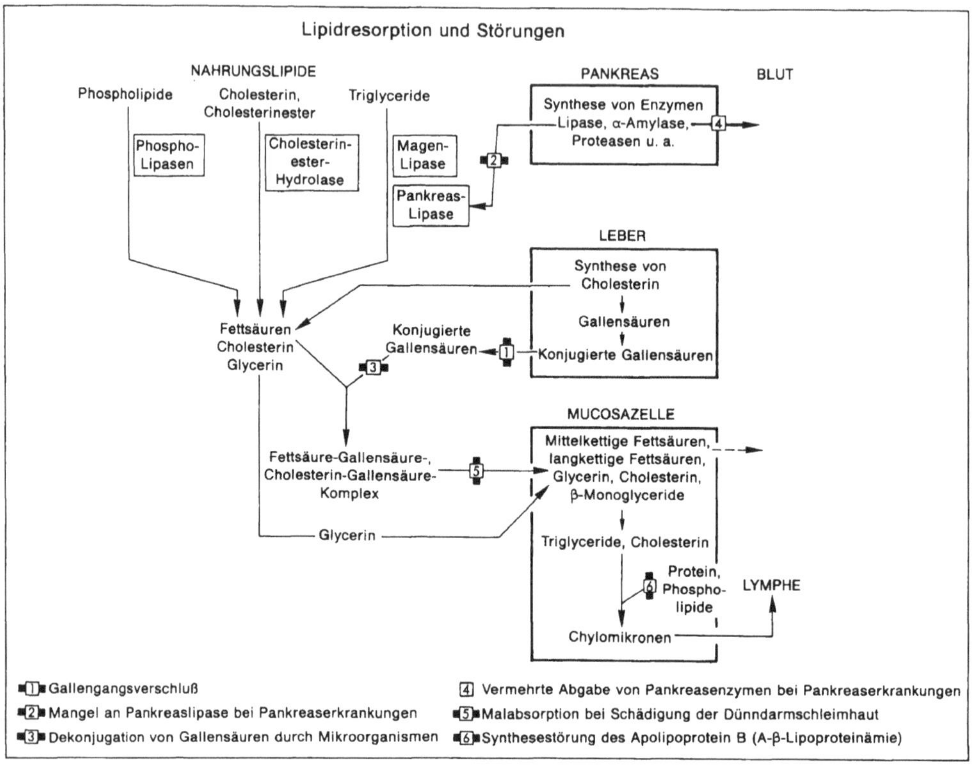

Die **Gallensäuren** bilden durch Emulgierung der Nahrungslipide, Aktivierung der Pankreas-Lipase und Überführung der apolaren Lipidbausteine in wasserlösliche Verbindungen die Voraussetzung für den enzymatischen Abbau und die Resorption der Lipide.

Ein **Gallengangsverschluß** oder eine mit dem Funktionsverlust der konjugierten Gallensäuren verbundene Abspaltung ihrer Glycin- oder Taurinreste durch pathologische Darmflora führen daher zu gestörter intestinaler Fettverdauung.

Chronische **Pankreopathie** führt zur Verminderung der Sekretmenge und zu herabgesetzter Lipaseaktivität des Dünndarmsekrets. Bei akuter Pankreatitis (S. 264) sind Lipase- (und α-Amylase-)aktivität des Blutplasmas erhöht.

Malabsorption. Die Malabsorption der Lipide ist durch einen gestörten Transport der Lipide in die Mucosazelle bedingt, kann ihr Ursache aber auch in **akuten oder chronisch entzündlichen Veränderungen der Darmschleimhaut** oder in einer **Pankreasinsuffizienz** (Lipasemangel) oder in einem **Gallengangsverschluß** (Cholestase) haben. Die mit der Nahrung zugeführten Lipide werden teils unverändert, teils nach enzymatischem (oder bakteriellem) Abbau als Fettsäuren bzw. als Calciumsalze der Fettsäureanionen mit dem Stuhl vermehrt ausgeschieden (6–8g/24 h) und verursachen das Symptomenbild der **Steatorrhoe** (Gastrointestinaltrakt, S. 259). Die Lipidausscheidung kann weiterhin durch endogene (vorzugsweise mit dem Gallensekret ausgeschiedene) Lipide gesteigert werden.

2. Lipoproteine und Lipoproteinstoffwechsel

Lipoproteine des Blutplasmas. Blut von Stoffwechselgesunden nüchternen Menschen enthält 5–8 g Lipide/l Serum, die sich aus Triglyceriden, Gesamtcholesterin, Phospholipiden und freien Fettsäuren zusammensetzen. Der Transport der Lipide im Blut erfolgt in Form von **Lipoproteinen**. Lipoproteine sind wasserlösliche Proteinlipidkomplexe mit micellarer Struktur. Es werden 4 Hauptlipoproteintypen unterschieden (Tabelle):

Lipoproteine im Blutserum*

Lipoprotein (L) (Ultrazentrifuge)	**Chylomikronen**	**VLDL (Very low density)**	**LDL (Low density)**	**HDL** (High density)**
Konzentration (mg/dl Serum)	<10	80 ± 60	340 ± 90	300 ± 80
Dichte (g/ml)	0,90–0,94	0,94–1,006	1,000–1,063	1,063–1,210
Größe (∅ in nm)	100–1000	30–70	15–25	7–10
Elektrophorese-Fraktion	keine Wanderung	Prä-β (α_2)	β	α_1
Hauptapolipoproteintypen (Apo)	A, B_{48}, C, E	B_{100}, C, E	B_{100} (C, D, E)	A, D, E
Chemische Zusammensetzung (%) Apolipoprotein Triglyceride Cholesterin/Cholest. Ester Phospholipide	 1 85–90 6 4	 10 50 19 18	 20 10 45 23	 50 1–5 15–20 25–30

* aus Nüchternblut

** HDL-Unterfraktion HDL_1 ist angereichert mit Apo E, geht durch Cholesterinaufnahme in HDLc über. HDL-Unterfraktionen HDL_2 und HDL_3 entstehen aus discoiden HDL-Vorstufen unter Mitwirkung von LCAT.

- **Chylomikronen** werden von den Mucosazellen des Intestinaltrakts synthetisiert, erreichen über das Lymphgefäßsystem und den Ductus thoracicus die Zirkulation und werden in den Kapillaren von Fett- und Muskelgewebe durch die Triglycerid-spaltende **Lipoprotein-Lipase** abgebaut. In den Kapillaren ist das Enzym an Endothelzell-assoziiertes Proteoheparansulfat gebunden und kann durch Heparin freigesetzt werden. Die unter der Wirkung der Lipoprotein-Lipase entstehenden freien Fettsäuren werden im Blutplasma an Albumin gebunden und als **Albuminfettsäurekomplexe** den Organen und Geweben angeboten. Ein Albuminmolekül kann ≈ 6 Fettsäuren binden. Durch kontinuierliche Abspaltung von Fettsäuren gehen die Chylomikronen in die Triglycerid-verarmten Chylomikronenrestkörper – **Remnants** – über, die über ihren Apolipoproteinanteil durch spezifische Rezeptoren der Leber erkannt und aufgenommen werden. Die Remnants werden von der Leber weiter verstoffwechselt. Chylomikronen und ihre Abbauprodukte treten physiologischerweise nur nach lipidreichen Mahlzeiten auf.
- **VLDL** (Lipoproteine sehr geringer Dichte, Prä-ß-Lipoproteine) sind Syntheseprodukte der Leber, auch im Nüchternblut nachweisbar und Ausdruck eines ständigen Lipidtransports von der Leber zu den verbrauchenden Geweben. Beim **Abbau der VLDL**-Partikel im Blut durch die **Lipoprotein-Lipase** entstehen zunächst IDL-Partikel (Intermediate Density Lipoprotein) und schließlich die cholesterinreichen LDL-Partikel.
- **LDL** (Lipoproteine geringer Dichte) sind Abbauprodukte der VLDL bzw. IDL. Der überwiegende Teil der IDL- und LDL-Partikel wird von der Leber nach Bindung an spezifische **Apo B/E-Rezeptoren** (LDL-Rezeptoren) endozytiert und verstoffwechselt. Ein Teil der LDL-Partikel gelangt in die peripheren Organe und Gewebe, die das LDL über den Apo B/E-Rezeptor erkennen, und das Cholesterin als Membranbaustein oder zur Synthese von Steroidhormonen verwenden. Das von der Leber mit dem IDL bzw. LDL aufgenommene Cholesterin bewirkt eine **Rückkopplungshemmung der HMG-CoA-Reduktase** und somit eine verminderte Cholesterinsynthese, ferner kommt es zu einer „**Down-Regulation**" des LDL-spezifischen **Apo B/E-Rezeptors** und zu einer Förderung der Cholesterinveresterung in der Leber durch die **Acyl-CoA-Cholesterin-Acyltransferase**. Über diesen Regulationsmechanismus wird die Lipoproteinsynthese der Leber und die Abgabe von VLDL an das Blut dem Bedarf der Peripherie angepaßt.
- **HDL** (Lipoproteine hoher Dichte, α-Lipoproteine) werden von der Leber, aber auch vom Intestinaltrakt in Form einer diskoiden Vorstufe (nascent HDL) gebildet. Die Unterfraktionen HDL_1, HDL_2 und HDL_3 unterscheiden sich durch ihren Lipid- und Proteinanteil sowie in ihren physikochemischen und funktionellen Eigenschaften. Bei Kontakt mit peripheren Organen oder Cholesterin-angereicherten Makrophagen (Schaumzellen) vermag HDL

nicht-verestertes Cholesterin zu übernehmen und mit Hilfe einer **Lecithin-Cholesterin-Acyl-Transferase (LCAT)** in Cholesterinester zu überführen. HDL-Partikel können das veresterte Cholesterin mit Hilfe eines **Choleste-**

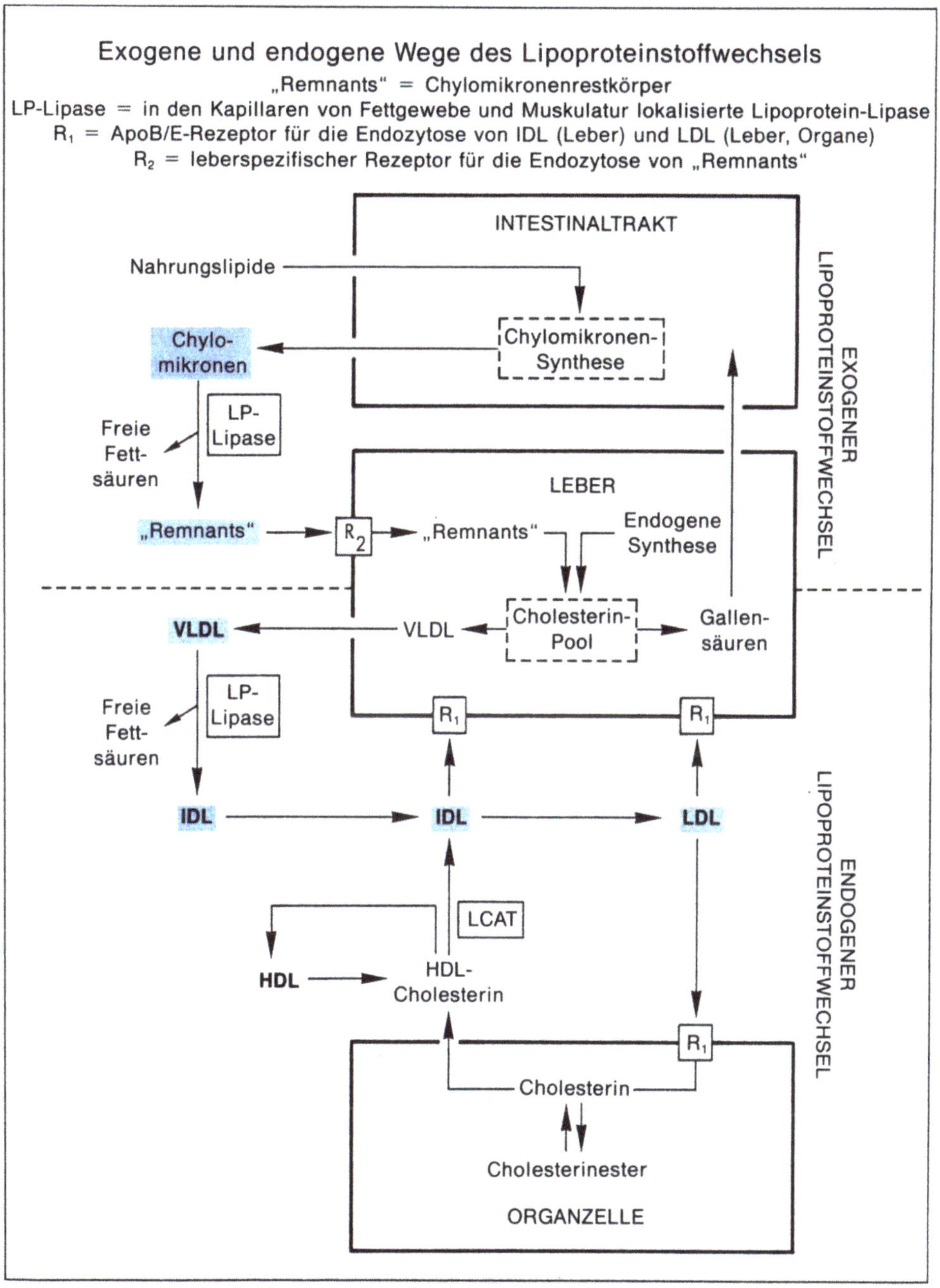

rinester-Transferproteins (CETP) an VLDL-, IDL- oder LDL-Partikel weitergeben, können aber auch von der Leber über einen spezifischen Rezeptormechanismus an ihrer Apoprotein-E-Komponente erkannt und aufgenommen werden.
In der Leber wird das aus der Peripherie rücktransportierte Cholesterin z. T. direkt mit der Galle ausgeschieden, z. T. zu Gallensäuren umgewandelt. Das nachfolgende Schema veranschaulicht das Prinzip des **exogenen** (Chylomikronen) und **endogenen** (VLDL) Lipoproteinstoffwechsels.

3. Hypolipoproteinämien

Sind Leber- oder Darmmucosazellen aufgrund eines genetischen Defekts nicht in der Lage, die für die Bildung der Lipoproteine bzw. Chylomikronen notwendigen Apolipoproteine zu synthetisieren, so ist eine Abgabe von Chylomikronen oder Lipoproteinen an das Lymph- bzw. Blutgefäßsystem nicht möglich. In solchen Fällen findet man fehlende oder extrem niedrige Blutlipoproteinspiegel und eine entsprechende Akkumulation der für die Lipoproteinsynthese bestimmten, aber nicht verwertbaren Lipide in Darm, Leber (und auch anderen Organen).

Primäre Hypolipoproteinämien sind durch einen genetisch bedingten Apolipoproteinmangel gekennzeichnet:

- Die seltene (ca. 60 Fälle) **A-ß-Lipoproteinämie** (Bassen-Kornzweig-Syndrom) ist durch Fehlen von β-Lipoproteinen (und Chylomikronen) gekennzeichnet und häufig mit gestörter Lipidresorption und Steatorrhoe vergesellschaftet. Ursache ist das Unvermögen zur Synthese von Apolipoprotein B_{48} bzw. B_{100}, so daß die Bildung von Chylomikronen im Intestinum, der VLDL in der Leber und der daraus entstehenden LDL vermindert ist. Leber- und Mucosazellen zeigen ausgeprägte Lipideinlagerungen. Die Störung im Lipidstoffwechsel führt sekundär zu neurologischen Ausfallserscheinungen (Retinitis pigmentosa) und Akanthozytose (Stechapfelform der Erythrozyten).
- Bei der seltenen **An-α-Lipoproteinämie (Tangier-Krankheit)** bzw. der **LCAT-Defizienz (Fish eye disease)** liegt ein hereditärer Defekt mit autosomal-rezessivem Erbgang für die Apolipoproteinkomponente A-I bzw. für das LCAT-Enzym vor. Die HDL-Konzentration im Blut beträgt in beiden Fällen 1/10 des Normbereichs. In Leber, Milz, RES, Cornea und den vergrößerten orange-rot gefärbten Tonsillen lagern sich Cholesterinester ab. Ein erhöhtes Arteriosklerose-Risiko besteht jedoch nicht.

Sekundäre Hypolipoproteinämien. Ist die Erniedrigung der Plasmalipoproteine durch eine Grundkrankheit bedingt, resultieren sekundäre symptomatische Formen der Hypolipoproteinämie. Dazu gehören:

- **Maldigestion und Malabsorption**, bei denen die Aufnahme von Nahrungslipiden gestört und durch eine Steatorrhoe gekennzeichnet sind, sie haben ihre Ursache in der Erkrankung des Pankreas und des Magen- und Darmtraktes z. B. Sprue und Zoeliakie (S. 259).
- Bei der **exsudativen Gastroenteropathie** besteht eine erhöhte Elimination von Proteinen in dem Verdauungstrakt aufgrund intestinaler und extraintestinaler Erkrankungen. Die resultierende Hypoproteinämie (Dysproteinämie) ist von einer Hypolipoproteinämie begleitet.
- **Hyperthyreose**. Der bei Überfunktion der Schilddrüse gesteigerte Katabolismus betrifft auch die von der Leber aufgenommenen LDL-Partikel, deren Cholesterin vermehrt mit der Galle ausgeschieden wird. Die Synthese von Lipoproteinen ist reduziert.
- Bei **schweren konsumierenden Erkrankungen** mit Kachexie (z. B. Tumoren) und nach operativen Eingriffen ist die Lipoproteinbiosynthese der Leber herabgesetzt mit der Folge einer Hypolipoproteinämie.

4. Hyperlipoproteinämien (HLP)

Jede Erhöhung der Blutlipide (Serumlipide) wird mit Rücksicht auf die Tatsache, daß die Blutlipide in Form von Lipoproteinen transportiert werden, als **Hyperlipoproteinämie** bezeichnet. Die Zunahme der Serumlipidkonzentration (Hyperlipidämie) kann in einer Erhöhung des Serumcholesterins (**Hypercholesterinämie)** und/oder der Serumtriglyceride (**Hypertriglyceridämie**) bestehen. Als diagnostisches Kriterium für eine Hyperlipoproteinämie gilt sowohl die absolut erhöhte Konzentration des Cholesterins bzw. der Triglyceride des Serums als auch die der Lipoproteinklassen. Ein charakteristisches Merkmal der Hyperlipoproteinämie ist weiterhin eine Verschiebung des relativen Anteils der LDL- bzw. VLDL-Fraktion (β-LP bzw. prä-β-LP) an den Gesamtlipoproteinen (Dyslipoproteinämie). **Klinische Symptome**, die auf eine HLP hinweisen, sind Hautxanthome (häufig Achillessehne, Ellenbogen, Gesäß), randständige Cholesterinablagerungen in der Cornea (Arcus corneae), Hepatosplenomegalie und die (durch Augenspiegelung erkennbare) Lipaemia retinalis (lipämische Trübung der Netzhaut).

Als **primäre Hyperlipoprotinämie** werden alle Krankheitsformen mit genetischer Ursache oder unbekanntem Auslösemechanismus zusammengefaßt. Besteht dagegen ein Kausalzusammenhang mit einer Grundkrankheit, liegt eine **sekundäre Hyperlipoproteinämie** vor.

Hyperlipoproteinämien sind häufig (bei etwa 10% der erwachsenen Bevölkerung) anzutreffen. Die pathogenetische Bedeutung der Hyperlipoproteinämien liegt darin, daß eine ständige oder über längere Zeit anhaltende Erhöhung der Blutserumlipoproteine oder eine Verschiebung des Lipoproteinverteilungsmusters ein erhebliches **Arterioskleroserisiko** bedeuten kann. Die Lipoproteine dringen in die arteriellen Gefäßwände ein, akkumulieren dort und führen zu arteriosklerotischer Verengung und schließlich – oft in Verbindung mit einer Thrombusbildung – zum Verschluß des Gefäßlumens. Zwischen der Höhe des Lipidgehaltes, insbesondere der Höhe der **LDL-Fraktion**, und einem Arterioskleroserisiko besteht eine positive Korrelation. Umgekehrt wird dem **HDL** wegen seiner Fähigkeit, Cholesterin aus peripheren Geweben (und der Arterienwand) abzutransportieren, eine **Arteriosklerose-protektive Wirkung** zugesprochen. In der Mortalitätsstatistik nehmen die Arteriosklerose und ihre Folgeerkrankungen mit über 50% den ersten Platz ein.

5. Primäre Hyperlipoproteinämien

Die primären Hyperlipoproteinämien (HLP) lassen sich in 5 Phänotypen (nach Fredrickson I-V) klassifizieren (Tabelle), Die genetisch bedingten HLP zeigen rezessiven (Typ I), dominanten (Typ II, IV) oder unklaren Erbgang. Die Hyperlipoproteinämien vom Typ II und IV sind besonders häufig (>80% der primären Hyperlipoproteinämien).

Die phänotypischen Hyperlipoproteinämie-Formen I-V treten jedoch nicht nur als ätiologisch und pathogenetisch definierte Krankheitsbilder, sondern häufig in kombinierter Form auf. Dies gilt für die familiäre kombinierte Hyperlipidämie und die familiäre Hypertriglyceridämie (s. u.).

Bei der **Hyperlipoproteinämie Typ I** (selten) liegt regelmäßig und bei der **Hyperlipoproteinämie V** (5–8% der HLP) in einigen Fällen eine Störung des Abbaus der Chylomikronen aufgrund eines Mangels heparininduzierbarer Lipoprotein-Lipase vor. Da die Chylomikronen mehr als 80% Triglyceride enthalten, bleibt die nach einer lipidreichen Mahlzeit auftretende physiologische Chylomikronämie bestehen und ist Ursache für die pathologische Ablagerung von Lipiden in Leber, Milz und Xanthomen der Haut. Das Arteriosksleroserisiko der Typen I und V ist gering, die **Hyperchylomikronämie** stellt jedoch ein hohes **Pankreatitisrisiko** dar.

Klassifikation primärer Hyperlipoproteinämien (nach Fredrickson)
TG = Triglyceride, Chol. = Gesamtcholesterin, Chylom. = Chylomikronen, N = Normbereich
↑ = erhöht, ↓ = erniedrigt

Phäno-Typ	Lipid-analyse	LP-Muster	Defekt(e)	Erbgang	Klinik	Arterio-sklerose-risiko
I	TG ↑↑ Chol. ↑	LDL ↓ VLDL ↓ Chylom. ↑↑	Mangel an Lipoproteinlipase	autosomal rezessiv	Eruptive Xanthome, Hepatosplenomegalie, Lipämia retinalis, Abdominelle Koliken	gering
IIa	TG N (↑) Chol. ↑	LDL ↑ (↑↑) VLDL N (↑)	LDL-Rezeptormangel LDL-Rezeptordefizienz	autosomal dominant bzw. polygen	Tendinöse Xanthome, Tuberöse Xanthome, Cornealring	sehr hoch
IIb	TG ↑ Chol. ↑	LDL ↑ (↑↑) VLDL ↑	LDL-Rezeptor-Verteilungs-fehler			
III	TG ↑↑ Chol. ↑↑	VLDL ↑↑ LDL N	Apo-E-Variante in Kombination mit Hyperlipidämie-Gen		Tendinöse und palmare Xanthome assoziiert mit Diab. mellitus und Hyperurikämie	sehr hoch
IV	TG ↑↑ Chol. N (↑)	LDL N VLDL ↑↑	unbekannt (vermehrte VLDL-Synthese? verminderter VLDL-Abbau?)	autosomal dominant	Pathologische Glucosetoleranz, Fettsucht, Xanthome	hoch
V	TG ↑↑ Chol. ↑	LDL N (↑) VLDL ↑ Chylom. ↑	Lipoproteinlipaseaktivität häufig aber nicht immer erniedrigt, Apo CII-Defizienz (?)	unbekannt	Xanthome, Hepatosplenomegalie, Lipämia retinalis, Abdominelle Koliken	gering

Hyperlipoproteinnämie Typ IIa bzw. IIb. Bei der **familiären Hypercholesterinämie** liegt ein Defekt bzw. eine Funktionsuntüchtigkeit des LDL-Rezeptors (Apo B/E-Rezeptor) vor, der auf Mutationen des Rezeptorgens (Chromosom 19) zurückgeht. Die Mutation kann sich in vollständigem Fehlen des LDL-Rezeptors, aber auch in Veränderung der Primärstruktur einzelner Domänen des LDL-Rezeptorproteins oder Störungen der posttranslationalen Modifikation des Rezeptorproteins manifestieren. Fehlen oder Defizienz des Rezeptors hat die Konsequenz, daß LDL nicht mehr oder lediglich mit einer reduzierten Rate von der Leber (und den verbrauchenden Organen) über den B/E-Rezeptor aufgenommen werden kann. Damit entfällt für die Leber die Cholesterin-induzierte Rückkopplungshemmung der Cholesterinsynthese mit der Folge einer ungehemmten und exzessiven VLDL-Synthese. Das daraus entstehende LDL führt zur Erhöhung des Serumcholesterinspiegels, der bei Homozygoten (vollständiger Rezeptormangel) Werte von 600 bis 1000 mg/dl, bei heterozygoten Merkmalsträgern Werte zwischen 350 und 600 mg/dl Serum erreichen kann. Die Akkumulation des LDL im Serum ist auch durch eine verzögerte LDL-Clearance in peripheren Geweben (Rezeptormangel) mitbedingt. Die bei Homozygoten (Prävalenz $1:10^6$) regelmäßig nachweisbaren extrem hohen Serumcholesterinspiegel (bis 1 g/dl) verursachen **schwerste arteriosklerotische Gefäßveränderungen**, die schon in der Jugend zu tödlichen Infarkten führen können. Auch bei heterozygoten Merkmalsträgern (Prävalenz 1:500 !) ist die Hypercholesterinämie meist hochgradig ausgeprägt (350 – 600 mg/dl). Die Diagnose läßt sich unmittelbar nach der Geburt durch Analyse des Nabelschnurbluts erheben.

Die **polygene Hypercholesterinämie** (Phänotyp IIa) kommt durch die Wechselwirkung einer Vielzahl von Genen untereinander (darunter auch der Gene für die Apolipoproteine B und E) zustande, die sich in einem metabolischen Basisdefekt und erhöhten Cholesterin-, aber normalen Triglyceridwerten äußert.

Bei der **Hyperlipoproteinämie III** (Remnant Hyperlipidämie, Prävalenz 1:5000) wurde eine genetische Variante des Apolipoprotein E nachgewiesen, die in Verbindung mit einem noch nicht näher definierten Hyperlipidämie-Gen zu einer Hyperlipoproteinämie führt. Die Existenz der Apolipoprotein E-Variante in den Chylo- und VLDL-Partikeln hat einen unvollständigen Abbau der Chylomikronen und VLDL zu Remnants bzw. LDL zur Folge. Pathobiochemisch besteht eine Vermehrung der Apo E-2-Variante bei gleichzeitiger Abwesenheit der Apo E-3/4-Formen mit gestörtem Katabolismus (s. o.) und verzögerter Aufnahme über den Apo B/E-Rezeptor der Leber. Die Erkrankung wird in der Regel jedoch erst dann manifest, wenn neben der genetischen Anlage zusätzliche Ursachen (z. B. Übergewicht, Hypothyreose, Diabetes mellitus) vorliegen.

Die Pathogenese der **Hyperlipoproteinämie IV** – der häufigsten Form der Hyperlipoproteinämien – (etwa 30% der HLP) ist noch unklar. Von Bedeutung ist jedoch die häufig beobachtete herabgesetzte Glucosetoleranz (bzw. **Kohlenhydrat-Induzierbarkeit**), die in der Leber aufgrund des erhöhten Angebots von Glucose zu einer vermehrten Umwandlung der Kohlenhydrate in Triglyceride führen könnte.

Die **familiäre kombinierte Hyperlipidämie** (Prävalenz 3–5:1000) kann unter den Phänotypen der Hyperlipoproteinämie IIa, IIb oder IV auftreten. Bei dieser möglicherweise polygenetischen Erkrankung, die mit erhöhtem VLDL-Spiegel im Serum einhergeht, besteht ein **hohes Arterioskleroserisiko**, und es kommt zu frühzeitigen und schweren arteriosklerotischen Veränderungen des Gefäßsystems.

Die **familiäre Hypertriglyceridämie** (Prävalenz 2–3:1000) ist mit den Lipoprotein-Phänotypen IV oder V assoziiert und durch hohe Triglyceridspiegel charakterisiert. Häufig besteht gleichzeitig eine Adipositas und/oder Diabetes mellitus. Die Manifestation tritt gewöhnlich nach dem 30. Lebensjahr auf. Das Arterioskleroserisiko ist zwar gering, kann aber bei Vorhandensein zusätzlicher Risikofaktoren und einem LDL/HDL-Quotienten >5 erheblich werden.

6. Sekundäre Hyperlipoproteinämien

Die sekundären Formen der Hyperlipoproteinämien sind im Gegensatz zu den primären Hyperlipoproteinämien Folge einer bestimmten Grundkrankheit, die nicht selbst eine Störung des Lipidstoffwechsels darstellt. Sie haben ihre Ursache in diätetischen Faktoren, Stoffwechselstörungen oder Organerkrankungen (Tabelle). Primäre und sekundäre Hyperlipoproteinämien bieten die gleichen Erscheinungsmuster und sind durch blutchemische oder physikochemische (Ultrazentrifuge) Methoden nicht voneinander zu trennen. Die sekundären Hyperlipoproteinämien werden durch erfolgreiche Behandlung des Grundleidens geheilt.

Angaben über die Genese sekundärer Hyperlipoproteinämien: Alkoholismus (S. 275), Diabetes mellitus (S. 94), Hypothyreose (S. 167), Fettleber (S. 271), Cholestase (S. 279), Nephrotisches Syndrom (S. 380).

Abnorme Lipoproteine. Im Serum von Patienten mit **Cholestase** tritt ein atypisches **Lipoprotein X** auf, das – bei einer der LDL-Fraktion entsprechenden Dichte – 6% der Apoproteintypen C und D, 66% Phospholipide, 22% freies Cholesterin, 3% Cholesterinester und 3% Triglyceride enthält. Beim Lipopro-

Pathogenese und Phänotyp sekundärer Hyperlipoproteinämien

	Veränderungen der Blutplasmalipoproteine			Häufiger HLP-Typ
	Chylomikronen	LDL	VLDL	
1. Diätetische Faktoren				
Alkoholismus	↑		↑	IV (V, I)
Lipidreiche Ernährung		↑		II
Hyperkalorische kohlenhydratreiche Ernährung			↑	IV
Adipositas/vermind. Glucosetoleranz			↑	IV
2. Stoffwechseldefekte				
Diabetes mellitus	↑		↑	IV (V, I)
Hyperurikämie			↑	IV (IIb, V)
Glykogenspeicherkrankheiten			↑	IV
HVL-Insuffizienz			↑	IV
Hypothyreose	↑	↑	↑	IIa (IV, I)
3. Organerkrankungen				
Hepatitis		↑		
Cholestase				LP-X
Nephrotisches Syndrom		↑	↑	IV, II
Urämie			↑	IV
Pankreatitis	↑		↑	IV, V
4. Arzneimittel				
Ovulationshemmer			↑	IV
Corticosteroide		↑		II
β-Rezeptorenblocker			↑	IV
5. Gravidität		↑	↑	IV, II

tein X handelt es sich vermutlich um die physiologischerweise mit der Gallenflüssigkeit ausgeschiedenen Lipoproteinpartikel. Ihre Bestimmung wird für die Differentialdiagnose des Gallengangsverschlusses herangezogen.

Lipoprotein(a) ist ein dem LDL verwandtes cholesterinreiches Lipoprotein, das neben dem Apolipoprotein B_{100} das Apolipoprotein(a) enthält. Es ist ein Glykoprotein mit hoher **Strukturhomologie zum Plasminogen** und besitzt auch dessen zahlreichen „Kringle-Domänen" und eine Protease-Region. Lipoprotein(a) wird in der Leber gebildet und gilt bei Werten >25 mg/dl als Arterioskleroserisikofaktor (S. 355).

7. **Adipositas** (Fettsucht)

Als Adipositas bezeichnet man ein durch Zunahme des Fettgewebes bedingtes Überschreiten des Sollgewichts um mehr als 20%. Eine Fettsucht entsteht, wenn über längere Zeit hin die Energieaufnahme größer ist als die Energieabgabe. Die Störung des energetischen Gleichgewichts kann Folge einer

- primär erhöhten Energieaufnahme (Hyperalimentation) oder
- primär verminderter Energieabgabe sein.

Ein Nahrungsüberschuß von $\approx$42 kJ ($\approx$10 kcal), der bei der Verstoffwechselung von Glucose oder Fettsäuren anfallen würde, führt zur Ablagerung von 1 g Depotfett.

Die Zunahme des Körpergewichts bei Adipositas beruht auf einer vermehrten Einlagerung von Triglyceriden in die Zellen des Fettgewebes (Adipozyten), die dabei an Volumen zunehmen. Die Zahl der Präadipozyten, aus denen sich die

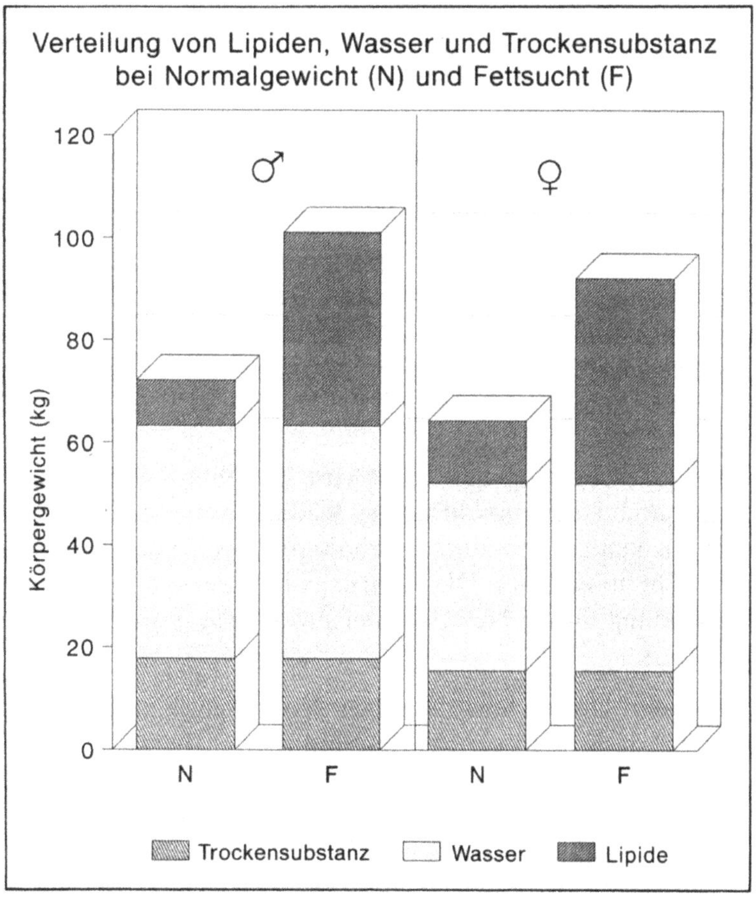

Adipozyten differenzieren, wird wesentlich während der Wachstumsperiode festgelegt, kann jedoch auch im Erwachsenenalter noch zunehmen. Eine Adipositas kann daher sowohl durch **Hypertrophie** als auch durch **Hyperplasie der Fettzellen** bedingt sein.

Die Ursachen einer Fettsucht werden z. T. in genetischen Faktoren, z. T. in Verhaltensstörungen und z. T. in Anomalien des Stoffwechsels gesehen.

Genetische Faktoren. Sind beide Eltern adipös, ist bei 80% der Kinder mit Übergewicht zu rechnen. Die genetische Dispostion steht möglicherweise mit der Tatsache in Zusammenhanng, daß Patienten mit massivem Übergewicht nicht nur größere, sondern auch mehr Fettzellen haben als Normalgewichtige.

Fettsucht als Verhaltensstörung. Die Theorie, daß der Fettsüchtige im Gegensatz zum Stoffwechselgesunden sich bei der Nahrungsaufnahme nicht nach dem Hungergefühl richtet, sondern sich in Frequenz und Menge der Mahlzeiten von äußeren Faktoren (leichte Erreichbarkeit und ansprechende Aufmachung von Eßbarem) oder psychischen Einflüssen (Nahrungsaufnahme als Ersatz für Zuneigung und Sicherheit) leiten läßt, bedarf der Bestätigung durch Langzeiterfolge verhaltenstherapeutischer Maßnahmen.

Hormonelle Kontrolle. Das gastrointestinale Peptidhormon (S. 263) Cholezystokinin, das auch im Zentralnervensystem in hoher Konzentration nachgewiesen wurde, hemmt die Nahrungsaufnahme bei Tier und Mensch signifikant. Umgekehrt scheinen Endorphine und Enkephaline die Entwicklung einer Adipositas positiv zu beeinflussen. Bei genetisch fettsüchtigen Mäusen sind die β-Endorphinspiegel deutlich höher als bei schlanken Kontrollen. Ein erhöhter Nüchterninsulinspiegel bei gleichzeitiger Abnahme der Insulinrezeptoren der Adipozyten ist bei Adipositas häufig.

Thermogenese. Als Thermogenese wird eine Erhöhung des Grundumsatzes bezeichnet, die durch Nahrungsaufnahme, Kälte, Hormone oder Medikamente ausgelöst werden kann (Grundumsatzerhöhung durch körperliche Arbeit gehört nicht zur Thermogenese). Die Nahrungs-induzierte und thermoregulatorische Wärmebildung macht beim Normalgewichtigen etwa 25% des Energiebedarfs aus.

Ein entscheidender Unterschied zwischen Normalgewichtigen und Übergewichtigen besteht darin, daß die nahrungsinduzierte Thermogenese bei Übergewichtigen bis zu 50% geringer ist als bei Normalgewichtigen. Dem entspricht der Befund, daß die Na^+/K^+-ATPase, deren Aktivität wesentlichen Anteil am Energiestoffwechsel besitzt, bei Adipösen erniedrigt ist. Auch die durch Noradrenalin induzierbare Steigerung des Grundumsatzes ist bei Adipösen um

30–40% geringer. Die reduzierte Thermogenese bedingt, daß Nahrungsüberschüsse nur begrenzt als Wärme abgegeben und vermehrt als Triglyceride im Fettgewebe gespeichert werden.

Nahrungsausnutzung im Magen-Darm-Kanal. Die energetische Ausnutzung einer gemischten Kost liegt über 90% (Proteine 85%, Fett 92%, Kohlenhydrate 95%). Eine darüber hinaus verbesserte Nahrungsausnutzung hat sich bei Fettleibigen in kontrollierten Studien **nicht** nachweisen lassen.

Fettsucht als Risikofaktor. Eine Adipositas begünstigt die Entstehung zahlreicher Erkrankungen. Diabetes mellitus (Typ II, S. 96), Hyperurikämie (S. 52) und Arteriosklerose treten bei stark übergewichtigen Patienten überproportional häufig auf.

Die Adipositas ist mit einer gesteigerten basalen und stimulierten Insulinsekretion assoziiert. Die resultierende Hyperinsulinämie führt zu einer „Downregulation" der Insulinrezeptoren und zur Insulinresistenz mit Einschränkung der Glucoseutilisation. Die daraus folgende Hyperglykämie stellt wiederum einen Stimulus für die Insulinsekretion dar, so daß bei Adipositas eine vermehrte Insulinsekretion oft über viele Jahre aufrechterhalten wird, schließlich aber zu einem Versagen der Insulinsekretion mit Auftreten eines **manifesten Diabetes mellitus** führt.

Regulation von Lipogenese und Lipolyse im Fettgewebe

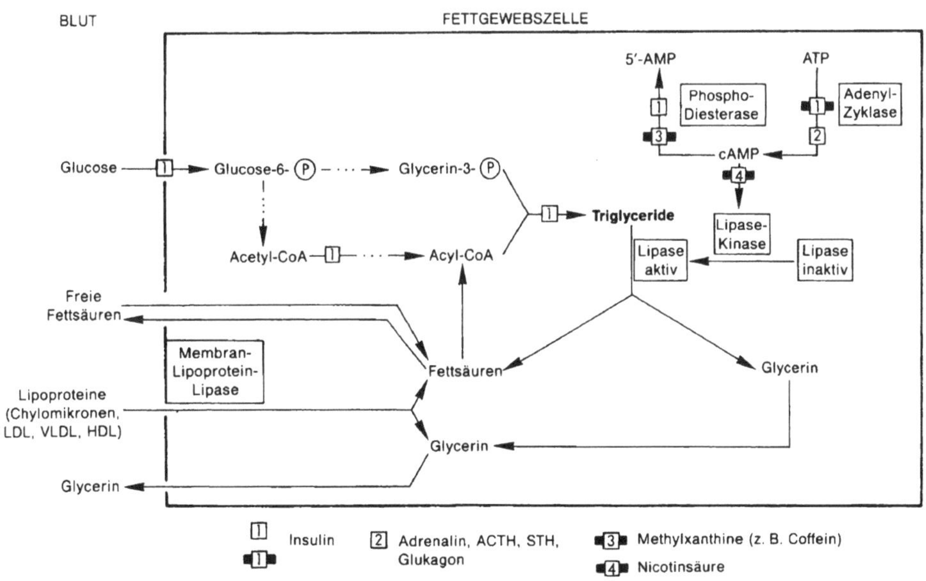

Hormonelle Regulation des Fettstoffwechsels. Ablagerung und Mobilisierung von Triglyceriden im Fettgewebe unterliegen einer lokalen Kontrolle durch Hormone und Wirkstoffe (Abbildung), die jedoch keinen direkten Einfluß auf die Entstehung einer Fettsucht haben.

Eine hormonelle Fehlsteuerung des Lipidstoffwechsels kann Ursache für eine vermehrte **Freisetzung von freien Fettsäuren** aus dem Fettgewebe und Anstieg ihrer Konzentration im Blut – **Hyperlipidacidämie** – sein. Die hormonsensitive Lipase, die aus den Triglyceriden des Fettgewebes Fettsäuren freisetzt, wird durch Insulin gehemmt, durch Katecholamine, ACTH, STH und Glukagon dagegen in ihrer Aktivität gesteigert. Ein Anstieg der freien Fettsäuren im Blut wird daher bei Diabetes mellitus (Insulinmangel), bei Hyperthyreose (erhöhte Empfindlichkeit gegenüber Katecholaminen) und bei Phäochromozytom (vermehrte Produktion und Ausschüttung von Noradrenalin bzw. Adrenalin) beobachtet.

8. Lipidspeicherkrankheiten

Unter dem Begriff der Lipidspeicherkrankheiten (Lipidosen) wird eine Reihe von **Störungen des Sphingoglykolipid-** bzw. **Sphingomyelin-Stoffwechsels** zusammengefaßt, bei denen sich aufgrund eines Defekts der am Abbau beteiligten Enzyme große Mengen des partiell abgebauten Sphingolipids in einem oder mehreren Organen ansammeln. Die Lipidanreicherung ist also **nicht** durch vermehrte Synthese bedingt. Die Lipidosen lassen sich durch chemische Analyse des akkumulierten Lipids und durch Nachweis des Enzymdefekts (Tabelle) voneinander abgrenzen. Der Defekt kann jedoch nicht nur das Enzymprotein selbst, sondern auch einen Enzym-Cofaktor (z. B. Tay-Sachs-AB-Variante) betreffen.

Die **Sphingolipidosen** sind seltene oder sehr seltene Erkrankungen, treten jedoch familiär gehäuft, besonders bei bestimmten ethnischen Gruppen (z. B. Ashkenasi-Juden), auf. Für die häufigste Form – M.Gaucher (Tab.) – wird eine Prävalenz von 1:100 000 (bei Ashkenasi-Juden 1:2 500) angegeben.

Die Sphingolipidosen sind genetisch determinierte (meist autosomal-rezessiv vererbbare) Stoffwechselanomalien, die gewöhnlich in der frühen Kindheit, gelegentlich auch erst später auftreten und häufig zum Tode führen, der meist infolge Gehirndegeneartion (Gaucher-, Tay-Sachs-, Niemann-Pick-, Scholzsche Erkrankung) innerhalb der ersten Lebensjahre eintritt. Bei den klinischen Symptomen stehen Demenz, Verlust des Augenlichts (Amaurose) und neurologische Ausfallserscheinungen im Vordergrund.

Beispiele für Lipidspeicherkrankheiten (Lipidosen)

Lipidspeicher-krankheit	Akkumuliertes Lipid	Häufig befallene Organe	Enzymdefekt
Gangliosidosen (M. Tay-Sachs, Tay-Sachs-Varianten, generalisiert)	Ganglioside GM_1 bis GM_3, Globoside	Gehirn (graue Substanz), viszerale Organe	β-Galaktosidase β-N-Acetylhexos-aminidasen, AB-Cofaktor
Glucocerebrosidose (M. Gaucher)	Glucocerebrosid	viszerale Organe, Gehirn*	Glucocerebrosid-β-Glucosidase
Sulfatidose (metachromatische Leukodystrophie)	Cerebrosidsulfat	Gehirn (weiße Substanz), Niere	Cerebrosid-Sulfatase (Arylsulfatase A)
Angiokeratoma corporis diffusum (M. Fabry)	Ceramid-trisaccharid	Gehirn, viszerale Organe, Haut	Ceramidtrisaccharid-α-Galaktosidase
Sphingomyelinose (M. Niemann-Pick)	Sphingomyelin	viszerale Organe, Gehirn*	Sphingomyelinase
Heredopathia atactica polyneuritiformis (M. Refsum)	Phytansäure, Phytansäure-haltige Lipide	Blut, Gehirn, periphere Nerven, viszerale Organe	Phytansäureabbau (α-Oxidation)

* in einigen Fällen

Bei den generalisierten **Gangliosidosen** lassen sich verschiedene Formen (angeboren, frühkindlich, spätkindlich-juvenil, adult) differenzieren, die sich jedoch weniger durch ihre Symptomatik als durch den zeitlichen Verlauf unterscheiden. Die Speicherung des akkumulierten Gangliosids führt in allen Fällen zu einer mehr oder weniger ausgeprägten Volumenvergrößerung der Ganglienzellen (bei den frühkindlichen Formen 6–10-fach) mit der Folge einer Makroencephalie und späteren Decerebration. Bei der generalisierten (neurovisceralen) Form sind Speicherzellen (Schaumzellen) auch im Knochenmark, in der vergrößerten Leber und Milz u. a. Organen nachweisbar.

9. Labormedizinische Untersuchungen und Diagnostik des Lipidstoffwechsels

Diagnostik und Bewertung der Hyperlipoproteinämien. Die Blutplasmakonzentration des Gesamtcholesterins, des HDL- und LDL-Cholesterins und der Triglyceride sowie der daraus abgeleitete LDL/HDL-Quotient sind wichtige prädiktive Kenngrößen, die die Abschätzung eines Risikos für die Entstehung einer Arteriosklerose bzw. koronaren Herzkrankheit erlauben. Zahlreiche epidemiologische Studien hatten das Ergebnis, daß erhöhte Gesamtcholesterininsbesondere **hohe LDL-Cholesterin-** und **niedrige HDL-Cholesterinwerte** im Blutplasma mit einem erhöhten **Arterioskleroserisiko** korreliert sind. Bei genetisch bedingtem exzessiven Anstieg des Serum-Cholesterins (z. B. Familiäre Hypercholesterinämie) kommt es immer zu schweren arteriosklerotischen Veränderungen. Einige Parameter einer atherogenen Lipoproteinkonstellation zeigt die Tabelle.

Atherogene Lipoprotein-Konstellation

Parameter	Änderung
Gesamt-Cholesterin	↑
LDL-Cholesterin	↑
HDL-Cholesterin	↓
LDL/HDL-Cholesterin	↑
Apo B	↑
Apo A – I	↓
Apo B/Apo A – I	↑
Apo E-4-Variante	↑
„Remnant"-Konzentrationen	↑

Eine Differentialdiagnose (Typisierung) der Hyperlipoproteinämien ist notwendig

- wegen der Abschätzung des Arterioskleroserisikos (hohes Risiko bei den Typen II, III und IV)
- wegen der sich ergebenden therapeutischen Konsequenzen. Die verschiedenen Hyperlipoproteinämie-Typen erfordern eine unterschiedliche diätetische bzw. medikamentöse Therapie.

Auswahl und Vorbereitung der Patienten. Die Individual- oder Hochrisiko-Strategie zur Prävention kardiovaskulärer Erkrankungen sollen durch breitgestreute klinische und laborchemische Analysenverfahren diejenige Minderheit innerhalb der Bevölkerung ermitteln, die ein besonders hohes Arteriosklerose-Risiko aufweist. Selektionskriterien für die Erstellung eines Lipidstatus sind u. a. folgende Merkmale:

- Familienanamnese mit kardiovaskulären Erkankungen (z. B. Myokardinfarkt, Apoplex) insbesondere bei Auftreten in einem Alter von <50 Jahren.
- Familienanamnese mit Hyperlipidämie
- Vorliegen von Xanthomen, Xanthelasmen oder Arcus corneae bei Personen unter 40 Jahren

- Diabetes mellitus
- Bluthochdruck
- Rauchen
- Gicht (Hyperurikämie)

Für alle Analysenverfahren zur Bestimmung von Kenngrößen des Lipidstoffwechsels im Serum/Plasma müssen von den Probanden/Patienten möglichst konstante Ernährungsbedingungen eingehalten werden. Die Entnahme von Blut für die Bestimmung von Lipiden und Lipoproteinen des Serums/Plasmas erfolgt nach 12 stdg. Nahrungskarenz.

Die Basis-Diagnostik umfaßt die Bestimmung folgender Parameter:

- Triglyceride
- Gesamtcholesterin
- HDL-Cholesterin
- LDL-Cholesterin

Bestimmung der Triglyceride im Serum/Plasma. Die quantitative Bestimmung der Triglyceride erfolgt durch den vollenzymatischen UV-Test. Dabei werden die Triglyceride enzymatisch in Glycerin und Fettsäuren gespalten. Das Glycerin wird in einer mehrstufigen Reaktion (Abb.) zu Pyruvat umgesetzt, das in Gegenwart von NADH + H^+ durch Lactat-Dehydrogenase reduziert wird.

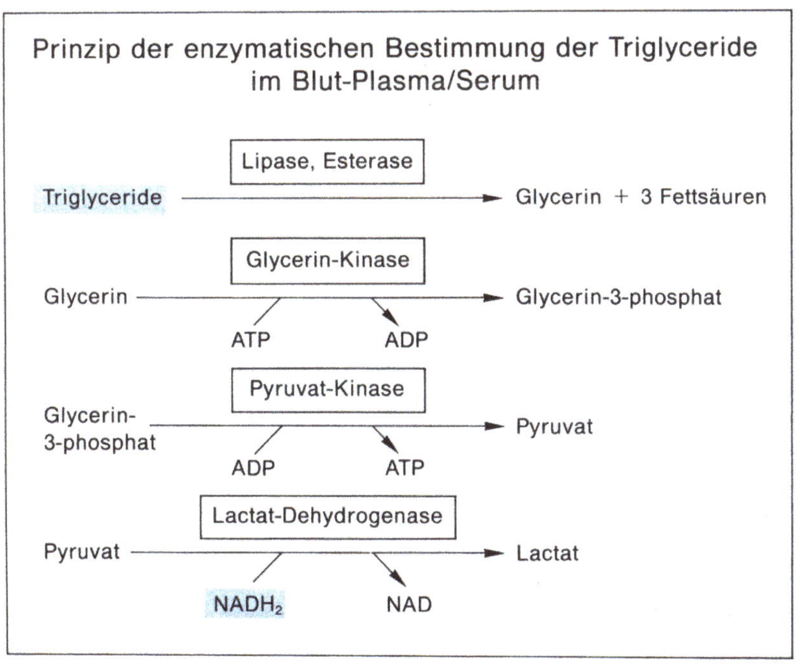

Gemessen wird die Extinktionsabnahme des NADH, die der Konzentration des in den Triglyceriden enthaltenen Glycerins direkt proportional ist. Die Umrechnung von mmol/l Glycerin in mg/dl Triglyceride erfolgt unter Annahme einer durchschnittlichen Molmasse von 885 für die Triglyceride des Serums.

Referenzbereich Männer: 0,57 – 3,19 mmol/l (50 – 280 mg/dl)
Frauen: 0,57 – 2,28 mmol/l (50 – 200 mg/dl)

Die Werte gelten für Stoffwechselgesunde, normalgewichtige Erwachsene.

Da eine Linearität der enzymatischen UV-Methode nur bis 8,0 mmol/l besteht, müssen lipämische Seren vor der Bestimmung verdünnt werden.

Die Triglyceride des Serums weisen – im Gegensatz zum Cholesterin – größere intraindividuelle Schwankungen auf. Eine isolierte Erhöhung der Triglycerid-Konzentration gilt zwar nicht als gesicherter Risikofkaktor für die Entwicklung einer Arteriosklerose, doch wird einer Erhöhung der Konzentration triglyceridreicher Remnant-Partikel (z. B. beim HLP-Phänotyp III) eine kausale Rolle bei der Atherogenese zugeschrieben.

Eine Hypertriglyceridämie mit Werten zwischen 200 und 400 mg/dl kann ein kardiovaskuläres Risiko darstellen, wenn sie mit niedrigen HDL-Konzentrationen (LDL/HDL-Quotient >5), Hypertonie, Übergewicht und Insulinresistenz einhergeht. Bei Risikopatienten treten postprandial häufig überhöhte Triglyceridwerte auf (Chylomikronen, VLDL), die ihrerseits wieder den HDL-Spiegel senken.

Bestimmung des Gesamtcholesterins im Blut-Plasma/Serum. Nach enzymatischer Freisetzung des Cholesterins aus der Cholesterinesterfraktion wird das Gesamtcholesterin des Serums/Plasmas durch die Cholesterin-Oxidase zum Δ^4-Cholestenon umgesetzt. Das dabei entstehende Wasserstoffperoxid wird in einer Indikatorreaktion unter katalytischer Wirkung der Peroxidase zu H_2O reduziert, wobei gleichzeitig ein Chromogen zum Farbstoff oxidiert wird, dessen tion der Cholesterinkonzentration im Serum/Plasma proportional ist.

Das bei der Cholesterin-Oxidase-Reaktion entstehende H_2O_2 kann alternativ auch durch andere Methoden (Katalasemethode, Iodmolybdat-Methode) umgesetzt und zur quantitativen Bestimmung des Cholesterins ausgenutzt werden.

Bei der Peroxidasemethode besteht Linearität bis zu einer Konzentration von 500 mg Cholesterin/dl.

Referenzbereich s. Tab. S. 133: Für das **Gesamtcholesterin** besteht eine deutliche **Altersabhängigkeit** mit kontinuierlichem Anstieg im Laufe des Lebens ohne Geschlechtsunterschiede. Bis zum 50. Lebensjahr liegen die Mittelwerte des Gesamtcholesterins unter 220 mg/dl, d. h. in einem Bereich mit geringerem Arterioskleroserisiko.

Prinzip der enzymatischen Bestimmung des Gesamtcholesterins im Blut-Plasma/Serum

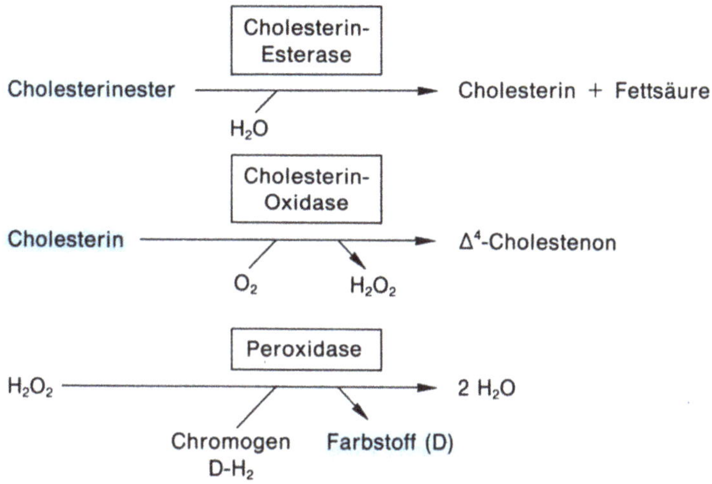

Klinische Wertigkeit der Lipidbestimmung zur Beurteilung eines Arteriosklerose-Risikos (Angaben der European Atherosclerosis Society)

Kenngröße	Meß-größe	Ideal-bereich	Grenz-bereich	Risiko-bereich
Gesamt-Cholesterin	mmol/l mg/dl	<5,2 <200	5,2–6,2 200–239	>6,2 >240
LDL-Cholesterin	mmol/l mg/dl	<3,3 <130	3,3–4,1 130–159	>4,1 >160
HDL-Cholesterin ♂	mmol/l mg/dl	>1,4 >55	0,9–1,4 35–55	<0,9 <35
HDL-Cholesterin ♀	mmol/l mg/dl	>1,7 >65	1,2–1,7 45–65	<1,2 <45
LDL/HDL-Quotient ♂		<2,35	2,35–4,55	>4,55
LDL/HDL-Quotient ♀		<1,94	1,94–3,41	>3,41

Die Konzentration des Gesamtcholesterins im Serum bei gesunden **Neugeborenen** (Nabelschnurblut) beträgt $\approx 1/3$ des gesunden Erwachsenen, steigt während des Wachstums kontinuierlich an und erreicht nach Abschluß der Pubertät das Erwachsenenintervall.

Bestimmung des HDL-Cholesterins. Apolipoprotein B-haltige Lipoproteine (VLDL, LDL) bilden mit Polyanionen (Phosphorwolframsäure/Magnesiumchlorid oder Dextransulfat oder Heparin) unlösliche Komplexe. Diese Tatsache wird für die Bestimmung HDL-Cholesterins ausgenutzt. Nach Versetzen des Serums mit den polyanionischen Fällungsreagenzien werden die unlöslichen Komplexe von VLDL und LDL durch Zentrifugation entfernt, und das im klaren Überstand verbleibende HDL-Cholesterin wird quantitativ bestimmt (s. Cholesterinbestimmung).

Referenzbereich s. Tabelle (S. 133).

Bestimmung des LDL-Cholesterins. Das LDL-Cholesterin besitzt eine hohe prädiktive Wertigkeit für die Beurteilung eines Arterioskleroserisikos. Der quantitativen Bestimmung des LDL-Cholesterins liegt folgendes Prinzip zugrunde: Die LDL-Partikel des Serums fallen nach Zusatz von citratgepufferter Heparinlösung bei pH 5,12 aus. Nach Abzentrifugieren des Präzipitats finden sich VLDL und HDL im Überstand, ihr Cholesteringehalt wird nach dem Prinzip der Gesamtcholesterinbestimmung (s. o.). ermittelt. Die Differenz des (an der gleichen Probe bestimmten) Gesamtcholesterins und des VLDL- und HDL-Cholesterins ergibt die Konzentration des LDL-Cholesterins.

Das LDL-Cholesterin läßt sich ferner aus der im Serum gemessenen Konzentration von Gesamtcholesterin, HDL-Cholesterin und Triglyceriden nach der sog. „Friedewald-Formel" berechnen, sofern der Triglyceridspiegel nicht über 400 mg/dl liegt.

$$\text{LDL-Cholesterin} = \text{Gesamtcholesterin} - \frac{(\text{HDL-Cholesterin} + \text{Triglyceride})}{5}$$

Referenzbereich s. Tabelle (S. 133).

Störungen der LDL-Cholesterinbestimmung treten bei Einfrieren und Wiederauftauen (Ausfällung eines Teils der VLDL), der HDL-Cholesterinbestimmung bei Seren mit Triglyceridwerten >1000 mg/dl (trübe Überstände) auf.

Spezielle Labordiagnostik von Fettstoffwechselstörungen. Bei schweren Hyperlipidämien (Hyperlipoproteinämien) mit Werten für Gesamtcholesterin >300 mg/dl oder Triglyceride >500 mg/dl müssen zur exakten Diagnosestellung und Einleitung einer adäquaten Therapie Spezialuntersuchungen durchgeführt werden, die folgende Methoden umfassen:

- **LDL-Rezeptor-Bestimmung**. Sie dient der Diagnosesicherung der familiären Hypercholesterinämie und erfolgt an kultivierten Hautfibroblasten oder zirkulierenden Lymphozyten mit Hilfe fluoreszenz-markierter Rezeptorantikörper oder mittels cDNA-Hybridisierungstechnik und Bestimmung des Restriktionsfragmentlängenpolymorphismus.

- **Bestimmung des Apolipoprotein B.** Eine Hyperapo-B-Lipoproteinämie – mit Quantifizierung der Gesamt-Apolipoproteinämie B – kann durch polyklonale Antikörper- und ELISA-Technik erkannt werden.
- **Bestimmung des Apolipoprotein E Polymorphismus** erfolgt über Gencharakterisierung mit Oligonucleotidsonden. Relativ hohe LDL-Cholesterinkonzentrationen können Folge einer Apo E-4-Homozygotie bzw. Apo E-4-Heterozygotie sein.
- **Lp(a)-Bestimmung** durch monoklonale Antikörper- und ELISA-Technik oder immunelektrophoretisch. Lipoprotein(a) ist ein dem LDL verwandtes cholesterinreiches Lipoprotein, dessen Konzentrationen im Serum in weiten Grenzen (0 – 100 mg/dl) variiert. Bei Serumwerten >25 mg/dl stellt es einen zusätzlichen Risikofaktor für Arteriosklerose dar.
- **Apolipoprotein A-I** kann durch Einsatz polykolnaler monospezifischer Antikörper und turbimetrischer oder immunometrischer Techniken quantifiziert werden.
- **Lipoproteinelektrophorese.** Die Lipoproteine des Serums weisen eine unterschiedliche elektrophoretische Mobilität auf und lassen sich in β-Lipoproteine (LDL), Prä-ß-Lipoproteine (VLDL) und α-Lipoproteine (HDL) trennen. Nach Präzipitation mit Fällungsreagentien ist eine densitometrische Auswertung möglich.
- Eine Fraktionierung von VLDL und LDL und HDL kann auch in der analytischen **Ultrazentrifuge** vorgenommen werden, da die Lipoproteinpartikel aufgrund ihrer unterschiedlichen Dichte (s. Tab. S. 115) auch eine unterschiedliche Flotation aufweisen.

Klinisch-chemische Diagnostik der Lipidspeicherkrankheiten. Da die metabolische Störung bei diesen Erkrankungen den Stoffwechsel der Sphingoglykolipide bzw. Sphingomyeline betrifft, liegen die Werte für Serum-Cholesterin und -Triglyceride im Referenzbereich. Der zugrundeliegende Enzymdefekt läßt sich (in Speziallaboratorien) in Leukozyten und Gewebsbiopsien (Leber, Milz, Niere Rektumschleimhaut) diagnostizieren. Das Ergebnis hat zwar keine therapeutischen Konsequenzen, ist jedoch für eine genetische Beratung von Bedeutung.

VI. Wasser-, Elektrolyt- und Säure-Basen-Haushalt

1. Kompartimentierung von Wasser und Elektrolyten

Wasser- und Elektrolythaushalt bilden eine funktionelle Einheit, da das Körperwasser eine Lösung mit konstantem Elektrolytgehalt darstellt, und Konzentrationsänderungen der Elektrolyte stets zu Veränderungen des Wassergehalts führen und umgekehrt. Bei Störungen des Wasser- und Elektrolythaushalts ist diese enge funktionelle Verknüpfung stets zu berücksichtigen.

Für die Physiologie und Pathophysiologie des Wasser- und Elektrolythaushalts des Menschen ist vor allen Dingen die Tatsache von Bedeutung, daß sich das Körperwasser auf drei verschiedene, aber funktionell in enger Beziehung stehende, Kompartimente verteilt:

- Vasaler Raum,
- interstitieller Raum,
- zellulärer Raum.

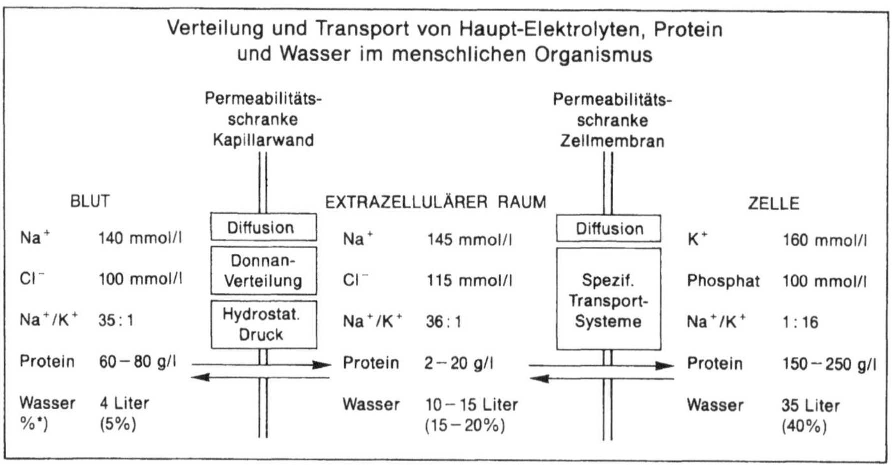

*) % des Körpergewichtes

2. Regulation des Wasser- und Na^+-Haushalts

Der Wasser- und Na^+-Haushalt wird über die **Osmolalität** (osmotischer Druck) und hormonelle Regelkreise gesteuert. Eine Zunahme der Serum-Osmolalität (Hyperosmolalität), die bei der hypotonen Dehydratation bzw. hypertonen

Hyperhydratation (s. u.) vorliegt, führt über hypothalamische Osmorezeptoren und vermehrte **Adiuretinausschüttung** durch den Hypophysenhinterlappen zu Durstgefühl und vermehrter Wasseraufnahme einerseits, und Steigerung der renalen, Adiuretin-gesteuerten Wasserrückresorption im Nierentubulus andererseits. Diese beiden Prozesse wirken durch Zunahme des Volumens des extrazellulären Raumes der Hyperosmolalität des Blutplasmas entgegen. Umgekehrt kommt es bei Abnahme des extrazellulären und Plasma-Volumens (Hypovolämie), die von einer herabgesetzten Osmolalität begleitet sein kann, über die juxtaglomerulären Volumenrezeptoren zu vermehrter **Renin**- und **Angiotensinproduktion**, die wiederum von einer vermehrten Sekretion von **Aldosteron** gefolgt wird. Die gesteigerte renale Natriumrückresorption normalisiert den Volumenmangel und die herabgesetzte Plasmaosmolalität. **Atriopeptin**

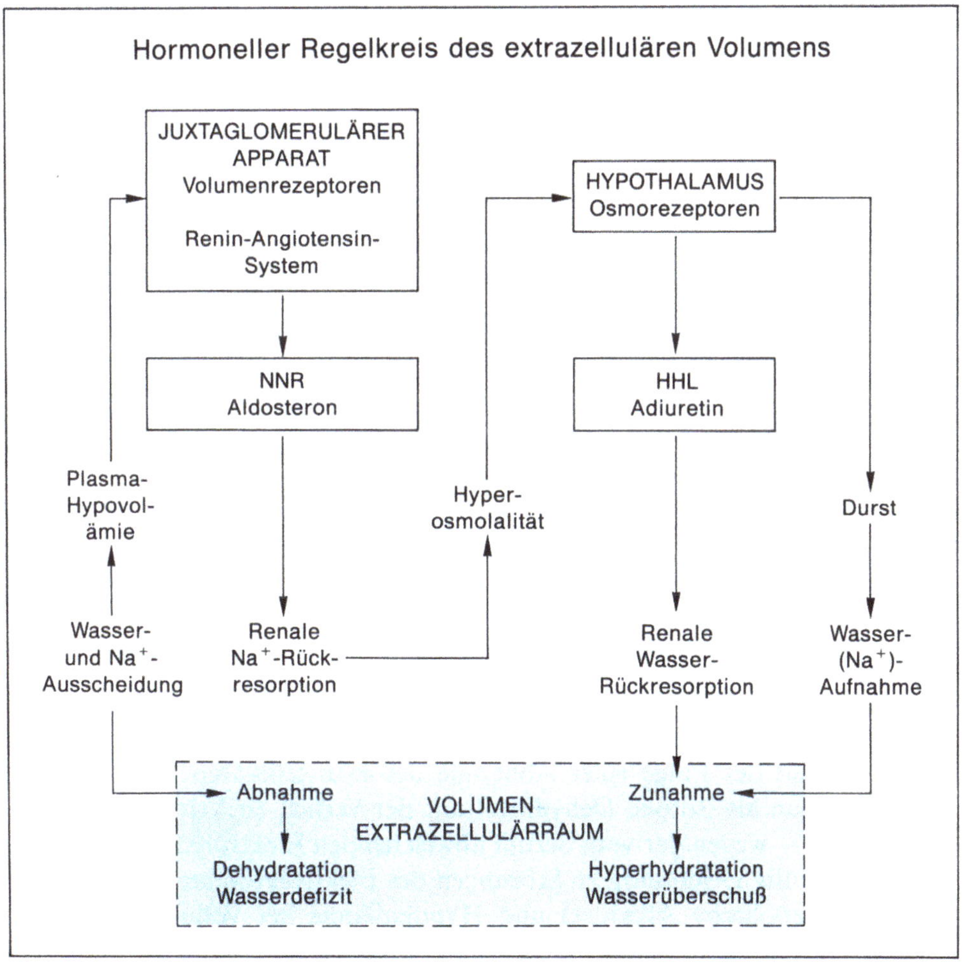

greift in die Regulation des Wasser- und Na^+-Haushalts durch Hemmung der Renin- und Adiuretinsekretion ein und führt zu vermehrter Na^+- und Wasserausscheidung.

3. Störungen des Wasser- und Na^+-Haushalts

Störungen des Wasserhaushalts können sich in einem Wassermangel (**Dehydratation**) oder in einem Wasserüberschuß (**Hyperhydratation**) äußern und können mit oder ohne Änderungen der extrazellulären Elektrolytkonzentration einhergehen (isoton, hyperton, hypoton). Hyper- bzw. hypotone Dehydratations- bzw. Hyperhydratationszustände sind meist von charakteristischen Änderungen der Serum-Natriumkonzentration und der Osmolalität begleitet (Referenzenzwerte, S. 145).

Für die **Diagnostik** von Störungen des Wasser- und Natriumhaushalts können auch die Volumenänderungen des zellulären und des extrazellulären bzw. vasalen Raums herangezogen werden. Aufschluß über Veränderungen des zellulären Volumens kann die Bestimmung des mittleren **Erythrozytenvolumens** (MCV, S. 226) geben, wobei Abnahme der extrazellulären Osmolalität (hypotone Dehydratation und Hydratation) von einer Zunahme der intrazellulären Flüssigkeit und des mittleren Erythrozytenvolumens, ein Anstieg der extrazellulären Osmolalität (hypertone Dehydratation und Hyperhydratation) dagegen von einer Abnahme des mittleren Erythrozytenvolumens begleitet ist.

Bei Abnahme des vasalen Volumens kommt es zu einem Anstieg, bei Zunahme dagegen zu einem Abfall des **Proteingehalts des Serums**, der ein Kriterium für Veränderungen im Volumen des Extrazellulärraums darstellt.

Dehydratation (Wasserdefizit). Bei Abnahme des Körperwassers durch gesteigerte renale, gastrointestinale, pulmonale bzw. percutane Wasserabgabe ohne entsprechende Zufuhr besteht ein Wasserdefizit. Gleichzeitig auftretende Natriumverluste beeinflussen je nach ihrer Größe im Verhältnis zum Wasserverlust die osmolale Konzentration des extrazellulären Raums und des Serums, so daß 3 Formen der Dehydratation unterschieden werden können:

- **Isotone Dehydratation**. Ein ausgewogener Verlust an Körperwasser und Natrium mit der Folge einer Abnahme des extrazellulären Volumens bezeichnet man als isotone Dehydratation. Bei Verlust an Verdauungssäften kommt es – wegen der vom Serum abweichenden Elektrolytzusammensetzung – häufig gleichzeitig zu Störungen des Elektrolyt-Säure-Basen-Haushalts (metabolische Alkalose) und Hypokaliämie bei Verlust an saurem Magensaft, metabolische Acidose bei Verlust bicarbonatreicher Darmsekrete). Große Blut- und Plasmaverluste führen zu Blutdruckabfall und Tachykardie bis zum hypovolämischen Schock.

- **Hypertone Dehydratation** (Wasserverlust $>Na^+$-Verlust). Es besteht Hyperosmolalität. Ein Anstieg der Na^+-Konzentration im Serum über den Normbereich wird als Hypernatriämie bezeichnet (s. u.). Eine Hypernatriämie zeigt immer einen Mangel an Körperwasser im Verhältnis zum Na^+ an und kann durch ein Absinken des Wassergehalts aber auch durch eine relative Erhöhung der Na^+-Konzentration (**hypertone Hydratation**, s. u.) bedingt sein.
- **Hypotone Dehydratation** (Natriumverlust >Wasserverlust). Ein Absinken der Serumnatriumkonzentration unter den Normbereich wird als Hypoosmolalität bezeichnet und ist ein Zeichen für die Verdünnung der Körperflüssigkeit infolge eines relativen Wasserüberschusses im Vergleich zu den gelösten Stoffen (Na^+). Es erfolgt eine Wasserverschiebung in den intrazellulären Raum. Häufig ist dabei gleichzeitig der gesamte Na^+-Bestand vermindert. Das klinische Bild wird durch die Symptome des extrazellulären Volumenmangels bestimmt. Bei ödematösen Zuständen (dekompensierte Herzinsuffizienz, Zirrhose, nephrotisches Syndrom) geht die bestehende Hyponatriämie in gewissem Umfang mit dem Schweregrad der Ödeme parallel.

Wasserverluste bis zu 3% des Körpergewichts werden relativ gut toleriert. Schwere klinische Zeichen sind bei einem Wasserverlust von 5% des Körpergewichts zu erwarten, eine vitale Bedrohung wird bei einem Wassermangel, der 10 bis 15% des Körpergewichts entspricht, erreicht.

Hyperhydratation (Wasserüberschuß). Einem zu Hypervolämie und Ödemen führenden übermäßigen Wassergehalt des Körpers liegt eine Vermehrung des Körperwassers zugrunde, die von einer Zunahme des extrazellulären Raums begleitet ist und mit Veränderungen der Osmolalität einhergehen kann.

- Eine **isotone Hyperhydratation** tritt ein, wenn Wasser und Elektrolyte, insbesondere Na^+ in gleichem Ausmaß retiniert werden und dabei das intrazelluläre Wasservolumen nicht verändert wird.
- Eine **hypertone Hyperhydratation** ist Folge einer gestörten Bilanz zwischen Zufuhr und Ausscheidung von Elektrolyten und Wasser. Die erhöhte Osmolalität des Blutes und der Extrazellulärflüssigkeit führt zu Wasserverarmung der Zellen bei gleichzeitiger Zunahme des Volumens des Extrazellulärraums.
- Die **hypotone Hyperhydratation** ist durch Vermehrung der Intra- und Extrazellulärflüssigkeit durch Überschuß an freiem Wasser bei erniedrigtem Natriumgehalt des Serums gekennzeichnet. Die Osmolalität ist herabgesetzt.

Störungen des Wasserhaushalts

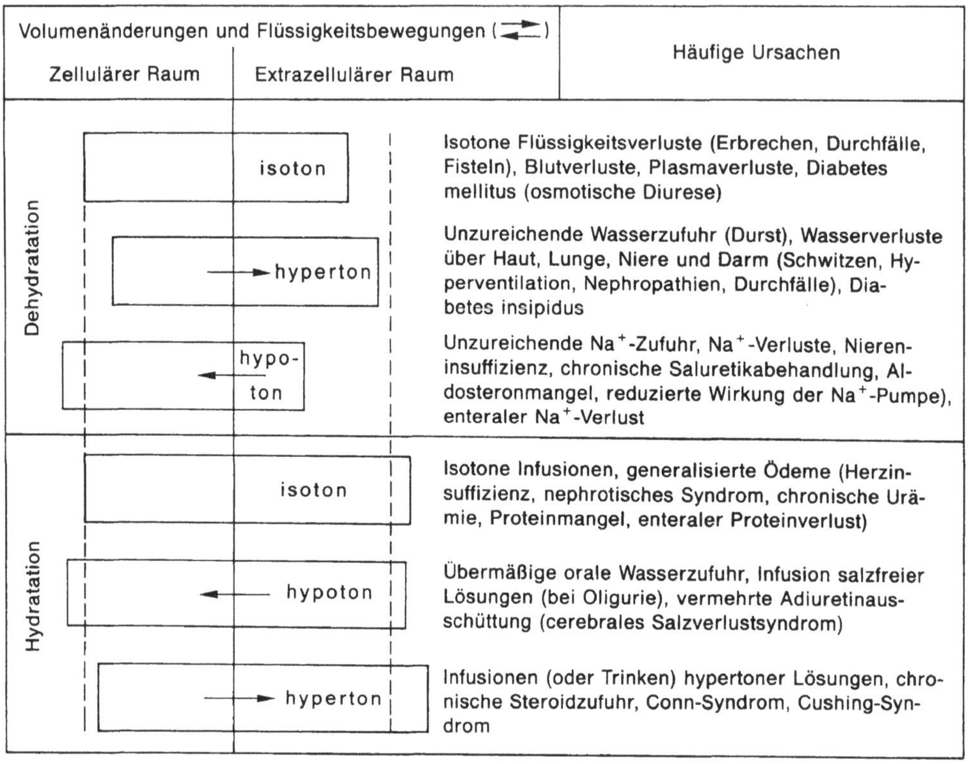

Ein Wasserüberschuß wird erst bei einer Flüssigkeitseinlagerung von mehreren Litern klinisch manifest, und es entwickeln sich Ödeme. Die frühesten Zeichen einer Hyperhydratation (Wasserüberschuß) sind häufig ein interstitielles Lungenödem und ein Hirnödem.

Ursachen der verschiedenen Dehydratations- und Hyperhydratationszustände und die damit einhergehenden Veränderungen der diagnostisch wichtigen Parameter sind in der Tabelle (S. 141) und Abbildung (S. 140) dargestellt.

Natrium-Haushalt. Der Gesamtbestand des Na^+ im menschlichen Organismus $\approx$60 mmol/kg, $\approx$100 g/70 kg) verteilt sich zu 98% auf den Extrazellulärraum und zu 2% auf den intrazellulären Raum. Der Na^+-Bestand bestimmt das Volumen des extrazellulären Raums. Dabei ist die Na^+-Konzentration des Serums/Plasmas kein Maß für den Na^+-Bestand, doch deuten Abweichungen der physiologischen Na^+-Konzentration im Serum/Plasma (135–145 mol/l) stets auf Störungen des Wasserhaushalts bzw. der Osmoregulation hin.

Hyponatriämie (primärer Natriummangel). Es besteht eine Verminderung des Gesamtbestandes an Natrium durch Verluste oder mangelhafte Zufuhr. Ein

STÖRUNGEN DES WASSER- UND NATRIUMHAUSHALTES

DEHYDRATATION		Serum Protein	Serum Na^+	Plasma-Osmolalität	Erythrozyten-Volumen (MCV)
isoton	Flüssigkeitsmangel	↑	N	N	N
	Blutmangel	↑	N	N	N
	Plasmamangel	N	N	N	N
hyperton	Wassermangel	↑	(↑)	↑↑	↓
hypoton	Na^+-Mangel	↑	↓	↓	↑
HYPERHYDRATATION					
isoton	Flüssigkeitsüberschuss	↓	N	N	N
hyperton	Na^+-Überschuss	↓	↑	↑	↓
hypoton	Wasserüberschuss	↓	(↓)	↓↓	↑

Natriummangel kann mit normaler oder erniedrigter Natriumkonzentration im Serum einhergehen. Primäre Natriummangelzustände gehen meist mit den klinischen Zeichen eines extrazellulären Volumenmangels einher. Extrarenale Natriumverluste lassen sich von renalen Natriumverlusten durch die Bestimmung der Natriumkonzentration im Urin unterscheiden, die bei renalen Verlustsyndromen meist über 25 mmol/l und bei extrarenalen Verlusten meist unter 20 mmol/l liegt. Die Therapie besteht in der Zufuhr isotoner Kochsalzlösung. Eine Hyponatriämie kann bei hypertoner Dehydratation oder hypotoner Hyperhydratation eintreten.

Hypernatriämie (primärer Natriumüberschuß). Bei einem primären Natriumüberschuß ist der Gesamtbestand des Organismus an Natrium vermehrt. Die Konzentration an Na^+ im Serum kann dabei normal oder erhöht sein. Ist dabei der Wasserbestand des Körpers erhöht, liegen in der Regel Ödeme vor, ist der Wasserbestand des Organismus normal, besteht meist eine Hypernatriämie. Primärer Natriumüberschuß entsteht meist durch eine mangelhafte renale Ausscheidung. Bei intakter Regulation des Wasserhaushalts entwickeln sich Ödeme ohne Natriämie. Ist die Osmoregulation gestört, steigt die Natriumkonzentration im Serum an.

Osmolalität. Die Osmolalität des extrazellulären Raums hängt von der Gesamtmenge der osmotisch aktiven Substanzen ab, die in diesem Raum gelöst sind. Ihr physiologischer Wert beträgt ca. 300 mmol/l. Er wird bestimmt durch die osmotisch wirksamen Hauptbestandteile des Plasmas: Na^+, Glucose und Harnstoff. Wird die Osmolalität um mehr als 50 mmol/l unter- oder überschritten, so ist das Leben gefährdet.

Die Osmolalität der Körperflüssigkeiten bestimmt die Verteilung des Wassers zwischen verschiedenen Kompartimenten. Dabei gilt, daß Wasser aus Kompartimenten niederer Osmolalität in das Kompartiment höherer Osmolalität so lange diffundiert, bis ein Gleichgewicht erreicht ist, vorausgesetzt, daß das Kompartiment mit der höheren Osmolalität erweiterungsfähig ist.

Die Bestimmung der Serumosmolalität erfolgt zur weiteren Abklärung einer Hyper- und Hyponatriämie, zur Überprüfung der ADH-Funktion, bei schwerer Alkoholintoxikation (1% Ethanol = 22 mosmol/kg) und zur Erkennung eines Nierenversagens (Tabelle).

Ursachen von Störungen der Plasma/Serum-Osmolalität

Abweichung der Osmolalität	Na^+	Mögliche Ursachen
Hyper-osmolalität	↑	Hypertone Dehydratation: enterale, renale oder cutane Wasserverluste, Diarrhoe, Erbrechen, Fieber, Diabetes insipidus
	↓	Diabetes mellitus (hyperosmolares Koma), Urämie
	↓	Alkohol-Intoxikation, Infusion mit Sorbit- und Fructoselösungen
Hypo-osmolalität	↓	Hypotone Hyperhydratation: Leberzirrhose, Herzinsuffizienz, Zustände mit Ödemen, ADH-Überproduktion

4. Störungen des Kaliumhaushalts

Der Gesamtkaliumbestand des menschlichen Körpers beträgt ca. 3,5 mol (≈140 g). Davon finden sich etwa 98% intrazellulär und 2% im Extrazellulärraum und im Blutplasma (3,6–5,5 mmol/l). Bei ausgeglichener Kaliumbilanz werden 60–100 mmol/24 h umgestzt. Mehr als 90% des mit der Nahrung zugeführten Kaliums werden über die Nieren, etwa 10% im Intestinaltrakt ausgeschieden. Wegen der hohen spezifischen Wirkung auf die Zellfunktion wird die Kaliumkonzentration des Blutplasmas unter physiologischen Bedingungen in engen Grenzen konstant gehalten. Die 30- bis 40-fach höhere Konzentration des Kaliums in den Zellen im Vergleich zum Extrazellulärraum wird durch primär-aktiven Transport (K^+/Na^+-ATPase) aufrechterhalten.

Hyperkaliämie. Eine Hyperkaliämie (Kaliumüberschuß) liegt vor, wenn der K^+-Gehalt des Plasmas >5,5 mmol/l beträgt, jedoch besteht keine strenge Korrelation zwischen Serumkaliumkonzentration und klinischer Symptomatologie. Die bei Hyperkaliämie verminderten Membranruhe- und Aktionspotentiale beeinflussen die neuromuskuläre Erregbarkeit des Herzmuskels. Veränderungen im EKG sind hohe, spitze, schmalbasige T-Zacken, Verbreiterung des QRS-Komplexes, Rhythmusstörungen und Extrasystolie. Durch verminderte Reizbildung im Vorhof und verzögerte Reizausbreitung in den Kammern kann es zum plötzlichen Herztod (Kammerflimmern oder Kammerstillstand) kommen (s. Kap. Herz, S. 302).

In der Extremitätenmuskulatur führt Kaliumüberschuß zu Parästhesien, schlaffen Paresen. Allgemeinsymptome sind Schwäche, Unlust und Verwirrungszustände.

Als Ursache einer Hyperkaliämie kommen in Betracht:

- Intravenöse (therapeutische) Zufuhr (z. B. bei Transfusion von Blutkonserven, da die Erythrozyten bei Lagerung zelluläres K^+ freisetzen) oder bei Infusionen von Penicillin-Kalium,
- renale Ausscheidungsstörungen (bei akuter Niereninsuffizienz mit Oligurie oder Anurie oder bei chronischem Nierenversagen in der terminalen Krankheitsphase),
- tubulärer Defekt mit verminderter K^+-Exkretion (Arnold-Heley-Syndrom),
- Morbus Addison, Hypoaldosteronismus, bei Verabreichung von Spironolactonen oder anderen kaliumsparenden Diuretika,
- Nekrose größerer Zellverbände, Hämolyse (Crash-Syndrom), Leberdystrophie, akute Pankreatitis.

Hypokaliämie. Kaliummangelsymptome treten bei Absinken des Serum-K^+-Spiegels unter 3,5 mmol/l ein. Durch Erniedrigung der Kaliumkonzentration wird im Extrazellulärraum das Membranruhepotential größer und bewirkt überschießende Aktionspotentiale, die sich am Herzmuskel in Tachykardien, Rhythmusstörungen und EKG-Veränderungen (Abflachung der T-Welle, ST-Senkung, TU-Verschmelzungswelle), in der Extremitätenmuskulatur als Schwächung und Paresen und in der glatten Muskulatur des Intestinaltrakts als Atonie (Ileus) manifestieren. Zentralnervöse Symptome sind Müdigkeit, Apathie und allgemeine Schwäche.

Ein Kaliummangelsyndrom kann zustande kommen durch:

- unzureichende Zufuhr (einseitige Kost, Anorexia mentalis),
- mangelnde Resorption (Erkrankungen des oberen Gastrointestinaltrakts),
- gesteigerte Ausscheidung über die Nieren (Kaliumverlust bei chronischer Pyelonephritis, chronischer Glomerulonephritis, Tubulopathie, Abusus von Thiazid-Präparaten),
- vermehrte Ausscheidung über den Magen-Darmkanal (enterale Kaliumverluste durch Erbrechen und/oder Diarrhoe infolge Pylorusstenose, Gastroenteritis, Colitis ulcerosa, Abführmittelabusus, Dünndarm-, Gallen-, Pankreas-, Dickdarmfisteln). Die Verluste entstehen dadurch, daß die K^+-Konzentration der Sekrete des Magen- und Darmtrakts z. T. beträchtlich über derjenigen des Blutplasmas liegt.
- Verteilungshypokaliämie. Hypokaliämie durch Verschiebung der K^+-Ionen aus dem extra- in den intrazellulären Raum, bei metabolischer Alkalose und bei der Insulinbehandlung des Coma diabeticum.

Hyper- und Hypokaliämie haben unmittelbare Folgen für den Wasserhaushalt und damit indirekt für das Herz-Kreislaufsystem. Salzverlust führt zu einer Abnahme des Plasmavolumens, des Herzzeitvolumens sowie der Nierendurchblutung mit den möglichen Folgen einer akuten Niereninsuffizienz (Anstieg des Serumharnstoffs, metabolische Acidose). Da durch die Zellmembran K^+ gegen H^+ ausgetauscht werden kann, besteht bei jeder **Acidose** die Tendenz zu einer **Hyperkaliämie** mit gesteigerter Kaliumdiurese. Umgekehrt kann sich aus jeder **Alkalose** eine **Hypokaliämie** entwickeln.

5. Labormedizinische Untersuchungen des Wasser- und Elektrolythaushalts

Bestimmung des Na^+ und K^+. Natrium und Kalium können ohne besondere Patientenvorbereitung im Serum/Plasma, Vollblut, Urin u. a. Körperflüssigkeiten durch folgende Methoden quantitativ bestimmt werden:

- Flammenemissions-Spektrometrie (FES, S. 27),
- Atomabsorptions-Spektrometrie (AAS, S. 27),
- Ionensensitive Elektroden (ISE, S. 28).

Da bei der FES und AAS die Na^+- bzw. K^+-Konzentration auf das Plasmavolumen (Plasmawasser + Proteine), bei der ISE dagegen auf das Plasmawasser bezogen wird, werden bei abnorm hohen Protein- und Lipidkonzentrationen bei FES fälschlich zu niedrige Werte gemessen, so daß die Natrium- und Kaliumbestimmung durch ionensensitive Elektroden die klinisch-chemisch relevanteren Ergebnisse liefert.

Referenzbereich Na^+	(Serum/Plasma):	135–145 mmol/
	(Urin):	40–300 mmol/Tag (von exogener Natriumzufuhr abhängig)
Referenzbereich K^+	(Serum/Plasma):	3,6–4,8 mmol/l,
	(Urin):	25–125 mmol/Tag (bei normaler Ernährung)

Wird Plasma analysiert, dürfen keine Na^+- oder K^+-haltigen Antikoagulantien verwendet werden.

K^+-Werte im Serum liegen 0,2–0,3 mmol/l höher als im Plasma, da bei der Gewinnung K^+ aus Erythrozyten und Thrombozyten (Thrombozythämie, Thrombozytose!) frei wird.

Bestimmung des Cl^-. Die quantitative Bestimmung des Chlorids in biologischen Flüssigkeiten erfolgt durch:

- Coulometrische Titration (S. 27) oder
- ionensensitive Elektroden

Referenzbereich	(Serum/Plasma):	101–109 mmol/l
	(Urin):	80–270 mmol/Tag (abhängig von Chloridaufnahme)

Zur Bestimmung des Cl^- muß das Serum möglichst rasch von den Erythrozyten getrennt werden, da mit Entweichen des CO_2 aus der Probe ein Austausch von Erythrozyten-HCO_3^- und Plasma-Cl^- erfolgt (fälschlich niedrige Cl^--Werte).

Bestimmung der Osmolalität. Die Osmometer arbeiten nach folgendem Prinzip: Die zu messende Lösung wird im Kühlbad auf Temperaturen unter 0° C gekühlt. Bei der für die Lösung charakteristischen Gefrierpunktserniedrigung wird die Kristallisation durch einen Vibrationsstoß ausgelöst. Die dabei freigesetzte Wärmemenge erreicht ein konstantes Temperaturniveau, das die Differenz zwischen dem Gefrierpunkt reinen Wassers und der gemessenen Lösung wiedergibt. Sie ist der Osmolalität direkt proportional.

Referenzbereich	(Serum/Plasma):	275 – 295 mosmol/kg Wasser,
	(24-h-Sammelurin):	50 – 1 600 mosmol/kg, nach 24 stdg. Dursten 800 – 900 mosmol/kg Wasser)

Eine ungefähre Abschätzung der Osmolalität ist nach der Formel

$$\text{Osmolalität} = 1{,}86 \times Na^+ + \text{Glucose} + \text{Harnstoff} + 9$$

möglich (Werte in mmol/l).

Bestimmung des mittleren Erythrozytenvolumens (MCV). Das mittlere Zellvolumen der Erythrozyten (μm^3) ist eine rechnerische Größe, die sich aus dem Quotienten Hämatokrit/Erythrozytenzahl ergibt (Kap. Blut, S. 227).

6. Säure-Basen-Haushalt

Puffersysteme. Der Normbereich des pH-Wertes für Blutplasma und Extrazellulärflüssigkeit beträgt 7,4. Die pH-Konstanz beruht auf der Wirkung von Puffersystemen, die in Plasma, extrazellulärer Flüssigkeit und Zellen wirksam werden.

Als **Puffersysteme** in Plasma und extrazellulärer Flüssigkeit sind vor allem das **Hydrogencarbonat** (Bicarbonat), das **Proteinat** und **Phosphat**, in den Zellen des Blutes dagegen vorwiegend das **Hämoglobin** wirksam.

Parameter zur Beurteilung des Säure-Basen-Haushalts. Bei Störungen des Säure-Basen-Gleichgewichts ändert sich das Konzentrationsverhältnis der schwachen Säuren und ihrer Salze in den Puffersystemen des Blutes. Für die Beurteilung des Vorliegens und des Ausmaßes einer Störung im Säure-Basen-Haushalt spielt jedoch lediglich die Bestimmung des Hydrogencarbonat/Kohlensäure-Systems eine Rolle, da dieses Puffersystem

- als einziges eine flüchtige Komponente (CO_2) enthält, die durch die Lungen ausgeatmet werden kann und sich
- die Störung des Säure-Basenhaushalts durch eine meßtechnisch gut zu erfassende Verschiebung im Konzentrationsverhältnis Hydrogencarbonat/Kohlensäure (HCO_3^-/CO_2) zu erkennen gibt, während für die übrigen Puffersysteme das Verhältnis schwache Säure/konjugierte Base praktisch nicht zu bestimmen ist.

Direkte Aussagen über die Lage des Säure-Basen-Haushalts ergeben sich somit eindeutig durch Bestimmung bzw. Berechnung folgender Größen (Referenzintervalle S. 153)

- pH-Wert des Blutes,
- Kohlensäurepartialdruck (pCO_2) des Blutes,
- HCO_3^--Konzentration des Blutes,
- Basenabweichung (Basenexzeß) (normal −2 bis +2 mmol/l),
- Sauerstoffpartialdruck (pO_2) des Blutes,
- Sauerstoffsättigung.

Für die quantitative Bestimmung werden der aktuelle pH-Wert des Blutes, der Kohlensäurepartialdruck (pCO_2) und der Sauerstoffpartialdruck (pO_2) gemessen. Rechnerisch werden die Werte für die Konzentration des HCO_3^-, die Basenabweichung und die O_2-Sättigung erhalten.

Acidose und Alkalose. Einen Abfall des Blut-pH-Wertes unter den Normbereich bezeichnet man als **Acidose**, einen Anstieg über den Normbereich als Alkalose. Infolge der Flüchtigkeit des HCO_3^-/CO_2-Puffersystems sind Acidose bzw. Alkalose durch ein Defizit bzw. einen Überschuß an HCO_3^- im Blut gekennzeichnet.

Acidose und Alkalose können als Folge einseitiger Zufuhr bzw. Bildung oder einseitigen Verlustes von Säure- oder Basenäquivalenz auftreten. Die bei Störung des CO_2-Austausches (CO_2-Verlust bzw. CO_2-Retention) auftretenden Abweichungen werden als **respiratorische Alkalose bzw. Acidose** bezeichnet. Die vermehrte Bildung oder die Zufuhr nicht flüchtiger Säuren im Stoffwechsel und ihre verminderte Ausscheidung führen zu **metabolischer Acidose**, übermäßige Verluste an Säuren oder Zufuhr von Alkalien dagegen zu **metabolischer Alkalose**. Ein Überblick über die klinisch-chemischen Befunde und häufigen Ursachen bei Acidose und Alkalose gibt die Tabelle.

Metabolische und respiratorische **Acidosen** führen zum Austritt von K^+ aus den Zellen im Austausch gegen H^+-Ionen. Diese Ionenbewegung dient der Normalisierung des pH-Wertes im Extrazellulärraum. Umgekehrt kommt es bei **Alkalosen** initial zu renalen Kaliumverlusten, die vor allem bei der metabolischen Form zu einer klinischen Kaliummangelsymptomatik Anlaß geben. Das ionisierte Ca^{2+} des Serums nimmt bei Acidosen zu, geht dagegen bei pH-Anstieg zurück, so daß ein tetanisches Syndrom eintreten kann.

Metabolische (nicht-respiratorische) Acidose (primäres Absinken der HCO_3^--Konzentration). Der pH-Wert ist erniedrigt, der pCO_2 zunächst normal bis erhöht, später absinkend. Eine Acidose kann asymptomatisch bleiben oder uncharakteristische Zeichen (Schwäche, Kopfschmerzen, Bauchschmerzen, Übelkeit, Erbrechen) aufweisen. Bei schwerer Acidose mit einem pH des Plasmas unter 7,2 besteht häufig eine Hyperventilation (Kompensation durch vermehrte CO_2-Elimination). Bei schweren Formen der Acidose kann ein Kreislaufschock vorliegen, der bis zum Coma fortschreiten kann.

Als Ausdruck einer renalen Regulation wird der Urin stark sauer (pH 4,6 – 5,2), sofern nicht eine Nierenfunktionsstörung Ursache der Acidose ist. Bei Acidose mit Ketonämie läßt sich eine Ketonurie (Acetonurie) nachweisen. Das gleichzeitige Auftreten von Glucose im Harn sichert den diabetischen Ursprung der Acidose.

Eine schwere Acidose behandelt man am besten mit einer 50 – 150 mmol/l enthaltenden Natriumhydrogencarbonat-Lösung i.v. (in 5 proz. wäßriger Glucoselösung).

Respiratorische Acidose (primärer Anstieg des CO_2). Der pH-Wert fällt ab, der pCO_2 ist erhöht. Typisches Zeichen einer CO_2-Retention ist Benommenheit, die in Stupor und Coma mündet. Die Therapie richtet sich nach der Grundkrankheit (Beseitigung von Obstruktionen im Respirationstrakt, Tracheotomie, Bronchodilatantien, Expektorantien, antiinfektiöse Mittel).

Metabolische (nicht-respiratorische) Alkalose (primärer Anstieg des HCO_3^-). Das pH und HCO_3^- sind erhöht. Bei der metabolischen Alkalose gibt es keine spezifischen Symptome. Sie manifestiert sich häufig in Reizbarkeit, neuromuskulärer Übererregung und in schweren Fällen in normocalcämischer Tetanie. Eine Therapie, die auf das begleitende Defizit an Na^+, K^+, Cl^- und Wasser ausgerichtet ist, wird mit Hilfe oraler oder intravenös gegebener NaCl- und KCl-Lösung durchgeführt. Extreme Alkalose erfordert Ammoniumchloridgaben (bis zu dreimal 1 – 3 g Ammoniumchlorid/24 h, oral).

Respiratorische Alkalose (primäres Absinken des pCO_2). Der pH-Wert im Blut ist erhöht, der pCO_2 erniedrigt. Charakteristisches Symptom ist die Hyperventilation, in deren Folge eine Tetanie auftreten kann.

Kompensationsmechanismen. Metabolische Abweichungen im Basen-Säure-Haushalt werden durch respiratorische, renale und hepatische Kompensationsmechanismen, respiratorische Störungen dagegen vorzugsweise durch renale Mechanismen kompensiert.

Hepatische Kompensation. Die zentrale Rolle der Leber bei der Regulation des Säure-Basen-Haushalts ergibt sich aus zwei grundlegenden hepatischen Stoffwechselprozessen, die strukturell und funktionell getrennt, aber kooperativ an der systemischen Homöostase des pH-Wertes beteiligt sind. Es handelt sich um das Ausmaß der Harnstoffsynthese und die Aktivität der Glutamin-Synthetase.

Charakteristische Befunde und mögliche Ursachen bei Störungen des Säure-Basenhaushalts

Zustand	Charakteristische Befunde				Mögliche Ursachen von Störungen
	pH	pCO_2	$[HCO_3]$	Basenabweichung	
Normbereich	7,40	40	24,0	± 0	
Metabolische Acidose					**a)** Vermehrte Produktion organischer Säuren (Diabetes mellitus, Hunger, Hypoxie, Schockzustände, Leberversagen), Methanol-, Salizylat-, Intoxikation **b)** Verminderte renale Wasserstoffionenexkretion (chronische Niereninsuffizienz, **c)** Verlust bicarbonatreicher Sekrete (rezidivierende Diarrhoe, Laxantienabusus)
nicht kompensiert	7,28	38	17,7	− 8	
teilweise kompensiert	7,32	33	17,7	− 8	
vollständig kompensiert	7,36	28	17,7	− 8	
Metabolische Alkalose					**a)** Wasserstoffionenverlust (Erbrechen von saurem Magensaft), Kaliumverlust (Saluretika, Conn-Syndrom), **b)** Übermäßige (therapeutische!) Bicarbonatzufuhr bei metabolischer Acidose
nicht kompensiert	7,56	38	33,8	+ 10	
teilweise kompensiert	7,49	48	33,8	+ 10	
vollständig kompensiert	7,42	58	33,8	+ 10	
Respiratorische Acidose					**a)** Alveoläre Hypoventilation (Somnolenz, Koma, Kreislaufschock), **b)** Chronische Form der Ateminsuffizienz (z. B. chronische Bronchitis, Lungenemphysem, Asthma bronchiale), neuromuskuläre Erkrankungen, **c)** Dämpfung des Atemzentrums durch Medikamente (Morphin, Barbiturate, Phenothiazine)
nicht kompensiert	7,28	65	24,4	± 0	
teilweise kompensiert	7,34	65	28,7	+ 5	
vollständig kompensiert	7,40	65	33,8	+ 10	
Respiratorische Alkalose					**a)** Alveoläre Hyperventilation (gesteigerte Kohlendioxidabgabe), Fieber, Thyreotoxikose, **b)** Herzlinksinsuffizienz, dekompensierte Leberzirrhose, nephrotisches Syndrom, Salizylatintoxikation, **c)** Verdickung der Lungenkapillaren mit Herabsetzung der Sauerstoffdiffusion
nicht kompensiert	7,58	20	24,4	± 0	
teilweise kompensiert	7,49	20	20,3	− 5	
vollständig kompensiert	7,40	20	16,7	− 10	

- Die **Harnstoffsynthese** ist ein Bicarbonat- und Ammoniak-verbrauchender Stoffwechselweg. Die bei der Hydrolyse von Proteinen entstehenden bipolaren Aminosäuren liefern beim oxidativen Abbau (neben CO_2 und H_2O) HCO_3^- und NH_4^+ in etwa äquimolaren Mengen, die durch die in den periportalen Hepatozyten lokalisierte Harnstoffsynthese – je nach Erfordernis des Säure-Basen-Haushalts – bereits vollständig oder nur teilweise verbraucht werden. Die beim Aminosäureabbau anfallenden NH_4^+-Ionen können jedoch – bei nicht vollständiger Ausnutzung durch die Harnstoffsynthese – auch bis zu den perivenösen Hepatozyten (Leberacinus s. u.) weitergeleitet und dort durch die **Glutamin-Synthetase** als Substrat verbraucht („entgiftet") werden. Auf diese Weise kann das beim Aminosäureabbau gleichzeitig anfallende HCO_3^- im Organismus zurückgehalten und für die Regulation des Säure-Basen-Haushalts eingesetzt werden. Umgekehrt kann die Harnstoffsynthese jedoch durch die Aktivität der ebenfalls periportal lokalisierten **Glutaminase** gesteigert werden, die zusätzliche NH_4^+-Ionen bereitstellt.
- Die **Glutamin-Synthetase-Aktivität**. Die NH_4^+-verbrauchende Glutamin-Synthetase ist – im Gegensatz zur Harnstoffsynthese und der Glutaminase (s. o.) – in den perivenösen Leberzellen (Leberacinus) lokalisiert. Das Enzym katalysiert ATP-abhängig die Reaktion α-Ketoglutarat + 2 NH_4^+ → Glutamin. Die über die Pfortader angelieferten NH_4^+-Ionen werden bei ausgeglichener Stoffwechsellage zu ≈70% durch die periportale Harnstoffsynthese und zu ≈30% durch die perivenöse Glutamin-Synthetase entgiftet. Das als Reaktionsprodukt entstehende **Glutamin** dient dabei als nichttoxische Transportform des Ammoniaks im Blut und erreicht die Nierentubuluszelle auf dem Blutweg oder durch Rückresorption aus dem Primärharn. Durch die Nierentubulus-Glutaminase kann das Glutamin NH_4^+-Ionen zur Aufrechterhaltung der pH-Homöostase abgeben.

Renale Kompensationsmechanismen. Im Stoffwechsel entstehende organische Säuren sowie Phosphorsäure und Schwefelsäure werden als Natrium- und Kaliumsalze von der Niere ausgeschieden, jedoch können ihre Kationen im distalen Tubulus teilweise gegen Wasserstoffionen ausgetauscht werden. Bei dieser Baseneinsparung wird entweder das Hydrogencarbonat/Kohlensäuresystem oder das Hydrogenphosphat/Dihydrogenphosphatsystem wirksam. Das für die Säureneutralisation bereitgestellte Glutamin (s. o.) kann nicht nur den Amidstickstoff unter Mitwirkung der Glutaminase, sondern auch den α-Aminostickstoff – d. h. 2 NH_4^+-Ionen – für die Säureneutralisation abgeben.

Kompensation einer metabolischen (nicht-respiratorischen) Acidose

- Respiratorisch: Durch Hyperventilation,

- renal: Durch verstärkte HCO_3^--Rückresorption und Ausscheidung von H-Ionen ($H_2PO_4^-$, NH_4^+),
- hepatisch: Durch Drosselung der Harnstoffsynthese wird einerseits Hydrogencarbonat eingespart, andererseits Ammoniak durch die Glutamin-Synthetase-Reaktion als Glutamin gespeichert und für die renale Protonenausscheidung als NH_4^+ bereitgestellt. Bei der Lactacidose wird die Milchsäure von der Leber zur Glykogensynthese verwertet.

Kompensation einer metabolischen (nicht-respiratorischen) Alkalose

- Respiratorisch: Durch Hypoventilation,
- renal: Durch vermehrte Hydrogencarbonatausscheidung,
- hepatisch: Die Harnstoffsynthese wird gesteigert, die Glutaminsynthese aber gedrosselt. Lebererkrankungen mit vorwiegend periportalen Läsionen haben eine Einschränkung der Harnstoffsynthese und eine Alkalose zur Folge. Bei perivenöser Schädigung führt die Drosselung der Glutaminsynthese dagegen zur Acidose.

Kompensation einer respiratorischen Acidose

- Renal: Durch vermehrte Hydrogencarbonatrückresorption und Ausscheidung von H^+ als $H_2PO_4^-$

Kompensation einer respiratorischen Alkalose

- Renal: Durch verminderte Rückresorption und vermehrte Sekretion von HCO_3^-

Anionenlücke. Als Anionenlücke bezeichnet man die Differenz zwischen der Konzentration von Na^+ und der Summe der Konzentration von Cl^- und HCO_3^- im Plasma. Sie beträgt unter physiologischen Bedingungen 10 – 15 mmol/l. Die Anionenlücke repräsentiert alle jene Anionen, deren Konzentration im allgemeinen nicht im Rahmen der klinisch-chemischen Analyse ermittelt wird wie z. B. Proteinat, Phosphat, Sulfat, Citrat, Lactat, Pyruvat u. a.

Bei metabolischer Acidose kann die **Anionenlücke** normal oder vergrößert sein. Eine Zunahme der Anionenlücke bedeutet, daß die metabolische Acidose durch vermehrten Anfall von Säuren (z. B. Ketonkörper, Lactat) bedingt ist. Eine vergrößerte Anionenlücke kann jedoch auch durch mangelhafte renale Säureexkretion (chronische Niereninsuffizienz, akutes Nierenversagen) oder durch Vergiftung (z. B. Salizylat, Ethylenglykol, Methylalkohol) zustandekommen. Werden dagegen Hydrogencarbonatverluste (z. B. Diarrhoen, Dünndarm- oder Pankreasfistel) durch verstärkte Retention von Chlorid kompensiert, bleibt die Anionenlücke trotz metabolischer Acidose im Normbereich.

7. Klinisch-chemische Bestimmungsmethoden des Säure-Basen-Haushalts

Als Untersuchungsgut wird meist arterialisiertes Kapillarblut verwendet. Durch lokale Hyperämisierung (Fingerbeere oder Ohrläppchen) wird die Durchblutung gefördert. Aus der desinfizierten Punktionsstelle wird das austretende Blut in eine heparinisierte Glaskapillare aufgenommen, die luftblasenfrei verschlossen wird. Um Verfälschungen der analytischen Werte durch den Erythrozytenstoffwechsel zu vermeiden, muß die Bestimmung unmittelbar nach der Entnahme angeschlossen werden. Die **vollmechanisierten Meßgeräte** erlauben eine komplette Blutgasanalyse einschließlich der daraus errechneten Säure-Basen-Parameter in einem Volumen von 25 – 300 µl Blut.

Die häufigsten Indikationen für Blutgasanalysen werden im Rahmen der Intensivmedizin, Anästhesie, Pädiatrie, Kardiologie und im Lungenfunktionslabor gestellt.

pH-Messung. Die pH-Messung wird mittels einer Glaselektrode (S. 28) durchgeführt. Der pH-Wert gibt an, ob die vorliegende Störung des Säure-Basen-Haushalts kompensiert oder dekompensiert ist. Weicht der pH-Wert vom Referenzintervall ab, ist die Störung immer dekompensiert. Bei normalen pH-Werten liegt entweder keine Störung vor oder die Störung ist kompensiert.

pCO_2-Bestimmung. Die Bestimmung des pCO_2 erfolgt durch potentiometrische Glaselektrode (S. 28). Der Mittelwert gibt Auskunft über den respiratorischen Anteil der Störung des Säure-Basen-Haushalts und kann erniedrigt oder erhöht (Tabelle, S. 153) sein.

pO_2-Bestimmung. Der Sauerstoffpartialdruck wird polarographisch mit Hilfe der Sauerstoffelektrode nach Clark gemessen. Der Wert ist ein Maß für die Sauerstoffaufnahme in der Lunge. Durch die Sauerstoffelektrode wird molekularer Sauerstoff (O_2) zu O^{--} reduziert. Der entstehende Reduktionsstrom ist der O_2-Menge äquivalent.

Abgeleitete Kenngrößen. Neben den Meßgrößen pH, pCO_2 und pO_2 lassen sich nomographisch oder rechnerisch weitere Parameter des Säure-Basen-Haushalts ermitteln, die für eine vollständige Interpretation des Säure-Basen-Status und der Blutgasanalyse von Bedeutung sind:

- **Basenabweichung** (BA, base excess, BE). Die Basenabweichung bezeichnet die Menge an Säure oder Basen in mmol/l, die dem Volumen des extrazellulären Raums bzw. dem Blut fehlt bzw. zugesetzt werden muß, damit die Abweichung korrigiert wird.

- O_2-Sättigung. Sie gibt Auskunft über die Sauerstoffsättigung des Hämoglobins, ist also ein Maß für die O_2-Versorgung des Organismus.
- **Aktuelles Bicarbonat**. Der errechnete Wert gibt die aktuell vorhandene Konzentration an Hydrogencarbonat (Bicarbonat) an, wird aber wesentlich durch den pCO_2 beeinflußt.
- **Standardbicarbonat**. Der errechnete Wert gibt diejenige Bicarbonatkonzentration an, die bei Standardisierung des pCO_2 auf 5,34 kPa (40 mm Hg) erhalten wird.

Wird nicht mit vollmechanisierten Meßgeräten gearbeitet, lassen sich aus dem Kurvennomogramm nach **Siggaard-Andersen** nach Eintragung der Meßwerte für pCO_2 und pH die Werte für Pufferbasen, Standard-Bicarbonat und Basenüberschuß graphisch ermitteln.

Neu- und Frühgeborene weisen in den ersten Minuten nach der Geburt eine deutliche metabolische Acidose mit pH-Werten zwischen 7,0 und 7,2 und einer Basenabweichung zwischen −10 und −20 mmol/l auf. Dies ist durch die Umstellung des Stoffwechsels bedingt. Durch die einsetzende kompensatorische Hyperventilation stabilisieren sich die Werte innerhalb von 2 h auf einen pH-Wert von ≈7,28 und eine Basenabweichung auf −10 mmol/l.

Referenzintervalle für Kenngrößen des Säure-Basenhaushalts und für Blutgase

Kenngröße	Einheiten
pH	7,35 − 7,45
pCO_2	4,67 − 6,00 kPa (35 − 45 mm Hg)
Basenabweichung	−3,00 − +3,00 mmol/l
Standard-Bicarbonat	22,00 − 26,00 mmol/l
pO_2	8,66 − 13,30 kPa (65 − 100 mm Hg)
O_2-Sättigung	0,90 − 0,96 (90 − 96%)

Fehlermöglichkeiten. Diagnostisch verwertbare Ergebnisse sind nur bei äußerst sorgfältiger Behandlung und Reinigung der Elektroden und der überigen Bestandteile der Meßanordnung zu erwarten. Fehler können entstehen bei

- Blutentnahme (kein arterialisiertes oder nicht-blasenfreies Blut). Keine ausreichende Mischung des Bluts mit Heparin, längere Aufbewahrung der Probe bei Zimmertemperatur (statt in Eiswasser),
- pH-Messung (Elektroden nicht funktionsfähig, nicht gereinigt oder nicht zwischengespült, Puffer bzw. Blutprobe nicht luftblasenfrei),
- Gasgehalt, Temperatur oder pH-Wert der Kalibrierlösungen nicht korrekt, Luftdruck (Barometerstand) nicht berücksichtigt).

D. Stoffwechselregulation

I. Innere Sekretion

1. Endokrinopathien

Hormone werden in endokrinen Organen oder in speziellen Zellinien (Cytokine) produziert und ggf. gespeichert. Nach Sekretion erreichen die Hormone meist auf dem Blutwege oder über extrazelluläre Transitstrecken ihre Erfolgsorgane bzw. Zielzellen, die das Hormon über spezifische Rezeptoren erkennen. Durch den Hormon-Rezeptorkontakt werden charakteristische Stoffwechselumschaltungen ausgelöst.

Der Informationsfluß von den Hormon-produzierenden Zelle zum Erfolgsorgan bzw. zur Zielzelle kann folgende Störungen aufweisen:

- Störung der Biosynthese, der Speicherung oder Abgabe aus dem endokrinen Organ bzw. der synthetisierenden Zelle (z. B. Enzymdefekte der Glucocorticoid-produzierenden NNR-Zellen, inadäquate Insulinsekretion beim Diabetes vom Typ II).
- Herabgesetzte oder erhöhte Konzentration eines hormonbindenden Transportproteins des Blutplasmas (z. B. Konzentrationsänderungen des Thyroxin-bindenden Globulins bei nephrotischem Syndrom, Schwangerschaft, Einnahme von Ovulationshemmern).
- Fehlende Konversion eines Prohormons in das aktive Hormon (z. B. Testosteron-5α-Reduktase-Mangel, S. 191).
- Fehlende oder herabgesetzte Expression von Hormonrezeptoren am Erfolgsorgan (z. B. Diabetes insipidus renalis S. 164, Pseudohypoparathyreoidismus S. 171).
- Verzögerter oder beschleunigter Abbau und/oder Ausscheidung von Hormonen (z. B. prolongierte Estrogenwirkung bei Leberzirrhose, verkürzte Halbwertszeit von Steroidhormonen bei Hyperthyreose).

Paraneoplastische Endokrinopathien. Einige maligne Tumoren (z. B. kleinzelliges Bronchialcarcinom) sind in der Lage, Hormone oder Substanzen mit hormonähnlicher Wirkung zu produzieren und zu sezernieren. Dieser Prozeß wird als **ektope Hormonbildung** bezeichnet, da die Bildung und Ausschüttung des Hormons nicht von den entsprechenden endokrinen Organen ausgeht. Beispiele für die ektope Produktion von Hormonen sind ACTH, ADH, Gonadotropine, STH, TSH, Prolactin und vasoaktive intestinale Peptide. An der ektopischen Produktion von Hormonen können neben kleinzelligen Bronchialcarcinomen auch maligne Neoplasien des Pankreas, des Thymus, der Schilddrüse, der Niere und des Kleinhirns beteiligt sein.

Rückkopplungsstörungen. Im Interesse einer Konstanz des Stoffwechsels ist die Wirkung der Hormone bezüglich Intensität und Dauer einer präzisen Kontrolle unterworfen. Eine solche Kontrolle wird erreicht durch Regulation der Bildung, Ausschüttung und des Abbaus der Hormone.

Für einige Hormone übernimmt das Nervensystem durch noch unbekannte Mechanismen die Kontrolle ihrer Bildung und Ausschüttung. Für andere Hormone und die sie produzierenden endokrinen Organe existieren übergeordnete Hormone. Abhängige und übergeordnete Hormone bilden Regelkreise, mit deren Hilfe ihre Bildung und Ausschüttung gesteuert werden. Auch Stoffwechselprodukte, die unter dem Einfluß der Hormone entstehen, können rückwirkend die Aktivität der Hormondrüse beeinflussen (Abb.).

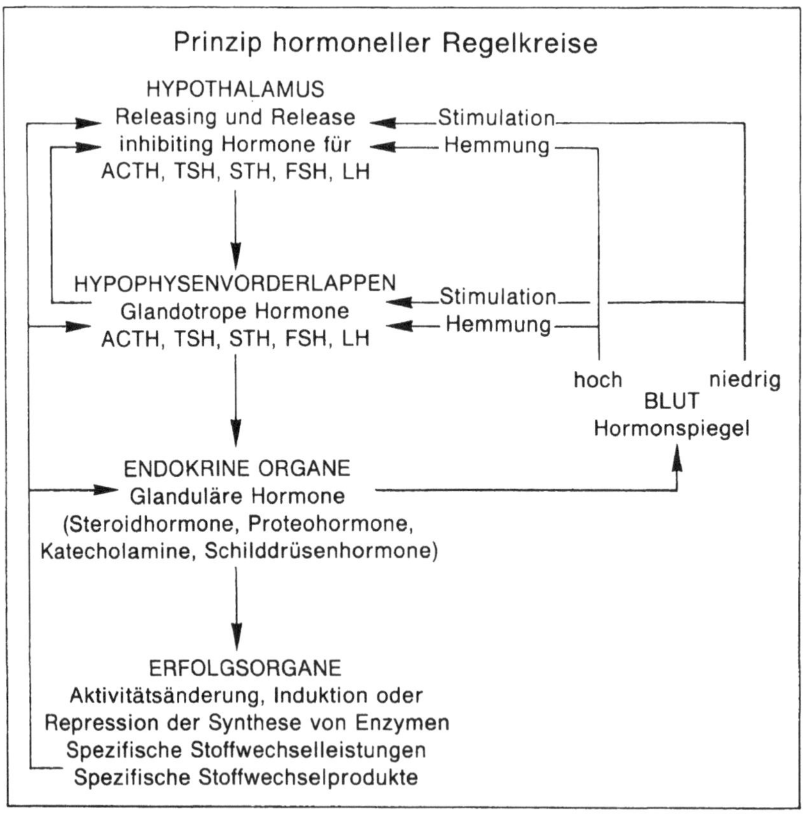

Ist die Hormonproduktion eines peripheren endokrinen Organs unzureichend (z. B. bei primärer Hypothyreose), kann es infolge der hierdurch ausgelösten

Dauerstimulation des übergeordneten glandotropen Hormongewebes (HVL) zur numerischen Vermehrung der hormonproduzierenden Zellen und zur Entstehung eines **hyperplasiogenen Adenoms** kommen, das auf Steuerimpulse nicht mehr anspricht.

Dagegen werden von **autonomen Adenomen** (z. B. NNR-Adenom, heißer Knoten der Schilddrüse) Rezeptoren für das übergeordnete HVL-Hormon nicht mehr exprimiert, so daß trotz permanenter Hormonüberproduktion durch das autonome Adenom die supprimierende Wirkung durch das glandotrope HVL-Hormon ausbleibt.

Eine Rückkopplungsstörung liegt beim **hypothalamisch-hypophysären Cushing-Syndrom** vor, bei dem die hypothalamischen Cortisolrezeptoren nicht auf supprimierende Steuerimpulse physiologischer Cortisolkonzentrationen ansprechen, und die ungehemmte CRH-Produktion über eine vermehrte ACTH-Ausschüttung zu extrem hohen Cortisol-Plasmawerten führt.

Hormonrezeptoren und intrazellulärer Signaltransfer. Die Regulation von Stoffwechselprozessen durch Hormone wird durch ihre Bindung an hormonspezifische Rezeptoren der Zielzelle eingeleitet. Der Rezeptor kann an der Plasmamembran oder im Cytosol der Zelle lokalisiert sein. Bei Kontakt des primär extrazellulären Hormons ändert der Rezeptor seine Konformation und löst damit eine intrazelluläre Signalkette aus, an deren Beginn vielfach ein intrazellulärer **„second messenger"** der Hormonwirkung steht:

- zyklisches Adenosinmonophosphat (Cyclo-AMP, cAMP)
- zyklisches Guanosinmonophosphat (Cyclo-GMP, cGMP)
- Inositoltrisphosphat (IP_3)
- Diacylglycerol
- Calcium-Calmodulin
- Tyrosinspezifische Proteinkinasen (cytosolische Domäne des Rezeptorproteins)

Ist der Rezeptor aufgrund eines genetischen Defekts in seiner Struktur verändert (z. B. Insulinrezeptor beim Diabetes mellitus Typ II), ist auch dessen Funktion herabgesetzt. Bei vollständigem Fehlen des Rezeptors (z. B. Diabetes insipidus renalis) oder Blockade des Rezeptors durch Autoantikörper (z. B. Myasthenia gravis) ist die Hormonwirkung auf das Erfolgsorgan reduziert oder nicht mehr nachweisbar.

An der intrazellulären Signalkette, die schließlich zu einer hormonspezifischen Stoffwechselumschaltung führt, sind zahlreiche **Protein-Kinasen** und **Protein-Phosphatasen** beteiligt, die Tyrosin- bzw. Serin/Threonin-Reste spezifischer

Regulator(Enzym)-Proteine ATP-abhängig phosphorylieren bzw. dephosphorylieren.

Hormonanaloge. Die Kenntnis der chemischen Struktur der Hormone hat die Entwicklung von strukturanalogen Verbindungen möglich gemacht, die zwar eine abweichende chemische Konstitution, aber die gleiche biologische Wirkung aufweisen. Hormonanaloge Verbindungen werden nicht nur für die Susbstitutionstherapie endokriner Störungen, sondern auch für Funktionstests endokriner Organe (s. d.) eingesetzt.

Auch synthetische **Hormonantagonisten** sind in klinischem Gebrauch. Beispiele sind Aldosteronantagonisten als Diuretikum, Estrogenrezeptorblockade durch Antiestrogene bei Mammacarcinom.

2. Hypothalamus- und Hypophysenvorderlappenhormone

Bildung und Ausschüttung der Hormone des Hypophysenvorderlappens werden durch die hypothalamischen Releasing Hormone (Liberine) und Release Inhibiting Hormone (Statine) kontrolliert, deren Produktion und Sekretion wiederum über einen Regelkreis unter Einbeziehung glandotroper Hormone (z. B. Cortisol, T_4) gesteuert wird. Ausfälle in der Bildung hypothalamischer **oder** hypophysärer Hormone führen daher zu gleicher klinischer Symptomatik.

Hormonelle Kontrolle bei der Bildung glandotroper und glandulärer Hormone

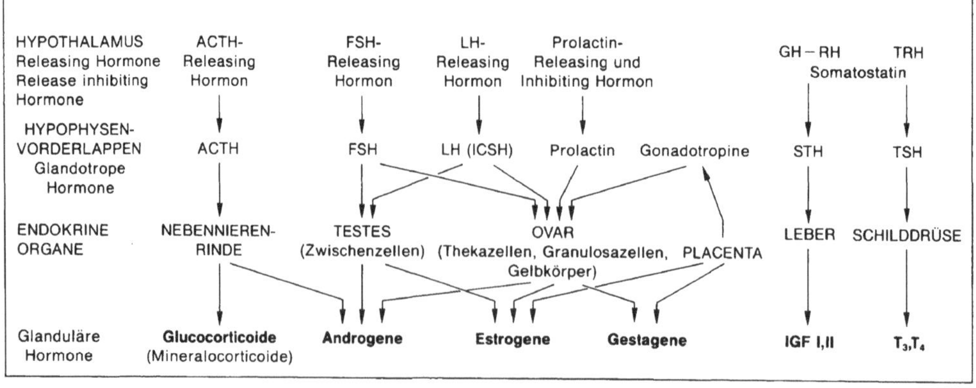

Hypophysenvorderlappen-Insuffizienz (Hypopituitarismus). Der Hypopituitarismus entwickelt sich infolge eines funktionellen Ausfalls des Hypophysenvorderlappens, der **hypothalamisch oder hypophysär** bedingt sein kann. Er kann als totale Hypophysenvorderlappeninsuffizienz (Panhypopituitarismus) in Erscheinung treten oder nur einzelne Hypophysenvorderlappenhormone betreffen (partielle Hypophysenvorderlappeninsuffizienz). Ursachen einer Hypophysenvorderlappeninsuffizienz sind:

- Regressive Veränderungen (Nekrosen, Sheehan-Syndrom, Amyloid)
- Entzündungen (Meningoencephalitis, Autoimmunhypophysitis)
- Granulome (Sarkoidose, Hand-Schüller-Christian-Erkrankung, Tuberkulome)
- Trauma (Schädel-Hirn-Trauma, neurochirugische Operationen)
- Tumoren (HVL-Adenome, Sella-nahe Tumoren wie Kraniopharyngeome, Meningiome, Teratome, Chondrome u. a.).

Bei der chronischen HVL-Insuffizienz kommt es zur Unterfunktion bzw. zum Ausfall aller HVL-abhängigen peripheren Hormondrüsen, wobei sich ein **sekundärer Hypogonadismus** (sekundäre Amenorrhoe ohne klimakterische Beschwerden, Libido- und Potenzverlust), eine **sekundäre Hypothyreose** (pathologische Kälteintoleranz, Müdigkeit, Obstipation, Hypothermie) und eine **sekundäre NNR-Insuffizienz** (Adynamie, Bradykardie, Hypotonie und Hypoglykämie) entwickeln.

Als Komplikation eines nicht diagnostizierten oder ungenügend substituierten chronischen Hypopituitarismus (z. B. Infekte, Traumen, Operationen, Erbrechen, Diarrhoe) kann sich eine **akute HVL-Insuffizienz** mit Entwicklung eines hypophysären Comas ausbilden. Es ist charakterisert durch eine krisenhafte Entgleisung des Stoffwechsels, bei der ein Ausfall der NNR- und Schilddrüsenfunktion die Symptome (Hypothermie, Bradykardie, Hypoventilation und Übergang in tiefes Coma) bestimmt.

Zur Objektivierung einer HVL-Insuffizienz werden einmal die Basalwerte der hypophysären Hormone im Serum bestimmt. Zum anderen wird ein diagnosticher Stimulationstest mit Hilfe der (gentechnisch verfügbaren) Hypothala-

Objektivierung einer HVL-Insuffizienz durch Stimulation mit einer Testdosis hypothalamischer Releasing Hormone (Liberine)

Injiziertes Releasing Hormon	Test-dosis (mg)	Quantitativ zu bestimmendes HVL-Hormon im Serum
TRH	0,2 – 0,4	TSH, Prolactin
LH-RH	0,1	LH, FSH
CRH	0,1	ACTH, Cortisol
GH-RH	~0,07*	STH

* 1 µg/kg Körpergewicht

mushormone (Releasing Hormone) durchgeführt. Bei Hypophysenvorderlappeninsuffizienz bleibt nach intravnöser Injektion einer Testdosis des Releasing Hormons der Anstieg des korrespondierenden hypophysären Hormons im Serum aus (Tabelle).

Mit der Verfügbarkeit der hypothalamischen Releasing Hormone für funktionsdiagnostische Untersuchungen sind frühere Verfahren (Lysin-Vasopressin-Test, Insulinhypoglykämie-Test) entbehrlich geworden.

Somatotropes Hormon (STH). STH (Wachstumshormon, Groth Hormon, GH) wird als artspezifisches Proteohormon (188 Aminosäuren) in den eosinophilen Zellen des HVL gebildet. Bildung und Ausschüttung des STH werden durch 2 vom Hypothalamus gebildete Wirkstoffe kontrolliert. Das **STH-Releasing-Hormon** (Growth-Hormon-Releasing-Hormon, GH-RH) stimuliert die Synthese und die Abgabe des STH im Hypophysenvorderlappen, während **Somatostatin** die Freisetzung von STH hemmt. Die Wachstumswirkung des STH und ein Teil seiner Stoffwechselwirkungen erfolgen über die **Somatomedine**, die wegen ihrer insulinähnlichen Wirkung als **IGF I und II** (Insulin like Growth Factors) bezeichnet werden. Sie werden unter Einfluß des STH in der Leber aus Vorstufen gebildet.

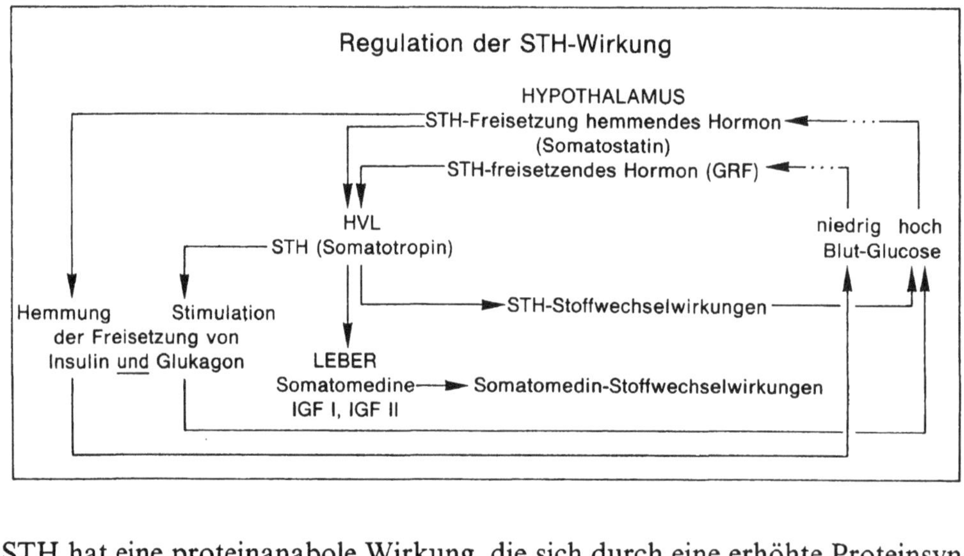

STH hat eine proteinanabole Wirkung, die sich durch eine erhöhte Proteinsyntheserate und positive Stickstoffbilanz zu erkennen gibt. Auf den Kohlenhydratstoffwechsel wirkt STH Insulin-antagonistisch, so daß unter STH der Blutzuckerspiegel ansteigt und mehr Insulin benötigt wird, um Glucose in die verbrauchenden Zellen der peripheren Organe einzuschleusen. Eine **Überproduktion** von **STH** kann durch ständige Anregung und schließliche Erschöpfung der Inselzellen zum **Diabetes mellitus** führen.

Unter der Wirkung von IGF I (Somatomedin C) werden im Skelettsystem in der Epiphysenfuge die Bildung des Säulenknorpels (Longitudinalwachstum) und die Aufnahme von Sulfat (Proteoglykanbiosynthese) und Calcium gefördert.

Akromegalie und hypophysärer Riesenwuchs. Eine unphysiologisch hohe Bildung und Ausschüttung von Wachstumshormonen, wie sie bei Hyperplasie der eosinophilen Zellen des Hypophysenvorderlappens oder bei Hypophysenadenomen beobachtet wird, führt im jugendlichen Alter zu (hypophysärem) **proportioniertem Riesenwuchs.** Beim Hypophysenadenom mit Wachstumshormonüberproduktion besteht eine gestörte Gonadotropinproduktion mit Hypogonadismus.

Nach Abschluß des Wachstums beschränkt sich die Wirkung des STH bzw. Somatomedins auf die Akren, d. h. auf Hände, Füße, Unterkiefer sowie die Weichteile des Gesichts (Vergröberung der Gesichtszüge), ein Symptomenbild, das als **Akromegalie** bezeichnet wird. Neben dem exzessiven Wachstum des Skeletts, das durch enchondrales (Rippenwachstum, Bandscheibenverkalkung) und periostales appositionelles Knochenwachstum (Hyperostosen) gekennzeichnet ist, besteht gleichzeitig eine Tendenz zu gesteigertem Knochenumbau bzw. negativer Calciumbilanz, die bei Hyperphosphatämie und Phosphaturie zur **Osteoporose** führt. Die Wachstumswirkung auf die inneren Organe (**Splanchomegalie**) äußert sich in einer Zunahme des Herzgewichts (in ausgeprägten Fällen >1000 g), des Leber- und Nierengewichts und Zunahme der Hautdicke. Die vermehrte STH-Produktion und Ausschüttung bewirkt eine Störung des Kohlenhydratstoffwechsels mit herabgesetzter Glucosetoleranz oder Diabetes mellitus. Die **Diagnose** wird gesichert bzw. ausgeschlossen durch radioimmunologische Bestimmung des Serum-STH im Glucosebelastungstest, bei dem nach oraler Gabe von 100 g Glucose der STH-Spiegel auf <5 µg/l Serum abfallen sollte, bei Akromegalie durch die Glucosebelastung jedoch nicht supprimiert werden kann.

Hypophysärer Minderwuchs (Zwergwuchs, Nanosomie). Mangel an Wachstumshormonen führt zu proportioniertem Zwergwuchs, der als Folge eines isolierten STH-Mangels oder im Rahmen einer Hypophysenvorderlappeninsuffizienz auftreten kann. Eine Behandlung der hypophysären Zwerge ist nur mit artgleichem (gentechnisch hergestelltem) Hormon sinnvoll und hat nur Aussicht auf Erfolg, so lange die Epiphysenfugen noch nicht verknöchert sind.

Ein Minderwuchs kann jedoch auch durch einen Defekt des STH-Rezeptors der Leber mit konsekutiver Erniedrigung des IGF I- und -II-Spiegels bedingt sein, so daß auch exogenes STH zu keinem Anstieg des IGF I und II führt (Laron-Zwerge).

Bei den Pygmäen in Afrika, die normalen STH-Spiegel im Blutserum aufweisen, ist die Ursache des Zwergwuchses dagegen eine Störung der IGF I-Sekretion durch die Hepatozyten.

Die **Diagnose** wird gesichert durch radioimmunologische STH-Bestimmung und durch den GH-RH-Stimulations-Test. Ein deutlicher STH-Anstieg im GH-RH-Test weist auf eine primär hypothalamische Störung mit GH-RH-Mangel hin.

Laboratoriumsdiagnostik.

Referenzbereich STH: 0 – 5 µg/l

Höhere Werte sind bei Kindern und bei Streß möglich. Dopamin und Estrogene stimulieren, Glucocorticoide hemmen die STH- Freisetzung.

Referenzbereich IGF I, Männer: 0,34 – 1,9 E/ml
Frauen: 0,45 – 2,2 E/ml

Herabgesetzte Werte finden sich bei Hypothyreose, chronischen Leber- und Nierenerkrankungen, Malabsorption, Mangelernährung und Insulinmangeldiabetes.

Prolactin. Das mammotrope (lactogene) Proteohormon des Hypophysenvorderlappens Prolactin (198 Aminosäuren) wirkt nach Konditionierung durch Estrogen und Progesteron direkt auf die weibliche Brustdrüse und regt die Milchproduktion an. Die Steuerung der Synthese und Sekretion des Prolactins erfolgt durch ein hypothalamisches **Prolactin-Inhibiting-Hormon** (PIH, PIF), das mit **Dopamin** identisch ist.

Das seltene Krankheitsbild des Prolactin-produzierenden Hypophysentumors (Prolactinom) ist charakterisiert durch **Hyperprolactinämie** und führt bei der Frau zur Amenorrhoe und Lactorrhoe, beim Mann zu Libido- und Potenzstörungen. Ursache ist die hemmende Wirkung des Prolactins auf die Freisetzung der Gonadotropin-Releasing-Hormone (GH-RH). Prolactin-Serumkonzentrationen über 200 µg/l (Radioimmunassay) sind beweisend für ein Prolactinom. Neben der operativen Behandlung ist eine medikamentöse Therapie mit Dopamin-Antagonisten (z. B. Bromocriptin) möglich.

Wegen der insulinantagonistischen Wirkung des Prolactins kann sich bei Hyperprolactinämie eine diabetische Stoffwechsellage entwickeln.

Referenzbereich Prolactin Männer: 100 – 500 mU/l
Frauen: 150 – 650 mU/l

Nach TRH-Provokation Anstieg auf das 2- bis 5-fache nach 20 min.

3. Hypophysenhinterlappenhormone

Aus dem Hypophysenhinterlappen von Säugetieren lassen sich zwei Nonapeptide – das **antidiuretische Hormon (ADH, Adiuretin, Vasopressin)** und das **Ocytocin** – isolieren. Sie entfalten Wirkung auf Blutdruck, Diurese und die glatte Muskulatur des Uterus. Beide Wirkstoffe werden im Nucleus supraopticus und paraventricularis des Hypothalamus als Prohormone gebildet und sind in dieser Form an Neurophysin I (Ocytocin) bzw. Neurophysin II (Adiuretin) in kovalenter Form gebunden.

Biologische Wirkungen des ADH. Neben kardiovaskulären Wirkungen hat das ADH entscheidenden Einfluß auf die Rückresorption des Wassers in den Nierenkanälchen, und zwar werden unter dem Einfluß des Adiuretin die nach isoosmotischer Rückresorption verbleibenden 20 l Primärharn im distalen Tubulusabschnitt und den Sammelröhrchen Cyclo-AMP-abhängig bis auf ein Volumen von 1,5–2 l rückresorbiert.

Regulation der ADH-Wirkung. Bildung und Ausschüttung des ADH werden durch das Volumen des Blutplasmas und dessen osmotischen Druck reguliert (Abbildung, S. 163).

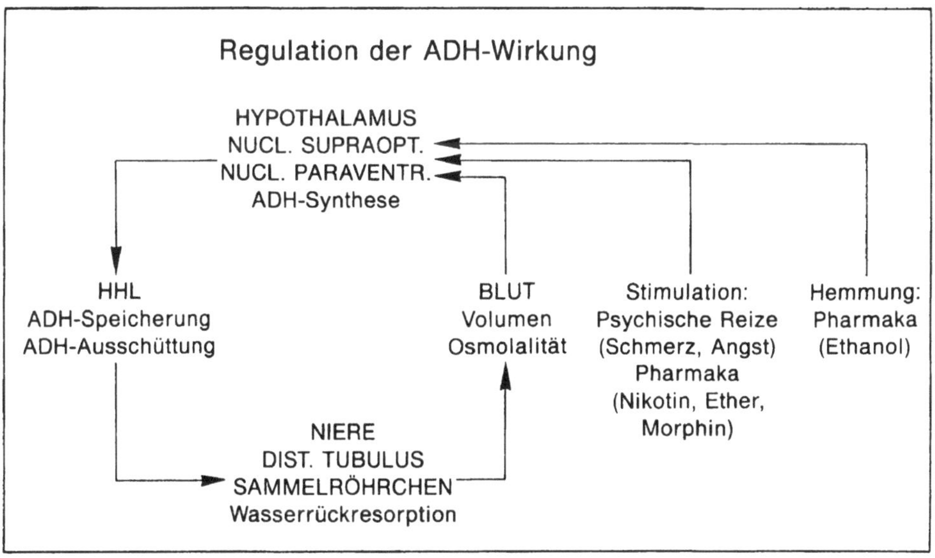

Pathobiochemie. Während klinische Manifestationen einer Ocytocinmehrsekretion oder eines Ocytocinmangels nicht bekannt sind, ruft ein **ADH-Mangel** ein schweres und typisches Krankheitsbild – den **Diabetes insipidus** (s. u.) hervor:

- Bei **zentralem Diabetes insipidus** liegt ein partieller oder kompletter Mangel an Adiuretin infolge Funktionsstörung oder Schädigung des hypothalamisch-neurohypophysären Systems vor. Das ADH-Defizit führt zur Ausscheidung großer Mengen eines hypotonen Harns (bis 20 l/Tag) mit geringem spezifischen Gewicht (Polyurie) und infolge des Flüssigkeitsverlustes zu Hyperosmolalität des Serums und andauerndem Durst (Polydipsie). Der zentrale Diabetes insipidus kann mit einem synthetischen Derivat des Arginin-Vasopressin (1-Desamino-8-D-Argininvasopressin) behandelt werden. Das intranasal zu applizierende Präparat hat Depoteffekt.
- Der **renale Diabetes insipidus** ist gekennzeichnet durch einen Defekt der ADH-Rezeptoren in der Niere. Er kann als seltenes X-chromosomal rezessiv vererbbares Krankheitsbild oder als erworbener renaler ADH-resistenter Diabetes insipidus bei Nephropathien mit tubulärer Schädigung auftreten.

Eine **ADH-Mehrsekretion** kann physiologischerweise nicht nur durch stimulative Reize (Abb.), sondern auch durch Störung der orthotopen ADH-Sekretion oder durch paraneoplastische ADH-produzierende Tumoren (z. B. Bronchialcarcinom, Schwartz-Bartter-Syndrom) verursacht sein. Klinische Symptome sind Wasserintoxikation mit stark erniedrigten Na^+- und Cl^--Spiegeln im Serum, Hypoosmolalität und hypertonem Urin.

Funktionsdiagnostik. Die Diagnose eines Diabetes insipidus wird objektiviert durch Bestimmung der Urinosmolalität bzw. des Plasma-ADH-Spiegels im Durstversuch.

Eine Differenzierung zwischen ektoper ADH-Bildung und einer durch zentralnervöse Störung bedingten Mehrausscheidung von ADH ist durch Injektion von **Diphenylhydantoin** möglich. Diphenylhydantoin senkt die zentrale ADH-Sekretion, nicht jedoch die ektope ADH-Bildung in Tumoren.

4. Schilddrüsenhormone und übergeordnete Hormone

Die in der Schilddrüse gebildeten jodhaltigen Hormone Tetrajodthyronin (Thyroxin, T_4) und Trijodthyronin (T_3) sind für regelrechtes Körperwachstum und normalen Stoffumsatz erforderlich. Die Produktion der Schilddrüsenhormone unterliegt einer Kontrolle durch das im Hypophysenvorderlappen gebildete **Thyreoidea-stimulierende Hormon (TSH, Thyreotropin)**. Bildung und Ausschüttung des TSH werden durch das im Hypothalamus synthetisierte **Thyreotropin-Releasing Hormon (TRH)** – ein Tripeptid der Struktur Pyroglutamylhistidylprolinamid – stimuliert bzw. durch das Thyreotropin-Release-Inhibiting-Hormon, das mit **Somatostatin** (S. 160) identisch ist, gehemmt. Hypothalamus,

Hypophysenvorderlappen und Schilddrüse sind über einen Regelkreis miteinander verbunden, der für eine Homöostase des Bluthormonspiegels sorgt (Abbildung).

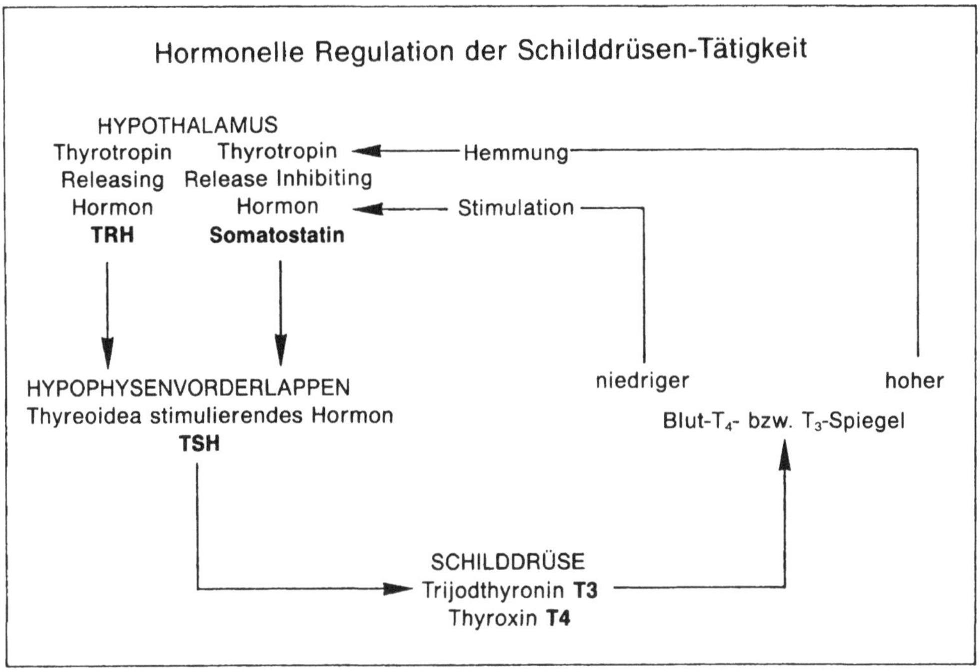

Euthyreote (endemische) Struma. Eine Volumenvermehrung der Schilddrüse bei normaler Synthese von Schilddrüsenhormonen wird als euthyreote Struma (Kropf) bezeichnet. Die Volumenvermehrung ist das Ergebnis einer vermehrten TSH-Sekretion und tritt als Kompensationsmechanismus bei exogenem Iodmangel ein. Dabei wird ein durch verminderte Iodzufuhr mit der Nahrung bedingter Iodmangel ($<100\,\mu g$ Iod/24 h) durch eine Volumenzunahme der Schilddrüse ausgeglichen, die insgesamt zwar gleich viel Iod enthalten kann wie eine normale Schilddrüse, jedoch eine geringere Iodkonzentration aufweist. Die funktionelle Diagnostik mit Bestimmung des Gesamt-T_4 (s. u.) bestätigt die euthyreote Stoffwechsellage.

Hyperthyreose. Die Hyperthyreose ist durch eine Überproduktion von T_3 und T_4 gekennzeichnet. Die klinischen Symptome der Schilddrüsenüberfunktion sind gesteigerter Grundumsatz, Tachykardie, Tremor, Schlaflosigkeit, Nervosität, ggf. auch Vergrößerung der Schilddrüse und Exophthalmus (einseitiges oder beidseitiges Hervortreten des Augenbulbus aus der Orbita, das in schwerer Form zum Doppelsehen sowie unvollständigem Lidschluß führen kann). Der stetige Gewichtsverlust (Abmagerung) ist eine Folge der Erhöhung des Grundumsatzes. Die häufig beobachteten subfebrilen Temperaturen bzw. die der Wärmeableitung dienende Schweißsekretion haben ihre Ursache darin, daß infolge **Entkoppelung der Atmungskette** der ATP-Gewinn gering, die Wärmeentwicklung dagegen größer ist. Auch die körperliche Ermüdbarkeit und die Muskelschwäche sind durch den **ATP-Mangel** mitbedingt. Pathogenetisch können der Hyperthyreose verschiedene Mechanismen zugrunde liegen:

- Die **immunogene Hyperthyreose** (M. Basedow, Hashimoto-Thyreoiditis), ist eine Autoimmunkrankheit mit Bildung von humoralen Antikörpern der IgG-Klasse (TSI = Thyreoidea stimulierende Immunglobuline) gegen den TSH-Rezeptor der Schilddrüsenzelle. Das TSI verdrängt TSH vom Rezeptor an den Thyreozyten und hält die Rezeptoren permanent besetzt. Dies führt zur Dauerstimulation der Schilddrüse, durch die den Körperzellen ständig eine erhöhte Menge an Schilddrüsenhormon angeboten wird.
  Bei **chronischem Verlauf der Hashimoto-Thyreoiditis** kommt es zur lymphozytären Infiltration mit Zerstörung des Schilddrüsengewebes durch zytotoxische T-Lymphozyten und Ersatz durch Bindegewebe. Die Krankheit geht schließlich in das klinische Bild einer **Hypothyreose** über. Das Auftreten einer immunogenen Thyreoiditis ist assoziiert mit Merkmalen des 6. Chromosoms, die für immunologische Reaktionen verantwortlich sind. Individuen mit dem HLA-DR 5-Antigen haben ein 3-fach höheres relatives Risiko einer Thyreotoxikose.

- Umschriebene Bezirke des Schilddrüsengewebes können (mit oder ohne gleichzeitige Vergrößerung der Schilddrüse) sich der Regulation durch TRH und TSH entziehen und als funktionell **autonomes Gewebe** zu einer Überproduktion von T_3 und T_4 führen. Dieses autonome hormonproduzierende Drüsengewebe findet sich zum Teil in solitären oder multiplen Adenomen (**„heiße Knoten“**, „toxische Knoten“), kann aber auch disseminiert, d. h. diffus über das Schilddrüsengewebe verteilt auftreten. Jedes Iodangebot an das autonome Schilddrüsengewebe löst eine vermehrte Hormonproduktion aus und führt zu einer Überschwemmung des Organismus mit T_3 und T_4. Die TRH- und TSH-Sekretion wird dabei durch den hohen Blut-Hormonspiegel unterdrückt.
  Die Knoten lassen sich, da die Iodspeicherung fast ausschließlich auf das toxische Adenom beschränkt ist, und der Rest des Schilddrüsengewebes wegen der fehlenden Stimulation durch TSH keine bzw. verminderte Iodaufnahme zeigt, durch hohe therapeutische Dosen von ^{131}I (γ-Strahler) behandeln.
  Adenome können jedoch auch funktionsloses Schilddrüsengewebe enthalten, das nicht zur T_3- und T_4-Produktion beiträgt („Kalter Knoten“).

Hypothyreose. Bei ungenügender T_4- und T_3-Synthese entwickeln sich Symptome einer Schilddrüsenunterfunktion, die bei Jugendlichen zu Wachstumsstörungen (Zwergwuchs), verzögerter oder ausbleibender geistiger Entwicklung (Schwachsinn) sowie zu Grundumsatzerniedrigung, erniedrigter Körpertemperatur und Kropfbildung führt. Es sind Symptome eines verminderten Katabolismus. Sie äußern sich beim Erwachsenen in einer Verdickung und Schwellung der Haut (Myxödem), gesteigertem Schlafbedürfnis und sekundärer Hyperlipoproteinämie (verminderte Utilisation von Lipoproteinen). Die Schwellung der Haut ist durch eine Vermehrung des Hyaluronatgehaltes im subcutanen Bindegewebe bedingt, die durch verlangsamten Abbau zustande kommt. Gleichzeitig ist die Synthese von Dermatansulfat gebremst. Die Ursachen einer Hypothyreose können sein:

- Angeborene Schilddrüsen-Aplasie oder -Dysplasie, Strumektomie oder Zerstörung des Schilddrüsengewebes (chronische Thyreoiditis).
- Synthesestörungen infolge angeborener enzymatischer Defekte ($\approx$10% der angeborenen Defekte). Dazu gehören:
  - Fehlende oder herabgesetzte Fähigkeit zur Akkumulation von Iodid aus dem Blut.
  - Fehlende oder herabgesetzte Aktivität der Iodid-Peroxidase mit Ausbleiben der Iodierung von Tyrosinresten, der Konjugase, die Monoiod- bzw. Diiodtyrosinreste in einer enzymatischen Reaktion in Triiodthyroninreste überführt, oder der Deiodasen.
- Fehlende TSH-Stimulation der Schilddrüse infolge von Hypophysentumoren (sekundäre hypophysäre Hypothyreose).
- Exogen bedingte Hypothyreosen (Thyreostatika-, Radioiod- Behandlung, schwerer Iodmangel, Röntgenbestrahlung der Halsregion).

Bei **sekundärer Hypothyreose** infolge eines Hypophysentumors sind TSH, T_4 und T_3 erniedrigt.

Endokrine Ophthalmopathie. Der bei Hyperthyreose beobachtete **Exophthalmus** ist durch lymphozytäre Infiltration und Vermehrung des retrobulbären Bindegewebes und Zunahme seines Wassergehaltes bedingt und führt zu dem charakteristischen Austreten der Augäpfel aus der Augenhöhle. Dieser Effekt wird ebenfalls durch eine Autoimmunreaktion ausgelöst, da die T-Lymphozyten nicht nur ein streng an die Schilddrüsenzelle lokalisiertes Antigen attakkieren, sondern auch mit anderen Gewebsantigenen reagieren können. Bei einer Hyperthyreose, die durch hormonbildende Adenome induziert ist (**heiße Knoten**) und ihre Ursache nicht in Autoimmunprozessen hat, kommt es auch **nicht** zu einem **Exophthalmus**.

Stoffwechseländerungen bei Schilddrüsendysfunktion. Bei Über- oder Unterfunktion der Schilddrüse lassen sich typische Stoffwechselveränderungen der Erfolgsorgane nachweisen.

Hyperthyreose:

- Sensibilisierung der β-adrenergen Rezeptoren des Myokards (Anstieg der Herzfrequenz, des Herzzeitvolumens, des systolischen Blutdrucks und der Blutdruckamplitude).
- Vermehrte Stimulation des ZNS (vermindertes Schlafbedürfnis, Nervosität, Hunger, feinschlägiger Tremor).
- Vermehrte Thermogenese (Steigerung des Grundumsatzes und der Körpertemperatur, Hitzeüberempfindlichkeit, Schwitzen).
- Stimulation der glatten Muskulatur (Diarrhoe).
- Stimulation von Enzymsystemen (übermäßige Reaktion auf Katecholamine und Glukagon, Tendenz zur Hyperglykämie).

Hypothyreose:

- Ausfall der permissiven und direkt stimulierenden Wirkung von T_3 auf β-adrenerge Rezeptoren (Absinken der Herzfrequenz, des Herzzeitvolumens und der Durchblutung der Organe, verlangsamte Reflexe, Adynamie).
- Ausfall der stimulierenden Wirkung auf das ZNS (Müdigkeit, Schlafbedürfnis erhöht, Libido und Potenz vermindert, Konzentrationsverlust).
- Reduzierte Thermogenese (Grundumsatz und Köpertemperatur erniedrigt, schlechte Adaptation an Temperaturschwankungen, Kälteüberempfindlichkeit).
- Ausfall der T_3-Wirkung auf Rezeptoren der glatten Muskulatur (Obstipation).
- Ausfall der Wirkung von T_3 auf Enzymsysteme (vermindertes Ansprechen auf Katecholamine und Glukagon, Tendenz zur Hypoglykämie, in der Haut reduzierter Umsatz des Hyaluronats mit vermehrter Wassereinlagerung und Myxödembildung).

Eine **verminderte periphere Konversion von T_4** nach T_3 kann bei schweren konsumierenden Allgemeinerkrankungen, bei älteren Patienten oder durch Medikamenteneinwirkung (Dexamethason, Propylthiouracil) eintreten. Die Störung gibt sich durch einen erniedrigten T_3-Spiegel im Serum zu erkennen und ist häufig von einem gleichzeitigen Anstieg des **reversen Triiodthyronin** (rT_3) begleitet.

Schilddrüsenfunktionsdiagnostik. Die Diagnose einer Hyper- bzw. Hypothyreose wird durch die quantitative Bestimmung folgender Kenngrößen gesichert:

- **Gesamt-T_4**-Konzentration im Serum. Bei der Hyperthyreose ist in über 80% der Fälle der T_4-Spiegel erhöht, der Nachweis einer Hypothyreose wird durch eine auf <32 nmol/l erniedrigte Gesamt-T_4-Konzentration geführt. Störfaktoren sind vor allem estrogenhaltige Medikamente, Kontrazeptiva, Schwangerschaft und Geburt, die über eine Erhöhung des Thyroxin-bindenden Globulins (TBG) zu falsch erhöhten T_4-Spiegeln führen. Nephrotisches Syndrom und Leberzirrhose mit erniedrigten TBG-Werten ergeben ein fälschlich erniedrigtes Gesamt-T_4.
- **Freies Thyroxin** (FT_4) und **Thyroxin-bindendes Globulin** (TBG) im Serum. Der daraus abgeleitete T_4/TBG-Quotient gibt Aufschluß darüber, ob die T_4-Konzentrationsänderung durch einen erhöhten oder erniedrigten TGB-Spiegel bedingt ist. FT_4 ist im Serum in einer ≈1000 mal geringeren Konzentration vorhanden als das Gesamtthyroxin.
- **Gesamt-T_3**-Konzentration im Serum. Bei Hyperthyreose steigen die Gesamt-T_3-Werte verglichen mit den Gesamt-T_4-Werten sehr viel stärker, manchmal um das 3-fache an. In etwa 15% der Hyperthyreosen ist ausschließlich T_3 und nicht T_4 erhöht. Die Bestimmung des **freien** T_3 (FT_3) hat gegenüber der Gesamt-T_3-Bestimmung keine wesentlichen Vorteile, da infolge der schwächeren Proteinbindung des T_3 der Gesamt-T_3-Spiegel weniger durch Veränderungen des TBG beeinflußt wird.
- **Basale TSH-Konzentration und TSH-Konzentration nach Stimulation durch TRH.** Bei hyperthyreoten Patienten liegt der basale TSH-Spiegel unter der Nachweisgrenze der Methode. Da TSH-Synthese und -Ausschüttung der Hypophyse bei Hyperthyreose supprimiert sind, wird auch nach TRH-Stimulation kein Anstieg des TSH-Spiegels erreicht. Beweisend für eine Hypothyreose ist der Nachweis ein über 4 mU/l erhöhter basaler TSH-Spiegel im Serum. Der TRH-Test gestattet eine Differenzierung zwischen primärer Hypothyreose (TSH-Anstieg auf über 20 mU/l) und einer sekundären Hypothyreose (fehlender TSH-Anstieg).

Zur Erkennung der **connatalen Hypothyreose** sind TSH-Basalwerte beim Säugling ab 5. Lebenstag, die über 20 mU/l liegen, weiter abzuklären. Werte zwischen 50 und 100 mU/l sind verdächtig, Werte über 100 mU/l beweisend für eine Hypothyreose (TRH-Test, s. u.).

- **TRH-Test.** Mit dem TRH-Test wird der Regelkreis Hypophyse-Schilddrüse überprüft. Nach Bestimmung des basalen TSH-Wertes werden 400 µg TRH intravenös injiziert und nach 30 min der TSH-Wert erneut bestimmt. Klinisch-chemische Kenngröße ist die Differenz zwischen basalem und 30 min-

Wert des TSH. Der TRH-Test besitzt die höchste Wertigkeit zum Ausschluß einer gestörten Schilddrüsenfunktion.

Referenzbereiche

Gesamtthyroxin (Erwachsene):	65 – 155 nmol/l
freies Thyroxin (FT_4):	9,4 – 25,1 pmol/l
Triiodthyronin (T_3):	1,2 – 3,1 nmol/l
freies Triiodthyronin (FT_3):	4,3 – 9,4 pmol/l
Thyroxin-bindendes Globulin (TBG) Erwachsene:	16 – 25 mg/l
Thyreotropin (TSH), basal, Erwachsene:	<4,0 mU/l
TRH-Test: TSH (30 min nach i.v. TRH-Stimulation)	2,5 – 25 mU/l

5. Parathormon, Calcitonin und D-Hormon

Die Konstanz des Blutcalciumspiegels wird durch die antagonistische Wirkung des Blutcalcium- und Blutphosphat-senkenden **Calcitonins** und des Blutcalcium-steigernden und Blutphosphat-senkendenden (!) **Parathormons** gewährleistet. Die Ausschüttung dieser Hormone wird wiederum durch den Blutcalciumspiegel reguliert. In diesen Regelkreis eingeschaltet ist das die intestinale Ca^{2+}-Resorption fördernde **D-Hormon** (1,25-Dihydrocalciferol) und das Skelett, das als Calcium-Phosphat-Reservoir überschüssiges Blutcalcium und Blutphosphat aufnehmen oder fehlendes Blutcalcium und Blutphosphat ergänzen kann. Ein Konzentrationsabfall des Blutcalciums löst vermehrte Parathormonsekretion aus, wodurch wiederum Calcium aus den Knochen mobilisiert wird. Hohe Blutcalciumspiegel hemmen die Parathormonsekretion und führen über erhöhte Calcitoninausschüttung zur Calciumablagerung im Knochen. Das Schema im Kap. Binde- und Stützgewebe (S. 427) zeigt die endokrine Regulation des Calcium- und Phosphatstoffwechsels.

Hyperparathyreoidismus. Eine vermehrte Bildung und Ausschüttung von Parathormon kann **primär** durch eine krankhafte Wucherung der Nebenschilddrüsen bedingt sein, aber auch **sekundär** durch alle mit Osteoporose oder Osteomalazie einhergehenden Krankheitsbilder ausgelöst werden.

Beim **primären Hyperparathyreoidismus** liegt eine autonome Nebenschilddrüsen-Überfunktion vor, die zu 85% durch Adenome und zu 10% durch eine diffuse Hyperplasie des Nebenschilddrüsengewebes bedingt ist. Unter der Wirkung des erhöhten Parathormonspiegels im Blut finden eine Mobilisierung von Calcium und Phosphat aus dem Skelett und eine vermehrte Phosphatausscheidung in der Niere statt. Der Serumcalciumspiegel ist daher meist erhöht (Hypercalcämie), der Serumphosphatspiegel dagegen erniedrigt (<0,97 mmol/l, <3 mg Phosphor/100 ml). Da in der Niere nicht nur die Ausscheidung von

Phosphat, sondern auch von Calcium erhöht ist (bis 6,24 mmol/d, 250 mg/ 24 h), kann es zu einer Überschreitung des Löslichkeitsprodukts von Ca^{2+} und Phosphat ($3{,}5 \times 10^{-6}$M) und zu einer Bildung von Calciumphosphatsteinen in der Niere selbst (**Nephrocalcinose**) oder in den ableitenden Harnwegen (**Nephrolithiasis**) kommen. Calciumphosphatablagerungen werden jedoch auch in anderen Organen (z. B. Blutgefäßen, Cornea des Auges, Synovia, Lunge, Conjunctiva, Trommelfell, Herzmuskel, Skelettmuskel und Gelenken) beobachtet. Die Entmineralisierung des Skeletts löst einen regellosen und überstürzten Ab- und Umbau des Knochengewebes mit Cystenbildung aus. In seiner schweren Form wird das Krankheitsbild als „**Osteodystrophia fibrosa generalisata**" (Fibroosteoklasie, Morbus Recklinghausen) bezeichnet. Die verstärkte Tätigkeit der Osteoblasten gibt sich in einer vermehrten Abgabe und **erhöhten Aktivität** der **alkalischen Phosphatase** im Blutserum zu erkennen.

Der **sekundäre Hyperparathyreoidismus** ist eine adaptive Funktionssteigerung zum Ausgleich eines extrazellulären Calciummangels (Calciummangelernährung, D-Hormonmangel, Malabsorption) sowie häufig durch eine chronische Niereninsuffizienz bedingt. Das Symptomenbild des sekundären Hyperparathyreoidismus entspricht dem des primären Hyperparathyreoidismus, jedoch treten vermehrt **extraossäre Verkalkungen** (Arterien, Haut) auf. Im Gegensatz zum primären Hyperparathyreoidismus zeichnet sich der sekundäre Hyperparathyreoidismus durch erniedrigte Calciumspiegel in Verbindung mit erhöhten Parathormonwerten im Serum aus. Der Phosphatgehalt im Blut kann – insbesondere in späteren Stadien als Folge einer Nephrocalcinose und der sich dabei entwickelnden Urämie – erhöht sein.

Bleibt nach erfolgreicher Behandlung des sekundären Hyperparathyreoidismus (z. B. durch Nierentransplantation) weiterhin eine **Hypercalcämie** mit autonomer **vermehrter Parathormonsekretion** bestehen, so liegt definitionsgemäß ein **tertiärer Hyperparathyreoidismus** vor.

Hypoparathyreoidismus. Die Unterfunktion der Nebenschilddrüse (oder ihre unbeabsichtigte Entfernung bei Operationen an der Schilddrüse) führt zum Hypoparathyreoidismus, der durch **Hypocalcämie**, **Tetanie**, erhöhte muskuläre Erregbarkeit und verdichtete Knochenstruktur, u.U. auch durch extraossäre Verkalkungsherde der Basalganglien gekennzeichnet ist. Bei Kindern kommt es bei Hypoparathyreoidismus zu Wachstumsstillstand, defekter Zahnentwicklung und zum Zurückbleiben der geistigen Entwicklung (Kalkherde im Bereich der Stammganglien). Die Veränderungen des Serum-Ca- und Phosphatspiegels sind der Tabelle (S. 175) zu entnehmen.

Beim **Pseudohypoparathyreoidismus** ist die Produktion an Parathormonen normal, die Erfolgsorgane sprechen jedoch aufgrund eines Rezeptormangels nicht auf das Parathormon an. Vom Pseudohypoparathyreoidismus existieren mehrere Unterformen, von denen beim **Typ I** die renale Adenyl-Cyclase nur ungenügend aktiviert wird und daher unter der Parathormonwirkung keine Phosphaturie zustande kommt. Beim **Typ II** wird zwar die renale Adenyl-Cyclase normal aktiviert, trotzdem bleibt eine Phosphaturie aus. Auch das Skelett erweist sich gegen die Wirkung des Parathormons als resistent.

Calcitonin. Die physiologische Bedeutung des Calcitonins als Gegenspieler des Parathormons ist umstritten, vor allem deshalb, weil es (noch) keine Krankheit gibt, die eindeutig auf einen Calcitoninmangel zurückgeführt werden kann. Hohe Calcitoninwerte im Blutplasma finden sich beim (Calcitonin- produzierenden) C-Zellcarcinom der Schilddrüse. Calcitonin und Knochenumsatz s. Kap. Binde- und Stützgewebe (S. 427).

D-Hormon (1,25-Dihydroxycalciferol, Vitamin D). D-Hormon-Mangel während des Skelettwachstums führt zur **Rachitis**, die vor allem durch ein **Ausbleiben der Mineralisierung des neugebildeten Knochens** gekennzeichnet ist. Die Symptome der Rachitis sind Ausdruck einer generalisierten Störung des Calcium- und Phosphatstoffwechsels, die in folgender Kausalkette verläuft: Aufgrund der herabgesetzten intestinalen Resorption von Calcium kommt es zu einem Abfall des Serumcalciumspiegels. Da die Calciumausscheidung die Resorption übertrifft, wird die **Calciumbilanz negativ**. Das Absinken des Serumcalciumspiegels führt auf dem Wege der Gegenregulation durch das Parathormon (**sekundärer Hyperparathyreoidismus!**) zu einer Mobilisierung des Skelettcalciums, weshalb der Serumcalciumspiegel bei manifester Rachitis häufig nicht auffällig erniedrigt ist. Die progressive Entmineralisierung des Skeletts einerseits, und die als Folge des Vitamin D-Mangels unvollständige Mineralisation des Osteoids andererseits, führt zur Knochenerweichung mit charakteristischen Deformierungen des Skeletts (Skoliose, Trichterbrust, Säbelbein, Caput quadratum). Die ausbleibende Calcifizierung stimuliert die Proliferation der Osteoblasten. Eine **erhöhte Aktivität der alkalischen Phosphatase** in den Zonen der (ausbleibenden) Verknöcherung und im Serum sind die Folge.

Bei der engen Verbindung zwischen Calcium- und Phosphatstoffwechsel ist Vitamin D-Mangel durch eine starke **Erniedrigung des Serumphosphatspiegels** und eine vermehrte Ausscheidung von Phosphat mit dem Urin gekennzeichnet. Eine direkte Wirkung des Vitamin D auf die Nierentubuli (verminderte Phosphatrückresorption) kann dabei eine Rolle spielen. Auch eine vermehrte Parathormonsekretion kann dabei beteiligt sein, obgleich der Wirkungsgrad des (teilweise mit dem Vitamin D synergistisch wirkenden) Parathormons im Vitamin D-Mangel herabgesetzt ist.

Nach der Pubertät manifestiert sich ein D-Hormonmangel als **Osteomalazie**, für die infolge Untermineralisierung des Osteoids Verbiegungen und generalisierte Schmerzen des Skeletts, vor allem der unteren Extremitäten und Fischwirbelbildung charakteristisch ist (S. 429).

Ursachen eines Vitamin D-Mangels können Mangelernährung oder ungenügende intestinale Resorption des Vitamin D (z. B. beim Malabsorptions-Syndrom, bei Pankreasinsuffizienz oder Verschlußikterus) sein. Aber auch **chronische Erkrankungen der Niere** oder der **Leber** können einen D-Hormon-Mangel verursachen, wenn die Umwandlung des Cholecalciferols in 25-Hydroxycalciferol (Leber) oder die Reaktion 25-Hydroxycalciferol → 1,25-Dihydroxycalciferol (Niere) durch die geschädigten Organe ausbleibt („Vitamin D-resistente Rachitis").

Für die Diagnose eines Vitamin D-Mangels sind (neben dem Röntgenbild und den klinischen Zeichen) die **erhöhte Aktivität der alkalischen Phosphatase** und der herabgesetzte Phosphatgehalt bei normalem oder erniedrigtem Calciumspiegel im Serum von Bedeutung.

Therapie und Toxizität. Eine Rachitisprophylaxe ist durch tägliche Verabfolgung von 400 I.E. Vitamin D möglich. Bei ausgeprägter Rachitis und Osteo-

Biosynthese des D-Hormons (1,25-Hydroxycholecalciferol) und Synthesestörungen

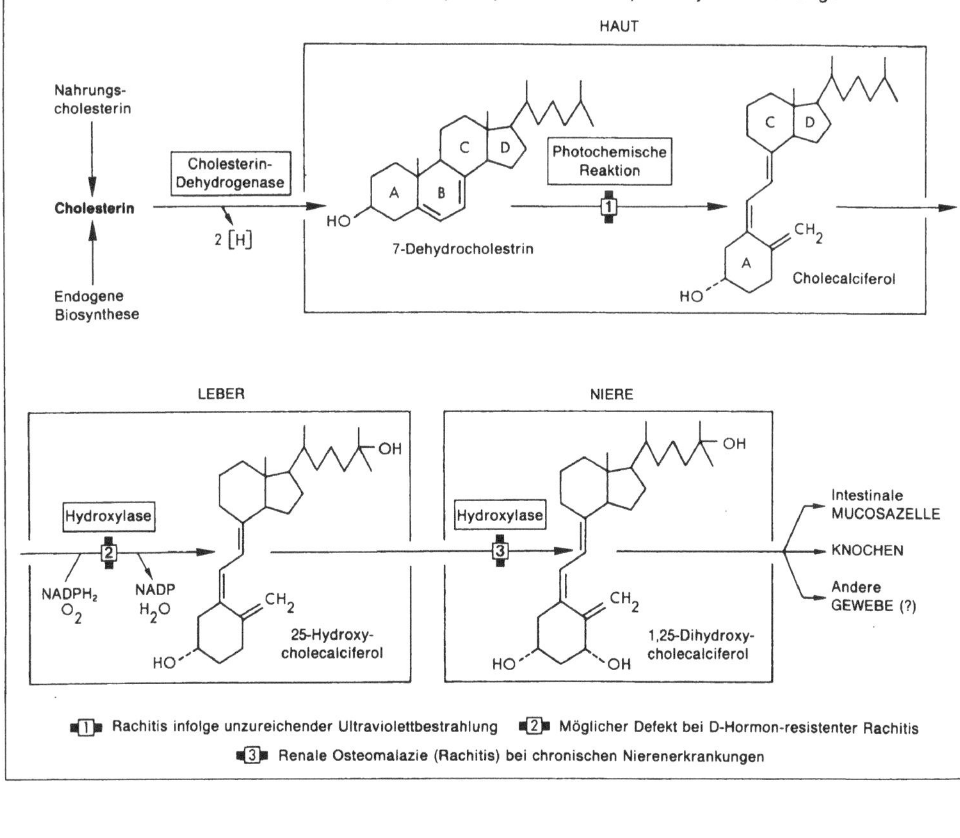

1 Rachitis infolge unzureichender Ultraviolettbestrahlung 2 Möglicher Defekt bei D-Hormon-resistenter Rachitis
3 Renale Osteomalazie (Rachitis) bei chronischen Nierenerkrankungen

malazie sind Tagesdosen von 3 000 I.E. Vitamin D nötig. In hohen Einzeldosen mehrere Monate verabreicht (1 000 – 3 000 I.E./Tag), wirkt Vitamin D toxisch. Eine Mobilisierung des Skelettcalciums, Erhöhung des Calcium- und Phosphatspiegels im Serum mit entsprechend vermehrter Ausscheidung im Harn sind nachweisbar. Das mobilisierte Calcium wird z. T. in der Niere und in den Blutgefäßen wieder abgelagert. Klinische Symptome sind Kopf- und Gelenkschmerzen, Muskelschwäche, Störungen im Magen- und Darmtrakt. Der Tod kann durch Hemmung der Nierenfunktion eintreten.

Klinisch-chemische Kenngrößen des Calcium- und Phosphatstoffwechsels.

- **Gesamtcalcium im Serum** (Plasma). Eine Bestimmung ist durch Flammenemissionsspektrometrie, Atomabsorptionsspektrophotometrie und photometrische Bestimmung des Calcium-Kresolphthalein-Farbkomplexes möglich.

  Referenzbereich Erwachsene: 2,2 – 2,6 mmol/l
  Kinder (bis 1. Monat): 1,75 – 2,70 mmol/l

  Hpocalcämien können enteral (Malabsorption, Vitamin D-Mangel), renal (terminale Niereninsuffizienz) oder ossär (Hypoparathyreoidismus) bedingt sein.

- **Calciumausscheidung im Urin**. Sammeln des 24 h-Urins in Flaschen, die 5 ml 6 M HCl enthalten (Verhinderung der Bildung unslöslilcher Calciumsalze).

  Referenzbereich: 2,5 – 7,5 mmol/24 h
  Erhöhte Ausscheidung bei Hyperparathyreoidismus, osteolytischen Prozessen (Metastasen, Plasmozytom, Osteoporose), Vitamin D-Intoxikation, renaler tubulärer Acidose, M. Wilson.

- **Phosphat im Serum** (Plasma): Vor Entnahme venösen Blutes ist eine 12 stdg. Nahrungskarenz einzuhalten. Phosphat reagiert mit Ammoniummolybdat zu Ammoniumphosphomolybdat, das zu Molybdänblau reduziert und photometrisch gemessen wird. Störungen sind durch Hämolyse oder Verwendung von Citratblut möglich.

  Referenzbereich Erwachsene: 0,87 – 1,67 mmol/l
  Kinder: 1,16 – 1,91 mmol/l

- **Phosphatausscheidung im Urin**. Bestimmung wie im Serum.

  Referenzbereich Erwachsene: 23 – 48 mmol/24 h.
  Abweichungen von den Referenzbereichen weisen auf Erkrankungen des Skeletts, der Nieren oder auf Störungen der endokrinen Regulation hin (Tabelle S. 292).

- Alkalische Phosphatase im Serum (Plasma): Kap. Leber (S. 292).

Klinisch-chemische Befunde bei Störungen des Calcium- und Phosphatstoffwechsels

	Parathormon*	Blut-Spiegel Ca	Blut-Spiegel Phosphat	Blut-Spiegel Alkalische Phosphatase	Ausscheidung im Harn Ca	Ausscheidung im Harn Phosphat
Primärer Hyperparathyreoidismus	↑	↑	↓ (N)	↑ (N)	↑	↑
Sekundärer Hyperparathyreoidismus	↑	↓	↑	↑ (N)	↓	↓
Rachitis (Ca-Malabsorption)	↑	↓	↓	↑ (N)	N	↑
Vitamin-D-Intoxikation	↓	↑	↑	N	↑	↓
Metastasierendes Malignom	↓	↑ (N)	N	↑ (N)	↑	N
Hypoparathyreoidismus	↓	↓	↑	N	↓	↓
Phosphatdiabetes (Tubulopathie)	N	N	↓	N	N	↑

* Bestimmung durch Radioimmunassay (Normbereich ≈ 0,4 ng/ml Plasma)

6. Nebennierenrindenhormone

Die Nebennierenrinde bildet Steroidhormone mit Wirkung auf den Kohlenhydrathaushalt (Glucocorticoide) und den Natrium-Kalium-Haushalt (Mineralocorticosteroide). Die Produktion von Hormonen mit androgener Wirkung hat pathobiochemische Bedeutung.

Bildung und Ausschüttung der **Glucocorticoide** werden über einen Regelkreis kontrolliert, an dem der Blutcorticoidspiegel, das Corticotropin-Releasing-Hormon und das ACTH beteiligt sind.

Aldosteron-Bildung und -Ausschüttung werden durch das **Angiotensin II** überwacht, das eine direkte stimulierende Wirkung auf die aldosteronproduzierenden Zellen der Nebennierenrinde besitzt und durch enzymatische Reaktion aus dem Angiotensin I entsteht, das wiederum unter der Wirkung des aus der Niere stammenden **Renins** freigesetzt wird (S. 137). Die Reninaktivität wird durch Osmo- und Volumen-Rezeptoren der juxtaglomerulären Zellen der Niere kontrolliert (Abbildung).

Kongenitale Biosynthesestörungen. Angeborene Enzymdefekte betreffen häufig die an der Synthese der Glucocorticoide beteiligten Enzyme 3ß-Dehydrogenase, 21ß-Hydroxylase bzw. 11ß-Hydroxylase (Schema). Als Folge kommt es nicht

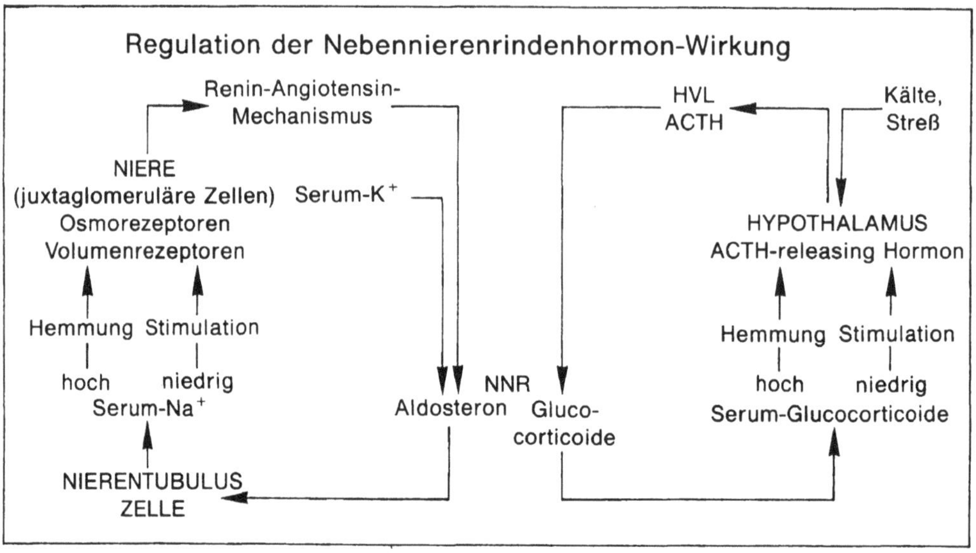

nur stets zu einer verminderten Produktion von Cortisol und Aldosteron, sondern auch – begünstigt durch die Akkumulation von nicht-umgesetzten Synthesezwischenprodukten – zu einem Ausweichen auf eine **vermehrte Synthese von Androgenen**. Reicht bei einem 21-Hydroxylasemangel, der mehr als 90% aller Fälle von adrenogenitalem Syndrom betrifft, die Restaktivität des defekten Enzyms zur Kompensation aus, liegen Aldosteron- und Cortisonspiegel des Blutplasmas im unteren Normbereich („nicht-salzverlierender Typ"). Bei den schweren Formen bestehen die Symptome eines Aldosteron- und Cortisonmangels („salzverlierender Typ").

Die angeborenen Defekte in der Steroidsynthese der NNR werden unter dem Begriff des **adrenogenitalen Syndroms** zusammengefaßt. Es ist durch erhöhte Serumkonzentration von Androgenen (Androstendion, Testosteron), vermehrte Ausscheidung von 17-Ketosteroiden im Urin und Virilisierung des Genitales und des Gesamtkörperbaus gekennzeichnet.

Bei Knaben kommt es zu vorzeitiger Ausbildung der sekundären Geschlechtsmerkmale als Folge der erhöhten Androgenproduktion, aber auch zu Wachstumsstillstand und – wegen der starken Rückkopplungshemmung auf das Hypothalamus-Hypophysen-System – zu gehemmter Gonadotropinbildung mit sekundärem Hypogonadismus, der Azoospermie und Sterilität bedingt. Wegen des Kontrastes zur Entwicklung der sekundären Geschlechtsmerkmale wird diese Erscheinungsform als „dissoziierter Virilismus" bezeichnet. Bei Mädchen führt der Hypogonadismus zu primärer Amenorrhoe und fehlender Brustentwicklung, der erhöhte Androgenspiegel jedoch zur Vermännlichung des äußeren Genitales (Pseudohermaphroditismus), zu Stimmbruch und starker

Muskelentwicklung. Die Symptome des adrenogenitalen Syndroms können schon in den ersten Lebensjahren auftreten (Pseudopubertas praecox).

Das **erworbene adrenogenitale Syndrom** ist meist Folge eines androgenbildenden Nebennierencarcinoms. Ein Defekt in der Produktion der Glucocorticoide und des Aldosterons liegt dabei nicht vor.

Ein **Defekt der 17α-Hydroxylase** führt zu einem vollständigen Block der Cortisolsekretion bei erhaltener Desoxycorticosteron- und Corticosteronproduktion, die zu einem Hochdruck führt. Gleichzeitig bleibt jedoch auch die Bildung von Androgenen und Estrogenen aus, da die 17α-Hydroxylierung beim Menschen eine der essentiellen Voraussetzungen für die Bildung der C19-Steroide

Lokalisation von Enzymdefekten bei der Biosynthese der Steroidhormone der Nebennierenrinde

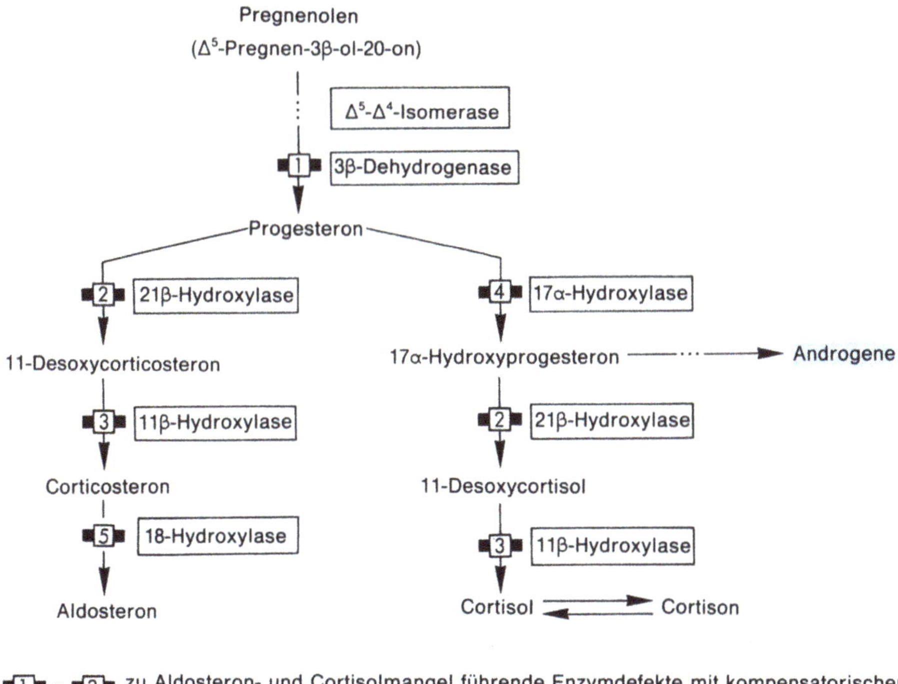

1 – 3 zu Aldosteron- und Cortisolmangel führende Enzymdefekte mit kompensatorischer Überproduktion von Androgenen

4 zu Cortison-, Androgen- und Estrogenmangel führender Enzymdefekt (nichtvirilisierender Typ)

5 Isolierte Synthesestörung für Aldosteron

(Androgene) und C18-Steroide (Estrogene) darstellt. Bei diesem (seltenen) Krankheitsbild handelt es sich um eine **nicht-virilisierende kongenitale adrenale Hyperplasie**.

Cushing-Syndrom. Gemeinsames Merkmal aller Patienten mit Cushing-Syndrom ist die chronisch erhöhte endogene Produktion (oder exogene Zufuhr) von Glucocorticoiden (Hypercortisolismus). Beim endogenen Hypercortisolismus werden 2 Formen unterschieden:

- **Adrenales Cushing-Syndrom.** Beim adrenalen (primären) Cushing-Syndrom sind (meist einseitige) gutartige hormonbildende Adenome oder bösartige Tumoren der Nebennierenrinde die Ursache. Die vermehrte Produktion der Glucocorticoide durch das Adenom- oder Tumorgewebe unterliegt **nicht** mehr der Kontrolle durch ACTH und zeigt keinen circadianen Rhythmus (Tagesprofil).
  Dem proteinkatabolen Effekt der vermehrt gebildeten Glucocorticoide entsprechen **Muskelschwund, Osteoporose**, atrophische Haut und schlechte Wundheilung. Die überstürzte Gluconeogenese führt zu einer (schlecht auf Insulin ansprechenden) **Hyperglykämie („Steroiddiabetes“)**. Auch die arterielle Hypertonie ist ein häufiges Symptom. Die Wirkung auf den Lipidstoffwechsel äußert sich in einer Mobilisation von physiologischen Lipiddepots und Redeposition an atypischer Lokalisation (Vollmondgesicht, Büffelnacken, Stammfettsucht). Die Veränderungen am hämopoetischen System zeigen sich u. a. in Leukozytose und Lymphopenie.
  Durch die hohe Blutglucocorticoid-Konzentration (Hypercortisolismus) ist die ACTH-Produktion bei primärem Cushing-Syndrom maximal gebremst. Dies führt – mit Ausnahme des ACTH-unabhängigen Nebennierenadenomgewebes – zu Atrophie des gesamten restlichen Nebennierenrindengewebes. Der ACTH-Spiegel des Blutplasmas (normal ≈11 pmol/l, 50 pg/ml) ist beim primären Cushing-Syndrom auf weniger als 1,1 pmol/l (5 pg/ml) erniedrigt.

- **Hypothalamisch-hypophysäres (sekundäres) Cushing-Syndrom.** Ursachen sind ACTH-produzierende Adenome oder Tumoren der Hypophyse. Überfunktionszustände des hypothalamischen und hypophysären Systems (mit Erhöhung des Corticotropin-Releasing-Hormons und des ACTH im Serum) sowie schließlich auch ACTH-bildende ektopische Tumoren (z. B. Bronchial-, Thymus-, Pankreas-, Prostata-, Mamma-, Schilddrüsen-, Nieren-Carcinome) führen alle zu einer ACTH-induzierten bilateralen **Nebennierenrindenhyperplasie** mit vermehrter Produktion von Glucocorticoiden, Aldosteron und Androgenen.
  Da die anabole Wirkung der vermehrt produzierten Androgene die katabole Wirkung der Glucocorticoide teilweise abschwächt, sind Muskelschwund,

Osteoporose, aber auch Steroiddiabetes und Stammfettsucht weniger ausgeprägt. Dafür können die Symptome einer verstärkten Androgenwirkung (Virilismus, Hirsutismus, Menstruationsstörungen, Polyzythämie) im Vordergrund stehen. Im Gegensatz zum primären Cushing-Syndrom ist der ACTH-Spiegel des Blutplasmas erhöht (>11 pmol/l, 50 pg/ml) und wird auch durch Dexamethason nicht beeinflußt.
Wegen der vielfachen Indikation für den Einsatz von Glucocorticoiden als Pharmaka ist auch das exogen (iatrogen) ausgelöste **sekundäre Chushing-Syndrom** häufig. Es unterscheidet sich in der klinischen Symptomatik jedoch nicht vom endogenen Cushing-Syndrom.

Hyperaldosteronismus. Eine erhöhte Produktion und Ausschüttung von Aldosteron kann ihre Ursache in der Nebenniere selbst (primärer Aldosteronismus) haben oder durch extrarenale Ursachen bedingt sein (sekundärer Hyperaldosteronismus).

- Beim **primären Hyperaldosteronismus** (Conn-Syndrom) liegt ein Tumor oder eine (bilaterale) Hyperplasie der Nebennierenrinde mit vermehrter Bildung und Sekretion von Aldosteron vor. Dies hat zur Folge:
  - Eine Kaliumverarmung durch erhöhte K^+-Ausscheidung (**Hypokaliämie**), welche die Muskelschwäche und EKG-Veränderungen erklärt,
  - eine **Hypernatriämie**, die als Ursache der Begleithypertonie angesehen wird,
  - eine **Alkalose** wegen der vermehrten Ausscheidung von Protonen und
  - erniedrigte Plasma-Reninwerte.

Wegen einer sich sekundär meist entwickelnden Nierenschädigung (Albuminurie, mangelnde Harnkonzentrierung) bleibt eine Ödembildung durch Kochsalzretention paradoxerweise aus. Ist sie dennoch vorhanden, wird meist eine benigne Hypertonie beobachtet. Bei primärem Hyperaldosteronismus findet man eine erhöhte Ausscheidung von Aldosteron im Urin >83 µmol/d (30 mg/24 h), **Referenzbereich** 30 ±14 µmol/d (11 ±5 mg/24 h), die sich weder durch 40 mg Furosemid stimulieren noch durch Natriumchloridbelastung (>200 mmol/d über eine Woche) supprimieren läßt.

- **Sekundärer Hyperaldosteronismus.** Dem sekundären Hyperaldosteronismus können alle Krankheitsbilder mit Ödembildung, Leberzirrhose, Nephrose, Herzinsuffizienz, ferner Hypertonieformen oder eine vermehrte Reninbildung in der Niere (Tumor, Schwartz-Bartter-Syndrom) zugrunde liegen. Im Gegensatz zum primären Hyperaldosteronismus, bei dem das Plasma-Renin stark erniedrigt ist, ist die Plasma-Renin-Aktivität beim sekundären Hyperaldosteronismus erhöht.

Regulation und Störungen der Bildung und Ausschüttung von Aldosteron

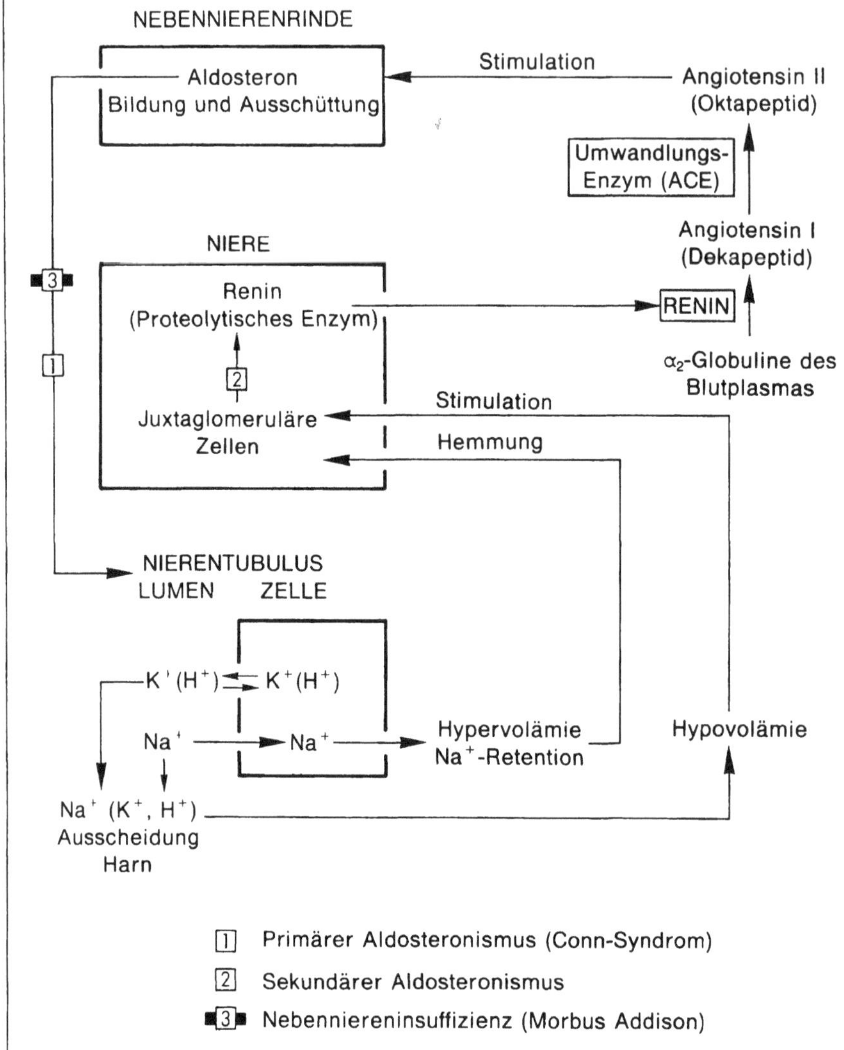

- **Nebennierenrindeninsuffizienz** (Addison-Syndrom). Bei Ausfall von etwa 90% der Nebennierenrinde kommt es zu Mangelerscheinungen im Sinne einer Nebennierenrindeninsuffizienz. Sie ist vorwiegend durch den Mangel an Mineralocorticoiden (Aldosteron) und weniger durch das Defizit an Glucocorticoiden charakterisiert. Als Ursache für die primäre Nebennierenrindeninsuffizienz kommen selten Tuberkulose, Amyloidose, Tumormetastasen oder hämorrhagische Nekrosen, häufiger jedoch eine autoimmunologisch bedingte Zerstörung der Nebennierenrinde („primäre idiopathische

Nebennierenrindenatrophie“) in Frage. Ein Ausfall der Hormonproduktion durch den HVL (S. 159) führt zur sekundären NNR-Insuffizienz.
Die Nebennierenrindeninsuffizienz ist durch Natriumverlust, Kaliumretention (herabgesetzter Na^+-, erhöhter K^+-Blutspiegel), Exsikkose, Muskelschwäche, Kachexie, niedrigen Blutdruck, Absinken der Körpertemperatur und des Blutzuckerspiegels sowie eine charakteristische Braunpigmentierung der Haut (besonders an den dem Licht ausgesetzten Teilen) und der Schleimhaut gekennzeichnet. Die meisten Symptome lassen sich durch Fehlen des Aldosterons erklären. So ist die Exsikkose und Bluteindickung eine Folge der erhöhten Kochsalzausscheidung, während die pathologische Kaliumanreicherung in der Muskulatur direkte Ursache der Adynamie und der EKG-Veränderungen ist. Der fehlende Austausch von H^+ gegen Na^+ im Nierentubulus bedingt eine Abnahme des $NaHCO_3$ im Plasma, **Hyperkaliämie**, **Hyponatriämie**, hypotone Dehydratation und **metabolische Acidose**.
Neben der primären Nebennierenrindeninsuffizienz kann es auch zu einer isolierten Unterproduktion von Glucocorticoiden kommen, die ihre Ursache jedoch fast immer in einem Ausfall der ACTH-Produktion in der Hypophyse hat. Die Aldosteron-Produktion der Nebennierenrinde ist nicht betroffen.

Nebennierenrindenfunktionsdiagnostik. Die quantitative Bestimmung der Nebennierenrindenhormone und der korrespondierenden glandotropen Hormone im Blutplasma sowie deren Konzentrationsveränderungen nach Anwendung von Stimulations- oder Funktionstests erlauben einen Einblick in die Steroidproduktion der Nebennierenrinde und ihre Regulation. Zur Erfassung der Steroidhormonproduktion und ihrer Regulation werden folgende Verfahren angewandt:

- **Quantitative Bestimmung des Plasmacortisols** (Radioimmunoassay). Zu beachten ist dabei der Tagesrhythmus der Cortisolkonzentration im Blutplasma, der um 06.00 h ein Maximun erreicht und bis etwa 24.00 h abfällt (circadiane Rhythmik).

  Referenzbereich zwischen 08.00 und 09.00 h: 0,14–0,55 µmol/l (5–20 µg/dl)
  gegen 24.00 h: ≈0,12 µmol/l (≈4 mg/dl)

- **Dexamethason-Hemmtest.** Dexamethason ist ein synthetisches Glucocorticoid (100-mal wirksamer als Cortison), das die hypophysäre ACTH-Ausschüttung hemmt und damit die Nebennierenrindenfunktion stark einschränkt. Beim Cushing- Syndrom jeder Genese ist der um 08.00 h gemessene Cortisol-Basalwert erhöht und bleibt auch nach Gabe von 3 mg Dexamethason unverändert hoch, während beim Stoffwechselgesunden eine deutliche Suppression eintritt (Schema).

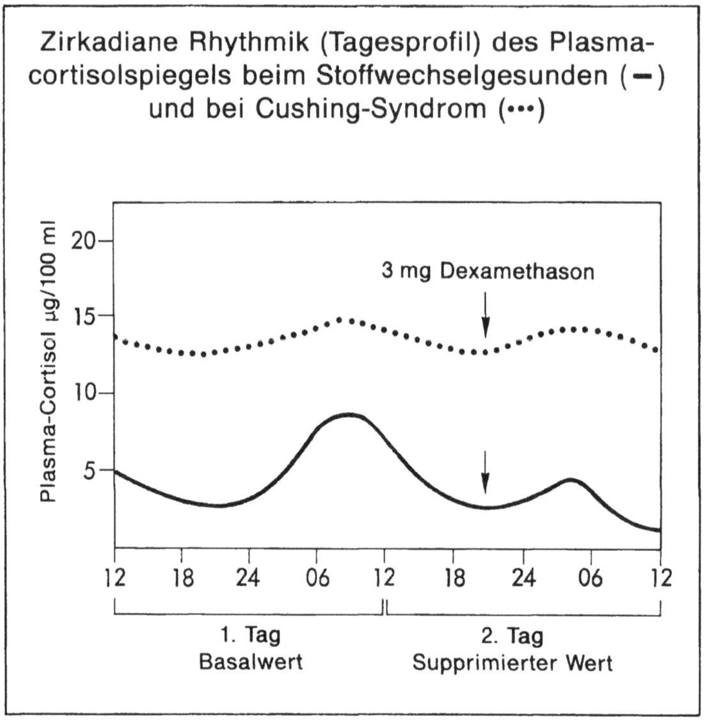

- **Die Bestimmung der ACTH-Konzentration** im Plasma (Radioimmunoassay) gestattet eine Differenzierung von primärem Cushing-Syndrom mit stark erniedrigten ACTH-Werten und dem bei sekundären Cushing-Syndrom erhöhten Werten.

  Referenzbereich morgens 2 – 20 pmol/l
  abends 1 – 4 pmol/l

  Der ACTH-Spiegel zeigt unter physiologischen Bedingungen erhebliche Schwankungen, so daß eine zuverlässige Beurteilung nur im Zusammenhang mit dem gleichzeitig gemessenen Cortisonspiegel erfolgen soll. Ein hypothalamisch-hypophysäres (sekundäres) Cushing-Syndrom ist durch gleichzeitg erhöhte ACTH- und Cortisonspiegel, ein renales Cushing-Syndrom dagegen durch hohe Cortisolkonzentrationen und einem unter der Nachweisgrenze supprimiertem ACTH-Spiegel gekennzeichnet.

- **Die quantitative Bestimmung der 17-Hydroxycorticosteroide** im 24 h-Sammelurin ist eine weniger aufwendige, aber auch weniger aussagekräftige Methode zur Ermittlung des Nebennierenrindenfunktionszustandes und als Suchtest geeignet. Die Reaktion erfaßt eine Vielzahl von Steroiden wie z. B. Cortisol, Cortison, 11-Desoxycortisol und ihre Tetrahydroderivate.

  Referenzbereich (24 h-Sammelurin) Männer: 9,6 – 33 µmol (3,5 – 12 mg)
  Frauen: 8,3 – 27,6 µmol (3 – 10 mg)

- Der **ACTH-Stimulationstest** dient der Erfassung einer primären oder sekundären Nebennierenrindeninsuffizienz. Ist der Basalwert des Plasmacortisols auf weniger als 0,052 µmol/l (2 µg/100 ml) Blut herabgesetzt, liegt eine Nebennierenrindeninsuffzienz vor, die sich dadurch bestätigen läßt, daß auch nach Injektion von 20 E. ACTH (= 13 µg) der Plasmacortisolspiegel nicht ansteigt und auch die herabgesetzte Ausscheidung von 17α-Hydroxycorticosteroiden (bei Nebennierenrindeninsuffizienz > 8,2 µmol/d, > 3 mg/24 h) nicht gesteigert wird.
- **CRH-Test**. Zur Prüfung der hypophysären ACTH-Produktion kann das (synthetisch verfügbare) Corticotropin-Releasing-Hormon (CRH) eingesetzt werden (Tabelle S. 159). Nach Infusion einer Testdosis von 0,1 mg steigen ACTH- und Cortisonspiegel des Plasmas signifikant an. Bei Hypophysenvorderlappeninsuffizienz bleibt der Anstieg aus.
Die klinisch-chemische Diagnostik von Störungen der Mineralocorticoidproduktion erfolgt (neben der Bestimmung der Elektrolyte) mit Hilfe der Aldosteron- und Reninbestimmung im Plasma.
- **Renin im Plasma**. Das Prinzip der Reninbestimmung beruht auf der radioimmunologischen Messung des Angiotensin I, das bei Inkubation der Blutprobe innerhalb eines definierten Zeitraums entsteht. Die freigesetzte Menge an Angiotensin I ist ein Maß für die im Plasma vorhandene Reninaktivität. **Referenzbereich** unter Ruhebedingungen: 0,2 – 2 ng/ml/h freigesetztes Angiotensin I.
Bei Orthostase (Übergang vom liegenden Zustand zum Stehen) ergibt sich ein 2 – 4-facher Anstieg. Erniedrigte Reninwerte werden bei primärem Hyperaldosteronismus und gesteigerter Mineralocorticoidproduktion gefunden. Bei renaler Hypertonie infolge Renin-produzierender Tumoren sind die Reninaktivtäten im Serum erhöht.
- **Aldosteron im Serum/Plasma**. Der Basalwert der radioimmunologisch bestimmten Konzentration des Aldosterons im Serum (morgens im Liegen) steigt nach Orthostase (2 – 3-stdg. Umhergehen) um das 2 – 6-fache an.

Referenzbereich unter Ruhebedingungen 55 – 277 pmol/l
(2 – 10 ng/dl).

Erhöhte Aldosteronkonzentrationen finden sich bei primärem Hyperaldosteronismus, bei maligner Hypertonie, chronischer Niereninsuffizienz mit Hypertonie und Renin-sezernierenden Tumoren. Auch Orthostase führt zu einem mehrfachen Anstieg.

- **17-Ketosteroide.** Die von der Nebennierenrinde gebildeten Androgene werden im Harn zum großen Teil als **17-Ketosteroide** ausgeschieden. Als 17-Ketosteroide faßt man alle jene Hormone und ihre Abbauprodukte zusammen, die am C-Atom 17 eine Ketogruppe tragen. Da dies praktisch nur für Androsteron, Ätiocholanon, Androstendion, Dehydroepiandrosteron und deren 11-Hydroxy- bzw. 11-Ketoderivate zutrifft, ist die Bestimmung der **17-Ketosteroidausscheidung** ein Maß für die Bildung von **Androgenen**. Ihre Bildung erfolgt beim Mann nicht nur in den Nebennierenrinden, sondern auch in den Testes (Leydigsche Zwischenzellen).

Referenzbereich	Männer:	35 – 69 µmol (10 – 20 mg)/24 h
	Frauen:	17 – 52 µmol (5 – 15 mg)/24 h

Beim adrenogenitalen Syndrom und bei Tumoren der Leydigschen Zellen ist die 17-Ketosteroidausscheidung erhöht (> 104 µmol/d, 30 mg/24 h).

7. Testeshormone

Ausbildung und Funktion der Fortpflanzungsorgane und die Entwicklung der sekundären Geschlechtsmerkmale stehen beim Menschen unter Kontrolle der Sexualhormone. Neben ihrer geschlechtsspezifischen Wirkung lassen die Sexualhormone auch Wirkung auf den Allgemeinstoffwechsel und auf das psychische Verhalten erkennen.

Die in den Gonaden (Testes) gebildeten Androgene entfalten einerseits geschlechtsspezifische (genitale und extragenitale) Wirkungen, andererseits beeinflussen sie rückwirkend die Sekretion der hypothalamischen bzw. hypophysären Hormone, sind also Glieder eines Regelkreises, der über einen Rückkopplungsmechanismus die Androgenproduktion reguliert (s. u.)

Biosynthese der Androgene. Die enge biogenetische Beziehung zwischen männlichen und weiblichen Sexualhormonen, die z. T. über gemeinsame Reaktionswege gebildet werden, erklärt, warum in den Testes sowohl männliche wie weibliche Keimdrüsenhormone gebildet werden können. Die Estrogenproduktion beim Mann erfolgt z. T. direkt in den Testes, z. T. durch Umwandlung von Testosteron in Estrogene in den peripheren Organen. Unter den männlichen Keimdrüsenhormonen besitzt das Testosteron die stärkste androgene Wirkung.

Rückkopplungskontrolle. Produktion und Ausschüttung der Testeshormone werden über einen hypothalamisch-hypophysären Rückkopplungsmechanismus gesteuert. Spezifische Rezeptoren für LH besitzen die Leydigschen Zellen, für FSH die Sertolizellen. Sie entfalten ihre Wirkung über die Aktivierung einer Adenyl-Cyclase. Der Anstieg des zirkulierenden Testosterons bzw. der Wirkform des 5α-Dihydrotestosterons bewirkt einen negativen Rückkopplungseffekt auf Hypothalamus und Hypophyse, die ihre Produktion – abhängig von der Testosteronkonzentration des Blutes – vermindern bzw. erhöhen. Ein Ausfall der Testosteronbildung (z. B. nach Kastration) führt zu einem kompensatorischen Anstieg des FSH und LH.

Testosteron wird beim Mann in einer Menge von 14–31 µmol/d (4–9 mg/24 h) gebildet, die Plasmakonzentration beträgt 21 nmol/l (6 µg/l), davon sind 2/3 an ein **sexualhormonbindendes Globulin (SHBG)** gebunden. Das sexualhormonbindende Globulin ist ein Syntheseprodukt der Leber und bindet Dihydrotestosteron (DHT), Testosteron und Estradiol mit abnehmender Affinität.

Die mit dem Alter abnehmende Androgenwirkung kommt nicht nur duch nachlassende Testosteronproduktion, sondern auch durch Verschiebung der Relation von freiem zu gebundenem Testosteron zugunsten des gebundenen Testosterons zustande.

Primärer Hypogonadismus. Bei primärer (erworbener oder angeborener) Schädigung der Leydigschen Zellen bleibt eine Testosteronproduktion in den Testes aus.

Da die Androgenproduktion der Nebennierenrinde jedoch nicht betroffen ist, resultiert insgesamt lediglich eine Reduktion der Testosteronsynthese und Absinken des Plasmatestosteronspiegels auf 30–60% des Normbereiches des erwachsenen Mannes. In der Samenflüssigkeit fehlen Spermien, Fructose und Citrat. Fructosewerte unter 6,72 mmol/l (120 mg/dl) lassen auf eine verminderte Funktion der Leydigschen Zellen schließen. Die Ausscheidung an 17-Ketosteroiden ist entsprechend herabgesetzt. Für den primären Hypogonadismus ist charakteristisch, daß sich die Testosteronausscheidung im Urin nicht durch LH bzw. durch das wirkungsanaloge HCG stimulieren läßt, während beim normalen erwachsenen Mann eine Stimulation der Testosteronausscheidung um 60–400% eintritt. Infolge fehlender Testosteronbildung bleibt auch die Rückkopplungshemmung auf Hypothalamus und Hypophyse aus, so daß es zu Stimulierung und adaptiver Erhöhung der hypophysären LH- und FSH-Produktion kommt.

Ursachen des primären Hypogonadismus sind:

- angeborene Dysfunktion der Leydigschen Zellen, doppelter Kryptorchismus,
- erworbene Schädigung durch Trauma (Hodentorsion), Orchitis oder Hydrocele und
- Kastration.

Beim **Klinefelter-Syndrom** (2% der männlichen Bevölkerung), das durch Chromosomenaberration mit Existenz eines überzähligen X-Chromosoms (Karyotyp XXY) und Hodenatrophie (Tubulussklerose) gekennzeichnet ist, ist die Testosteronproduktion – vermutlich durch einen Enzymdefekt – zwar herabgesetzt, jedoch noch innerhalb des Normbereichs. Die Tubuli sind sklerotisch bzw. atrophisch, es besteht Aspermie.

Sekundärer Hypogonadismus. Beim sekundären Hypogonadismus liegt eine Funktionsbeeinträchtigung der Hypophyse vor, deren Ursachen unbekannt (idiopathischer Eunuchoidismus) oder das Funktionsgewebe verdrängende Tumoren (eosinophiles Adenom des Hypophysenvorderlappens) sind. Wegen der ausbleibenden Stimulierung der Gonaden und der daher fehlenden oder herabgesetzten Testosteronsynthese stellt sich eine sekundäre Hodenatrophie ein, so daß sowohl FSH- und LH-Spiegel als auch die Testosteronkonzentration im Plasma herabgesetzt sind. Eine Stimulation der Androgenproduktion durch LH bzw. HCG ist jedoch möglich.

Tertiärer (hypothalamischer) Hypogonadismus. Bei Funktionsstörungen des Hypothalamus und Ausfall der Produktion des FSH-Releasing-Hormons und LH-(ICSH)-Releasing-Hormons bleibt auch die Bildung des hypophysären FSH und LH (ICSH) aus mit der Folge einer Inaktivitätsatrophie der Testosteron-produzierenden testikulären Leydigschen Zellen. Im Serum sind die Konzentrationen sowohl des LH und ICSH als auch des Testosterons erniedrigt.

Testosteronmangel (Eunuchoidismus). Je nachdem, ob der Testosteronmangel vor oder nach der Pubertät auftritt, unterscheidet man einen Früh- oder Spät-Eunuchoidismus.

Bei **angeborenem Testosteronmangel** bleiben die für den männlichen Organismus nach der Pubertät auftretenden konstitutionellen Veränderungen aus (Unterentwicklung der primären und sekundären Geschlechtsmerkmale und der Muskulatur, Ausbleiben des Stimmbruchs). Der **eunuchoide Hochwuchs** erklärt sich aus der dosisabhängigen Wirkung der Androgene auf das Knochengewebe. Kleine Androgendosen, die von der Nebenniere gebildet werden, bewirken Proliferation des Epiphysensäulenknorpels mit Zunahme der Proteoglykane und der Kollagenbiosynthese. Bei Ausbleiben der testikulären Androgenproduktion wird das Longitudinalwachstum jedoch fortgesetzt und der Schluß der Epiphysen bleibt mehrere Jahre hinter dem biologischen Alter zurück.

Im **Erwachsenenalter** führt Testosteronmangel zur Rückbildung der sekundären Geschlechtsmerkmale, Gynäkomastie, Femininisierung des männlichen Körperbaus, Abnahme der Muskelmasse und Verminderung der Fructose- und Citrat- Konzentration im Spermatoplasma sowie zur Störung der Spermatogenese.

Funktionsdiagnostik und Kenngrößen für männliche Sexualhormone.

- **Testosteron** im Serum/Plasma (Bestimmung durch Radioimmunoassay evtl. Gaschromatographie)

  Referenzbereich (morgens) Männer: 10,4 – 27,7 nmol/l (300 – 800 ng/dl)
  Frauen: 0,7 – 3,0 nmol/l (20 – 90 ng/dl)

Erlauben die basalen Testosteronkonzentrationen keine Aussage, wird nach 3-tägiger Stimulation durch 500 I.E. HCG Testosteron erneut bestimmt. Für junge Männer ergibt sich eine Verdopplung des Basalwertes.

- **LH und FSH** im Serum/Plasma (Radioimmunoassay)

  Referenzbereiche LH 2–10 U/l,
  FSH 2–10 U/l

Beim primären Hypogonadismus finden sich eine Erhöhung, beim sekundären und tertiären hypothalamisch-hypophysären Hypogonadismus erniedrigte Basalwerte. Bei nicht eindeutigem Ergebnis wird mit Gonadoliberin (LH/FSH Releasing Faktor) stimuliert. Bei negativem Ergebnis ist eine hypophysäre Schädigung anzunehmen. Die LH- und FSH-Konzentrationen sind auch beim adrenogentitalen Syndrom erniedrigt.

8. Ovarialhormone

Das Ovar hat 2 unmittelbar zusammenhängende Funktionen:

- Die generative Funktion, d. h. die Bereitstellung reifer und befruchtungsfähiger Eizellen,
- die vegetative Funktion, d. h. Bildung und Sekretion von Estrogenen und Gestagenen.

Estrogene werden von den Thecazellen der Graafschen Follikel, Gestagene (Progesteron) vom Corpus luteum (bei Graviden auch von der Placenta) entsprechend dem Rhythmus des Menstruationszyklus gebildet.

Das im Hypothalamus gebildete Neurohormon LH-RH reguliert die Freisetzung der hypophysären Gonadotropine FSH, LH, die ihrerseits im Ovar Follikelreifung, Ovulation und Bildung des Corpus luteum stimulieren. Die plötzliche Steigerung der LH- Freisetzung (LH-Gipfel) am 14. Tage des Zyklus löst im Ovar die Ruptur des Follikels und Freisetzung der Eizelle aus. Zwischen Sekretion von Estrogenen und Gestagenen und Gonadotropin der Hypophyse besteht eine Wechselwirkung. Bei Ausfall des präovulatorischen LH-Gipfels bleibt der Eisprung aus, durch eine verminderte nicht zyklusgerechte Sekretion von Gonadotropinen wird die Ovarialfunktion gestört (Amenorrhoe u. a. Zyklusstörungen). Bei Ausfall der Steroidhormone des Ovars kommt es zu einem steilen Anstieg der gonadotropen Sekretion (z. B. Klimakterium). Bei Hyperprolactinämie und Hyperandrogenämie (z. B. Prolactinom, adrenogenitales Syndrom) wird die Homöostase im ovariellen Regelkreis gestört (Zyklusstörung, Galaktorrhoe, Androgenisierung).

Primäre Funktionsstörungen. Eine vollständige oder partielle Insuffizienz der Ovarien werden als primäre Funktionsstörungen bezeichnet. Ihr führendes Symptom ist die **Amenorrhoe**, die als Ausbleiben der periodischen Regelblutung für mehr als 3 Monate definiert ist. Ursachen einer Ovarialinsuffizienz können sein:

- Gonadendysgenesie. Die rudimentär oder nicht angelegten Gonaden bestehen aus bindegewebigem Stroma. Weibliche Steroidhormone werden nicht gebildet. Die häufigste Form ist das **Ullrich-Turner-Syndrom** (Prävalenz 1 : 5000, Karyotyp 45, XO). Tritt die Störung der generativen und inkretorischen Funktion des Ovars während der Geschlechtsreife auf, liegt eine verfrühte Erschöpfung des Follikelapparates (Klimakterium präcox) vor.
- Ovarialtumoren können durch ihr Wachstum das gesamte Ovarialparenchym zerstören und so (selten) Ursache einer Amenorrhoe sein. Beispiele sind das Androgen-produzierende **Arrhenoblastom** und Theca- und Granulosazelltumoren, bei denen eine Amenorrhoe auftritt, wenn der Estrogenspiegel so hoch liegt, daß eine Durchbruchsblutung verhindert wird.
- **Stein-Leventhal-Syndrom**. In dem polyzystischen Ovar mit fibrotisch verdickter Ovarialkapsel befinden sich zahlreiche Tertiärfollikel, jedoch keine Follikelsprungnarben. Da der zentral hemmende Einfluß des Progesterons fehlt, kommt es zur permanent vermehrten Sekretion von LH und Dauerstimulation des Ovars mit vemehrter Bildung von Androgenen und dem klinischen Erscheinungsbild des **Hirsutismus**.

Sekundäre Ovarialinsuffizienz. Eine sekundäre Ovarialinsuffizienz liegt bei Störungen der Hypophysenfunktion vor. Ursachen können sein:

- Tumoren (z. B. Kraniopharyngeom, basophile oder eosinophile Adenome), die über eine Zerstörung des Hypophysengewebes zum partiellen oder totalen Ausfall des Hypophysenvorderlappens führen.
- Prolactin-produzierende Mikro- oder Makroadenome des Hypophysenvorderlappens. Das klinische Bild ist durch sekundäre Amenorrhoe, Hyperprolactinämie und Sterilität geprägt.
- Sheehan-Syndrom. Aufgrund einer Blutung oder Thrombose des hypophysären Venensystems unter der Geburt entwickelt sich eine postpartale ischämische Nekrose des Hypophysenvorderlappens mit folgender Symptomatik:
  - Amenorrhoe infolge Ausfalls von FSH und LH,
  - Ausfall der Lactation infolge Prolactinmangels,
  - Adynamie durch fehlende ACTH-Produktion.

Tertiäre Funktionsstörungen. Die häufigsten Ursachen für eine zentralbedingte Amenorrhoe sind psychoreaktive Störungen. Dazu gehören ungünstige Milieufaktoren, psychische Krankheiten (Depressionen, Schizophrenie), Mangelernährung (Anorexia nervosa) und Erschöpfungszustände, die über das limbische System eine Funktionsstörung des Hypothalamus hervorrufen.

Auch Psychopharmaka (z. B. Phenothiazine) können über eine Beeinflussung des Hypothalamus eine zentrale Amenorrhoe auslösen. Da ein Teil dieser Medikamente den Prolactin-inhibierenden Faktor hemmt, tritt häufig eine Hyperprolactinämie mit Galaktorrhoe in Erscheinung.

Funktionsdiagnostik weiblicher Sexualhormone.

- **Estriol** im Serum/Plasma (Bestimmung durch Radioimmunoassay)
  Referenzbereiche:

Nicht schwangere Frauen zyklusabhängig	0,2 – 0,6 µg/l
20. – 29. Schwangerschaftswoche	30 – 170 µg/l
38. – 40. Schwangerschaftswoche	85 – 450 µg/l

- **Gestagentest**. Auf die Zufuhr von Gestagen tritt eine Blutung ein, wenn das Endometrium durch Estrogene proliferiert war.
  Die Homöostase der ovariellen Funktion kann durch zahlreiche Medikamente gestört werden (Androgene, Anabolika, ACTH, Corticoide, Diuretika, Antirheumatika, Dopaminantagonisten, Psychopharmaka).
- **Progesteron** im Serum/Plasma (Bestimmung durch Radioimmunoassay)

Referenzbereiche:		
	Follikelphase	0,5 – 4,5 nmol/l
	Lutealphase	6,0 – 60 nmol/l
	Lutealpeak	13 – 120 nmol/l
	Schwangerschaft	> 100 nmol/l
	Männer	< 3,0 nmol/l

- **LH und FSH** im Serum/Plasma
  Referenzbereiche:

	Basalwerte(U/l)	
	LH	FSH
Follikelphase	2 – 15	2 – 8
Mittzyklischer Gipfel	20 – 100	15 – 30
Lutealphase	5 – 20	2 – 8
Postmenopause	20 – 100	20 – 100

Nach Stimulation mit Gonadoliberin (LH/FSH Releasing Faktor) verdoppeln sich diese Basalwerte. Eine Erhöhung der Plasmabasalwerte findet sich beim primären Hypogonadismus, eine Erniedrigung bei sekundärem hypothalamisch-hypophysär ausgelöstem Hypogonadismus. Bleibt nach Stimulation mit Gonadoliberin eine Erhöhung aus, ist eine hypophysäre Schädigung anzunehmen.

- **Prolactin** (Bestimmung durch Radioimmunoassay)

Referenzbereich		
	Frauen:	150 – 650 mU/l (6,5 – 28 µg/l)
	Männer:	100 – 500 mU/l (4,3 – 4,22 µg/l)

Psychopharmaka und Hypertensiva können eine Hyperprolactämie verursachen, die physiologischerweise auch während der Schwangerschaft und Stillzeit beobachtet wird. Nach TRH-Provokation findet sich ein 2–5-facher Anstieg des Prolactinspiegels nach 20 min.

- **Choriongonadotropin** (HCG) (Bestimmung durch Radioimmunoassay
  Referenzbereich:

	Männer und nicht schwangere Frauen	<5 IU/l
	2.–3. Schwangerschaftsmonat	10000–60000 IU/l
	Ende der Schwangerschaft	4000–15000 IU/l

Die HCG-Bestimmung im Serum und Urin wird im Rahmen der Schwangerschaftsdiagnostik eingesetzt. Erhöhte HCG- Serumkonzentrationen finden sich bei Blasenmole, Hodentumoren, Chorioncarcinom und Keimzelltumoren mit trophoblastischen Gewebsanteilen (Kap. Malignes Wachstum, S. 505) sowie bei Extrauteringravidität

Plasmakonzentrationen von Androgenen und Estrogenen

Steroidhormon	Plasma-Konzentration ng/dl Mann	Frau
Testosteron	430–720	30–45
Dihydrotestosteron	60–290	10–40
Androstendion	80–130	110–190
Dehydroepiandrosteron	170–430	200–520
Dehydroepiandrosteronsulfat**	200–330*	80–340*
Estradiol	0,8–3,5	10–50
Estron	3–17	2–15

* µg/dl, ** sinkt postmenopausal auf ≈ 20%

9. Störungen der sexuellen Differenzierung

Die fetale menschliche Sexualdifferenzierung vollzieht sich zwischen der 6. und 28. Woche des Embyronallebens. Testikuläre oder ovarielle Störungen der Geschlechtsdifferenzierung können zu einem Nebeneinander männlicher und weiblicher Merkmale führen.

Hermaphroditismus verus. Durch partielle Translokation des menschlichen Genlocus vom Y-Chromosom auf ein X-Chromosom kommt es zu gleichzeitiger Entwicklung von Testes- und Ovarialgewebe mit unterschiedlich ausgeprägtem bisexuellem inneren und äußeren Genitale. Phänotypisch besteht Kryptorchismus und Gynäkomastie. Typisch für das genetische Geschlecht (Karyotyp) ist (selten) ein chromosomales Mosaik (XX/XY) oder XX (≈50%) oder XY. Der Hermaphroditismus verus ist selten (≈300 Fälle der Weltliteratur).

Pseudohermaphroditismus maskulinus. Bei primär männlich angelegten und entwickelten Gonaden liegt ein **Rezeptordefekt** für 5α-Dihydrotestosteron (die Wirkform des Testosterons) vor. Es entwickelt sich ein phänotypisch femininer Habitus ohne Sekundärbehaarung. Das Plasmatestosteron liegt im unteren, das Plasmaestradiol im oberen männlichen Bereich. Bei **inkomplettem Pseudohermaphroditismus maskulinus** besteht ein **Defekt der 5α-Testosteron-Reduktase** (fehlende enzymatische Umwandlung des Testosterons in das 5α-Dihydrotestosteron) mit Hypogonadismus und Aspermie.

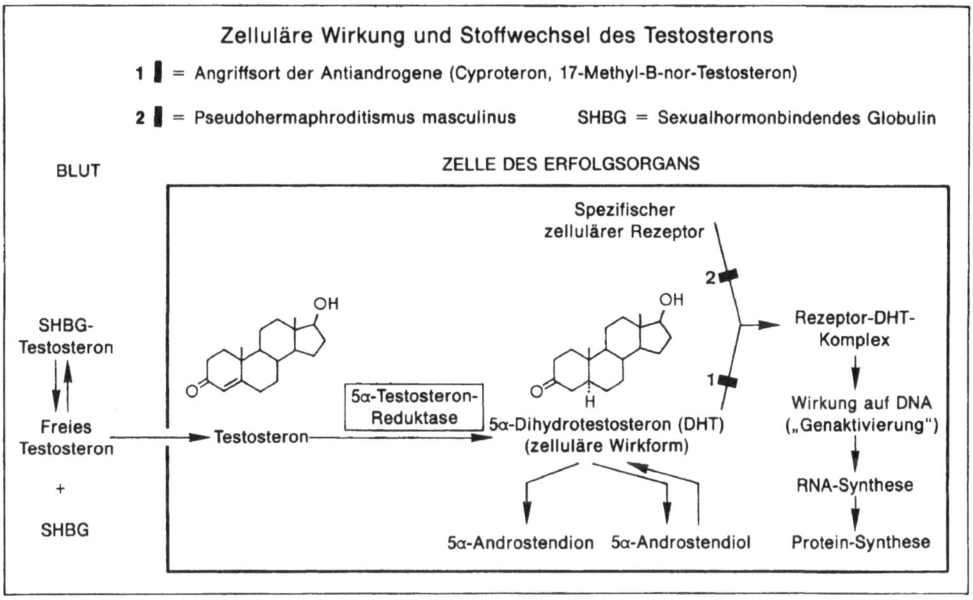

Pseudohermaphroditismus femininus. Differenzierungsstörung des äußeren weiblichen Genitales bei angeborenem Enzymdefekt der Nebennierenrinde mit vermehrter Androgenbildung (s. Adrenogenitales Syndrom, S. 176).

Oviduktpersistenz. Eine seltene Störung der männlichen Differenzierung entsteht durch Ausfall des Anti-Müller-Hormons (Oviduktinhibitor), das physiologischerweise in der 8. bis 10. Fetalwoche die Tuben- und Uterusanlagen im männlichen Organismus zur Rückbildung bringt. Es besteht ein doppelseitiger Leistenhoden mit Hernien. Karyotyp 46, XY.

Gonadendysgenesie. Infolge Ausfall eines X- oder Inaktivität eines Y-Chromosoms kommt es zu doppelseitigem oder einseitigem Fehlen der Gonaden.

Beim männlichen Syndrom mit dem Karyotyp 45 XO/XY (Prävalenz 1 : 2000) besteht Kleinwuchs, Hypogenitalismus, Schildthorax, Aortenisthmusstenose, Pulmonalstenose und Intelligenzdefekt.

Bei Frauen ist das **Ullrich-Turner-Syndrom** die häufigste Form der Gonadendysgenesie (Prävalenz 1 : 5000). Karyotyp 45, XO (S. 188).

Klinefelter-Syndrom s. S. 185.

10. Pankreashormone s. S. 95.

11. Gastrointestinale Hormone s. S. 263.

12. Biogene Amine

Die enzymatische Decarboxylierung von Aminosäuren ohne vorherige Desaminierung führt zur Bildung eines primären Amins. Primäre Aminosäure-Amine (z. B. Histamin) und ihre nach enzymatischer Derivatisierung entstehenden Reaktionsprodukte (z. B. Serotonin, Katecholamine) bilden die Stoffklasse der **biogenen Amine**.

Katecholamine. Die Katecholamine sind Syntheseprodukte des Nebennierenmarks, des sympathischen Nervensystems und des Hirnstammgebietes, die sich biogenetisch vom Tyrosin ableiten und nach Wirkungsbeendigung als **Vanillinmandelsäure** (Hauptabbauprodukt) ausgeschieden werden.

Phäochromozytom. Bei hormonell aktiven Tumoren des chromaffinen Gewebes der Nebennieren oder des sympathischen Nervensystems, die wegen ihrer grauen Farbe als **Phäochromozytome** bezeichnet werden, aber auch in Verbindung mit anderen Krankheiten (Neurofibromatose, medulläre Schilddrüsencarcinome, von Hippel-Lindausche Angiomatose) auftreten kann die Produktion und Ausschüttung von **Noradrenalin** und/oder **Adrenalin** erhöht sein. Sie führt zu Stoffwechselentgleisungen und schweren Störungen der Herztätigkeit und der Kreislauffunktion. Infolge der Erhöhung der Phosphorylaseaktivität der Leber kann es zur **Erhöhung des Blutzuckers** und Glucosurie (diabetische Stoffwechsellage) kommen. Anstieg der Konzentration der **freien Fettsäuren** (Aktivierung der Fettgewebs-Lipase) und des Lactats (Aktivierung der Muskel-Phosphorylase) sind weitere Symptome. Die Überschüttung des Organismus mit Katecholaminen äußert sich vor allem in einem intermittierenden (50%) oder permanenten (50%) **Hochdruck**, der später durch **Koronarinsuffizienz** und Lungenödem kompliziert wird.

Die Diagnose eines Phäochromozytoms wird u. a. durch Nachweis der vermehrten Ausscheidung von **Katecholaminen, Metanephrinen** (s. u.) und **3-Methoxy-4-hydroxymandelsäure** (Vanillinmandelsäure) im Urin gestellt. Die Normalausscheidung (1 – 7 mg/24 h) ist meistens auf Werte über 100 µmol/d (20 mg/24h) erhöht. Neben dem Endprodukt des Katecholaminabbaus werden auch Adrenalin und Noradrenalin selbst sowie Metanephrin (3-Methyladrenalin) und Normetanephrin (3- Methylnoradrenalin) in erhöhter Menge mit dem Urin ausgeschieden. Eine Bestätigungsanalyse der Adrenalin- und Noradrenalinausscheidung sichert die Diagnose. Ein Überwiegen der Adrenalinausscheidung weist auf eine Lokalisation des Tumors im Nebennierenmark, Überwiegen der Noradrenalinausscheidung auf extraadrenale Tumorlokalisation hin.

Beim **Neuroblastom** werden neben dem Adrenalin und Noradrenalin und ihren Ausscheidungsprodukten auch DOPA, Dopamin und Homovanillinsäure mit dem Urin ausgeschieden.

Zu einem **Katecholaminmangel** kann es bei schwerem und protrahiert verlaufendem Schock, bei Säuglingen postpartal (und in Begleitung einer Hypoglykämie), ferner bei angeborener Entwicklungsstörung des vegetativen Nervensystems (familiäre Dysautonomie) kommen. Die Ausscheidung von Vanillinmandelsäure im Urin ist auch bei der Phenylketonurie (Synthesestörung des Tyrosins) und beim Melanom (Verbrauch des Tyrosins durch Pigmentbildung) vermindert.

Eine Degeneration dopaminerger Neuronen der Substantia nigra mit verminderter Synthese des (zentral inhibitorisch wirkenden) **Dopamin** führt zur **Parkinsonschen Krankheit** mit der Symptomtrias Rigor, Tremor, Akinese (s. Kap. Nervengewebe, S. 459). Sie hat ihre Ursache in einem Ungleichgewicht zwischen dem dopaminergen und cholinergen System.

α-Methyldopa verhindert durch Hemmung der DOPA-Decarboxylase die Bildung von Dopamin und Noradrenalin; wirkt also als **Dopaminantagonist** und Antisympathikotonikum. α-Methyldopa wird jedoch selbst zu α-Methylnoradrenalin decarboxyliert, das als „falscher Transmitter“ die Aktivität des peripheren Sympathikus herabsetzt. Es kommt zu Gefäßdilatation und **Blutdrukkabfall**.

Serotonin. Serotonin (5-Hydroxytryptamin) ist ein Derivat des Tryptophans, das durch eine Hydroxylase zunächst in 5-Hydroxytryptophan und dann durch eine Pyridoxalphosphat- abhängige Decarboxylase in das biogene Amin umgewandelt wird. Das Serotonin wird in relativ hoher Konzentration im Zentralnervensystem (Hypothalamus), in der Milz, Lunge und in den argentaffinen („hellen") Zellen des Darmtraktes gefunden.

Der Abbau von Serotonin erfolgt durch eine Monoamin-Oxidase und Aldehyd-Oxidase, unter deren Wirkung das hauptsächliche Endprodukt des Serotoninstoffwechsels, die **5-Hydroxyindolessigsäure**, entsteht, die physiologischerweise mit dem Urin ausgeschieden wird.

Erhöhte Serotoninwerte werden auch bei paraneoplastischen Endokrinopathien (z. B. Bronchial-, Mamma-, Pankreas- und Schilddrüsencarcinom) gefunden.

Beim **malignen Carcinoid** (Tumor der hellen Zellen des Darmtraktes) ist die Serotoninsynthese aufgrund einer erhöhten Decarboxylase- und erniedrigten Monoamino-Oxidase -Aktivität stark erhöht, so daß der Serotoninpool bei Patienten mit malignem Carcinoid mehrere Gramm beträgt und die Ausscheidung der **5-Hydroxyindolessigsäure** mit dem Urin bis auf 2,84 mmol/d (0,5 g/24 h) ansteigt. Lebermetastasen des Carcinoids enthalten im Gegensatz zu normalem Lebergewebe hohe Aktivitäten an Kallikrein, so daß neben dem erhöhten Blutserotoninspiegel auch erhöhte Kininkonzentrationen im Blut nachweisbar sind. Die Patienten leiden unter passageren Blutdruckkrisen mit Blutandrang zum Kopf (flushing), chronischer Diarrhoe und z. T. auch an Bronchospasmen.

Beim Carcinoid liegt nicht nur eine absolut vermehrte Produktion von Serotonin, sondern auch eine Verschiebung in der Relation der Abbauwege vor. Während normalerweise 1% des Tryptophans zu Serotonin umgewandelt wird, beträgt der Anteil beim Carcinoid 60% mit der Folge, daß die Nikotinsäurebildung stark reduziert ist und **Pellagra-ähnliche Symptome** auftreten können. Da Tryptophan damit nicht in ausreichender Menge für die Proteinbiosynthese zur Verfügung steht, ist eine Hypoproteinämie die Folge.

Klinisch-chemische Untersuchungen

- **Katecholamine**. Bei der Bestimmung von Katecholaminen im Blutplasma ist zu berücksichtigen, daß es beim Übergang vom Liegen zum Stehen zu einer Verdoppelung der Noradrenalinkonzentration und beim Adrenalin und Dopamin zu einem etwa 50 proz. Anstieg kommt. Der Katecholaminspiegel wird ferner durch physische und psychische Streßfaktoren beeinflußt und unterliegt einer circadianen Rhythmik.
  Starke körperliche Aktivität führt zu einer erhöhten Ausscheidung von Katecholaminen und Abbauprodukten, eine Reihe von Medikamenten sowie nierengängige Röntgenkontrastmittel stören die Bestimmung.
  Eine Auftrennung und quantitative Bestimmung der Katecholamine ist mit Hilfe der HPLC mit elektrochemischer oder fluorometrischer Detektion

möglich. Für die Bestimmung der Vanillinmandelsäure im Urin ist eine kolorimetrische Methode ausreichend.

Referenzbereiche

Katecholamine im Plasma:

Noradrenalin	1094 – 1625 pmol/l	(185 – 250 ng/l)
Adrenalin	164 – 464 pmpl/l	(30 – 85 ng/l)
Dopamin	197 – 560 pmol/l	(30 – 85 ng/l)

Katecholamine im 24 h-Sammelurin:

Noradrenalin	136 – 620 nmol/24 h	(23 – 105 μg/24 h)
Adrenalin	22 – 109 nmol/24 h	(4 – 20 μg/24 h)
Dopamin	1,26 – 2,98 μmol/24 h	(190 – 450 μg/24 h)

Vanillinmandelsäure im 24 h-Sammelurin:

17 – 33 μmol/24 h (3,3 – 6,5 mg/24 h)

- **Bestimmung der 5-Hydroxyindolessigsäure** (24 h-Sammelurin)

  Referenzbereich: 10 – 50 μmol/24 h (2 – 10 mg/24 h)

  Die kolorimetrische Bestimmung mit 1-Nitroso-2-naphthol wird durch zahlreiche Medikamente und einer Reihe von Nahrungsmitteln (z. B. Ananas, Bananen, Melonen, Tomaten, Walnüsse) gestört, die 2 Tage vor der Bestimmung abgesetzt werden müssen.

13. Histamin

Histamin ist in allen menschlichen Organen in einer Konzentration von etwa 0,09 μmol/g (0,01 mg/g) Frischgewebe enthalten. Die höchste Konzentration findet man in Lunge, Haut und Gastrointestinaltrakt. Histamin wird in den Mastzellen, an Heparin gebunden, gespeichert.

Pathobiochemie. Das in den Zellen in biologisch inaktiver Speicherform vorliegende Histamin kann durch verschiedene Mechanismen freigesetzt werden. Dies tritt z. B. bei Verletzung des Gewebes ein. Auch als Folge einer allergischen Antigen-Antikörper-Reaktion vom Soforttyp (S. 500) kommt es zu einer raschen Entleerung der Histamindepots. Dabei werden die Gewebsmastzellen degranuliert bzw. zytolysiert. Pro Mastzelle werden ≈0,09 pmol (10^{-5}μg) Histamin freigsetzt. Das durch allergische Reaktionen bedingte **Asthma** (Kontraktion der Bronchialmuskulatur), der **Heuschnupfen** (Permeabilitätserhöhung der Gefäße der Nasenschleimhaut) und der **allergische Schock** sind typische Symptome einer lokalen bzw. generalisierten Entleerung von Histamindepots.

Die zur Behandlung allergischer Erscheinungen (Heuschnupfen, Heuasthma) eingesetzten **Antihistaminika** verdrängen das Histamin von seinen Gewebsrezeptoren.

14. Eikosanoide s. Kap. Entzündung S. 491

15. Cytokine

Die Entwicklung und Differenzierung embryonaler Zellen, der Zellen des zirkulierenden Blutes aus ihren Vorstufen bzw. Stammzellen (S. 207) und die Regulation der Proliferation der Zellen aller Gewebe und Organe vielzelliger Organismen unterliegen der Kontrolle durch Cytokine (Lymphokine) und Wachstumsfaktoren. Einen Überblick geben die nachfolgenden Tabellen.

Es handelt sich um eine Familie von Polypeptidhormonen mit Mol.-Gew. von 6000 – 30000, die in einer Konzentration von wenigen µg/l (ng/ml) wirksam werden.

Cytokine und Wachstumsfaktoren werden durch zelluläre Elemente des Blutes, aber auch von Gewebszellen und Tumorzellen gebildet, erreichen ihre Zielzellen über Diffusionsprozesse oder über die Zirkulation, können aber auch durch die Zielzellen selbst produziert und über eine autokrine Regulation wirksam werden. Cytokine und Wachstumshormone entfalten ihre Wirkung nach Bindung an spezifische Rezeptoren der Zielzellen. Ihre Interaktion mit dem Rezeptor löst intrazelluläre Signalketten aus, an denen cAMP, cGMP, IP_3, Diacylglycerol, das Calcium-Calmodulin-System oder spezifische Protein-Kinasen (z. B. Tyrosin-spezifische Protein-Kinasen, Serin/Threonin-spezifische Protein-Kinase C) beteiligt sein können und schließlich Stoffwechselumschaltungen bewirken, die für das betreffende Cytokin oder den Wachstumsfaktor charakteristisch sind. Zahlreiche Cytokin- und Wachstumsfaktoren kooperieren in einem komplexen Netzwerk regulativer Prozesse.

Die klinische Anwendung der gentechnisch verfügbaren Cytokine – insbesondere in der onkologischen Therpaie – steht noch in den Anfängen. G-CSF und EPO sind erfolgreich bei der während zytostatischen Behandlungen auftretenden Granulozytopenie und Anämie eingesetzt worden. Zu beachten ist, daß Cytokine beträchtliche Nebenwirkungen besitzen. Sie äußern sich in Fieber, Abgeschlagenheit, Cephalgien und Myalgien (G-CSF, IFN, IL-2 und 3) sowie Hepatotoxie und Schocksymptomen (TNF).

Cytokine (A) und Wachstumsfaktoren (B)

Die Angaben für die an Bildung und Wirkung beteiligten Zelltypen sind Beispiele

	Bezeichnung	Abk.	Zelluläre Quelle	Zielzellen
A	Interferone α, β, γ	IF	T-Zellen, NK-Zellen, Melanomzellen, Endothelzellen, Fibroblasten	Makrophagen, T-Zellen, B-Zellen, NK-Zellen
	Interleukin-1	IL-1	Makrophagen, Endothelzellen, B-Zellen, Fibroblasten, Epithelzellen, Osteoblasten	Fibroblasten, Hepatozyten, Muskelzellen, Endothelzellen, Epidermale Zellen, T-Zellen, B-Zellen, Makrophagen, Neutrophile Granulozyten
	Interleukin-2	IL-2	T-Zellen	T- und B-Zellen, Makrophagen
	Kolonie-stimulierende Faktoren	CSF	Fibroblasten, Makrophagen, Monozyten, Endothelzellen, T-Zellen, B-Zellen	Hämatopoetische Stammzellen
	Interleukin-3	IL-3	T-Zellen, Melanozyten, Epidermale Zellen	Hämatopoetische Stammzellen
	Interleukine-4–8	IL 4–8	T-Zellen, Makrophagen	Hämatopoetische Stammzellen
	Erythropoetin	EPO	Niere	Erythropoetische Stammzellen
	Tumor-Nekrose-Faktor	TNF	Makrophagen, T-Zellen	Adipozyten, Endothelzellen, Neutrophile Granulozyten
B	Epidermaler WF	EGF	Megakaryozyten (TZ), Niere, Epithelzellen	Epi- und Endothelzellen
	Insulinähnliche WF I und II	IGF I, II	Hepatozyten	Chondrozyten, Fibroblasten
	Saurer und basischer Fibroblasten-WF	sFGF bFGF	Makrophagen, Gehirn, Osteosarkomzellen	Endothelzellen, Fibroblasten, Myoblasten
	Thrombozyten-WF (AA, AB, BB)	PDGF	Megakaryozyten (TZ), glatte Muskelzellen, Makrophagen	Bindegewebszellen, glatte Muskelzellen, Neuroglia
	Transformierender WF	TGF-β	Sarkomzellen, Glioblastomzellen, Megakaryozyten (TZ), Knochenzellen	T- und B-Zellen, Fibroblasten, Monozyten, glatte Muskelzellen
	Nerven-WF	NGF	Speicheldrüsen, Makrophagen	Neuronale Zellen

Abk.: WF = Wachstumsfaktor, TZ = Thrombozyten

Biologische Wirkung von Cytokinen (A) und Wachstumsfaktoren (B)

	Abk.	Funktion bzw. biologische Wirkung (Beispiele)
A	IF α, β, γ	Antiproliferative Wirkung gegen bestimmte Tumorzellen, antivirale Wirkung, stimuliert Expression der MHC-Proteine der Klasse II, aktiviert Makrophagen
	IL-1	Anregung der klonalen Teilung und Differenzierung von B- und T-Lymphozyten, Stimulation der Aminosäurefreisetzung in Muskelzellen, der Kollagenbiosynthese in Fibroblasten, der Synthese von Akute-Phase-Protein in Leberzellen, Chemotaxis für neutrophile Granulozyten, Verstärkung der NK-vermittelten Zytotoxizität
	IL-2	Aktivierung und Differenzierung von T- und B-Lymphozyten-Klonen, verstärkt Interferon-γ-Produktion
	IL-3	Unterstützt die Wirkung von Erythropoetin und GM-CSF
	IL-4 – 8	Notwendig für Differenzierung und Reifung von neutrophilen, basophilen und eosinophilen Granulozyten, Monozyten, B- und T-Lymphozyten
	CSF	Stimuliert die Bildung von Granulozyten (G-CSF) und/oder Makrophagen (GM-CSF, M-CSF) aus Knochenmarkstammzellen
	EPO	Stimuliert erythroide Vorläuferzellen in Knochenmark und fetaler Leber und Proliferation von Erythroblasten zu Retikulozyten
	TNF	Zytotoxische (antineoplastische) Wirkung gegen bestimmte Tumorzellen, verhindert Aufnahme und Speicherung von Triglyceriden in Fettgewebe durch Hemmung der Lipoprotein-Lipase und Lipidbiosynthese
B	EGF	Fördert Wachstum und Differenzierung während fetaler Entwicklung, Cofaktor von IGF I und II bei der Wundheilung
	IGF I, II	Mitogene Stimulation von Chondrozyten der Wachstumsfuge, Bindegewebs- und Fettzellen
	sFGF bFGF	Mitogener Effekt auf zahlreiche Zellinien durch Verkürzung der G_1-Phase des Zellzyklus, fördert Ossifikation von Knorpelzellen
	PDGF	Anregung der Proliferation und Migration glatter Muskelzellen des Arteriengewebes und anderer Zellinien, stimuliert Turnover von IP_3, induziert Expression von c-myc und c-fos
	TGF-β	Verstärkt oder hemmt (je nach Zelltyp) die Reaktion auf andere Wachstumsfaktoren, steuert bei manchen Zelltypen die Differenzierung, induziert Angiogenese, chemotaktische Effekte
	NGF	Fördert Entwicklung, Aufrechterhaltung und Regeneration sympathischer und sensorischer Neurone, Regulation der Neurotransmittersynthese

II. Vitamine

1. Vitaminmangel

Ein Fehlen der Vitamine in der Nahrung oder eine längere Unterschreitung des Tagesbedarfs führt über einen latenten Mangel, der sich lediglich durch unspezifische Symptome zu erkennen gibt **(Hypovitaminosen)**, schließlich zu charakteritischen Mangelerscheinungen, die in schweren Formen **(Avitaminosen)** zum Tode des Organismus führen. Mit der Nahrung zugeführte Vitaminüberschüsse werden ausgeschieden, können jedoch (selten) auch schädliche Auswirkungen **(Hypervitaminosen)** haben.

Der Tagesbedarf an einzelnen Vitaminen liegt beim Menschen im Bereich von 0,001 – 50 mg. Schlechtere Ausnutzung (Resorptionsstörungen) oder gesteigerter Verbrauch (Wachstum, Gravidität) können den Bedarf erhöhen. Eigensynthese durch Darmbakterien oder Speicherung (vorwiegend bei fettlöslichen Vitaminen) können den Bedarf ständig oder zeitweise herabsetzen.

Die ubiquitäre Beteiligung und synergistische Wirkung zahlreicher Vitamine als Coenzyme der Hauptketten des Intermediärstoffwechsels macht es verständlich, warum beim selektiven Mangel eines einzelnen Vitamins mehrere Stoffwechselwege betroffen sein können und bei Mangelzuständen verschiedener Vitamine häufig die gleichen, wenig charakteristischen Allgemeinsymptome wie Wachstumsstillstand, Gewichtsverlust und Störung in der Trophik von Geweben mit raschem Umsatz (Haut, Schleimhäute, Myokard, Leber, Nervengewebe) beobachtet werden.

2. Thiamin (Vitamin B_1)

Mangelerscheinungen: Beri-Beri (neurologische Störungen mit Neuritis, Parästhesien und Hypästhesien, Areflexie und Paresen, Störungen der Herzmuskeltätigkeit, ggf. Ödeme an Rumpf und unteren Extremitäten und Ergüsse in seröse Höhlen).

Nachweis eines Thiaminmangels. Verminderte Thiaminausscheidung im 24 h-Sammelurin. Bestimmung durch HPLC.
Referenzbereich Erwachsene: $>100\ \mu g/24$ h.

Der Thiaminstatus kann ferner durch Bestimmung der Transketolaseaktivität von Erythrozyten-Lysaten überprüft werden.

Coenzymfunktion von Vitaminen und Vitaminmangelerscheinungen

Vitamin	Coenzymform	Funktion	Mangelerscheinungen beim Menschen
Thiamin (B_1)	Thiaminpyrophosphat	Oxidative Decarboxylierung, Aldehydtransfer	Beri-Beri
Riboflavin (B_2)	FAD, FMN	Wasserstofftransfer	Haut-, Schleimhaut- und Gewebsschäden
Nicotinamid	NAD, NADP	Wasserstofftransfer	Pellagra
Biotin	Biotinylprotein	CO_2-Transfer	Haut-, Schleimhaut- und Gewebsschäden
Pantothensäure	Coenzym A	Acyl-, Acetyltransfer, Synthese und Oxidation von Fettsäuren	nicht bekannt
Folsäure	Tetrahydrofolsäure	Ein-Kohlenstofftransfer	Megaloblastenanämie
Cobalamin (B_{12})	Desoxyadenosyl- bzw. Methylcobalamin	Gruppentransfer, Isomerisierung	Perniziöse Anämie
Pyridoxin (B_6)	Pyridoxalphosphat	Transaminierung, Decarboxylierung, Gruppentransfer	Schäden des Nervensystems, Anämie
Retinol (A)	Retinylphosphat	Monosaccharidtransfer	Nachtblindheit, Cornea- und Epithelschäden
Calciferol (D_3)	1,25-Dihydroxycalciferol*	Induktion (Proteinbiosynthese)	Rachitis
Phyllochinon (K)	Reduziertes Phyllochinon	Spezifischer Carboxyltransfer	Hämorrhagien

* Steroidhormonähnliche Wirkung

Therapie. Bei Erkrankungen des Nervensystems, chronischem Alkoholismus (20–30 mg/Tag).

3. Nicotinamid

Mangelerscheinungen. Pellagra (symmetrische erythematöse Veränderungen der Haut, insbesondere nach intensiver Sonnenbestrahlung, chronische Entzündungen der Schleimhäute des Verdauungstraktes, Störungen des Zentralnervensystems, Wachstumsstillstand bei Jugendlichen, Gewichtsverlust, Anämien, Exsikkose).

Nachweis eines Nicotinamidmangels. Ausscheidung von Nicotinamid im 24 h-Sammelurin. Bestimmung durch Reversed phase HPLC.

Referenzbereich Erwachsene: 0,3 – 1,5 mg/24 h.

Therapie: Bei Pellagra, nach Röntgenbestrahlung, bei Dermatosen (50 – 100 mg/Tag). „Pharmakologische Dosen" (0,5 – 1,0 g) werden bei Durchblutungsstörungen der Extremitäten und Herzkranzarterien sowie bei Hyperlipoproteinämien (S. 119) verwendet.

4. Folsäure

Mangelerscheinungen: Megaloblastenanämie (S. 211), Leukopenie, Thrombopenie. Tetrahydrofolsäure-abhängige Enzyme spielen bei der Synthese von Purinkörpern und Thymin eine fundamentale Rolle und erklären damit die Bedeutung der Tetrahydrofolsäure für Wachstum und Teilung von Zellen.

Da die Aufnahme der Folsäurevorstufen aus dem Jejunum und ihre Umwandlung in Tetrahydrofolsäure in der Mucosazelle ein komplexer Prozeß von enzymatischen Reaktionen und Transportvorgängen ist (Abbildung), tritt eine Folsäuremalabsorption häufig bei Erkrankungen des Jejunums (z. B. Zöliakie) auf. Eine verminderte Aufnahme, auch bei entzündlichen Dickdarmerkrankungen, ist ein Hinweis auf funktionelle Beziehungen zwischen Dickdarm und Jejunum.

Nachweis eines Folsäuremangels. Bestimmung im Serum durch kompetitiven Proteinbindungstest mit Hilfe von [^{125}I]Folsäure.

Referenzbereich Erwachsene: 2 – 9 µg/ml.

Therapie. Bei Megaloblastenanämien (S. 211), bei denen der Folsäurespiegel im Serum gering (< 5 µg/l), der Cobalaminspiegel dagegen normal (220 – 950 pg/ml) ist.

Folsäureantagonisten, z. B. Methotrexat (4-Amino-10-methylfolsäure) hemmen die Dihydrofolsäure-Reduktase, also die Bildung der coenzymaktiven Form der Folsäure. Folsäureantagonisten werden bei der Behandlung der Leukämie eingesetzt. Da sie die Bildung von Dihydrofolsäure-Reduktase induzieren, entwickeln die Leukämiezellen nach einiger Zeit Resistenz, so daß steigende

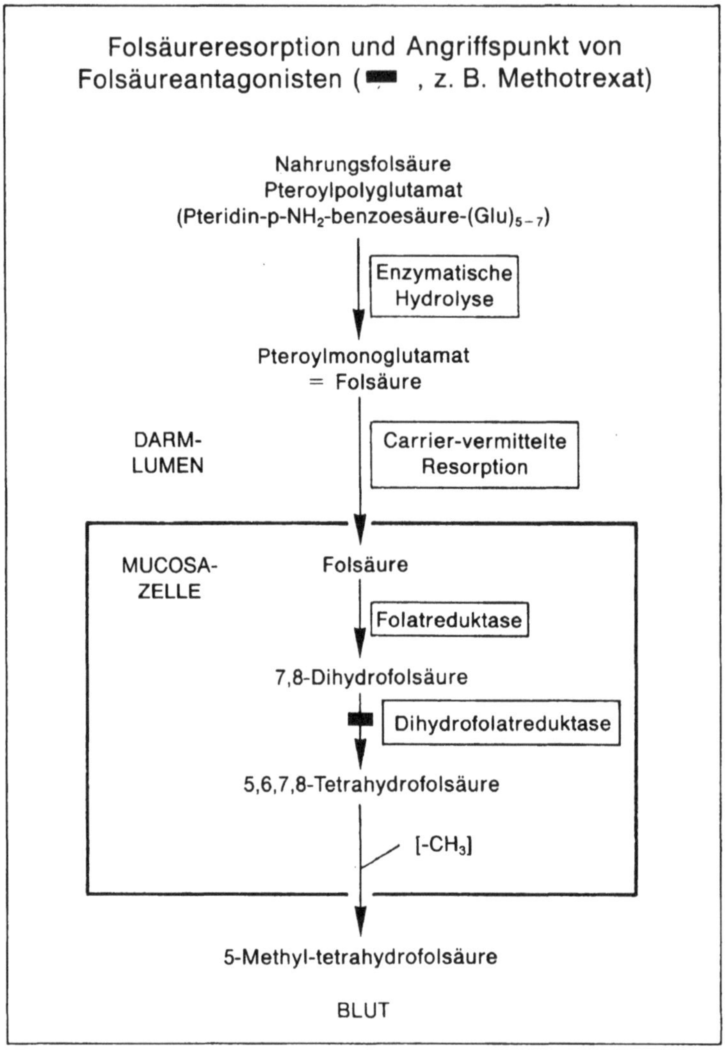

therapeutische Dosen des Folsäureantagonisten notwendig sind (hochdosierte Stoßtherapie mit nachfolgender Gabe von Leucoverin = Calciumsalz der Folsäure).

5. **Cobalamin** (Vitamin B_{12})

Mangelerscheinungen. Bei Vitamin B_{12}-Mangel (nach teilweiser oder vollständiger operativer Entfernung des Magens, bei intestinalen Resorptionsstörungen, z. B. Malabsorption, Maldigestion, Besiedlung des Intestinaltraktes mit Fischbandwurm) entwickelt sich eine Megaloblastenanämie (perniziöse Anämie, Kap. Blut und blutbildende Organe, S. 211).

Bei Leberschaden kann die Synthese des Cobalamin-speichernden **Transcobalamin I** herabgesetzt sein und zu einem sekundären Cobalaminmangel führen.

Nachweis eines Cobalaminmangels. Bestimmung durch kompetitiven Proteinbindungstest mit Hilfe von radioaktiv markiertem [^{57}Co]Cobalamin. **Referenzbereich** Erwachsene: 220–950 pg/ml Serum/Plasma.

Weitere diagnostische Hinweise: Ausscheidung von Methylmalonat im Urin (als Folge des unvollständigen Propionsäureabbaus) und die um das 10–100-fache erhöhte Aktivität der Serum-Lactatdehydrogenase, die aus den Megaloblasten stammt.

Therapie. Da ein Cobalaminmangel immer auf unzureichender Resorption, d. h. auf Fehlen des **Intrinsicfaktors** (Glykoprotein des Magensaftes) beruht, muß Vitamin B_{12} therapeutisch parenteral verabfolgt werden. Bei einem täglichen Verbrauch von 2,5 µg kann eine Injektion von 1 mg Aquocobalamin den Bedarf über 100 Tage decken.

6. **Pyridoxin** (Vitamin B_6)

Mangelerscheinungen. Neurologische Störungen (bei Kindern epileptiforme Krämpfe und Übererregbarkeit) vermutlich wegen der herabgesetzten Konzentration der γ-Aminobuttersäure im ZNS, sideroachrestische Anämie (Kap. Erythrozyten, S. 217).

Nachweis eines Pyridoxinmangels. Bestimmung des Pyridoxalphosphats (Coenzym) im EDTA-Plasma durch HPLC (oder Fluorometrie).

Referenzbereich: 4–20 ng/ml.

Therapie. Bei pyridoxinabhängiger Anämie, Reisekrankheiten, Schwangerschaftserbrechen, Strahlenschäden und Nebenwirkungen nach Isonicotinsäurehydrazid- bzw. D-Penicillamin-Therapie 80–100 mg/Tag.

7. **Phyllochinon** (Vitamin K)

Mangelerscheinungen. Hämorrhagien bei Prothrombinmangel bzw. Mangel an Gerinnungsfaktoren VII, IX, X u. a. nach oraler Antibiotikabehandlung (Hemmung des Wachstums der Darmbakterien als Vitamin K-Lieferanten) und bei

Resorptionsstörung des Vitamin K (z. B. Gallengangsverschluß). Physiologische Hypoprothrombinämie der Neugeborenen als Ausdruck eines Vitamin K-Mangels. Nachweis durch Bestimmung des Vitamin K_1 (trans-Phyllochinon) mit Hilfe der Reversed phase HPLC im Serum.

Referenzbereich 1 – 8 µg/ml.

Therapie. Blutungen oder Blutungsneigung bei schwerer Hypoprothrombinämie (z. B. nach Überdosierung von Vitamin K-Antagonisten oder beim Neugeborenen).

Vitamin K-Antagonisten (z. B. Dicumarol) können therapeutisch zur Herabsetzung der Gerinnungsfähigkeit des Blutes (z. B. bei Gefahr einer Coronarthrombose) eingesetzt werden.

Toxizität. Hohe Dosen können bei Neugeborenen zu tödlich verlaufendem massiven Zerfall von Erythrozyten (hämolytische Anämie, Kernikterus) führen, bei Erwachsenen sind schockartige Zwischenfälle nach i.v. Injektion möglich.

8. **Retinol** (Vitamin A)

Mangelerscheinungen. Störung des Nacht- und Dämmerungssehens (Nachtblindheit). Xerosis und Keratinisierung der Cornea des Auges (Xerophthalmie) sowie der Haut und Schleimhaut (Hyperkeratosis). Nachweis durch Bestimmung des Retinols im Serum/Plasma (HPLC-Methode).

Referenzbereich Erwachsene: 0,3 – 0,65 µg/ml.

Therapie. Bei Vitamin A-Mangel-Erscheinungen (5 000 I.E./kg Körpergewicht). Vitamin A-Säure (Retinsäure) wird wegen seiner keratolytischen Wirkung äußerlich als Schälmittel bei Akne vulgaris verwandt.

Toxizität. Akute Intoxikationserscheinungen bei Vitamin A-Überdosierung (schwere Kopfschmerzen, Erbrechen, Benommenheit). Chronische Überdosierung führt bei Kindern und Jugendlichen zu Haut- und Schleimhautaffektionen, Haarausfall, Gelenkschmerzen, Periostverdickung der Extremitätenknochen, gelegentlich zur Hemmung des Knochenwachstums und zu frühzeitigem Epiphysenverschluß.

Im Tierversuch haben hohe Vitamin A-Dosen **teratogene Wirkung**.

9. **Calciferol** (Vitamin D, D-Hormon)

Mangelerscheinungen s. Kap. Innere Sekretion (S. 172). Da das D-Hormon – die Wirkform des Calciferols – im menschlichen Organismus aus Cholesterin gebildet wird, und Cholesterin durch Totalsynthese aus Acetyl-CoA entstehen kann, liegt einem Vitamin D-Mangel niemals eine unzureichende Versorgung mit dem Provitamin, sondern immer eine Störung der Umwandlung von Cholesterin in das D-Hormon (1,25-Dihydroxycholecalciferol) zugrunde. Eine Störung der Reaktion Cholesterin → 1,25-Dihydroxycholecalciferol kann ihre Ursache in einer mangelnden Ultraviolettbestrahlung der Haut, aber auch in einer fehlenden Hydroxylierung des Cholecalciferols zum 25-Hydroxycholecalciferol in der Leber haben. Anstelle des physiologischerweise gebildeten 25-Hydroxycholecalciferols entstehen in der Leber dann atypische Cholecalciferolmetaboliten, die u. a. eine Phosphatrückresorption in den Nierentubuli blockieren können. Das resultierende Krankheitsbild ist durch Hyperphosphaturie und Hypophosphatämie gekennzeichnet und wird auch als **Phosphatdiabetes** (S. 175) bzw. **Vitamin D-resistente Rachitis** bezeichnet (S. 173).

Therapie und Toxizität (S. 173).

10. **Tocopherol** (Vitamin E)

Mangelerscheinungen. Beim Menschen nicht sicher nachgewiesen bzw. wenig ausgeprägt.

Therapie. Versuch bei Muskel- und Bindegewebserkrankungen (100–500 mg/Tag).

11. **Ascorbinsäure** (Vitamin C)

Mangelerscheinungen. Skorbut bzw. Möller-Barlowsche Erkrankung der Kinder (Kap. Bindegewebe, S. 417 und Kap. Hämostase, S. 239). Nachweis eines Ascorbinsäuremangels: Ascorbinsäure des Serums bzw. EDTA-Plasmas wird quantitativ zu Dehydroascorbinsäure oxidiert und mit 2,4-Dinitrophenylhydrazin zu einem rot gefärbten Osazon umgesetzt, dessen Extinktion bei 520 nm gemessen wird.

Referenzbereich: 0,6–2,0 mg/dl.

Therapie. Wegen des erhöhten Bedarfs bei Infektionen und nach chirurgischen Eingriffen (500 – 10 000 mg/Tag), zur Behandlung einer akuten Methämoglobinämie.

Toxizität. Bei langfristiger Therapie mit hohen Ascorbinsäuredosen kann als Abbauprodukt **Oxalsäure** entstehen und zur Konkrementbildung (Oxalatsteine) in den ableitenden Harnwegen führen. Bei einer täglichen oralen Gabe von 6 g Ascorbinsäure über 7 Tage ließ sich eine 10-fache Steigerung der Oxalatausscheidung im Urin nachweisen.

E. Zellen, Organe und funktionelle Systeme

I. Blut und blutbildende Organe

1. Hämatopoese

Die Regulation der Blutzellbildung unterliegt einer Vielzahl von Kontroll- und Steuermechanismen, an denen Wachstums- und Differenzierungsfaktoren wesentlichen Anteil haben. Die **hämatopoetischen Wachstumsfaktoren** (s. a. Cytokine, S. 197) sind chemisch in ihrer Struktur aufgeklärte (und auch durch rekombinante DNA-Technologie verfügbare) Glykoproteine, welche die Fähigkeit besitzen, Proliferation und Funktion verschiedener hämatopoetischer Zellspezies zu koordinieren. Die einzelnen Faktoren zeigen meist ein Ineinandergreifen ihres Aktivitätsspektrums, wobei auch synergistische Effekte häufig sind. Die Abbildung zeigt schematisch die Funktion und Lokalisation verschiedener hämatopoetischer Wachstumsfaktoren.

Netzwerk hämatopoetischer Wachstumsfaktoren und Interleukine in der Hämatopoese

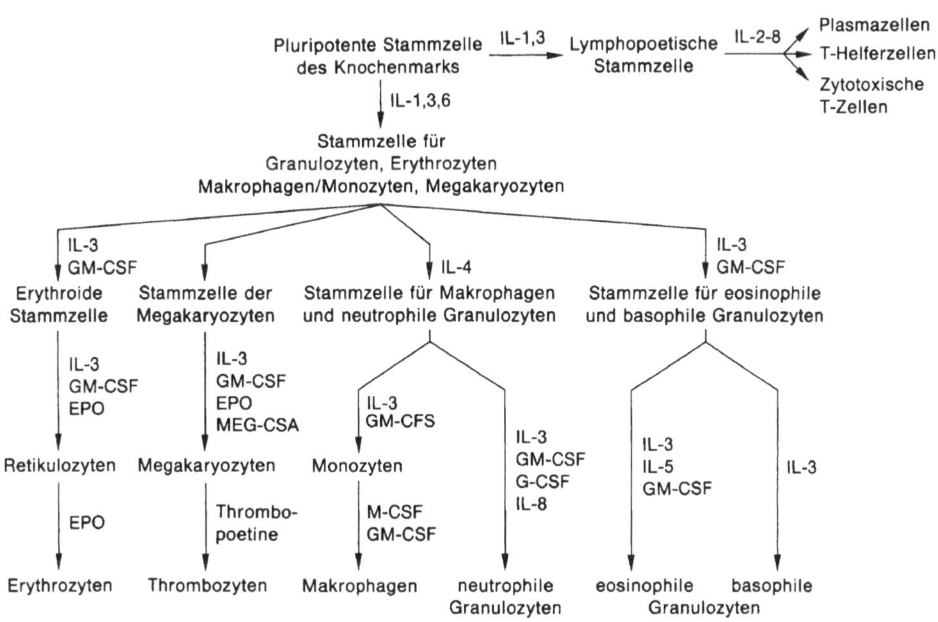

Abkürzungen: CSF = Koloniestimulierender Faktor für Granulozyten (G – CSF), Monozyten (M – CSF) und Granulozyten/Monozyten (GM-CSF)
IL = Interleukine 1 – 8
MEG-CSA = Koloniestimulierende Aktivität für Megakaryozyten
EPO = Erythropoetin

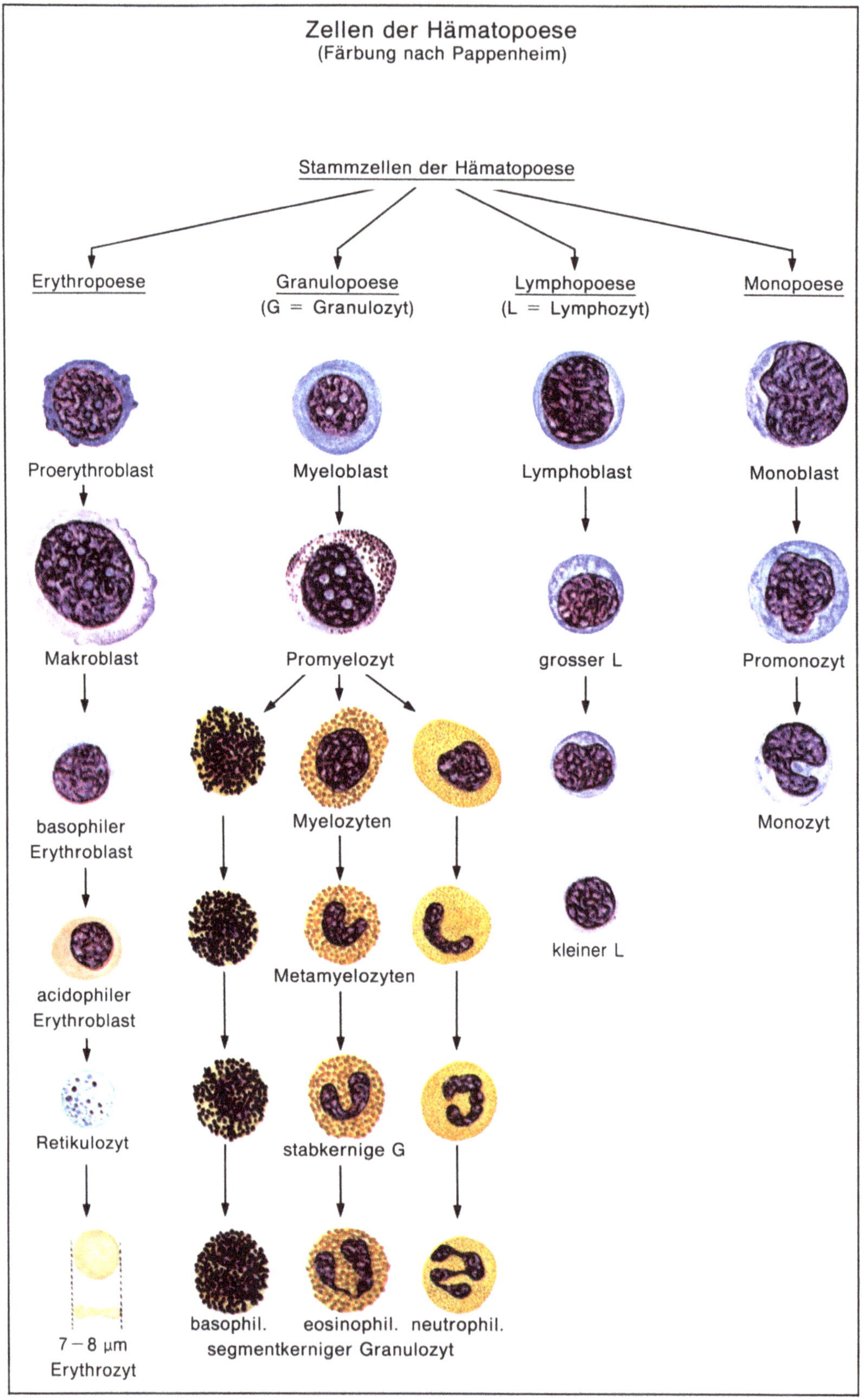
Zellen der Hämatopoese
(Färbung nach Pappenheim)
Stammzellen der Hämatopoese
Erythropoese
Granulopoese
(G = Granulozyt)
Lymphopoese
(L = Lymphozyt)
Monopoese
Proerythroblast
Myeloblast
Lymphoblast
Monoblast
Makroblast
Promyelozyt
grosser L
Promonozyt
basophiler Erythroblast
Myelozyten
Monozyt
acidophiler Erythroblast
Metamyelozyten
kleiner L
Retikulozyt
stabkernige G
7 – 8 µm
Erythrozyt
basophil.
eosinophil.
neutrophil.
segmentkerniger Granulozyt

Die hämatopoetischen Wachstumsfaktoren werden von Makrophagen, Fibroblasten, Endothelzellen, T-Lymphozyten und z. T. auch von Nieren-, Thymus- und Milzzellen gebildet und von den hämatopoetischen Stammzellen (Progenitorzellen) über Zellmembran-assoziierte Rezeptoren erkannt.

Die ortsfeste Verankerung der Stammzellen des Knochenmarks bzw. der lymphopoetischen Stammzellen an extrazelluläre Strukturen erfolgt über gewebsspezifische Zelladhäsionsmoleküle, die als membranintegrierte Proteine („Integrine“) nach Art eines Rezeptor-Ligand-Mechanismus mit korrespondierenden extrazellulären Strukturen des Knochenmarks bzw. lymphatischen Gewebes reagieren.

Als Indikatoren für ihren Reifungs- und Differenzierungsgrad sowie ihren Aktivierungszustand besitzen die weißen Blutzellen Zelloberflächenmarker, zu denen Membranrezeptoren für den Fc-Anteil der IgG, Zellmembran-integrierte Aktin-bindende Proteine und Rezeptoren für Komplementfaktoren und MHC-Proteine der Klasse I und II gehören, ferner die für eine Adhäsion und zielgerichtete Bewegung verantwortlichen Glykoproteine Mac-I und LFA-I, die als Dimere mit identischen β-Ketten und unterschiedlichen (aber Homologien aufweisenden) α-Ketten identifiziert wurden. Die zytotoxischen T-Lymphozyten und die T-Helferlymphozyten unterscheiden sich durch ihre CD-Oberflächenproteine ($CD8^+$ bzw. $CD4^+$); CD = Cluster of diffentiation.

Zytologische Merkmale der gefärbten Blutzellen und ihrer Vorstufen zeigt die Farbtabelle.

2. Störungen des Erythrozytenumsatzes

Zahlreiche angeborene oder erworbene Stoffwechseldefekte können Bildung und Lebensdauer der Erythrozyten beeinträchtigen. Dabei ergeben sich folgende pathogenetische Möglichkeiten:

- Störungen der Stammzellproliferation bzw. DNA-Synthese führen zu aplastischer bzw. megalozytärer (megaloblastärer) Anämie.
- Bei einer Störung der Synthese des Hämoglobins können entweder die Bildung der Globinketten (α-, β-Ketten, Hämoglobinopathien) oder die Hämkomponente (Porphyrie) oder die Bereitstellung des für die Hämoglobinsynthese notwendigen Eisens (Eisenmangelanämie) betroffen sein.
- Auch die mangelhafte Synthese von Erythrozytenenzymen (Enzymopathien) oder andere Strukturdefekte (Sphärozytose, Elliptozytose) bedingen eine Störung des Erythrozytenumsatzes.

Angeborene und erworbene Störungen des Erythrozytenstoffwechsels

Differentialdiagnose der Anämien

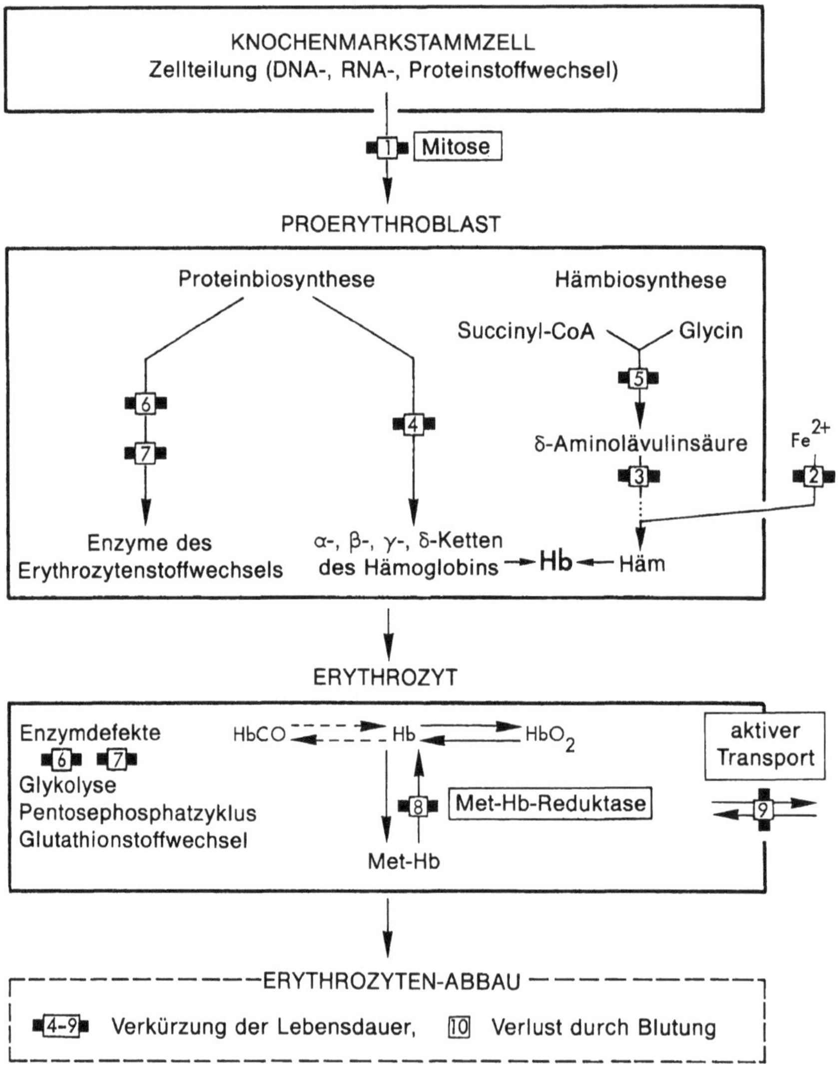

[1] Megaloblastenanämien (Cobalamin(Vitamin B_{12})-Mangel, Folsäuremangel)

[2] Eisenmangelanämien (Störungen des Eisenstoffwechsels)

[3] Porphyrien (Störungen der Hämsynthese)

[4-9] Hämolytische Anämien

[4] Hämoglobinopathien

[5] Pyridoxalphosphatmangel

[6] Enzymdefekte der Glykolyse und des Pentosephosphatzyklus

[7] Enzymdefekte des Glutathionstoffwechsels

[8] Methämoglobinämie

[9] Membran/Zytoskelett-Defekte

[10] Blutungsanämien

Allen Störungen gemeinsam ist die Herabsetzung der Lebensdauer der Erythrozyten, die zur **Anämie** führt, wenn nicht der durch Verkürzung der Lebensdauer bedingte vermehrte Abbau von Erythrozyten durch entsprechende Steigerung der Neubildung kompensiert wird. Eine **Anämie** liegt vor, wenn die Hb-Konzentration bei Männern unter 14,0 g/dl, bei Frauen unter 12,5 g/dl Blut abgesunken ist.

3. Megaloblastäre Anämien

Cobalamin- und Folsäuremangel (Megaloblastenanämie). Hochgradiger Mangel an Cobalamin (Vitamin B_{12}) und Folsäure führt zu herabgesetzter DNA-Synthese, da die Coenzymform der Vitamine Cobalamin (B_{12}) und der Folsäure (Tetrahydrofolsäure) an der Purin- und Pyrimidinsynthese beteiligt ist. Sie manifestiert sich in verzögerter Teilung und Ausreifung der Zellen des Knochenmarks und Bildung von Megaloblasten. Ursache der **Megaloblastenanämien**, bei denen die Zahl der Normozyten gegenüber der Zahl der Megaloblasten stark herabgesetzt ist, der einzelne Megaloblast jedoch eine größere Hämoglobinmenge enthält, können Störung der Vitaminresorption (Erkrankungen des Magen-Darm-Kanals), der Utilisation (Parasiten, Störung der Mikroflora) oder vermehrter Verbrauch (z. B. Gravidität oder hämolytische Anämie) sein (Tabelle).

Häufige Ursachen megaloblastärer Anämien (Cobalamin- bzw. Folsäuremangel)

- Resorptionsstörung durch Mangel an Intrinsicfaktor (Achlorhydrie, Magenresektion)
- Malabsorption (z. B. M. Crohn, Sprue, Zöliakie, exokrine Pankreasinsuffizienz
- Gesteigerter Verbrauch oder vermehrter Bedarf (Gravidität, Hämoblastosen, Hyperthyreose)
- Gestörte Utilisation (Darmparasiten, pathologische Darmflora)
- Medikamente (z. B. Folsäureantagonisten, Antikonvulsiva, orale Kontrazeptiva, einzelne Barbiturate)
- Vermehrte Ausscheidung (Langzeithämodialyse bei Urämie)
- Unzureichende Speicherung (schwere chronische Lebererkrankung)

Die megaloblastäre Anämie als Folge einer atrophischen Gastritis mit Pentagastrin-refraktärer Achlorhydrie (Mangel an Intrinsicfaktor) bezeichnet man als **perniziöse Anämie**.

Bei Cobalamin (Vitamin B_{12})-Mangel entwickelt sich eine **funikuläre Spinalerkrankung** mit Degeneration der Seiten- und Hinterstränge, die Parästhesien,

Störungen der Vibrationsempfindung und – seltener – motorische Lähmung und spastische Ataxie zur Folge haben. Bei **isoliertem Folsäuremangel** fehlen neurologische Symptome.

Aplastische Anämie. Ein Defekt der Stammzellproliferation wird als aplastische Anämie bezeichnet. Sie kann angeboren sein oder ihre Ursache in exogenen Faktoren (Behandlung mit ionisierenden Strahlen, Zytostatika, Benzolvergiftung) haben.

4. Hämolytische Anämien

Besteht ein krankhaft beschleunigter Abbau von Erythrozyten, so liegt eine **hämolytische Erkrankung** vor. Da das Knochenmark in der Lage ist, seine Leistung maximal bis auf das Zehnfache zu erhöhen, können bis zu 25×10^6 Erythrozyten/s neu gebildet werden. Folglich kann auch ein bis zum Zehnfachen der Norm gesteigerter Abbau von Erythrozyten noch vom Knochenmark kompensiert werden. Man wird daher selbst bei mehrfacher Steigerung des Erythrozytenabbaus gegenüber der Norm häufig noch keine Anämie feststellen können. Trotzdem handelt es sich um einen krankhaften Zustand, der als **Hyperhämolyse** bezeichnet wird.

Wird durch gesteigerte Leistung des Knochenmarks der Bedarf an Erythrozyten nicht mehr gedeckt, entwickelt sich eine **hämolytische Anämie** (hämolytische Erkrankung). Für hämolytische Erkrankungen gibt es zwei Ursachen:

- Bei den **korpuskulären hämolytischen Erkrankungen** (korpuskuläre Anämie) liegt die Ursache im Erythrozyten selbst und ergibt sich aus einer pathologisch veränderten Struktur der Erythrozytenmembran oder seiner Inhaltsbestandteile (z. B. des Hämoglobins, eines Enzyms oder eines anderen Strukturbestandteils).
- Die **extrakorpuskulären hämolytischen Erkrankungen** entstehen durch von außen her schädigende Einflüsse (z. B. Antikörper, physikalische Noxen, chemische Noxen, Schlangengift u. a. Faktoren).

Kennzeichnende Laborbefunde bei Vorliegen einer hämolytischen Anämie sind:

- Normochrome Anämie,
- erhöhte Retikulozytenzahl im Blut (Referenzintervall 25000 bis 75000/μl Blut),
- gesteigerte Erythropoese im Knochenmark,
- Verkürzung der Erythrozytenlebensdauer,

- Erhöhung der Serumkonzentration für Bilirubin, Eisen, LDH und Hämoglobin,
- Verminderung der Serumkonzentration für Haptoglobin und Hämopexin,
- erhöhte Ausscheidung von Gallenfarbstoffen im Urin.

5. Korpuskuläre hämolytische Anämien

Genetisch determinierte Veränderungen der Struktur des Hämoglobins (Hämoglobinopathien) oder der Erythrozytenmembran, Störung der Hb-Synthese (z. B. Eisen- oder Vitaminmangel) sowie Defekte von Enzymen des Erythrozytenstoffwechsels (Enzymopathien) oder des Zytoskeletts der Erythrozyten sind mögliche Ursachen einer korpuskulären Anämie.

Hämoglobinopathien sind Störungen der Synthese der Proteinkomponente des Hämoglobins (α-, β-, γ- und δ-Ketten). Dazu gehören:

- **Thalassämien**. Bei den Thalassämien (benannt nach ihrer Verbreitung im Mittelmeerraum) ist die Synthese eines Kettentyps vermindert (heterozygote Form) oder aufgehoben (homozygote Form), wobei die α-, β- oder (selten) die δ-Kette betroffen sein kann. Die homozygote Form ist letal.
  Bei der **α-Ketten-Thalassämie** ist die Synthese der α-Ketten und folglich die Bildung des HbA_1, HbA_2 und HbF eingeschränkt. Beim Embryo treten daher die γ-Ketten zu Tetrameren ($Hb\gamma_4$ = HbBarts), nach der Geburt vorzugsweise β-Ketten zu entsprechenden Tetrameren ($Hb\beta_4$ = HbH) zusammen. $Hb\gamma_4$ und $Hb\beta_4$ zeigen keinen Bohreffekt. Die pathologische Hämoglobine enthaltenden Erythrozyten neigen zu Aggregation, weisen verkürzte Lebensdauer auf und führen zu hämolytischen Anämien.
  Die **β-Ketten-Thalassämie** manifestiert sich nach der Geburt, wenn die γ-Ketten in zunehmendem Maße durch β-Ketten ersetzt werden, und ist – da auch der Erwachsene noch γ- und δ-Ketten synthetisiert – durch die kompensatorische Bildung von HbF (α_2, γ_2 85–95%) und HbA_2 (α_2, δ_2 5–15%) gekennzeichnet. Die homozygote Form (**Thalassämia major**) führt bei Verkürzung der Erythrozytenlebensdauer, indirekter Bilirubinämie, erhöhtem Serumeisen, partieller Blockierung der Hämsynthese mit Knochenmarkshyperplasie und ausgeprägter Hämolyse zum Tod innerhalb des ersten Lebensjahrzehnts, während die **Thalassämia minor** (heterozygote Form) weniger ausgeprägte Symptome und oft keine klinischen Erscheinungen aufweist.
  Der einer Thalassämie zugrunde liegende molekulare Defekt ist heterogen. Es sind Fälle bekannt, in denen die für die β-Kette des Hämoglobins

notwendige mRNA vollständig fehlt. Dabei kann der Defekt entweder auf einer Störung der Transkription oder auf einer gestörten Modifikation der RNA in die mRNA beruhen. In anderen Fällen wurde zwar die für die Synthese der β-Globulinkette notwendige mRNA nachgewiesen, doch konnte diese mRNA nicht für eine Translation in die β-Ketten genutzt werden.

- **Hämoglobinvarianten**. Die **Hämoglobinopathien** im engeren Sinne entstehen durch Austausch einer (oder mehrerer) Aminosäure(n) der α- bzw. β-Ketten infolge Punktmutation. Bisher sind >250 solcher Hämoglobinvarianten bekannt. Sie werden mit lateinischen Großbuchstaben bzw. nach dem Orts- oder Patientennamen der Erstbeschreibung bezeichnet. Die Tabelle gibt Beispiele.

Beispiele für die Folgen einer veränderten Primärstruktur der α- bzw. β-Kette bei Hämoglobinopathien

Bezeichnung	Veränderte Globinkette	Ausgetauschte Aminosäure	O_2-Affinität	Hämolyse	MetHb-bildung
Hb I	α^{16}	Lys → Glu	–	–	–
Hb M Boston	α^{58}	His → Tyr	↓	–	+
Hb M Memphis	α^{23}	Glu → Gln			+
Hb M Iwate	α^{87}	His → Tyr	↓	+	+
Hb Torino	α^{42}	Phe → Val	↓	+	–
Hb C	β^{6}	Glu → Lys	–	–	–
Hb Genova	β^{28}	Leu → Pro	↑	+	
Hb H Hammersmith	β^{42}	Phe → Ser	↓	+	–
Hb Köln	β^{98}	Val → Met	↑	+ +	–
Hb M Saskatoon	β^{63}	His → Tyr	↑		+
Hb S	β^{6}	Glu → Val	↓	+	–
Hb Zürich	β^{63}	His → Arg	↑	(+)	–

Die Folgen des Aminosäureaustausches innerhalb der Globinkette hängen von der Position der ausgetauschten Aminosäure ab. Eine Substitution an der Moleküloberfläche hat meist keine, Substitution in der Nähe des Häms meist erhebliche Konsequenzen für die Struktur und die Funktion des Hämoglobins sowie für die Stabilität und O_2-Affinität der Erythrozyten (Tabelle). Die Lebensdauer der Erythrozyten ist häufig verkürzt. Bei den schweren hämolytischen Formen besteht außerdem meist eine Splenomegalie.

Bei der **Sichelzellanämie** (autosomal-dominanter Erbgang), die wegen ihrer weiten Verbreitung bei der Bevölkerung in Afrika (z. B. Ghana), Mittel-

und Südamerika und wegen der Schwere der Symptome große praktische Bedeutung besitzt, liegt ein Austausch der 6. Aminosäure der β-Kette (normalerweise Glutaminsäure) gegen ein Valin vor.

Sichelzell-Hämoglobin (homozygote Merkmalsträger)
HbS = $\alpha_2 \beta_2 6^{Val}$ (77,5–87,5%)
HbA_2 = $\alpha_2 \delta_2$ (2,5%)
HbF = $\alpha_2 \gamma_2$ (10,0–20,0%).

Bei der Sichelzellanämie ist die O_2-Bindungsfähigkeit reduziert und auch die Löslichkeit des sauerstoff-freien HbS auf 1/50 der Löslichkeit des $HbSO_2$ herabgesetzt. Die Erythrozyten zeigen daher **nur nach Abgabe ihres Sauerstoffs** infolge der intrazellulären Ausfällung des HbS eine typische **sichelförmige Struktur**. Die Aggregation des HbS führt zur Schrumpfung der Erythrozyten, die in den Kapillaren zu lokaler Stase und cerebralen und abdominalen **Thrombosen** führen.
Die Erythrozyten werden in der Milz beschleunigt abgebaut, so daß – bei ungenügender Kompensation des Knochenmarks – eine hämolytische Anämie resultiert. Die homzygoten Merkmalsträger erreichen selten das fortpflanzungsfähige Lebensalter.

Zytoskelett-Veränderungen der Erythrozytenmembran. In der Lipiddoppelschicht der Erythrozytenmembran sind zahlreiche Proteine bzw. Glykoproteine (Spektrin, Bande 3-Protein, Glykophorin) verankert. Über die Membranskelettproteine Ankyrin und Bande 4.1-Protein (Bezeichnung nach der elektrophoretischen Beweglichkeit) sind sie mit dem Aktin verbunden.

Defekte der Membran- bzw. Zytoskelettproteine können zu Formveränderungen der Erythrozyten führen. Dies ist bei der **Elliptozytose** (Mangel an Bande 4.1-Protein) oder bei der **hereditären Sphärozytose** (Mangel an Spektrin) der Fall. Wegen der in beiden Fällen herabgesetzten Lebensdauer der Erythrozyten führen diese Erkrankungen zur hämolytischen Anämie.

Die hereditäre Sphärozytose (synonym: Kugelzellanämie) weist einen autosomal dominanten Erbgang auf. Die annähernd kugelförmig gestalteten Erythrozyten haben eine verminderte osmotische Resistenz. Splenektomie führt meistens zur Beseitigung der hämolytischen Anämie. Die hereditäre Elliptozytose (autosomal dominanter Erbgang) ist selten.

Bei der **Akanthozytosen** zeigen die Erythrozyten stechapfelförmige Veränderungen, die bei A-ß-Lipoproteinämie, Malabsorption, Retinitis pigmentosa und neurologischen Veränderungen gefunden werden.

6. Eisenmangelanämien

Eisenmangel. Zu niedriges Eisenangebot mit der Nahrung, Eisenresorptionsstörungen, Eisenverluste durch akute oder chronische Blutungen und erhöhter Eisenbedarf (Wachstum, Tumoren, Infekte, Schwangerschaft) sind häufig Ursachen eines Eisenmangels (hypochrome Anämie), der sich wie folgt klassifizieren läßt:

- Eisenarme Nahrung,
- gestörte Eisenresorption, die bedingt sein kann durch
  - mangelhafte Reduktion von $Fe^{3+} \rightarrow Fe^{2+}$ bei unzureichender Versorgung mit reduzierenden und resorptionsfördernden Substanzen wie z. B. Cystein, Ascorbinsäure, Glutathion,
  - resorptionshemmende Substanzen wie Phytat (in Getreide und Getreideprodukten), Phosphat, Alginat (in Puddingpulver, Speiseeis, Instantsuppen) ferner Medikamente z. B. Tetrazyklin oder Antacida (Al-Hydroxid, Magnesia usta),
  - Schleimhautveränderungen (atrophische Gastritis mit Achlorhydrie, Malabsorption),
  - Diarrhoe

Parameter des Eisenstoffwechsels bei verschiedenen Anämieformen

Anämie-Typ	Serum				Blut		
	Eisen	Transferrin	Eisensättigung des Transferrins	Ferritin	MCH	MCV	Retikulozyten
Manifeste Eisenmangelanämie	↓	↑	↓	↓	↓	↓	N↓
Anämie bei Infekten, Tumoren, chron. Dialyse	↓	N↓	↓N	↑	N↓	N↓	N↓
Megaloblasten-Anämie	N↑	N↓	↑N	N↑	↑	↑	N↓
Hämolytische Anämie	N↑	N	N↑	N↑	N↑↓	N↑↓	↑
Thalassaemia minor	N	N	N	N↑	↓	↓	N↑
Akuter Blutverlust	N	N	N	N	N	N	↑

↓ = erniedrigt, ↑ = erhöht, N = normal

- Eisenverluste (Blutungsnämien). Ursachen sind
  - physiologische Verluste durch Menstruation, Lactation und Geburt,
  - pathologische Eisenverluste durch akute oder chronische Blutungen.
- Eisentransportstörungen (Atransferrinämie),
- erhöhter Bedarf (Wachstum, Schwangerschaft, Lactation),
- pathologische Eisenspeicherung (Hämosiderose, Atransferrinämie),
- blockierte Eisenmobilisation (Infekte, Tumoren).

Die Diagnose eines Eisenmangels wird durch Bestimmung der Parameter des Eisenstoffwechsels (Tabelle) gesichert. Im peripheren Blut treten Anulozyten auf.

Sideroblastische (sideroachrestische) Anämie. Eine Störung der Eisenverwertung durch die hämoglobinsynthetisierenden Erythrozytenvorstufen wird als sideroachrestische Anämie bezeichnet. Sie tritt auf, wenn infolge eines Defekts der Hämsynthese der Einbau von Eisen in das Protoporphyrin 9 vermindert ist. Da in diesem Fall nur die Hämsynthese, nicht jedoch der Eisenstoffwechsel betroffen ist, findet man im hyperplastichen Knochenmark Erythroblasten, in denen sich das für die Hämsynthese bereitgestellte, aber nicht verwertbare Eisen ablagert (sog. Sideroblasten bzw. Siderozyten). Da diese Form der Eisendeposition nutzlos ist, bezeichnet man dieses Krankheitsbild als sideroachrestische Anäme.

Bei der **hereditären sideroblastischen Anämie** ist der Gehalt an Uro- und Koproporphyrinogen III erhöht, an Protoporphyrin dagegen vermindert, wahrscheinlich als Folge eines Defekts der Uroporphyrinogen-Decarboxylase (und der Koproporphyrinogen-Oxidase?). Die **erworbenen sideroblastichen Anämien** können primär idiopathisch (Ursache unbekannt) oder sekundär durch Medikamente, Alkohol, Blei oder Tumorleiden bedingt sein.

Da die Synthese von δ-Aminolävulinsäure Pyridoxalphosphat-abhängig verläuft, ist die Hämsynthese auch bei **Pyridoxalphosphat-(Vitamin B_6)**-mangel vermindert (mikrozytäre hypochrome Anämie). Die Folge ist eine Eisenverwertungsstörung und das Auftreten von Sideroblasten bzw. Siderozyten im Knochenmark.

Eisenmangelanämien sind vorwiegend charakterisiert durch eine Störung der Hämoglobinbildung, weniger durch eine Abnahme der Erythrozytenproduktion. Die Folge ist eine verminderte Hämoglobinbeladung des Einzelerythrozyten (MCH <28 pg). Eisenmangelanämien sind hypochrome, mikrozytäre Anämien, bei denen die Eisenkonzentration im Serum und das Volumen der Erythrozyten (MCV $<80\ \mu m^3$) immer herabgesetzt sind.

7. Hämolytische Anämien infolge Enzymopathien

Enzymdefekte der Erythrozyten sind für zahlreiche Glykolyseenzyme, Enzyme des Pentosephosphatzyklus und des Glutathionstoffwechsels bekannt (Abbildung).

Genetisch bedingte Enzymdefekte (▬) des Erythrozytenstoffwechsels

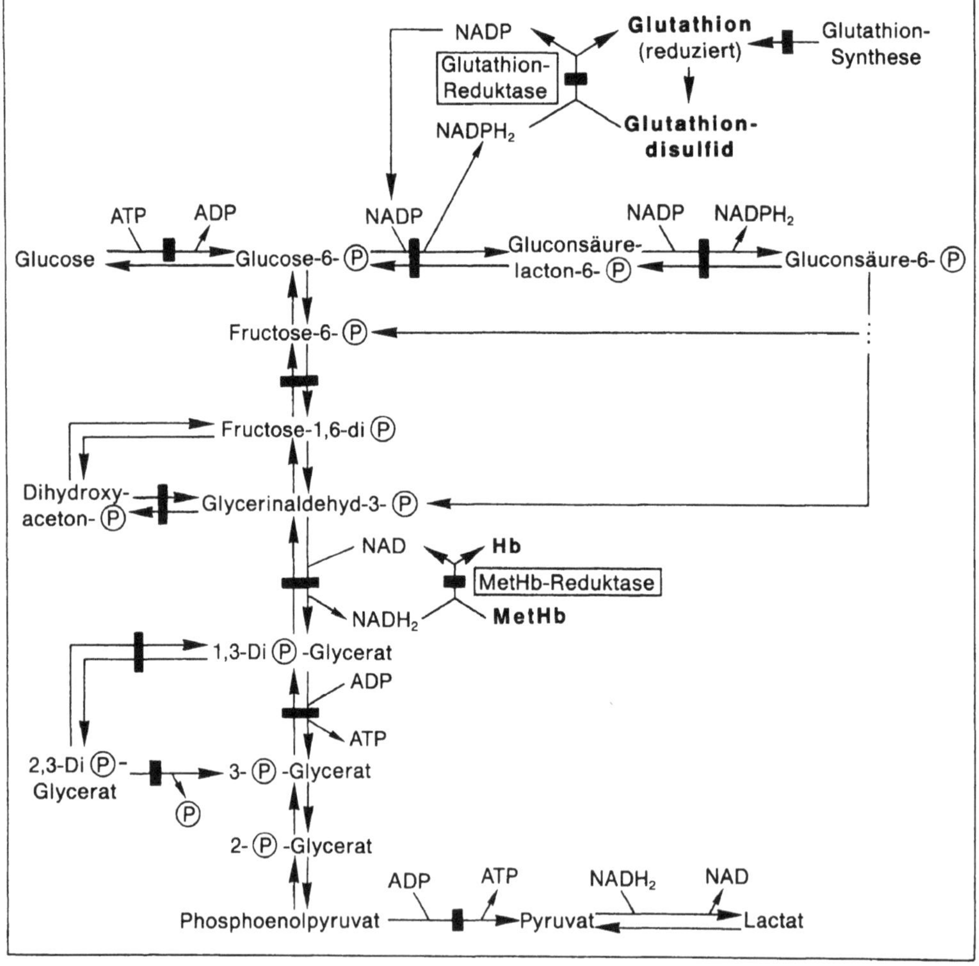

Unter den Enzymopathien ist der Glucose-6-phosphat-Dehydrogenasemangel besonders häufig (Inzidenz $>10^8$ Genträger).

Von den beiden durch elektrophoretische Wanderungsgeschwindigkeiten unterscheidbaren Hauptformen A und B sind mehr als 100 Enzymvarianten bekannt, die sich durch ihre Enzymaktivität unterscheiden. Korrespondierende

Abweichungen finden sich in ihrer Michaelis-Konstanten (für Glucose-6-phosphat und NADP), im pH-Optimum und in der Temperaturstabilität.

Eine durch eine Enzymopathie bedingte Hämolyse, die allerdings oft erst nach zusätzlicher **exogener Stoffwechselbelastung** des Erythrozyten wie z. B. nach Einwirkung von Medikamenten und bestimmten Leguminosearten (z. B. Saubohnen = vicia fava) eintritt, ist immer durch einen Mangel an reduziertem Glutathion und Nucleotiden (ATP, ADP, AMP) gekennzeichnet. Die enge Koppelung zwischen Glykolyse, Pentosephosphatzyklus und Glutathionstoffwechsel macht die gemeinsame Symptomatik verständlich.

Ein Mangel an reduziertem Glutathion kann auch durch eine **Störung der Glutathionsynthese** bedingt sein, die der Erythrozyt selbst durchführt.

Methämoglobinämie. Hämoglobin unterliegt im Erythrozyten in Gegenwart von Sauerstoff einer ständigen Spontanoxidation zum Methämoglobin. Dabei geht das Hämoglobineisen von der 2-wertigen in die 3-wertige Oxidationsstufe über und verliert seine Fähigkeit zur reversiblen O_2-Bindung. Da diese Reaktion auch in vivo abläuft, findet man im Blut einen ständigen Anteil von 0,5-2,0% Methämoglobin (am Gesamthämoglobin). Eine $NADH_2$-abhängige **Methämoglobin-Reduktase** sorgt jedoch für eine Rückverwandlung in das Hämoglobin.

Bei der Autoxidation des Hämoglobins zum Methämoglobin entsteht ferner ein Superoxidradikal, das durch die Superoxid-Dismutase der Erythrozyten umgesetzt wird.

Eine angeborene erhöhte Methämoglobinkonzentration ist kennzeichnend für die **familiäre Methämoglobinämie**. Der molekularbiologische Defekt dieser Erkrankung kann in einem Aminosäureaustausch der β-Ketten des Hämoglobin A liegen (Hämoglobinopathie), der verschiedene in der Nähe des Häms gelegene Aminosäurereste (β 63, 67 oder 76) der Polypeptikette betreffen kann und daher die Autoxidation des Hämoglobins zu Methämoglobin in Gegenwart von Sauerstoff begünstigt. Eine andere mögliche Ursache ist ein genetisch bedingtes Fehlen oder eine zu **geringe Aktivität** der **Methämoglobin-Reduktase**.

Auch bei Vergiftungen mit Oxidationsmitteln (nitrithaltiges Pökelsalz, das in Arzneimitteln enthaltene Phenacetin, Nitrobenzol, Chlorate u. a.) werden hohe Methämoglobinkonzentrationen im Blut gefunden. Die Therapie akuter Methämoglobinvergiftungen besteht in der intravenösen Injektion hoher Dosen von Reduktionsmitteln (Ascorbinsäure, Methylenblau, Natriumthiosulfat u. a.). Methämoglobin hat in saurer Lösung eine typische Absorptionsbande bei 637 nm.

Eine Hämolyse, der stets eine vermehrte MetHb-Bildung vorausgeht, tritt in den Erythrozyten morphologisch als **Innenkörperbildung** (denaturiertes MetHb) in Erscheinung. Sie kann als akutes Ereignis zu Hämoglobinurie, vermehrter Gallenfarbstoffbildung und Ausscheidung (Stuhl, Urin), Hyperkaliämie, Leber- und Milzvergrößerung und Haptoglobinverbrauch und zu kompensatorisch gesteigerter Erythropoese im Knochenmark (Anstieg der Retikulozyten) führen.

Bei der **nächtlichen Hämoglobinurie** werden herabgesetzte Acetylcholinesteraseaktivit der Erythrozyten und elektronenoptisch nachweisbare „Löcher" in der Zellmembran beobachtet.

8. Extrakorpuskuläre hämolytische Anämien

Bei diesem Typ der hämolytischen Anämien werden normalstrukturierte Erythrozyten durch exogene Faktoren geschädigt. Dazu gehören chemische und physikalische Noxen, Mikroorganismen und am häufigsten Antikörper.

Die Antikörper-induzierten Anämien werden als **immunhämolytische Anämien** bezeichnet und können mit allen Zeichen der hämolytischen Anämie akut oder chronisch verlaufen. Die resultierende Anämie ist normochrom und normo- bis makrozytär.

Die zur Hämolyse führenden Antikörper werden unterteilt in:

- Inkomplette Wärmeautoantikörper vom Typ IgG (Nachweis durch den Coombs-Test).
- Autoantikörper mit großer Temperaturamplitude vom Typ IgM (Kälteagglutinine), die gegen das I-Antigen der Erythrozyten gerichtet sind.
- Nicht-thermische Hämolysine und Isoantikörper (selten).

Immunhämolytische Anämien können symptomatisch, meist im Verlauf lymphatischer Systemerkrankungen, akut passager (z. B. bei Virusinfektionen) oder als idiopathisch-chronische Formen auftreten.

Mechanische Hämolysen können nach Herzklappenersatz mit künstlichen Herzklappen oder nach besonders starker körperlicher Belastung durch Langläufe (Marschhämoglobinurie) auftreten.

9. Differentialdiagnose von Anämien

Die Klassifikation der Anämie wird häufig nach der Ätiologie der Erkrankung (z. B. Eisenmangel), nach der Morphologie der Erythrozyten (z. B. Megaloblasten, Sphärozyten) oder nach dem Hämoglobingehalt der Einzelerythrozyten

Hb_E (normochrome, hyperchrome, hypochrome Anämien) vorgenommen. Die nachfolgende Tabelle (Abkürzungen S. 226) gibt Beispiele für Veränderungen hämatologischer Daten für die beschriebenen Anämieformen. Die Abweichungen vom Normbereich erlauben – in Verbindung mit weiteren klinisch-chemischen Untersuchungsergebnissen – häufig eine klare diagnostische Zuordnung zu einem bestimmten Anämietyp.

Veränderung hämatologischer Daten bei verschiedenen Anämieformen

Ursache der Anämie	Ery	Hb	MCV	MCHC	Retik.	Morphologie
1. **Bildungs- und Reifungsstörungen**						
Aplastische Anämie	↓	↓	N	N	↓↓	Normozytär
Cobalamin- bzw. Folsäuremangel	↓↓	↓	↑	N	↓	Makrozytär
2. **Korpuskuläre Anämien**						
Thalassämia minor	↓	↓	↓	N	N–↑	Mikrozytär
Eisenmangel	↓	↓	↓	(↓)	↓	Mikrozytär
Glucose-6-phosphat-DH-Mangel	↓	↓	N	N	↑	Normozytär
Sphärozytose	↓	↓	N	N	↑↑	Kugelzellen
3. **Blutungsanämien**						
Akut (ohne Plasmasubstitution)	N	N	N	N	N	Normozytär
Chronisch	↓	↓	↓	(↓)	N–↓	Mikrozytär

N = normochrom, ↑ = hyperchrom, ↓ = hypochrom

Haptoglobin und Hämopexin. Bei allen hämolytischen Anämien kann es zur intravasalen Auflösung der Erythrozyten und Freisetzung des Erythrozyteninhalts mit Hämoglobinämie (bei schwerer akuter Hämolyse auch mit Hämoglobinurie) kommen.

Das bei intravasaler Hämolyse freiwerdende Hämoglobin wird an ein Serumprotein – das **Haptoglobin** (Referenzbereich 100 – 300 mg/dl) – gebunden und über das retikuloendotheliale System eliminiert. Die Bildung eines Hämoglobin-Haptoglobin-Komplexes verhindert bei Hämolyse eine Ausscheidung des Hämoglobins über die Niere und damit einen Eisenverlust.

Ein verminderter Haptoglobinspiegel tritt bei hämolytischer Anämie, perniziöser Anämie, bei hämolytischen Bluttransfusionsreaktionen und hepatozellulären Erkrankungen (verminderte Synthese) auf.

Das **Hämopexin** ist ein Serumprotein aus der Klasse der α_2-Globuline. Die pathophysiologiche Bedeutung des Hämopexins liegt in der Fähigkeit zur Bindung von freiem Häm, doch wird diese Funktion nur in Anspruch genommen, wenn im Rahmen einer massiven Hämolyse neben großen Hämoglobinmengen auch freies Häm an das Blutplasma abgegeben wird.

Da das **Serumferritin** sich als zuverlässiger Parameter für den Sättigungsgrad der Eisenspeicher des Organismus erwiesen hat, ist der Ferritingehalt im Plasma ein Maßstab für die verfügbaren Eisendepots des Körpers und unabhängig vom Gehalt des transferringebundenen Plasmaeisens.

10. Polyzythämie und Polyglobulie

Eine absolute Vermehrung der zirkulierenden Erythrozyten wird als Polyzythämie bezeichnet. Sie tritt als selbständiges Krankheitsbild in Form der

- Polycythämia vera (Polycythämia rubra vera, Morbus Vaquez-Osler) oder als
- symptomatische Polyglobulie (Erythrozytose, sekundäre Polyzythämie, Polycythämia secundaria) auf.

Polycythämia vera. Aus unbekannter Ursache kommt es zur hochgradigen Vermehrung der Erythrozytenbildung mit Anstieg des Hämatokrits auf Werte von >55%, meist auch zu vermehrter Bildung der Granulozyten und Thrombozyten unter gleichzeitiger Ausdehnung der zellulären Produktion auf das lipidhaltige Knochenmark, auf Leber und Milz (Hepato-Splenomegalie!).

Die **gesteigerte Viskosität** des Blutes und die Vermehrung der Thrombozyten begünstigen venöse und arterielle **Thrombosen**, die lebensbedrohende Komplikationen (Koronarthrombose, cerebrale Thrombose) darstellen.

Symptomatische Polyglobulie. Als Folge einer Grundkrankheit kann sich eine sekundäre Polyzythämie (symptomatische Polyzythämie) entwickeln. Dies trifft z. B. auf Zustände bei arterieller Hypoxie zu, die bei Störungen des Herz-Kreislauf-Systems, bei chronischen obstruktiven Lungenleiden, bei Hämoglobinopathien (S. 213) oder Methämoglobinämien (S. 219) eintreten, gilt aber auch für eine Reihe anderer Krankheitsbilder wie z. B. renale Tumoren (gesteigerte Erythropoetinbildung), Uterusmyome und Lebercarcinom. Dabei kommt es im Gegensatz zur Polycythämia vera meist nicht zur Leukozytose und Thrombozytose.

11. Porphyrien

Porphyrien sind Stoffwechselkrankheiten, denen eine Störung der Porphyrinogen- und Hämsynthese zugrunde liegt. Die Störungen werden nach dem Ort des Defekts als **erythropoetische** (Knochenmark) bzw. **hepatische** (Leber) **Por-**

phyrien klassifiziert. Der ursächliche enzymatische Defekt ist bei den erythropoetischen und akuten hepatischen Porphyrien angeboren, bei den chronischen hepatischen Porphyrien entweder angeboren oder erworben und bei Schwermetall- und Fremdchemikalien-Intoxikation ausschließlich erworben.

Die Porphyrien sind durch vermehrte Ausscheidung von atypischen Porphyrinen bzw. Synthesevorstufen des Häms im Urin und Stuhl charakterisiert. Die Tabelle gibt eine Übersicht.

sscheidung von Porphyrinen bzw. Synthesevorstufen bei verschiedenen Porphyrien

Porphyrie-Typ	Urin δ-NH_2-Lävulinsäure	Porphobilinogen	Uro-	Kopro-porphyrine	Proto-	Faeces Kopro-	Uro-porphyrine	Proto-
rythropoetische Porphyrien								
ongenitale erythr. Porphyrie	–	–	↑↑	↑		↑	↑	
rythropoetische Protoporphyrie	–*	–*	–	↑	↑↑	↑↑	↑	↑↑
epatische Porphyrien								
kut intermittierend	↑↑	↑↑	↑	↑		–	–	
orphyria variegata	↑	↑	↑	↑		↑↑	↑↑	↑↑
ereditäre Koproporphyrie	↑↑	↑	↑	↑↑		↑↑	↑	
orphyria cutanea tarda	–	–	↑↑	↑		↑	–	

m akuten Schub nachweisbar

Erythropoetische Porphyrie. Bei der kongenitalen erythropoetischen Uroporphyrie fehlt die Uroporphyrinogen-Cosynthetase. Anstelle des Uroporphyrinogen III wird das Uroporphyrinogen I gebildet, das für die Hämsynthese nicht verwertet werden kann und nach Umwandlung zu Uroporphyrin I und Koproporphyrin I in großen Mengen (bis 720 µmol/d, 0,6 g/24 h) mit dem Harn ausgeschieden wird.

Uroporphyrin I und Koproporphyrin I werden in allen Organen und auch in der Haut abgelagert, wo sie aufgrund ihrer starken Absorption von Licht der Wellenlänge 405 und 2600 nm (Infrarot) „lichtsensibilisierend“ wirken. Die betroffenen Gewebe werden überempfindlich gegen Belichtung jeder Art („Photodermatose“), es kommt zu schweren Nekrosen der Haut, des Ohr- und Nasenknorpels.

Erythropoetische Protoporphyrie. Bei der erythropoetischen Protoporphyrie, die autosomal dominant vererbt wird, ist die Umwandlung des Protoporphyrins in Häm aufgrund eines **Defektes der Ferrochelatase** blockiert, so daß der Einbau des zweiwertigen Eisens in den Porphyrinring ausbleibt.

Das kongenitale Leiden ist von einer leichten Photodermatose begleitet und führt häufig zu schweren progressiven Lebererkrankungen (Fibrose, Zirrhose).

Akute hepatische Porphyrien. Die als akute hepatische Porphyrien bezeichneten Synthesestörungen lassen sich in die

- akute intermittierende Porphyrie,
- Porphyria variegata und
- hereditäre Koproporphyrie

subklassifizieren.

Bei der **akuten intermittierenden Porphyrie** liegt ein Defekt der Uroporphyrinogen I-Synthetase vor, der in der Leber zu einer kompensatorischen Depression und Mehrsynthese der δ-Aminolävulinsäure-Synthetase führt, deren Aktivität in der Leber auf das Zehnfache der Norm gesteigert und keiner allosterischen Regulation durch das Endprodukt (Häm) zugänglich ist.

Ein akuter Schub der Krankheit kann durch Medikamente, welche die Synthese mikrosomaler Hämproteine induzieren, ausgelöst werden. Dies trifft vor allem für **Barbiturate**, **Sexualhormonderivate** (Kontrazeptiva) und Derivate der α-substituierten Allylessigsäure zu. Frauen sind durch eine Schwangerschaft gefährdet.

Bei der vorzugsweise in der weißen Bevölkerung Südafrikas verbreiteten **Porphyria variegata** besteht aufgrund eines Defektes der Protoporphyrinogen-Oxidase oder der Ferrochelatase eine vermehrte Ausscheidung von Protoporphyrin und Koproporphyrin mit den Faeces und dem Urin. Im akuten Schub, der durch Medikamente oder übermäßigen Alkoholkonsum ausgelöst bzw. erschwert werden kann, werden auch δ-Aminolävulinsäure und Porphobilinogen vermehrt mit dem Urin ausgeschieden. Gleichzeitig besteht eine Photodermatose und gesteigerte Empfindlichkeit gegen mechanische Traumen.

Die **hereditäre Koproporphyrie** ähnelt der Porphyria variegata in Bezug auf die klinische Symptomatik. Der zugrunde liegende Defekt der Koproporphyrinogen-Oxidase äußert sich in einer vermehrten Ausscheidung von Koproporphyrin mit Urin und Stuhl.

Chronische hepatische Porphyrien. Die **Porphyria cutanea tarda** ist die häufigste Form der chronischen hepatischen Porphyrien. Auf der Basis einer dominant vererbten genetischen Praedisposition, welche die Uroporphyrinogen-Decarboxylase betrifft, wird das Leiden durch **alkoholtoxischen Leberschaden**, chronisch aggressive **Hepatitis**, Estrogene oder verschiedene **Umweltschadstoffe** (z. B. polychlorierte Biphenyle, Tetrachlordibenzo-p-dioxin und das Fungicid Hexachlorbenzol) ausgelöst.

Sekundäre (symptomatische) hepatische Porphyrien. Die sekundären mit Porphyrinausscheidung im Urin einhergehenden Porphyrien sind eine heterogene Gruppe von Störungen, hinter denen sich verschiedene pathogenetische Auslöser verbergen können. Beispiele sind Schwermetallintoxikationen (vor allem Blei s. u.), Leberschäden durch Alkohol, Arzneimittel und Fremdchemikalien, Cholestasesyndrome, Pankreatitiden, Bilirubin- und Eisenstoffwechselstörungen und Medikamentennebenwirkungen.

Bei den genetisch determinierten hepatischen Porphyrien, die alle autosomal-dominanten Erbgang aufweisen, treten die Symptome in der Regel erst während der Pubertät auf, können aber auch während der gesamten Lebensdauer klinisch latent bleiben.

Bleivergiftung. Wegen der besonderen Empfindlichkeit der Enzyme der Porphyrinbiosynthese gegenüber Blei, treten Porphyriesymptome auch bei der Bleivergiftung auf. In Gegenwart von Blei sinkt die Aktivität der δ-Aminolävulinsäure-Dehydrogenase ab, mit der Folge einer Erhöhung der **δ-Aminolävulinsäure-Konzentration** im **Blut** und **Urin**. Die Hemmung der Eisenchelatase (der letzte Schritt der Hämbiosynthese) führt ferner zu einer Akkumulation von Protoporphyrin in den Erythrozyten und zur Anhäufung von Koproporphyrinogen in Urin und Faeces. Da Eisen nicht normal für die Hämoglobinsynthese genutzt werden kann, steigt die Menge an **Sideroblasten** und **Siderozyten** im Knochenmark an. Trotz der Hemmung von Enzymen der Porphyrinsynthese ist die Anämie erst ein spätes Symptom der chronischen Bleivergiftung.

In den Erythrozyten wird Blei in einer nicht näher definierten Form wiedergefunden. Die Erythrozyten bekommen eine höhere osmotische und niedrigere mechanische Resistenz, die bei steigendem Bleigehalt die Lebensdauer der Erythrozyten verkürzt.

12. Labormedizinische Untersuchungen des Erythrozytenstoffwechsels

Für hämatologische Untersuchungen sollte venöses Blut mit Zusatz von Antikoagulantien verwendet werden, da bei der Gewinnung von Kapillarblut durch die Beimengung von Gewebsflüssigkeit Volumenfehler bis zu 20% auftreten können. Die hämatologischen Kenngrößen sind von Ernährungsweise, Körperlage bei der Blutentnahme, körperlicher Aktivität und vom Zeitpunkt der Entnahme des Untersuchungsgutes abhängig.

Kenngrößen des Erythrozytenstoffwechsels

	Kenngrößen	Dimension	Referenzbereich ♂	Referenzbereich ♀
Ery	Zahl der Erythrozyten	$10^6/\mu l$	4,5–5,9	4,0–5,2
Ret	Zahl der Retikulozyten	‰	8–25	8–41
Hb	Hämoglobingehalt	g/dl	14–18	12–16
HK	Hämatokrit	Vol. %	42–52	37–47
MCV	Mittleres korpuskuläres Volumen	10^{-9} µl (fl)	80–94	80–98
$MCH(Hb_E)$	Mittlerer Hb-Gehalt	pg (10^{-12} g)	27–31	27–31
	der Einzelerythrozyten	fmol (Hb/4)	1,68–1,92	1,68–1,92
MCHC	Mittlere korpuskuläre	g/dl Ery	32–36	
	Hb-Konzentration	mmol/l (Hb/4)	19,24–22,34	

Die Indikationen zur Bestimmung von Kenngrößen des Erythrozytenstoffwechsels ergeben sich nicht nur bei Verdacht auf Anämie, sondern auch bei Störungen des Wasserhaushalts (Hyperhydratation, Dehydratation), bei Eisenmangel, bei chronischen Erkrankungen und Vergiftungen.

Erythrozytenzahl. Venöses EDTA-Vollblut wird mit isotonischer Salzlösung 1:50 000 verdünnt und die Zellsuspension in einem mechanisierten Zählgerät durch Widerstandsänderung der Blutzellen beim Durchtritt durch ein elektrisches Feld (Impedanzprinzip) oder durch Streulichtmessung (optisches Dunkelfeldprinzip) bestimmt.

Referenzbereich Erwachsene (18–49 J.)
Männer: 4,5–5,9 10^{12}/l (10^6µl)
Frauen: 4,0–5,2 10^{12}/l (10^6µl)

Bei Neugeborenen liegt der Wert bis 5,5 $10^6/\mu l$, fällt nach der Geburt bis auf einen Minimalwert von 2,7 bis 4,9 $10^6/\mu l$ im Alter von 2 Monaten ab und steigt dann kontinuierlich zwischen dem 12. und 18. Lebensjahr auf den Referenzbereich Erwachsener an.

Bei Vorliegen von Kälteagglutininen im Plasma kann es zu Erythrozytenagglutinationen kommen und ein fälschlich zu niedriger Wert ermittelt werden.

Hämatokrit (HK). Venöses EDTA- oder (Heparin-) Vollblut wird 3 min bei 10 000 × g in einer Glaskapillare zentrifugiert und der Hämatokritwert mit Hilfe eines Auswertegerätes bestimmt. Das Sediment bilden die Erythrozyten (99%), Leukozyten und Thrombozyten (1%). Der Hämatokritwert ist definiert als das Volumen aller Erythrozyten in Prozent bezogen auf das Gesamtvolumen des Vollblutes.

$$HK = 100 \times Zellvolumen/Zellvolumen + Plasmavolumen$$

Referenzbereich Erwachsene (18–49 J.)
Männer: 0,41–0,53 l/l (41–53%)
Frauen: 0,36–0,46 l/l (36–45%)

Bei Neugeborenen (0,48–0,69 l/l) fällt der Wert bis 2 Monate post partum ab (0,28–0,42 l/l) und liegt bei Jugendlichen (12–18 J.) im Referenzbereich erwachsener Frauen.

Eine Berechnung ist auch aus den Meßwerten MCV und Erythrozytenzahl möglich.

Leukämien lassen sich häufig bei Ablesung des Hämatokritwertes (oder der Blutkörperchensenkungsgeschwindigkeit) erkennen.

Hämoglobin (Hb). Untersuchungsgut: Venöses EDTA-Vollblut. Hämoglobin (Fe^{2+}) wird mit Kaliumhexacyanoferrat zu Hämiglobin (Fe^{3+}) umgesetzt. Hämiglobincyanid kann mit Hilfe eines Standards (Richtigkeitskontrollblut) oder aufgrund des molaren Extinktionskoeffizienten ($\varepsilon_{546\ nm}$ = 11 000 $mol^{-1} \cdot cm^2$) photometrisch bestimmt werden.

Referenzbereich Erwachsene:
Männer: 8,1–11,2 mmol/l (13–18 g/dl)
Frauen: 7,4–9,9 mmol/l (12–16 g/dl)

Bei Trübungen des Reaktionsansatzes (z. B. durch starke Vermehrung von Immunglobulinen der Klasse IgM oder bei ausgeprägter Hypertriglyceridämie) werden fälschlich zu hohe Hämoglobinwerte bestimmt.

Bei Neugeborenen fallen die nach der Geburt physiologischerweise erhöhten Werte (16,8–25,0 g/dl) bis zum 15. Tag auf Referenzbereichswerte ab.

Die Hämoglobinkonzentration im venösen Blut ist in frühen Morgenstunden ≈1 g/dl höher als mitternachts. Im Liegen werden 0,5–1,0 g/dl höhere Konzentrationen gemessen als im Stehen.

Abgeleitete Kenngrößen des Erythrozytenstoffwechsels

Kenngröße	Berechnung	Einheit
MCV (mittleres Zellvolumen der Erythrozyten)	$\frac{\text{Hämatokrit (\%)} \cdot 10}{\text{Erythrozytenzahl } (10^6/\mu l)}$	μm^3
MCH (mittlerer Hämoglobingehalt der Erythrozyten)	$\frac{\text{Hb im Vollblut (g/dl)} \cdot 10}{\text{Erythrozytenzahl } (10^6/\mu l)}$	pg
MCHC (mittlere Hämoglobinkonzentration der Erythrozyten)	$\frac{\text{Hb im Vollblut (g/dl)} \cdot 100}{\text{Hämatokrit (\%)}}$	g/dl

Erythrozytenindices (MCV, MCH, MCHC). Die aus Hämoglobinkonzentration, Erythrozytenzahl und Hämatokritwert abgeleiteten Größen lassen sich nach den in der Tabelle angegebenen Formeln berechnen.

Retikulozyten. Die Bestimmung erfolgt vorzugsweise durch Supravitalfärbung der Zellen mit Brillantkresylblau oder mit Methylenblau und anschließender Auszählung im Blutausstrich (Verwendung eines Mikroskops mit in Quadrate unterteiltem Zählnetz). Angegeben wird die Zahl der Retikulozyten/1000 Erythrozyten.

Referenzbereich: 7 – 15 ‰ (35 000 – 75 000/µl Blut)

Bei Vermehrung der Siderozyten werden fehlerhaft erhöhte Retikulozytenwerte bestimmt.

Eisen im Serum. Das im Serum bzw. Plasma an Transferrin gebundene Fe^{3+} wird durch eine Säure/Detergenz-Mischung freigesetzt und zu Fe^{2+} reduziert. Das 2-wertige Eisen wird dann mit einem chromogenen Chelatbildner (z. B. Bathophenantrolindisulfonat) zu einem roten Farbkomplex umgesetzt, dessen Farbintensität photometrisch gemessen wird.

Referenzwerte	Erwachsene	
	Männer:	12,7 – 36,0 µmol/l (71 – 201 µg/dl)
	Frauen:	11,1 – 31,0 µmol/l (62 – 173 µg/dl)

Die Eisenkonzentration im Serum zeigt eine große biologische Streubreite, die ihre Ursachen in circadianen Schwankungen (Maximalwerte am Morgen), Änderungen des Estrogenspiegels bei Frauen (Einnahme von Ovulationshemmern, Gravidität) und einer Abnahme der Eisenkonzentration im hohen Lebensalter hat. Neugeborene und Kinder haben geringere Eisenkonzentrationen im Serum als Erwachsene.

Transferrin und totale Eisenbindungskapazität (TEBK). Die Bestimmung des Transferrins erfolgt mit immunologischen Methoden, wobei der Grad der Eisensättigung des Transferrins ohne Einfluß auf die Bestimmung ist. Für die Messung der totalen Eisenbindungskapazität des Transferrins wird der Serumprobe anorganisches Fe^{3+} im Überschuß zugesetzt, um die freien Bindungsstellen des Transferrins zu sättigen. Nicht gebundenes Fe^{3+} wird durch Ionenaustauscher oder Fällung abgetrennt und anschließend eine Eisenbestimmung des vollständig mit Eisen beladenen Transferrins durchgeführt.

Referenzbereich	TEBK Erwachsene	
	Männer:	48 – 78 µmol/l (268 – 436 µg/dl)
	Frauen:	46 – 72 µmol/l (257 – 402 µg/dl)

Die totale Eisenbindungskapazität ist für die Diagnose von Eisenstoffwechselstörungen (z. B. Hämochromatose, Transfusions-Hämosiderose) von Interesse.

Ferritin im Serum. Eine Quantifizierung ist mit enzym- oder radioimmunologischen Methoden möglich.

Referenzbereich Männer: 30 – 400 μg/l
Frauen: 30 – 150 μg/l

Der Ferritingehalt des Serums nimmt altersabhängig zu. Bei absolutem Eisenmangel ist die Ferritinkonzentration im Plasma immer herabgesetzt. Bei den sog. Sekundäranämien (Infektanämie, Tumoranämie) ist die Ferritinkonzentration oft erhöht und Ausdruck einer herabgesetzten Hämoglobinsynthese, weil die Mobilisierung der Eisendepots blockiert ist. Bei toxischen oder entzündlichen Lebererkrankungen, ferner bei myeloischen Leukämien, ist der Ferritingehalt des Serums oft drastisch erhöht.

Bei der Transfusionshämosiderose ist die steigende Ferritinkonzentration des Serums ein Maß für die fortschreitende Eisenablagerung in Organen und Geweben.

Lactat-Dehydrogenase-Aktivität (LDH) im Serum (S. 439). LDH-Aktivitätsbestimmungen sind zur Verlaufskontrolle megaloblastärer und hämolytischer Anämien geeignet, haben jedoch keine diagnostische Bedeutung.

Glucose-6-phosphat-Dehydrogenase-Aktivität in Erythrozyten. Einem Hämolysat gewaschener Erythrozyten werden Glucose-6-phosphat und NADP zugesetzt. Die Glucose-6-phosphat-Dehydrogenase des Erythrozyten-Hämolysats katalysiert in Gegenwart von Mg^{2+} bei neutraler Reaktion den Umsatz zu 6-Phosphogluconat und NADPH + H^+, dessen Extinktion bei 365 nm oder 334 nm bestimmt werden kann. Die Geschwindigkeit der Zunahme an NADPH entspricht der Aktivität der Glucose-6-phosphat-Dehydrogenase.

Die Aktivität wird auf die Hämoglobinmenge oder die Erythrozytezahl bezogen, die gleichzeitig bestimmt werden müssen.

Referenzbereich Erwachsene: 8 – 17 U/g Hb
230 – 470 U/10^{12} Erythrozyten
Neugeborene haben ≈ 50% höhere Werte.

Erhöhte Werte werden häufig bei hämolytischen Anämien wegen der dabei bestehenden Vermehrung der Retikulozyten gefunden, da die Enzymaktivität der Retikulozyten wesentlich höher ist als diejenige der Erythrozyten.

Watson-Schwartz-Hoesch-Test. Zur Verdachts- und Schnelldiagnose einer akuten hepatischen Porphyrie oder der akuten intermittierenden Porphyrie kann **Porphobilinogen** im Spontanurin durch Ehrlichs Aldehydreagenz (Entwicklung einer kirschroten Farbe) nachgewiesen werden.

δ-Aminolävulinsäure und Porphobilinogen im Urin. Trennung und quantitative Bestimmung erfolgen im 24 h-Sammelurin (oder Spontanurin) durch Ionenaustauschchromatographie und Umsatz zu einem Farbkomplex mit Ehrlichs-Reagenz, der spektrophotometrisch gesemessen wird.

Referenzbereich:	δ-Aminolävulinsäure	2 – 49 μmol/24 h
		(250 – 6400 μg/24 h)
	Porphobilinogen	0,5 – 7,5 μmol/24 h
		(100 – 1700 μg24 h)

Porphyrine. Uro-, Kopro- und Protophorphyrin können im Urin, Stuhl oder Heparinblut durch Dünnschichtchromatographie oder HPLC mit fluorometrischer Detektion bestimmt werden.

Referenzbereiche im 24 h-Sammelurin:

Uroporphyrin	4 – 29	nmol (3 – 24 μg)
Koproporphyrin	21 – 119	nmol (14 – 78 μg)

Protoporphyrin im Stuhl 150 – 250 nmol/g (11 – 84 μg/g)

Coombstest. Eine differentialdiagnostische Aussage über die Form einer immunhämolytischen Anämie ist mit Hilfe des Coombstests möglich. Der Coombstest (Antiglobulintest) ist eine serologische Untersuchungsmethode mit deren Hilfe spezifische Antikörper durch Agglutination nachgewiesen werden. Auf der Oberfläche von Erythrozyten, die von Patienten mit immunhämolytischer Anämie stammen, sind in charakteristischer Weise Immunglobuline und/oder Komplementkomponenten vorhanden. Mit serologischen Methoden kann man die verschiedenen Formen der immunhämolytischen Anämien unterscheiden.

Heinz-Körper-Test. Bei zahlreichen Hämoglobinvarianten und Erythrozytenenzym-Defekten (z. B. Glucose-6-phosphat-Dehydrogenase, Glutathion-Reduktase), bei denen die Löslichkeit des Hämoglobins herabgesetzt ist, lassen sich Hämoglobinpräzipitate nach Anfärbung mit Brillantkresylblau oder Methylviolett als Heinz-Körper nachweisen.

13. Granulozyten, Monozyten, Lymphozyten

Die durch hämatopoetische Wachstumsfaktoren und Interleukine gesteuerte Granulopoese und Lymphopoese (S. 207) liefert beim erwachsenen Menschen $12{,}6 \times 10^{11}$ Zellen/24 h. Die Zahl der weißen Blutzellen (neutrophile, basophile, eosinophile Granulozyten und Lymphozyten, Farbtafel S. 208) beträgt beim gesunden Menschen 6000 – 8000/μl (6 – 8 G/l). Die Halbwertszeit der Granulozyten im Blut beträgt 6 – 7 h.

Granulozyten. Mit Hilfe des Differentialblutbildes werden die zellulären Elemente des Blutes differenziert und quantifiziert. Unter einer **Linksverschiebung** des Differentialblutbildes versteht man die Vermehrung der Vorstufen der neutrophilen Granulozyten (Myelozyten, Metamyelozyten, stabförmige Granulozyten, Farbtafel S. 208), die unter physiologischen Bedingungen im peripheren Blut nicht auftreten. Eine Linksverschiebung zeigt immer eine vermehrte Granulopoese an. Eine Vermehrung übersegmentierter neutrophiler Granulozyten wird als **Rechtsverschiebung** bezeichnet.

Monozyten/Makrophagen. Das Monozyten/ Makrophagensystem dient der primären Abwehr von Mikroorganismen (Bakterien, Pilze, Viren) sowie der Kooperation mit Lymphozyten bei der zellvermittelten Immunantwort. Die Zahl der Monozyten und Makrophagen ist bei bakterieller Infektion vermehrt. Makrophagen besitzen die Fähigkeit, Antigene aufzunehmen, zu bearbeiten und sie auf ihrer Oberfläche zusammen mit den MHC-Proteinen der Klasse I oder II, den Helferzellen (T_4-Zellen) oder zytotoxischen T-Lymphozyten (T_8-Zellen) zu präsentieren.

Basophile Granulozyten und die in ihrer Morphologie und Funktion ähnlichen **Mastzellen** besitzen Rezeptoren mit denen IgE-Moleküle über ihre Fc-Anteile eine feste und spezifische Bindung an der Membran der Mastzellen eingehen. Auf die Reaktion des Antigens mit dem oberflächenfixierten IgE-Molekül antwortet die Mastzelle mit einer massiven Ausschüttung von **Histamin, Serotonin, Heparin** und **Leukotrienen**. Die Freisetzung dieser Mediatorsubstanzen erklärt die Symptomatik des anaphylaktischen Schocks (anaphylaktische Sofortreaktion), die 20 bis 30 min nach einem Antigenkontakt einsetzt.

Eosinophile Granulozyten verfügen über Granula mit basischen Proteinen. Eine Vermehrung der eosinophilen Granulozyten (Eosinophilie) wird bei allergischen Reaktionen, parasitären Infektionen, chronischen Hauterkrankungen, nach Streptokokken-bedingten Infekten beobachtet und kann auch im Rahmen einer chronischen myeloischen Leukämie auftreten.

Leukozytose. Eine Vermehrung der Zellen des leukopoetischen Systems auf Werte von mehr als 10000/µl (10 G/l) Blut wird als **Leukozytose** bezeichnet. Häufig liegt der Leukozytose eine reaktive Mehrsynthese des Knochenmarks als Folge bakterieller (allgemeiner oder lokaler) Infekte zugrunde. Sie tritt auch bei Intoxikation, Urämie, Gichtanfall, unter Einwirkung von Chemikalien und Medikamenten, nach Blutverlust, bei Schockzuständen (Myokardinfarkt, Embolie) sowie schweren Stoffwechselentgleisungen (Coma diabeticum, Coma urämicum) ferner bei rasch wachsenden Tumoren (Metastasenzerfall) und bei Überproduktion von Glucocorticoiden der Nebennierenrinde (Cushing-Syndrom) auf. Eine physiologische Leukozytose wird bei Neugeborenen und in der Gravidität beobachtet.

Bei exzessiver Leukozytose (mehr als 30 000/µl) mit Ausschwemmung weitgehend unreifer granulopoetischer Vorstufen (Myelozyten, Promyelozyten) spricht man von einer **„leukämoiden" Reaktion**.

T-Lymphozyten (T-Zellen). T-Lymphozyten spielen eine Schlüsselrolle bei der Abwehr und Zerstörung virusbefallener oder anderweitig infizierter Zellen und wirken bei der Abstoßung von Fremdgewebe und transplantierten Organen mit. Außerdem greifen sie regulierend in das zelluläre und humorale Immunsystem ein. Zur Erkennung und Bindung von Antigenen besitzen die T-Lymphozyten spezifische, fest mit der Zellmembran verankerte Antikörper-ähnliche Proteine, die als **T-Zell-Rezeptoren** bezeichnet werden. Die T-Zellrezeptoren besitzen Strukturanalogien zu den von Plasmazellen synthetisierten Immunglobulinen. Die T-Lymphozyten bilden eine Familie, aus der sich Subpopulationen mit unterschiedlichen funktionellen Eigenschaften differenzieren.

- **Zytotoxische T-Lymphozyten** (T_C-Zellen, T_8-Zellen). Zytotoxische T-Zellen erkennen das Antigen der zu zerstörenden Zielzellen zusammen mit dem MHC-Protein der Klasse I, die beide durch Makrophagen dargeboten werden. Das Antigen wird primär von Makrophagen aufgenommen und nach Bearbeitung auf der Zelloberfläche zusammen mit dem MHC-Protein I den Tc-Zellen präsentiert.
- **Memory-Zellen und Suppressorzellen.** Die zytotoxischen Zellen können nicht nur Antigen-tragende infizierte Zellen binden und abtöten, sondern auch in Blut oder Lymphflüssigkeit als langlebige Gedächtniszellen zirkulieren. Suppressorzellen unterdrücken die zytotoxische Reaktion nach erfolgreicher Abwehr und schalten die Immunreaktion ab.
- **Helferzellen** (T_H-Zellen, T_4-Zellen). Helferzellen besitzen Rezeptoren für den Komplex aus Antigen und MHC-II-Protein. Auch dieser Komplex wird den Helferzellen von Makrophagen präsentiert. Die Interaktion des Makrophagen mit den Helfer-Lymphozyten löst die Produktion von Interleukin 1 durch die Makrophagen aus. Die Stimulation durch Interleukin 1 veranlaßt die T_4-Lymphozyten wiederum, Interleukin 2 freizusetzen, das seinerseits die zytotoxischen T-Zellen zur Differenzierung und klonalen Vermehrung anregt.

B-Lymphozyten. B-Lymphozyten besitzen antigenspezifische Rezeptoren, die nach Kontakt mit einem Antigen unter Mitwirkung der T-Helferzellen und des von ihnen gebildeten Interleukin 2 die B-Zellen zur Differenzierung und Teilung in Antikörper-bildende **Plasmazellen** anregen. Die aus den B-Zellen durch klonale Vermehrung entstehenden Plasmazellen setzen ihre antigenspezifischen Rezeptoren in Form von **Immunglobulinen** (humorale Antikörper) frei.

Granulozytopenie und Agranulozytose. Eine zahlenmäßige Verminderung der Granulozyten im Blut (Granulozytopenie) oder ihr völliges Verschwinden (Agranlozytose) kann durch

- vermehrte Zerstörung oder aber
- verminderte Bildung

bedingt sein.

Eine massive **Zerstörung** von Granulozyten kann sich auf dem Boden einer Allergie (S. 499) oder von Autoimmunvorgängen entwickeln. Auch der Kausalzusammenhang zwischen der Entstehung einer Agranulozytose und der Einnahme bestimmter Medikamente gilt als gesichert. Zahlreiche **Pharmaka** (Analgetika, Antirheumatika, Psychopharmaka, Antibiotika, Sulfonamide, Thyreostatika, Antidiabetika, Antihistaminika) können eine **Agranulozytose** auslösen. Das Auftreten ist jedoch nicht vorhersehbar und häufig dosisunabhängig, so daß eine individuelle Disposition angenommen wird.

Besteht eine Überempfindlichkeit gegenüber Medikamenten, so haben diese die Funktion eines Haptens, das sich an Membranproteine der Granulozyten binden kann. Die gegen das Hapten gerichteten Antikörper schädigen bei Reaktion mit dem mebrangebundenen Hapten auch die Granulozyten und können eine Zytolyse auslösen. Homologe gegen Granulozyten gerichtete Autoantikörper können sich im Laufe einer Kollagenose bilden.

Eine **verminderte Bildung** von Granulozyten tritt bei direkter Schädigung des Knochenmarks durch Zytostatika, Antibiotika (Sulfonamide) oder energiereiche Strahlung, aber auch bei Verdrängung des granulopoetischen Knochenmarks durch Hämoblastosen oder Metastasen maligner Neoplasien ein.

Die **Panmyelopathie** (Panzytopenie) ist Folge einer multifaktoriellen Störung der gesamten hämopoetischen Zellteilungs- und Syntheseprozesse im Knochenmark, die nicht nur die Granulozyten, sondern auch Thrombozyten und Erythrozyten betrifft. Die verursachenden Faktoren entsprechen denen der Agranulozytose.

Phagozytose und bakterizide Prozesse. Der Prozeß der Phagozytose, unter dem allgemein die Aufnahme von Mikroorganismen, abgestorbenen Zellen oder körperfremden Partikeln verstanden wird, und an dem sich Granulozyten und Makrophagen beteiligen können, gliedert sich in verschiedene Phasen:

- Während der chemotaktischen Phase führt der Phagozyt eine gerichtete Bewegung auf das zu phagozytierende Objekt (z. B. in einem Entzündungsherd befindliche Bakterien) aus. Hierfür ist die Mitwirkung humoraler Faktoren erforderlich. Dies können z. B. die Komplementfragmente C3a und C5a oder von den Bakterien freigesetzte Stoffwechselprodukte sein, die auf Phagozyten einen chemotaktischen Reiz ausüben.

- Die Adhäsion der Phagozyten an der Gefäßwand erfolgt über **Integrine** der Phagozytenmembran, die mit Endothelrezeptoren interagieren. Integrine sind transmembranöse Oberflächenglykoproteine eukaryonter Zellen, die an Zell-Zell- und Zell-Matrix-Interaktionen beteiligt sind. Integrine „erkennen" eine Arg-Gly-Asp(RGD)-Sequenz der Partnermoleküle.
- Die Bindung des zu phagozytierenden Objekts an die phagozytierende Zelle kann über verschiedene Mechanismen erfolgen. Ist das Objekt (z. B. ein Bakterium) mit Antikörpern vom Typ IgG oder mit dem C3b/C3bi-Fragment des Komplementsystems besetzt, so wird die Phagozytose gefördert, da Makrophagenmembranen Rezeptoren für das Fc-Fragment von IgG und die C3b- und C3bi-Komponente des Komplements besitzen. Das C3-Fragment muß jedoch fest (über hydrophobe Bindungen) mit dem zu phagozytierenden Objekt verbunden sein.
  Auch das **Fibronektin**, ein Zelloberflächen-assoziiertes Protein besitzt Bindungsdomänen sowohl für Zellen als auch für Mikroorganismen und kann damit eine Phagozytose auslösen. Ebenso kann das C-reaktive Protein (akute Phase Proteine, S. 494) Calcium-abhängig Bindungen an Membranstrukturen zahlreicher Mikroorganismen und Pilze eingehen und dadurch eine Phagozytose vermitteln.
- Internalisierung. Der Kontakt des zu phagozytierenden Objekts mit der Membran der phagozytierenden Zelle löst den eigentlichen Phagozytoseprozeß aus, der durch Einstülpung der Zellmembran unter Mitwirkung von Zytoskelettproteinen gekennzeichnet ist und zur Bildung eines **Phagosoms** führt.
- Abbau des phagozytierten Materials. Phagozytierte Zellen enthalten hohe Aktivitäten Lysosomen-gebundener hydrolytischer Enzyme mit einem pH-Optimum zwischen pH 4 und 5 (Nucleasen, Proteasen, Glykosidasen, Phosphatasen) jedoch auch im Neutralbereich wirksame Proteasen, mit deren Hilfe phagozytierte organische Partikel bis zu den monomeren Bestandteilen abgebaut werden können.
- Bakterizide Prozesse. Für die Lysis von Mikroorganismen stehen den phagozytierenden Zellen verschiedene Mechanismen zur Verfügung:
  - Lysozym spaltet das Zellwandmurein gramnegativer und grampositiver Bakterien.
  - Eine NADP-Oxidase wandelt molekularen Sauerstoff in das Superoxidanion um. Die Umwandlung des Superoxidanions zum **Wasserstoffperoxid** (H_2O_2) verläuft spontan bei sauren pH-Werten im Lysophagosom. Mit Hilfe einer Myeloperoxidase können über das H_2O_2 spezifische Oxidationen ausgelöst werden. Damit wird ein effektiver Angriff auf die Membran des internalisierten Mikroorganismus eingeleitet. Chlorid (Cl^-) wird in Gegenwart von H_2O_2 durch die Myeloperoxidase zu dem

stark bakteriziden **Hypochlorit-Ion** (OCl^-) und H_2O umgesetzt. Toxische Sauerstoffmetabolite s.S. 490.

- Spezifische bakterizide Proteine sind **Lactoferrin**, ein eisenbindendes Protein, das Bakterienwachstum verhindert und
- eine Reihe **anionischer Proteine,** welche die Phospholipidmembran gramnegativer Bakterien in der Frühphase der Phagosombildung angreifen und zerstören.

Leukämien. Eine generalisierte neoplastische Erkrankung des blutbildenen Organs, die von einer extremen Vermehrung unreifer weißer Blutzellen begleitet ist, stellt die Leukämie dar. Leukämien sind definiert als maligne Neoplasien der hämatopoetischen Zellen. Sie werden als monoklonale Erkrankungen aufgefaßt. Eine Leukämie kann das **myeloische** oder **lymphatische** System betreffen und **akut** oder **chronisch** auftreten. Die unreifen Zellen zeigen autonomes Wachstum und verdrängen das normale Knochenmark, ihre Fähigkeit zur Phagozytose haben sie verloren. Eine Klassifikation der Leukämien gibt die Tabelle wieder.

Klassifikation der Leukämien

Akute Leukämien	**Chronische Leukämien**
• Nichtlymphatische Leukämien	– Myeloische Leukämie
– Myeloblastenleukämie	– Monozytenleukämie
– Myeloblasten Promyelozytenleukämie	– Lymphatische Leukämie
– Promyelozytenleukämie	– Haarzelleukämie
– Myelomonozytenleukämie	
– Monozytenleukämie	
– Erythroblastenleukämie	
• Lymphoblastenleukämie	

Das klinische Bild der akuten Leukämien ist durch progrediente Knochenmarksinsuffizienz mit stark reduzierter Infektresistenz bestimmt, bei den chronischen Formen stehen ausgeprägte Vergrößerung der Milz, Leber oder Lymphknoten und exzessive Erhöhung der Leukozytenzahlen im Vordergrund.

Chronische myeloische Leukämie. Bei der chronischen myeloischen Leukämie besteht eine typische Chromosomenanomalie: Das sog. **Philadelphia-Chromosom**. Der lange Arm des Chromosoms 22 ist verkürzt, das fehlende Stück findet man in der Regel auf Chromosom 9, seltener auf 2 oder anderen Chromosomen. Die Anomalie läßt sich in Erythroblasten und Megakaryoblasten, hingegen nicht in Zellen der lymphatischen Reihe und anderen Körperzellen nachweisen.

Bei der chronischen myeloischen Leukämie ist das Knochenmark sehr zellreich, wobei Vorstufen der Granulozyten, der Erythrozyten und der Thrombozyten im Vordergrund stehen. Die Zellreihen reifen zu normal funktionierenden Zellen aus, doch kommt es durchschnittlich nach 3 Jahren zu einem sog. Blastenschub. Die Blasten reifen immer seltener zu Myelozyten und funktionsfähigen Granulozyten aus. Gleichzeitig machen sich Anämie und Thrombozytopenie bemerkbar.

Chronische lymphatische Leukämie. Bei der chronischen lymphatischen Leukämie sind folgende Parameter des Lymphozytenstoffwechsels verändert:

- Infolge einer verlängerten Halblebenszeit (Umsatzzeit) ist die Zahl der reifen Lymphozyten (Menge des lymphatischen Gewebes) vermehrt.
- Der Pool proliferierender Lymphoblasten in Lymphgewebe, Knochenmark und Milz ist vergrößert, aber auch die Absolutmenge der reifen Lymphozyten des zirkulierenden Blutes.
- Die Lymphozyten weisen einen Immundefekt auf.
- Es liegt eine Rezirkulationsstörung vor (gestörter Austausch Lymphgewebe → zirkulierendes Blut).

AIDS. Das die menschliche Immunschwäche verursachende AIDS-Virus (HIV) infiziert mit hoher Selektivität die T-Helferzellen (T_4-Zellen), da das HIV-Hüllprotein gp 120 eine spezifische Affinität zu einem Membranprotein der T-Helferzellen – dem CD4-Protein – besitzt. Der Anlagerung des HIV folgt ein Eindringen in die T-Helferzellen, die durch intrazelluläre Vermehrung und Ausschleusung des HIV geschädigt und schließlich zerstört werden. Der zunehmende Verlust an Helferzellen und die Veränderung der Relation T_4-Zellen/T_8-Zellen (normal 2:1) nach Infektion mit HIV auf einen Wert von 0,5:1 führen unbehandelt zu dem Endstadium einer lebensbedrohlichen systemischen Immunschwäche.

14. Labormedizinische Untersuchungen bei Leukosen und Leukämien

Leukozytenzahl. EDTA-Vollblut wird mit 3 proz. Essigsäure 1:20 verdünnt (Mischpipette). Die Leukozytenzahl wird in der Zählkammer oder mechanisch (s. Erythrozytenzahl) bestimmt.

Referenzbereich	Erwachsene:	$4{,}3-10{,}0 \times 10^3/\mu l$
	Neugeborene:	$9{,}0-30{,}0 \times 10^3/\mu l$
	Kinder (8–13 Jahre):	$4{,}5-13{,}5 \times 10^3/\mu l$

Differentialblutbild. Im gefärbten Blutausstrich werden 100 Leukozyten beurteilt.

Referenzbereich Erwachsene:

Stabkernige Granulozyten	3–5%
Segmentkernige Granulozyten	54–62%
Lymphozyten	25–33%
Monozyten	3–7%
Eosinophile Granulozyten	1–3%
Basophile Granulozyten	0–1%

Bei Kindern (<12 Jahren) ist der prozentuale Anteil an Lymphozyten etwa doppelt so hoch.

Für eine Differenzierung bzw. Klassifizierung akuter bzw. chronischer Leukämien stehen folgende histologische bzw. zytochemische Nachweisverfahren zur Verfügung:

- Zytologische Beurteilung der unreifen „Blasten" des Blutausstrichs und des Knochenmarkpunktats nach Pappenheim-Färbung (s. Farbtafel S. 208).
- Auer-Stäbchen: Azurophile Granula in Myeloblasten, Promyelozyten und Payramyeloblasten sind bei akuter myeloischer Leukämie nachweisbar.
- Philadelphia-Chromosomen (s.o).
- Peroxidase (POD): Das häminhaltige Enzym, das ein Chromogen in Gegenwart von H_2O_2 zum unlöslichen Farbstoff oxidiert, dient der Abgrenzung der akuten myeloischen Leukämie (Peroxidase-positiv) gegenüber der akuten lymphatischen Leukämie (Peroxidase-negativ).
- α-Naphthylacetat-Esterase: Unspezifische Esterase neutrophiler Granulozyten und Monzyten. Das Enzym wird in Monozyten durch Natriumfluorid gehemmt, in Granulozyten dagegen nicht.
- Terminale Desoxynucleotidyl-Transferase im Blastenkern: Spezifischer Marker der lymphatischen Differenzierung, der physiologischerweise nur in Thymus und einzelnen Knochenmarkszellen , bei der akuten lymphatischen Leukämie jedoch in über 90% der Fälle nachweisbar ist.
- Alkalische Leukozyten-Phosphatase: Stark erniedrigt oder fehlend bei chronischer myeloischer Leukämie.
- Membranimmunglobuline: Immunologische Differenzierung der Leukämiezellen, die gegen Blasten- und Proliferationsantigene, myeloische Antigene oder lymphozytäre Antigene gerichtet sind. Ihr Einsatz ermöglicht eine Klärung der Frage, zu welchen hämatopoetischen Zellinien leukämische Blasten gehören, in welchem Stadium der Reifung sie arretiert sind und wie hoch der Anteil proliferierender Zellen ist.

II. Hämostase

1. Mechanismus der Blutgerinnung

Blutgerinnung und Blutstillung sind Schutzmechanismen des Organismus gegen den Verlust von Blut. Sie werden ausgelöst durch Gefäßläsionen, durch abnorme Durchlässigkeit der Gefäßwand für Blutproteine, Blutzellen oder durch Steigerung des intravasalen Drucks.

An der Blutstillung sind die **Gefäßwand** selbst, die **Blutplättchen**, (Thrombozyten) und die in Plasma und extravasaler Flüssigkeit vorhandenen **Blutgerinnungsfaktoren** beteiligt. Alle drei Komponenten bilden eine funktionelle Einheit und ergänzen sich gegenseitig. Kein System ist jedoch in der Lage, Funktionsausfälle eines anderen Systems zu kompensieren.

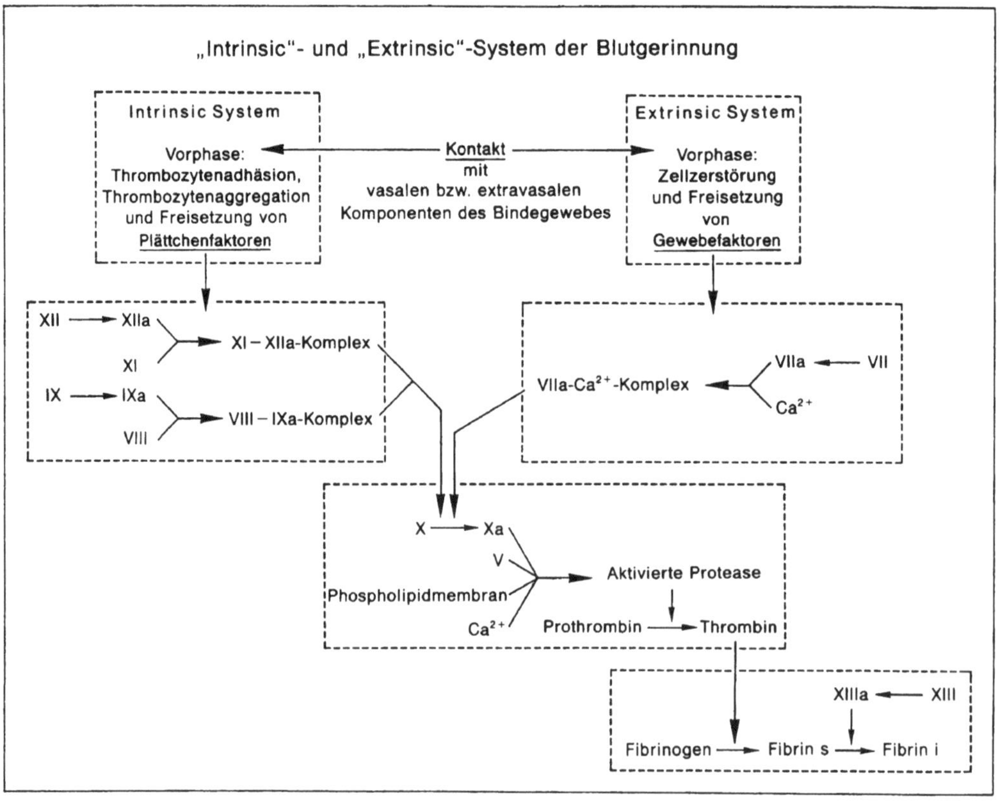

2. Hämorrhagische Diathesen

Da bei Blutgerinnungsstörungen (hämorrhagischen Diathesen) jedes der beteiligten Systeme betroffen sein kann, ergibt sich eine Aufgliederung in folgende Gruppen:

1. **Vaskulär bedingte hämorrhagische Diathesen** (Vasopathien). Vaskuläre Blutungsneigungen, bei denen eine erhöhte Durchlässsigkeit oder Schädigung der Gefäßwände besteht.
2. **Thrombozytär bedingte hämorrhagische Diathesen.** Blutungsneigungen, die auf einer zu geringen Zahl (Thrombozytopenien) oder fehlerhaften Funktion (Thrombozyopathien) der Thrombozyten beruhen.
3. **Plasmatisch bedingte hämorrhagische Diathesen** (Koagulopathien). Störungen des Gerinnungs- und/oder Fibrinolysemechanismus.

Die unter 1–3 aufgeführten Schäden können angeboren oder erworben sein und auch kombiniert (z. B. 1 und 2) auftreten. Ihre Ursache kann in ungenügender Bildung oder einem beschleunigten Abbau der für eine Blutstillung notwendigen Faktoren liegen. Ihre differentialdiagnostische Beurteilung ergibt sich aus dem Ausfall von **Globaltesten** (S. 35, 247).

3. Vasopathien (vaskulär bedingte hämorrhagische Diathesen)

Vasopathien beruhen auf umschriebenen oder generellen Störungen der Struktur und des Stoffwechsels der Kapillarwand und können angeboren oder erworben sein (Tab.). Die pathogenetisch bedeutsame Rolle des Basalmembran-

Vaskuläre hämorrhagische Diathesen

1. **Hereditäre Vasopathien**	2. **Erworbene Vasopathien**
• M. Osler-Rendu • Angiomatosis Hippel-Lindau • Ehlers-Danlos-Syndrom • Familiäre Purpura simplex	• Immunvaskulitis (z. B. Purpura Schoenlein Henoch) • Vitamin C-Mangel • Dysproteinämische Purpura (z. B. Multiples Myelom, M. Waldenström, Amyloidose, Leberzirrhose) • Purpura durch Autosensibilisierung • Infektiös-toxische Purpura • Autoimmunerkrankungen • Nicht-allergische Purpuraformen (z. B. M. Cushing, Kaposi-Sarkom, Hypertension, Diabetes mellitus

Kollagens der Kapillaren zeigt sich im Auftreten von vaskulären hämorrhagischen Diathesen z. B. bei Kollagen-Synthesedefekten (Ehlers-Danlos-Syndrom, Ascorbinsäuremangel). Die nachfolgende Tabelle gibt eine Übersicht.

Isolierte Funktionstests zur sicheren Abgrenzung von Vasopathien, die durch Auftreten von Purpura (Sammelbezeichnung für Hautblutungen) gekennzeichnet sind, sind nicht verfügbar. Mit Einschränkung ist der **Rumpel-Leede-Test** (petechiale Blutungen im Bereich des Unterarms nach Anlegen einer Druckmanschette) als Funktionstest verwendbar. Eine Vasopathie ist anzunehmen, wenn Störungen des Thrombozytenstoffwechsels bzw. Koagulopathien als Ursache bzw. Teilursache ausgeschlossen werden können.

4. Thrombozytär bedingte hämorrhagische Diathesen

Thrombozytäre hämorrhagische Diathesen können auf einer Erniedrigung der Thrombozytenzahl oder einer Funktionsstörung der Thrombozyten beruhen und werden klassifiziert in:

- Thrombozytopenien (Bildungs- und Verteilungs- oder Umsatzstörungen der Thrombozyten) mit Verminderung der Thrombozyten und
- Thrombozytopathien (Störungen der Adhäsion und Aggregation von Thrombozyten bzw. Störungen der Freisetzung von Thrombozytenfaktoren).

Klassifikation von Thrombozytopenien

	Bildungsstörungen (verminderte Megakaryozytopoese)
• Hereditär:	z. B. Fanconi-Syndrom, kongenitale Fehlbildung, kongenitaler Thrombopoetinmangel, Wiskott-Aldrich-Syndrom
• Erworben:	z. B. aplastische Anämie, Infektionen (Virushepatitis, Malaria, Colisepsis), Medikamente (Thiazide, Estrogene), Alkoholabusus, Tumorinfiltration, zytostatische Therapie, Folsäure/Vitamin B_{12}-Mangel
	Umsatzstörungen (verstärkter Abbau von Thrombozyten)
• Kongenital:	z. B. fetale Erythroblastose
• Erworben:	z. B. Immunthrombozytopenien (M. Werlhof, medikamentös-allergisch, Lupus erythematodus, maligne Lymphome), nicht-immunologische Thrombozytopenien (medikamentös, toxisch, Urämie, künstliche Herzklappen)

Thrombozytopenien sind gekennzeichnet durch eine Verminderung der Thrombozytenzahl (Referenzbereich 200 000 – 3000 000/µl (= 200 – 300 G/l) Blut). Bei einer Zahl von < 30 000 können Hämorrhagien, bei < 10 000 lebensbedrohende Blutungen auftreten.

Thrombozytopathien sind durch gestörte Plättchenfunktion gekennzeichnet und können angeboren oder erworben sein. Der Defekt kann die Adhäsion von Thrombozyten, die Freisetzung von Thrombozyteninhaltstoffen oder die Aggregationsfähigkeit von Thrombozyten betreffen. Ursachen der gestörten Thrombozytenfunktion können u. a. Defekte der **Membran-Glykoproteine I, II** und **III** oder intrazelluläre Defekte mit Mangel an dichter Granula, α-Granula (**Plättchenfaktor 4, ß-Thromboglobulin, PDGF, Thrombospondin**) oder Enzymdefekte (z. B. **Zyklooxygenase**) sein. Thrombozytopathien äußern sich in einer verlängerten Blutungszeit bei normaler Zahl der Thrombozyten aber defekter Adhäsion und Aggregation.

Hereditäre und erworbene Thrombozytopathien

1. Hereditär

- Defekte der Adhäsion
  - Defekte Adhäsion an Kollagen (z. B. Ehlers-Danlos-Syndrom)
  - Defekte Adhäsion an subendotheliales Gewebe (z. B. Bernard-Soulier-Syndrom)
- Defekte der Freisetzungsreaktion
  - Speicherdefekt für ADP (z. B. Chediak-Higashi-Syndrom, Wiskott-Aldrich-Syndrom)
  - Störung der ADP-Freisetzung
  - Störung der Plättchenfaktor-3-Freisetzung
- Defekte der Aggregation
  - Plättchendefekt (Thrombasthenie Glanzmann Naegeli)
  - Kongenitale Afibrinogenämie

2. Erworben

- Hepatopathien
- Paraproteinämien, Dysproteinämien
- Myeloproliferative Erkrankungen (Leukämie, Polycythaemia vera)
- Immunologische Reaktionen (Alloantikörper, Autoantikörper, Immunkomplexe)
- Medikamente (z. B. Acetylsalizylsäure, Sulfinpyrazon, Cephalosporine)

Beim **Bernard-Soulier-Syndrom** fehlt das Thrombozytenmembran-Glykoprotein I (Rezeptor für die Bindung des Faktor VIII), beim **Ehlers-Danlos-Syndrom** liegen Störungen der posttranslationalen Kollagensynthese vor (S. 417). Bei den **ADP-Speicherdefekten** ist zwar die ADP-Konzentration der Thrombozyten normal, ihre Freisetzung jedoch gestört.

Bei der **Thrombasthenie Glanzmann-Naegeli** liegt eine abnorme Glykogenverteilung sowie ein Mangel an ATP bei verminderter Aktivität der Glycerinaldehyd-3-phosphat-Dehydrogenase vor. In der Membran der Thrombozyten sind die Glykoproteine (GP) IIa und IIb (Bindungsproteine für Fibrinogen) vermindert. Die Blutungszeit ist verlängert, die Aggregation der Thrombozyten nach Zusatz von ADP, Kollagen, Adrenalin oder Thrombin verzögert.

Unter den erworbenen Thrombozytopathien spielen vor allem medikamentös ausgelöste Defekte eine Rolle. So kann die **Acetylsalizylsäure** (die in vielen Kombinationspräparaten enthalten ist) bereits in einer Dosis von 0,3 g die Thrombozyten-Zyklooxygenase durch Acetylierung für mehrere Tage irreversibel inaktivieren.

Thrombozythämie und Thrombozytose. Eine vermehrte Produktion von Thrombozyten manifestiert sich als **Thrombozythämie**. Sie kann als primäre (oder essentielle) Thrombozythämie (sehr selten) vorwiegend in höherem Lebensalter auftreten oder Begleitsymptom eines Grundleidens sein (symptomatische oder sekundäre Thrombozythämie) wie z. B. bei **Polycythaemia vera**, **chronischer myeloischer Leukämie** oder Osteomyelosklerose. Bei der durch Thrombozythämie bedingten Thrombozytose liegen die Thrombozytenzahlen meist über 1000 G/l.

Eine nur vorübergehende Thrombozytose mit Werten zwischen 350 bis 1000 G/l tritt vorwiegend bei **akuten und chronischen entzündlichen Erkrankungen** (rheumatoide Arthritis, Colitis ulcerosa, M. Hodgkin, Osteomyelitis u. a.) auf, ferner nach Splenektomie, nach Operationen, nach Blutungen, bei Verbrauchskoagulopathie oder Thrombosen. Die passagere Thrombozytose ist Ausdruck einer überschießenden Regeneration mit reaktiv vermehrter Megakaryozytopoese.

5. Plasmatisch bedingte hämorrhagische Diathesen (Koagulopathien)

Die plasmatisch bedingten hämorrhagischen Diathesen entstehen entweder durch

- Verminderung oder Fehlen oder durch Bildung von vermindert aktiven oder inaktiven Gerinnungsfaktoren (Defektkoagulopathien),
- Vermehrung von Hemmstoffen, Verbrauch von Gerinnungsfaktoren durch intravasale Gerinnungsfaktoren (auch Verbrauchskoagulopathien),
- Zerstörung von Gerinnungsfaktoren durch intravasale Fibrinolyse

Die Defektkoagulopathien können angeboren oder erworben sein (Tabelle).

Die häufigste angeborene Koagulopathie (Prävalenz 1:10 000) ist die **Hämophilie A** (Inaktivität des Faktor VIII), die X-chromosomal vererbt wird, an der Frauen jedoch äußerst selten erkranken. Da das Faktor VIII-Gen 26 Exons und 25 Introns enthält, erklärt sich die klinische Heterogenität des Krankheitsbildes (Blutungen nach leichten Traumen in Gelenke, Muskulatur und Gastro-

Plasmatisch bedingte kongenitale und erworbene hämorrhagische Diathesen

Faktor	Kongenitaler Defekt	Erworbener Defekt (Ursache)
I	Afibrinogenämie und Hypofibrinogenämie	Verbrauchskoagulopathie bei diversen Grunderkrankungen, gesteigerte Fibrinolyse
II	Idiopathische Hypoprothrombinämie	Leberzellschaden, hämorrhagische Diathese der Neugeborenen) Überdosierung von Cumarinderivaten
IV	Nicht bekannt	Nicht bekannt
V	„Parahämophilie" (M. Owren)	Schwerer Leberparenchymschaden, schwere Fibrinolyse
VII	Faktor-VII-Mangel	Leberparenchymschaden, Vitamin-K-Mangelzustände, Überdosierung von Cumarinderivaten
VIII	Hämophilie A, vW-Protein-Mangel	Schwerer Leberparenchymschaden, Leukämie, intravasale Fibrinolyse
IX	Hämophilie B Angiohämophilie B	Schwerer Leberparenchymschaden, schwere allergische Reaktionen, Leukämie, Überdosierung von Cumarinderivaten
X	Faktor-X-Mangel	Leberparenchymschaden, Vitamin-K-Mangel, Überdosierung von Cumarinderivaten
XI	PTA-Mangel	Leberparenchymschaden
XII	Hageman-Faktor-Mangel	nicht bekannt
XIII	FSF-Mangel	Gesteigerte Fibrinolyse

PTA = Plasmathromboplastinantecedent
FSF = Fibrinstabilisierender Faktor
vW = von Willebrand

intestinaltrakt), dem **verschiedene Mutationen** zugrunde liegen können, die entweder zu einer verminderten Synthese des Faktor VIII oder der Synthese eines funktionell-inaktiven Faktor VIII Protein führen.

Der **Faktor VIII** bildet im Plasma einen Komplex mit dem **v. Willebrand-Faktor** (v.WF) und dem **Faktor VIII-assoziierten Protein**. Durch die Komplexbildung wird der Faktor VIII vor einer raschen Elimination geschützt und hat damit eine längere Halblebenszeit als freier Faktor VIII. Eine verminderte Faktor VIII-Aktivität wird daher auch beim v. Willebrand-Syndrom (s. u.) beobachtet.

Etwa 5mal seltener ist die **Hämophilie B** (Mangel an Faktor IX). Der Faktor XI-Mangel (PTA-Mangel) wird auch als **Hämophilie C** bezeichnet, wobei die Blutungsneigung jedoch geringer ist als bei den anderen Hämophilieformen.

Beim **von Willebrand(vW)-Syndrom** (Prävalenz 1:10000) liegt ein angeborener Defekt des vW-Proteins vor. Das vW-Protein ist ein Multimer, das aus Monomeren mit einem Mol.-Gew. von ≈ 250000 besteht. Es wird in Megakaryozyten und Endothelzellen synthetisiert. Neben seiner Fähigkeit zur Komplexbildung mit Faktor VIII besitzt das vW-Protein die Fähigkeit, die Adhäsion von Plättchen an subendotheliale Proteine zu vermitteln, wobei das vW-Protein mit den Glykoproteinen GP Ib, IIb und IIIa interagiert. GP IIb und GP IIIa sind auch Fibrinogenbindungsstellen.

Das vW-Syndrom ist durch Schleimhaut-, Gastrointestinalblutungen und Hämatome gekennzeichnet. Beweisend für das Vorliegen des vW-Syndroms ist die Verminderung der Ristocetin-induzierten Plättchenaggregation. Ristocetin ist ein aus Aktinomyceten isoliertes Oligopeptid.

6. Gerinnungsinhibitoren und Inhibitormangel

Antithrombin III, **Protein C** und **Protein S** sind wirksame physiologische Inhibitoren der Blutgerinnung. Ihr **Fehlen** oder ihre **verminderte Aktivität** aufgrund eines angeborenen (autosomal dominant vererbten) Defekts verschiebt das Gleichgewicht zwischen Hämostase und Fibrinolyse zugunsten einer gesteigerten Fibrinbildung und erhöht damit für die betroffenen Patienten das Risiko **thromboembolischer Erkrankungen** (s. Thrombosen, S. 247). Antithrombin III inaktiviert Thrombin (Faktor IIa) durch Komplexbildung, an der **Heparin** beteiligt ist. Die Antithrombin III-Bindungsdomäne des Heparinmoleküls ist ein Pentasaccharid, für dessen Struktur eine Sulfatestergruppe an der 3-OH-Gruppe eines N-Sulfonylglucosaminrestes charakteristisch ist.

Die **Proteine C und S**, die in der Leber unter Mitwirkung von Vitamin K gebildet werden, wirken gerinnungshemmend durch Inaktivierung der Faktoren Va und VIIIa.

Auch eine verzögerte Fibrinolyse kann die Thromboseneigung verstärken. Dies ist z. B. bei vermehrter Synthese des **Plasminogen-Aktivator-Inhibitor 1** (PAI-1) der Fall, der bei schweren Entzündungen und postoperativ (Akute-Phase-Protein) eintreten kann. Auch Fehlen oder zu geringe Aktivität des α_2-Antiplasmins begünstigt die Entstehung von Thrombosen.

7. Verbrauchskoagulopathie

Die Verbrauchskoagulopathie (DIC-Syndrom, Disseminated Intravascular Coagulation) ist ein erworbenes dysregulatorisches Syndrom der Hämostase, bei dem das Gleichgewicht in der Neubildung von Thrombozyten und Gerinnungsfaktoren und deren Katabolismus zugunsten des Abbaus verschoben ist.

Die Verbrauchskoagulopathie stellt eine **kombinierte Gerinnungsstörung** dar, die sowohl die plasmatischen Gerinnungsfaktoren als auch die Thrombozyten betrifft. Eine Vielzahl von Grundkrankheiten kann den Prozeß auslösen, der in seiner schwersten Verlaufsform lebensbedrohend ist.

Eine Verbrauchskoagulopathie kann durch Einschwemmung Thromboplastin-ähnlicher Substanzen aus Muskulatur (**Polytraumatisierung**), Gehirn (Schädel-Hirntrauma), Leber (**Leberzellnekrose**), Uterus (**geburtshilfliche Komplikationen**, vorzeitige Lösung der Plazenta, verhaltener Abort) ausgelöst werden, wobei es zur Aktivierung des exogenen Gerinnungssystems kommt. Eine intravasale Aktivierung des endogenen Gerinnungssystems ist dagegen bei **Acidose** (als Folge eines länger bestehenden Schocks) oder unter **Endotoxineinwirkung** (Sepsis durch gramnegative Keime oder Staphylokokken) möglich und wird durch eine Thombozytenaggregation induziert. Auch **Erythrozytenstromata**, die bei intravasaler Hämolys freigesetzt werden, können das endogene Gerinnungssystem aktivieren.

Als Ergebnis aller Prozesse kommt es zu intravasalem Auftreten von Thrombin, das einerseits eine weitere Thrombozytenaggregation begünstigt mit der Folge einer drastischen Abnahme des Thrombozytengehalts im Blut, andererseits die Proteinaseinhibitoren des Blutplasmas absättigt und damit eine (unphysiologische) Hydrolyse des Fibrinogens zu Fibrinogenspaltprodukten ermöglicht, so daß ein regulärer Gerinnungsvorgang wegen der resultierenden Fibrinogenopenie nicht mehr möglich ist.

Der gleiche pathogenetische Mechanismus ist sowohl für **Blutungsneigung** durch Verbrauch von Gerinnungsfaktoren und Thrombozyten als auch für intravasale Fibrinablagerung und Thrombozytenaggregation — **Mikrothrombosierung einzelner oder aller Organe** — verantwortlich.

Bei dekompensierter Verbrauchskoagulopathie sind Fibrinogen, Thrombozytenzahl und die Faktoren V, VIII und XIII vermindert und die partielle Thromboplastinzeit und Thromboplastinzeit verlängert.

8. Fibrinolyse

Unter physiologischen Bedingungen laufen Gerinnung und Fibrinolyse nacheinander ab. Ihr Zusammenspiel gewährleistet, daß sich zur Blutstillung Fibrin bildet und dieses bei der Wundheilung wieder abgebaut wird, wenn es seine biologische Funktion erfüllt hat. Wie das nachstehende Schema zeigt, sind an der Blutgerinnung und Fibrinolyse trotz entgegengesetzter Wirkung sehr ähnliche Reaktionen beteiligt. Die biologische Aktivität ist jeweils an ein proteolytisches Enzym gebunden: **Thrombin leitet die Gerinnung, Plasmin die Fibrinolyse** ein. Beide Enzyme liegen im Blut als inaktive Enzymvorstufen vor und werden durch Aktivatoren, die sowohl im Blut als auch im Gewebe lokalisiert sind, in das aktive Enzym umgewandelt, wobei die Aktivatoren durch eine Zell- oder Gewebebarriere vom Blutstrom getrennt sind und erst bei Verletzung des Gewebes oder Veränderung der Zell- oder Gefäßoberfläche gebildet und freigesetzt werden.

Im gesunden Organismus besteht ein dynamisches Gleichgewicht zwischen Gerinnung und Fibrinolyse. Dieses Gleichgewicht wird aufrecht erhalten durch

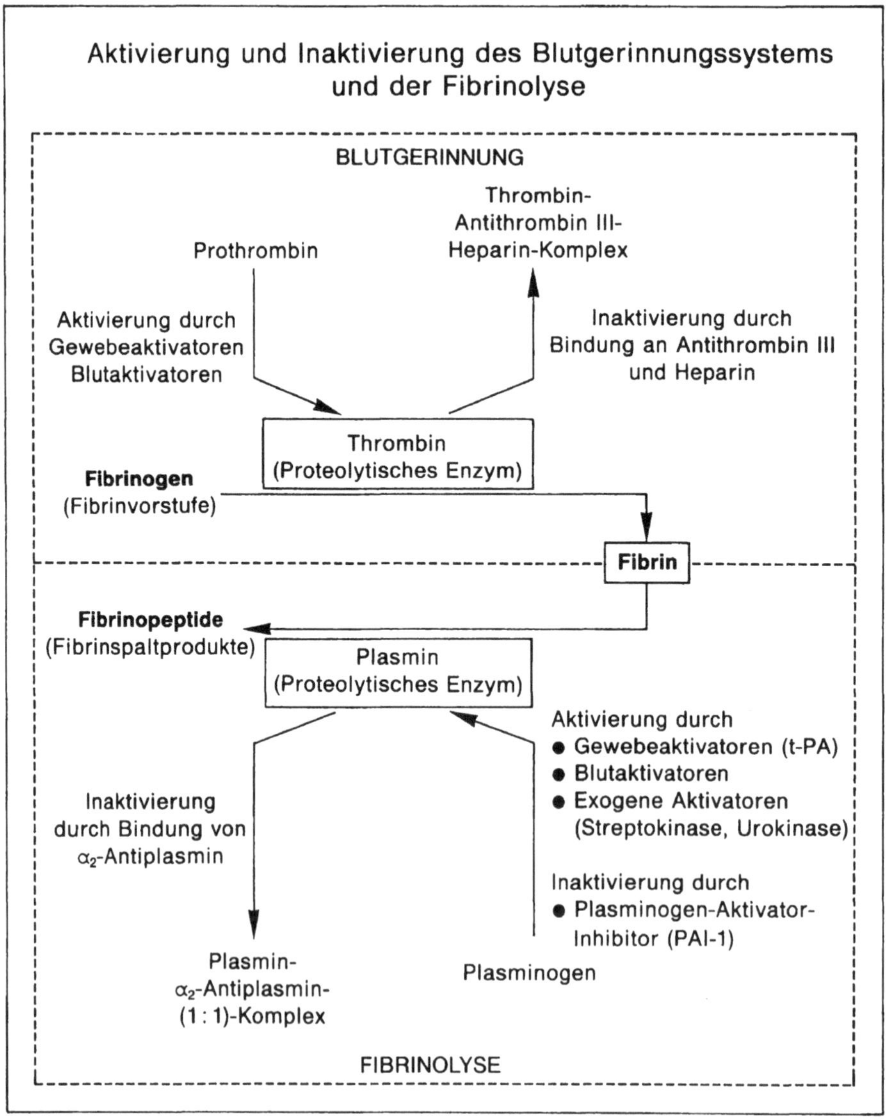

eine normale Konzentration und Funktion von Aktivatoren und Inaktivatoren beider Systeme (Abbildung).

Die Rekanalisierung eines thrombotisch oder embolisch verschlossenen Gefäßabschnittes kann medikamentös durch **Plasminogenaktivatoren** (tPA = tissue Plasminogenaktivator, Streptokinase, Urokinase) durchgeführt werden (fibrinolytische Therapie bei Thrombose, Embolie oder Myokardinfarkt). Eine Überwachung der Therapie ist erforderlich, um einerseits eine Antikoagulation sicherzustellen und andererseits das Blutungsrisiko erkennbar zu machen.

9. Thrombosen

An der Bildung intravasaler Thromben (Aggregat aus Thrombozyten und Fibrin) sind folgende Faktoren beteiligt:

- **Verlangsamung der Zirkulation (sog. Stase)**. Sie tritt lokal – vorzugsweise in den unteren Extremitäten und im kleinen Becken – bedingt durch körperliche Untätigkeit (längere Bettruhe, Adipositas, höheres Alter) auf, wird aber auch durch Varizen oder Polyzythämie (erhöhte Viskosität) begünstigt.
- **Veränderungen der Gefäßwand**. Jede größere Gewebsschädigung (Trauma, Infektion) aktiviert das Extrinsic-System der Blutgerinnung, ohne daß eine lokale Fibrinolyse (sofort) wirksam wird.
- **Beschleunigte Gerinnung**. Thrombozythämie, Thrombozytose nach Splenektomie, Mangel an Antithrombin III, Protein C und S oder α_2-Antiplasmin bzw. Überschuß an α_2-Antiplasmin-Inhibitor.
  Während arterielle Thrombosen der Endarterien zu ischämischer Nekrose (Myokardinfarkt, Encephalomalacie) führen, ist bei venösen Thrombosen infolge bestehender Kollateralen eine partielle Kompensation möglich, doch können Ödeme, Ulcus cruris und braune Pigmentierung auftreten.

10. Labormediziniche Untersuchungen und Diagnostik bei Störungen der Hämostase

Indikationen für eine hämostaseologische Basisdiagnostik sind

- präoperativer Ausschluß einer Blutungsneigung
- Abklärung einer anamnestisch und/oder klinisch manifesten Blutungsneigung

- Überwachung einer Therapie mit Antithrombotika oder Hämostyptika
- Verlaufskontrolle einer Hämostasestörung (z. B. Verbrauchskoagulopathie)

und umfassen die Bestimmung der Thrombozytenzahl (T), der Thromboplastinzeit (TPZ), der (aktiven) partiellen Thromboplastinzeit (aPTT, PTT) der Plasmathrombinzeit (PTZ, TZ) und des Fibrinogens (FiB).

Die Probenentnahme (häufig: 4,5 ml Venenblut + 0,5 ml 0,11 M Na-Citrat) bei Gerinnungsuntersuchungen sollte am liegenden, ruhenden Patienten erfolgen. Zu lange Stauung führt zum Anstieg des Hämatokrit und zur Zunahme der fibrinolytischen Aktivität.

Den Ausfall von Globaltests und deren Aussagewert gibt die nachfolgende Zusammenstellung (Tabelle).

Klassifikation hämorrhagischer Diathesen und Differentialdiagnose durch Globaltests

Hämorrhagische Diathesen	Blutungszeit (Duke)	Kapillarresistenz (Rumpel-Leede)	Thrombozytenzahl	Thromboplastinzeit (TPZ)	Thrombinzeit (PTZ)	Partielle Thromboplastinzeit (PTT)
1. **Plasmatisch bedingt**						
Hämophilie A	N	N	N	N	N	↑
Hämophilie B	N	N	N	N	N	↑
Faktor X-Mangel	N	N	N	↑	N	↑
Afibrinogenämie	N	N	N	↑	↑	↑
2. **Thrombozytär bedingt** (z. B. Thrombozytopenie)	↑	+	↓	N	N	N
1. + 2. **Plasmatisch und thrombozytär bedingt**						
(z. B. Verbrauchskoagulopathie)	N (+)	N (+)	↓	↑	↑	↑
(z. B. Hyperfibrinolyse)	N	N (+)	N	↑	↑	↑
3. **Vaskulär bedingt** (Angiopathien)	↓	+	N	N	N	N

↑ verlängert, ↓ vermindert, + pathologisch, N Normal

Blutungszeit. Die Zeitspanne zwischen dem Setzen einer kleinen Stichwunde bis zum Eintritt der Gerinnung entspricht der Blutungszeit. Eine Standardisierung der Verletzung ist mit kommerziell erhältlichen Stechgeräten möglich. Die Bestimmung der Blutungszeit ist ein wichtiger Suchtest zur Erkennung von

Störungen der Hämostase, da sie bei Verminderung der Thrombozyten und Defekten der Thrombozytenfunktion verlängert ist. Acetylsalizylsäure-haltige Medikamente und Thrombozytenaggregationshemmer müssen einige Tage vor der Bestimmung abgesetzt werden.

Referenzbereich 4 – 6 min

Thrombozytenzahl. EDTA-Vollblut oder Kapillarblut werden in einer Mischpipette mit 1 proz. Ammoniumoxalatlösung 1:20 verdünnt. Dabei werden die Erythrozyten aufgelöst. Zählung der Thrombozyten in der Zählkammer.

Referenzbereich 150 – 350 G/l Thrombozyten
(150 000 – 350 000/µl Blut)

Thrombozytenfunktionstests. Zur Bestimmung der **Thrombozytenadhäsion** werden die Plättchen gezählt, die während einer bestimmten Kontaktzeit an einer definierten Oberfläche haften und in Beziehung zur Gesamtzahl der Thrombozyten gesetzt. Die **Thrombozytenaggregation** wird an einem Plättchen-reichen Citratplasma durch Zusatz von Kollagen, ADP, Adrenalin oder Ristocetin ausgelöst. Der Eintritt der Aggregation wird im Strahlengang eines Fotometers an Hand der zunehmenden Lichtdurchlässigkeit registriert. Aggregationsdefekte werden in vitro durch die ausbleibende bzw. verzögerte Aggregation der Thrombozyten auf Zusatz von ADP, Kollagen, Thrombin, Adrenalin oder Ristocetin nachgewiesen.

Freisetzungsreaktionen: Thrombozyten setzen u. a. β-Thromboglobulin, Plättchenfaktor 4, ADP, Serotonin, Thromboxan A2 und B2 frei. Radioimmunologisch können Plättchenfaktor 4, β-Thromboglobulin und Thromboxan B2 gemessen werden.

Thromboplastinzeit (TPZ, Quick, Prothrombinzeit). In einer Plasmaprobe aus Citratblut wird die Fibrinbildung durch Zugabe von Gewebsthromboplastin und Calciumionen ausgelöst. Die Thromboplastinzeit dient der Prüfung des exogenen Aktivierungsweges (Faktor VII) und der gemeinsamen Endstrecke der Gerinnung (Faktor X, V, II, I).

Referenzbereich 70 – 130% der Norm.

Der Wert kann auch als Quotient Thromboplastinzeit Patientenplasma/Thromboplastinzeit Referenzpoolplasma ausgedrückt werden.

Referenzbereich (Quotient) 0,9 – 1,15

Die Bestimmung der Thromboplastinzeit muß vor allen operativen Eingriffen durchgeführt werden. Erniedrigungen findet man bei Therapie mit Vitamin K-Antagonisten, Leberschäden, Vitamin K-Mangel, Verbrauchskoagulopathie und Hyperfibrinolyse.

Partielle Thromboplastinzeit (PTT). In einer Plasmaprobe aus Citrat-Vollblut wird die Fibrinbildung durch Zugabe eines partiellen Thromboplastinpräparates und Calciumionen ausgelöst. Die partielle Thromboplastinzeit dient der Prüfung des endogenen Aktivierungsweges (Faktor XII, XI, IX) und der gemeinsamen Endstrecke der Gerinnung (Faktor X, VIII, II, V, I). Zur Bestimmung der **aktivierten partiellen Thromboplastinzeit** (aPTT) setzt man dem System Oberflächenaktivatoren (z. B.Kaolin, Celit) zu. Das Ergebnis der partiellen sowie der aktivierten partiellen Thromboplastinzeit wird in s angegeben.

Referenzbereich (abhängig von der Art der Reagentien) ≈40 s.

Ein Mangel der Hämophiliefaktoren VIII und IX kann schnell nachgewiesen werden. Die Methode wird durch Thromobzytenzahl und -funktion nicht beeinflußt.

Plasmathrombinzeit (PTZ, Thrombinzeit, TZ). Bei einer Plasmaprobe aus Citrat-Vollblut wird die Gerinnung durch Zugabe von Thrombin ausgelöst. Sie ist abhängig von der Fibrinogenkonzentration und verlängert bei vermindertem Fibrinogengehalt, in Gegenwart von Heparin, von Fibrinogen und Fibrinspaltprodukten. Die Thrombinzeit eignet sich zur Kontrolle der Heparin- und Streptokinase (Urokinase-, tPA)-Therapie.

Referenzzeit 15 ±2 s

Reptilasezeit. Sie dient der Differenzierung einer verlängerten Thrombinzeit. Reptilase spaltet von Fibrinogen lediglich das Fibrinopeptid A ab. Die Reaktion wird durch Heparin **nicht** gehemmt.

Referenzbereich (abhängig von der Art der Reagentien) bis 20 s

Eine normale Reptilasezeit spricht bei verlängerter Thrombinzeit für die Anwesenheit von Heparin. Eine verlängerte Reptilasezeit findet man bei Verminderung von Fibrinogen, bei abnormalem Fibrinogen und bei Anwesenheit von Fibrinogen-Spaltprodukten.

Fibrinogen. Plasma aus Citrat-Vollblut wird durch eine hohe Konzentration von Thrombin zur Gerinnung gebracht. Die Gerinnungszeit ist dabei im wesentlichen abhängig von der Fibrinogenkonzentration. Die Bestimmung setzt die Herstellung einer Eichkurve (z. B. mit Fibrinogen-Standard) voraus.

Referenzbereich 2,0 – 4,0 g/l

Erniedrigte Fibrinogenkonzentrationen findet man bei Synthesestörungen der Leber, bei Verbrauchskoagulopathie und bei Hyperfibrinolyse. Bei Gewebsverletzungen und Entzündungen ist Fibrinogen vermehrt. **Erhöhte** Fibrinogenspiegel markieren ein erhöhtes Thromboserisiko und sind zunmeist Ausdruck einer Akute-Phase-Reaktion, können aber auch auf eine chronische Verbrauchskoagulopathie (DIC) hinweisen, bei der einerseits ein erhöhtes thromboembolisches Risiko, andererseits jedoch auch eine erhöhte Blutungsbereitschaft besteht.

Beispiele für Störungen der Blutgerinnung und den damit einhergehenden pathologischen Ausfall von Globaltests gibt die Tabelle.

Beispiele für isolierte und kombinierte Störungen der Blutgerinnung

<table>
<tr><th>Gerinnungs-
störung</th><th>Pathologischer
Befund</th><th>Mögliche Ursachen</th></tr>
<tr><td rowspan="3">Isoliert</td><td>TPZ vermindert</td><td>• Vit. K-Mangel oder -Antagonismus,
• Synthesestörung (Leber) der Faktoren II, V, VII, X
• Polyglobulie</td></tr>
<tr><td>aPTT verlängert</td><td>• Heparineffekt
• Mangel an Faktor IX, XI, XII</td></tr>
<tr><td>TZ verlängert</td><td>• Heparineffekt
• Fibrinpolymerisationsstörung (Dysproteinämie, monoklonale Gammopathie, Inhibitoren)
• Dysfibrinogenämie, Hypofibrinogenämie (FIB < 80 mg/dl)</td></tr>
<tr><td rowspan="4">Kombiniert</td><td>TPZ + aPTT</td><td>• Vit. K-Mangel oder -Antagonismus
• chronische Lebererkrankung
• Polyglobulie</td></tr>
<tr><td>aPTT + TZ</td><td>• Heparineffekt</td></tr>
<tr><td>TPZ + TZ</td><td>• Fibrinpolymerisationsstörungen (s. o.)
• Hypofibrinogenämie</td></tr>
<tr><td>TPZ + aPTT + TZ</td><td>• Hypofibrinogenämie (FIB < 50 mg/dl, TZ nicht meßbar)</td></tr>
</table>

TPZ = Thromboplastinzeit, aPTT = aktivierte partielle Thromboplastinzeit, TZ = Thrombinzeit, FIB = Fibrinogen

III. Gastrointestinaltrakt

Als Verdauung wird ein im Verdauungstrakt ablaufender Prozeß bezeichnet, bei dem die Nahrungsstoffe enzymatisch aufgeschlossen und in lösliche, resorbierbare und niedermolekulare Substrate des Stoffwechsels überführt und anschließend resorbiert werden.

Der Verdauungsvorgang ist von erheblichen Wasser- und Elektrolytbewegungen begleitet. Innerhalb 24 h werden 6–9 l Verdauungssekrete in den Verdauungstrakt sezerniert, jedoch bis auf ein geringes Volumen zusammen mit den Nährstoffen durch Resorption wieder zurückgewonnen. Bei **Störungen der Verdauungsprozesse** können nicht nur **Mangelerscheinungen** infolge unzureichender Versorgung des Organismus mit Nährstoffen, Spurenstoffen und Vitaminen, sondern auch erhebliche **Wasser- und Elektrolytverluste** eintreten.

1. Mundhöhle

Die gleichmäßige Temperatur und Feuchtigkeit der Mundhöhle bilden eine ideale Voraussetzung für das Wachstum von Mikroorganismen, die mit der Atemluft und Nahrung ständig in den Makroorganismus gelangen. Die Bakterien der Mundhöhle sind primär apathogene Kommensalen. Bei Koloniebildung von Bakterien an der Zahnoberfläche werden sie jedoch zu pathogenen Keimen, die für die Entstehung von **Karies** und **Parodontose** verantwortlich sind.

Karies. Die Karies ist eine lokalisierte Demineralisierung der harten Zahnsubstanz (Schmelz, Dentin) und ein Abbau der organischen Matrix durch Mikroorganismen der Mundhöhle. Die Kariogenese ist ein mehrphasiger Prozeß, in dessen Verlauf es zur Haftung, Aggregation und Koloniebildung kariogener Mikroorganismen auf der Zahnoberläche und damit zu Bildung einer mikrobiellen **kariogenen Plaque** kommt. Die von den Mikroorganismen gebildeten organischen Säuren (in der Reihenfolge ihrer Häufigkeit Milchsäure, Propionsäure, Essigsäure, Buttersäure) und Enzyme sind Ursache für die kariöse Zerstörung des Zahns. Ein besonders hohes kariogenes Potential hat **Streptococcus mutans**.

Epidemiologische Studien konnten eine klare Korrelation zwischen Karieshäufigkeit und Ernährung, vor allen Dingen dem Konsum von mikrobiellen, leicht abbaubaren **Kohlenhydraten** nachweisen. Dabei ist nicht der Gesamtkohlenhydratgehalt der Nahrung, sondern der Anteil an leicht, für den Mikroorganismus utilisierbaren Kohlenhydraten entscheidend. Dies trifft vor allem für **Saccharose** und **Glucose**, in gewissem Umfang auch für Maltose, Lactose und Fructose zu, die bakteriell zu Milchsäure und andere organische Säuren vergärt werden. Pentosen (Xylulose, Xylose, Xylit) sind nur in geringem Maße vergärbar.

Störungen der Speichelsekretion. Der von den Speicheldrüsen produzierte Speichel besitzt folgende Funktionen:

- Biologische Mundreinigung durch Fortspülen der auf und zwischen den Zähnen verbleibenden Nahrungsreste,
- Durchfeuchtung und Gleitfähigkeit der aufgenommenen und mechanisch zerkleinerten Nahrung,
- antibakterielle und antivirale Wirkung,
- Remineralisierung von Zahnschmelz.

Bei Funktionsausfall der Speicheldrüsen (z. B. beim Mikulicz-Sjögren-Syndrom einer Autoimmunsialose) ist die **Xerostomie** (trockener Mund) ein kennzeichnendes Merkmal.

2. Ösophagus

Der Ösophagus erfüllt seine Funktionen – den Nahrungs- und Speicheltransport – durch geordnete Peristaltik und Koordination des oberen und unteren Schließmuskels. Der Schluckakt löst eine Erschlaffung des oberen Sphinkters aus, die von einer propulsiven Kontraktionswelle und konsekutiven Erschlaffung des gastroösophagealen Sphinkters gefolgt ist.

Dysphagie. Unter Dysphagie versteht man eine Passagestörung der geschluckten Nahrung, die bei zentral-nervösen Erkrankungen (Muskelerkrankungen oder funktioneller Motilitätsstörung) auftreten bzw. organischer Natur (Entzündung, Tumoren) sein können.

Achalasie. Die Achalasie ist eine neuro-muskuläre Funktionsstörung des Ösophagus mit Fehlen der propulsiven Peristaltik im mittleren Ösophagusabschnitt und hat ihre Ursache in einer herabgesetzten Erschlaffung im unteren Sphinkterbereich, die zur Ausbildung eines **Megaösophagus** führen kann.

Refluxkrankheit. Ein abnormer Reflux von Magen- und/oder Duodennalinhalt geht auf einen ungenügenden Ruhedruck des unteren Ösophagussphinkters zurück. Bei der **primären Refluxkrankheit** spricht der Sphinkter ungenügend auf exogen zugeführtes Gastrin, auf Cholinergika sowie auf eine Proteinmahlzeit an. Dabei wird die Ösophagusschleimhaut durch Säure, Pepsin und ggf. durch die Galle des zurückfließenden Speisebreis geschädigt, so daß Erosionen und Ulcera im distalen Ösophgus auftreten (**Refluxösophagitis**).

Die **sekundäre Refluxkrankheit** ist Folge einer anatomisch faßbaren Läsion im Ösophagus, Cardia oder Magen (z. B. Sklerodermie, Myotonie), bei Achalasie oder Magenausgangsstenose, tritt aber auch in der Schwangerschaft (durch eine Gestagen-bedingte Reduktion des Sphinktertonus) auf.

3. Magen

Der Magensaft ist eine Mischung von Sekreten, die von den verschiedenen Typen der Magenschleimhautepithelzellen produziert werden:

- Die **Hauptzellen** produzieren das enzyminaktive Pepsinogen, das bei saurem pH im Magenlumen in das aktive Enzym – Pepsin – umgewandelt wird.
- Die **Beleg- (oder Parietal-)zellen** sezernieren Protonen und (aus dem Blut stammende) Chloridionen durch aktiven Transport in das Magenlumen (HCl-Sekretion). Außerdem bilden sie den **Intrinsicfaktor** (S. 203). Die Parietalzellen besitzen **Rezeptoren** für **Acetylcholin, Histamin** (H_2-Rezeptoren) und **Gastrin**, die alle die HCl-Sekretion stimulieren. Der Rezeptor für Acetylcholin kann durch Atropinderivate, der H_2-Rezeptor durch H_2-Antagonisten (Cimetidin, Ranitidin u. a.) blockiert werden. Die Histaminwirkung verläuft über intrazelluläres cAMP, dessen Wirkung durch **Prostaglandin E_2** gehemmt werden kann.
- Die **Nebenzellen** sind schleimproduzierende Zellen mit großer Regenerationsfähigkeit (Deckung von Epitheldefekten). Das visköse und pepsinresistente Glykoproteine enthaltende Sekret schützt die Schleimhaut vor Selbstverdauung.
- die **G-Zellen** (Antrumschleimhaut) bilden **Gastrin** (s.Tab.S. 263) und **Somatostatin**.

Regulation. Die Abgabe von Sekreten aus den Zellen der Magenschleimhaut unterliegt der Kontrolle durch nervale, endokrine und chemische Faktoren und erfolgt in verschiedenen Phasen:

- Die **Vagusphase** (kephale Phase) kann durch Sinnesreize (Geruch, Geschmack) ausgelöst werden und ist durch vermehrte HCl-Produktion und Stimulation der G-Zellen (Gastrinfreisetzung) gekennzeichnet.

- Die **gastrale Phase** wird ausgelöst durch Kontakt der Magenschleimhaut mit Nahrungsbestandteilen (bzw. deren Spaltprodukte), die alle Zellen stimulieren. Die Stimulation der gastrinbildenden Zellen wird jedoch gestoppt, wenn sie mit salzsaurem Magensaft Kontakt erhalten.
- In der **enteralen Phase** wird die Gastrinwirkung durch die Enterohormone Sekretin und Cholezystokinin unterdrückt, die im Duodenum unter dem Reiz des sauren Speisebreis freigesetzt werden und gleichzeitig die Sekretion von Bicarbonat (Pankreassekret) und Gallenflüssigkeit auslösen.

Das Zusammenwirken motorischer und sekretorischer Prozesse garantiert im Magen einen sauren, im Duodenum dagegen einen neutralen pH-Wert und optimale Wirkung des Pepsins und der Pankreasenzyme.

Störungen der HCl-Produktion, die durch die Magensekretionsanalyse (S. 266) erfaßt werden, liegen vor bei:

- **Achlorhydrie**: Absolute Gastrin- bzw. Histamin-refraktäre Anacidität wegen fehlender HCl-Produktion (z. B. bei perniziöser Anämie, chronisch atrophischer Gastritis, Peak acid output (Gipfelsekretion, PAO) 0–5 mmol/h).
- **Hypochlorhydrie** (Subaciditidät): Reduzierte HCl-Sekretion (z. B. bei chronischer Gastritis, häufig bei Ulcus ventriculi, PAO 5–20 mmol/h).
- **Hyperchlorhydrie** (Hyperacidität): Überproduktion von HCl (z. B. bei Gastrin-produzierenden Adenomen und Carcinomen, Zollinger-Ellison-Syndrom, PAO > 60 mmol/h).

Die fehlende bzw. gesteigerte HCl-Sekretion ergibt funktionelle Störungen des Gastrointestinaltrakts, die sich als **Maldigestion** und **Malabsorption** (S. 257) manifestieren.

Magenulcus (Ulcus pepticum). Der auf adäquaten Reiz hin produzierte Magensaft muß einerseits zur Entfaltung seiner vollen proteolytischen Aktivität einen stark sauren pH-Wert und hohen Pepsingehalt aufweisen, besitzt aber andererseits aufgrund dieser Eigenschaften eine hohe potentielle Aggressivität gegenüber der Magenschleimhaut selbst, die durch Defensivmechanismen geschützt werden muß. Bei optimaler Funktion bilden **defensive und aggressive Faktoren** ein physiologisches Gleichgewicht. Eine Verschiebung dieses Gleichgewichts zugunsten der aggressiven Faktoren führt zum **Ulcus pepticum ventriculi**.

Aggressive Faktoren:

- Vermehrung der Belegzellmasse, erhöhte HCl-Sekretion mit vermehrter Pepsinogenaktivierung („ohne HCl kein Ulkus"),

- Schleimhautschädigung durch Lysolecithin und Gallensäuren (Duodenalreflux) oder durch Medikamente (Salizylate, Indometacin),
- Hemmung der Schleimhautepithelien-Regeneration und der Glykoproteinbiosynthese , Hemmung der Schleimsekretion und der endogenen Prostaglandinsynthese (z. B. durch Acetylsalizylsäure oder Glucocorticoidbehandlung),
- gestörte Blutversorgung. Auf schwere Streßsituationen, wie Schock, respiratorische Insuffizienz, Sepsis, Verbrennungen, reagieren die Blutgefäße des Magens mit Vasokonstriktion und Ischämie, an deren Entstehung Thromboxan und der Thrombozyten-aktivierende Faktor (PAF, platelet activating factor) beteiligt sind.
- Besiedlung der Magenschleimhaut mit Helicobacter (Campylobacter) pylori? (bei 70% der Patienten mit Ulcus ventriculi).

Defensive Faktoren:

- Adäquate Glykoproteinsekretion („Schleimhautbarriere"),
- ungestörte Blutversorgung,
- Schleimhautregeneration unter Wirkung des basischen Fibroblasten-Wachstumsfaktors (bFGF),
- koordinative Wirkung der Enterohormone.

Peptische Ulcera können im unteren Drittel des Ösophagus, im Magen (Ulcus ventriculi), im Bereich des Zwölffingerdarms (Ulcus duodeni) und u.U. auch im Anfangsteil des Jejunums lokalisiert sein. Im mittleren Lebensalter sind peptische Geschwüre bei Männern 3–4mal häufiger als bei Frauen.

Duodenalulcus. Ein **Ulcus duodeni** kommt durch Übersäuerung des Bulbus duodeni zustande, die folgende Ursachen haben kann:

- Hypersekretion von Salzsäure,
- beschleunigte Entfernung des Nahrungspuffers,
- gestörte Neutralisation der Säure im Duodenum (Hemmung der Bicarbonatsekretion) oder
- Besiedlung des Duodenums mit Helicobacter? (bei 90% der Patienten).

Eine **Hypersekretion von Salzsäure** findet sich bei Hypergastrinämie (Zollinger-Ellison-Syndrom, s. u.), Pylorusstenose, Hyperparathyreoidismus und Niereninsuffizienz, kann aber auch durch eine Vagotonie bedingt sein. Auch mangelhafte Ausschüttung von Sekretin aus dem Duodenum kann zur Hypersekretion von Säure beitragen. Unter dieser Bedingung ist zudem die postprandiale Magenentleerung beschleunigt, was zur raschen Verarmung an Nahrungspuffer im Magen und Wiederabfall des pH im Bulbus duodeni führt. Ebenso ist die postprandiale Pankreassekretion vermindert, was wiederum die Übersäuerung des Bulbus duodeni fördert.

Magenresektion. Komplikationen des Ulcus ventriculi (Perforation, Blutung, maligne Entartung) können eine operative Intervention erforderlich machen (Billroth I, II). Die Teilresektion des Magens und die damit verbundene Ausschaltung der Duodenalpassage führt zu einer Beeinträchtigung der Nahrungsresorption, so daß mehrere Jahre nach einer Magenresektion **Eisenmangelanämie** (ungenügender Aufschluß des Nahrungseisens durch HCl), **Vitamin B_{12}**-Mangel (Fehlen des Intrinsicfaktors), Malabsorption (Folsäuredefizit) beobachtet werden. Die verminderte intestinale Calciumresorption kann vor allem in Verbindung mit einer Steatorrhoe zu **Hypovitaminose A, D und K, Osteoporose** und **Osteomalacie** führen.

Komplikationen der Magenresektion sind ferner das **Syndrom der afferenten Duodenojejunalen-Schlinge**, bei dem es zu Retention und zeitweisem schwallartigen Gallenerbrechen, ferner durch Stase zu bakterieller Fehlbesiedlung kommen kann und die **Refluxgastritis**. Das **Dumping-Syndrom** ist durch Sturzentleerung des Magens und postprandiale Kollapserscheinungen mit Schweißausbruch, Herzklopfen und Tachykardie charakterisiert. Es kommt nach Einnahme hyperosmolaler Speisen (Süßspeisen, Fruchtsäfte u. a.) zustande, die wasseranziehend wirken und dadurch zu einer **Hypovolämie** führen. Auch eine proximale Vagotomie oder subtotale Gastrektomie können die Entleerung von Flüssigkeiten beschleunigen.

4. Maldigestion und Malabsorption

Die Aufnahme der Substrate aus dem Darmlumen in die Mucosazellen des Duodenum, Jejunum und Ileum erfolgt durch passive Diffusion (Wasser, kurzkettige Fettsäuren, Monoglyceride) oder durch aktiven Transport (Monosaccharide, L-Aminosäuren, Ca^{2+}, Na^{+}, K^{+}).

Störungen der intestinalen Verdauung können folgende Prozesse betreffen:

- Mangelhafter enzymatischer Aufschluß der Nahrungsbestandteile: **Maldigestion**,
- intestinale Transportstörungen mit der Folge unzureichender oder ausbleibender Resorption: **Malabsorption**.

Maldigestion und Malabsorption sind direkt miteinander verknüpft, da ungenügende Bereitstellung von resorptionsfähigen Abbauprodukten verminderte Resorption nach sich zieht. Die nicht abgebauten oder nicht resorbierbaren

Nahrungsbestandteile können durch Mikroorganismen zu toxischen Substanzen umgesetzt werden.

Maldigestion. Ein Ausfall der Enzymbildung und -ausstattung in Magen, Pankreas oder in der Dünndarmschleimhaut hat **gastrogene, pankreatogene** oder **intestinale Maldigestion** zur Folge. Eine **hepatogene Maldigestion** liegt dagegen vor, wenn bei Sistieren der Gallensekretion (Gallengangsverschluß, intrahepatische Cholestase) ein Mangel an Gallensäuren eintritt und ungenügende Emulgierung der Lipide und Aktivierung der Lipase sowie ausbleibende Bildung wasserlöslicher Fettäuren-Gallensäure-Komplexe (bzw. Cholesterin-Gallensäure-Komplexe) zur Folge hat.

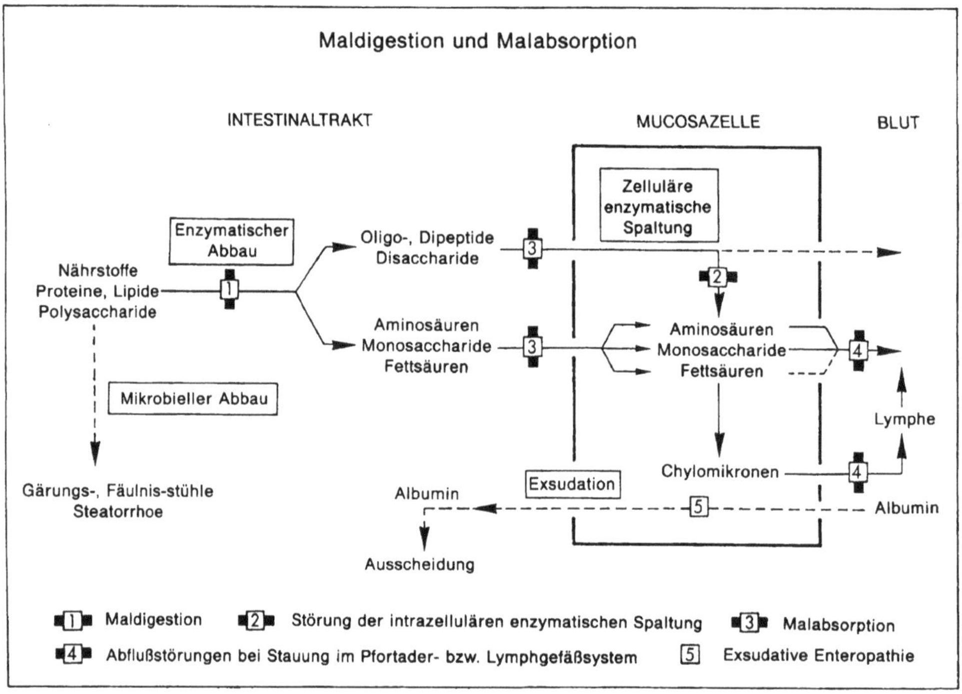

Die in der Abbildung schematisch dargestellten pathogenetischen Mechanismen werden nachstehend näher erläutert:

- **Gastrogene und pankreatogene Maldigestion**. Der Ausfall des in den Hauptzellen des Magens gebildeten Pepsins (z. B. nach Magenresektion) wird zwar durch proteolytische Enzyme des Pankreas voll kompensiert, trotzdem kommt es nach Teilresektion des Magens infolge ungenügender Durchmischung des Speisebreis im Duodenum gelegentlich zur Steatorrhoe. Ebenso haben Pankreaserkrankungen unvollständigen Abbau der Kohlenhydrate,

Proteine und Lipide (und die Entleerung voluminöser Stühle) zur Folge. Bei Lipasemangel (Pankreasinsuffizienz, S. 265) entsteht eine **Steatorrhoe** (Ausscheidung von >7 g Fett/24 h), wenn die Lipasesekretion <40% der Norm beträgt.

- **Hepatogene Maldigestion**. Wegen der notwendigen Mitwirkung von Gallensäuren bei der Lipidverdauung bedingen cholestatische Lebererkrankungen eine selektive Störung der Lipiddigestion und -resorption, die eine **Steatorrhoe** zur Folge hat. Eine Steatorrhoe ist regelmäßig mit einer **eingeschränkten Resorption der fettlöslichen Vitamine** A, D und K verknüpft.
- **Die chologene Diarrhoe** ist dagegen durch mangelnde Rückresorption der Gallensäuren bei Unterbrechung des enterohepatischen Kreislaufs gekennzeichnet. Die durch mikrobielle Einwirkung dekonjugierten Gallensäuren verbleiben im Darmlumen und verursachen durch ihre laxierende Wirkung eine Diarrhoe (S. 261) sowie Natrium- und Wasserverlust (Wasser- und Elektrolythaushalt, S. 140). Die reaktive Gallensäurenmehrproduktion der Leber verstärkt die Symptome.
  Eine vollständige Unterbrechung des enterohepatischen Kreislaufs der Gallensäuren infolge eines Resorptionsdefektes (z. B. nach vollständiger Entfernung des Ileums) kann auch durch maximale Steigerung der Gallensäuresynthese nicht kompensiert werden. Es resultiert eine Steatorrhoe.
- **Hyperoxalaturie**. Bei einer Steatorrhoe werden die nicht resorbierten Fettsäuren als unlösliche Calciumsalze mit den Faeces ausgeschieden („Kalkseifenstühle“). Folglich fehlt das Calcium zur Präzipitation des mit der Nahrung aufgenommenen Oxalats, das im Colon passiv absorbiert und über die Niere ausgeschieden wird (Hyperoxalaturie). **Calcium-Oxalat-Nierensteine** sind daher eine häufige Komplikation der Steatorrhoe.

Malabsorption als allgemeine Symptome einer Malabsorption werden osmotische Diarrhoe und Steatorrhoe häufig beobachtet. Folsäure- und Vitamin B_{12}-Malabsorption können Ursache einer megaloblastären Anämie (S. 211) sein.

Eine Malabsorption kann verschiedene Ursachen haben:

- **Primäre (genetische) Defekte** der in der Darmmucosa lokalisierten Enzyme sind Ursache charakteristischer Resorptionsstörungen. Zu Ihnen zählen u. a. die Saccharose-Isomaltose-Malabsorption (S. 89) und Aminosäuretransportdefekte (S. 64).
- **Zöliakie** (Synonyma: einheimische Sprue, Glutenintoleranz). Ein Sonderfall der Malabsorption ist die **Zöliakie**, eine häufig auftretende Krankheit (in europäischen Ländern 1:500 bis 1:2000), in deren Verlauf es unter Einwirkung der (lysinarmen, glutamin- und prolinreichen) Kleberproteine aus Weizen-, Roggen-, Hafer- und Gerstenmehl (Gluten, Gliadin) zu einer

flachen zottenlosen Dünndarmschleimhaut mit sekundärer Beeinträchtigung der Resorption für zahlreiche Nahrungsbestandteile kommt. Die Pathogenese ist unklar. Es besteht eine genetische Disposition (überdurchschnittlich häufige Assoziation mit HLA B 8, DRw 3 und DRw 7). Auslösender pathogenetischer Mechanismus könnte eine Bindung von Gliadin an spezifische membrangebundene Rezeptoren der Enterozyten sein. Der von immunkompetenten Lymphozyten erkannte Gliadin-Rezeptor-Komplex löst eine Immunantwort aus, die Enterozyten zerstört.
Die Atrophie der Dünndarmschleimhaut erklärt die generelle Einschränkung der Resorption für K^+, Na^+, Glucose, Galaktose (wegen der Herabsetzung der Disaccharase-Aktivität), Fettsäuren und fettlösliche Vitamine und Eisen. Die ausbleibende Resorption der Fettsäuren führt zu ihrer Ausscheidung als Calciumsalz („Kalkseifen") mit den Faeces (>10 g/24 h), die eine sekundäre Hypocalcämie (Tetanie) und auf dem Wege der Gegenregulation eine sekundäre Hyperparathyreoidose und Osteoporose auslösen kann.
Eine konsequente Gluten-Gliadin-freie Diät (Verwendung von Mais-, Reis-, Soja- und Kartoffelmehl anstelle von Weizen-, Roggen-, Hafer und Gerstenmehl) führt zu einer Verbesserung der Resorptionsfähigkeit für die meisten Nahrungsbestandteile und im Laufe von Jahren auch zu einer strukturellen Regeneration der Dünndarmschleimhaut.

- Ein **Malabsorptionssyndrom** kann auch bei verschiedenen intestinalen Erkrankungen (morphologische Schädigung der Darmschleimhaut, Obstruktion der intestinalen Lymphbahnen, atypische Besiedlung des Dünndarms mit Mikroorganismen), ferner bei Systemerkrankungen mit Darmbeteiligung (Hypoparathyreoidose, Hypothyreose, Rechtsherzinsuffizienz, Arteriosklerose) entstehen.

Enterales Eiweißverlustsyndrom (exsudative Enteropathie). Plasmaproteine werden z. T. physiologischerweise in den Intestinaltrakt ausgeschieden, die nach enzymatischem Abbau freigesetzten Aminosäuren werden jedoch reutilisiert.

Ein pathologisch vermehrter Übertritt von Plasmaproteinen wird bei zahlreichen entzündlichen oder tumorösen Dünndarm- sowie bei im Darm lokalisierten Lymphgefäßerkrankungen und schwerer Rechtsherzinsuffizienz beobachtet. Können die entstehenden Verluste nicht mehr durch Synthesesteigerung kompensiert werden, tritt eine Verminderung der Plasmaproteine, insbesondere des Albumins, der Immunglobuline, des Caeruloplasmins und des Transferrins, ein. Die exsudative Enteropathie gehört zu den wichtigsten Ursachen einer Hypoproteinämie (S. 69). **Ödeme**, Kachexie und Infekte sind die Folgen. Der Nachweis einer exsudativen Enteropathie erfolgt durch intravenöse Verabreichung von ^{131}I-Polyvinylpyrrolidon oder ^{51}Chrom-Albumin, deren faekale Ausscheidung (normal $>1,0\%$ der Testdosis innerhalb 96 h) gesteigert ist.

Diarrhoe. Als Diarrhoe wird ein Anstieg des Wassergehalts im Stuhl auf Werte über 80% bezeichnet. Die Diarrhoe ist verbunden mit einer verminderten Nettowasserbewegung vom Darmlumen in das Gewebe. Da im Darmtrakt Resorptions- und Sekretionsvorgänge nebeneinander ablaufen, kann eine Diarrhoe sowohl durch **verminderte Resorption** von Elektrolyten und Wasser als auch durch **gesteigerte Sekretion** zustandekommen. Folgende pathogenetische Mechanismen werden unterschieden:

- **Osmotische Diarrhoe.** Die Ansammlung osmotisch wirksamer, nicht resorbierbarer Substanzen führt zur Erhöhung der Osmolalität und zu entsprechender Wasserretention im Darmlumen. Dies gilt für osmotische Laxantien (z. B. Magnesiumsulfat), aber auch für nicht resorbierte Nahrungsbestandteile (Maldigestion, Zöliakie, Lactoseintoleranz). Auch langkettige, nicht resorbierte Fettsäuren (Steatorrhoe) haben einen selektiv hemmenden Einfluß auf die Wasserresorption.
- **Sekretorische Diarrhoe.** Bakterielle Toxine, Prostaglandine, eine Überproduktion von VIP beim Verner-Morrison-Syndrom (S. 263) stimulieren die intestinale Sekretion von K^+, Na^+, Cl^-, HCO_3^- in das Darmlumen. Der sich entwickelnde osmotische Gradient hat eine korrespondierende Wasserbewegung zur Folge. Choleratoxin s. S. 10, 487
- **Exsudative Diarrhoe.** Zerstörung der Darmschleimhaut durch Entzündungen oder Glutensensitivität (Zöliakie, S. 259), aber auch die Einwirkung von Dihydroxygallensäuren und Dihydroxyfettsäuren, die im Dickdarm durch bakterielle Einwirkung entstehen, steigern die Permeabilität der Dickdarmschleimhaut, so daß Wasser und Elektrolyte in das Darmlumen einströmen.
- **Diarrhoe durch abnorme intestinale Motilität** tritt bei Serotonin-bildenden Tumoren (Carcinoid, S. 194) auf oder kann nerval-funktionell (Angst, Furcht, Streß) bedingt sein. Über eine dabei erfolgende übermäßige Produktion cholinerger Überträgerstoffe kann eine vermehrte Chloridsekretion in das Darmlumen zustande kommen und eine zusätzliche sekretotische Komponente der Diarrhoe darstellen. Auch **Gallensäuren** (S. 278) und schleimhautreizende Laxantien bedingen einen rascheren Durchlauf der intestinalen Flüssigkeit und eine verminderte Resorption von Wasser und Elektrolyten (**chologene Diarrhoe**).
- Ein passiver Abstrom von Wasser aus dem Gewebe in das Darmlumen kann auch bei **gesteigertem hydrostatischen Druck oder Gewebedruck** eintreten. Dies ist z. B. nach Obstruktion mesenchymaler Lymphbahnen der Fall, wobei vermehrt Lymphe filtriert wird.

Je schwerer die Diarrhoe und je größer die dabei ausgeschiedenen Flüssigkeitsmengen, desto höher ist der **Verlust an Wasser, Na^+**, K^+ und die Gefahr von

Störungen im Säure-Basen-Haushalt. Gehen Kochsalz und Wasser im gleichen Verhältnis verloren, bleibt der Serum- Natrium-Spiegel normal. Ist der Wasserverlust höher als der Kochsalzverlust, resultiert eine Hypernatriämie (Kap. Wasser- und Elektrolythaushalt, S. 138). Isolierter Kaliumverlust ist bei Laxantienmißbrach häufig.

Ein Vergleich der ausgeschiedenen Summe von Na^+ und K^+ und Cl^- mit der Serumbicarbonat-Konzentration erlaubt eine Aussage, ob die Gefahr eines Basen- oder Säureverlustes, d. h. einer Acidose oder Alkalose besteht.

Ileus. Der Ileus ist eine Störung der Darmperistaltik mit Unterbrechung der Darmpassage und Distension der Darmwand, die mechanisch, vaskulär oder funktionell bedingt sein kann. Unmittelbare Folgen eines Ileus sind:

- Hypoxie der Darmwand, die über ein interstitielles Ödem zu deutlicher Sekretions- und Resorptionsstörung der Darmschleimhaut mit passivem Einstrom von Plasma, Blut und Elektrolyten in das Darmlumen führt.
- Stase des Darminhalts mit schneller pathologischer Keimbesiedlung des Darms und Freisetzung von toxischen mikrobiellen Abbauprodukten.
- Entwicklung eines hypovolämischen, toxischen und septischen Schocks mit Dekompensation aller Organsysteme.

Blutungen. Infolge Ulcera, Polypen, Ösophagusvarizen, kolorektaler Carcinome, entzündlicher Veränderungen der Darmschleimhaut oder Blutgerinnungsstörungen kann es zum Austritt von Blut in den Verdauungstrakt kommen. Das dem Darminhalt beigemengte Blut erhält durch bakteriellen Abbau (Eisensulfidbildung, Entstehung von Proto- und Deuteroporphyrinen) eine „teerfarbene" Veränderung (**Melaena, Teerstuhl**). Kommt das Blut mit salzsaurem Magensaft in Kontakt, wird das Häm zu schwarzbraunem Hämatin oxidiert. Makroskopisch nicht erkennbare Blutverluste (<80 ml/Tag) werden durch klinisch-chemischen Nachweis („okkultes Blut" im Stuhl) erfaßt (S. 268). Als Ursache kommen chronisch intermittierend blutende Läsionen des Gastrointestinaltraktes (Ulcus, Carcinom, Polypen, Hämorrhoiden) aber auch minimale akute Läsionen (z. B. Zahnfleischbluten, Analfissuren) in Betracht.

5. Pathobiochemie gastrointestinaler Hormone

An der Regulation der motorischen und sekretorischen Vorgänge der Verdauung ist eine Reihe von Hormonen beteiligt, die im Gastrointestinaltrakt gebildet werden. Bilden sich an den Hormon-produzierenden Zellen Tumoren mit endokriner Aktivität, haben sie eine Dysfunktion der Sekretion und Motilität zur Folge.

Physiologie und Pathobiochemie gastrointestinaler Hormone

Name	Peptid-struktur*	Funktion	Pathobiochemie
Gastrin I, II	17	Stimuliert HCl-Produktion und -Sekretion im Magenfundus, wirkt histaminähnlich	Zollinger-Ellison-Syndrom, perniziöse Anämie, atrophische Gastritis
Cholezystokinin (Pankreozymin, CCK-PZ)	33	Stimuliert Enzymsekretion des Pankreas, erhöht Enzymgehalt des Pankreassekretes, regt Kontraktion der Gallenblase an	Pankreasinsuffizienz, chronische Pankreatitis, Postgastrektomiesyndrom, irritables Colon, Zöliakie
Sekretin	27	Stimuliert Produktion und Abgabe von Pankreassekret und Galle, hemmt Gastrinproduktion	Zöliakie?, Ulcus duodeni bei Sekretinmangel
Vascular-Intestinal-Peptide (VIP)	28	Hemmt Magensaft- und HCl-Sekretion, relaxiert glatte Muskulatur von Magen und Dickdarm reguliert Durchblutung von Magen und Leber	Verner-Morrison-Syndrom (WDHA-Syndrom)
Somatostatin	14	Hemmung der Gallenblasenkontraktion und der Enzym- und Bicarbonatsekretion des Pankreas	Steatorrhoe, Diarrhoe und Malabsorption bei Hypersomatostatinämie
Pankreatisches Polypeptid	26	Hemmt Magen- und Pankreas-Sekretion, setzt Darmmotilität und Tonus der Gallenblase herab	Endokrin aktive Tumoren des Magen-Darm-Kanals

* Zahl der Aminosäuren

Eine **Hypergastrinämie** mit extrem erhöhten Gastrinwerten im Serum (400 bis mehrere Tausend ng/l) werden beim **Zollinger-Ellison-Syndrom** gefunden. Ihre Ursache sind Gastrin-bildende (häufig metastasierende) Tumoren des Duodenum und/oder Pankreas. Das Krankheitsbild ist durch therapieresistente, häufig blutende Ulcera des Gastrointestinaltrakts, massive Hypersekretion von Magensaft und eine pathologisch vermehrte Gastrinsekretion gekennzeichnet (stark erhöhte Nüchternsekretion, die unter Stimulierung nur wenig ansteigt). Als Folge der extremen HCl-Produktion und des Säureeinstroms in den Dünndarm kommt es zu Diarrhoe und Hypokaliämie.

Die Bedeutung von GIP und VIP liegt in ihrer pathophysiologischen Rolle beim **Verner-Morrison-Syndrom** (WDHA-Syndrom), das durch wäßrige Diarrhoe (WD), Hypokaliämie (H) und Achlorhydrie (A) gekennzeichnet ist. Die Durchfälle können bei dieser Erkrankung so schwer sein, daß sie als „Pankreascholera“ bezeichnet wird. Ursachen sind Tumoren des Pankreas, die stark vermehrte Mengen von GIP oder VIP produzieren. Die bei diesem Syndrom auftretenden schweren Gefäß- und Muskelnekrosen sowie Kaliumverlust, Verschiebung im Säure-Basen- und Elektrolythaushalt sind lebensbedrohlich.

Motilitätsströungen des Intestinaltraktes (Diarrhoe) werden auch beim **malignen Carcinoid** (S. 194) und bei Hyperthyreose (S. 165) beobachtet.

Weitere gastrointestinale Hormone (u. a. Gastrointestinales inhibitorisches Polypeptid, Motilin, Enteroglukagon) haben keine diagnostische Bedeutung erlangt.

6. Pankreas

Akute Pankreatitis. Im exokrinen Pankreasgewebe liegen die Pankreasenzyme zum Teil in inaktiver Form vor. Ihre Aktivierung erfolgt physiologischerweise nach Abgabe des Sekrets in das Lumen des Duodenums. Bei der – klinisch durch schwere Schocksymptome gekennzeichneten – akuten Pankreatitis kommt es zu einer massiven pathologischen **Freisetzung proteolytischer** und **lipolytischer Aktivitäten** im Pankreasgewebe selbst mit der Folge einer Autodigestion (Selbstverdauung) des Pankreas. Der Prozeß der Gewebsauflösung kann auch auf das Peritoneum und auf Nachbarorgane (Leber, Gallenblase) übergreifen. Sekundär entstehen Hämorrhagien, Zellgewebsnekrosen, Abszesse und Zystenbildung. An der Autodigestion sind nicht nur die für die Sekretion bestimmten Proteasen Trypsin und Chymotrypsin, sondern auch Gewebsproteasen beteiligt, die z. T. durch Trypsin aktiviert werden. Phospholipase A schädigt die Zellmembran. Bei der Entstehung der Schocksymptome ist einerseits die durch Kallikreinaktivierung erfolgende Freisetzung der vasoaktiven Kinine, andererseits der durch das intra- und peripankreatische Ödem bedingte Flüssigkeitsverlust (Hypovolämie) beteiligt. Eine Inselzellschädigung kann über vermehrte Glukagonausschüttung eine transitorische Hyperglykämie und Calcitoninfreisetzung hervorrufen. In schweren Fällen kann es dadurch zur Hypocalcämie mit Tetanie kommen.

α-Amylase und **Lipase** sind bei der akuten Pankreatitis in erhöhter Aktivität im **Blutserum**, α-Amylase auch im **Urin** nachweisbar. Ein alleiniger Anstieg der α-Amylaseaktivität im Serum ist allerdings nicht beweisend, da auch bei anderen intraabdominalen Erkrankungen (z. B. Ulcus- und Gallenblasenperforation, Ileus, Peritonitis, Extrauteringravidität) und auch bei extraabdominalen Erkrankungen (Parotitis, Niereninsuffizienz, Bronchialcarcinom) die α-Amylase im Serum erhöht sein kann.

Hauptursache für die Entstehung einer akuten Pankreatitis sind Abflußhindernisse (Obstruktion der Pankreasgänge, Papillensteine, Tumoren), Zirkulationsstörungen (Gefäßerkrankungen) und intensive Sekretionsreize (z. B. voluminöse Mahlzeiten, Alkoholexzesse). Weitere ätiologische Faktoren (u. a. Medikamente, z. B. Azathioprin, Tetrazyklin) oder massive Hypertriglyceridämie (S. 120) können prädisponierend oder auslösend wirksam werden.

Chronische Pankreatitis und Pankreasinsuffizienz. Bei der chronischen Pankreatitis kommt es – oft aus gleicher Ursache wie bei der akuten Pankreatitis – zu protrahiertem Untergang des Pankreasparenchyms mit zunehmender Atrophie und bindegewebigem Ersatz, der sich in einer Pankreasinsuffizienz manifestiert. Als Folge der herabgesetzen Pankreasfunktion findet sich im Pankreassekret

- eine Verminderung des Volumens (Normbereich 1,8 – 5,0 ml/min),
- eine Abnahme der Konzentration von HCO_3^- (Normbereich nach Sekretin-Stimulation 80 – 130 mmol/l) und
- eine Abnahme der Aktivität der Verdauungsenzyme (Referenzbereich S. 268).

Auch im Stuhl läßt sich bei chronischer Pankreatitis eine signifikante Reduktion der Chymotrypsinaktivität (Normbereich 60 – 100 U/g Stuhl) nachweisen.

Das pathophysiologische Korrelat des Enzymmangels bei chronischer Pankreasinsuffizienz sind Maldigestion und Malabsorption mit **Steatorrhoe**, **Diarrhoe**, Gewichtsabnahme und u.U. auch Inselzellschädigung (Diabetes mellitus). Bei Schüben der chronischen Pankreatitis mit Sekretionsdruckerhöhung sind α-Amylase und Lipase im Blutserum in erhöhter Aktivität nachweisbar.

Zystische Pankreasfibrose (Mucoviscidose, zystische Fibrose). Mit einer Inzidenz von 1:1000 ist die zystische Pankreasfibrose das häufigste autosomal rezessiv vererbte Leiden. Eine klinische Manifestation wird jedoch nur bei homozygoten Trägern beobachtet.

Das von der Mucoviscidose betroffene Genprodukt (CFTR, Cystic Fibrosis Transmembrane Conductance Regulator), das dem apikalen Teil des Chloridkanals entspricht, weist einen Defekt in der cytosolischen Domäne auf, der häufig eine Deletion des Phenylalanin 508 codierenden Basentripletts betrifft. Infolge des Defektes ist die Verschluß- und Öffnungsfunktion des Cl^--Kanals nicht mehr intakt. Aufgrund der mangelhaften Cl^--Sekretion sondern die Schleim-produzierenden Epithelzellen zu wenig Wasser ab, so daß sich der Mucus eindickt.

Die zystische Fibrose betrifft alle exokrinen Drüsen, die ein mucöses oder seröses Sekret abgeben. Dabei sind mucöse Sekrete (Pankreas, Intestinaltrakt, Respirationstrakt) durch abnorm hohe Viskosität gekennzeichnet. Die dadurch bewirkte obstruktive Verlegung der Ausführungsgänge und Sekretabflußstauung führt im **Pankreas** zu **zystischer Erweiterung der Ausführungsgänge** und Atrophie des exokrinen Pankreasgewebes mit Malabsorption. In der Lunge kommt es zu Verlegung der kleinen Bronchien, zu Atelektasen, Bronchiektasen und Bronchopneumonien (Kap. Atmung, S. 390). Beim Neugeborenen findet man im Mekonium eine Anreicherung von Albumin, das aus verschluckter Amnionflüssigkeit stammt.

Seröse Drüsen (Parotis, Schweißdrüsen) produzieren ein **Sekret mit einer 2–5fachen erhöhten NaCl-Konzentration**. Dieser Befund (Schweißtest) ist neben der Pankreasinsuffizienz das führende klinische Symptom.

Die Frühdiagnose, welche die Prognose verbessert, beruht auf dem Nachweis des **Albumins im Mekonium** mit immunologischen Methoden. Bei >20 mg Albumin/g trockenes Mekonium besteht (bei Ausschluß von Blutungen in den Intestinaltrakt) Verdacht auf zystische Pankreasfibrose.

7. Labormedizinische Untersuchungen und Funktionsdiagnostik des Gastrointestinaltraktes

Magensekretionsanalyse. Nach mindestens 12 stdg. Karenz fester und flüssiger Nahrung und Absetzen aller Sekretions-beeinflussender Medikamente werden dem Patienten 4 basale Magensaftsekretfraktionen (BAO, basal acid output, 4 × 15 min) und 4 nach Pentagastrinstimulation gewonnene Fraktionen (PAO, peak acid output, 4 × 15 min) durch Aspiration des Magensaftes durch eine Magensonde entnommen und die H^+-Ionenkonzentration durch Titration ermittelt.

Referenzbereich	Basalsekretion (BAO):	0 bis 5 mmol/h
	Gipfelsekretion (PAO):	5 bis 20 mmol/h

Für die Berechnung der PAO werden die beiden höchsten aufeinander folgenden 15-min-Sekretionswerte zugrunde gelegt.

Angesichts des Fortschritts der endoskopischen, bioptischen und bildgebenden Untersuchungsverfahren spielt die Magensaftsekretionsanalyse nur noch eine untergeordnete Rolle. Die maximal stimulierte Sekretion kann jedoch eine Reihe diagnostischer Hinweise liefern (Verdacht auf Zollinger-Ellison-Syndrom bzw. perniziöse Anäme), ihre Aussagekraft ist wegen der großen individuellen Variation der Parietalzellmasse begrenzt.

Die Magensaftssekretionsanalyse hat **keine** Bedeutung in der Diagnostik des peptischen Geschwürsleidens und in der Carcinomdiagnostik, wenn auch ein Magengeschwür bei Hypochlorhydrie (verminderte Magensäuresekretion) suspekt auf Malignität ist. Bei der Wahl des Operationsverfahrens (Gastrektomie) kann die Magensekretionsanalyse Hinweise geben.

Gastrin. Eine Indikation für die Bestimmung von Gastrin (durch Radioimmunoassay) ergibt sich aus der Verdachtsdiagnose Gastrinom und bei Sonderformen der Ulcuskrankheit. Hypergastrinämie kann sowohl bei verminderter (z. B. chronisch atrophische Gastritis, perniziöse Anämie) als auch bei gesteigerter Magensäuresekretion (Gastrinom, Hyperparathyreoidismus, Thyreotoxikose) auftreten.

Referenzbereich <100 ng/l Serum.

Die Referenzwerte nehmen altersbedingt zu (400–800 ng/l bei Patienten >65 J.).

Weitere gastrointestinale Hormone (Tab. S. 263) können durch Radio- bzw. Enzymimmunoassay bestimmt werden.

Xylosebelastungstest. Eine Information über den Umfang der Kohlenhydratresorption im oberen Dünndarm gibt der D-Xylosebelastungstest. Dazu werden 170 mmol (25 g) D-Xylose (bei Kindern 100 mmol (15 g)/m^2 Körperoberfläche oral verabfolgt, anschließend wird die Xyloseausscheidung über 5 h bestimmt. Bei normaler Resorption werden 20–40% der aufgenommenen D-Xylose mit dem Harn ausgeschieden. Eine Xyloseausscheidung unter 27 mmol (4 g)/5 h (<als 16%) zeigt eine intestinale Resorptionsstörung an. Falsch positive (niedrige) Ergebnisse werden u. a. bei Erbrechen, erhöhtem extrazellulären Volumen, verminderter glomerulärer Filtrationsrate, bei bakterieller Besiedlung des Dünndarms, bei Übertritt von Xylose in Ödeme oder Aszites und unter Einwirkung verschiedener Medikamente (z. B. Acetylsalizylsäure) gefunden.

Lactosebelastungstest. Eine selektive Unfähigkeit zur Verwertung von Lactose (Milchzucker, β-Gal(1–4)Glc) besteht bei der **Lactoseintoleranz** (S. 89). Der diagnostischen Erfassung dient der Lactosebelastungstest, bei dem am 1. Tag 0,15 Mol (50 g) Lactose und am folgenden Tag 0,14 Mol (25 g) eines der entsprechenden Monosaccharide (Glucose oder Galaktose) oral gegeben werden. Beim Stoffwechselgesunden kommt es nach Lactosegabe zu einem Anstieg des Blutglucose- bzw. Galaktosespiegels um etwa 1,6 mmol/l (30 mg/100 ml), der beim β-Galaktosidasemangel ausbleibt. Dagegen treten Flatulenz und Diarrhoe auf. Die Resorption der Monosaccharide ist jedoch auch bei Lactasemangel ungestört. Nach Zufuhr von freier Glucose bzw. Galaktose erfolgt ein normaler Anstieg des Blutglucose- bzw. -galaktosespiegels gegenüber dem Leerwert, und intestinale Störungen bleiben aus.

H_2-Atemtest. Werden Kohlenhydrate nur unvollständig absorbiert, kommt es zum mikrobiellen Abbau im Colon unter Bildung von Wasserstoffgas, das mit der Atemluft ausgeschieden und dort nachgewiesen wird.

Okkultes Blut im Stuhl. Als Nachweis hat sich die Verwendung von trägergebundenen Reagentien (Auftragen der Stuhlprobe auf ein Testbriefchen) durchgesetzt. Der Test basiert auf der Fähigkeit des Hämoglobins (bzw. eisenhaltiger Porphyrine), aromatische Verbindungen katalytisch zu gefärbten Reaktionsprodukten umzusetzen. Der Nachweis liefert jedoch nur qualitative Ergebnisse und unterliegt zahlreichen Störfaktoren und Einflußgrößen. Falsch positive Ergebnisse können durch Hämoglobin, Myoglobin oder Peroxidasen aus Nahrungsmitteln (rohes Fleisch, rohes Obst, rohes Gemüse) oder durch eisenhaltige Medikamente, ferner durch inhomogene Vermischung des Blutes in den Faeces zustandekommen. Eine kritische Beurteilung positiver Ergebnisse (S. 262) ist angezeigt.

Sekretin-Pankreozymin-Test. Die Funktionsfähigkeit des exokrinen Pankreas wird mit Hilfe des Sekretin-Pankreozymin-Tests ermittelt. Hierfür wird Pankreassekret (mit Hilfe der Doppelballonsonde, die das Duodenum nach oben und unten abdichtet) nach folgendem Schema entnommen und analysiert.

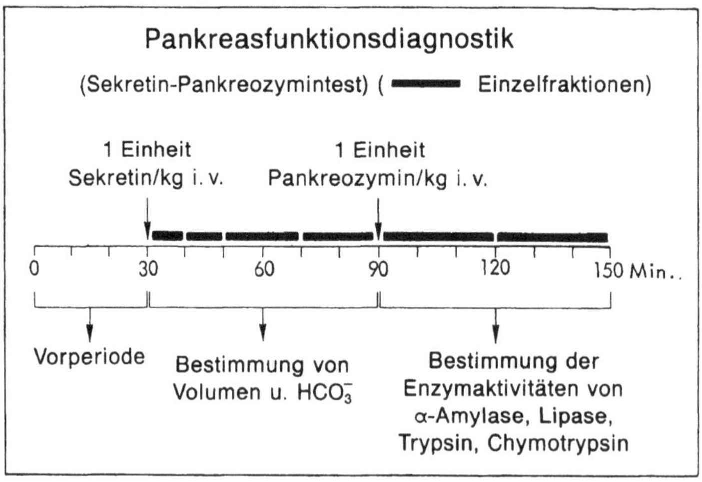

Die Aktivität der Pankreasenzyme wird mit synthetischen Substraten ermittelt, es besteht keine Abhängigkeit von Alter und Geschlecht.

Referenzbereiche (U = 1 μmol Substratumsatz/min)

Chymotrypsin	30– 150
Trypsin	50– 330
α-Amylase	140– 620
Lipase	800–3500

α-Amylase in Serum und Harn. Die Bestimmung erfolgt mit p-Nitrophenyloligosacchariden als Substrat, das durch die α-Amylase bis zum p-Nitrophenylmaltotriosid bzw. p-Nitrophenylmaltosid abgebaut wird. Eine dem Testansatz zugegebene α-Glucosidase setzt p-Nitrophenol frei, das als Meßgröße bei 405 nm quantitativ bestimmt wird.

Referenzbereich	Serum:	40 – 130 U/l
	Harn:	bis 560 U/l

Die Referenzwerte gelten für die Bestimmung mit p-Nitrophenylmaltoheptaosid als Substrat.

Calciumbindende Antikoagulantien (EDTA, Citrat) stören die Bestimmung.

Quantitative Bestimmung des Stuhlfettgehalts. Fettsäuren werden im Gegensatz zu anderen Nahrungsbestandteilen kaum durch die Mikroorganismen des Darms verstoffwechselt, so daß die mit den Faeces ausgeschiedenen Lipide in guter Näherung dem nicht-resorbierten Anteil der Nahrungslipide entsprechen. Nach Bestimmung des durchschnittlichen Stuhlgewichts durch Wägung des 24-, 48- oder 72-Stundenstuhls (beim Gesunden 50 – 200 g/24 h, pathologische Werte > 300g/24 h) werden die Lipide einer abgewogenen Stuhlprobe mit alkoholischer KOH verseift. Nach Ansäuern mit Salzsäure werden die freien (undissoziierten) Fettsäuren mit einem organischen Lösungsmittel (z. B. Petrolbenzin) extrahiert und nach Entfernung des Lösungsmittels in Ethanol aufgenommen und mit NaOH titriert. Die Methode erfaßt Tri-, Di- und Monoglyceride sowie freie Fettsäuren, erlaubt also keine Differenzierung zwischen Maldigestion und Malabsorption.

IV. Leber

1. Stoffwechselveränderungen bei Lebererkrankungen

Die Leber ist das zentrale Kontrollorgan des intermediären Stoffwechsels. Die über den Pfortaderkreislauf aus dem Verdauungstrakt resorbierten Stoffe werden – sofern sie nicht für den Eigenbedarf verwertet werden – nach Speicherung bzw. Umbau wieder an die Zirkulation abgegeben und dienen als Serviceleistung einer Versorgung des Gesamtorganismus mit Syntheseprodukten (Aminosäuren, Proteine, Kohlenhydrate, Lipoproteine).

Ein Versagen der leberspezifischen Stoffwechselleistungen (**Leberzellinsuffizienz**) kann von einer geringgradigen Funktionsstörung bis zum Zusammenbruch aller Leberfunktionen (**Leberzellnekrose**, Coma hepaticum) reichen. Die Leberzellinsuffizienz, deren Ursache immer ein Leberzellschaden ist, ist durch einen Übergang des Funktionsstoffwechsels in einen Schädigungsstoffwechsel gekennzeichnet. Häufige Ursachen einer akuten Leberinsuffizienz sind Virushepatitiden, die etwa 50% aller Fälle ausmachen und Medikamente (z. B. Halothan, Paracetamol, Isoniacid). Direkte Hepatotoxine (z. B. die Knollenblätterpilzpeptide Phalloidin und α-Amanitin, Tetrachlorkohlenstoff, Alkoholintoxikation) spielen eine geringere Rolle.

Als Ursache einer **Arzneimittelschädigung**, die für ein bestimmtes Arzneimittel charakteristisch ist und bei disponierten Personen nach variabler Latenzzeit auftreten, müssen individuelle Unterschiede in der Enzymausstattung der Leberzelle und ihrer Fähigkeit zur adäquaten Biotransformation angesehen werden.

Der **Schädigungsstoffwechsel** äußert sich u. a. in folgenden Störungen:

- **Proteinstoffwechsel**: Abnahme der Synthese von Proteinen und Sekretionsenzymen. Charakteristisch für eine Leberinsuffizienz ist die Abnahme der Konzentration der **Gerinnungsfaktoren** im Serum. Dabei kommt es zunächst zu einer Reduktion der Vitamin K-abhängigen Blutgerinnungsfaktoren (II, VII, IX und X), später auch zu einem Abfall von Fibrinogen und Faktor V mit hämorrhagischer Diathese. Als Folge einer Reduktion der Albuminsynthese und **Hypoalbuminämie** können sich Aszites (S. 71) und Ödeme entwickeln.
- **Aminosäurestoffwechsel**. Die Ausfälle im Aminosäurestoffwechsel zeigen sich in einer Erhöhung der NH_3-, Aminosäure- und Phenolkonzentration sowie in einem Absinken des Harnstoffspiegels im Blut. Die Ammoniak-

akkumulation kommt in erster Linie durch eine Einschränkung der Harnstoffsynthese zustande, während die Glutaminbildung (Glutaminsäure + Ammoniak → Glutamin) zunächst nicht beeinträchtigt ist. Der Anstieg des Ammoniaks ist jedoch nicht nur eine Folge der eingeschränkten Harnstoffsynthese, sondern auch durch Ausbildung eines portosystemischen Umgehungskreislaufs („Shunting") von im Colon gebildeten und resorbierten Ammoniak bedingt. Die toxische Wirkung des NH_3, das in der nichtionisierten Form Zellmembranen und auch die Blutliquorschranke über freie Diffusion passieren kann, und der Phenole führen außerdem zur Reizung des Atemzentrums, zu **respiratorischer Alkalose** und **hepatischer Enzephalopathie** (S. 289). Neben der verminderten Harnstoffsynthese finden sich spezifische Störungen des Aminosäureabbaus, die zur Erhöhung des Plasmaspiegels der Aminosäuren beitragen.

- **Kohlenhydratstoffwechsel**. Kennzeichnend sind Abnahme des Glykogengehalts, Hyper- bzw. Hypoglykämien und Unfähigkeit zur Utilisation von Lactat. Da die Leber sowohl an der Glucoseassimilation (Glykogenspeicherung) als auch an der Glucoseabgabe beteiligt ist, kann sich ein Ausfall von aktivem Leberparenchym durch Leberschädigung unterschiedlicher Ätiologie und Pathogenese sowohl in einer gestörten Glucosetoleranz (Hyperglykämie) als auch in einer Hypoglykämie auswirken. Eine leberbedingte lebensbedrohliche **Hypoglykämie** findet sich allerdings nur bei schwerer akuter Leberschädigung mit starkem Schwund an Parenchymzellen. Eine **Hyperglykämie** („hepatogener Diabetes") im Verlauf einer Leberzirrhose ist durch einen verminderten oder fehlenden Glukagonabbau der Leber mitbedingt. Genetische Störungen des Kohlenhydratstoffwechsels der Leber s. S. 93.
- **Lipidstoffwechsel**. Kennzeichnend sind Reduktion der Lipoproteinsynthese, Unfähigkeit zur Verwertung von Fettsäuren und deren Anstieg im Blut sowie Unfähigkeit zur Veresterung von Cholesterin.
  Bei allen Lebererkrankungen, die mit **Cholestase** (Behinderung des Galleabflusses) einhergehen, tritt eine **Hypercholesterinämie** auf. Sie ist Folge einer
  - verminderten Ausscheidung von Cholesterin in die Galle,
  - verminderten Umwandlung von Cholesterin in Gallensäuren (Hemmung der 7-α-Hydroxylase durch intrazelluläre Akkumulation von Gallensäuren),
  - gesteigerten hepatozellulären Cholesterinsynthese infolge einer verminderten intestinalen Lipidresorption.
- **Fettleber**. Eine Akkumulation von Lipiden (meist von Triglyceriden), die bis zu 20% des Frischgewichts betragen kann, wird als **Fettleber** bezeichnet. Die Ausbildung einer Fettleber kann verschiedene Ursachen haben, ist

jedoch stets mit einer Störung der Lipoproteinsynthese in der Leber verbunden. Die Fähigkeit der Leber zur Lipoproteinsynthese ist von einer Bereitstellung aller am Aufbau der VLDL beteiligten Teilkomponenten (Apolipoproteine, Phospholipide, Cholesterin, Triglyceride) in einem adäquaten Mengenverhältnis abhängig. Partielle Synthesedefekte – wie z. B. ungenügende Synthese der Proteinkomponente oder Phospholipide – wirken sich limitierend auf den Gesamtprozeß aus und führen zur Anreicherung von Triglyceriden in der Leber. Als Ursachen einer Fettleber lassen sich hieraus ableiten:

Fehlernährung oder chronische Darmatrophie sind häufig mit Mangel an sog. „lipotropen Substanzen“ vergesellschaftet. Unter diesem Begriff werden die Methylgruppendonatoren Methionin, Cholin und Betain wegen ihrer Schutz- und Heilwirkung gegenüber diesem Fettlebertyp zusammengefaßt. Sie werden für eine Bildung des Phospholipidanteils der Lipoproteine benötigt.

Bei **chronischem Schädigungsstoffwechsel** ist die Synthese der Proteinkomponente der Lipoproteine stärker betroffen als die Bildung der Lipidanteile, die sich in der Leber anreichern.

Alkoholfettleber s. S. 277

Ein **Überangebot an gesättigten Fettsäuren** liegt häufig bei Diabetes mellitus und in der Regel bei kalorischer Überernährung vor. Am Mechanismus der Fettleberbildung ist auch eine gesteigerte Mobilisation von Lipiden aus den Depots beteiligt.

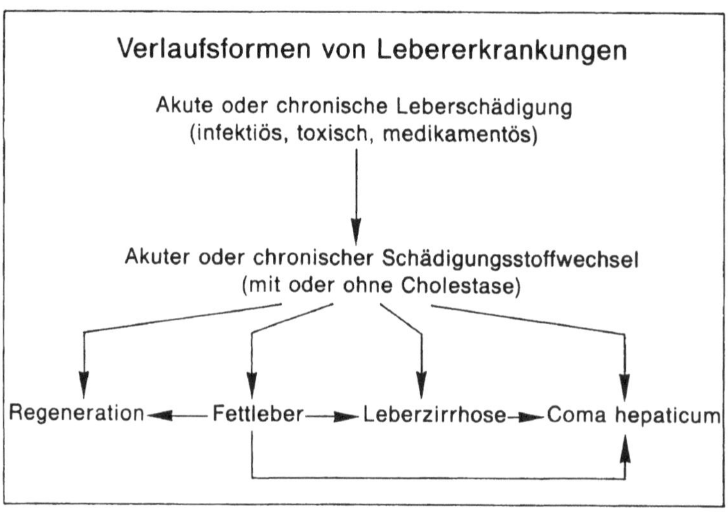

- **Schädigung und Permeabilitätserhöhung der Leberzellmembran** ist ein initiales und charakteristisches Zeichen einer Leberzelläsion. Elektrolytverschiebungen, insbesondere ein früher zellschädigender Anstieg der cytosolischen Ca^{2+}-Konzentration und ein charakteristischer Abfall der ATP-Konzentration sind die Folge. Der Austritt von zellulären Enzymen in das extrazelluläre Kompartiment und die Zirkulation sind Grundlage der Enzymdiagnostik der Lebererkrankungen (S. 291). Bei Membranschädigung der Leberzellen treten zytoplasmatische Enzyme (AST, ALT, LDH-Isoenzym 5, Sorbit-Dehydrogenase, Phosphofructaldolase), bei Leberzellnekrose darüberhinaus auch strukturgebundene Enzyme, z. B. mitochondriale Enzyme (GLDH, ALT, Ornithincarbamyl-Transferase) in das Blutplasma über. Auch lysosomale Enzyme (z. B. β-N-Acetylhexosaminidase) sind bei schwerer Leberschädigung in erhöhter Aktivität im Blutplasma nachweisbar.

2. Biotransformation

Für den Gesamtorganismus schädliche oder nicht mehr verwertbare biogene oder exogene Stoffe werden von der Leber entgiftet oder inaktiviert und für die Ausscheidung vorbereitet. Dieser Vorgang wird als Biotransformation bezeichnet.

Einer Biotransformation unterliegen

- Fremdstoffe, die aufgrund ihrer Lipidlöslichkeit leicht vom Organismus aufgenommen, aber kaum über die Niere ausgeschieden werden, weil sie nach glomerulärer Filtration fast vollständig rückresorbiert werden,
- die bei unvollständiger Verdauung gebildeten Fäulnisprodukte (z. B. Indol),
- Verbindungen, für die es im Intermediärstoffwechsel keine Abbaumöglichkeit gibt (z. B. Bilirubin),
- Arzneimittel und andere nicht metabolisierbare oder giftige Produkte der technischen Umwelt und
- Hormone, deren Wirkungsbeendigung durch eine Biotransformationsreaktion eingeleitet wird (z. B. Steroidhormone).

Das Prinzip einer Biotransformation besteht darin, daß solche Stoffe in einer ersten Phase zunächst einer **chemischen Veränderung**, z. B. durch Hydroxylierung, Oxidation oder Reduktion unterliegen. In einer zweiten Phase schließt sich die **Konjugation** mit einem physiologischen Stoffwechselprodukt (Kopplung an Glucuronsäure, Sulfat, Glycin u. a.) an. Toxizität, Bindungsfähigkeit an Proteine bzw. Lipide und Löslichkeit der Fremd- bzw. Schadstoffe werden in der Regel dadurch so verändert, daß sie stoffwechselindifferente Ausscheidungsprodukte werden. Chemische Veränderung und Konjugation können jedoch auch selektiv und unabhängig voneinander ablaufen.

Die Biotransformationsleistungen hängen von verschiedenen Faktoren ab. Einschränkungen können sich ergeben durch

- verminderte Leberzellfunktion,
- reduzierte Durchblutung bzw. portale Hypertension, unterschiedliche genetische Disposition,
- verminderte Proteinsynthesekapazität der Leber, die zu einer veränderten Proteinbindung bzw. Affinität endogener Wirkstoffe (z. B. Thyroxin, Steroidhormone) oder Arzneistoffe führt. Eine dadurch bedingte Verschiebung im Verhältnis von freiem zu gebundenem Wirkstoff kann dessen Dauer, Intensität und Eliminationskinetik beeinflussen.

Da Steroidhormone in der Leber an Glucuronsäure (oder Sulfat) gekoppelt und auf diese Weise wasserlöslich und über die Niere ausgeschieden werden, führt eine Verzögerung der Konjugation aufgrund eines Leberschadens (z. B. Zirrhose) zur Wirkungsverlängerung der Steroidhormone.

Leberschädigung durch Arzneistoffe. Unter den die Leber über den Intestinaltrakt erreichenden Fremdstoffen (Xenobiotika) befindet sich eine große Zahl leberschädigender bzw. toxischer Substanzen, die in **obligate Hepatotoxine** und **fakultative Hepatotoxine** klassifiziert werden.

- **Obligate Hepatotoxine** erzeugen bei **jeder** exponierten Person schwere oder dosisabhängige Leberschäden bei kurzer und konstanter Latenzzeit zwischen Exposition und Eintritt des Leberschadens. Dies gilt z. B. für Benzolverbindungen, Tetrachlorkohlenstoff und die toxischen Peptide der Knollenblätterpilze α-Amanitin und Phalloidin. Die lebertoxische Wirkung des Tetrachlorkohlenstoffs (CCl_4) kommt unter der Einwirkung der Cytochrom P_{450}-abhängigen Monooxygenase zustande, die CCl_4 in das hochtoxische $CCl\cdot_3$ Radikal umwandelt. Aufgrund seiner großen Reaktionsfähigkeit zur Bildung von Peroxidderivaten von ungesättigten Fettsäuren greift das Radikal die Leberzellmembran an.
- Die **fakultativen Hepatotoxine** setzen für ihre Wirksamkeit eine Disposition der Exponierten voraus, sind also wegen der nicht voraussagbaren schädigenden Wirkung mit einem höheren Risiko behaftet. In diese Gruppe gehören zahlreiche Medikamente (Tabelle), die Hepatitis-ähnliche Schädigungen, Cholestase oder Leberzellnekrose auslösen können. Die Schädigung tritt jedoch nur bei einem Teil der Exponierten ein, ist **nicht dosisabhängig** und zeigt eine variable und längere Latenzphase zwischen Exposition und Wirkungseintritt.

Beispiele für Arzneimittel-bedingte Leberschäden

Schädigungstyp	Arzneimittel bzw. Stoffklasse
Akute fulminante Hepatitis	Halothan*
Chronische Hepatitis	Chlorpromazin α-Methyldopa Sulfonamide Isoniacid Methotrexat
Intrahepatische Cholestase	Chlorpromazin Thyreostatika 17α-alkylierte Steroide

* Inzidenz 1 : 30 000 Expositionen

Bei der Biotransformation von Medikamenten spielt das mikrosomale, **Cytochrom P_{450}**-abhängige Monooxygenasesystem eine wichtige Rolle, weil zahlreiche Arzneimittel (z. B. Barbiturate, Phenylbutazon), einige Hormone (z. B. Sexualhormone) oder chemische Agentien (z. B. DDT, polychlorierte Biphenole) die Aktivität der Cytochrom P_{450}-abhängigen Oxidase über eine **Enzyminduktion** zu steigern vermögen. Umgekehrt können Proteinmangelernährung und Vorschädigung der Leber das Enzymsystem negativ beeinflussen.

Die hepatische Biotransformation von Pharmaka oder Wirkstoffen führt nicht immer zur Wirkungsbeendigung oder „Entgiftung", sondern kann der Substanz auch neue Wirkungsqualitäten – u.U. sogar höhere Toxizität – verleihen. Dies ist z. B. bei der Metabolisierung von E 605 der Fall, das durch oxidative Veränderung in ein wesentlich giftigeres Agens umgewandelt wird.

Auch krebserzeugende Stoffe können durch Biotransformationsreaktionen der Leber entstehen. So wird z. B. das **Aflatoxin** erst nach Überführung in das Epoxidderivat cancerogen, und auch das β-Naphthylamin wird erst durch enzymatische Hydroxylierung in das cancerogene Aminonaphthol umgewandelt.

3. Alkohol (Ethanol) und Leber

Ethanolstoffwechsel. Der als Genußmittel zugeführte Ethylalkohol unterliegt einem oxidativen Abbau. Im ersten Reaktionsschritt wird Ethylalkohol zunächst zum Acetaldehyd oxidiert. An dieser Reaktion können entweder die

Alkohol-Dehydrogenase (ADH) der Leber (reversible Reaktion) oder das mikrosomale alkoholoxidierende System **MAOS** (irreversible Reaktion) beteiligt sein. Bei niedrigem Alkoholangebot erfolgt der Abbau vorzugsweise durch die Alkohol-Dehydrogenase, bei hohem Angebot zusätzlich durch das MAOS. Die weitere Oxidation des entstehenden Acetaldehyds zum Acetat kann entweder unter Mitwirkung einer Aldehyd-Dehydrogenase oder einer Aldehyd-Oxidase (Xanthin-Oxidase) erfolgen (Abbildung). Der geschwindigkeitsbestimmende Schritt beim Abbau des Ethanols ist die Alkohol-Dehydrogenase bzw. das MAOS, so daß der Blutacetaldehydspiegel ständig sehr klein bleibt. Erst bei chronischem Alkoholkonsum kommt es zu einer adaptiven Aktivitätserhöhung des MAOS, so daß nunmehr auch hohe Acetaldehyd-Blutspiegel beobachtet werden. Die Ethanolabbaukapazität der Leber beträgt beim Menschen 100 mg/kg Körpergewicht/Stunde (bei Erwachsenen 7–8 g/h). Die hohe Toxizität des *Methanols* ist durch dessen Oxidation zu Formaldehyd und Formiat (Acidose!) bedingt.

Enzymatischer Abbau von Ethanol und Methanol in der Leber

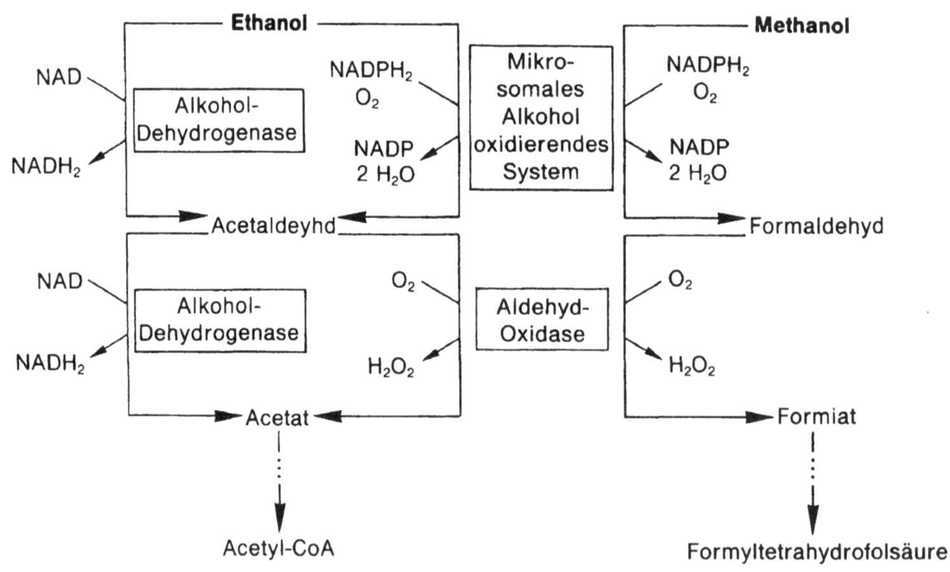

Auch bei alkoholfreier Nahrung ist immer ein geringer Blutalkoholspiegel 0,001–0,002 ‰) vorhanden, da auf einem Stoffwechselnebenweg in der Leber Pyruvat durch einfache Decarboxylierung in Acetaldehyd und durch ADH in Ethanol überführt werden kann.

Die ständige Metabolisierung großer Ethanolmengen hat nachteilige Wirkungen auf den Stoffwechsel der Leber: Die exzessive Bildung der Ethanolabbauprodukte (Acetat, Acetyl-CoA und $NADH_2$) begünstigt über eine gesteigerte Triglyceridsynthese die Bildung einer **Fettleber** und die Entstehung einer **Hyperlipoproteinämie** (S. 119).

Der bei der Alkoholoxidation gebildete Überschuß an $NADH_2$ bzw. $NADPH_2$ bedingt ferner eine verstärkte reduktive Bildung von Lactat aus Pyruvat, das damit der Gluconeogenese entzogen wird. Da die Leber bei chronischem Alkoholkonsum kaum über Glykogenreserven verfügt, gehört die **Hypoglykämie** zu den bekannten Komplikationen der akuten Alkoholvergiftung.

Die exzessive Lactatbildung kann ferner zur **Lactatacidose** führen. Da Lactat außerdem mit der Harnsäure um die Ausscheidung im Nierentubulussystem konkurriert, ist der akute **Gichtanfall** nach Alkoholexzeß ein häufiges Ereignis.

Der aus Ethanol entstehende Acetaldehyd ist für den toxischen Effekt des Alkohols auf die Leber (z. B. für die Mitochondrienschädigung) und für die Entstehung einer **Leberzirrhose** (S. 288) mitverantwortlich. Als reaktive Verbindung bildet der Acetaldehyd ferner mit Aminen u. a. Isochinolinderivate, die ihrerseits psychoaktive Substanzen darstellen und bei der Entstehung der **Alkoholabhängigkeit** eine Rolle spielen.

Alkoholfettleber. Ethanol fördert die Synthese von Fettsäuren, da er selbst zu Acetyl-CoA abgebaut wird und pro Mol abgebautes Ethanol 2 $NADH_2$ ent-

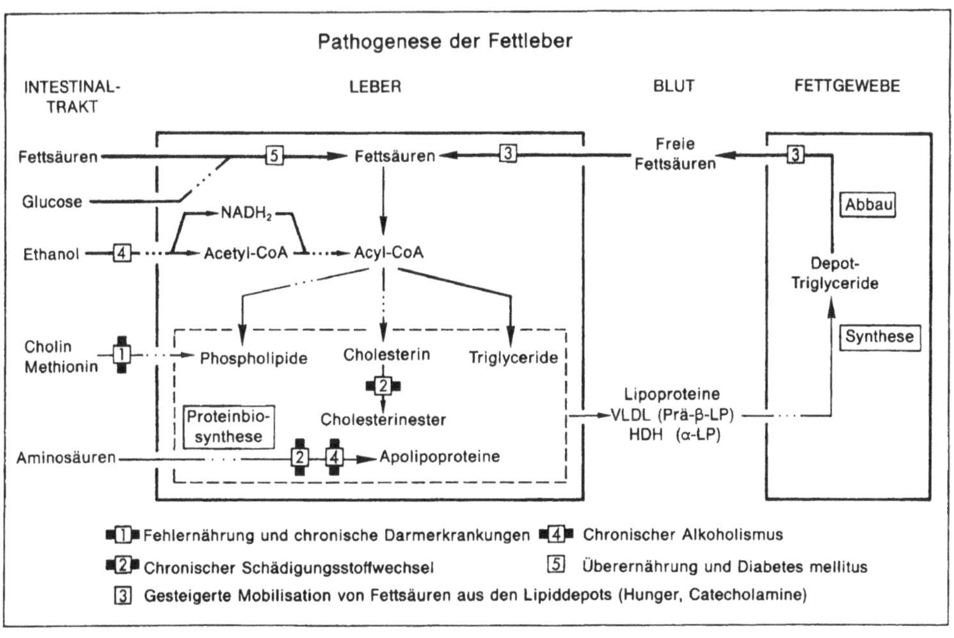

stehen, die ihrerseits wiederum die Fettsäuresynthese (durch Kettenverlängerung) begünstigen. Da bei der Alkohol-induzierten Fettsäuresynthese nicht in gleichem Maße die Phospholipide und – wegen der toxischen Wirkung des Acetaldehyds auf die Proteinbiosynthese – Apolipoproteine gebildet werden, kann die Leber die vermehrt entstehenden Triglyceride nur zum Teil als Lipoproteine an das Blutplasma abgeben. Es kommt zur intrazellulären Akkumulation von Triglyceriden.

Alkoholhepatitis. Bei chronischem Alkoholkonsum treten neben ausgeprägter Triglyceridakkumulation Leberzellnekrosen, leukozytäre Infiltrationen und alkoholisches Hyalin (**Mallory-Körper**) unter dem Bild einer floriden Hepatitis auf, in deren Folge sich eine **alkoholtoxische Zirrhose** entwickeln kann. Sie ist abhängig von der Dauer und Menge des Alkoholabusus, dem Geschlecht und einer nicht definierten (genetischen) Prädisposition.

4. Gallebildung und Gallensäurestoffwechsel

Bildung und Sekretion der Gallenflüssigkeit. In der Leber- und Blasengalle wird das wasserunlösliche Cholesterin durch die (aus Cholesterin entstehenden) konjugierten Gallensäuren und durch Phospholipide (vorwiegend Lecithin) unter Micellenbildung in Lösung gehalten. In den gemischten wasserlöslichen Micellen wird unter physiologischen Bedingungen ein Gewichtsverhältnis **Cholesterin:Phospholipide:Gallensäuren** von **≈1:3:15–20** aufrechterhalten. Sinkt die Gallensäurekonzentration unter einen kritischen Wert (z. B. bei Gallenblasenentzündung) oder kommt es zu einem Anstieg der Cholesterinkonzentration, kann das Cholesterin ausfallen und **Konkremente** bilden.

Nahrungsabhängige Rhythmik und hormonelle Kontrolle der Gallensekretion. Die Kontraktion der Gallenblase und die Erschlaffung des am Ende des Ductus choledochus befindlichen Sphinkters unterliegen einer hormonellen Steuerung durch das Cholecystokinin. Adäquater Reiz für die Freisetzung von Cholezystokinin ist die Präsenz von Lipiden, Proteinen und deren Abbauprodukte im Intestinaltrakt. **Sekretin** und **Gastrin** stimulieren vorwiegend die ductuläre Gallenproduktion und die Sekretion einer bicarbonathaltigen gallensäurefreien Lösung.

Die Bildung und Sekretion der Gallenflüssigkeit wird durch weitere endokrine Wirkstoffe kontrolliert: Ethinylestradiol und Insulin erhöhen, Cortisol und Thyroxin reduzieren den Cholesteringehalt der Galle und damit deren **Lithogenität** (Bereitschaft, Gallensteine zu bilden).

Konjugation und Dekonjugation von Gallensäuren. Von dem Gallensäurepool (2–5 g) gehen täglich 20% verloren und werden in der Leber durch Neusynthese ersetzt. 90% der **primären** (sezernierten) Gallensäuren, deren Halbwertszeit 24–36 h beträgt, werden über den enterohepatischen Kreislauf 6–8mal/24 h umgesetzt. Die primär in der Leber synthetisierten, mit Glycin bzw. Taurin konjugierten Gallensäuren unterliegen vor ihrer Resorption im Intestinaltrakt (Colon) teilweise einer mikrobiellen Reduktion und Dekonjugation. Die Gallenflüssigkeit enthält daher nur 80% primärer Gallensäuren und ≈20% sekundäre mikrobiell modifizierte Gallensäuren. Die im Intestinaltrakt durch mikrobielle Reduktion und Dekonjugation aus Glykochenodesoxycholsäure entstehende **Lithocholsäure** (3α-Hydroxycholansäure), die im Rahmen des enterohepatischen Kreislaufs wieder in die Leber gelangt, entfaltet cholestatische Effekte, kann also für die Pathogenese der **Cholestase** bedeutsam sein.

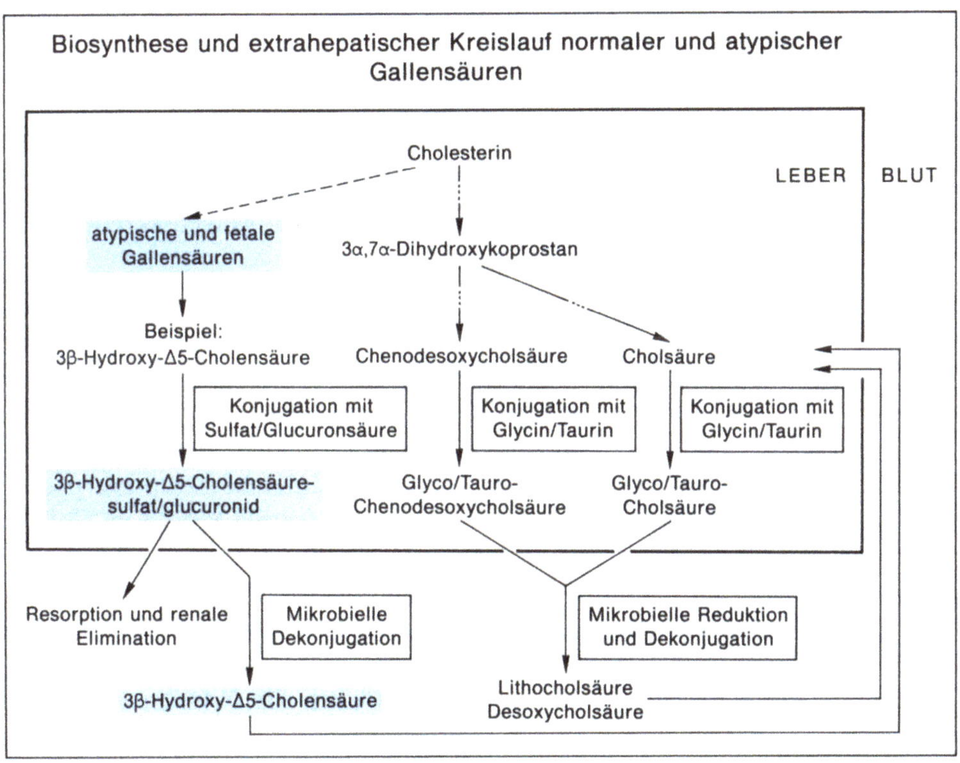

Dysfunktion bei Cholestase. Die funktionellen Folgen eines Abflußhindernisses der Gallenflüssigkeit lassen sich aus den speziellen Aufgaben der Gallensäuren ableiten:

- Da Gallensäuren physiologischerweise die Pankreas-Lipase und Cholesterin-Esterase, besonders bei sauren pH-Werten, aktivieren und damit den enzymatischen Aufschluß der Nahrungslipide fördern, kommt es beim Gallengangsverschluß zur Störung des Abbaus und der Resorption von Lipiden und deren Ausscheidung mit dem Stuhl (**Steatorrhoe**, S. 259).
- Gallensäuren bilden mit fettlöslichen Nahrungsbestandteilen (Fettsäuren, Steroide, Monoglyceride, Carotinoide, fettlösliche Vitamine) wasserlösliche resorbierbare **Choleinsäuren.** Bei Gallengangsverschluß treten Störungen der Resorption wegen der ausbleibenden Bildung wasserlöslicher Lipid-Gallensäuren-Komplexe auf (**Malabsorption**, S. 260).
- Gallensäuren üben eine physiologische Hemmung auf die intestinale Cholesterinsynthese aus. Bei Gallengangsverschluß steigt der Gallensäurespiegel im Blut an und führt damit zu einer Hemmung der Cholesterin- und damit auch der Gallensäuresynthese in der Leber. Da jedoch die feed-back-Hemmung der Cholesterinsynthese auf die Mucosazellen des Dünndarms entfällt, steigt die intestinale Cholesterinsynthese an, und es kommt zu einem **Anstieg des Blutcholesterinspiegels.**
- Weitere Störungen bei Gallengangsverschluß ergeben sich aus dem Ausbleiben der choleretischen Wirkung der Gallensäuren (Anregung der Gallensekretion ohne Veränderung der Konzentration der Inhaltsbestandteile der Galle), aus der physiologischen Hemmung der Magensekretion, des Appetits und der laxierenden Wirkung im Colon.
- Ist die enterale Resorption der Gallensäuren eingeschränkt, (z. B. bei enteralen Erkrankungen im Bereich des Ileums) wird der enterohepatische Kreislauf unterbrochen und eine gesteigerte Menge von Gallensäuren mit den Faeces ausgeschieden (**Gallensäureverlustsyndrom**). Der Resorptionsdefekt kann durch eine gesteigerte hepatische Gallensäuresynthese und Sekretion kompensiert werden. Ob die Gallensäuremalabsorption pathogenetisch wirksam wird, hängt davon ab, ob der faecale Verlust an Gallensäuren durch hepatische Neusynthese vollständig oder unzureichend ausgeglichen wird. Die Zunahme der Gallensäurekonzentration im Intestinaltrakt ist Ursache der **chologenen Diarrhoe** (S. 261). Bei vollständiger Ausschaltung des Ileums (operative Entfernung) sinkt die Gallensäurerückresorption auf sehr geringe Werte. Damit ist auch die Fettsäureresorption beeinträchtigt, und es kommt zur Steatorrhoe.
- **Hyperoxalaturie** als Folge einer Lipidmalabsorption (S. 259)
- Neben den physiologischen Gallensäuren treten bei intra- und extrahepatischer Cholestase **atypische** (sonst nur im fetalen Mekonium) nachweisbare **Gallensäuren** in sulfat- bzw. glucuronidkonjugierter Form auf. Diese atypischen Gallensäuren unterscheiden sich von den primären Gallensäuren

durch anomale Hydroxylierungen, Epimerisierungen und das Auftreten von Ketogruppen am Steroidring. Ein typischer Vertreter – die **3ß-Hydroxy-Δ^5-Cholensäure** – übt eine starke **Hemmwirkung** auf die **Cholerese** (Gallenfluß) aus und kann damit eine schon bestehende Cholestase verstärken. Ursachen für das Auftreten atypischer Gallensäuren bei Cholestase können die Entdifferenzierung geschädigter oder regenerierender Hepatozyten, die erhöhte Gallensäurekonzentration in Hepatozyten bei Cholestase, die zur Enzyminduktion (Hydroxylierungsreaktion) führt, und/oder die Hemmung der mikrosomalen Cholesterin-7α-Hydroxylase sein.

Gallensteine. Die Bildung von Gallensteinen ist ein häufiges – u. a. von rassischen Eigenheiten, Erbfaktoren,Lebensgewohnheiten, Geschlecht, Schwangerschaft und Alter abhängiges – Ereignis. Zwischen dem 6. und 7. Lebensdezennium werden bei etwa 30% aller Frauen und 10% aller Männer Konkremente in der Gallenblase gefunden.

Ihrer chemischen Zusammensetzung nach enthalten Gallensteine Cholesterin, Bilirubin und Calciumsalze (vorwiegend als Carbonat), wobei die einzelnen Komponenten in reiner Form oder kombiniert auftreten können. 92% aller Gallensteine sind Cholesterinsteine, 7% sind Bilirubinsteine (Gallenpigmentsteine), von denen 4,5% Calcium-arm und 2,5% Calcium-reich sind. Die Entstehung von Gallensteine wird durch

- vermehrten Cholesteringehalt (Schwangerschaft, Hyperlipoproteinämie),
- gesteigerte Bilirubinbildung (z. B. bei Sichelzellanämie oder Thalassämie) und
- Verschiebung des pH-Wertes der Galle nach der sauren oder alkalischen Seite begünstigt.

Die Bildung von **Cholesterinsteinen** ist Folge einer an Cholesterin übersättigten, sog. lithogenen Galle, die ihre Ursache in einer gesteigerten biliären Sekretion von Cholesterin hat und u. a. bei Adipositas, bei Einnahme bestimmter Medikamente (z. B. Clofibrat und Derivate, Kontrazeptiva), ferner als Folge einer gesteigerten Aktivität der HMG-CoA-Reduktase, aber auch bei einer verminderten hepatozellulären Sekretion von Gallensäuren und Phospholipiden auftritt. Viele Patienten mit Cholesterin-Gallensteinen zeigen eine reduzierte Aktivität der hepatozellulären Cholesterin-7α-Hydroxylase, dem Schlüsselenzym der Konvertierung von Cholesterin in Gallensäuren.

Auch entzündliche Veränderungen der Gallenblase können die Bereitschaft zur Steinbildung steigern, wenn die Bakterienenzyme das Lecithin teilweise in Lysolecithin umwandeln. Lysolecithin kann sich nicht an der Komplexbildung von Cholesterin und Gallensäuren beteiligen. Bei Absinken des Cholesterin/Gallensäure-Quotienten unter einen Wert von 1:13 fällt Cholesterin aus. Der

lithogene Index der Gallenflüssigkeit wird mithin im wesentlichen durch das Verhältnis von Cholesterin:Gallensäuren in der Gallenflüssigkeit bestimmt. Er ermöglicht Aussagen über die Fähigkeit der Galle, Steine zu bilden oder aufzulösen. Durch orale Applikation einer täglichen Dosis von 0,7–1,0 g Chenodesoxycholsäure oder Ursodesoxycholsäure (3α,7ß-Dihydroxycholansäure) über einen Zeitraum von 1–2 Jahren läßt sich durch Senkung des lithogenen Index der Gallenflüssigkeit eine Wiederauflösung von Cholesterinsteinen erreichen bzw. ihre Entstehung verhindern (konservative Chemolitholyse).

5. Bilirubinstoffwechsel

Die diagnostische Bedeutung der Gallenfarbstoffe (Bilirubin) beruht darauf, daß sie nach ihrer Bildung (Abbau von Häm bzw. Porphyrinderivaten) im retikuloendothelialen System (RES) in den Kreislauf gelangen, von der Leber aufgenommen und dort mit Glucuronsäure konjugiert werden. Nach Ausscheidung mit der Galle werden sie aus dem Intestinaltrakt rückresorbiert und nach Transport über den Kreislauf erneut über die Leber ausgeschieden (enterohepatischer Kreislauf). Jeder dieser Prozesse kann spezifisch gestört oder blockiert sein (s. Schema, S. 283) und eine Erhöhung der Konzentration des nichtkonjugierten oder konjugierten Bilirubins im Serum zur Folge haben.

Differentialdiagnose der Ikterusformen. Eine Erhöhung des Serumbilirubinspiegels führt, wenn sie mehr als 34,1 µmol/l (2 mg/dl) beträgt, zu einer Gelbfärbung der Konjunktiven bzw. bei stärkerer Erhöhung auch zur Gelbfärbung der Haut, die als **Ikterus** (Gelbsucht) bezeichnet wird. Grundlage einer Differentialdiagnose der verschiedenen Ikterusformen sind die Bestimmung des albumingebundenen nicht konjugierten Bilirubins (**indirektes Bilirubin**) und des Bilirubindiglucuronids (**direktes Bilirubin**) im Serum sowie der Nachweis einer vermehrten Ausscheidung von **Bilirubindiglucuronid und Urobilinogen mit dem Harn**. Alle Gelbsuchtformen, die mit ausschließlicher Vermehrung des indirekten (nichtnierengängigen!) Bilirubins einhergehen, weisen kein Bilirubin im Harn auf.

Eine Erhöhung des Bilirubinspiegels im Blut kann verschiedene Ursachen haben, die das Schema zusammenfaßt.

- **Produktionsikterus**. Ein vermehrtes Bilirubinangebot liegt bei allen Formen der **Hämolyse** und der sog. **Shuntbilirubinämie** vor. Der Produktionsikterus ist gekennzeichnet durch eine Vermehrung des indirekten Serumbilirubins bei in der Regel nicht vermehrtem Bilirubindiglucuronid – jedoch vermehrter Urobilinogenausscheidung mit dem Harn – und vermehrter Sterkobilinogenausscheidung im Stuhl.

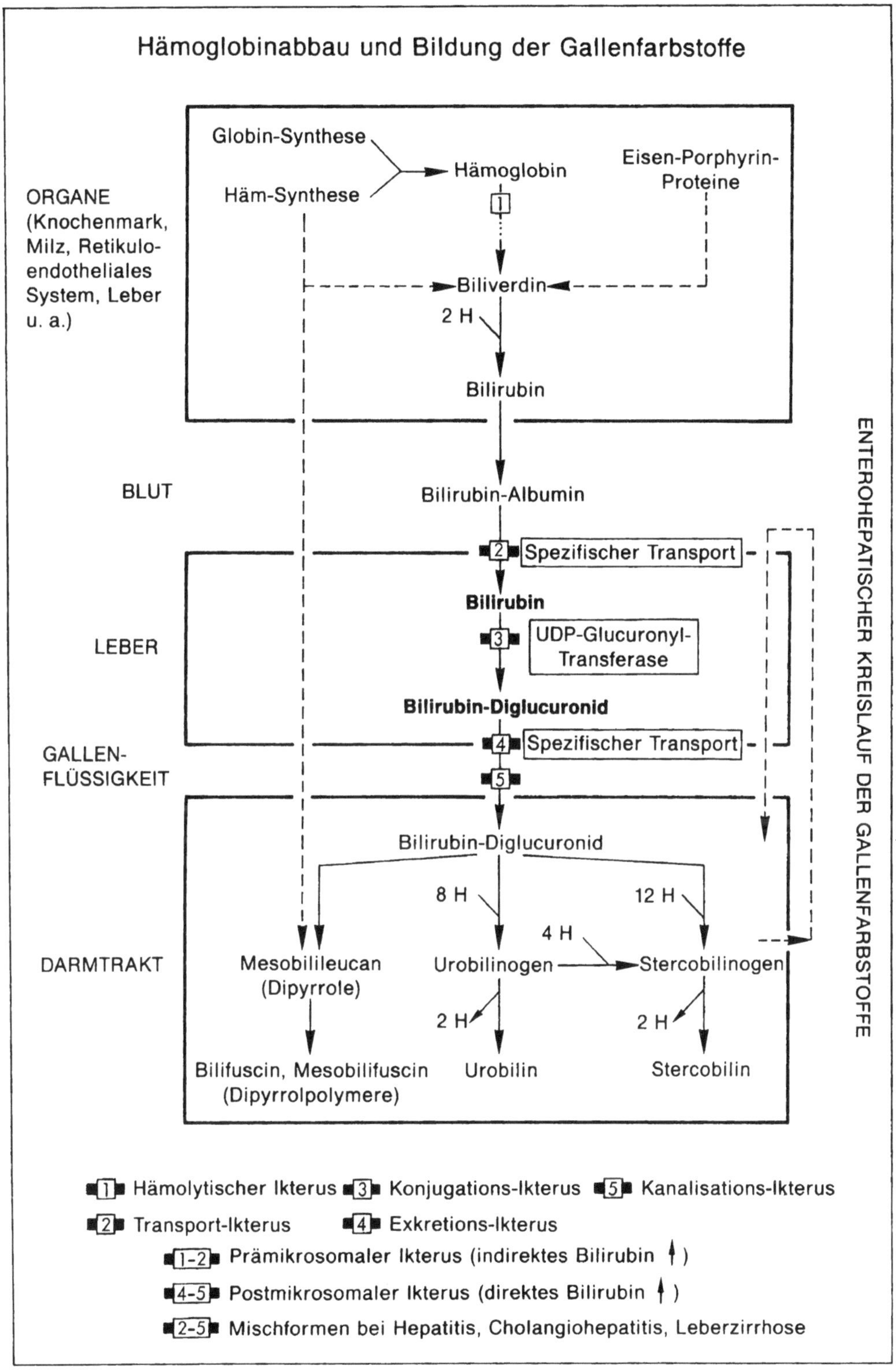
Hämoglobinabbau und Bildung der Gallenfarbstoffe
Globin-Synthese
Häm-Synthese
Hämoglobin
Eisen-Porphyrin-Proteine
ORGANE (Knochenmark, Milz, Retikulo-endotheliales System, Leber u. a.)
1
Biliverdin
2 H
Bilirubin
BLUT
Bilirubin-Albumin
2
Spezifischer Transport
Bilirubin
LEBER
3
UDP-Glucuronyl-Transferase
Bilirubin-Diglucuronid
GALLEN-FLÜSSIGKEIT
4
Spezifischer Transport
5
Bilirubin-Diglucuronid
8 H
12 H
4 H
DARMTRAKT
Mesobilileucan (Dipyrrole)
Urobilinogen
Stercobilinogen
2 H
2 H
Bilifuscin, Mesobilifuscin (Dipyrrolpolymere)
Urobilin
Stercobilin
ENTEROHEPATISCHER KREISLAUF DER GALLENFARBSTOFFE
1 Hämolytischer Ikterus
3 Konjugations-Ikterus
5 Kanalisations-Ikterus
2 Transport-Ikterus
4 Exkretions-Ikterus
1-2 Prämikrosomaler Ikterus (indirektes Bilirubin ↑)
4-5 Postmikrosomaler Ikterus (direktes Bilirubin ↑)
2-5 Mischformen bei Hepatitis, Cholangiohepatitis, Leberzirrhose

Bei der **Shuntbilirubinämie** besteht eine vermehrte Synthese von Häm bzw. Porphyrin im Knochenmark, das nicht für die Hämoglobinsynthese verwertet wird und einem direkten Abbau unterliegt. Das auf diese Weise entstehende sog. „frühmarkierte" Bilirubin hat eine wesentlich kürzere Halbwertszeit (10 Tage) als das aus dem Abbau von Eryhtrozyten (120 Tage) stammende Bilirubin. Bei Krankheiten mit erheblich stimulierter ineffektiver Erythropoese (Thalassämie, perniziöse Anämie, erythropoetische Porphyrie) kann der Anteil dieses frühmarkierten Bilirubins 30–80% des täglich gebildeten Bilirubins ausmachen, das bis auf 2,6 mmol/24 h (1,5 g/24 h) ansteigt.

Hämolytische Ikterusformen können hereditär, erworben oder toxisch sein (s. Kap. Erythrozyten, S. 212).

- **Transportikterus**. Die Aufnahme des albumingebundenen Bilirubins aus dem Blutplasma in die Leberzelle vollzieht sich nach einem Absorptionsgleichgewicht zwischen dem spezifischen bilirubinbindenden Serumalbumin und dem spezifischen bilirubinbindenden **Ligandin** der Leberzelle. Störungen dieses Transportprozesses treten bei manchen Virushepatitiden, bei ikterischen Leberzirrhosen, aber auch nach Anstrengung, Unterkühlung oder Alkoholexzessen auf. Ein angeborenes Fehlen des spezifischen Transportproteins liegt beim **Gilbert-Meulengracht-Syndrom** vor.
- **Konjugationsikterus**. Der physiologische **Neugeborenenikterus** ist Folge einer erniedrigten Aktivität der UDP-Glucuronyl-Transferase oder einer Hemmung dieses Enzyms durch Pregnandiolderivate der Muttermilch oder Medikamente (z. B. Novobiocin).
  Das **Crigler-Najjar-** bzw. **Arias-Syndrom** ist durch einen autosomal rezessiv vererbbaren totalen oder partiellen Mangel an UDP-Glucuronyl-Transferase gekennzeichnet. Da in der Leber mehrere UDP-Glucuronyl-Transferasen mit unterschiedlicher Substratspezifität, Geschlechts- und Altersabhängigkeit vorliegen, die durch Phenobarbital und andere Medikamente induziert werden können, läßt sich durch eine Phenobarbitalbehandlung das Auftreten eines Neugeborenenikterus bzw. eines erblich bedingten Konjugationsikterus oft weitgehend verhindern.
- **Exkretionsikterus**. Die Ausscheidung des konjugierten Bilirubins erfolgt durch einen aktiven Transportmechanismus, der bei Hepatitis, Leberzirrhose sowie intra- oder extrahepatischer Cholestase gestört sein kann, aber auch als rezidivierender Schwangerschaftsikterus oder nach Gabe verschiedener Arzneimittel (Bromikterus) auftritt. Die seltenen genetischen Formen sind das **Dubin-Johnson-** und das **Rotor-Syndrom**.
  Die Exkretionsikterusformen sind durch Anstieg des Bilirubindiglucuronids im Serum, das 80% des Gesamtbilirubins ausmacht, sowie durch vermehrte Ausscheidung von **Bilirubindiglucuronid im Harn** gekennzeichnet. Eine Stö-

rung der Bilirubinausscheidung wird auch unter Behandlung mit synthetischen Estrogenen, Kontrazeptiva, anabolen Steroiden und anderen Medikamenten beobachtet.

- **Kanalisationsikterus.** Bei Verschluß des Gallengangssystems kommt es zu einer gestörten Ableitung des Bilirubindiglucuronids in den Dünndarm, Ursache sind Atresie, Cholangitis, mechanischer Verschluß durch Konkremente oder Tumoren.

Da nur nicht-konjugiertes Bilirubin aus dem Intestinaltrakt rückresorbiert wird, gelangt physiologischerweise kein Bilirubindiglucuronid in den enterohepatischen Kreislauf. Urobilinogen wird allerdings rasch resorbiert und nach Aufnahme in die Leber erneut über die Galle ausgeschieden. Der enterohepatische Kreislauf des Urobilinogens (Ausscheidung mit dem Harn 0–6,8 µmol/d, 0–4 mg/24 h) ist allerdings nur unter pathologischen Bedingungen erheblich. Die Ausscheidung erfolgt durch glomeruläre Filtration und proximale tubuläre Sekretion (bis 51 µmol/d, 30 mg/Tag bei hämolytischem Ikterus).

Wegen ihrer charakteristischen Unterschiede im Anstieg des freien bzw. konjugierten Bilirubins im Blut werden hämolytischer- und Transport-Ikterus auch als **prämikrosomaler Ikterus**, Konjugations-, Exkretions- und Kanalisations-Ikterus dagegen als **postmikrosomaler Ikterus** bezeichnet. Mischformen kommen bei Hepatitis, Cholangiohepatitis und Leberzirrhose vor. Eine Ausscheidung von Bilirubin mit dem Harn tritt ausschließlich bei Erhöhung der Konzentration des nierengängigen Bilirubindiglucuronids (postmikrosomaler Ikterus) auf.

6. Störungen des hepatischen Eisen- und Kupferstoffwechsels

Hämosiderose und Hämochromatose. Die Leber nimmt das im Intestinaltrakt resorbierte **Eisen** als Transferrin-Eisenkomplex aus dem Blutplasma auf und speichert überschüssiges, in extrahepatischen Organen nicht benötigtes, Eisen in Form von **Ferritin** im Zytoplasma und als **Hämosiderin** in den perikanikulären Lysosomen. Eine vermehrte Eisenspeicherung wird als **Hämosiderose** bezeichnet, die bei Überschreitung der Eisenspeicherungskapazität zu Gewebsläsionen führt und als Hämochromatose in Erscheinung tritt. Hämochromatosen sind selten. Bei der **genetischen Hämochromatose** (autosomal rezessiver Erbgang) kommt es infolge einer chronisch gesteigerten intestinalen Eisenresorption zu einer allmählichen Eisenüberladung des Organismus, so daß der Gesamteisenbestand schließlich 20–40 g, d. h. das etwa 5–8fache der Norm betragen kann. Als Folge der pathologischen Speicherung treten Gewebsschäden auf, die vor allem die Leber (Zirrhose), das Pankreas (70% der Patienten weisen einen Diabetes mellitus auf), weitere endokrine Organe und Herzmuskel (Herzinsuffizienz, Arrhythmien bei 57% der Patienten) betreffen. In der Haut bildet sich eine charakteristische Bronzepigmentierung aus.

Die Langzeitbehandlung (Monate bis Jahre) erfordert wöchentliche Aderlässe von etwa 500 ml, bei denen je 250 mg Fe entfernt werden. Die damit erreichbare Entleerung der Eisendepots läßt sich durch die Abnahme des Serumferritins kontrollieren und erhöht die Lebenserwartung.

Eine **sekundäre Hämochromatose** kann als Folge von multiplen Transfusionen, chronischer Hämolyse (z. B. Sichelzellanämie, Thalassämie) oder alkoholischer Leberzirrhose auftreten.

Wilsonsche Erkrankung (hepatocerebrale Degeneration, hepatolentikuläre Degeneration). **Kupfer** ist essentielles Spurenelement und Cofaktor zahlreicher Enzyme. Im Serum sind über 90% des Kupfers an Caeruloplasmin (Referenzbereich 1,8 – 2,5 µmol/l) gebunden. Eine unter 1,5 µmol/l erniedrigte Caeruloplasminkonzentration ist häufiges, aber nicht regelmäßiges Merkmal des **M. Wilson**. Bei dieser autosomal rezesiv vererbbaren Krankheit ist die hepatische Exkretion von Kupfer in die Galle vermindert. Das überschüssige Kupfer wird zuerst in den Lysosomen der Leberzelle, später bei Überschreiten der Speicherkapazität auch in anderen Geweben wie Gehirn, Cornea (Kayser-Fleischer-Ring) und Nierenepithelzellen abgelagert. Klinisch stehen die Leberschädigung mit Entwicklung einer Zirrhose und neuropsychiatrische (Parkinson-ähnliche) Symptome mit Rigor und Akinese im Vordergrund.

Durch die Gabe von D-Penicillamin (1 – 2g/24 h) kann ein Teil des Organkupfers wieder über die Nieren zur Ausscheidung gebracht und die Prognose der Erkrankung verbessert werden. Das D-Penicillamin hat nicht nur die Fähigkeit, mit Schwermetallen lösliche Chelate zu bilden, sondern entfaltet auch Nebenwirkungen (gastrointestinale Unverträglichkeit, Thrombopenie, Leukopenie und Hautsymptome), die seine Anwendung einschränken.

7. Hepatische Porphyrien S. 224

8. Akute und chronische Leberinsuffizienz

Typische Beispiele für einen **akuten Leberzellschaden** sind die Virushepatitis, die Knollenblätterpilzvergiftung oder die akute Alkoholintoxikation (s. u.). Im Vordergrund stehende klinische Symptome des akuten Leberversagens sind

Ikterus, Synsthesestörungen (Blutgerinnungsfaktoren), **Blutungsneigung** in der Phase der terminalen Insuffizienz, **Nierenversagen** und **Bewußtseinsstörungen**. Ein Übergang in einen **chronischen Schädigungsstoffwechsel** ist bei Perpetuierung der schädigenden Noxe oder deren längerer Einwirkung in unterschwelliger Konzentration gegeben. Als Folgezustände werden Fettleber oder Leberzirrhose (s. u.) beobachtet. Sowohl bei akutem als auch chronischem Schädigungsstoffwechsel kann vollständige Regeneration erfolgen, doch ist auch ein akuter Zusammenbruch des Leberstoffwechsels (**Coma hepaticum**) möglich.

Hepatitis. Nach einer internationalen Übereinkunft werden folgende Formen der akuten und chronischen Leberentzündung unterschieden:

- Virushepatitis (Hepatitis A, Hepatitis B, D, Nicht-A-nicht-B-Hepatitis),
- alkoholische Hepatitis,
- Medikamenten-induzierte Leberschädigung (Drogen-induzierte Hepatitis),
- Autoimmun-Hepatitis,
- Hepatitis bei chronischer Cholestase und
- chemische Hepatitis (chlorierte Kohlenwasserstoffe (z. B. Tetrachlorkohlenstoff, Chloroform), Phosphor, toxische Peptide des Knollenblätterpilzes).

Der Verlauf der verschiedenen Hepatitisformen läßt sich u. a. anhand typischer Enzymprofile verfolgen (Abbildung) und gegenüber Hepatitisformen mit intrahepatischem Verschlußsyndrom (cholestatische Hepatitis, Verschlußikterus) bzw. gegenüber einer Leberzirrhose oder Metastasenleber abgrenzen (Tabelle, S. 295).

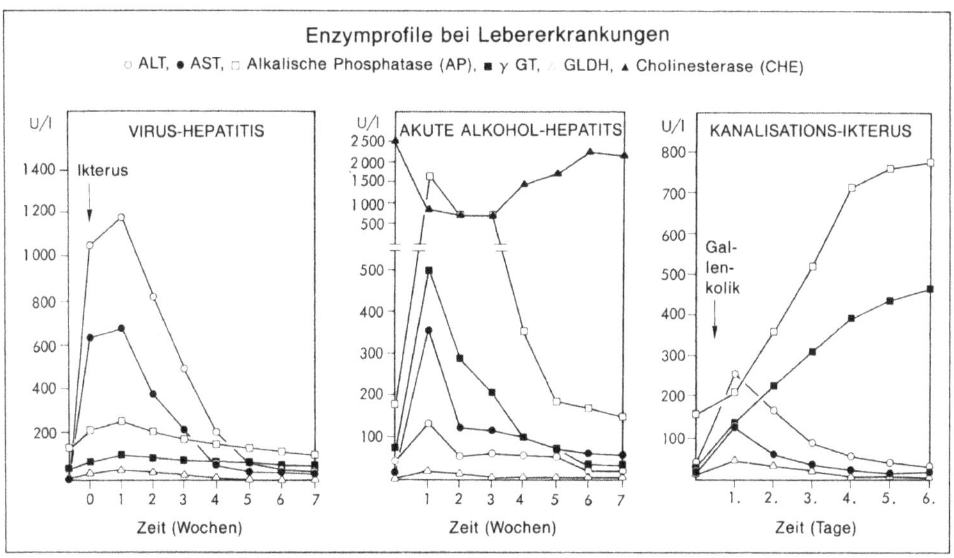

Chronisch-persistierende und **chronisch-aktive Hepatitis**. Ursache eines chronischen Schädigungsstoffwechsels ist häufig eine vorangegangene nicht zur vollständigen Regeneration gelangte infektiöse Hepatitis, bei deren chronischen Formen man – vor allem aufgrund enzymologischer und immunologischer Parameter – zwischen chronisch-persistierender Hepatitis (CPH, mit meist guter Prognose) und chronisch aktiver Hepatitis (CAH) unterscheidet, aus der sich häufig eine Zirrhose entwickelt.

Drogen-induzierte Hepatitis. S. 275

9. Leberzirrhose

Die **Zirrhose** ist eine fortschreitende Erkrankung der Leber, die einerseits durch vorherrschende Bindegewebsvermehrung und andererseits durch progredienten Untergang (Nekrose) von Leberzellen, Störungen des Läppchenaufbaus und Bildung von Regeneratknoten gekennzeichnet ist. Bindegewebsvermehrung (interzelluläre Fibroplasie) und Zellregeneratbildung führen zu einer veränderten Gefäßstruktur und Behinderung des normalen Leberdurchflusses, schließlich zur Erhöhung des Pfortaderdrucks und zur Ausbildung eines Kollateralkreislaufs mit der Gefahr eines exogenen Lebercomas.

Bei der Leberzirrhose (-fibrose) ist der Umsatz des vermehrt gebildeten kollagenen Bindegewebes erhöht. Auslöser sind Zellnekrosen, die durch Abgabe chemotaktischer Wirkstoffe die Einwanderung von Granulozyten, Lymphozyten und Makrophagen in Gang setzen. Die von den eingewanderten Zellen sezernierten Cytokine (u. a. Interleukin-1) stimulieren die Umwandlung der Ito-Zellen in Kollagen- und Proteoglykan-synthetisierende Myofibroblasten. Biochemische Parameter einer vermehrten Synthese sind der gegenüber der nicht-zirrhotischen Leber erhöhte Einbau von [^{14}C]Prolin in Kollagen, eine Aktivitätszunahme der Prolyl-Hydroxylase und der erhöhte [^{35}S]Sulfateinbau in die sulfatierten Proteoglykane bzw. Glykosaminoglykane. Die pathologische Aktivierung des Bindegewebsstoffwechsels zeigt sich auch in einem Anstieg von Hydroxyprolin-Polypeptiden (terminales Propeptid des Typ III-Kollagens), freiem Hydroxyprolin und Kollagen-Disacchariden im Serum bzw. Urin.

Klassifikation. Die Klassifikation der Leberzirrhose erfolgt nach ätiologischen Faktoren:

- Durch chronische Einwirkung von Ethylalkohol bedingte Zirrhose (Alkoholzirrhose) 40–50%,
- posthepatische Zirrhosen 20–35%,
- biliäre Zirrhosen (primär-autoimmun, sekundär, Gallengangsatresie),

- metabolische Zirrhose (M. Wilson, Hämochromatose),
- Zirrhosen unbekannter Ursachen (sog. kryptogenetische Zirrhosen) 25–30%, die bei Jugendlichen (aktive Zirrhose) und Frauen in der Menopause (idiopathische Zirrhose) beobachtet werden.

Funktion. Der Ausfall der Leberfunktion bei Leberzirrhose zeigt sich in verminderter Syntheseleistung. Beispiele sind: Die Abnahme der Cholesterin-Esteraseaktivität, des Serumalbumins, der Blutgerinnungsfaktoren und der Apolipoproteine A-I- und -II-Synthese, ferner verminderte Konjugations- bzw. Entgiftungsfunktionen (vermehrtes Bilirubin im Serum, vermehrtes Ammoniak im Serum (S. 270), ferner die verzögerte Inaktivierung von Steroidhormonen (Aldosteron, Wirkungsverlängerung von Estrogen, die beim Mann zur Gynäkomastie führt). Die Störung der Glucosehomöostase bei Leberzirrhose zeigt sich in einem pathologischen Glucosetoleranztest. Die resultierende Hyperglykämie wird als **hepatogener Diabetes** bezeichnet.

Diagnostik. Die Leberzirrhose beweisende klinisch-chemische Befunde gibt es nicht, obwohl häufig typische Veränderungen auftreten. Dazu gehören:

- Aktivitätsanstieg der Serumenzyme ALT, AST, GLDH und γ-GT (γ-GT typisch für alkoholische Genese),
- AST/ALT (GOT/GPT)-Quotient >1,
- Verminderung des Albumins, Retinol-bindenden Proteins, Transferrins, breitbasige polyklonale Vermehrung der IgG, IgA in der Serumelektrophorese,
- Verminderung der Vitamin K-abhängigen Blutgerinnungsfaktoren,
- NH_4^+-Anstieg im Serum infolge reduzierter Harnstoffsynthese und portosystemischen Kollateralkreislaufs.

10. Portosystemische Enzephalopathie (hepatische Enzephalopathie)

Bei Ausbildung eines ausgedehnten Kollateralkreislaufs zwischen V. portae und V. cava (Umgehungskreislauf), der für **Leberzirrhose** charakteristisch ist, gelangen die aus Aminosäuren entstehenden intestinalen **neurotoxischen biogenen Amine** („falsche Neurotransmitter" wie z. B. Phenylethanolamin und Octopamin) unter Umgehung der Leber (porto-cavaler Shunt) über den großen Kreislauf ins Gehirn. Nach einer Blutung aus Ösophagusvarizen, die bei Leberzirrhose häufig ist, kann es im Colon zu vermehrter **NH_4^+**-Bildung aus dem bakteriell abgebauten Blut kommen (s. o.). Eine bestehende **Alkalose** verstärkt die Neurotoxizität des Ammoniaks, da bei alkalischen pH-Werten freies NH_3 rascher in das Gehirn diffundiert als NH_4^+-Ionen.

Auslösende Faktoren einer portosystemischen Enzephalopathie können sein:

- Gastrointestinale Blutungen (vermehrte Aminosäure- und Ammoniakbildung),
- metabolische Alkalose als Folge einer Einschränkung der hepatischen Harnstoffsynthese,
- Infektionen mit vermehrtem Proteinkatabolismus,
- Medikamente (erhöhte Empfindlichkeit des ZNS durch Sedativa, Hypovolämie durch Diuretika),
- Niereninsuffizienz (vermehrte NH_4^+-Produktion, toxischer Einfluß urämiebedingter Metabolite).

Bei der Entstehung der für die hepatische Enzephalopathie kennzeichnenden Bewußtseinsstörungen spielt auch die γ-Aminobuttersäure (GABA), deren Konzentration im Plasma und intrazerebral erhöht ist, eine pathogenetische Rolle. Neurologisch finden sich Sprachstörungen, grobschlägiger flatternder Tremor der Finger und Hände, konstruktive Apraxie (z. B. Schreibstörungen) und extrapyramidale Symptome (Rigor und Tremor bei gesteigertem Muskeltonus).

11. Durchblutungsstörungen der Leber

Der Portalkreislauf und auch der arterielle Blutkreislauf der Leber sind Niederdrucksysteme (5–10 mm Hg), über die das gesamte Blut die Leber als Kontrollorgan des Intermediärstoffwechsels regelmäßig passiert. Strömungshindernisse (Obstruktionen) führen zu einer **portalen Hypertonie**, die nach der Lokalisation der Obstruktion wie folgt klassifiziert werden:

- **Prähepatische Obstruktionen** entstehen z. B. durch Pfortaderthrombose, Milzvenenthrombose oder arterio-venöse Fisteln.
- **Intrahepatische Obstruktionen** treten auf z. B. bei Leberzirrhose, Lebermetastasen, Budd-Chiari-Syndrom (Thrombose der hepatischen Venen bei Frauen unter oralen Kontrazeptiva, bei Patienten mit Polyzythämie), M. Wilson.
- Beispiele für **posthepatische Obstruktionen** sind schwere Trikuspidalinsuffizienz und Rechtsinsuffizienz des Herzens oder Thrombose der Vena cava inferior. Die Stauung führt zu einer Erweiterung der Zentralvene des Leberläppchens, zu zentralnervösen Nekrosen und bei anhaltender Stauung zur „Stauungszirrhose“.

Bei Anstieg des Pfortaderdrucks über 10 mm Hg kommt es zur Ausbildung eines **porto-cavalen Kollateralkreislaufs**, durch den bis zu 90% des Pfortaderblutes an der Leber vorbeigeschleust werden können. In der Folge kommt es zur Ausbildung von Ösophagusvaricen, seltener zu einer Rekanalisation der V. umbilicalis zu den epigastrischen Venen („Caput medusae“) und zu Hämorrhoiden (über die V. mesenterica inferior in die V. cava inferior). Weitere Komplikationen des Pfortaderhochdrucks sind die Splenomegalie mit Thrombozytopenie, hämolytische Anämie und Aszites (s. u.).

Auch bei Kreislaufschock kommt es durch Abfall des Herzminutenvolumens zur Verminderung der Leberdurchblutung (sog. Schockleber).

Durchblutungsstörungen der Leber schränken die Sauerstoffversorgung ein, vermindern die Synthesekapazität (Absinken des Serumalbuminspiegels) und führen zur Schädigung der Leberzellen (Glykogenverlust, Triglyceridakkumulation und Anstieg der Transaminasenaktivität im Serum).

12. Aszites

Ein Aszites (Flüssigkeitsansammlung in der Bauchhöhle) kann im Rahmen einer Peritonitis oder einer peritonealen Carcinose (proteinreiches Exsudat) auftreten. Häufigste Ursache eines Aszites ist jedoch die **dekompensierte Leberzirrhose**, bei der ein proteinarmes Transsudat (<2 g Eiweiß/dl) gebildet wird, das durch Zusammenwirken folgender Faktoren entsteht:

- Erhöhter Pfortaderdruck,
- Verminderung des kolloid-osmotischen Drucks im Blut (reduzierte Albuminsynthese der Leber mit Plasmaalbumin-Konzentrationen <30 g/l),
- renale Natrium- und Wasserretention als sekundäre Folge des verminderten effektiven Plasmavolumens. Die dadurch über das Renin-Angiotensin-System ausgelöste Aldosteronsekretion **(sekundärer Hyperaldosteronismus)** verstärkt die Na^+-Retention.

13. Klinisch-chemische Diagnostik und Verlaufskontrolle von Lebererkrankungen

Enzymdiagnostik. Grundlage der Enzymdiagnostik von Lebererkrankungen ist der Austritt zytoplasmatischer und mitchondrialer Enzyme aus den Hepatozyten bei Leberzellschädigung. Die Schädigung kann von einer Permeabilitätserhöhung der Plasmamembran bis zum vollständigen Zelluntergang reichen.

Der Enzymausstrom aus der Zelle in das extrazelluläre Kompartiment wird als **erhöhte Enzymaktivität** im Blutserum meßbar. Die Höhe des Aktivitätsanstiegs der Leberzellenzyme steht in positiver Relation zum Ausmaß zur Aktivität des Leberzellschadens. Das Verhältnis der zytoplasmatischen zu den mitochondrialen Enzymen ist dagegen ein Indikator für die Schwere der Einzelzellschädigung.

Für die Bestimmung von Enzymaktivitäten im Serum ist im allgemeinen keine Patientenvorbereitung erforderlich. Für die Untersuchung kann Serum oder Heparinplasma (aus venösem Blut gewonnen) verwendet werden.

Enzymaktivitätsbestimmungen im Serum sind für die Diagnose und Verlaufskontrolle von Lebererkrankungen unentbehrlich. Die einzelnen für die Leberdiagnostik verfügbaren Enzyme stehen jedoch in unterschiedlicher Beziehung zur Leberfunktion. Sie lassen sich wie folgt klassifizieren:

Sekretionsenzyme. Sekretionsenzyme werden in der Leber synthetisiert und physiologischerweise in das Plasma sezerniert. In diese Gruppe gehört die in der Diagnostik verwendete **Serum- oder Pseudocholin-Esterase**, die die Hydrolyse von Estern des Cholins bzw. Thiocholins (synthetisches Substrat) nach folgender Reaktion katalysiert:

$$\text{S-Butyrylthiocholin} + H_2O \rightarrow \text{Thiocholin} + \text{Butyrat}$$

Das gebildete Thiocholin wird mit 5,5'-Dithio-bis-2-nitrobenzoat (TNB) umgesetzt, dessen Bildung fortlaufend kinetisch registriert wird.

Referenzwerte (für Butyrylthiocholin als Substrat)
Männer: 2300 – 7400 U/l
Frauen: 2100 – 6700 U/l

Erniedrigte Aktivitäten der Cholinesterase finden sich u. a. bei angeborenen Enzymvarianten, bei gestörter Leberfunktion, schwerem Eiweißmangel, Intoxikation mit Alkylphosphaten (z. B. E 605) und Insektiziden.

Quartäre Ammoniumverbindungen, die häufig Bestandteile von Desinfektionsmitteln sind (Reinigung der Haut vor Blutentnahme!) sind Hemmstoffe der Cholinesterase.

Exkretionsenzyme. Exkretionsenzyme werden physiologischerweise mit der Galle ausgeschieden und z. T. auch in den Endothelzellen der Gallenkapillaren gebildet. Dies gilt für die alkalische Phosphatase, die Leucin-Aminopeptidase und die γ-Glutamyl-Transpeptidase.

- **Alkalische Phosphatase**. Die alkalische Phosphatase katalysiert bei pH 9,8 in Anwesenheit von Mg^{2+} die Hydrolyse des synthetischen Substrats 4-

Nitrophenylphosphat zu anorganischem Phosphat und 4-Nitrophenol, das bei alkalischem pH eine intensiv gelbe Farbe aufweist.
Die alkalische Phosphatase kommt in Form von 3 Isoenzymen vor (S. 85), ist außer in der Leber auch in Knochen, Niere, Dünndarmschleimhaut und Plazenta lokalisiert. Die LeberphosphataseAktivität nimmt mit steigendem Lebensalter kontinuierlich zu und ist bei Kindern und Jugendlichen während der Wachstumsperiode höher als beim Erwachsenen.

Referenzbereich Kinder: (1. – 15. Jahr) 140–700 U/l
Erwachsene: 40–190 U/l

Im Alter zwischen 16 und 22 Jahren sind erhebliche individuelle Schwankungen möglich.
Erhöhte Aktivitäten der alkalischen Phosphatase im Serum finden sich bei Leber- und Gallenwegserkrankungen (intra- und extrahepatischer Verschluß), akuter Hepatitis, Knochenerkrankungen mit vermehrter Osteoblastentätigkeit und physiologischerweise in der Gravidität (letztes Trimenon). Da die Aktivität der alkalischen Phosphatase an die Anwesenheit von Zink und Magnesium gebunden ist, dürfen keine Antikoagulantien Verwendung finden, die mit diesen Metallionen Komplexe bilden (z. B. EDTA, Natriumcitrat u. a.).

- **γ-Glutamyl-Transpeptidase** (γ-GT). Das Enzym ist in den Epithelien der intrahepatischen Gallenwege in hoher Aktivität, aber auch in Niere und Pankreas nachweisbar. Es katalysiert die Reaktion

  γ-Glutamyl-3-carboxy-4-nitroanilid + Glycylglycin
  → γ-Glutamyl-glycylglycid + 3-Carboxy-4-nitroanilin.

  Die enzymatische Reaktion wird durch kontinuierliche Messung der Extinktionszunahme bei 405 nm verfolgt.

  Referenzbereich Männer: 6–28 U/l
  Frauen: 4–18 U/l

  Neugeborene und Säuglinge bis zum 1. Lebensjahr können Werte bis oder über 100 U/l aufweisen. Erhöhte γ-GT-Aktivitäten finden sich bei intra- und extrahepatischer Cholestase, bei Leberparenchymschäden, Alkoholabusus (Anstieg durch Enzyminduktion!), akuter chronischer Pankreatitis, Langzeitmedikation von Ovulationshemmern, Antiepileptika und Analgetika.

Zellständige Enzyme. Zellständige Enzyme treten nur bei Zellschädigung ins Blut über. Häufig in der Enzymdiagnostik verwendet werden Aspartat-Aminotransferase, Alanin-Aminotransferase und Glutamat-Dehydrogenase. Die Aktivität dieser Enzyme wird im optischen Test (Meßgröße NADH) ermittelt.

- **Aspartat-Aminotransferase** (AST = Glutamat-Oxalacetat-Transaminase, GOT). Die Aktivitätsbestimmung erfolgt im zusammengesetzten optischen

Test, bei dem L-Aspartat und α-Ketoglutarat durch die AST zu Oxalacetat und L-Glutamat umgesetzt werden. In einer Malat-Dehydrogenase katalysierten Indikatorreaktion reagieren Oxalacetat und NADH + H^+ zu Malat und NAD^+.

Referenzbereich Männer: 5–17 U/l
Frauen: 5–15 U/l

Neugeborene und Säuglinge haben geringgradig höhere Aktivitäten.
In hämolytischen Seren werden falsch-hohe Aktivitäten ermittelt. Erhöhte Aktivitäten finden sich bei Erkrankungen der Leber und der Gallenwege, aber auch bei Erkrankungen der Skelettmuskulatur (z. B. progressive Muskeldystrophie), nach Myokardinfarkt, akuter Pankreatitits, Lungenembolie und Hirninfarkt.

- **Alanin-Aminotransferase** (ALT = Glutamat-Pyruvat-Transaminase, GPT). Die Bestimmung erfolgt im zusammengesetzten optischen Test, bei dem L-Alanin und α-Ketoglutarat zu Pyruvat und L-Glutamat umgesetzt werden. In einer LDH-katalysierten Indikatorreaktion reagieren Pyruvat und NADH + H^+ zu Lactat und NAD^+.

Referenzbereich Männer: 5–23 U/l
Frauen: 5–19 U/l

Erhöhungen der ALT-Aktivität sind ein wichtiges Indiz für Leberparenchymschädigungen mit Membranpermeabilitätsstörung. Nach starker Muskelarbeit untrainierter Personen und während der Postabsorptionsphase proteinreicher Nahrung sind die Aktivitäten von AST (s. o.) und ALT erhöht. Ebenso können Orthostase oder längere venöse Stauungen einen positiven Effekt (ca. 10%) auf die Aktivität beider Enzyme ausüben.

- **Glutamat-Dehydrogenase** (GLDH). Das Enzym ist in den Hepatozyten ausschließlich in den Mitochondrien lokalisiert. Da die GLDH in der Leber die höchste Aktivität aufweist, gilt sie als **relativ leberspezifisches Enzym**. Unter der katalytischen Wirkung der GLDH werden 2-Ketoglutarat (α-Ketoglutarat) und NADH + NH_4^+ zu L-Glutamat und NAD^+ und H_2O umgesetzt (optischer Test)

Referenzbereich Männer: bis 4 U/l Serum
Frauen: bis 3 U/l Serum

Erhöhte Aktivitäten der GLDH im Serum finden sich bei schweren Leberzellschäden mit Zelluntergang (Läsion der Mitochondrienmembran).

Für die enzymologische Differentialdiagnose von Lebererkrankungen geben auch die **Quotienten von Enzymaktivitäten** Hinweise (Tab. S. 295).

- de Ritis-Quotient

AST/ALT

Bei akuten Virushepatitiden steigt die ALT stärker an als die AST, so daß der de Ritis-Quotient unter 0,7 sinkt.

- der Quotient

$$\frac{\text{AST} + \text{ALT}}{\text{GLDH}}$$

dient der Abschätzung des Schweregrades der Einzelzellschädigung. Hohe Werte zeigen eine relativ geringe, kleinere Quotienten dagegen eine tiefgreifende Zerstörung des Leberparenchyms an.

- Der Quotient

$$\gamma\text{-GT/AST}$$

kann Werte von unter 1 bis über 6 aufweisen (Beispiele s. Tabelle).

Enzymologische Differentialdiagnose von Lebererkrankungen

	AST/ALT	$\frac{\text{AST} + \text{ALT}}{\text{GLDH}}$	γ-GT/AST
Akute Virushepatitis	<0,7	>50	< 2
Akut-toxische Alkohol-Hepatitis	0,9–4,0	>50	< 2
Chronische Hepatitis	~0,8	~30	~ 6
Verschlußikterus	0,2–2,0	<20	> 2
Leberzirrhose	~2,0	~40	~ 3
Metastasenleber	0,9–5,0	<15	>20

Funktionelle Lebertests. Die Ausscheidung endogener organischer Anionen (Bilirubin, Gallensäuren), die metabolische Elimination von Galaktose und die Cytochrom P_{450}-abhängige Biotransformation zahlreicher Arzneimittel sind typische Leberfunktionen, die als Parameter für die funktionelle Transport- und/oder Stoffwechselkapazität der Leber verwendet werden können.

- **Bilirubin im Serum.** Mit diazotierter p-Aminobenzosulfonsäure (Sulfanilsäure) reagiert Bilirubin zu einem Azofarbstoff, der in neutraler Lösung eine rote, im alkalischen Bereich eine blaue Farbe zeigt. Das **konjugierte Bilirubindiglucuronid** reagiert direkt mit der Sulfanilsäure (**direktes Bilirubin**) während das nicht-glucuronierte proteingebundene Bilirubin (**indirektes Bilirubin**) nur in Anwesenheit eines Akzelerators (Methanol, Ethanol, Natriumbenzoat, Coffein) umgesetzt wird. Die Bestimmung wird am Nüchternserum (aus venösem Blut) vorgenommen.

  Referenzbereiche (Erwachsene):

Gesamtbilirubin	3,4–17,1 μmol/l (0,2–1,0 mg/dl)

Nicht-konjugiertes (indirektes) Bilirubin	3,4 – 13,7 µmol/l (0,2 – 0,8 mg/dl)
Konjugiertes (direktes) Bilirubin	0 – 3,4 µmol/l (0 – 0,2 mg/dl)

Die Bestimmung der Serumbilirubinkonzentration gibt Auskunft über den Schweregrad und den Verlauf von Lebererkrankungen, die mit einem Ikterus einhergehen. Für die Differentialdiagnose der Ikterusformen gibt auch die gleichzeitige Bestimnmung der **Bilirubin**- und **Urobilinogen-Ausscheidung im Urin** Hinweise. Ein Anteil des direkten Bilirubins von <20% des Gesamtbilirubins deutet auf einen prähepatischen Ikterus, ein Anstieg auf über 50% auf einen hepatischen oder posthepatischen Ikterus hin.

Störgrößen. Bei Einwirkung von Sonnen- und UV-Licht wird Bilirubin zu Produkten oxidiert, die mit der Bestimmungsreaktion nicht mehr erfaßt werden, so daß fälschlich zu niedrige Werte bestimmt werden. Unspezifische Farbreaktionen können durch Antibiotika (Tetrazykline, Chloramphenicol) durch Neuroleptika, p-Aminosalizylsäure u. a. bedingt sein. Auch starke Lipämie stört die Diazoreaktion. Bei Hämolyse (Hellrotfärbung des Serums bei Werten von 2,5 g freies Hb/l) werden fälschlich zu hohe Werte gemessen.

- **Galaktose-Belastungstest** (Galaktose-Toleranztest). Oral verabreichte Galaktose wird von der Leber zu Galaktose-1-phosphat (Galakto-Kinase) umgesetzt und über die Glucose-1-phophat-Uridyltransferase in Gegenwart von UDP-Glucose weiter zu Glucose-1-phosphat und UDP-Galaktose umgesetzt und in den Kohlenhydratstoffwechsel eingeschleust. Bei Lebererkrankungen ist die Fähigkeit der Leber zum Galaktoseumsatz herabgesetzt. Beim Galaktose-Belastungstest werden 40 g Galaktose (0,22 mol) in 250 ml Wasser oder Tee innerhalb von 2 min nüchternen, ruhenden Patienten oral zugeführt. Es werden die Galaktosekonzentration im Serum (90 min später) und die Ausscheidung der Galaktose im 2 h-Urin bestimmt.

  Referenzbereich:

Galaktosekonzentration im Serum nach 90 min	<1,7 mmol/l (<0,3 g/l)
Galaktoseausscheidung im 2 h-Urin	<14 mmol/l (<2,5 g/l)

  Auch bei einem Drittel lebergesunder Probanden sind erhöhte Eliminationsraten zu erwarten. Umgekehrt werden bei Patienten mit Leberzirrhose falsch normale Eliminationsraten gefunden. Der Galaktosetest eignet sich jedoch zur Verlaufskontrolle von Lebererkrankungen.

- Der **Bromsulfalein-Test** (Elimination von Bromsulphthalein aus dem Blut) wird aufgrund möglicher anaphylaktischer Reaktionen nicht mehr eingesetzt und ist zudem bei manifester Cholestase kontraindiziert.

V. Herz

1. Nomotope Erregungsbildungsstörungen

Nomotop heißt, daß der Sinusknoten der Schrittmacher des Herzens bleibt. Daher sind in den Standardableitungen des **Elektrokardiogramms (EKG)** die **P-QRS-T-Sequenzen unauffällig** (Abbildung), sofern berücksichtigt wird, daß sich die QT-Dauer etwa umgekehrt proportional zur Wurzel aus der Frequenz ändert und bei sehr hohen Frequenzen T und P verschmelzen können.

Nomotope Erregungsbildungsstörungen im EKG

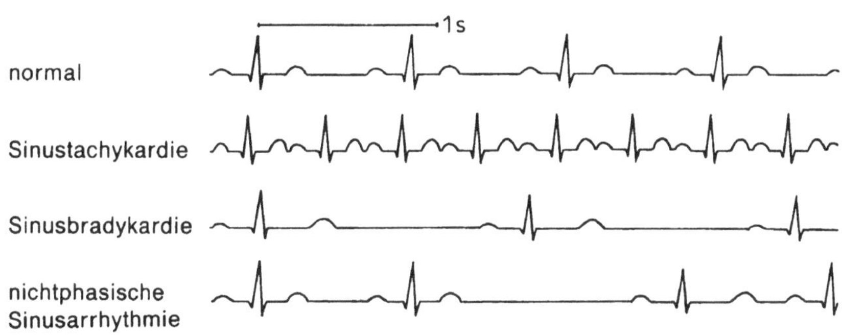

Beim Erwachsenen wird von einer **Tachykardie** bzw. **Bradykardie** gesprochen, wenn die Herzfrequenz >100/min bzw. <60/min beträgt. Mit zunehmender Frequenz sinkt die Diastolendauer sehr viel stärker als die Systolendauer, so daß ab einer Herzfrequenz von etwa 150–170/min keine genügende diastolische Füllung des Herzens mehr erfolgt. Statt einer weiteren Zunahme des Herzzeitvolumens kommt es zu einer bedrohlichen Abnahme. Dabei steigt die Gefahr einer Myokardischämie durch den unverhältnismäßig hohen myokardialen O_2-Verbrauch und den gleichzeitig verkürzten Anteil der für die Koronardurchblutung so wichtigen Diastole am Herzzyklus. Umgekehrt kann ein Abfall der Herzfrequenz unter 35–40/min nicht mehr durch vermehrte diastolische Füllung und vermehrtes Schlagvolumen wettgemacht werden.

Eine **Sinustachykardie** ist im allgemeinen durch eine Sympathikotonie bedingt, und ihre Frequenz überschreitet selten 200/min. Die Sympathikotonie kann auftreten

- ohne erkennbare Ursache (hyperkinetisches Herzsyndrom) als Reaktion auf körperliche bzw. emotionale Belastung,
- zur Kompensation eines (system)arteriellen Blutdruckabfalls bei Hypovolämie, Lungenembolie, Herzerkrankungen bzw. Abnahme des peripheren Gefäßwiderstands (z. B. Hypoxie, Anämie oder medikamentöse Vasodilatantien),
- beim Phäochromozytom (vermehrte Freisetzung von Adrenalin),
- bei Hyperthyreose (durch T_3/T_4 verstärkte Wirkung von ausgeschüttetem Adrenalin und gesteigerte Körpertemperatur),
- bei Zunahme der Körpertemperatur (Herzfrequenzsteigerung um 8–10/min/° C),
- bei Zufuhr von β_1-Sympathomimetika und Parasympatholytika.

Eine **Sinusbradykardie** wird verursacht durch

- Vagotonie z. B. infolge sportlichem Ausdauertraining, Hirndruck, peritonealer Reizung bei abdominellen Erkrankungen oder Druck auf die arteriellen Pressorezeptoren des Karotissinus. Beim **Karotissinussyndrom** reagieren dessen Rezeptoren besonders empfindlich oder ein gestörter Sinusknoten spricht übermäßig auf die parasympathische Aktivierung an.
- Hypothyreose und Hypothermie,
- Pharmaka, die direkt am Sinusknoten β_1-Adrenozeptoren blockieren (β-Adrenozeptor-Antagonisten), m_2-Cholinozeptoren aktivieren (Parasympathomimetika) oder durch Hemmung des Calciumeinstroms die diastolische Spontandepolarisation verlangsamen (Calciumantagonisten).

Bei respiratorischer **Sinusarrhythmie** nimmt die Herzfrequenz während der Inspiration zu und während der Exspiration ab. Besonders bei hohem Vagotonus läßt sich dessen Schwankung besonders gut beobachten. Fehlt diese physiologische Atemabhängigkeit, muß an eine Störung der neurovegetativen Steuerung des Herzens (z. B. durch diabetische Neuropathie) gedacht werden. Bei völliger Denervierung entsteht eine starre Tachykardie. Nichtphasische Sinusarrhythmien sind meist Hinweis für ein Sinusknotensyndrom.

Dem **Sinusknotensyndrom** kann eine Schädigung des Sinusknotens durch Ischämie, Amyloidablagerungen oder Myokarditits zugrunde liegen. Verminderte Erregungsbildung im Sinusknoten bzw. Erregungsleitung zum Vorhofmyokard (sinu-atrialer Block, S. 304) führt zu Bradykardie mit auch unter Belastung nur wenig steigerbarem Sinusrhythmus, nichtphasischer Sinusarrhythmie oder gar zum Funktionsausfall des Sinusknotens. Springt nicht nach 10–20 s ein heterotopes Erregungsbildungszentrum (s. u.) ein, wird der Patient aufgrund mangelnder Hirndurchblutung bewußtlos. Das Feuern heterotoper Zentren bei zu langsamem Sinusrhythmus und zusätzlich geschädigtem Vorhofmyokard lassen supraventrikuläre Tachykardien, Vorhofflattern und -flimmern auftreten. Endet eine Tachykardie, so beginnt beim Gesunden der Sinusknoten nach spätestens 150% der normalen Zykluszeit wieder zu feuern. Beim Sinusknotensyndrom ist die Sinusknotenerholungszeit jedoch oft stark verlängert.

2. Heterotope Erregungsbildungsstörungen

Hierbei erfolgt die Erregungsbildung im Herzen außerhalb des Sinusknotens.

Ersatzsystolen und Ersatzrhythmen. Ausfall der Schrittmacherfunktion des Sinusknotens führt mit einer gewissen Verzögerung einzeln zu **Ersatzsystolen** und anhaltend zu **Ersatzrhythmen**, die meist vom His-Bündel nahe dem Atrioventrikularknoten (AV-Knoten) ausgehen. Die Frequenz dieses **AV-junktionalen Ersatzrhythmus** beträgt etwa 40 – 60/min. Im EKG ist aufgrund der retrograden Vorhoferregung die P-Welle in Ableitung II, III und aVF negativ. Sie kann dem unveränderten QRS-Komplex vorangehen (Abbildung) oder aber den QRS-Komplex bzw. die ST-Strecke (selten die T-Welle) überlagern. Zu den Ersatzrhythmen bei Block der atrioventrikulären Überleitung s.S. 305 f.

EKG-Beispiel für einen Ersatzrhythmus

„oberer" AV-junktionaler Ersatzrhythmus bei ausgefallener Schrittmacherfunktion des Sinusknotens (EKG-Ableitung II)

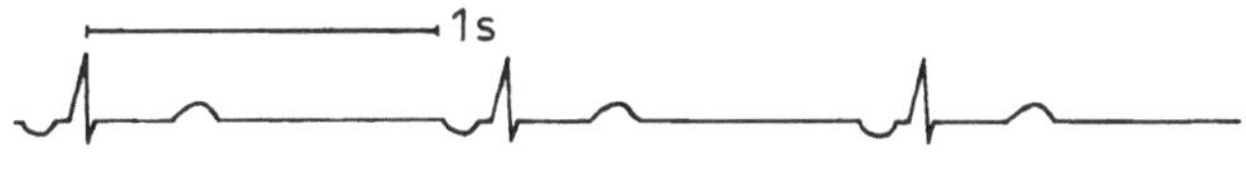

Extrasystolen. Diese fallen im Gegensatz zu den Ersatzsystolen vorzeitig ein (Abbildung S. 300). **Supraventrikuläre Extrasystolen** (einschließlich der Sinusextrasystolen, die keine heterotope Erregungsbildungsstörung darstellen) entstehen im Vorhof oder im Bereich des AV-Knotens (einschließlich des proximalen His-Bündels) und **ventrikuläre Extrasystolen** im distalen His-Purkinje-System bzw. im Arbeitsmyokard.

Bei **ventrikulären Extrasystolen** ist der QRS-Komplex im EKG typischerweise auf über 0,14 s verbreitert, und es besteht meist eine retrograde Blockierung zum Vorhof, so daß die nächste Vorhoferregung ungeachtet der Extrasystole zum normalen Zeitpunkt eintritt. Bei Bradykardie kann diese Vorhoferregung

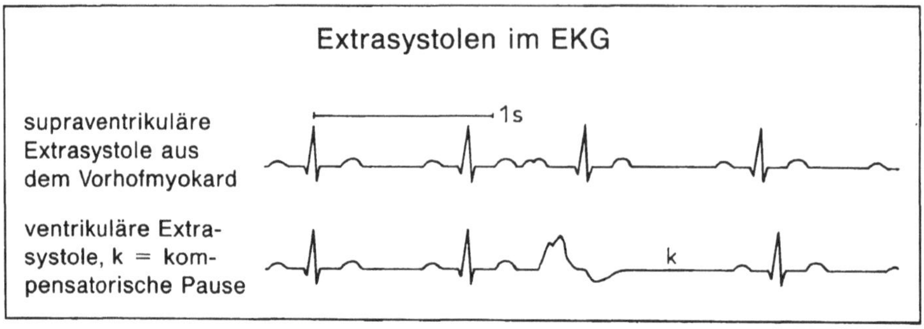

erneut zu einer Kammererregung führen, so daß die Extrasystole nur zusätzlich zwischengeschaltet ist. Erfolgt wegen noch refraktären Ventrikeln erst bei der übernächsten Vorhoferregung eine Kammererregung, so ist die Extrasystole von einer kompensatorischen Pause bei erhaltenem Grundrhythmus gefolgt.

Bei **supraventrikulären Extrasystolen** wird im allgemeinen der Sinusknoten miterregt, so daß der folgende Normalschlag sich nur um den Zeitraum verzögert, den die rückläufige Erregung vom Erregungsursprung der Extrasystole zum Sinusknoten benötigte, wodurch eine vollkompensierende Pause fehlt. Fällt die supraventrikuläre Extrasystole sehr früh ein, so folgt der (meist deformierten) P-Welle kein Kammerkomplex („frustrane supraventrikuläre Extrasystole“) oder dieser ist im Sinne eines Schenkelblocks deformiert, da die Ventrikel noch ganz oder teilweise refraktär sind.

Heterotope Extrasystolen können als **fokale Automatie** entstehen, wenn der Sinusknoten die Führung verliert, weil spezielle Vorhoffasern, His-Bündelfasern bzw. Purkinjefasern ihre **Spontandepolarisation beschleunigen** oder das **Ruhemembranpotential** von Zellen des Arbeitsmyokards **instabil** wird. Zu den Ursachen zählen:

- Hypoxie bzw. Ischämie des Myokards,
- Hypokaliämie (S. 144),
- mechanische Irritation von Myokardzellen (z. B. übermäßige Dehnung),
- erhöhte Katecholaminkonzentrationen.

Getriggerte Aktivität tritt auf, wenn dem Aktionspotential **depolarisierende Nachpotentiale** folgen, die erneut die Reizschwelle erreichen. Frühe Nachpotentiale vor Abschluß der Repolarisation können z. B. an ischämischen Purkinjefasern beobachtet werden. Späte Nachpotentiale entstehen, wenn die intrazelluläre Calciumkonzentration durch erhöhte (lokale) Katecholaminkonzentration, Digitalisglykoside, Hyperkaliämie oder Hypercalcämie am Ende des Aktionspotentials besonders hoch ist.

Eine Extrasystole kann jedoch auch Folge eines **Re-entry-Mechanismus** sein. Voraussetzung ist eine Inhomogenität der Leitungsgeschwindigkeit und/oder des Refraktärverhaltens in mindestens zwei Gebieten (z. B. nach Myokardinfarkt), die miteinander zu einem potentiellen Erregungskreis verbunden sind. Dies müssen keineswegs zwei anatomisch getrennte Leitungswege sein, wie die Abbildung suggerieren könnte.

Entstehung einer einzelnen Extrasystole aufgrund eines Re-entry-Mechanismus

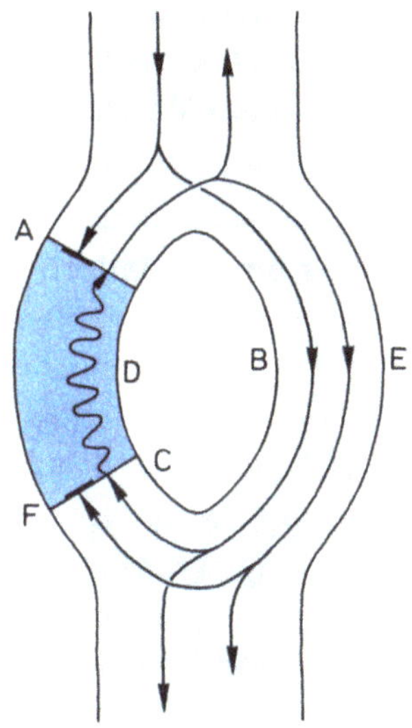

A: anterograde Erregung trifft auf Refraktärität
B: anterograde Erregung wird weitergeleitet
C: Erregung trifft retrograd auf nicht mehr refraktäre Fasern
D: retrograde Passage der Stelle, die anterograd blockierte
E: dadurch ausgelöste vorzeitige, erneute anterograde Erregung
F: erneute retrograde Erregung trifft auf Refraktärität

Im abgebildeten Beispiel eines Re-entry-Mechanismus trifft die anterograde Erregung im linken Leitungsweg noch auf Refraktärität (A) und wird nur im rechten weitergeleitet (B). Am Ende des linken Leitungswegs trifft die im rechten Leitungsweg weitergeleitete Erregung auf nicht mehr refraktäre Fasern (C), so daß die Erregung die Stelle im linken Leitungsweg retrograd passieren kann (D), die anterograd blockiert war (unidirektionaler Block). Da dort die Leitungsgeschwindigkeit jedoch abnorm langsam und evtl. zusätzlich die Refraktärzeit im übrigen Teil der Leitungswege abnorm kurz ist, vermag die retrograde Erregung eine erneute anterograde Erregung im rechten Leitungsweg auszulösen (E). Erfolgt die Leitung so schnell, daß eine erneute retrograde Erregung des linken Leitungswegs wegen noch bestehender Refraktärität nicht möglich ist (F), bleibt es bei einer einzelnen Extrasystole, einem sog. Echoschlag. Bei genügend großer Kreisbahn bzw. langsamer Erregungsleitung trifft die Erregungswelle jedoch nach dem ersten Kreisen erneut auf schon nicht mehr refraktäre Fasern, so daß mehrere Extrasystolen aufeinander folgen.

Ventrikuläre Tachykardie, Kammerflattern und Kammerflimmern. Von einer **ventrikulären Tachykardie** wird ab drei konsekutiven ventrikulären Extrasystolen mit einer Frequenz >100/min gesprochen, von **Kammerflattern**, wenn gleichartige QRS-Komplexe nach Art einer Sinusschwingung so rasch aufeinanderfolgen, daß ihr Beginn und Ende nicht mehr abgrenzbar ist, und von **Kammerflimmern** bei völlig irregulären Wellen im EKG mit Kreislaufstillstand (Abbildung)

Ventrikuläre Tachykardie, Kammerflattern und -flimmern im EKG

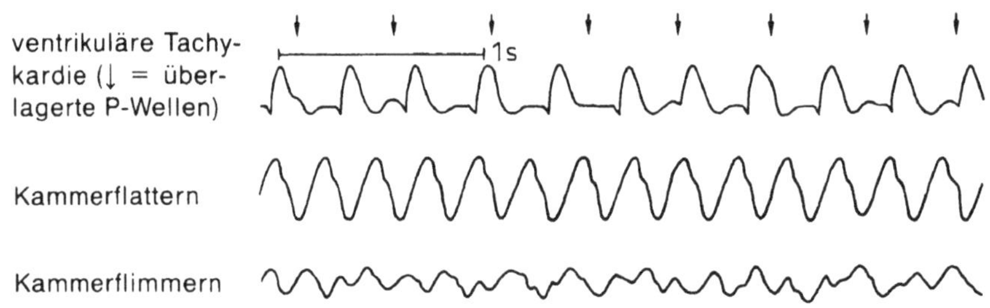

Die **Ursachen** der ventrikulären Tachykardie sind prinzipiell die gleichen wie für die heterotopen Extrasystolen. Ein Re-entry-Kreisen mit ventrikulärer Tachykardie bis hin zum Kammerflimmern kann eine auf die T-Welle der vorangehenden Herzaktion im EKG fallende ventrikuläre Extrasystole (oder auch ein Stromschlag) auslösen, weil in dieser vulnerablen Phase ein Teil des Ventrikelmyokards noch nicht völlig repolarisiert ist. Die Aktionspotentiale der in der relativen Refraktärphase erregten Myokardfasern zeigen aufgrund des noch teilweise inaktivierten Natriumsystems eine träge, überwiegend vom langsamen Calciumeinstrom getragene Depolarisation und werden nur langsam fortgeleitet. Bei langer QT-Dauer bzw. TU-Anomalien, z. B. als angeborene Anomalie, infolge Hypokaliämie (S. 311), Chinidineinnahme, Unterkühlung (Hypothermie) oder Bradykadie bei totalem AV-Block, ist das Risiko erhöht. Durch eine abnorme Leitungsverzögerung der Kammererregung an fibrösen Inseln mit Verlängerung des Erregungsweges und Aufhebung der Parallelorientierung der Muskelfaserbündel im Randgebiet eines Myokardinfarkts können niedrigamplitudige, aus dem EKG herausfilterbare sog. Spätpotentiale am Ende des QRS-Komplexes bzw. in der frühen ST-Strecke entstehen. Ebenso (und unabhängig davon) wie eine auf unter 40% verminderte linksventrikuläre Auswurffraktion oder mehr als 10 ventrikuläre Extrasystolen/h bzw. der Nachweis von Couplets/Salven im Langzeit-EKG weisen sie auf ein erhöhtes Risiko für tödliche ventrikuläre Rhythmusstörungen in der Postinfarktphase hin. Bei Gesunden ohne pathologische QT-Dauer oder TU-Anomalie sind dagegen selbst ventrikuläre Salven ohne prognostische Bedeutung.

Paroxysmale supraventrikuläre Tachykardie. Sie ist im allgemeinen Folge eines durch eine frühe Extrasystole ausgelösten und beendeten Re-entry-Mechanismus, bei dem zumeist die Erregung anterograd über langsame Fasern des AV-Knotens und retrograd über eine schnellere Bahn mit längerer Refraktärperiode bzw. genereller antegrader Blockade läuft, die sich entweder ebenfalls im AV-Knoten befindet oder aber eine akzessorische AV-Verbindung darstellt. Während bei der Rückleitung über akzessorische Bahnen P-Wellen in den ST-Strecken erscheinen können, bleiben sie bei AV-Knoten-Re-entry oft im QRS-Komplex verborgen. AV-Knoten-Re-entry kann z. B. bei Myokardischämie oder Myokarditis, aber auch bei Herzgesunden mit vegetativer Labilität auftreten. Die Frequenz beträgt etwa 150–220/min, was für jüngere Herzgesunde in Ruhe ungefährlich ist.

Vorhofflimmern und -flattern. Beim **Vorhofflimmern** finden sich im EKG statt P-Wellen unregelmäßige kleine Ausschläge mit einer Frequenz von etwa 350–600/min, beim selteneren **Vorhofflattern** regelmäßige sägezahnartige Ausschläge mit einer Frequenz von etwa 250–350/min (Abbildung).

Vorhofflimmern und -flattern im EKG

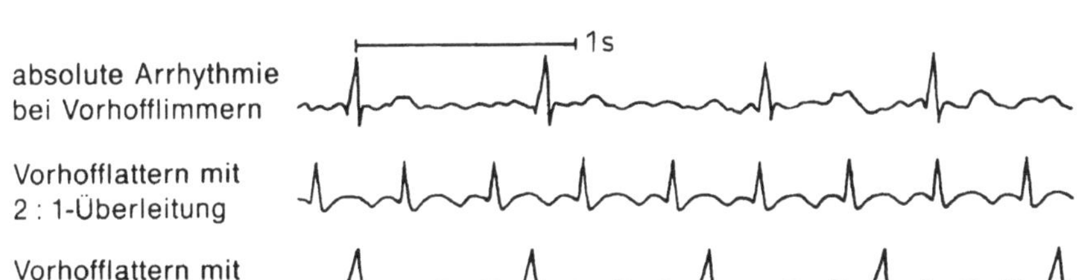

Beim Vorhofflimmern wird unterschieden zwischen

- paroxysmalem Vorhofflimmern z. B. bei kardiopulmonal Gesunden (familiär gehäuft) unter erhöhtem Parasympathikotonus bzw. (seltener) Sympathikotonus, nach Alkoholgenuß und unter Hypothermie und

- persistierendem Vorhofflimmern z. B. bei Mitralklappenfehlern, koronarer Herzkrankheit, langjähriger arterieller Hypertonie, Myokarditis und Hyperthyreose. Insbesondere Hypertrophie und Dilatation des linken Vorhofs disponieren zu Vorhofflimmern.

Vorhofflattern (meist aufgrund einer Schädigung des rechten Vorhofs) bzw. **Vorhofflimmern** entsteht, indem eine supraventrikuläre Extrasystole in die vulnerable Phase des Vorhofs (am Ende des QRS-Komplexes) einfällt. Dadurch startet gleichmäßiges Re-entry-Kreisen im unteren Teil des rechten Vorhofs (Vorhofflattern) oder viele kleine, wechselnde Kreise (Vorhofflimmern).

Beim Vorhofflimmern entsteht typischerweise eine **absolute Arrhythmie**. Die Vorhoferregungen gelangen ganz unterschiedlich zu den Fasern des AV-Knotens mit ihren langen absoluten und relativen Refraktärzeiten und werden nur z. T. und in unregelmäßiger Folge übergeleitet. Im normalen Frequenzbereich verschlechtert der Verlust der Vorhofskontraktion die Kammerfüllung um maximal 20%, so daß ein gesunder, körperlich wenig aktiver Patient durch den unregelmäßigen und mit der Diastolendauer wechselnd kräftigen Puls nur geängstigt wird. Bei Tachykardie wird die Vorhofskontraktion jedoch bedeutsamer, so daß aufgrund ihres Fehlens im Gegensatz zur Sinustachykardie (S. 297) schon ab einer Kammerfrequenz von etwa 120/min (z. B. unter körperlicher Belastung) keine genügende diastolische Füllung mehr erfolgt, bei Mitralvitien sogar noch früher. Bei sehr kurzer diastolischer Füllung bewirkt die Systole keine fühlbare Pulswelle. Die Differenz zwischen Herz- und Pulsfrequenz wird **Pulsdefizit** genannt. Eine gefürchtete Komplikation bei Vorhofflimmern sind arterielle **Embolien** (z. B. im Gehirn).

Bei Vorhofflattern wird meist **konstant** jede zweite Vorhoferregung auf die Kammern (verzögert) übergeleitet. Insbesondere bei einer Frequenz der Vorhofflatterwellen unter 220/min (z. B. infolge antiarrhythmischer Medikation) besteht die Gefahr einer 1:1-Überleitung.

3. Erregungsleitungsstörungen

Sinu-atrialer Block. Beim sinu-atrialen (sinu-aurikulären) Block, kurz SA-Block genannt, ist die Überleitung der Erregung vom Sinusknoten zum umgebenden Vorhofmyokard verzögert (**SA-Block I. Grades**), intermittierend fehlend (**SA-Block II. Grades**) oder völlig ausgefallen (**SA-Block III. Grades**). Nur durch intrakardiale Ableitungen kann ein SA-Block I. Grades erkannt und ein SA-Block II. Grades mit 2:1- bzw. 3:1-Überleitung von einer Sinusbradykadie oder ein SA-Block III. Grades vom Sinusstillstand unterschieden werden. Ein SA-

Block II. Grades kann jedoch anhand des Standard-EKG (Oberflächen-EKG) vermutet werden, wenn innerhalb eines regelmäßigen Sinusrhythmus einzelne P-QRS-T-Sequenzen fehlen, ohne den Grundrhythmus zu verändern. Beim Sinusknotensyndrom (S. 298) besteht oft ein SA-Block.

Atrio-ventrikulärer Block. Beim **AV-Block I. Grades** führt zwar jede Vorhoferregung zu einer Kammererregung, jedoch ist die Überleitung (meist im AV-Knoten) abnorm verzögert, erkennbar an einer auf über 0,2 s verlängerten PQ-Dauer (Abbildung).

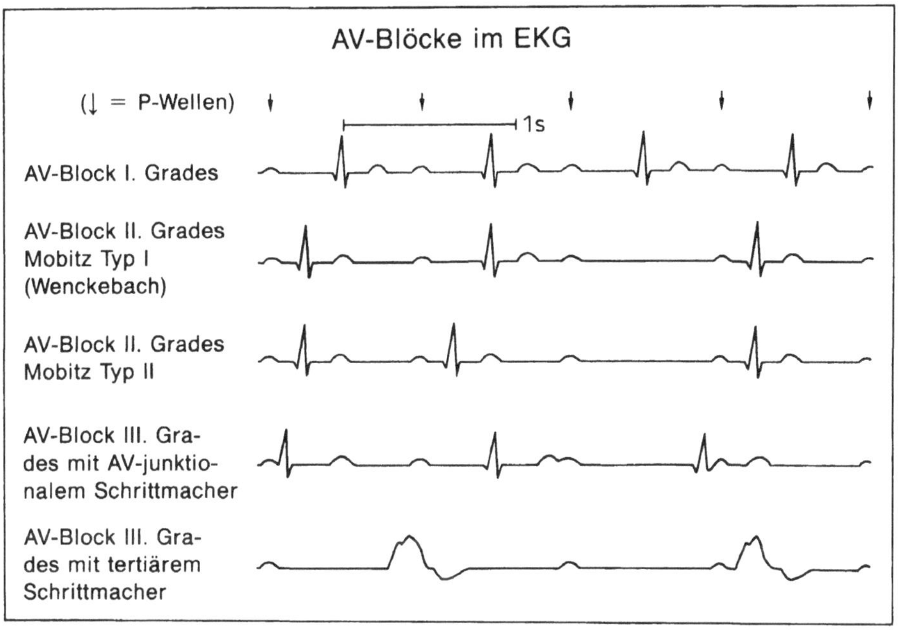

Beim **AV-Block II. Grades** führen nicht alle Vorhoferregungen zu Kammererregungen. Nach Mobitz wird ein Typ I mit Zunahme der PQ-Dauer von Schlag zu Schlag bis zur völligen Blockade einer Überleitung (Wenckebach-Periodik) von einem Typ II mit plötzlichem Ausfall der AV-Überleitung ohne vorangehende Änderung der PQ-Dauer unterschieden (Abbildung). Die Leitungsstörung liegt im allgemeinen beim Typ I im AV-Knoten und beim Typ II im His-Purkinje-System.

Beim **AV-Block III. Grades** (totaler AV-Block) wird keine Vorhoferregung mehr auf die Kammer übergeleitet. Ist aufgrund einer totalen Blockade im AV-Knoten ein AV-junktionaler Schrittmacher mit einer Frequenz von etwa 40–60/min distal davon eingesprungen, treten die an sich unauffälligen P-Wellen und QRS-Komplexe zeitlich unabhängig voneinander auf und überlagern sich im EKG zeitweise (Abbildung). Bei AV-Block unterhalb des AV-

Knotens kann evtl. ein tertiärer Schrittmacher im distalen His-Purkinje-System einsetzen, dessen Frequenz jedoch meist deutlich weniger als 40/min bei auf über 0,14 s verbreiterten QRS-Komplexen beträgt (Abbildung S. 305) und durch körperliche Belastung oder Atropin kaum zu beeinflussen ist.

Setzt bei totalem AV-Block (oder auch bei Sinusstillstand bzw. totalem SA-Block) nicht nach 10–20 s ein Ersatzrhythmus ein, wird der Patient aufgrund der zerebralen Minderdurchblutung bewußtlos. Nach etwa 1 min Kreislaufstillstand sistiert auch die Atmung. Ganz allgemein wird von **Adams-Stokes-Anfall** gesprochen, wenn das Gehirn aufgrund einer Herzrhythmusstörung vorübergehend zu wenig durchblutet wird. Nicht nur ein zu spät einsetzender, sondern auch ein zu bradykarder Ersatzrhythmus kann die Ursache sein, ebenso eine zu lange Sinuserholungszeit nach Sistieren einer supraventrikulären Tachykardie, eines Vorhofflatterns oder -flimmerns, sowie eine tachykarde Herzrhythmusstörung (S. 297, S. 302), Kammerflattern oder -flimmern.

Noradrenalin beschleunigt an den Zellen des AV-Knotens durch Steigerung des Calcium-Einstroms die Depolarisation während des Aktionspotentials (den „Aufstrich“) und damit die AV-Überleitung, **Acetylcholin** bremst durch Erhöhung der Kalium-Leitfähigkeit der Zellmembran. So kann allein durch Vagotonie ein AV-Block I. Grades oder II. Grades Typ I entstehen (z. B. ausdauertrainierter Sportler in Ruhe).

Ursachen für AV-Blöcke aller Grade sind

- Durchblutungsstörungen des AV-Knotens, der in 90% der Fälle aus der rechten Koronararterie versorgt wird, bzw. des aus dem Ramus interventricularis anterior versorgten intraventrikulären Erregungsleitungssystems,
- Degeneration (Fibrose und Kalzifizierung) des Erregungsleitungssystems, die z. B. durch arterielle Hypertonie, Aorten- oder Mitralklappenstenose begünstigt wird,
- Myokarditis, Sarkoidose, Amyloidose, kardiale Malignome, angeborene Störungen,
- Hyperkaliämie (S. 310),
- Intoxikation mit β-Adrenozeptor-Antagonisten, Digitalisglykosiden, bestimmten Antiarrhythmika und Calciumblockern.

Schenkel- und Faszikelblöcke. Die vom AV-Knoten kommende Erregung läuft über das His-Bündel zum rechten und linken Tawara-Schenkel. Nur die vom linken Tawara-Schenkel ausgehenden Fasern werden in einen linksanterioren und linksposterioren Faszikel unterteilt. Rechtsschenkelblock, linksanteriorer und linksposteriorer Hemiblock können deshalb als monofaszikuläre Blöcke, Linksschenkelblock und die Kombination eines kompletten Rechtsschenkelblocks mit einem Hemiblock als bifaszikuläre Blöcke und ein totaler distaler AV-Block als kompletter trifaszikulärer Block angesehen werden.

Zu den **Ursachen** gehören koronare Herzerkrankung, primäre und sekundäre Kardiomyopathien, Kammerhypertrophie und Hyperkaliämie (S. 310). Die hochgradige Leitungsverzögerung oder totale Blockade in einem Schenkel oder Faszikel führt im nachgeschalteten Gebiet dazu, daß dies vom benachbarten Arbeitsmyokard her und damit verzögert erregt wird. Je umfangreicher die verspätet erregten Myokardbezirke sind, desto breiter wird der QRS-Komplex im **EKG**. Ein Schenkelblock wird inkomplett genannt, wenn nicht alle dem Schenkel nachgeschalteten Myokardbezirke von der Gegenseite her erregt werden. Bei linksanterioren und linksposterioren Hemiblöcken sowie bei inkompletten Schenkelblöcken liegt die QRS-Dauer noch im oberen Grenzbereich der Norm (bis 0,11 s). Eine auf mindestens 0,12 s verlängerte QRS-Dauer, eine breite R- und undeutliche S-Zacke in Ableitung I sowie eine plumpe R-Zacke bzw. eine M-förmige oder mehrfache R-Splitterung mit Beginn der endgültigen Negativitätsbewegung (BEN) später als 0,055 s nach Beginn des Kammerkomplexes in Ableitung V_5/V_6 zeigen einen kompletten Linksschenkelblock an. Beim kompletten Rechtsschenkelblock ist dagegen die S-Zacke breit und die R-Zacke schmal in Ableitung I sowie die R-Splitterung mit einem BEN später als 0,035 s in Ableitung V_1/V_2. Im Unterschied zur Präexziation ist die PQ-Dauer nicht verkürzt (Abbildung).

Schenkelblöcke und Präexzitation im EKG

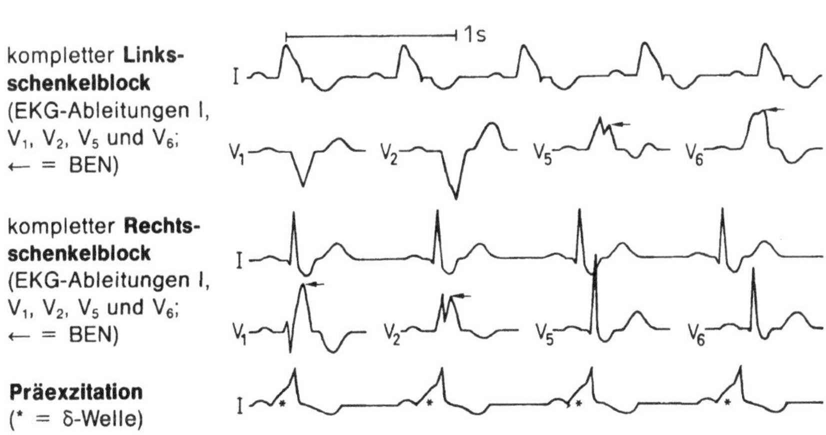

Präexzitationssyndrome. Präexzitation bedeutet vorzeitige Erregung (eines Teils) der Ventrikelmuskulatur, indem über eine oder mehrere abnorme angeborene Leitungsbahnen die verzögernden Fasern des AV-Knotens umgangen werden. Im typischen Fall (Abbildung) ist die PQ-Dauer auf weniger als 0,12

s zugunsten einer Delta-Welle zu Beginn des QRS-Komplexes verkürzt. Aufgrund der abnormen Erregungsausbreitung ist meist auch die Erregungsrückbildung und damit der ST-T-Abschnitt verändert. Im Rahmen eines Präexzitationssyndroms treten gehäuft paroxysmale supraventrikuläre Tachykardien und Vorhofflimmern (S. 303) auf. Im selteneren Fall einer kurzen Refraktärzeit der akzessorischen Leitungsbahn kann Vorhofflimmern beim Präexzitationssyndrom unter Umgehung des AV-Knotens zu Tachyarrhythmie mit Adams-Stokes-Anfall (S. 306) oder Tod führen.

4. Künstliche Herzschrittmacher

Manifeste oder drohende symptomatische bradykarde Störungen der Herztätigkeit über längere Zeit (z. B. Sinusknotensyndrom, AV-Block III. Grades) und spezielle Fälle von Re-entry-Tachykardien sind eine Indikation für die Implantation eines künstlichen Herzschrittmachers. Hierzu werden im allgemeinen nach einer infraklavikulären Hautinzision über die V. cephalica oder V. subclavia endokardiale Stimulationselektroden im rechten Vorhof und/oder Ventrikel plaziert und mit einem Schrittmacheraggregat verbunden, das subkutan oder subfaszial in einer epipektoralen Tasche liegt und eine Lithiumbatterie enthält. Die Funktionsweise des Schrittmachers wird durch einen **Code** beschrieben:

1. Buchstabe = **Ort der Stimulation**, wobei **V** = Ventrikel, **A** = Atrium, **D** = dual (Kammer **und** Vorhof),
2. Buchstabe = **Ort der Detektion**, wobei **V** = Ventrikel, **A** = Atrium, **D** = dual (Kammer **und** Vorhof), **O** = ohne Detektion,
3. Buchstabe = **Art der Steuerung**, wobei **T** = getriggert (Ventrikelstimulation gewisse Zeit nach Detektion eines atrialen Impulses), **I** = inhibiert (Detektion einer atrialen bzw. ventrikulären Erregung unterdrückt die atriale bzw. ventrikuläre Stimulation für eine gewisse Zeit), **D** = dual (T **und** I, d. h. Detektion einer ventrikulären Erregung inhibiert die atriale und ventrikuläre Stimulation für eine gewisse Zeit, Detektion einer atrialen Erregung inhibiert die atriale, nicht jedoch die getriggerte ventrikuläre Erregung), **O** = ohne Steuerung durch Spontanimpulse des Herzens.

Ein 4. oder 5. Buchstabe kann z. B. über die Progammierbarkeit von außen oder spezielle antitachykarde Funktionen informieren.

Beispiele. Bei **VOO** erregt der Schrittmacher mit konstantem Rhythmus die Ventrikel ohne Rücksicht auf Eigenaktionen des Herzens, so daß tödliches Kammerflimmern durch Stimulation in der vulnerablen Phase einer von supraventrikulär übergeleiteten Erregung oder einer ventrikulären Extrasystole entstehen kann.

Bei **VVI** ist dies nicht zu befürchten. Das Herz wird über eine Elektrode im rechten Ventrikel nur erregt, wenn eine vorgegebene Zeitspanne seit der letzten spontanen ventrikulären Erregung überschritten wird. Bei nicht-konvertierbarem Vorhofflimmern mit schwerer AV-Überleitungsstörung ist VVI die adäquate Funktionsweise. Besteht jedoch allein ein AV-Block III. Grades, so kann die mangelnde Koordination von Vorhof- und Kammersystole zum sog. **Schrittmachersyndrom** führen. Hierbei verursachen die nicht zeitgerecht vorausgehenden Vorhofskontraktionen verminderte Kammerfüllungen (S. 304) und, wenn die Vorhofskontraktion zufällig während der Ventrikelsystole und damit bei geschlossenen Atrioventrikulärklappen erfolgt, systemische und pulmonale venöse Regurgitationen sowie die Auslösung eines vasodepressorischen Reflexes. Mögliche Symptome des Schrittmachersyndroms sind Schwäche, störende Pulsationen im Nacken bzw. in der Brust und Synkopen.

Diese Gefahr besteht bei **DDD** nicht. Zudem kann beim alleinigen AV-Block III. Grades durch Triggerung mit der Vorhoferregung die Erregungsfrequenz der Ventrikel unter Belastung in physiologischer Weise gesteigert werden.

Beim alleinigen Sinusknotensyndrom genügt dagegen ein **AAI**-Modus. Um trotz Ausfalls der Sinusknotenfunktion einen belastungsabhängigen Anstieg der Herzfrequenz zu erzielen, steigern sog. frequenzadaptive Schrittmacher ihre Frequenz in Abhängigkeit z. B. der zentralvenösen Temperatur.

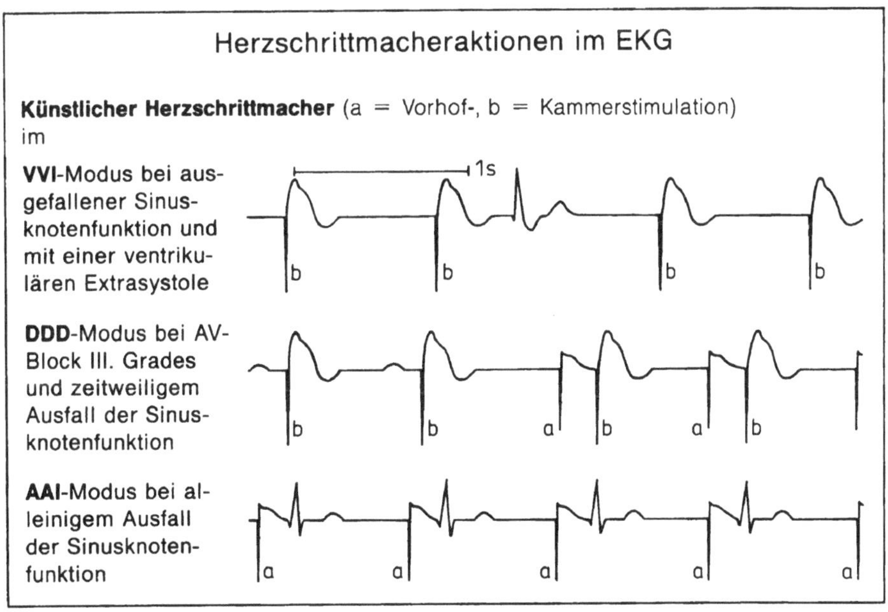

EKG. Die Dauer der Stimuli des künstlichen Herzschrittmachers ist mit etwa 0,5 – 1,0 ms sehr kurz und deshalb im normalen EKG kaum mehr als ein senkrechter Strich (Abbildung S. 309). Stimulation durch die im Endokard des rechten Ventrikels verankerte Elektrode ergibt einen QRS-Komplex wie beim Linksschenkelblock.

5. Pathologische EKG-Formen bei Störungen des Elektrolythaushalts

Das Ausmaß der EKG-Veränderungen (Abbildung) korreliert nur locker mit den Konzentrationsabweichungen von Kalium und Calcium im Plasma und ist insbesondere größer, wenn sich die Störung im Elektrolythaushalt rasch entwickelt.

EKG-Veränderungen bei Störungen des Kalium- und Calcium-Haushalts

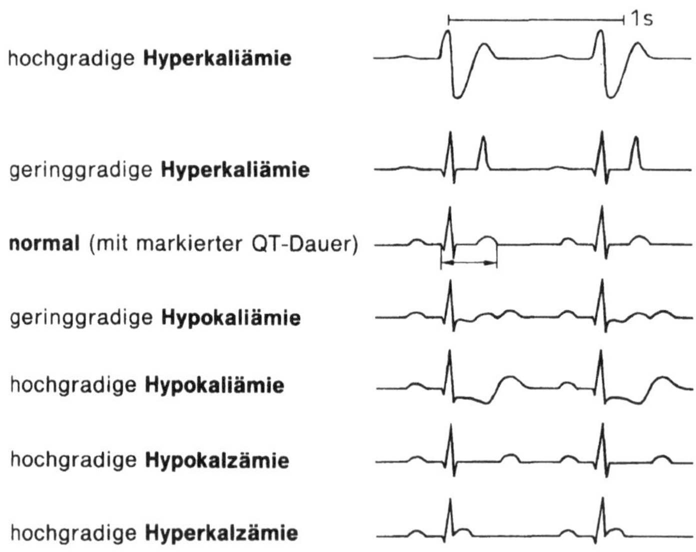

Kalium. Hyperkaliämie führt im EKG zu hoher, spitzer, schmalbasiger T-Welle und in schweren Fällen zu verbreitertem QRS-Komplex, der sinusförmig mit der T-Welle zusammenhängt, flacher oder fehlender P-Welle und atrioventrikulären Leitungsstörungen. Die verringerten Leitungsgeschwindigkeiten werden durch Abflachung des Aktionspotentialaufstrichs der Myokardzellen verursacht. Dies wiederum ist die Folge des weniger negativen Ruhemembranpotentials aufgrund der verminderten Differenz zwischen intra- und extrazellulärer Kaliumkonzentration, wodurch der Natriumstrom teilweise inaktiviert bleibt und der Aktionspotentialaufstrich mehr den langsamen Calciumeinstrom widerspiegelt. Völlige Leitungsblockierungen entstehen, wenn die Aktionspotentialhöhe zu sehr abgenommen hat. Die beeinträchtigte Erregungsleitung zusammen mit einer Verkürzung der Refraktärzeit (infolge verkürzten Aktionspotentials) begünstigt Re-entry-Mechanismen, so daß eine akute, hochgradige Hyperkaliämie sogar häufig durch ventrikuläre Tachykardien bzw. Kammerflimmern statt durch primär asystolischen Herzstillstand zum Tode führt. Die diastolische Spontandepolarisation in potentiellen Schrittmachern ist so stark verlangsamt, daß die Annäherung des Ruhemembranpotentials an die Erregungsschwelle mehr als wettgemacht wird, jedoch können dem Aktionspotential depolarisierende Nachpotentiale folgen (S. 300).

Bei **Hypokaliämie** treten im EKG eine geringe Senkung der ST-Strecke, eine Abnahme der Amplitude oder gar Inversion der T-Welle, eine U-Welle mit einer Amplitude über 1,0 mV und schließlich eine TU-Verschmelzungswelle auf. Zwar führt die Hyperpolarisation des Ruhemembranpotentials zu größerem Abstand von der Erregungsschwelle, jedoch ist die Spontandepolarisation heterotoper Schrittmacher so sehr beschleunigt, daß supraventrikuläre und ventrikuläre Extrasystolen, AV-Knotentachykardien, Flattern und Flimmern der Vorhöfe bzw. Kammern entstehen können. Besonders gefährdet sind kardial vorgeschädigte und digitalisierte Patienten.

Calcium. Das Plateau des Aktionspotentials einer Arbeitsmyokardzelle verlängert sich bei Hypocalcämie und verkürzt sich bei Hypercalcämie. Im EKG ist deshalb die ST-Strecke und dadurch die QT-Dauer bei Hypocalcämie verlängert und bei Hypercalcämie verkürzt. Bei akuter Hypercalcämie kann die T-Welle unmittelbar aus dem abfallenden Schenkel der R-Zacke hervorgehen. Zur Beurteilung wird die QT-Dauer durch die Wurzel aus dem zeitlichen Abstand (in Sekunden) zweier aufeinander folgender R-Zacken dividiert. Diese frequenzkorrigierte QT-Dauer beträgt normal 0,35–0,43 s. Hochgradige Hypercalcämien können Arrhythmien auslösen (S. 300).

6. Myokardischämie

Eine **Koronarinsuffizienz** liegt vor, wenn die Koronardurchblutung im Verhältnis zum Bedarf der Myokardzellen zu gering ist. **Myokardischämie** bedeutet Sauerstoffmangel von Myokardzellen infolge Koronarinsuffizienz.

Die koronararteriovenöse Differenz der O_2-Sättigung beträgt schon in Ruhe etwa 70%. Unter körperlicher Belastung kann sie nur geringfügig auf etwa 80% ansteigen, so daß der Herzmuskel seinen O_2-Mehrverbrauch unter körperlicher Belastung fast ausschließlich durch eine vermehrte Koronardurchblutung decken muß. Die **Koronarreserve** gibt an, um wieviel bei einer Person (pro 100 g Myokardgewebe) die Koronardurchblutung gegenüber in Ruhe durch maximale, pharmakologische Relaxation der Koronargefäßmuskulatur ansteigt (beim Gesunden um 300–400%).

Allein durch eine kurzstreckige Verminderung des luminalen Durchmessers in einer epikardialen Koronararterie um höchstens 50% kann auch unter körperlicher Belastung keine Myokardischämie verursacht werden. Eine Verminderung des Durchmessers auf ½ bedeutet eine Verkleinerung der Querschnittsfläche auf $(1/2)^2 = 1/4$. **Kollateralen** (S. 359) sind zwar präformiert, jedoch zu eng, um funktionell wirksam sein zu können. Entsteht durch eine Durchmessereinengung um mehr als 50% wiederholt unter Belastung eine vorübergehende Ischämie, so wachsen die Kollateralen. Daher kann bei einem sich über viele Monate entwickelnden, völligen Verschluß einer epikardialen Arterie eine Myokardischämie in Ruhe und unter leichter Belastung fehlen.

Bei einer **Myokardischämie** infolge Koronarinsuffizienz treten folgende Veränderungen auf:

- **Subjektive Symptome**. Eine vorübergehende Myokardischämie manifestiert sich als **Angina pectoris**. Das Spektrum der angegebenen Beschwerden reicht hierbei von dumpfem Engegefühl bis zu reißenden Schmerzen hinter dem Brustbein. Die Schmerzen werden meist retrosternal lokalisiert und können in die Arme, zwischen die Schulterblätter, ggf. bis ins Kinn und Abdomen ausstrahlen. Geht eine (z. B. elektrokardiographisch objektivierbare) Myokardischämie ohne Beschwerden einher, wird sie als **stumme Myokardischämie** bezeichnet. Patienten mit stummer Myokardischämie können zusätzlich Anfälle von Angina pectoris erleiden. Die Beschwerdefreiheit mag z. T. durch eine geringere Ausdehnung und kürzere Dauer der Ischämie hervorgerufen sein. Sicherlich spielt aber auch die individuelle Schwelle für Schmerzreize aus dem Myokard und das Ausmaß der aktuellen endogenen Schmerzinhibition eine Rolle. Bei einem Teil der Patienten ist die afferente Leitung (z. B. durch diabetische Neuropathie) gestört.

- **Störungen des Stoffwechsels der Myokardzellen**. Bei Unterbrechung der Durchblutung reicht der O_2-Vorrat des Myoglobins nur für wenige Herzschläge. Das Myokard deckt seinen Engergiebedarf normal im wesentlichen durch Oxidation von Fettsäuren, Glucose und Lactat zu CO_2 und H_2O, wobei unter körperlicher Belastung entsprechend dem erhöhten arteriellen Angebot besonders Lactat statt Glucose metabolisiert wird. Bei Ischämie

sistiert in der Myokardzelle aufgrund des O_2-Mangels die Tätigkeit der Atmungskette, und der Rückstau der Reduktionsäquivalente (z. B. NADH + H^+) bringt den Citratzyklus, die β-Oxidation der Fettsäuren und den Lactatabbau zum Erliegen. Fettsäuren und Lactat können vom Myokard nicht mehr genutzt werden. Glucose (u. a. aus gespeichertem Glykogen) wird unter nur geringer Energieausbeute (2 Mol ATP/Mol Glucose) durch **anaerobe Glykolyse** in Lactat umgewandelt. Das Myokard wird vom Lactatkonsumenten zum Lactatproduzenten (**Lactatumkehr**).
Die geringe anaerobe Energieausbeute vermag den Energiebedarf nicht zu decken, obwohl Kontraktion und Relaxation der Myokardzelle schon nach wenigen Schlägen abzunehmen beginnen. Die ATP-Konzentration sinkt dagegen in den ersten Minuten kaum ab, weil es vermehrt aus ADP durch die Kreatinkinase unter Spaltung von Kreatinphosphat und zusätzlich durch die Myokinase unter Umwandlung von ADP in AMP regeneriert wird. AMP wird durch die Adenylat-Desaminase zu IMP (Inosinmonophosphat) abgebaut, damit die ATP-Gewinnung durch die Myokinasereaktion möglichst vollständig ablaufen kann. Kann sich die Myokardzelle durch rechtzeitige Reperfusion wieder erholen, wird IMP über Adenylosuccinat wieder zu AMP rückverwandelt. Bei sehr starkem Abfall des intrazellulären pH mit irreversibler Schädigung wird eine saure Phosphatase aktiviert, die AMP in (membrangängiges) Adenosin spaltet.

- **Änderungen der transmembranösen Ionenströme**. Schon sehr früh läßt sich ein **verstärkter Kaliumausstrom** und Natriumeinstrom an der ischämischen Myokardzelle feststellen, wozu eine Hemmung der Na/K-ATPase entscheidend beiträgt. Durch den Anstieg der intrazellulären Na^+-Konzentration und damit Abfall des transmembranösen Na^+-Gradienten wird vermindert Ca^{2+} durch den Na/Ca-Austauscher aus der Zelle transportiert. Die **cytosolische Ca^{2+}-Konzentration** steigt außerdem durch Aktivitätsabfall ATP-verbrauchender Calciumpumpen, deren Aufgabe es ist, Ca^{2+} aus dem Cytosol ins sarkoplasmatische Retikulum oder aus der Zelle zu pumpen.
- **EKG-Veränderungen**. Die Änderungen der transmembranösen Ionenströme können **heterotope Erregungsbildung** durch **fokale Automatie**, durch frühe oder späte **Nachdepolarisationen** und durch Re-entry-Kreisen auslösende **„elektrische Inhomogenität"** verursachen (S. 300f). Ferner können **Behinderungen der Erregungsleitung** (S. 304ff) und **Störungen der Sinusknotenfunktion** (S. 298) die Folge sein.

Außer diesen Komplikationen werden im EKG typische weitere Veränderungen beobachtet. In den Innenschichten ist wegen des höheren Intramuraldrucks einerseits der O_2-Verbrauch höher und andererseits die Perfusion behindert. Kann aufgrund einer Einengung einer epikardialen Arterie die Koronardurchblutung unter Belastung nicht ausreichend zunehmen, um den erhöhten O_2-Bedarf des Myokards zu decken, so sind deshalb typischerweise nur die Innenschichten betroffen, sofern der erhöhte Bedarf nur vorübergehend ist. Da das Ruhemembranpotential einer Myokardzelle unter Ischämie zunehmend weniger (innen gegen außen!) negativ wird, ist im unerregten Zustand das Äußere einer ischämischen Myokardzelle negativ gegenüber dem einer nicht ischämischen Moykardzelle. Bei nur subendokardialer Ischämie besteht deshalb während der TP-Strecke ein elektrischer Dipol, dessen Vektor von subendokardial (= −) nach subepikardial (= +) und damit auf die darüber befindliche, positiv gepolte Ableitelektrode des EKG gerichtet ist: Die TP-Strecke ist höher als normal. Da sie jedoch definitionsgemäß die Bezugsstrecke darstellt, wird nicht von TP-Hebung, sondern von **ST-Senkung** gesprochen. Außerdem ist die ST-Strecke tatsächlich gesenkt, denn das Aktionspotential einer ischämischen Myokardzelle ist niedriger und kürzer, so daß während der ST-Strecke das Zelläußere subepikardialer Schichten negativer als das ischämischer Innenschichten ist.

Entsteht im Rahmen eines Koronarspasmus oder eines Myokardinfarkts jedoch eine lokale transmurale Ischämie, so ergibt sich in einem unipolar über der ischämischen Region oder polar in Richtung der ischämischen Region abgeleiteten EKG eine **ST-Hebung**, denn hierbei ist während der TP-Strecke der Dipolvektor zum benachbarten nichtischämischen Myokard hin, d. h. von der positiv gepolten Ableitelektrode weg, und während der ST-Strecke zum ischämischen Myokard hin, d. h. auf die Ableitelektrode zu, gerichtet.

Noch bevor die ST-Hebung sichtbar wird, kann die T-Welle spitz und hochpositiv werden. Dieses gelegentlich als Frühstadium eines Myokardinfarkts (oder auch bei schwerer reversibler Myokardischämie) zu beobachtende **„Erstickungs-T“** gleicht nicht von ungefähr einer EKG-Veränderung bei Hyperkaliämie (S. 310), denn im ischämischen Areal steigt die extrazelluläre Kaliumkonzentration auf Kosten der intrazellulären an (s. o.).

Im akuten Stadium des Infarkts wird außer der **ST-Hebung** meist zunehmend eine **pathologische Q-Zacke** sichtbar. Eine pathologische Q-Zacke ist breiter als 20–40 ms und tiefer als 0,2 mV bzw. ¼ der R-Zacke oder in Ableitungen vorhanden, die normal keine Q-Zacke aufweisen. So sind in V_1 bis V_3 normal nur negative Zacken zu beobachten, denen eine R-Zacke vorausgeht, also S-Zacken und keine Q-Zacken. Parallel zur Ausbildung der pathologischen Q-Zacken nimmt die Höhe der R-Zacke ab: **R-Reduktion** oder gar R-Verlust. Die Q-Zacke kann ihr Maximum schon nach wenigen Stunden erreichen, häufig jedoch dauert es Tage. Die ST-Hebung nimmt im Zwischenstadium ab und die **T-Welle** wird negativ. Nach einigen Wochen ist im Folgestadium die ST-Strecke wieder isoelektrisch. Nach vielen Wochen bis Monaten kann die T-Welle im Narbenstadium wieder normal sein.

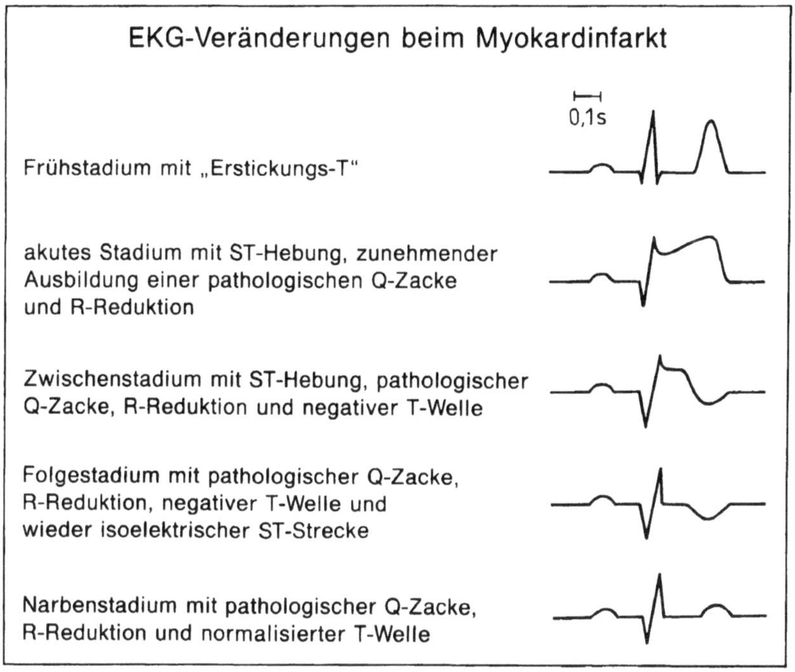

In einer Ableitung, bei der die positive Elektrode stattdessen auf der dem Infarktareal gerade entgegengesetzten Seite des Herzens liegt, können oft sog. indirekte Infarktzeichen beobachtet werden, z. B. ST-Senkung statt ST-Hebung, R-Überhöhung statt R-Reduktion, T-Überhöhung statt T-Negativierung. Indirekte Infarktzeichen finden sich beim Hinterwandinfarkt am ausgeprägtesten in V_1 bis V_3. Direkte Infarktzeichen sind z. B. am besten in II, III, aVF und Nehb D beim Hinterwandinfarkt, in I, aVL, V_5 und V_6 beim Anterolateralinfarkt, in V_2, V_3, V_4 beim Anteroseptalinfarkt sowie in I, aVL, V_2, V_3, V_4 bei großem Vorderwandinfarkt zu erkennen.

Koronare Herzkrankheit. Alle kardialen Folgeerkrankungen einer Koronarinsuffizienz werden unter dem Begriff **koronare Herzkrankheit** subsummiert. Im engeren Sinn wird darunter die weitaus häufigste Form – die koronare Arteriosklerose – verstanden, die z. B. auch eine Koronarthrombose oder einen Koronarspasmus zur Folge haben kann.

Risikofaktoren einer Arteriosklerose (S. 353 ff) der Koronararterien sind

- männliches Geschlecht,
- Alter,
- familiäre Disposition (koronare Herzkrankheit bei Eltern oder Geschwistern),

- genetisch determinierte Hyper- bzw. Dyslipoproteinämien mit erhöhter Plasmakonzentration an Cholesterin und einem Konzentrationsverhältnis von LDL- zu HDL-Cholesterin >5,0,
- Zigarettenrauchen,
- erhöhter arterieller Blutdruck,
- Diabetes mellitus mit sekundärer Hypertriglyceridämie und erhöhter VLDL-Konzentration (S. 124).

Auslösende Faktoren der Koronarinsuffizienz. (Mit-)Auslöser eines Angina-pectoris-Anfalls oder einer passageren stummen Myokardischämie können sein:

- Anstieg des arteriellen Blutdrucks und/oder der Herzfrequenz (z. B. bei körperlicher bzw. psychischer Belastung, nach einer ausgiebigen Mahlzeit), wenn der myokardiale O_2-Bedarf stärker ansteigt, als es eine eingeschränkte Koronarreserve erlaubt.
- **Koronarspasmus.** Im Bereich eines durch eine exzentrische arteriosklerotische Stenose schon verengten Gefäßlumens werden vom Endothel gefäßrelaxierende Substanzen wie **NO** (Stickstoffmonoxid, Endothelium Derived Relaxing Factor, EDRF) und **Prostazyklin** (Prostaglandin I_2) weniger gebildet und/oder rascher abgebaut. Dies betrifft zum einen schon die basale, durch Scherkräfte auf das Endothel im pulsatilen Wechsel des Blutflusses stimulierte NO-Sekretion. Zum anderen verbleibt bei Substanzen wie Katecholaminen, Acetylcholin, (aus aggregierenden Thrombozyten freigesetztem) Serotonin, ATP/ADP und (insbesondere aus basophilen Granulozyten bzw. Mastzellen freigesetztem) Histamin, die (über α_2-, M_3-, 5-HT_1-, P_{2y}- bzw. H_1-Rezeptoren) die NO-Sekretion aus dem Endothel anregen, zunehmend nur noch deren direkte, kontraktorische Wirkung (über α-, M_3-, 5-HT_2-, P_{2x}- bzw. H_2-Rezeptoren) auf die glatte Gefäßmuskulatur. Auch das bei der Blutgerinnung entstehende Thrombin und Bradykinin vermag nun (über T- bzw. B_2-Rezeptoren) nur noch vermindert NO dem Vasokonstriktor Thromboxan A_2 aus den Thrombozyten entgegenzusetzen.

  Überdies wird ATP und ADP bei geschädigtem Endothel vermindert durch die endothelialen Ektonukleotidasen in direkt an den Gefäßmuskelzellen (über P_1- bzw. genauer A_2-Rezeptoren) relaxierend wirkendes **Adenosin** gespalten. Schließlich könnten vom Endothel produzierte kontraktionsfördernde Substanzen (z. B. **Endothelin-1**) durch erhöhte Freisetzung oder Rezeptorzahl die Entstehung eines Koronarspasmus fördern.
- **Verminderter O_2-Gehalt des Blutes** (z. B. Anämie, Hypoxie, CO-Vergiftung), **verminderter mittlerer diastolischer Aortendruck** (und damit Koronarperfusionsdruck), erhöhter Koronarwiderstand infolge **erhöhter Blutviskosität** (z. B. Polyglobulie, Sichelzellen, Stechapfel-Erythrozyten, Zellaggregate, Pa-

raproteinämie) und Mikroangiopathie bei Diabetes mellitus bzw. arterieller Hypertonie (S. 352).

- Gestörter Kontraktions- bzw. Relaxationsablauf des Myokards (**myokardiale Komponente des Koronarwiderstands**). Die intramuralen Koronargefäße werden von außen länger bzw. mehr als normal komprimiert, z. B. bei Herzinsuffizienz, Tachykardie, Myokarditis, Perikarditis, Herzhypertrophie, Ventrikeldilatation, Myokardfibrosierung – und bei Myokardischämie selbst!
  Die verminderte Relaxation ischämischer Myokardfasern erhöht den diastolischen Intramuraldruck und vermindert dadurch den koronaren Bluteinstrom, der im wesentlichen in der Diastole erfolgt. Die myokardiale Komponente des Koronarwiderstands steigt zusätzlich durch die Kontraktilitätsverminderung, wenn mehr als etwa 20% des linksventrikulären Myokards von der Ischämie betroffen sind, weil durch Reduktion des Schlagvolumens das enddiastolische Volumen ansteigt. Eine reflektorische oder durch Schmerz und Angst ausgelöste **Tachykardie** verkürzt den Anteil der Diastole am Herzzyklus. Wird eine ischämiebedingte Abnahme der linksventrikulären Pumpleistung nicht oder nicht ausreichend durch eine periphere Vasokonstriktion kompensiert, so fällt mit dem diastolischen Aortendruck die koronare Durchblutung zusätzlich ab. Eine Myokardischämie kann also in einem Circulus vitiosus über die myokardiale Komponente des Koronarwiderstands und evtl. auch eine Abnahme des Aortendrucks sich selbst verstärken.
  Bei arterieller Hypertonie und kompensierten Herzklappenfehlern ist aufgrund der erhöhten **Druck- oder Volumenbelastung** der myokardiale Sauerstoffbedarf schon in Ruhe erhöht. Die Verminderung der Koronarreserve ist hierbei ganz wesentlich durch den schon erhöhten Ausgangswert der koronaren Durchblutung und nicht nur durch eine Erhöhung der myokardialen Komponente des Koronarwiderstands infolge Hypertrophie bedingt. Bei dekomenpensierten Herzklappenvitien und bei dilatativen Kardiomyopathien wird dagegen die Erhöhung des enddiastolischen Drucks im linken Ventrikel und die Ventrikeldilatation bedeutsam für die Koronarperfusion.
- Seltene Ursachen von Myokardischämien sind luetische Koronarostienstenose, Entzündungen, insbesondere der kleinen Koronargefäße (z. B. Lupus erythematodes oder bakterielle Endokarditis), Amyloidose, Koronararterienanomalien (z. B. Abgang der linken Koronararterie aus der A. pulmonalis), Koronarthrombosen infolge systemischer Hyperkoagulabilität und Koronarembolien.

Myokardinfarkt. Wird eine Myokardzelle unter normalen Bedingungen für 20 – 30 min nicht mehr mit O_2 versorgt, wird sie irreversibel geschädigt. Sistiert die Durchblutung einer Koronararterie über diesen Zeitraum, so gehen aufgrund der Kollateralen meist nur die Myokardzellen der inneren (subendokardialen) Schichten im Zentrum des Versorgungsgebiets zugrunde. In den Innenschichten ist wegen des höheren Intramuraldrucks einerseits die kollaterale Perfusion geringer und andererseits der O_2-Verbrauch höher. Stoppt die Durchblutung in dieser Koronararterie weiterhin, so breitet sich das vom Myokardinfarkt betroffene Areal in den Innenschichten und zum Epikard hin aus und erreicht erst nach etwa 4 h seine endgültige Ausdehnung, bei nicht völlig verschlossener Koronararterie u.U. noch später. Der Ersatz der Myokardnekrosen durch Narbengewebe beginnt nach einigen Tagen und ist im allgemeinen nach 6 – 8 Wochen abgeschlossen. Bei sehr großen Infarkten können allerdings noch nach 3 Monaten zentrale Nekrosen übrig sein.

Der **Schmerz beim Myokardinfarkt** ist der Angina pectoris sehr ähnlich, aber nicht immer vorhanden. Für Myokardinfarkt spricht eine Dauer von mehr als ½ h und das Nichtansprechen auf Bettruhe oder Gabe von Nitroglycerin. Anfälle von Angina pectoris gehen häufig einem Myokardinfarkt voraus. Eine Angina pectoris wird instabil genannt, wenn sie bei deutlich geringerer Belastung als bisher bzw. schon in Ruhe auftritt oder an Häufigkeit, Schwere bzw. Dauer zunimmt. Eine Angina pectoris kann unmittelbar in einen Myokardinfarkt übergehen.

Dem Myokardinfarkt liegt meist eine **Koronarthrombose** an einem Polsterriß zugrunde. Ein Polsterriß entsteht, indem die bindegewebige, luminale Deckplatte über der schlecht ernährten und deshalb nekrotisch erweichten Basis eines größeren arteriosklerotischen Beetes einreißt. Durch die freigelegten subendothelialen Strukturen werden die Thrombozyten aktiviert. Im arteriosklerotischen Bereich steht weniger NO und Prostazyklin (s. o.) zur Verfügung, um synergistisch (über einen Anstieg der intrathrombozytären Konzentration von cGMP bzw. cAMP) die Thrombozytenaggregation zu hemmen. Das aus den Thrombozyten freigesetzte und ihre Aggregation fördernde ADP wird vermindert durch die endotheliale Nucleotidasen in die die Aggregation hemmendes Adenosin metabolisert. Zudem sind die blutgerinnungshemmenden Eigenschaften des Endothels (z. B. über das Thrombomodulin in der luminalen Plasmamembran des Endothels) vermindert.

Laboratoriumsuntersuchungen. Bei der Diagnose eines Myokardinfarkts ist die Quantifizierung myokardialer Enzyme und Proteine vor allem dann von Bedeutung, wenn die Anamnese nicht eindeutig und das EKG unspezifisch ist. Parameter der klinisch-chemischen Diagnostik sind die Kreatinkinase (CK) und dessen Isoenzym CK-MB, das Isoenzym 1 der Lactat-Dehydrogenase (LDH_1) und das Myoglobin.

Bestimmung der Aktivität **der CK und CK-MB** S. 437 f.

Bestimmung der LDH und des Isoenzyms LDH$_1$ (α-HBDH) S. 439.

Bestimmung des Myoglobins im Serum durch Radio/Enzym-Immunoassay.

Referenzbereich:	Männer	20 – 70 µg/l
	Frauen	16 – 60 µg/l

Mit einem deutlichen Aktivitätsanstieg der **Kreatin-Kinase (CK)** auf über 80 U/l Serum ist frühestens etwa 3 h nach einem Myokardinfarkt zu rechnen. Die CK-Konzentration erreicht (bei bleibendem Koronarverschluß) nach etwa 1 Tag ihr Maximum und normalisiert sich innerhalb von etwa 3 Tagen. Die Aktivität der CK in einer Serumprobe nimmt bei 20° C in 1 Tag um etwa 15% ab, bleibt jedoch bei 4° C für 1 Woche praktisch stabil. Hämolyse ergibt durch die Adenylat-Kinase aus Erythrozyten falsch hohe CK-Aktivitäten. Gegen eine Enzymfreisetzung aus Skelettmuskel oder Gehirn als Ursache einer CK-Erhöhung spricht ein Anteil an **CK-MB** von über 6 – 10%. Außer durch einen Myokardinfarkt kann dies aber auch durch Myokarditis, Herzoperation, externe elektrische Myokardstimulation und Herzkatheteruntersuchungen (vor allem durch Koronarographie) bedingt sein. Aufgrund kürzerer Halbwertszeit normalisiert sich der CK-MB-Anteil oft schon nach etwa 2 Tagen.

Die Aktivität der **LDH**$_1$, einem Isoenzym der Lactat-Dehydrogenase, steigt etwas später an, bleibt dafür jedoch etwa 1 Woche erhöht. Bei normalem CK-MB-Anteil empfiehlt sich die Bestimmung der LDH$_1$-Aktivität, wenn der Verdacht besteht, daß die initiale CK-MB-Erhöhung verpaßt wurde. Übersteigt der prozentuale Anteil von LDH$_1$ am LDH 26%, so spricht dies für eine Schädigung des Herzmuskels, kann jedoch auch z. B. durch Hämolyse verursacht sein.

Die diagnostische Spezifität der quantitativen Myoglobinbestimmung ist gering, da eine Myoglobinämie auch bei zahlreichen Erkrankungen der Skelettmuskulatur auftreten kann. Bei einem Myokardinfarkt kann der Myoglobinkonzentrationsanstieg dem Anstieg der Aktivität der CK-MB und LDH$_1$ jedoch um 1 – 2 h vorausgehen.

Komplikationen. Beim Myokardinfarkt sind **Herzrhythmusstörungen** und **Herzinsuffizienz** die wichtigsten möglichen Komplikationen.

- Aufgrund Schmerz und Angst vermehrt freigesetzte **Katecholamine** können über die Aktivierung kardialer **ß**$_1$**-Adrenozeptoren** eine **Tachykardie** verursachen, die durch den erhöhten myokardialen O_2-Verbrauch bei gleichzeitig verkürztem Anteil der für die Koronardurchblutung so wichtigen Diastole am Herzzyklus die Ausdehnung des Infarkts fördert, und durch Erhöhung der Erregbarkeit die Gefahr **tödlicher Arrhythmien** (vor allem Kammerflimmern) erhöhen. Die Gefahr ist in der ersten Stunde am höchsten und nimmt dann kontinuierlich ab. Eine erfolgreiche Reperfusion durch thrombolytische Therapie erhöht vorübergehend erneut das Risiko ventrikulärer Arrhythmien.

- Aufgrund der verminderten Kontraktionskraft bewegt sich während der Systole das betroffene Myokardareal bei subendokardialer Ischämie vermindert oder gar nicht mehr nach innen (Hypokinesie bzw. Akinesie) und bei transmuraler Ischämie sogar nach außen (Dyskinesie). **Kontraktilitätsverlust** von mehr als etwa 40% des linksventrikulären Myokards verursacht auch ohne Herzrhythmusstörungen oder sonstige Komplikationen einen **kardiogenen Schock** (S. 347). Akutes Rechtsherzversagen durch Infarkt des rechtsventrikulären Myokards ist selten.
- Eine Mitralklappeninsuffizienz kann durch Papillarmuskeldysfunktion bzw. -ruptur, eine Herzbeuteltamponade durch Myokardruptur und ein Links-Rechts-Shunt durch Septumruptur entstehen.

Embolien (z. B. Gehirn, Nieren) können von parietalen Thromben auf dem geschädigten Endokard ausgehen. Eine umschriebene Aussackung der Herzwand (**Herzwandaneurysma**) erhöht das Risiko einer Thromboembolie, aber auch einer Herzinsuffizienz und von Arrhythmien. In sehr seltenen Fällen kann ein Aneurysma sekundär rupturieren.

7. Herzinsuffizienz

Definition. Eine **Herzinsuffizienz** liegt vor, wenn die körperliche Leistungsfähigkeit trotz genügenden venösen Blutangebots an das Herz vermindert ist, weil eine kardiale Funktionsstörung eine bedarfsgerechte Blutversorgung der Körpergewebe verhindert. Sank die Pumpfähigkeit des Herzens rasch (d. h. innerhalb von maximal Stunden), wird von **akuter**, sonst von **chronischer** Herzinsuffizienz gesprochen.

Schweregrad von Herzerkrankungen
Klassifikation der New York Heart Association (NYHA)
nach subjektiven Angaben des Patienten

Grad I	keine Beschwerden
Grad II	Beschwerden nur bei stärkerer Belastung (z. B. beim Sport)
Grad III	Beschwerden schon bei üblichen Verrichtungen des täglichen Lebens (z. B. Treppensteigen in normalem Tempo zur nächsten Etage)
Grad IV	Beschwerden bereits in Ruhe bzw. geringster körperlicher Tätigkeit

Anpassungsmechanismen und Folgen. Dem drohenden arteriellen Blutdruckabfall bei Abfall der linksventrikulären Pumpleistung begegnet der Körper u. a. durch erhöhten **Sympathikotonus**, wodurch der Tonus der Kapazitätsgefäße, der periphere Widerstand, die Herzfrequenz und vorübergehend die Kontraktilität steigt.

Bei Patienten mit chronischer Herzinsuffizienz sind die Plasmakonzentrationen von Noradrenalin und evtl. auch von Adrenalin bereits in Ruhe erhöht und steigen unter körperlicher Belastung exzessiv an. Obwohl die **Katecholamine** bekanntlich durch Bindung an β-Rezeptoren (vor allem β_1-Rezeptoren) über ein die katalytische Einheit der Adenyl-Cyclase stimulierendes, Guaninnukleotid-bindendes Protein (G_s-Protein) die intrazelluläre cAMP-Konzentration steigern, befindet sich in den Myokardzellen (zumindest relativ) wenig cAMP. Hauptgrund ist eine verminderte Dichte an myokardialen β_1-Rezeptoren infolge der chronisch erhöhten Katecholaminkonzentration („Downregulation" der Rezeptoren). Zudem erfolgt in Relation zu den besetzten β-Rezeptoren eine geringere Stimulation der Adenyl-Cyclase als erwartet („Rezeptor-Entkopplung"). Dies betrifft hauptsächlich die β_2-Rezeptoren, die allenfalls einer geringen Downregulation unterliegen. Des weiteren ist bei Herzinsuffizienz die Anzahl inhibitorischer G-Proteine (G_i-Proteine) erhöht, die auf Bindung von Acetylcholin und Adenosin an M_2- bzw. A_1-Rezeptoren reagieren.

Wenig **cAMP** bedeutet durch geringere Stimulation der cAMP-abhängigen Proteinkinase A geringere Aktivierung der potentialabhängigen Ca^{2+}-Kanäle in der Zellmembran, die Ca^{2+} während des Aktionspotentials ins Sarkoplasma strömen lassen, und des Phospholambans. Ursache der verminderten Ca^{2+}-Aufnahme ins sarkoplasmatische Retikulum durch die sarkoplasmatische Ca^{2+}-ATPase ist vermutlich nicht nur eine verminderte Aktivierung des Phospholambans, sondern z. B. Mangel an sarkoplasmatischer Ca^{2+}-ATPase oder an verfügbarer Energie. Das verminderte Ca^{2+}-Angebot an den (intakten!) kontraktilen Apparat während der Systole vermindert die Kontraktilität und der verzögerte diastolische Abfall der Ca^{2+}-Konzentration die Relaxation. Der Ventrikel wird also nicht nur durch mechanische Veränderungen (z. B. Myokardfibrose) steifer. Aufgrund der gestörten Ca^{2+}-Aufnahme ins sarkoplasmatische Retikulum steigt am insuffizienten Herzen die Kontraktionskraft nicht wie beim Gesunden bei einer Stimulationsfrequenz über 1 Hz an, sondern bleibt gleich oder nimmt sogar ab.

Stimulation der α_1-Adrenozeptoren wirkt (cAMP-**un**abhängig über eine Aktivierung der Phospholipase C) nur gering positiv inotrop. Daß die α_1-Rezeptoren keiner Downregulation oder Entkopplung unterliegen, kann deshalb der verminderten kardialen Wirksamkeit des Noradrenalins bei chronisch erhöhter Plasmakonzentration kaum entgegenwirken, erklärt jedoch die bleibende periphere Vasokonstriktion und damit Nachlasterhöhung des Herzens. Zur Vasokonstriktion trägt auch Angiotensin II erheblich bei, während z. B. das atriale natriuretische Peptid (ANP) entgegenwirkt. Der chronisch **erhöhte periphere Widerstand** vehindert, von hochgradigen Fällen abgesehen, eine arterielle Hypotonie. Die Nachlasterhöhung des Herzens vermindert hierbei jedoch das Herzzeitvolumen und fördert vermutlich die Progression der kardialen Funktionsstörung.

Die erhöhte Konzentration an vasokonstriktorischem Angiotensin II ist Folge des erhöhten Sympathikotonus, der direkt über β_2-Rezeptoren und indirekt über eine **Drosselung der Nierendurchblutung** die Reninsekretion steigert und damit das **Renin-Angiotensin-Aldosteron-System** aktiviert. Die glomeruläre Filtrationsrate ist (aufgrund der stärkeren Kontraktion der Vasa efferentia als die der Vasa afferentia) weniger als die Nierendurchblutung vermindert. Der verlangsamte tubuläre Fluß mit gesteigerter fraktioneller Rückresorption, der verminderte hydrostatische und erhöhte kolloidosmotische Druck in den peritubulären Kapillaren des proximalen Tubulus, die verminderte Markdurchblutung mit Erhöhung des Konzentrationsgradienten im Gegenstromsystem in Richtung Papillenspitze, die vermehrte Erregung renaler α-Adrenozeptoren, die erhöhte Bildung von Angiotensin II und Aldosteron infolge Aktivierung des Renin-Angiotensin-Aldosteron-Systems und eine verminderte Aldosteron-Inaktivierung infolge verminderter Leberperfusion erhöhen die **renale Natrium- und Wasser-Retention**. Bei manchen Patienten mit schwerer Herzinsuffizienz ist die Retention von Wasser sogar so hoch, daß eine Hyponatriämie trotz Natrium-Retention eintritt (Verdünnungs-Hypoosmolalität). Häufig ist daran eine aufgrund Sensitivitätsänderung der Osmorezeptoren unangemessen hohe Sekretion des antidiuretischen Hormons (ADH) beteiligt. Dehnung der Herzvorhöfe und die Natium-Retention bewirkt eine vermehrte Sekretion von atrialem natriuretischem Peptid (ANP), das jedoch vermutlich bei fortgeschrittener Herzinsuffizienz aufgrund Desensibilisierung von ANP-Rezeptoren nur noch abgeschwächt diuretisch und (arteriolär und venös) vasodilatierend wirkt.

Die Hypervolämie und der sympathisch erhöhte Tonus der Kapazitätsgefäße steigern die **Vorlast** des Herzens. Auch im insuffizienten Myokard wird zwar die optimale Sarkomerlänge von unkontrahiert im Mittel 2,2 µm nicht überschritten, was zu verminderter Überlappung von Aktin- und Myosinfilamenten führen würde, jedoch nimmt bei chronischer Herzinsuffizienz die Kontraktionskraft nur noch viel geringer oder gar nicht mehr mit der Vordehnung der Sarkomere zu, d. h. die Frank-Starling-Kurve wird flacher und im oberen Teil weitgehend abszissenparallel. So ist der Frank-Starling-Mechanismus rasch ausgereizt und eine Zunahme der Vorlast bei einer nicht durch eine Füllungsbehinderung verursachten chronischen Herzinsuffizienz erhöht nur noch die Symptome des Rückwärtsversagens.

Eine Insuffizienz des rechten Herzventrikels vermindert das Blutangebot an den linken Herzteil und damit auch dessen Pumpleistung, so daß die vorgenannten Mechanismen einsetzen, die die Vorlast des rechten Ventrikels erhöhen. Die verminderte Pumpleistung des rechten Ventrikels bei vermehrtem Venentonus und Blutvolumen erhöht den Zentralvenendruck und den Filtrationsdruck in den Kapillaren des großen Kreislaufs. Der erhöhte Zentralvenendruck behindert außerdem den Lymphabstrom über den Ductus thoracicus und den Ductus lymphaticus dexter. Zur Ödembildung kann schließlich noch eine hypoxisch bedingte Erhöhung der Proteinpermeabilität des Endothels in mangeldurchbluteten Kapillargebieten beitragen. Symptome der chronischen **Rechtsherzinsuffizienz** sind **periphere Ödeme** besonders in den abhängigen Partien, d. h. bei bettlägerigen Patienten in der Sakralregion und bei ambulanten Patienten abends im Bereich der Fußknöchel, **Leberstauung**, **Aszites** und **Pleuraergüsse**.

Pleuraergüsse können aber auch durch Rückstau vor dem linken Ventrikel entstehen, da die pleuralen Venen in systemische **und** pulmonale Venen drainieren. Der Rückstau des Blutes bei **Linksherzinsuffizienz** führt überdies infolge **Lungenstauung** und evtl. Lungenödem zu Dyspnoe, Orthopnoe, Ventilations- und Diffusionsstörungen (S. 409). Eine länger bestehende Linksherzinsuffizienz erhöht rechtsventrikulär die Nachlast über die sekundäre pulmonale Hypertonie und die Vorlast über die Natrium- und Wasser-Rentention. Symptome einer Rechtsherzinsuffizienz sind die Folge.

Während der Nachtruhe wird weniger stark Wasser retiniert als während der körperlichen Aktivitäten des Tages, und es können zudem periphere Ödeme, die sich bei aufrechter Körperposition in abhängigen Körperregionen unter dem dort besonders hohen hydrostatischen Druck gebildet hatten, wieder mobilisiert werden. Es kommt zur **Nykturie**. Im Vergleich zur Nierendurchblutung wird die Durchblutung des **Splanchnikusgebietes** akut stärker, auf längere Sicht jedoch geringer gedrosselt. Symptome wie Übelkeit, postprandiales Völlegefühl bzw. Bauchschmerzen und Ikterus treten bei chronischer Herzinsuffizienz deshalb im allgemeinen erst im Rahmen der Leber- und Pfortaderstauung auf. Die stärkste Perfusionsminderung erfährt die **Haut**. Nutznießer der Umverteilung des Herzzeitvolumens ist vor allem das **Herz** mit der vorwiegend lokal-metabolisch regulierten Koronardurchblutung. Auch der Skelettmuskel in Ruhe und das Gehirn werden relativ gut versorgt. Es kommt jedoch aufgrund unzureichendem Anstieg der Skelettmuskeldurchblutung bei Belastung zu **Muskelschwäche**, die durch Inaktivitätsatrophie noch verstärkt wird. Bei schwerer Herzinsuffizienz kann besonders zusammen mit arterieller Hypoxämie und zerebraler Arteriosklerose die reduzierte zerebrale Perfusion **mentale Symptome** bis hin zu Verwirrtheitszuständen und die verlängerte Kreislaufzeit eine **Cheyne-Stokes-Atmung** (S.407) verursachen. Die venöse Stauung prädisponiert zu **Venenthrombosen** (S. 364).

Ursachen der Herzinsuffizienz. Sie lasssen sich wie folgt klassifizieren:

- Die **Ventrikelfüllung** kann akut (z. B. Herzbeuteltamponade, extreme Tachykardie) oder chronisch (z. B. Trikuspidal- bzw. Mitralklappenstenose, Pericarditis constrictiva, hypertroph-nichtobstruktive oder primäre restriktive Kardiomyopathie) **behindert** sein.
- Kardiale Erregungsbildungs- und Erregungsleitungsstörungen können eine **zu geringe Herzfrequenz** oder **ungeordnete Kontraktion** bewirken.
- **Akute Druckbelastung** (z. B. des rechten Ventrikels bei massiver Lungenembolie oder des linken Ventrikels bei hypertensiver Krise) oder **akute Volumenbelastung** (z. B. des linken Ventrikels bei akuter Mitralklappeninsuffizienz infolge Papillarmuskelruptur oder beider Ventrikel bei Perforation des interventrikulären Septums) können eine akute Herzinsuffizienz verursachen.

  Bei Volumenbelastung dilatiert der Ventrikel und kann so bei gleicher Verkürzung der Sarkomere ein größeres Schlagvolumen fördern. Zugleich nimmt die Kontraktionskraft einer Myokardfaser nach dem Frank-Starling-Mechanismus zu. Aber es steigt auch die Wandspannung mit der Zunahme des Ventrikeldurchmessers und der durch die Aufdehnung bedingten Abnahme der Wanddicke, selbst wenn der Ventrikeldruck gleich bleibt; denn gemäß dem LaPlace-Gesetz ist die myokardiale Wandspannung (tangentiale Kraft/Querschnittsfläche) proportional zum Produkt aus (intrakavitärem) Ventrikeldruck und Ventrikeldurchmesser dividiert durch die Wanddicke.
- Bei **chronischer Volumenbelastung** (z. B. des linken Ventrikels bei Aortenklappeninsuffizienz, des rechten Ventrikels bei Vorhofseptumdefekt oder beider Ventrikel bei großer arterio-venöser Fistel) wird deshalb die Wanddicke an den erhöhten Ventrikeldurchmesser angepaßt: Exzentrische Hypertrophie. Auf **chronische Druckbelastung** (z. B. des rechten Ventrikels bei pulmonaler Hypertonie bzw. Pulmonalklappenstenose oder zuerst nur des linken Ventrikels bei arterieller Hypertonie bzw. Aortenklappenstenose) reagiert der betroffene Ventrikel dagegen mit konzentrischer Hypertrophie, denn die Wandspannung bleibt trotz erhöhter Druckbelastung normal, wenn bei weitgehend unverändertem Ventrikeldurchmesser die Wanddicke in gleichem Ausmaß erhöht wird. Bei Überlastung dilatiert jedoch auch hier der Ventrikel, wodurch die Wandspannung wieder steigt, denn einerseits nimmt der Ventrikeldurchmesser zu und andererseits durch die Aufdehnung die Wanddicke wieder ab. Der Ventrikel gleicht damit einer dekompensierten exzentrischen Hypertropie, bei der die Wanddicke nicht mehr mit dem Ventrikeldurchmesser Schritt halten konnte.
- **Verlust an funktionsfähigem Myokardgewebe** durch Myokardischämie kann eine akute Herzinsuffizienz oder durch Überlastung der verbliebenen funktionsfähigen Myokardzellen nach einem Myokardinfarkt eine chronische

Herzinsuffizienz verursachen. Eine Kontraktionsschwäche der Myokardzellen kann auch im Rahmen einer Kardiomyopathie (s. u.) entstehen.

Myokardhypertrophie entsteht, indem durch vermehrte Genexpression die Produktion kontraktiler Proteine steigt. Die Zahl der Myokardfibrillen nimmt zu, und sie werden durch Einbau weiterer Sarkomere länger. Schließlich beginnen sich unter pathologischen Bedingungen die Myokardzellen zu teilen (Hyperplasie). Das Wachstum der großen Koronararterien reicht hauptsächlich bei arteriosklerotischen Veränderungen oft nicht für eine genügende Koronarreserve aus. Auch die mittlere Kapillarlänge nimmt besonders bei dialatierten Herzen zu. Die Relation der Anzahl der Kapillaren zu den Muskelfasern bleibt dagegen weitgehend erhalten, ebenso die Relation der Mitochondrien zur Myofibrillenmasse. Die verlangsamte Kontraktion und Relaxation des hypertrophierten Myokards zusammen mit der (durch die Down-Regulation der β_1-Rezeptoren allerdings etwas geringer) erhöhten Herzfrequenz behindert außer der diastolischen Ventrikelfüllung auch die Koronardurchblutung. Die erhöhte Wandspannung komprimiert die Koronargefäße bei gleichzeitig erhöhtem Energiebedarf des Myokards. So können zur chronischen Druck- bzw. Volumenbelastung Myokardischämien hinzukommen.

Kardiomyopathie. Eine **Kardiomyopathie (Myokardiopathie)** wird (nach strenger Definition) durch unmittelbare Schädigung des Myokards und **nicht** durch hämodynamische Überlastung (z. B. bei arterieller Hypertonie, Herzklappenfehler) oder eine Koronarerkrankung verursacht. **Sekundäre** Kardiomyopathien besitzen eine bekannte **Ätiologie** bzw. treten im Rahmen einer auch andere Organe betreffenden Erkrankung (z. B. Sarkoidose) auf und werden nach diesen Ursachen unterteilt. Da klinisch eine ätiologische Diagnose in vielen Fällen jedoch nicht eindeutig erzielt werden kann, wird heute die **Klassifikation nach hämodynamischen Gesichtspunkten** in **dilatative** (kongestive), **hypertrophe** und **restriktive** (obliterative) Kardiomyopathie nicht mehr auf die **primären** Kardiomyopathien beschränkt. Wird jedoch z. B. von **der** dilatativen Kardiomyopathie gesprochen, so ist nach wie vor nur eine primäre Kardiomyopathie gemeint.

Bei einer **dilatativen Kardiomyopathie**, der häufigsten Form, entsteht aufgrund eingeschränkter systolischer Pumpfunktion eine Links- und Rechtsherzinsuffizienz. Oft entstehen Arrhythmien und in den dilatierten Herzhöhlen murale Thromben, besonders in der Spitze des linken Ventrikels. Ein Teil der primären (idiopathischen) dilatativen Kardiomyopathien könnte in Wirklichkeit die Folge einer akuten viralen Myokarditis (z. B. durch Coxsackie-Viren) sein. Die häufigste sekundäre dilatative Kardiomyopathie ist durch toxische Wirkung von Alkohol bedingt. Weitere Beispiele für sekundäre dilatative Kardiomyopathien sind die Herzbeteiligung bei Muskeldystrophie vom Typ Duchenne, Lupus erythematodes, Kwashiorkor oder Skorbut.

Bei der **hypertrophen Kardiomyopathie** hypertrophiert der linke Ventrikel ohne vorausgehende hämodynamische Belastung. Verminderte Dehnbarkeit und gestörte Relaxation behindern die diastolische Füllung. Der diastolische linksventrikuläre Druck ist trotz hyperdynamer linksventrikulärer Funktion erhöht, die Ventrikelhöhle eher klein. Die Dichte der spannungsabhängigen Calciumkanäle, die Dauer des Aktionspotentials und die intrazelluläre Calciumkonzentration ist im Myokard abnorm groß. Im allgemeinen bestehen regionale Unterschiede im Ausmaß der Hypertrophie. Wenn besonders der basisnahe Anteil des Ventrikelseptums betroffen ist, kann durch Einengung der subaortalen Ausflußbahn in der Austreibungsphase ein Druckgradient zwischen der Ventrikelhöhle und der Aorta entstehen. In diesen Fällen wird von **hypertroph-obstruktiver Kardiomyopathie** gesprochen. Der Gradient nimmt im Unterschied zur Aortenklappenstenose erheblich zu, wenn durch Abnahme des venösen Rückstroms das Ventrikelvolumen verkleinert wird oder durch Steigerung der Kontraktilität (z. B. tachykardiebedingte Erhöhung der sarkoplasmatischen Calciumkonzentration) bzw. durch Senkung des Aortendrucks das systolische Volumen vermindert und die Auswurfgeschwindigkeit erhöht wird. Wenn Patienten an hypertropher Kardiomyopathie sterben, so tritt der Tod meist plötzlich während oder kurz nach körperlicher Belastung ein. Ursächlich sind vermutlich ventrikuläre Arrhythmien.

Bei einer **restriktiven Kardiomyopathie**, der seltensten Form, ist die Dehnbarkeit der links- bzw. rechtsventrikulären Wände und die diastolische Füllung vermindert, ohne daß eine Myokardhypertrophie mit Vermehrung der kontraktilen Filamente die (Haupt-)Ursache ist. Bei der primären restriktiven Kardiomyopathie liegt eine Endomyokardfibrose mit oder ohne Eosinophilie vor, die häufig mit großen intraventrikulären Thromben einhergeht. Die wichtigsten Ursachen für sekundäre restriktive Kardiomyopathien sind Amyloidablagerungen, Hämochromatose, Glykogenspeicherkrankheiten, Sarkoidose und neoplastische Erkrankungen. Dieselben Ursachen können jedoch auch eine sekundäre Kardiomyopathie verursachen, die mehr dilatativ statt restriktiv ist, während bei der primären restriktiven Kardiomyopathie die Kontraktilität der Myokardzellen nur wenig leidet.

8. Erworbene Herzklappenfehler

Ursachen. Erworbene Herzklappenfehler werden verursacht durch:

- **Rheumatische Endokarditiden** im Gefolge pharyngealer Infektionen mit Streptokokken der Gruppe A. Dabei ist zumeist die Mitralklappe, nicht ganz so häufig die Aortenklappe, selten die Trikuspidalklappe und fast nie die Pulmonalklappe betroffen. Oft sind mehrere Herzklappen beteiligt und diese evtl. gleichzeitig insuffizient und stenosiert. So können z. B. beim kombinierten Mitralklappenfehler die Mitralklappensegel einerseits durch narbige Schrumpfung nicht dicht schließen und andererseits durch teilweise Verwachsung ihrer Ränder sich nicht weit genug öffnen.

- **Infektiöse Endokarditiden**. Im Gegensatz zu den rheumatischen Endokarditiden bedingen sie fast nur Klappeninsuffizienzen.
- **Degenerative Veränderungen** ohne Hinweis auf vorangegangene Entzündung. Bei der Mönckeberg-Aortenklappenstenose, die bei alten Menschen auftreten kann, fibrosieren, verlöten und verkalken die Valvulae semilunares der Aortenklappe.
- **Papillarmuskelruptur** infolge Myokardinfarkt oder Trauma. Meist sind die linksventrikulären Papillarmuskeln betroffen, so daß eine akute Mitralklappeninsuffizienz resultiert.
- **Relative Klappeninsuffizienzen**. Trotz intakter Klappensegel bzw. -taschen kann durch Erweiterung des Klappenrings eine sog. **relative Klappeninsuffizien** entstehen:
  - Relative Mitral- bzw. Trikuspidalklappeninsuffizienz durch Dilatation des linken bzw. rechten Ventrikels,
  - relative Aortenklappeninsuffizienz durch Aortendilatation (z. B. bei zystischer Medianekrose oder Lues) oder Aortenaneurysma,
  - relative Pulmonalklappeninsuffizienz bei pulmonaler Hypertonie (die häufigste Form der Pulmonalklappeninsuffizienz).

Mitralklappenstenose. Für eine ausreichende Füllung des linken Ventrikels muß ein diastolischer Druckgradient über die stenosierte Mitralklappe durch **Anstieg des linksatrialen Drucks** sorgen. Er muß um so höher sein, je enger das Ostium ist und je mehr Blut in der Diastole hindurch muß. Selbst bei gleichem Herzzeitvolumen muß die diastolische Blutströmung höher sein, wenn sich die relative Diastolendauer aufgrund einer Tachykardie verkürzt.

Der linke Vorhof hypertrophiert und dilatiert. Tritt mit zunehmender Dilatation **Vorhofflimmern** ein, so fällt die Vorhofsystole als Hilfe bei der Ventrikelfüllung aus und die **Linksherzinsuffizienz** verstärkt sich. Die Blutstase im dilatierten linken Vorhof, besonders bei Vorhofflimmern und vermindertem Herzzeitvolumen, fördert die Bildung von Thromben und arteriellen **Embolien**. Der erhöhte linksatriale Druck führt zur **Lungenstauung** und besonders bei rascher Verschlechterung zum **Lungenödem** (S. 409). Allmählich entsteht eine Pulmonalgefäßsklerose (S. 410) mit irreversibler Erhöhung des Lungengefäßwiderstands. Die **pulmonale Hypertonie** (S. 412) führt zu rechtsventrikulärer Hypertrophie.

Wird der rechte Ventrikel infolge der Druckbelastung insuffizient und dilatiert, kann zu einer relativen Pulmonalklappeninsuffizienz auch noch eine relative Mitralklappeninsuffizienz hinzutreten. Die **Rechtsherzinsuffizienz** vermindert die Lungenstauung wieder, jedoch zu Lasten des ohnehin eingeschränkten Herzzeitvolumens. Sie verursacht u. a. eine Vergrößerung des rechten Vorhofs und eine Erhöhung des zentralen Venendrucks.

Aufgrund des auch noch enddiastolisch erhöhten linksatrialen Drucks erfolgt der Mitralklappenschluß erst auf erhöhtem Druckniveau im schneller ansteigenden Bereich der linksventrikulären Druckkurve. Aufgrund des rascheren und bei höheren Energien erfolgenden Klappenschlusses ist der **1. Herzton** laut (**paukend**). Bei pulmonaler Hypertonie ist die Pulmonalkomponente des 2. Herztons laut und verspätet. Weil die Segel der Mitralklappe beim Öffnen abrupt behindert und gespannt werden, statt frei und weit aufzuschwingen, folgt dem 2. Herzton ein **Mitralöffnungston** nach. Je höher der linksatriale Druck ist, desto früher öffnen sich die Mitralklappen und desto kürzer ist der Abstand des Mitralöffnungstons zum 2. Herzton. Im Anschluß an den Mitralöffnungston und damit mit einem Intervall zum 2. Herzton strömt das Blut mit hoher Geschwindigkeit und unter Wirbelbildung durch das verengte Ostium, wodurch ein **diastolisches Intervallgeräusch** entsteht. Es besitzt aufgrund des während der Diastole abnehmenden Druckgradienten **Decrescendo**-Charakter. Bei erhaltener Vorhofkontraktion kommt gegen Ende der Diastole noch ein bis zum 1. Herzton reichendes **Crescendo**-Geräusch hinzu, das sog. **Präsystolikum**. Die Herzgeräusche sind am deutlichsten über der **Herzspitze** und in Linksseitenlage zu auskultieren.

Mitralklappeninsuffizienz. Für ein ausreichendes effektives Schlagvolumen des linken Ventrikels trotz **systolischer Regurgitation in den linken Vorhof** muß der linke Ventrikel sein Schlagvolumen erhöhen. Die chronische Volumenbelastung führt zu exzentrischer Hypertrophie (S. 324) des linken Ventrikels und zur Dilatation des linken Vorhofs. Nur in akuten oder in späten Stadien entsteht eine **Linksherzinsuffizienz**, wodurch der diastolische linksventrikuläre und linksatriale Druck erheblich ansteigt und eine **Lungenstauung** eintritt – mit den möglichen Folgen einer **Rechtsherzinsuffizienz** wie bei der Mitralklappenstenose. Auch bei der Mitralklappeninsuffizienz tritt infolge Dehnung des linken Vorhofs schließlich **Vorhofflimmern** auf. Aufgrund der systolischen Strömungen im linken Vorhof sind **Thromboembolien** seltener als bei der Mitralklappenstenose.

Weil nur ein Teil des zu Beginn der Anspannungsphase in Richtung insuffizienter Mitralklappe geschleuderten Blutes durch den unvollständigen Schluß abgebremst wird, ist der **1. Herzton leise**. Das durch die Regurgitation erzeugte **Systolikum** geht unmittelbar aus dem 1. Herzton hervor und läßt sich am besten über der **Herzspitze** und in Linksseitenlage auskultieren. Es wird meist in die Axilla fortgeleitet. Aufgrund der raschen und voluminösen Füllung des linken Ventrikels entsteht bei schwerer Mitralklappeninsuffizienz auch ohne Herzinsuffizienz ein **3. Herzton** in der Protodiastole. Im Gegensatz zum Mitralöffnungston ist er niederfrequent und setzt erst später als 0,13 s nach dem 2. Herzton ein.

Aortenklappenstenose. Für ein normales Schlagvolumen des linken Ventrikels muß ein systolischer Druckgradient über die stenosierte Aortenklappe durch **Anstieg des linksventrikulären Drucks** und eine **verlängerte Austreibungsphase** sorgen. Während in der Aorta der Blutdruck während der Austreibungszeit nur träge ansteigt, und seine Amplitude vermindert ist, kann der intraventrikuläre systolische Druck bis zu ca. 40 kPa (300 mm Hg) erreichen. Die linksventrikuläre konzentrische Hypertrophie (aufgrund der Druckbelastung, S. 324) vermindert die Dehnbarkeit des Myokards und erhöht geringfügig den diastolischen linksventrikulären und linksatrialen Druck auch ohne Symptome einer Linksherzinsuffizienz.

Selbst eine hochgradige Aortenklappenstenose dekompensiert im allgemeinen erst spät (**Linksherzinsuffizienz**). Abnahme des peripheren Widerstands durch Vasodilatation in den arbeitenden Muskeln bei evtl. aufgrund des hohen intraventrikulären Drucks reflektorisch gehemmter Vasokonstriktion in anderen Gefäßgebieten senkt dann bei körperlicher Belastung den Aortendruck. Zusammen mit dem erhöhten linksventrikulären diastolischen Intramuraldruck bei verkürzter Diastole wird dadurch die Koronarperfusion für den abnorm hohen myokardialen O_2-Bedarf ungenügend. **Angina pectoris** ist deshalb ein häufiges Symptom. Ischämie, Hypertrophie und Dehnung des Myokards begünstigen **Herzrhythmusstörungen**, die die Gefahr zerebraler Minderperfusionen und damit von **Synkopen** noch verstärken. Wie bei den Mitralklappenvitien kann eine **Lungenstauung und Rechtsherzinsuffizienz** folgen. Dazu kann auch eine durch die Dilatation des insuffizienten linken Ventrikels entstandene relative Mitralklappeninsuffizienz beitragen.

Das Maximum der Blutströmung durch die stenosierte Aortenklappe während der Austreibungsphase und damit auch das Maximum des **spindelförmigen Systolikums** wird um so später während der Systole erreicht, je hochgradiger die Stenose ist. Das Systolikum beginnt im Gegensatz zum Refluxgeräusch der Mitralklappeninsuffizienz erst nach der Anspannungsphase und ist deshalb durch ein kurzes Intervall vom vorangegehenden 1. Herzton getrennt. Es wird am deutlichsten in einem Areal auskultiert, das vom **2. Intercostalraum rechts parasternal zum Erb-Punkt** (3. Intercostalraum links parasternal) zieht, und **in die Carotiden fortgeleitet**. Die Carotispulskurve zeigt in ihrem trägen systolischen Anstieg zusätzliche Schwingung in Form des Hahnenkammphänomens.

Aortenklappeninsuffizienz. Für ein ausreichendes effektives Schlagvolumen trotz **diastolischer Regurgitation aus der Aorta** muß der linke Ventrikel sein Gesamtschlagvolumen in die Aorta um das Pendelvolumen vergrößern. Dadurch **steigt der systolische Blutdruck**, während **der diastolische Blutdruck** durch das „Leck im Windkessel" der Aorta **sinkt**. Die starken arteriellen Pulsationen können an den Halsarterien eine systolische Vorwärtsbewegung des Kopfes auslösen. Die chronische Volumenbelastung führt zu exzentrischer Hypertrophie (S. 324) des linken Ventrikels.

Erst bei schwerer chronischer Aortenklappeninsuffizienz steigt außer dem enddiastolischen auch das endsystolische Volumen im linken Ventrikel sowie der diastolische Druck deutlich an. Die beginnende **Linksherzinsuffizienz** führt häufig zu **Angina pectoris**, weil der koronare Einstrom, der im wesentlichen in der Diastole erfolgt, durch den verminderten diastolischen Aortendruck und den erhöhten linksventrikulären diastolischen Intramuraldruck für den abnorm hohen myokardialen O_2-Bedarf nicht mehr ausreicht. Wie bei der Aortenklappenstenose können **Herzrhythmusstörungen** und **Synkopen** auftreten. Mit zunehmendem diastolischen Druck wird die linksventrikuläre Füllung behindert, zudem kann eine relative Mitralklappeninsuffizienz entstehen. Wie bei allen Klappenvitien der linken Herzseite kann eine **Lungenstauung und Rechtsherzinsuffizienz** folgen.

Das durch die Regurgitation erzeugte **Diastolikum** beginnt mit dem 2. Herzton und besitzt aufgrund der Abnahme des Druckgradienten zwischen Aorta und linkem Ventrikel während der Diastole **Decrescendo-Charakter**. Das leise Diastolikum einer leichten Aortenklappeninsuffizienz erlischt deshalb noch innerhalb der Diastole. Andererseits endet bei sehr schwerer Aortenklappeninsuffzienz die Regurgitation, sobald Druckausgleich zwischen Aorta und linkem Ventrikel eintritt. Das Punctum maximum des Diastolikums befindet sich meist im **3. oder 4. Intercostalraum links parasternal**. Der aortale Regurgitationsstrom gegen das anteriore Mitralklappensegel kann ein zusätzliches Diastolikum verursachen. Dieses Austin-Flint-Geräusch ist ein präsystolisches bzw. mesodiastolisches, tieffrequentes Geräusch über der Herzspitze. Im Gegensatz zum Diastolikum bei organischer Mitralstenose steigt (z. B. bei isometrischer Skelettmuskelkontraktion) bzw. sinkt (z. B. nach Gabe vom Amylnitrit) seine Intensität mit dem peripheren Widerstand. Bei schwerer Aortenklappenstenose kann schließlich durch den schnellen und voluminösen Auswurf in die Aorta ein Systolikum entstehen, das einer leichten Aortenklappenstenose gleicht (funktionelle Aortenklappenstenose). In der Carotispulskurve ist in ausgeprägten Fällen der systolische Anstieg besonders steil, der Gipfel gespalten und die Aortenklappenschluß-Inzisur verstrichen.

Trikuspidalklappenstenose. Für eine ausreichende Füllung des rechten Ventrikels muß ein diastolischer Druckgradient über die stenosierte Trikuspidalklappe durch **Anstieg des rechtsatrialen Drucks** sorgen. Der rechte Vorhof hypertrophiert und dilatiert, was auch die Neigung zu **Vorhofflimmern** erklärt. Bei erhaltenem Sinusrhythmus entsteht mit der Vorhofkontraktion eine besonders hohe a-Welle in der Jugularvenenpulskurve. Der Zentralvenendruck steigt, die Vv. cavae erweitern sich und frühzeitig stellen sich Symptome der **Rechtsherzinsuffizienz** ein. Das Herzzeitvolumen ist unter Arbeit kaum steigerbar, so daß sich auch Zeichen linksventrikulären Vorwärtsversagens zeigen (z. B. Schwäche).

Das diastolische Geräusch, bestehend aus einem **diastolischen Intervallgeräusch** mit **Decrescendocharakter** und einem **Präsystolikum**, wird im Unterschied zur Mitralklappenstenose **bei Inspiration** durch den vermehrten venösen Rückfluß zum Herzen **lauter** und am deutlichsten im **4. Intercostalraum links parasternal bzw. über dem Processus xyphoideus** gehört. Ein Trikuspidalöffnungston ist nur selten auskultierbar.

Trikuspidalklappeninsuffizienz. Durch die **systolische Regurgitation in den rechten Vorhof** entsteht eine Volumenbelastung des rechten Ventrikels mit exzentrischer Hypertrophie (S. 324). In der Jugularvenenpulskurve findet sich eine systolische Refluxwelle statt dem x-Tal. Ausgeprägte Zeichen der **Rechtsherzinsuffizienz** fehlen bei der (allerdings seltenen) isolierten Trikuspidalklappeninsuffizienz. Die Dilatation des rechten Ventrikels prädisponiert zu **Rechtsschenkelblock** und die Dilatation des rechten Vorhofs zu **Vorhofflimmern**.

Das **Systolikum** wird im Unterschied zur Mitralklappeninsuffizienz durch die vermehrte rechtsventrikuläre Füllung **bei Inspiration lauter** und am deutlichsten im **4. oder 5. Intercostalraum links parasternal** gehört.

Pulmonalklappeninsuffizienz. Für ein effektives ausreichendes Schlagvolumen trotz **diastolischer Regurgitation aus dem Truncus pulmonalis** muß der rechte Ventrikel sein Gesamtschlagvolumen in die Pulmonalarterien vergrößern. Die chronische Volumenbelastung führt zu exzentrischer Hypertrophie (S. 324) des rechten Ventrikels und Dilatation der Pulmonalarterien. In den seltenen Fällen ohne zusätzliche pulmonale Hypertonie sind die Veränderungen allerdings im allgemeinen unbedeutend und führen nicht zur **Rechtsherzinsuffizienz**.

Das durch die Regurgitation erzeugte **Diastolikum** hat sein Punctum maximum im **2. oder 3. Intercostalraum links parasternal** und beginnt erst nach dem Pulmonalsegment des 2. Herztons.

9. Angeborene Herz- und Gefäßmißbildungen

Pulmonalstenose. Die Pulmonalstenose kann in der Ebene der Pulmonalklappe (valvulär), darunter im rechten Ventrikel oder darüber in der pulmonalarteriellen Strombahn liegen. Wenn das systolische Maximum des Druckgradienten über die Stenose weniger als 50 mm Hg beträgt, bleiben Beschwerden im allgemeinen aus. Ansonsten entstehen je nach Grad der Einengung früher oder später **Belastungsdyspnoe, periphere Zyanose** und evtl. **Synkopen** durch das verminderte Herzzeitvolumen. Die konzentrische Hypertrophie (S. 324) des rechten Ventrikels kann bei hochgradigen Stenosen einen höheren systolischen Druck im rechten als im linken Ventrikel ermöglichen, was nach Überwinden der ersten kritischen Lebenszeit oft lange beschwerdefrei toleriert wird. Die kräftigen Kontraktionen des rechten Vorhofs zur Überwindung des erhöhten diastolischen Ventrikeldrucks führen zu einem 4. Herzton und zu einer überhöhten a-Welle im Jugularvenenpuls. Analog zur Aortenklappenstenose (S. 329) entsteht ein **spindelförmiges systolisches Intervallgeräusch**, dessen Punctum maximum jedoch im **2. oder 3. Intercostalraum parasternal links** liegt und das über die Aortenkomponente des 2. Herztons hinweg bis zur (verspäteten) Pulmonalkomponente andauern kann.

Aortenklappenstenose und subvalvuläre Aortenstenose. Die angeborene Aortenklappenstenose unterscheidet sich pathophysiologisch nicht von der erworbenen (S. 329). Dies gilt auch für die subvalvuläre Aortenstenose, sofern es sich nicht, wie zumeist, um eine Form der hypertroph-obstruktiven Kardiomyopathie (S. 326) handelt.

Aortenisthmusstenose ohne zusätzliche Mißbildungen. Die Aorta ist nach dem Abgang der linken A. subclavia im Bereich des Ligamentum arteriosum, dem obliterierten Rest des Ductus arteriosus (Botallo), stenosiert. Zur Überbrükkung der Stenose bilden sich Kollateralgefäßkreisläufe, u. a. auf beiden Seiten über die A. subclavia, die A. thoracica interna und die Intercostalarterien zur Aorta descendens. Durch Druck der erweiterten Intercostalarterien werden die Unterränder besonders der 3. und 4. Rippe im hinteren Rippenabschnitt bogig arrodiert. Diese **Rippenusuren** sind radiologisch meist ab dem 10. Lebensjahr sichtbar.

Die prästenotische Erhöhung des arteriellen Blutdrucks wird durch eine Aktivierung des Renin-Angiotensin-Aldosteron-Systems infolge renaler Minderperfusion und eine Adaptation der Barorezeptoren verstärkt. Aufgrund verminderter Windkesselfunktion der Aorta ist der systolische Blutdruck sehr viel mehr als der diastolische betroffen. Die **arterielle Hypertonie im cranialen Körperabschnitt** kann Kopfschmerzen, Nasenbluten, Herzinsuffizienz, Aortendissektion, Aortenruptur und cerebrale Blutungen verursachen. Wird die Stenose nicht beseitigt, so beträgt die mittlere Lebenserwartung nur etwa 35 Jahre.

In der caudalen Körperhälfte ist der systolische Blutdruck, jedoch nicht unbedingt der arterielle Mitteldruck, erniedrigt. Eine Minderperfusion kann sich durch rasche Ermüdbarkeit der Beine beim Gehen und durch kalte Füße bemerkbar machen.

Auskultatorisch findet sich meist ein **spindelförmiges, spätsystolisch** beginnendes und über den 2. Herzton hinaus in die Diastole hineinreichendes Geräusch mit Punctum maximum **zwischen den Schulterblättern paravertebral links**.

Vorhofseptumdefekt. Der Druckunterschied zwischen linkem und rechtem Vorhof beträgt normal nur etwa 5 mm Hg und wird bei größeren Vorhofseptumdefekten unmeßbar klein. Trotzdem fließt meist ein Mehrfaches des Herzzeitvolumens über den Vorhofseptumdefekt vom linken in den rechten Vorhof, weil der rechte Ventrikel aufgrund der weitaus geringeren Muskelmasse eine höhere Dehnbarkeit (Compliance) als der linke Ventrikel besitzt. Der **Links-Rechts-Shunt** verursacht eine **Volumenbelastung und Dilatation des rechten Vorhofs und Ventrikels** sowie einen erhöhten pulmonalen Blutfluß. Der linke Vorhof ist nicht vergrößert. Im ersten Lebensjahrzehnt sind, von einer Neigung zu bronchialen Infekten abgesehen, 71% der Patienten symptomfrei, von den über 40jährigen Patienten dagegen nur noch 4%. Am häufigsten wird über Belastungsdyspnoe, Schwäche und Palpitationen geklagt. Bis zum 40. Lebensjahr führt die chronische Volumenbelastung der Lungenstrombahn durch Lungengefäßveränderungen bei etwa einem Drittel der Patienten zu einer **pulmonalen Hypertonie**. Außerdem wird durch die rechtsventrikuläre Dilatation das interventrikuläre Septum nach links verlagert, so daß es die linksventrikuläre Füllung behindert und das linksventrikuläre Schlagvolumen zusätzlich einschränkt. Die Vorhofdilatation begünstigt die Entstehung von **Vorhofflimmern**, das sich bei mehr als 13% der über 40jährigen Patienten findet.

Die pulmonale Hypertonie führt zu einer Druckbelastung des rechten Ventrikels. Die dadurch bedingte hypertrophe Wandverdickung kann die Dehnbarkeit des rechten Ventrikels so sehr herabsetzen, daß sich bei einem kleinen Teil der Patienten mit einem Vorhofseptumdefekt die Richtung des Shunts umkehrt und durch die venöse Beimischung aus dem rechten Vorhof zum arteriellen Blut eine zentrale Zyanose entsteht. Die **Umkehr eines Links-Rechts-Shunts in einen Rechts-Links-Shunt** durch Anstieg des Lungengefäßwiderstands wird **Eisenmenger-Reaktion** genannt.

Da der Links-Rechts-Shunt des Vorhofseptumdefekts im Niederdruckbereich erfolgt, bleibt er selbst geräuschlos. Durch den enormen Blutfluß durch die Pulmonalklappe entsteht stattdessen das Geräusch einer Pulmonalklappenstenose (S. 332), auch wenn der Druckgradient über die Klappe im allgemeinen allenfalls gering erhöht ist. Dieser sog. **funktionellen Pulmonalklappenstenose** fehlt jedoch die Atemvariabilität der Spaltung des 2. Herztons.

Fallot-Trilogie. Bei der Kombination einer schweren **Pulmonalstenose** mit einem **persistierenden Foramen ovale** oder seltener einem (echten) Vorhofseptumdefekt besteht ohne pulmonale Hypertonie ein **Rechts-Links-Shunt**. Die **zentrale Zyanose** wird meist erst im 10. – 15. Lebensjahr manifest und tritt besonders während körperlicher Belastung auf, da hierbei der Druck im rechten Vorhof aufgrund der verminderten diastolischen Dehnbarkeit des hypertrophierten rechten Ventrikels stärker als im linken Vorhof ansteigt.

Ventrikelseptumdefekt. Beträgt der **Links-Rechts-Shunt** vom linken zum rechten Ventrikel nur maximal ein Drittel bis die Hälfte des pulmonalen Flusses, bleiben die Patienten im allgemeinen bis auf ein sehr lautes („viel Lärm um nichts"), hochfrequentes, **holosystolisches**, erst kurz nach dem 2. Herzton endendes Herzgeräusch mit Punctum maximum im **3. oder 4. Intercostalraum parasternal links** asymptomatisch. Häufig verschließen sich diese kleinen Ventrikelseptumdefekte sogar in den ersten Lebensjahren spontan.

Bei großen Ventrikelseptumdefekten kommt zur **Volumenbelastung des linken Vorhofs, linken und rechten Ventrikels** eine **Druckbelastung des rechten Ventrikels** hinzu. Aufgrund des verminderten Druckgradienten vom linken zum rechten Ventrikel ist das **Geräusch** des Links-Rechts-Shunts **spindelförmig, kürzer und leiser**. Meist zwischen dem 2. und 6. Lebensmonat treten die Symptome einer häufig tödlichen **Herzinsuffizienz** auf. Anstieg des Lungengefäßwiderstands und evtl. auch eine Verkleinerung des Defekts senkt das Shunt-Volumen und bessert die Situation der Überlebenden in den nächsten Monaten. Aufgrund der Volumen- und Druckbelastung setzen jedoch auch irreversible Veränderungen der Lungenarterien ein, so daß schon in den ersten Lebensjahren eine fixierte **pulmonale Hypertonie** droht. Unbehandelt folgt häufig schon im Adoleszentenalter eine **Shunt-Umkehr** mit zentraler Zyanose (durch venöse Beimischung aus dem rechten Ventrikel zum arteriellen Blut im linken Ventrikel), Dyspnoe und schließlich Rechtsherzinsuffizienz.

Persistierender Ductus arteriosus (Botallo). Der **Links-Rechts-Shunt** von der Aorta zur Bifurkation des Truncus pulmonalis erhöht die Lungendurchblutung und führt zu einer **Volumenbelastung und Dilatation des linken Vorhofs und Ventrikels sowie des Aortenbogens**. Durch das „Leck im Windkessel" der Aorta **steigt die Amplitude des arteriellen Blutdrucks**. Bei engem und langstreckigem Ductus arteriosus schützt der hohe Shunt-Widerstand weitgehend vor einer Übertragung des Aortendrucks auf die Pulmonalarterien, und die linksventrikuläre Volumenbelastung kann meist bis ins hohe Alter problemlos bewältigt werden. Bei entsprechend weitem bzw. kurzem Ductus arteriosus tritt jedoch schon im Kindesalter eine **pulmonale Hypertonie** mit Druckbelastung des rechten Herzens und schließlich **Shunt-Umkehr** auf. Die Shunt-Umkehr verursacht aufgrund der Einmündung des Ductus arteriosus in die Aorta distal des Abgangs des Truncus brachiocephalicus, der A. carotis communis sinistra und A. subclavia sinistra anfänglich nur eine **Zyanose an der caudalen Körperhälfte**.

Sofern keine ausgeprägte pulmonale Hypertonie vorliegt, besteht über dem Ductus arteriosus sowohl systolisch als auch diastolisch ein Druckgradient. Es entsteht ein **kontinuierliches Geräusch**, das kurz vor dem 2. Herzton am lautesten ist und dessen Punctum maximum im **2. Intercostalraum parasternal links** liegt.

Transposition der großen Arterien. Bei kompletter Transposition entspringt die Aorta dem rechten Ventrikel anterior vom Truncus pulmonalis, der dem linken Ventrikel entspringt. Sofern nicht der rechte Vorhof in den linken Ventrikel und der linke Vorhof in den rechten Ventrikel mündet (seltene sog. korrigierte Transposition), sind Pulmonal- und Systemkreislauf parallel statt hintereinander geschaltet, so daß nach der Geburt Querverbindungen zum Austausch von arteriellem (sauerstoffreichem) Blut aus dem Pulmonalkreislauf und venösem (sauerstoffarmem) Blut aus dem Systemkreislauf zum Leben bestehen müssen. Solange beim Neugeborenen in den ersten Stunden und Tagen das Foramen ovale und der Ductus artiosus (Botallo) noch einen größeren interatrialen bzw. aortopulmonalen Blutaustausch ermöglichen, besteht nur eine geringe **zentrale Zyanose**. Mit zunehmendem Verschluß des Foramen ovale und des Ductus arteriosus verstärkt sich die Zyanose und ohne Eingriff oder zusätzliche Querverbindung über einen Ventrikelseptumdefekt stirbt das Kind in den ersten Lebenswochen an **Hypoxie** und **Herzinsuffizienz**.

Bei **Transposition der großen Arterien und einem Ventrikelseptumdefekt** (jedoch ohne Pulmonalstenose) fließt das Blut aufgrund des gegenüber dem Körperkreislauf geringeren Lungengefäßwiderstands vorwiegend vom rechten zum linken Ventrikel und **vermehrt die Lungendurchblutung**. Der erhöhte Druck im linken Vorhof begünstigt den Schluß des Foramen ovale und trotz relativ geringer zentraler Zyanose können rasch **Tachypnoe, Lungenödem und Herzinsuffizienz** auftreten. Wird diese kritische Zeit – insbesondere durch Offenbleiben einer interatrialen Verbindung – überlebt, droht diesen Kindern schon in den ersten Lebensjahren eine irreversible **pulmonale Hypertonie** infolge Pulmonalgefäßveränderungen.

Fallot-Tetralogie. Sie besteht aus

1. **Ventrikelseptumdefekt**,
2. über diesem Defekt **reitender Aorta**,
3. **Pulmonalstenose**,
4. konsekutiver **rechtsventrikulärer Hypertrophie**.

Sobald die Pulmonalstenose einen gewissen Grad erreicht, strömt ein Teil des (venösen) Blutes aus dem rechten Ventrikel statt in die Pulmonalarterien in die reitende Aorta. Dieser **Rechts-Links-Shunt** verursacht eine **zentrale Zyanose**. Die Zyanose wird im allgemeinen erst Wochen nach der Geburt deutlich, u. a. weil über den noch offenen Ductus arteriosus (Botallo) ein gewisser Ausgleich der verminderten Lungendurchblutung möglich ist. Zur Verringerung ihrer Dyspnoe nehmen die Kinder nach körperlicher Belastung oder auch schon beim normalen Spielen eine **Hockstellung** ein. Die Kompression der Aorta abdominalis und der Femoralarterien verringert durch Erhöhung des Gefäßwiderstands im Körperkreislauf den Rechts-Links-Shunt und verbessert die Lungendurchblutung. Wenn die β-Adrenozeptoren bei Belastung oder Aufregung vermehrt stimuliert werden, kann die Pulmonalstenose durch verstärkte Kontraktion des Myokards im rechtsventrikulären Ausflußtrakt zunehmen und sich die Hypoxie anfallsartig bedrohlich verstärken. Infolge der chronischen arteriellen Hypoxie entwickelt sich eine schwere **Polyglobulie** mit der Gefahr besonders von **cerebralen Gefäßverschlüssen**.

Auskultatorisch findet sich das **Geräusch der Pulmonalstenose** (S. 332), das allerdings hier mit zunehmendem Schweregrad der Pulmonalstenose leiser und kürzer wird. Denn bei schwerer Pulmonalstenose gelangt weniger Blut durch die Pulmonalstenose, weil mehr über den Ventrikelseptumdefekt entweicht.

VI. Kreislauf

1. Arterielle Hypertonie

Definition und Einteilung. Bei Erhöhung des arteriellen Blutdrucks auf mindestens **140–160 mm Hg systolisch** und/oder **90–95 mm Hg diastolisch** in Ruhe liegt eine arterielle Hypertonie vor. Für Kinder werden niedrigere, mit dem Lebensalter bzw. der Körpergröße ansteigende, Grenzwerte angegeben. Da der Blutdruck schon durch psychische Belastung in der Meßsituation erhöht sein kann, wird die Wahrscheinlichkeit einer Fehldiagnose durch Bestimmung an mehreren Tagen vermindert.

Nach ihrer Pathogenese lassen sich folgende Hypertonieformen unterscheiden:

- **Widerstandshochdruck**. Der diastolische und sekundär auch der systolische Blutdruck steigen an, wenn sich der totale periphere Widerstand bei unvermindertem Herzzeitvolumen erhöht.
- **Minutenvolumenhochdruck**. Der systolische, jedoch nicht der diastolische Blutdruck steigt, wenn das Herzzeitvolumen bei unverändertem totalem peripheren Widerstand zunimmt.
- **Elastizitätshochdruck**. Eine arterielle Hypertonie kann jedoch auch ohne Erhöhung des arteriellen Mitteldrucks auftreten, wenn nämlich die Zunahme des systolischen Blutdrucks mit einer entsprechenden Abnahme des diastolischen Blutdrucks einhergeht. Dies ist z. B. der Fall, wenn im Alter und durch Arteriosklerose die großen arteriellen Gefäße weit und relativ starr werden, d. h. ihre Dehnbarkeit und Windkesselfunktion weitgehend einbüßen.
  Weitere Beispiele sind eine hochgradige Bradykardie, eine Aortenklappeninsuffizienz oder eine großkalibrige arterio-venöse Fistel. Da hypertoniebedingte Schäden ausbleiben, und eine antihypertensive Therapie sogar kontraindiziert ist, wird eine systolische Hypertonie ohne erhöhten arteriellen Mitteldruck nicht zur Hypertonie im engeren Sinn gerechnet.

Eine gebräuchliche Einteilung der arteriellen Hypertonie orientiert sich jedoch nicht an pathogenetischen, sondern an ätiologischen Gesichtspunkten (Tabelle S. 338).

Primäre (essentielle) Hypertonie. Bei der primären Hypertonie läßt sich definitionsgemäß im Gegensatz zu einer sekundären Hypertonie eine spezifische Ursache nicht benennen. Es handelt sich wahrscheinlich um eine heterogene

Formen der **arteriellen Hypertonie** und ihre Häufigkeit[1]		
primäre (= essentielle) Hypertonie	:	~93%
sekundäre Hypertonie:		
renale Hypertonie	:	~ 4%
endokrine Hypertonie medikamentöse Hypertonie	}	~ 2%
kardiovaskuläre Hypertonie neurogene Hypertonie schwangerschaftsinduz. Hypertonie	}	< 1%

[1] geschätzter relativer Anteil an der Gesamtprävalenz der arteriellen Hypertonie

Gruppe von Hypertonieformen, bei denen die im folgenden angeführten Faktoren **bei polygen vererbter Disposition** mehr oder weniger stark mitbeteiligt sind:

- **Aktivierung des sympathoadrenalen Systems**. Psychosozialer Streß erhöht das Risiko für eine chronische arterielle Hypertonie. Eine derartige Aktivierung des sympathoadrenalen Systems könnte ein Grund für das anfänglich bei der essentiellen Hypertonie vermehrte Herzzeitvolumen und den hierfür nicht angemessen verminderten totalen peripheren Widerstand sein. Ein chronisch erhöhter arterieller Mitteldruck führt zu einer reversiblen und später irreversiblen Erhöhung des totalen peripheren Widerstands. Die **reaktive Mediahypertrophie** der druckbelasteten Widerstandsgefäße und **arteriosklerotische Veränderungen** dürften dabei eine wichtige Rolle spielen. In den häufiger zu beobachtenden späteren Stadien der essentiellen Hypertonie findet sich typischerweise nur noch ein vermehrter totaler peripherer Widerstand bei normalem oder vermindertem Herzzeitvolumen. Bei einem Teil der Patienten mit essentieller Hypertonie wurde überdies eine verstärkte vasokonstriktorische Wirkung von **Noradrenalin** nachgewiesen.
  Der Venentonus ist eher hoch. Ohne eingeschränkte Herz- und Nierenfunktion ist das Plasma- und Blutvolumen im allgemeinen unverändert oder vermindert. Die Renin-Aktivität im Plasma ist bei knapp 65% der Patienten normal und bei etwa 20% sogar vermindert, d. h. zumeist allenfalls relativ zu hoch. Doch auch die erhöhte Reninaktivität in den restlichen ≈15% der Fälle muß nicht die primäre Ursache der Hypertonie darstellen, sondern kann Folge z. B. einer vermehrten sympathischen Aktivität oder einer renalen Minderdurchblutung bei hochdruckbedingter Nierenschädigung (s. u.) sein. Eine chronische arterielle Hypertonie verursacht u. a. durch Verdickung und Versteifung der Arterienwände eine Abnahme der Sensiti-

vität der **Barorezeptoren**. Dies trägt dazu bei, daß ohne Therapie der Blutdruck bei essentieller Hypertonie mit dem Alter meist weiter ansteigt.

- **Kochsalzkonsum**. Ein Teil der Patienten mit essentieller Hypertonie ist „salzempfindlich", d. h. durch Verminderung einer unnötig hohen täglichen **Natriumchlorid-Zufuhr** wird die arterielle Hypertonie gebessert oder, wenn der Blutdruck nur gering erhöht war, sogar beseitigt. Bei diesen Patienten nimmt mit der NaCl-Zufuhr die Natrium-Konzentration in den glatten Gefäßmuskelzellen zu, was über eine Beeinträchtigung der Natrium/Calcium-Austauschmechanismen an der Zellmembran die cytosolische Calcium-Konzentration und damit den Gefäßmuskeltonus steigert.
- **Adipositas**. Gewichtsabnahme bei Hypertonikern mit **Übergewicht** senkt gewöhnlich den Blutdruck und zwar nicht nur über eine verminderte NaCl-Aufnahme, sondern auch über Abnahme der „Salzempfindlichkeit". Bei Übergewichtigen sind im Mittel die Plasmakonzentrationen von Aldosteron, Insulin und Noradrenalin größer als bei Normalgewichtigen, was zur ungenügenden NaCl-Ausscheidung unter NaCl-Belastung beitragen kann.
- **Alkoholabusus** steigert den arteriellen Ruheblutdruck.

Bei der essentiellen Hypertonie ohne renale oder kardiale Folgeschäden ist der nächtliche Blutdruckabfall im allgemeinen erhalten, bei den sekundären Hypertonieformen (ohne die kardiovaskuläre Hypertonie) dagegen meist nicht.

Die arterielle Hypertonie zählt zu den bedeutendsten Risikofaktoren der **Arteriosklerose** (S. 353). Die chronische Druckbelastung des linken Herzventrikels führt zur **Myokardhypertrophie, Links-** und schließlich auch **Rechtsherzinsuffizienz** sowie **Myokardischämien** (S. 324 f). Die Media der Hirnarteri(ol)en verdickt sich als Reaktion auf eine chronische Druckerhöhung, was den Autoregulationsbereich zu höheren Drücken verschiebt und zusammen mit den übrigen arteriosklerotischen Veränderungen der Hirngefäße die Versorgung des Hirngewebes behindert. Plötzlicher Druckabfall, z. B. nur regional durch Entstehung eines stenosierenden wandständigen Thrombus, kann so auch bei erhöhten systemischen Blutdruckwerten zu einer ischämischen Schädigung im Gehirn führen. Umgekehrt können auch durch passagere starke Blutdruckanstiege (hypertensive Krisen) Ischämien, Hirnblutungen und Hirnödeme (S. 480) verursacht werden. Arterioläre Spasmen scheinen entgegen früherer Ansicht an der **hypertensiven Enzephalopathie** nicht beteiligt zu sein. Die chronische arterielle Hypertonie ist der wichtigste Risikofaktor der **koronaren Herzkrankheit** und des **Schlaganfalls**. Ihre Bedeutung für die periphere arterielle Verschlußkrankheit (S. 359) steht dagegen hinter anderen Risikofaktoren zurück. Die reaktiven Gefäßveränderungen und deren Folgen sind an der **Retina** durch Ophthalmoskopie zu beobachten.

Infolge chronischer arterieller Hypertonie auftretende arteriosklerotische Läsionen des renalen Gefäßsystems können die glomeruläre Filtrationsrate vermindern und die Tubulusfunktionen beeinträchtigen. So entwickelt ein Teil der Patienten mit unbehandelter arterieller Hypertonie auch ohne primäre Nierenerkrankung schließlich eine **Niereninsuffizienz**.

Renale Hypertonie. Es wird die renal-parenchymatöse Hypertonie von der selteneren renovaskulären Hypertonie unterschieden:

- Die **renal-parenchymatöse Hypertonie** wird am häufigsten durch eine chronische Pyelonephritis oder Glomerulonephritis (S. 379) verursacht und ist in erster Linie Folge einer vermehrten **Retention von Natrium und Wasser**. Dabei steigen zunächst das Herzschlag- und Herzzeitvolumen und später der totale periphere Widerstand an. In einem Teil der Fälle spielen auch von der kranken Niere produzierte pressorische Faktoren (insbesondere Renin) eine bedeutsame Rolle, so daß außer einer Normalisierung des extrazellulären Volumens eine ein- oder beidseitige Nephrektomie indiziert sein kann.
- Die **renovaskuläre Hypertonie** entsteht durch erhebliche **Einengung einer oder beider Nierenarterien und/oder ihrer Aufzweigungen**. Als Ursache kommen
  - eine Veränderung dieser Arterien selbst (z. B. Arteriosklerose, fibromuskuläre Gefäßwandhyperplasie, Thrombose, Embolie) oder
  - eine Kompression dieser Arterien (z. B. durch extrarenale Tumoren, retroperitoneale Fibrose) in Betracht.

Der verminderte Perfusionsdruck hinter der Einengung bewirkt eine vermehrte Reninsekretion aus dem juxtaglomerulären Apparat. Dies führt zu einer gesteigerten Bildung von Angiotensin II, das

- besonders an den präkapillären Widerstandsgefäßen direkt vasokonstriktorisch wirkt,
- die sympathische Aktivität fördert und
- u. a. durch Stimulation der Aldosteronsekretion die renale Natrium- und Wasserausscheidung drosselt.

Die entstehende arterielle Hypertonie steigert den Perfusionsdruck, so daß die Reninaktivität im peripheren Blut vielfach in den Normalbereich zurückkehrt, obwohl sie vermutlich weiterhin inadäquat ist. Selbst die Bestimmung des Quotienten der renalvenösen Reninaktivität zwischen stenosierter und nichtstenosierter Niere ergibt nicht immer eindeutige Befunde. Bei lange bestehender renovaskulärer Hypertonie entstehen in den unbehindert durchbluteten Nierenbezirken (z. B. in einer gesunden kontralateralen Niere) irreversible hochdruckbedingte Gefäß- und Parenchymschäden, so daß sich die Hypertonie auch nach Beseitigung der Ursache (z. B. durch Dilatation einer Nierenarterienstenose) nicht mehr beheben läßt.

Ist die Nierendurchblutung auf einer Seite bei fehlender kontralateraler Niere oder beidseits erheblich gedrosselt, so fällt die glomeruläre Filtrationsrate stark ab. Die dadurch erhöhte Retention von Natrium und Wasser kann eine Hypertonie (entsprechend einer renoparenchymatösen Hypertonie) auch ohne abnorm gesteigerte Aktivität des Renin-Angiotensin-Aldosteron-Systems bewirken.

Endokrine Hypertonie. Die vermehrte Katecholaminsekretion beim **Phäochromozytom** (S. 192) verursacht in erster Linie durch α-adrenerge vasokonstriktorische Wirkung und weniger durch β-adrenerge inotrope und chronotrope Wirkung einen anhaltenden oder anfallsweisen Bluthochdruck. Unter der Einwirkung von β-Adrenozeptor-Antagonisten ohne vorherige Gabe von α-Adrenozeptor-Antagonisten besteht die Gefahr einer zusätzlichen Blutdrucksteigerung durch Blockade der β-adrenergen vasodilatatorischen Wirkung in den Skelettmuskeln. Die zusätzliche β-Blockade kann jedoch zur Bekämpfung einer Tachykardie oder einer Katecholamin-induzierten kardialen Arrhythmie nützlich sein. Patienten mit Phäochromozytom neigen zu orthostatischer Hypotonie, da aufgrund der Vasokonstriktion, die auch die venöse Seite betrifft, eine Hypovolämie entsteht, und durch die chronisch erhöhten Katecholaminkonzentrationen die sympathischen Regulationsmechanismen abgestumpft werden. Selten ruft ein Phäochromozytom durch Kompression einer Nierenarterie eine (zusätzliche) renovaskuläre Hypertonie hervor.

Die vermehrte Mineralocorticoid-Sekretion beim **primären Aldosteronismus** (Conn-Syndrom, S. 179) führt durch vermehrte Natriumretention zuerst zum Minutenvolumenhochdruck und im weiteren Verlauf zu einem Widerstandshochdruck. Diagnostisch bedeutsam sind die Hypokaliämie und die supprimierte Reninsekretion. Bei der durch **11ß-Hydroxylase-Mangel** hervorgerufenen Form des adrenogenitalen Syndroms und bei der durch **17α-Hydroxylase-Mangel** verursachten nicht-virilisierenden kongenitalen adrenalen Hyperplasie entsteht die arterielle Hypertonie analog durch vermehrte Bildung des Mineralocorticoids 11-Desoxycorticosteron. Die Hypertonie beim **Cushing-Syndrom** (S. 178) wird hauptsächlich durch die mineralocorticoide Wirkung der im Übermaß gebildeten Glucocorticoide verursacht.

Medikamentöse Hypertonie. Die Wirkungsweise von Sympathomimetika, Mineralo- und Glucocorticoiden entspricht den endokrinen Hypertonieformen (s. o.). **Ovulationshemmer** (orale Kontrazeptiva) fördern durch Aktivierung des Renin-Angiotensin-Aldosteron-Systems die Entstehung oder Verschlechterung einer arteriellen Hypertonie.

Kardiovaskuläre Hypertonie. Die **Aortenisthmusstenose** (S. 332) führt zu einer auf die obere Körperhälfte beschränkten arteriellen Hypertonie. Durch eine Aortenklappeninsuffizienz (S. 330), eine großkalibrige arterio-venöse Fistel (S. 362), eine hochgradige Bradykardie oder eine Abnahme der Aortendehnbarkeit (S. 337) steigen nur der systolische Blutdruck und die Blutdruckamplitude, in der Regel jedoch nicht der arterielle Mitteldruck.

Neurogene Hypertonie. Sie kann z. B. bei einer Störung des Vasomotorenzentrums im Stammhirn durch Hirndruck, Enzephalitis und Durchblutungsstörung oder bei einer Polyneuritis durch Schädigung der Pressorezeptor-Afferenzen auftreten.

Schwangerschafts-induzierte Hypertonie. Sie tritt besonders bei Erstgebärenden im letzten Schwangerschaftsdrittel auf, führt häufig zu einer Proteinurie, bedroht das Leben der Mutter vor allem durch die Auslösung von Gehirnblutungen und verschwindet nach Entbindung des Kindes. Die fetale Entwicklung wird durch uteroplazentare Minderdurchblutung gehemmt. In einer normalen Schwangerschaft sind einerseits Aktivität des Renin-Angiotensin-Aldosteron-Systems, Plasmavolumen und Herzzeitvolumen erhöht, andererseits (u. a. durch uterin produziertes Prostacyclin) totaler peripherer Widerstand, arterieller und venöser Gefäßtonus vermindert. Bei Schwangerschafts-induzierter Hypertonie kann der totale periphere Widerstand dagegen vergrößert (u. a. durch uterin produziertes Thromboxan) statt verkleinert sein. Der venöse Gefäßtonus ist hoch und das Plasmavolumen gar nicht oder kaum vermehrt. Das Herzzeitvolumen ist in Relation zum peripheren Widerstand zu groß, jedoch in Relation zur normalen Schwangerschaft zu klein.

2. Arterielle Hypotonie

Definition. Eine asymptomatische arterielle Hypotonie bringt im Gegensatz zu einer asymptomatischen arteriellen Hypertonie kein Risiko für Folgeschäden mit sich. Der Wert, den der systolische Blutdruck bis zum Auftreten von **Symptomen** unterschreiten muß, variiert individuell. Erst unter etwa 80 mm Hg systolisch treten regelmäßig Zeichen der zerebralen Minderdurchblutung (z. B. Schwindel) auf (S. 479). Umgekehrt kann bei einem Patienten mit langjähriger schwerer arterieller Hypertonie der Autoregulationsbereich der Zerebralgefäße zu so hohen Werten verschoben sein, daß ein plötzlicher Blutdruckabfall auf noch hypertone Werte schon Symptome einer „Hypotonie“ hervorruft. Der hierbei entscheidende arterielle Mitteldruck kann beim gleichen systolischen Blutdruck zudem sehr unterschiedlich sein. Ein im Verhältnis zum systolischen

Blutdruck kleiner Mitteldruck bei großer Blutdruckamplitude findet sich z. B. bei arteriosklerotisch versteiften großen Arterien. So wird ein **fester Grenzwert für den systolischen Blutdruck**, dessen Unterschreiten eine arterielle Hypotonie bedeutet, im Schrifttum mit **85–110 mm Hg** angegeben **oder** aber **abgelehnt**.

Ursachen und Pathomechanismen. Die arterielle Hypotonie wird durch eine **Verminderung des Herzzeitvolumens oder** (seltener) **des totalen peripheren Widerstands** (z. B. durch großkalibrige arterio-venöse Fistel) verursacht. Eine Verminderung des Herzzeitvolumens kann durch eine **Herzinsuffizienz** (z. B. Mitralklappenstenose, Pericarditis constrictiva, zu langsame oder zu schnelle Herzfrequenz) oder durch ein **ungenügendes venöses Blutangebot an das Herz** bedingt sein. Letzteres wiederum kann durch eine **Hypovolämie**, d. h. ein Mangel an intravaskulärem Volumen (S. 138 f), einer **Behinderung des venösen Rückstroms zum Herzen** (z. B. Kompression der Vena cava inferior bei einer Hochschwangeren in Rückenlage) oder eine **unzureichende Tonisierung des venösen Systems** hervorgerufen werden.

An einer arteriellen Hypotonie durch **ungenügenden Sympathikotonus** im Rahmen der Kreislaufregulation sind mehrere der vorgenannten Mechanismen beteiligt. Dies ist dadurch bedingt, daß der Sympathikus das Renin-Angiotensin-Alodosteron-System aktiviert, die renale Natrium- und Wasserausscheidung hemmt, den venösen Tonus steigert, am Herzen positiv inotrop und chronotrop wirkt und durch Vasokonstriktion der Arteriolen den totalen peripheren Widerstand erhöht. Die Schädigung kann die Afferenzen (z. B. von den Volumenrezeptoren), das Kreislaufzentrum in der Medulla oblongata bzw. übergeordnete Zentren (z. B. Hypothalamus) oder die sympathischen Efferenzen betreffen. Auch bei einer **allergischen Reaktion**, die zu einer Vasodilatation und infolge Ödembildung zu einer Hypovolämie führt, wirken mehrere Pathomechanismen zusammen.

Orthostasereaktion. Nach Übergang vom Liegen zur Orthostase steigen der hydrostatische Druck und (durch Aufdehnung) das Blutvolumen in den Beinvenen an. Durch verminderten venösen Rückstrom nimmt das Herzzeitvolumen ab. Bei **Gesunden** nimmt reaktiv der Sympathikotonus zu. Der Abfall des Herzzeitvolumens wird auf maximal 20–30% begrenzt, indem durch Vasokonstriktion Blut besonders aus dem Splanchnikusgebiet mobilisiert wird, und die Herzfrequenz um bis zu 30% steigt. Durch Konstriktion der Widerstandsgefäße wird der arterielle Mitteldruck trotz des Abfalls des Herzzeitvolumens aufrechterhalten. Aufgrund des verminderten Schlagvolumens sinkt die Blutdruckamplitude. Der systolische Blutdruck fällt um maximal 10–15 mm Hg ab, der diastolische Blutdruck steigt um wenige mm Hg. Arterielle **Hypotonien** verschlechtern sich während der Orthosereaktion oder treten nur hierbei auf (orthostatische Dysregulation).

Primäre (essentielle) Hypotonie. Bei der chronischen arteriellen Hypotonie ist (wie bei Hypertonie) die primäre Form häufiger als die sekundäre. Aufgrund des Verhaltens des diastolischen Blutdrucks bei der Orthostasereaktion läßt sich eine hyperdiastolische von der selteneren hypodiastolischen orthostatischen Dysregulation unterscheiden. Bei der **hyperdiastolischen** Regulationsstörung gelingt trotz verstärkter sympathischer Aktivierung **keine ausreichende Venentonisierung**,, so daß das Schlagvolumen stark abfällt. Die Herzfrequenz und der Tonus der Widerstandsgefäße steigen jedoch an, so daß trotz des Abfalls des systolischen Blutdrucks der diastolische Blutdruck ansteigt. Der **hypodiastolischen** Regulationsstörung liegt dagegen eine **unzureichende sympathische Gegenregulation** zugrunde, so daß bei höchstens mäßigem Anstieg oder („vasovagalem") Abfall der Herzfrequenz der systolische **und** diastolische Blutdruck sinkt.

Kreislaufkollaps. Beim Kreislaufkollaps fällt ein stehender Mensch um, weil die Kreislaufregulation den für die Gehirndurchblutung notwendigen Blutdruck nicht mehr aufrechterhalten kann, und in horizontaler Lage klingt die Bewußtseinstrübung rasch ab. Auslösend können z. B. sein:

- Flüssigkeitsverlust durch Schwitzen,
- fehlende Unterstützung des venösen Rückflusses aus den Beinen durch Stillstehen,
- cutane Vasodilatation durch Wärmebelastung oder Alkoholabusus,
- muskuläre Vasodilatation nach Muskelarbeit,
- postprandiale Vasodilatation im Splanchnikusgebiet,
- psychische Einflüsse wie Aufregung oder Ekel auf das Kreislaufregulationszentrum.

3. Schock

Definition. Leiden Gewebe zahlreicher und zum Teil lebenswichtiger Organe aufgrund ungenügender kapillärer Perfusion an Sauerstoffmangel, so daß deren Zellen zuerst reversiblen und bei entsprechender Dauer irreversiblen Schaden nehmen, so wird dieser lebensgefährliche Zustand (**Kreislauf-)Schock** genannt. Davon zu unterscheiden ist der spinale Schock (S. 455), der jedoch mit einem neurogenen Schock (S. 349) einhergehen kann, und der evtl. zu einem Kreislaufkollaps (s. o.) führende psychologische „Schock" (eine starke seelische Erschütterung).

Hypovolämischer Schock. Durch Hypovolämie, d. h. **zu geringem Blutvolumen**, werden die Herzventrikel ungenügend gefüllt, was sich in verminderten rechts- und linksventrikulären enddiastolischen Volumina und Drücken widerspiegelt. Die ungenügende Vorlast (Preload) des Herzens führt zum **Abfall** des Schlagvolumens und **des Herzzeitvolumens**. Tritt bei gutem Gesundheitszustand innerhalb eines Zeitraums von <1 h ein Blutvolumenverlust von 20–25% ein, so reichen Vasokonstriktion und **Erhöhung des peripheren Widerstands** (hauptsächlich durch **Aktivierung des sympathischen Nervensystems**) nicht mehr aus, einen **Blutdruckabfall** zu verhindern. Von der **α-adrenergen** präkapillären (und venösen) **Vasokonstriktion** sind besonders das Splanchnikusgebiet, die Skelettmuskulatur, die Niere und die Haut, jedoch nicht die zerebralen und koronaren Gefäße betroffen. Diese Umleitung des verminderten Herzzeitvolumens zugunsten von Gehirn und Herz wird **Zentralisation** des Kreislaufs genannt. In der Mikrozirkulation der minderdurchbluteten Organe wird durch den verminderten hydrostatischen Druck weniger Flüssigkeit filtriert als am venösen Ende aus dem Interstitium rückresorbiert wird. Dadurch kann ein langsam eintretender Volumenverlust besser kompensiert werden.

Bei längerem Bestehen eines Schocks entsteht durch die hypoxische Gewebsacidose eine **präkapilläre Vasodilatation**, während die **venöse Abstrombehinderung** bestehen bleibt oder sich verstärkt, so daß Flüssigkeit aus den Gefäßen der Mikrozirkulation ins Interstitium verloren geht. Der venöse Abstrom aus der Mikrozirkulation wird nicht nur durch die venöse Vasokonstriktion behindert. Von den Kapillaren zu den Venolen nimmt der Gesamtquerschnitt der Strombahn nur wenig ab, während der mittlere Durchmesser eines Einzelgefäßes beträchtlich zunimmt, so daß der mittlere Schergrad sinkt und schon normalerweise in den postkapillären Venolen am geringsten ist. Durch die im Schock besonders geringe Blutströmungsgeschwindigkeit (Prästase) steigt dort die **Blutviskosität** überproportional an. Es kommt zur Bildung von Erythrozytenaggregaten, zu denen der Flüssigkeitsabstrom ins Gewebe und der dadurch bedingte Wiederanstieg des Hämatokrits erheblich beiträgt. Das interstitielle Ödem wird außerdem durch Schockmediatoren (z. B. Kinine, Histamin) vergrößert, die die Kapillarpermeabilität für Proteine erhöhen. Sinkender venöser Rückstrom in diesem Stadium der **Dezentralisation** bedeutet (weiteren) Abfall des arteriellen Blutdrucks.

Durch die α-adrenerge Aktivierung im Stadium der Zentralisation hören die spontanen Schwankungen zwischen Kontraktion und Dilatation der Arteriolen auf (Verlust der arteriolären Vasomotion). Statt der wechselnden Kapillardurchblutung, die eine homogene und angepaßte Gewebsperfusion gewährleistet, werden jetzt Kapillaren durch Aggregate von Erythrozyten, Thrombozyten und Leukozyten verschlossen, während andere schnell von zellarmem Blut durchströmt werden. Durch hypoxische Gewebsschädigung und Blutstase wird das

Gerinnungssystem und (über Faktor XIIa) das **Kallikrein-Kinin-System** aktiviert. Über Kallikrein wird die Bildung von Plasmin und damit die Aktivierung des **Komplementsystems** gefördert, was u. a. zur Histaminausschüttung durch die Mastzellen führen kann. Aus den aktivierten Makrophagen und Granulozyten werden Zytokine (z. B. Interleukin 1 und TNF-α), toxische O_2-Metabolite und lysosomale Enzyme und aus den aggregierenden Thrombozyten u. a. Thromboxan A_2 freigesetzt. Die Hyperkoaguloämie kann schließlich zu einer **disseminierten intravasalen Gerinnung** (Verbrauchskoagulopathie, S. 244) in der Mikrozirkulation führen, die wiederum durch Verbrauch von (in der Leber vermindert gebildeten) Blutgerinnungsfaktoren und von Thrombozyten, ferner durch sekundär gesteigerte Fibrinolyse und gerinnungshemmende Wirkung von Fibrinspaltprodukten zu Blutungen führen kann.

Tachykardie und anfänglich gesteigerte Inotropie sind Folgen der β_1-adrenergen Stimulation. Der Wirkungsgrad des Herzens ist vermindert. Die reduzierte Hautdurchblutung zusammen mit der sympathisch-cholinerg gesteigerten Schweißsekretion läßt die **Haut blaß, feucht und kühl** erscheinen. Die **Tachypnoe** ist nur anfangs Ausdruck einer reflektorischen Hyperventilation mit Hypokapnie. Mit zunehmender Entwicklung eines **Schocklungensyndroms** (S. 411) kommt es nicht nur zur Hypoxämie, sondern schließlich auch zur Hyperkapnie und **respiratorischen Acidose**.

Die Hypoxie zwingt die Organe (z. B. Niere und Skelettmuskel) zur anaeroben Glykolyse. Die Mangeldurchblutung der **Leber** vermindert deren Lactataufnahme. Bei entsprechender Schwere und Dauer des Schocks wird die Leber sogar zum Lactatproduzenten und verstärkt die **metabolische Acidose**. Hierbei lassen die periportalen Hepatozyten den in den Leberläppchen um die Zentralvene gelegenen (zentrolobulären = peripheroacinösen) Zellen nicht mehr genügend Sauerstoff zum Überleben übrig. In der Erholungsphase werden diese Bereiche jedoch narbenfrei regeneriert.

Die reduzierte Nierendurchblutung aktiviert das Renin-Angiotensin-Aldosteron-System. Angiotensin und lokal freigesetzte Arachidonsäuremetabolite vermindern die Nierendurchblutung besonders in der Nierenrinde noch weiter. Trotz Konstriktion der Vasa efferentia fällt der effektive Filtrationsdruck und die glomeruläre Filtrationsrate ab. **Oligurie bzw. Anurie** sind die Vorboten eines **akuten Nierenversagens** (S. 375).

In das Interstitium der Darmwand mit seiner hohen Dehnbarkeit fließt besonders viel Flüssigkeitsvolumen ab. Die Schleimhautbarriere wird durchlässig für Bakterien und Endotoxine, die zudem im retikuloendothelialen System (z. B. der Leber) vermindert unschädlich gemacht werden können. **Gastroduodenale Ulcera und Blutungen** sind relativ häufige Komplikationen (meist nach 3–7 Tagen).

Ursachen des hypovolämischen Schocks sind:

- Innere oder äußere Blutungen (Hämorrhagien)
- Plasmaverluste (z. B. bei Verbrennungen nach außen oder bei Peritonitis in die Bauchhöhle)
- Verluste von Wasser und Elektrolyten
  - renal (z. B. osmotische Diurese oder Diabetes insipidus)
  - extrarenal (z. B. Diarrhoe bei Cholera)

Beim hämorrhagischen Schock ist (vor Einsetzen der Therapie) der Hämatokrit geringer als bei den anderen Formen des hypovolämischen Schocks, was die Perfusion der Mikrozirkulation verbessert und bei akutem Entstehen den Verlust an Sauerstofftransportkapazität mehr als aufwiegt. Andererseits kann der hämorrhagische Schock auch ein **traumatischer Schock** sein (z. B. nach Verbrennungen). Die dabei aus dem verletzten Gewebe freigesetzten Substanzen aktivieren u. a. zusätzlich das Gerinnungs- und Komplementsystem, so daß hier die Mikrozirkulation (z. B. in der Lunge) besonders schwer und nachhaltig betroffen wird und schon bei geringerer Hypovolämie ein schwerer Schock eintritt.

Kardiogener Schock. Ursache des hierbei verminderten Herzzeitvolumens ist nicht das mangelnde venöse Angebot, sondern ein **Versagen der kardialen Pumpleistung** durch:

- Herzinfarkt (S. 320) oder sonstige myokardiale Insuffizienzen,
- Herzvitien (z. B. Mitralklappeninsuffizienz, Ventrikelseptumdefekt),
- Herzarrhythmien (z. B. extreme Bradykardie),
- Herzbeuteltamponade, Spannungspneumothorax,
- Lungenembolie oder hochgradige pulmonale Hypertonie.

Im Gegensatz zum hypovolämischen Schock ist der Zentralvenendruck (s. u.) nicht vermindert, sondern erhöht. Anstelle einer Tachykardie kann eine Bradykardie vorliegen.

Anaphylaktischer Schock. Die Bildung von **Antigen-IgE-Komplexen** bei Hypersensibilität vom Typ I führt zur Freisetzung von Histamin, Prostaglandinen (z. B. PGD_2), Leukotrienen (z. B. LTC_4 und LTD_4) und Enzymen aus Mastzellen und basophilen Granulozyten. Die Mediatoren senken durch generalisierte periphere Vasodilatation den peripheren Widerstand und zusammen mit einer Steigerung der Kapillarpermeabilität den venösen Rückstrom zum Herzen. Solange die **Verminderung des venösen Rückstroms** nicht im Vordergrund steht, kann das Herzzeitvolumen sogar erhöht und die arterio-gemischtvenöse O_2-Konzentrationsdifferenz vermindert sein, während (wie bei allen Schockformen) eine arterielle Hypotonie eintritt. Eine wesentliche Ursache des anaphylaktischen Schocks ist demnach eine **Fehlverteilung des Herzzeitvolumens**. Die Mediatoren können außerdem zum Ersticken durch Epiglottisödem und Bronchospasmus führen. Der Lungengefäßwiderstand ist stark erhöht. An der Haut entsteht häufig eine **Urticaria**.

Septischer Schock. Gelangen bestimmte **Infektionserreger** oder ihre toxischen Produkte in die Blutbahn, kann ein septischer Schock entstehen. Die häufigsten Erreger sind gramnegative Bakterien (z. B. Escherichia coli), gefolgt von grampositiven Bakterien (z. B. Staphylokokken) und (selten) Pilze, Mykobakterien, Viren (z. B. Dengue-Virus) sowie Protozoen (z. B. Malaria-Erreger). Der wichtigste pathogenetische Faktor scheint bei gramnegativer Sepsis das Lipopolysaccharid A zu sein (S. 487). Dieses Endotoxin wird bei Bakteriolyse aus der Bakterienzellwand freigesetzt. Es aktiviert über den alternativen Weg das Komplementsystem, über den Blutgerinnungsfaktor XII (Hageman-Faktor) das Gerinnungs- und Kallikrein-Kinin-System. Ferner regt es Monozyten, Makrophagen und Endothelzellen zur Freisetzung von Interleukin 1 und TNF-α an. In der Folge werden weitere Mediatoren (z. B. Leukotriene, Prostaglandine, Histamin) von Leukozyten, Thrombozyten und Endothelzellen freigesetzt.

Ein großer Teil der Mediatoren wirkt vasodilatierend. Der **Abfall des totalen peripheren Widerstands** kann durch eine Zunahme des Herzzeitvolumens nicht kompensiert werden und der arterielle Blutdruck fällt. Die **Fehlverteilung des Herzzeitvolumens** wird durch das Überwiegen von vasokonstriktorischen Mediatoren in benachbarten Gewebsbezirken und durch Öffnung arterio-venöser Kurzschlüsse verstärkt. Die arterio-gemischtvenöse O_2-Konzentrationsdifferenz ist trotz ausgeprägter Lactatacidose vermindert. Hierzu scheint auch eine Störung der O_2-Verwertung durch die Zellen beizutragen. Die **Haut** ist **rosig** und **warm**. Oligurie bzw. Anurie können anfangs fehlen, wenn keine zusätzliche Hypovolämie vorliegt. Der Lungengefäßwiderstand ist frühzeitig erhöht. Beim septischen Schock tritt besonders häufig ein Schocklungensyndrom und eine disseminierte intravasale Gerinnung auf.

Flüssigkeitsverluste in das Interstitium bei **erhöhter Gefäßpermeabilität** senken den venösen Rückstrom zusätzlich. Die **Myokardfunktion** wird auf noch unbekannte Weise beeinträchtigt. Das interstitielle Ödem und die Aggregate aus Erythrozyten, Thrombozyten, Leukozyten und Zelltrümmern behindern in zunehmendem Maße die Mikrozirkulation. Bei unzureichender Therapie entsteht so das kaum noch reversible **hypodyname Stadium**, das sich durch ein vermindertes Herzzeitvolumen und einen normalen bis erhöhten totalen Widerstand vom initialen hyperdynamen Stadium unterscheidet.

Neurogener Schock. Der sehr seltene neurogene Schock kann z. B. aufgrund einer hohen Querschnittsläsion des Rückenmarks mit Unterbrechung der sympathischen Efferenzen entstehen, wobei sowohl das Herzzeitvolumen als auch der totale periphere Widerstand vermindert ist. Das Herzzeitvolumen sinkt aufgrund des verminderten venösen Rückstroms (Vasodilatation der Kapazitätsgefäße) sowie aufgrund der Bradykardie und der geringeren Myokardkontraktilität. Der totale periphere Widerstand nimmt aufgrund arteriolärer Vasodilatation ab.

Typische Parameterkonstellationen bei verschiedenen Schockformen
(↓ = Abnahme, ↑ = Zunahme, – = unverändert,
avD_{O_2} = arterio-gemischtvenöse O_2-Konzentrationsdifferenz)

	Zentralvenendruck	Herzfrequenz	Herzzeitvolumen	totaler peripherer Widerstand	arterieller Blutdruck	avD_{O_2}
hypovolämischer Schock	↓↓	↑	↓↓	↑	↓	↑
kardiogener Schock	↑	↑–↓	↓↓	↑	↓	↑
anaphylaktischer Schock	–↓	↑	↑–↓	↓↓	↓	↓–↑
septischer Schock initial	↓	↑	↑	↓↓	↓	↓
septischer Schock terminal	↑	↑	↓	–↑	↓	↑

Zentraler Venendruck und Pulmonalkapillarverschlußdruck. Der zentrale Venendruck (normal 1–10 mm Hg) entspricht dem Druck im rechten Herzvorhof, der Pulmonalkapillarverschlußdruck (normal 5–16 mm Hg) bis 25 mm Hg dem Druck im linken Vorhof. Zur Bestimmung des Pulmonalkapillarverschlußdrucks wird ein (Swan-Ganz-)Ballon-Katheter von einer großen Körpervene aus zum rechten Vorhof vorgeschoben. Unmittelbar hinter der Katheterspitze befindet sich eine aufblasbare Manschette, die mit 1–1,5 ml Luft gefüllt und mit dem Blutstrom über den rechten Ventrikel in eine kleine Pulmonalarterie geschwemmt wird, wo sie sich festkeilt. Bei richtiger Lage verschließt der aufgeblasene Ballon den Pulmonalarterienast völlig, und es kann an der Katheterspitze der Pulmonalkapillarverschlußdruck gemessen werden. Die Blokkung darf nur für kurze Zeit erfolgen, anderenfalls droht eine Infarzierung des von diesem Gefäß versorgten Lungengewebes. In entblocktem Zustand kann an der Spitze der Pulmonalarteriendruck gemessen werden.

Der zentrale Venendruck und der Pulmonalkapillarverschlußdruck sind beide bei zu geringem venösen Rückstrom zum rechten Herzvorhof (z. B. infolge Hypovolämie) erniedrigt und bei Hypervolämie und Herzbeuteltamponade erhöht. Bei isolierter Rechtsherzinsuffizienz (z. B. infolge Lungenembolie) ist jedoch allein der zentrale Venendruck und bei isolierter Linksherzinsuffizienz evtl. allein der Pulmonalkapillarverschlußdruck erhöht. Normaler oder verminderter Pulmonalkapillarverschlußdruck bei erhöhtem Pulmonalarteriendruck ist charakteristisch für eine Erhöhung des Lungengefäßwiderstands (z. B. Lungenembolie).

4. Störungen der Mikrozirkulation

Mikrozirkulation ist die aus Arteriolen, Kapillaren und Venolen bestehende **terminale Strombahn des Blutkreislaufs**, die dem Stoffaustausch mit dem Interstitium der Körpergewebe dient. Der Gefäßdurchmesser in der Mikrozirkulation beträgt weniger als 30 – 50 µm. Die Grenze zur Makrozirkulation ist unscharf. Bei Blutgefäßen mit einem Durchmesser unter ≈300 µm und ausreichend hohem Perfusionsdruck sinkt die Blutviskosität zunehmend und nähert sich der Plasmaviskosität an. Die Erythrozyten sammeln sich hierbei im Zentralstrom und passieren diese Gefäße wie auf einer Gleitschicht (die von der niedrigviskösen Plasmarandschicht gebildet wird) rascher als das Plasma, so daß der Hämatokrit geringer ist als in großen Gefäßen (Fåhraeus-Lindqvist-Effekt). Der Durchmesser einer Kapillare beträgt etwa 3 – 8 µm und der eines nativen, scheibenförmig ausgebreiteten Erythrozyten dagegen ≈8 µm. Zur schnellen Kapillarpassage müssen sich die Erythrozyten daher verformen. Die Viskosität im Kapillarbereich kann durch eine verminderte Erythrozytenfluidität erhöht werden. Durch spontane arterioläre Vasodilatation und -kontraktion, sog. Vasomotion, schwankt die Kapillardurchblutung. Nur etwa ein Drittel der Kapillaren wird im ruhenden Gewebe gleichzeitig durchströmt – und manche davon nur von Plasma, da die Erythrozyten den Wege des geringsten Widerstands nehmen. Außerdem können arterio-venöse Anastomosen vorhanden sein, deren Öffnung durch kräftige Wandmuskulatur kontrolliert wird. Sie sind z. B. in der Haut an den Akren besonders ausgeprägt und dienen dort der Thermoregulation.

Folgen einer Perfusionsminderung. Zu einer sekundären Störung der Mikrozirkulation kann es beim hypovolämischen Schock (S. 345 f) kommen. Jede Verminderung der Perfusion der Mikrozirkulation kann die Blutströmungsgeschwindigkeit so weit herabsetzen, daß in den Venolen mit ihrem schon normalerweise geringen Schergrad die Blutviskosität durch Erythrozytenaggregation ansteigt und den venösen Abfluß aus der Mikrozirkulation behindert: **Prästase**. Erythrozytenaggregations-Tendenz und Plasmaviskosität werden durch großmolekulare Plasmaproteine (z. B. die Akute-Phase-Proteine Fibrinogen und α_2-Makroglobulin) erhöht. Unterhalb einer Schubspannung von $\approx 0{,}01\ N/m^2$ sistiert der Blutfluß völlig: **Stase**. Der Rückstau des Blutes in die Kapillaren kann zusammen mit hypoxischer Kapillarpermeabilitätssteigerung zur **Ödembildung** führen. Durch den Flüssigkeitsabstrom steigt der Hämatokrit und damit die Grenzschubspannung zur Stase. Die Stase breitet sich von den Venolen retrograd ins Kapillarbett aus. Stase und Hypoxie begünstigen die Bildung von Mikrothromben: **intravasale Gerinnung**.

Erhöhung der Blutviskosität. Eine Störung der Mikrozirkulation kann (mit-)verursacht sein durch

- erhöhten **Hämatokrit** (z. B. bei Polyglobulie oder Dehydratation),
- verminderte **Erythrozytenfluidität** (z. B. bei Acidose oder massiv bei Sichelzellanämie),
- vermehrte **Erythrozytenaggregation** (z. B. bei geringem Schergrad oder Hyperfibrinogenämie),
- erhöhte **Plasmaviskosität** (z. B. bei Hyperfibrinogenämie oder IgM-Paraproteinämie).

Leukostasesyndrom. Bei Patienten mit akuten oder chronischen Leukämien können extreme Leukozytosen im Blut auftreten und erhebliche Mikrozirkulationsstörungen, besonders in der Lunge und im Gehirn, verursachen. Zwar nimmt aufgrund der gleichzeitig bestehenden Anämie der zelluläre Anteil am Blutvolumen und damit die Blutviskosität in der Makrozirkulation nicht zu, jedoch sind Leukozyten rigider als Erythrozyten und behindern deshalb den kapillären Blutfluß stärker. Das Leukostasesyndrom tritt um so eher auf, je größer die zirkulierenden Leukozyten sind, am häufigsten also bei unreifen myeloischen Zellen. Beim Übertritt aus den Kapillaren in die Venolen werden leukämische Blasten durch die Erythrozyten an den Gefäßrand gedrängt, wo sie sich festsetzen, das Lumen zunehmend verengen und das Endothel schädigen können. Leukämische Blasten entziehen zudem während der verzögerten Passage der systemischen Mikrozirkulation dem Blut viel Sauerstoff, so daß sich der O_2-Mangel des Gewebes verstärkt.

Primäre entzündliche und thrombotische Veränderungen. Die Gefäße der Mikrozirkulation können primär durch Mikrothromben oder/und entzündliche Veränderungen eingeengt bzw. verschlossen werden. Beispiele hierfür sind die disseminierte intravasale Gerinnung oder der systemische Lupus erythematodes.

Hypertensive Arteriolopathie. Bei chronischer arterieller Hypertonie führt eine Plasmainsudation zur Hyalinisierung der Arteriolenwand (**Arteriolosklerose**), wodurch die Arteriolen eingeengt werden und ihre Vasomotion verlieren. Bei hochgradiger Hypertonie kann eine **Arteriolonekrose** entstehen.

Diabetische Mikroangiopathie (S. 101). Sie ist eine Spätkomplikation des Diabetes mellitus und tritt um so früher auf, je weniger es therapeutisch gelingt, ständig eine Normoglykämie statt Hyperglykämie zu erzielen. Die durch Kollagen Typ IV-Anreicherung auf ein Mehrfaches **verdickte Basalmembran** verschlechtert einerseits die Diffusionsbedingungen (z. B. für O_2) zwischen Blut und Gewebe. Andererseits wird die Filterfunktion der Basalmembran gestört, wodurch sich die **Kapillarpermeabilität** (z. B. für Albumin) erhöht. Zur Mikroangiopathie trägt außerdem

- eine erhöhte Rigidität und Aggregationsneigung der Erythrozyten,
- eine erhöhte Thromboxanbildung und Aggregationsneigung der Thrombozyten und
- eine Funktionsstörung der Endothelzellen bei.

Störung der Mikrozirkulation infolge **chronischer venöser Insuffizienz** s. S. 365.

Quincke-Ödem (Angioödem). Das episodisch auftretende Ödem ist Folge einer **Dilatation** der Mikrozirkulationsgefäße und einer **erhöhten Permeabilität** der Kapillaren und Venolen in Haut und subcutanen Geweben (besonders im Gesicht) sowie im Bereich der Schleimhäute des Larynx, Pharynx und Gastrointestinaltrakts. Häufig spielt eine **Histaminausschüttung** aus Mastzellen die wichtigste Rolle, die durch Allergene (z. B. Nahrungsmittel), physikalische Stimuli (z. B. Kälte), Intoleranzreaktionen (z. B. gegenüber Opiaten) oder lokale Acetylcholinfreisetzung (z. B. bei emotionaler Belastung oder körperlicher Anstrengung) ausgelöst werden kann. Das Quincke-Ödem kann jedoch auch Folge einer **komplementvermittelten Aktivierung des Kallikrein-Kinin-Systems** sein, z. B. bei angeborenem oder erworbenem Mangel an C1-Inhibitor.

Angioloneuropathie. Neurovaskuläre Dysregulationen der Arteriolen und Venolen unbekannter Ätiologie werden als Angioloneuropathien zusammengefaßt. Sie betreffen besonders die Akren, wo die α-Adrenozeptoren zahlreich und niederschwellig sind. Bei der **Akrozyanose**, die nicht mit der symptomatischen Akrozyanose z. B. bei schwerer Herzinsuffizienz oder bei der Kälteagglutininkrankheit verwechselt werden darf, sind an den Akren (besonders Hände) die Arteriolen kontrahiert und die Venolen dilatiert, so daß dort eine Zyanose (S. 414) entsteht, die sich durch Kälte verstärken kann.

5. Raynaud-Phänomen

Ebenso wie die Angioloneuropathien (s. o.) gehört auch das Raynaud-Syndrom zu den **Angioneuropathien**. Das Quincke-Ödem wird dagegen im allgemeinen nicht durch nervale Fehlregulation verursacht. Beim **Raynaud-Syndrom** treten rezidivierend und meist ausgelöst durch einen lokalen Kältereiz **Spasmen kleiner Arterien**, besonders an den Fingern, auf.

Beim **primären Raynaud-Syndrom** liegt keine Grunderkrankung vor, die die Fließbedingungen bzw. Fließeigenschaften in den betroffenen Arteriolen herabsetzt. Während der Attacke ist der **sympathische Gefäßnerventonus** gesteigert. Auch eine vermehrte Freisetzung von Thromboxan A_2 aus Thrombozyten oder eine verminderte Bildung vasodilatatorischer Faktoren durch das Endothel kann eine Rolle spielen. Beim **sekundären Raynaud-Syndrom** liegt als Grunderkrankung z. B. eine Sklerodermie oder Thrombangiitis obliterans vor.

Typisch für das Raynaud-Phänomen ist die Sequenz **akrale Blässe, Zyanose und schmerzhafte Rötung**. Beim sekundären Raynaud-Syndrom kann ein Anfall zu einer Nekrose (z. B. einer Fingerkuppe) führen.

6. Arteriosklerose

Definition (WHO). Die **Arteriosklerose** ist eine variable Kombination von Veränderungen der Intima arterieller Blutgefäße bestehend aus herdförmigen Ansammlungen von Lipiden, komplexen Kohlenhydraten, Blut und Blutbestandteilen, Bindegewebe und Ablagerung von Calciumsalzen verbunden mit Veränderungen der Arterienmedia.

Der Begriff **Atherosklerose** betont die intimale Akkumulation von Lipiden, der Begriff **Arteriosklerose** wird als Oberbegriff verwendet und umfaßt neben der Atherosklerose auch die Mediasklerose und hypertoniebedingte Arteriopathien. Beide Begriffe werden im Schrifttum oft synonym verwandt.

Pathobiochemie der arteriosklerotischen Gefäßwand. Die über arteriosklerotische Gefäßveränderungen gewonnenen biochemischen Daten sind in der Tabelle zusammengestellt. Bei den Angaben der Tabelle ist zu berücksichtigen, daß

- die genannten Stoffwechselstörungen selten gleichzeitig und in gleicher Intensität, sondern in zeitlicher Folge und auch unter Dominanz von Abweichungen im Bindegewebs- **oder** Lipidstoffwechsel auftreten können, und daß

- hereditäre, geographische und rassische Faktoren das pathobiochemische Erscheinungsbild und die Arterioskleroseprävalenz beeinflussen.

Parameter des Arterienstoffwechsels und deren Änderung bei Arteriosklerose (kompilierte Daten, Aorta Mensch)

(↑ = Erhöhung, ↓ = Verminderung, 0 = keine signifikante Änderung, FG = Frischgewicht, TG = Trockengewicht, GAG = Glykosaminoglykane)

	Normalwert	Veränderung bei Arteriosklerose
Energiestoffwechsel		
Glucoseaufnahme (μMol/h/g FG)	130	↑↑
Lactatbildung (μMol/h/g FG)	180	↑
O_2-Aufnahme (μl/h/g FG)	80	↓
Kollagenstoffwechsel		
Kollagengehalt (g/100 g TG)	25	0–↑
Kollagentyp I/III	60/40	↑
Proteoglykanstoffwechsel		
Gesamt-GAG (mg/g fettfreies TG)	1,5	0
Chondroitin-6(4)-sulfat (%)	50	0–↓
Dermatansulfat (%)	15	↑
Heparansulfat (%)	15	↓
Hyaluronat (%)	20	↓
Lipidstoffwechsel		
Gesamtlipide (mg/g FG)	6–8	↑↑
Triglyceride (%)	15	↑
Gesamtcholesterin (%)	20	↑↑
Phospholipide (%)	60	↓
Freie Fettsäuren (%)	5	↓
Mineralstoffwechsel		
Ca-Gehalt (g/100 g TG)	6–8	↑

Bevorzugte Gefäßprovinzen für arteriosklerotische Veränderungen sind in der Reihenfolge ihrer Häufigkeit

- abdominale Aorta und Aa. iliacae
- proximale Coronararterien
- Aorta thoracica, Femoral- und Poplitealarterien
- A. carotis interna
- Hirnstammarterien

Epidemiologie. Die Entwicklung einer Arteriosklerose korreliert statistisch mit einer Reihe von „Risikofaktoren“, bei denen es sich um Stoffwechselstörungen, Primärerkrankungen oder bestimmte Konsum- und Lebensgewohnheiten handelt. Man unterscheidet zur Beurteilung eines kardiovaskulären Risikos

Risikofaktoren erster Ordnung

- Hypercholesterinämie/Hyperlipoproteinämie (Tab. S. 121 und 124)
- Nikotinabusus
- Hypertonie und

Risikofaktoren zweiter Ordnung

- Diabetes mellitus, Hyperurikämie, Hypothyreose
- Adipositas, lipidreiche und überkalorische Ernährung
- Bewegungsmangel
- hereditäre und konstitutionelle Faktoren

Risikofaktoren zweiter Ordnung begünstigen in der Regel nur in Kombination mit einem oder mehreren anderen Faktoren die Entstehung einer Arteriosklerose. Bei Vorhandensein mehrerer Faktoren steigt die Erkrankungsinzidenz kumulativ an.

Pathogenese. Die Pathogenese ist als multifaktorielles Geschehen unter Beteiligung zellulärer Elemente der Arterienwand **und** von Blutinhaltsbestandteilen anzusehen (Schema S. 356).

Multiple exogene Faktoren (Risikofaktoren s. o.) können eine Endothelschädigung auslösen, die zu **Dysfunktionen** und **fokaler Desquamation der Endothelzellen** führt. Ihr folgen Adhärenz und Aggregation von Thrombozyten an die subendotheliale Basalmembran (Kollagen Typ IV und V). Aus den aggregierten Thrombozyten werden **Wachstumsfaktoren** (PDGF, TGF-ß) freigesetzt, die eine Proliferation und Wanderung von glatten Muskelzellen der Media in den subendothelialen Raum induzieren. Der Proliferationsreiz kann durch Wachstumsfaktoren der Endothelzellen (EDGF) und einwandernder Makrophagen (MDGF) verstärkt werden. Die durch die Proliferation der glatten Muskelzellen ausgelöste forcierte Neubildung bindegewebiger Matrix äußert sich in einem **veränderten Kollagen- und Proteoglykanverteilungsmuster** (Tabelle) und in lokaler Texturstörung der Arterienwand (fibröse Plaque). Aus den geschädigten Endothelzellen und Thrombozyten (TGF-ß) werden chemotaktische Substanzen freigesetzt, die eine **Einwanderung von Monozyten/Makrophagen** und T-Lymphozyten vom Typ CD4 und CD8 in die Gefäßwand zur Folge haben. Das von Endothelzellen physiologischerweise gebildete Prosta-

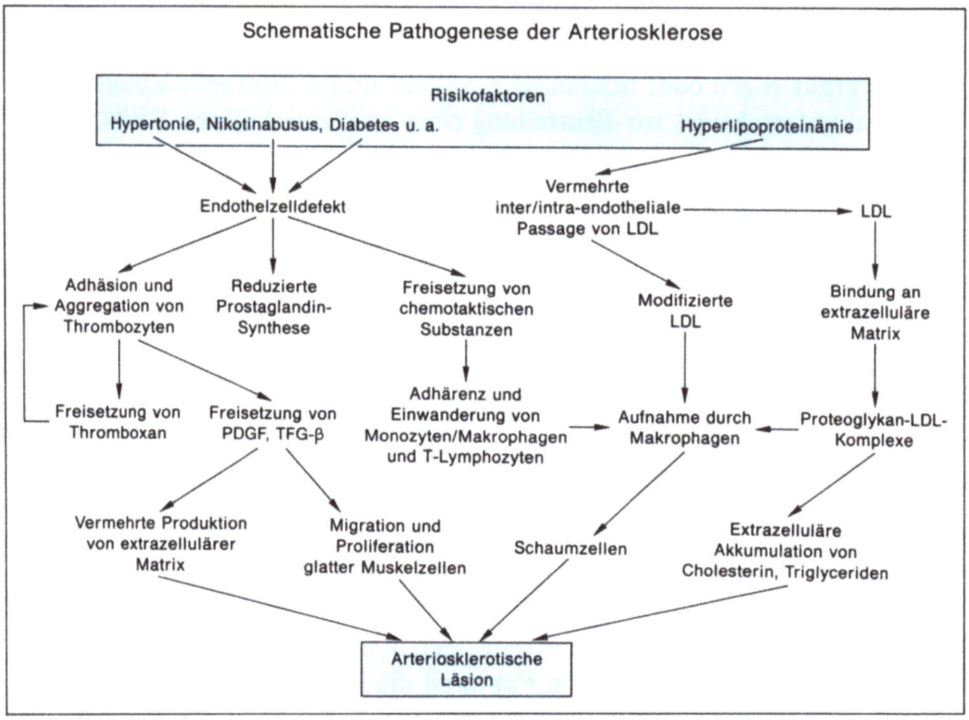

zyklin (PGI_2) hat eine Thrombozytenaggregations-hemmende und dadurch antithrombogene Wirkung, während Thrombozyten das antagonistisch wirkende Aggregations-fördernde **Thromboxan** (TxA_2) produzieren (Abbildung).

Der Ausfall der Prostaglandinsynthese infolge der Endothelzellschädigung verschiebt das PGI_2/TxA_2-Gleichgewicht zugunsten des TxA_2 und begünstigt die Bildung aus aggregierten Thrombozyten bestehender Mikrothromben, die durch sekundäre Endothelialisierung in die arteriosklerotische Läsion inkorporiert werden können. Das aus den Endothelzellen stammende vasokonstriktorisch wirkende **Endothelin** und das gefäßrelaxierend wirkende **Stickstoffmonoxid** (EDRF) greifen blutdruckmodifizierend in das Geschehen ein.

Die cholesterinreichen Lipoproteine des Blutplasmas (LDL) können die Endothelzellschranke über transendothelialen oder interendothelialen Transport passieren und Komplexe mit extrazellulären chondroitinsulfatreichen Proteoglykanen bilden, aber auch die zellulären Elemente der Gefäßwand erreichen, und von den glatten Muskelzellen über den LDL(Apo B/E)-Rezeptor endozytiert werden. Vor oder während des Durchtritts durch die Endothelzellen unterliegen die LDL teilweise einer (nicht genau definierten) chemischen Modifikation, die ihre Interaktion mit den LDL-Rezeptoren der glatten Muskel-

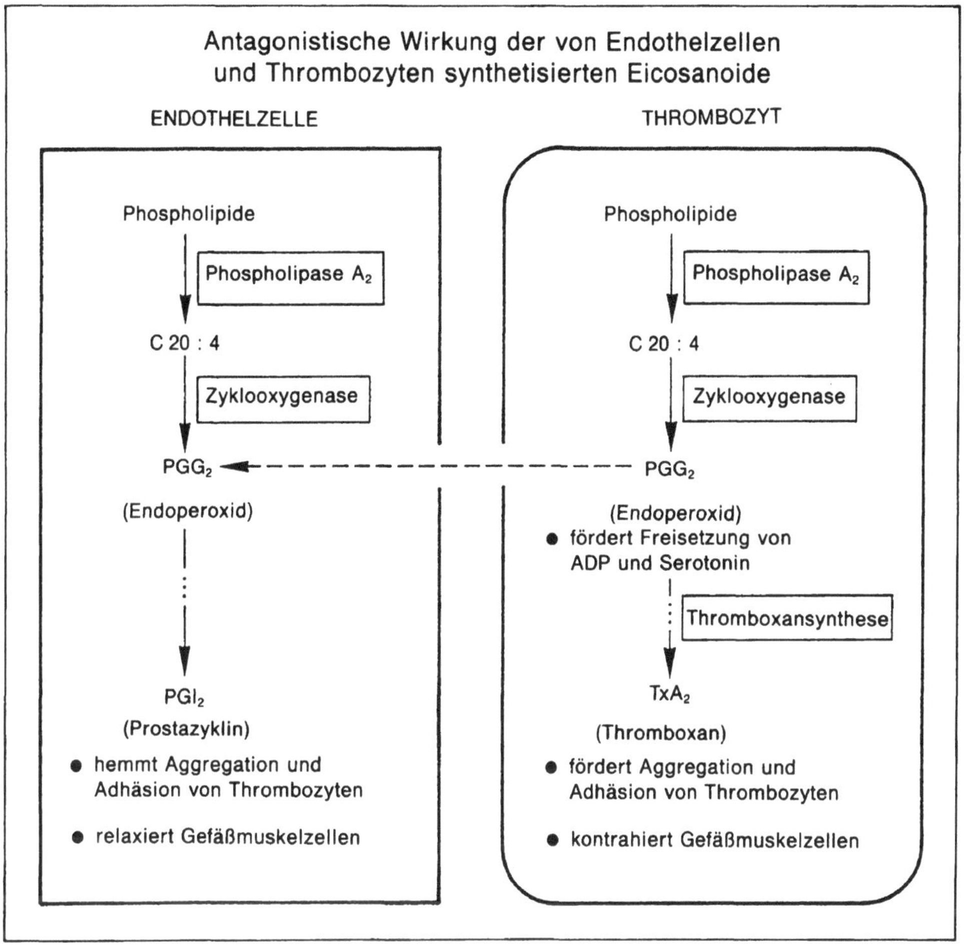

zellen verhindert. Makrophagen nehmen jedoch die **modifizierten LDL** und auch **LDL-Proteoglykankomplexe** über den „Scavenger Rezeptor" auf und wandeln sich bei massiver Beladung mit modifizierten LDL oder LDL-Komplexen in **„Schaumzellen"** um, in denen das akkumulierte Cholesterin als tropfenförmige Einschlußkörper nachweisbar ist („initiale lipoide Plaque"). Bei Vorliegen einer **Hyperlipoproteinämie** mit Erhöhung der LDL-Konzentration ist die Lipidakkumulation dominierend, doch ist auch eine Regression dieses Prozesses möglich. Hierbei spielt die Fähigkeit der **HDL**, in Schaumzellen deponiertes Cholesterin aus der Gefäßwand abzutransportieren, eine Rolle (S. 116ff).

Die unter dem chronischen Einfluß von Risikofaktoren persistierende Dysfunktion und Ablösung der Endothelzellen gilt als der primäre und ätiologisch maßgebende Schaden, den die Gefäßwand mit sekundären zellulären Reaktionen und Funktionsstörungen beantwortet („Response to injury-Hypothese" der Arterioskleroseentstehung) und der unter Beteiligung von Thrombozyten, glatten Muskelzellen, extrazellulärer Matrix, Makrophagen, Lymphozyten und Lipiden zur Einengung des Gefäßlumens und schließlich zum Verschluß der Arterien (Myokardinfarkt, Apoplex, Gangrän) führen kann.

Die arteriosklerotischen Veränderungen können durch Nekrosen kompliziert werden und sich – vor allem als Folge stärkerer Lipidakkumulation – in einen exulcerierenden atheromatösen Herd umwandeln, der durch Fibrinablagerung, reaktive Bindegewebsneubildung und Verkalkung gekennzeichnet ist.

7. Arterielle Stenosen bzw. Verschlüsse

Definitionen. Der **akute Arterienverschluß** ist von der sich chronisch entwikkelnden **arteriellen Verschlußkrankheit** zu unterscheiden. Der Begriff „arterielle Verschlußkrankheit" umfaßt verengende (stenosierende) und verschließende (okkludierende, obliterierende) Veränderungen der Aorta bzw. der Arterien. Erkrankungen mit rein funktioneller (statt struktureller) Einengung wie das primäre Raynaud-Syndrom (S. 353) gehören nicht dazu.

Ursachen. Der Einengung bzw. dem Verschluß kann zugrunde liegen:

- Arteriosklerose (S. 353),
- Entzündung (z. B. Thrombangiitis obliterans, Panarteriitis nodosa),
- Thrombus (z. B. nach stumpfem Gefäßtrauma),
- Embolus (s. u.),
- Gefäßkompression (z. B. durch einen benachbarten Tumor).

Diese genannten Ursachen sind nicht scharf zu trennen. Zum Verschluß einer von außen komprimierten Arterie kommt es im allgemeinen durch Thrombosierung. Dem Myokardinfarkt liegt meist eine Koronarthrombose an einem arteriosklerotischen Beet (S. 318) zugrunde. Außerdem kann eine Arteriosklerose eine Embolie auslösen (s. u.).

Ein **Embolus** ist ein mit der Blutbahn angeschwemmter Gefäßpfropf, der das Gefäßlumen verschließt. Bei der Thromboembolie handelt es sich um einen verschleppten Thrombus. Ein arterieller Embolus im großen Kreislauf kann wegen des zwischengeschalteten Lungenkapillarsystems nur aus den Körpervenen stammen („paradoxe Embolie"), wenn ein Rechts-Links-Shunt (z. B. Vorhofseptumdefekt mit zumindest zeitweiliger Shunt-Umkehr, S. 333) vorliegt.

In allen anderen Fällen entstammt der Thrombus entweder dem linken Vorhof (z. B. bei Vorhofflimmern), dem linken Ventrikel (z. B. nach Myokardinfarkt), den Herzklappen (z. B. bei bakterieller Endokarditis), der Aorta bzw. den Arterien (z. B. aus einer ulcerierten arteriosklerotischen Plaque oder einem Aneurysma) oder (sehr selten) den Lungenvenen.

Die **Thrombangiitis obliterans** befällt kleine und mittlere Arterien und Venen besonders distal an den Extremitäten. Betroffen sind in erster Linie junge Raucher.

Die bei weitem häufigste Ursache einer arteriellen Verschlußkrankheit ist die **Arteriosklerose**. Ihre Risikofaktoren (S. 355) wirken sich jedoch unterschiedlich auf die Gefäßgebiete aus. So spielt z. B. bei der arteriellen Verschlußkrankheit an den Extremitäten das Rauchen die bedeutendste und die arterielle Hypertonie nur eine untergeordnete Rolle, während es an den Hirnarterien umgekehrt ist.

Auswirkungen. Die **Durchblutungsreserve** gibt an, um wieviel die Durchblutung einer Strombahn durch maximale Relaxation der lokalen Gefäßmuskulatur ansteigen kann. Bei der Koronardurchblutung wird sie **Koronarreserve** (S. 312) genannt. Der durch eine Stenose entstehende Strömungswiderstand kann durch poststenotische Widerstandsverminderung an den terminalen Arterien und Arteriolen evtl. kompensiert werden. Da hierbei die Widerstandsgefäße jedoch bereits in Ruhe dilatiert sind, ist die Durchblutungsreserve abgesunken. So kann z. B. durch eine Stenose, die den Durchmesser einer A. iliaca externa um 70% einengt, die Durchblutungsreserve in der Beinmuskulatur so sehr vermindert sein, daß bei längerem Bergaufgehen ischämische Beinschmerzen eine Schonung des Beines erzwingen (Claudicatio intermittens).

In vielen Strombahnen bestehen präformierte **arterielle Anastomosen**, über die Blut aus prästenotischen Arterienästen direkt oder über ein gemeinsames Kapillarsystem zu poststenotischen Arterienästen fließen kann. Die **Blutströmungsgeschwindigkeit** in diesem **Kollateralkreislauf** ist umso höher, je stärker der poststenotische Druckabfall und damit die treibende Druckdifferenz ist. Die vermehrte Schubspannung an den Gefäßwänden im Kollateralkreislauf bewirkt eine Vasodilatation durch vermehrte Freisetzung von Stickstoffmonoxid aus dem Endothel. Jedoch nur in seltenen Fällen (z. B. Verschluß im Bereich des Hohlhandbogens) genügt der Blutstrom durch den primären Kollateralkreislauf. Die vermehrte Wandschubspannung bewirkt jedoch langsames Wachsen der Kollateralgefäße. Sie schlängeln sich und ihr Durchmesser steigt. Aus Kapillaren können sich Arterien entwickeln. Durch die Ausbildung eines sekundären Kollateralkreislaufs kann z. B. eine A. carotis interna symptomlos innerhalb vieler Monate eingeengt und schließlich sogar verschlossen worden sein.

Bei mangelnder Durchblutung steigt die arterio-venöse O_2-Konzentrationsdifferenz. Der **O_2-Mangel** führt im ischämischen Gewebe zum Umschalten vom aeroben auf den **anaeroben** Stoffwechsel mit vermehrter **Lactatbildung** und **Acidose**. Die Folgen einer Ischämie sind für das Myokard ab S. 311 und für das Gehirn ab S. 478 abgehandelt. Bei schweren chronischen arteriellen Durchblutungsstörungen der Extremitäten (Tabelle) ist vor allem die Haut trophisch gestört.

Stadien bei chronischen arteriellen Durchblutungsstörungen der Extremitäten:	
Stadium 1:	objektiv faßbare Durchblutungsstörung ohne charakteristische subjektive Symptome
Stadium 2:	belastungsabhängige Schmerzen (Dyspraxia intermittens an der oberen bzw. Claudicatio intermittens an der unteren Extremität)
Stadium 3:	Schmerz bereits in Ruhe
Stadium 4:	Nekrose

Druck von außen vermindert die Hautdurchblutung zusätzlich, so daß **Nekrosen**, besonders an druckexponierten Stellen (z. B. am kleinen Zeh bei engem Schuhwerk), entstehen. Auch kleinste Verletzungen (z. B. bei der Pediküre) können aufgrund der verminderten Regenerationsfähigkeit und Infektabwehr Ausgangspunkt tiefgreifender Ulcerationen sein, wobei das entzündliche Ödem, das sich dem hypoxischen aufpropft, durch **Gefäßkompression** zusätzlich die Durchblutung drosselt.

Die poststenotische Versorgung hängt bei ausgeschöpfter Durchblutungsreserve vom systemarteriellen Blutdruck ab: Blutdruckabfall führt zur Dekompensation. Systemische Gabe eines Vasodilatators kann die Durchblutung im poststenotischen Gebiet paradoxerweise jedoch auch ohne systemarterielle Blutdrucksenkung verschlechtern, wenn dort die Gefäße einschließlich der Kollateralen ohnehin schon (myogen und metabolisch) stark dilatiert waren. Das Blut wird zu den benachbarten Gebieten umgelenkt, in denen durch Vasodilatation der Strömungswiderstand sinkt (**Steal-Phänomen**).

Der Kollateralkreislauf kann jedoch auch Folgen für die angezapfte Organstrombahn haben. Dies ist z. B. beim Subclavia-Anzapf-Syndrom (**subclavian steal syndrome**) der Fall. Ursache ist eine hochgradige Stenose oder ein Verschluß des Truncus brachiocephalicus oder einer A. subclavia proximal des Abgangs der A. vertebralis. Durch den poststenotischen Druckabfall kehrt sich die Strömungsrichtung in der gleichseitigen **A. vertebralis** um, die dadurch als Kollaterale für die (distale) A. subclavia fungiert und von der gegenseitigen A. vertebralis gespeist wird. Bei Dilatation der gleichseitigen Armstrombahn (z. B.

während bzw. nach Arbeit mit dem Arm) zeigen sich Symptome einer vertebrobasilären Insuffizienz (z. B. Schwindel, Gleichgewichtsstörung, okzipitale Kopfschmerzen).

8. Aneurysmen und arterio-venöse Fisteln

Aneurysma. Unter Aneurysma wird eine **abnorme, umschriebene und dauerhafte Erweiterung der Aorta oder einer Arterie bzw. der Herzwand** verstanden. Das Herzwandaneurysma infolge Myokardinfarkt ist auf S. 320 beschrieben.

Das Aneurysma arterieller Blutgefäße umfaßt folgende Formen:

- **Aneurysma verum.** Die gesamte Gefäßwand ist bei erhaltener Gefäßwandkontinuität ausgebuchtet. Es wird meist durch eine **Arteriosklerose** verursacht. Vorzugsweise ist die Aorta lumbalis betroffen. Ein arteriosklerotischer Herd kann durch Verschlechterung der transintimalen Ernährung der Mediamyozyten zu einer Dilatation führen. Die Wandschwäche kann jedoch auch **angeboren** sein und betrifft dann vor allem die Hirnbasisarterien. Sehr selten sind entzündliche Aneurysmen (z. B. der proximalen Aorta bei **Lues** oder in mittelgroßen Arterien durch sektorförmige Wandnekrosen bei **Panarteriitis nodosa**).
- **Aneurysma dissecans** (selten). Ein zweites Lumen innerhalb der Media steht über einen oder mehrere Intimaeinrisse mit dem eigentlichen Gefäßlumen in Verbindung. Ursachen sind **Bindegewebsveränderungen in der Media**, die entweder angeboren (z. B. Marfan-Syndrom, Pfaundler-Hurler-Syndrom) oder erworben (z. B. Arteriosklerose, Hypothyreose, Cushing-Syndrom, Gefäßverletzung) sind. Der **Intimariß** kann primär (z. B. durch Aufbrechen einer arteriosklerotischen Plaque oder traumatisch) oder sekundär durch eine Mediablutung nach Zerreißen der Vasa vasorum entstehen. Das Blut wühlt sich in Abhängigkeit vom Blutdruck in die vorgeschädigte Media hinein, kann aber durch einen erneuten Intimariß distal wieder Anschluß an das Gefäßlumen finden. Auch eine **Ruptur** der äußeren Wandschichten z. B. in den Herzbeutel oder in das Retroperitoneum ist möglich. Die Wanddissektion der Aorta engt häufig deren Äste ein, so daß **Durchblutungsstörungen** des Gehirns, der Arme, des Rückenmarks, der Nieren, des Darms oder der Beine auftreten.
- **Aneurysma spurium** (falsches Aneurysma, sehr selten). Eine Durchtrennung bzw. Zerreißung aller Gefäßwandschichten (z. B. Stichverletzung, Dezelerationstrauma) führt zu einer perivaskulären Blutungshöhle, die mit dem eigentlichen Gefäßlumen in Verbindung steht und bei längerem Bestehen endothelial ausgekleidet wird.

Durch die Aneurysma-bedingte Dilatation nimmt sowohl aufgrund des erhöhten Gefäßdurchmessers als auch aufgrund der verminderten Wanddicke die nötige Wandspannung (tangentiale Kraft/Querschnittsfläche) zu. Die Gefahr einer lebensgefährlichen **Ruptur** eines Aneurysmas der Aorta oder einer Hirnbasisarterie steigt deshalb überproportional mit dem **Durchmesser** an. Außerdem nimmt die Wandspannung mit dem arteriellen **Blutdruck** zu. Ein Aneurysma einer peripheren Arterie kann zu einem thrombotischen **Arterienverschluß** führen.

Arterio-venöse Fistel. Sie ist eine pathologische Kurzschlußverbindung zwischen dem arteriellen und venösen Blutgefäßsystem. Sie kann eine angeborene Fehlbildung darstellen oder z. B. durch Ruptur eines Aneurysmas in eine benachbarte Vene, eine perforierende Verletzung oder entzündliche Nekrose von Arterie und Begleitvene entstehen.

Die seltene und meist angeborene **pulmonale arterio-venöse Fistel** (S. 405) führt zu einer Volumenbelastung der Herzventrikel und evtl. zu einer zentralen Zyanose.

Eine **großkalibrige arterio-venöse Fistel** im Körperkreislauf senkt den **totalen peripheren Widerstand**. Anstieg des Schlagvolumens und der Herzfrequenz, zusammen mit einer Vasokonstriktion in nicht von der Fistel betroffenen Gefäßgebieten, wirkt dem Abfall des arteriellen Mitteldrucks entgegen. Die **Blutdruckamplitude** ist typischerweise erhöht. Die **Volumenbelastung beider Herzventrikel** kann eine Herzinsuffizienz verursachen (S. 324). Die von der Fistel betroffene Vene erweitert sich und wird teilweise retrograd durchflossen. Der **venöse Abfluß** ist in diesem Bereich behindert. Auch die zur Fistel führende Arterie erweitert sich und pulsiert verstärkt.

Die Fistel senkt die **arterio-venöse Blutdruckdifferenz in der zur Fistel unmittelbar parallel geschalteten Strombahn**. Diese Druckdifferenz bleibt hoch, wenn der der Fistel vorgeschaltete, arterielle Gefäßwiderstand gering ist und es gelingt, den systemarteriellen Mitteldruck aufrecht zu erhalten. Der vorgeschaltete Widerstand und damit der Einfluß der Fistel auf die parallele Strombahn nimmt bei normalem systemarteriellen Mitteldruck umso stärker zu, je weiter peripher die Fistel liegt. Außerdem sinkt die Druckdifferenz umso mehr, je kleiner das Verhältnis zwischen dem Strömungswiderstand der Fistel und der parallelen Strombahn ist. Durch Vasodilatation im betroffenen Gebiet kann eine Durchblutungsminderung nur begrenzt verhindert werden. Die Auswirkungen der arterio-venösen Fistel auf die betroffene Strombahn können ganz analog zu einer arteriellen Stenose sein (S. 359 f).

9. Störungen der venösen Durchblutung

Varikose. Eine ausgedehnte Bildung von **Varizen** wird Varikose genannt. Varizen sind geschlängelt oder knotig ausgeweitete **oberflächliche** Venen, die bevorzugt an den Beinen (V. saphena magna und parva mit ihren Ästen) auftreten. Die Gefäßmuskulatur in der Varizenwand ist teilweise abgebaut und durch Bindegewebe ersetzt. Überdehnung und sekundäre Wandveränderungen entstehen durch zu hohen Transmuraldruck im Verhältnis zur Wandqualität.

Der **primären Varikose** liegt eine konstitutionelle, mit dem Lebensalter zunehmende Schwäche der Venenwand zugrunde. Minderwertige oder fehlende Venenklappen können außerdem eine Rolle spielen, doch können auch unauffällige Klappen insuffizient werden, wenn sich die betroffene Vene und damit der Klappenring erweitern. Der im Stehen hydrostatisch bedingte hohe Transmuraldruck in den Beinvenen erklärt, warum primäre Varizen fast nur an den Beinen auftreten. Eine ausgeprägte primäre Varikose mit insuffizienten Klappen der Perforansvenen verursacht eine chronische venöse Insuffizienz (S. 365).

Eine **sekundäre Varikose** entsteht, wenn der Druck in tiefen Venen chronisch so sehr ansteigt, daß der Abfluß oberflächlicher Venen in die tiefen Venen stark behindert ist. Die Strömungsrichtung an den Einmündungstellen bzw. in den Perforansvenen dreht sich um, wenn die dortigen Klappen durch Aufdehnung des Klappenrings insuffizient geworden sind. Obliterationen oder Klappeninsuffizienzen liegen meist Phlebothrombosen (s. u.) zugrunde. Bei der Phlebothrombose können die oberflächlichen Venen als wichtige venöse Kollateralen dienen. Eine seltene Ursache des erhöhten Venendrucks sind z. B. arteriovenöse Fisteln (s. links).

Thrombophlebitis (superficialis). Eine schmerzhafte Entzündung **oberflächlicher** Venen kann sowohl Ursache als auch Folge einer Thrombosierung sein. Eine Thrombophlebitis (superficialis) tritt am häufigsten in Varizen (infolge Endothelschädigung und Strömungsverlangsamung in den Aussackungen der Venenwand und in den Taschen insuffizienter Klappen) auf. Andere Ursachen sind z. B. intravenöse Injektionen und Infusionen, Carcinome (Thrombophlebitis saltans sive migrans als paraneoplastisches Syndrom) oder eine Thrombangiitis obliterans (S. 359). Die Gefahr einer Lungenembolie oder einer chronischen venösen Insuffizienz ist sehr gering und nur gegeben, wenn der thrombotische Prozeß auf das tiefe Venensystem übergreift.

Phlebothrombose. Die (manchmal auch als Thrombophlebitis profunda bezeichnete) Phlebothrombose ist definitionsgemäß eine Thrombose der **tiefen Venen**, die besonders im Bein-Becken-Bereich auftritt. Aufgrund dabei freigesetzter Mediatoren und Mangelversorgung entzündet sich die Gefäßwand unter dem

Thrombus, wodurch die Organisation des Gerinnsels eingeleitet wird. Die 3 wesentlichen Faktoren für die Entstehung einer Thrombose sind:

- Verlangsamung der Blutströmung bis zur Stase,
- Intimaschädigung,
- Hyperkoagulabilität.

Venöse **Stasen** entstehen durch Immobilisation (z. B. Bettlägerigkeit) und mangelnde Aktivität der als Venenpumpe dienenden Skelettmuskulatur. Bei sitzender Immobilisation (z. B. bei langer Reise in engstehenden Sitzen) kommt eine mechanische venöse Einengung (Abknickung) im Knie und an der Leiste hinzu. Weitere Ursachen für eine Strömungsverlangsamung sind z. B. Rechtsherzinsuffizienz oder tumoröse Venenkompression. **Intimaschäden** entstehen durch Entzündungen (z. B. stauungsbedingt) und Traumen der Venen. Eine **Hyperkoagulabilität** kann z. B. durch einen Mangel an Antithrombin III, Protein C oder Protein S bedingt sein (S. 244). Veränderungen der Blutbeschaffenheit tragen auch zum erhöhten Thromboserisiko nach größeren Operationen bzw. Traumen, bei Einnahme von Estrogenen, während der Schwangerschaft, im Wochenbett, bei Carcinomen und schweren Infektionen bei.

Bei einer auf eine Unterschenkelvene beschränkten Phlebothrombose stehen genügend kollaterale Venen zur Verfügung, die einen adäquaten Abfluß gewährleisten, so daß keine Symptome oder nur Wadenschmerzen auftreten. Wird dagegen die V. poplitea, V. femoralis, V. iliaca externa oder V. iliaca communis durch den Thrombus verlegt, so nimmt der Umfang des Beines kaudal des Verschlusses durch ein Ödem sichtbar zu. Ursache ist der Anstieg des hydrostatischen Drucks in den Venolen und Kapillaren, der sich durch den Rückstau bei ungenügendem venösen Kollateralkreislauf trotz reaktiver Konstriktion der präkapillären Widerstandsgefäße ergibt. Die Haut am **gestauten Bein** ist warm, jedoch mäßig zyanotisch (im Gegensatz zu kalt und blaß beim arteriellen Verschluß). Der Schmerz („als ob das Bein bersten wolle") verstärkt sich bei Tieflage des Beins und wird durch Hochlagerung gelindert. Bei foudroyanter, weitgehend kompletter Verlegung des gesamten venösen Abstroms entstehen ein hypovolämischer Schock und in wenigen Stunden hypoxische Blasen und eine venöse Gangrän am Bein (Phlegmasia coerulea dolens). Die Schwellung kann so massiv sein, daß der Gewebedruck den verminderten Kapillarperfusionsdruck übersteigt und das Bein abblaßt (Phlegmasia alba dolens).

Die Phlebothrombose neigt dazu, sich deszendierend und aszendierend auszubreiten. Insbesondere frei flottierende und noch nicht wandadhärente und organisierte Thromben(teile) in den Iliakal-, Femoral- und Poplitealvenen können abreißen und vom Blutstrom fortgetragen werden, was eine **Lungenembolie** (S. 412) oder (sehr selten) eine paradoxe Embolie (S. 358) zur Folge hat.

Durch Vergrößerung **venöser Kollateralen** nimmt der venöse Abflußwiderstand mit der Zeit ab. Venenthrombosen werden häufig nach mehreren Monaten spontan **rekanalisiert**. Die Vene wird hierbei jedoch zu einem starren Rohr. Die Segel thrombosierter Venenklappen verdicken und verkürzen sich, so daß sie den Rückfluß von Blut nicht mehr verhindern können. Die distal der Thrombose gelegenen Venenklappen werden sekundär durch die druckbedingte Aufweitung des Klappenrings insuffizient. Die chronische venöse Insuffizienz (s. u.) infolge Phlebothrombose wird **postthrombotisches Syndrom** genannt.

Chronische venöse Insuffizienz. Die chronische venöse Insuffizienz bezeichnet die klinische Symptomatik, die durch chronische Druckerhöhung in den Venolen entsteht. Sie resultiert aus einer **tiefen Venenthrombose und/oder Klappeninsuffizienz in den tiefen bzw. perforierenden Venen**. Die Klappeninsuffizienzen lassen die Muskelpumpe unwirksam werden. Dies führt im Stehen vorzugsweise an den unteren Extremitäten zu einem starken intravenösen Druckanstieg.

Der erhöhte hydrostatische Druck in den Venolen und Kapillaren vermehrt den Abstrom von Flüssigkeit in das Interstitium. Wird die Kapazität des Lymphsystems überschritten, bildet sich ein **Ödem**. Die Kapillaren und Venolen dilatieren, elongieren und schlängeln sich glomerulumartig. Ihre Wände werden für Proteine permeabler, was das Ödem – durch Anstieg des interstitiellen onkotischen Drucks – noch verstärkt.

Die vermehrte Extravasation von Proteinen führt mit der Zeit zu **perivaskulären Fibrinmanschetten** und zur **Induration** (Verhärtung) des Bindegewebes. Zusätzlich verschlechtern Adhäsion und Aggregation von **Leukozyten** an der Gefäßwand die Diffusion von O_2, Nährstoffen etc. in das Gewebe. Der Anstieg des Hämatokrits durch vermehrten Flüssigkeitsabstrom, die verminderte Strömungsgeschwindigkeit und Endothelschädigungen fördern die Bildung von **Mikrothromben**, die zur gebietsweisen **Rarefikation** der Mikrozirkulationsgefäße führen. Weiße, gefäßlose Hautbezirke werden als **Atrophie blanche** bezeichnet.

Eine chronisch vermehrte Extravasation von Proteinen schädigt die **Lymphkapillaren**, so daß die (anfänglich kompensatorisch gestiegene) Abstromkapazität der Lymphgefäße immer mehr abnimmt. Außer Makromolekülen können auch Erythrozyten die Kapillarwand passieren. Ihr interstitieller Abbau führt zu Hämosiderinablagerungen, die eine **Hyperpigmentierung** von Hautbezirken verursachen.

Die trophischen Störungen aufgrund der Mikroangiopathie (mit Indurationen, hyper- und depigmentierten Arealen bis hin zum Ulcus) sind am häufigsten an der Haut im Bereich des Innenknöchels zu beobachten. Vorwiegende Ursache eines **Ulcus cruris** ist eine chronische **venöse Insuffizienz**. Einem kleinen Teil der Fälle liegt zusätzlich eine arterielle Durchblutungsstörung zugrunde. Ein reines **Ulcus cruris arteriosum** ist selten.

10. Störungen des Lymphabflusses

Lymphödeme. Aus den Blutgefäßen der Mikrozirkulation werden schon beim Gesunden im Mittel mehr Flüssigkeit und Proteine in das Interstitium filtriert als reabsorbiert. Der Abtransport des Flüssigkeitsüberschusses zusammen mit den Proteinen muß über das Lymphsystem erfolgen. Durch **verminderte Lymphdrainage** hervorgerufene Ödeme heißen **Lymphödeme**.

Das **primäre Lymphödem** entsteht infolge einer Fehlanlage (Agenesie, Hypoplasie, Obstruktion oder Klappeninsuffizienzen bei primärer Ektasie) von Lymphgefäßen. Es manifestiert sich am häufigsten bei Jugendlichen (Lymphoedema praecox), kann jedoch auch schon kurz nach der Geburt (Lymphoedema congenitale) oder erst nach dem 35. Lebensjahr (Lymphoedema tardum) bemerkt werden. Ein Anstieg der lymphpflichtigen Lasten (z. B. traumatisches Ödem) kann die Manifestation auslösen.

Das **sekundäre Lymphödem** wird durch Zerstörung bzw. Verschluß normal angelegter Lymphbahnen verursacht, z. B. durch

- rezidivierende bakterielle Lymphangitiden bzw. Erysipele,
- Neoplasmen wie Prostatacarcinome oder Lymphome,
- operative großräumige Entfernung der Lymphknoten und/oder ionisierende Bestrahlung wichtiger Lymphabflußgebiete bei lymphogen metastasierenden Neoplasmen (z. B. in der Axilla bei Mammacarcinom).

Ein Lymphödem erzeugt allenfalls ein Schweregefühl, jedoch keine Schmerzen, obwohl es groteske Ausmaße annehmen kann (Elephantiasis). Die Hautfarbe bleibt unauffällig. Das Lymphödem ist nur zu Anfang weich und leicht wegdrückbar. Die im Interstitium verbleibenden lymphpflichtigen Proteine können trotz vermehrter Mobilisation von Histiozyten nicht in ausreichender Menge abgebaut werden und stimulieren die Fibroblasten zur Proliferation und vermehrter Bildung von Kollagen: **Induration**.

Das proteinreiche Lymphödem bietet z. B. Streptokokken einen guten Nährboden, während gleichzeitig durch die Störung des Lymphabflusses die Infektionsabwehr geschwächt ist. **Erysipelschübe** sind deshalb bei Lymphödemen jeglicher Ursache häufig und aggravieren die Erkrankung durch weitere Verödung von Lymphgefäßen.

Lymphfisteln. Angeborene oder durch Rückstau entstandene Lymphgefäßektasien führen zu lymphatischen Klappeninsuffizienzen. Kommt es dadurch zu schwerkraftbedingter weiterer Ektasie können große Lymphzysten entstehen. Versagen die Lymphgefäßklappen zwischen den Beinlymphgefäßen und dem Ductus thoracicus, so entsteht ein chylöser Reflux. Gestaute Lymphgefäße (z. B. am Bein) sondern schon nach kleinen äußeren Verletzungen viel Lymphe über die Wunde ab. Traumatische, tumoröse oder angeborene Verbindungen können jedoch auch vom Ductus thoracicus bzw. seinen Ästen z. B. zur Pleurahöhle (Chylothorax), zum Harntrakt (Chylurie) oder zum Darm (mit enteralem Eiweißverlustsyndrom) bestehen. Der Eiweißverlust über eine Lymphfistel kann so groß sein, daß eine ödemfördernde Hypoproteinämie auftritt. Eine Lymphfistel infiziert sich leicht.

VII. Niere

Die Aufgaben der Niere im Stoffwechsel zeigen sich vor allen Dingen bei Störungen oder Ausfall ihrer Funktion und kommen in typischen Syndromen zum Ausdruck, die zahlreichen Formen von Nierenerkrankungen gemeinsam sind.

1. Störungen der glomerulären Filtration

Die Menge des durch glomeruläre Ultrafiltration gebildeten Primärharns (**glomeruläre Filtrationsrate, GFR**) wird durch folgende Faktoren beeinflußt:

- Größe der **Filteroberfläche**. Ein Ausfall von 50% der funktionierenden Oberfläche (z. B. einseitige Nephrektomie) kann innerhalb von Tagen bis Wochen durch Hypertrophie der verbleibenden Glomeruli kompensiert werden.

- Effektiver **Filtrationsdruck** (= hydrostatischer Druck – (onkotischer Druck + Kapseldruck)) in den Glomeruluskapillaren. Hypertonie bzw. Hypotonie oder Abweichungen des onkotischen (kolloid-osmotischen) Drucks bei Hyper- bzw. Hypoproteinämie führen zu entsprechenden Änderungen der glomerulären Filtrationsrate. Der Kapseldruck variiert mit der Durchblutung bzw. dem Blutgehalt der Nieren und steigt bei Abflußbehinderung an.

- **Filterpermeabilität**. Die Laminin und Proteoheparansulfat enthaltende Lamina lucida und die u. a. aus Kollagentyp IV bestehende Lamina densa der Basalmembran wirken gemeinsam z. T. als mechanisches Filter, z. T. als Ionenaustauscher (negative Ladungen des Heparansulfats). Die Durchlässigkeit der filtrierenden Basalmembran ist daher nicht nur von der mittleren Porengröße, sondern auch von der polyanionischen Ladung abhängig. Negativ geladene Proteine werden stärker zurückgehalten als Kationen oder neutrale Proteine gleichen Molekulargewichts. Bei glomerulären Erkrankungen, insbesondere bei den verschiedenen Formen der **Glomerulonephritis** (S. 379), ist die Durchlässigkeit der Basalmembran erhöht, und es kommt zur glomerlulären **Proteinurie** (s. u.). Bei schweren entzündlichen Läsionen der Glomeruli werden die geschädigten Kapillaren auch für Erythrozyten durchlässig, so daß eine **Mikrohämaturie** (weniger als 2000 Ery/µl Urin) oder **Makrohämaturie** (mehr als 2000 Ery/µl) auftritt.

2. Störungen der tubulären Reabsorption und Sekretion (Tubulopathien)

Entsprechend der unterschiedlichen Morphologie läßt sich der Tubulusapparat auch in funktionell und biochemisch verschiedene Abschnitte unterteilen:

- Die im **proximalen Tubulus** im Bürstensaum lokalisierten Enzyme und Transportsysteme vermitteln den Rücktransport von Na^+, Glucose, Aminosäuren, Phosphat, Oligosacchariden, Peptiden und Proteinen, wobei der Reabsorption von Peptiden und Oligosacchariden eine hydrolytische Spaltung durch spezifische Enzyme vorausgeht. Proteine mit einem Mol.-Gew. >2000 werden durch Endozytose aufgenommen. Bei gesteigerter glomerulärer Filtration von Proteinen kommt es zur Erschöpfung der tubulären Proteinabsorptionskapazität und zur **tubulären Proteinurie** (s. u.).

  Störungen des Aminosäurerücktransports im proximalen Tubulus können auch in Kombination auftreten. So ist z. B. eine kombinierte Rückresorptionsstörung für Glucose und Glycin (Glucoglycinose), für Aminosäuren und Säure-Basenregulation (Lowe-Syndrom) oder von Glucose, Aminosäuren und Phosphat (Fanconi-Syndrom) möglich.

- Wichtige Funktionen des **distalen Tubulus** sind die Regulation der Kaliumsekretion unter dem Einfluß des Aldosterons und die Resorption von Wasser unter dem Einfluß des ADH. Angeborene Defekte des distalen Tubulus und Sammelrohrsystems äußern sich u. a. in:
  - angeborenem Salzverlustsyndrom (fehlende Ansprechbarkeit der Na^+/K^+-ATPase auf Aldosteron),
  - idiopathischer Hypokaliämie (Bartter-Syndrom), bei der ein Defekt der Na^+/K^+-Absorption vorliegt,
  - idiopathischer Hyperkaliämie mit Acidose (unbekannter Ursache).

- **Tubuläre Sekretionsprozesse**. Neben H^+, NH_4^+, Cl^- und Endprodukten des Stoffwechsels (Harnstoff, Harnsäure) werden auch Penicillin, Phenolrot, p-Aminohippursäure u. a. Fremdstoffe durch Sekretion ausgeschieden.

Die Tabelle enthält Beispiele genetischer und erworbener Störungen der Tubulusfunktion.

Hypo- und Isosthenurie. Die Ausscheidung bzw. Rückresorption osmotisch wirksamer Teilchen bestimmt auch die **Osmolalität** des Urins, die ein direkter Parameter der Tubulusfunktion ist, da die Konzentrationsarbeit der Niere vorzugsweise im distalen Tubulussystem stattfindet. Eine Einschränkung der Konzentrationsleistung der Niere führt über eine **Hyposthenurie** zur **Isosthenurie** d. h. zur Ausscheidung einer von der Flüssigkeitszufuhr (bzw. Flüssigkeitsbe-

Beispiele für angeborene und erworbene Störungen von Tubuluspartialfunktionen
(Tubulopathien)

Rückresorptions-störungen von	Erkrankung angeboren	erworben	Symptome
Wasser	Diabetes insipidus renalis (ADH-Rezeptordefekt)	Chronische Niereninsuffizienz	Polyurie, Polydipsie, Salzverlust, Hyponatriämie
Aminosäuren*	Aminoacidurie (Transport-defekte)	Blei-, Maleatvergiftung	Aminosäuremangel-erscheinungen, Retardierung von Wachstum und geistiger Entwicklung, Nierenschäden
Glucose**	Renaler Glucose-diabetes, Fanconi-Syndrom*	Chronische Niereninsuffizienz	Glucosurie bei normalem Blutzucker
Phosphat	Familiäre Hyperphosphaturie	Primärer/sekundärer Hyperparathyreoidismus	Hypophosphatämie, Demineralisierung des Skeletts
Hydrogencarbonat (HCO_3)	Renal-tubuläre Acidose	Chronische Niereninsuffizienz	Hyperchlorämische Acidose
Aminosäuren Glucose Phosphat	Fanconi-Syndrom	Hypoxie, glomeruläre Proteinurie, Nephrotoxine, Plasmozytom	Aminoacidurie, Glucosurie, Phosphaturie

* s. Kap. Aminosäuren und Proteine
** Ausscheidung von Nicht-Glucosezuckern s. Kap. Kohlenhydrate

Spezifisches Gewicht und Osmolalität bei gestörter Harnkonzentrierung

	Spezif. Gewicht (g/l)	Osmolalität* mosmol/kg
Normbereich	10002 – 1040	50 – 1400
Hyposthenurie	max. bis 1025	max. bis 850
Isosthenurie	≈ 1010	≈ 300
Asthenurie	≈ 1001	≈ 50

* mmol osmotisch wirksame Partikel/Liter
(entsprechend der älteren Dimension mOsm/kg)

lastung) unabhängigen Osmolalität bis zum völligen Verlust der Konzentrationsfähigkeit (**Asthenurie**) d. h. der Unfähigkeit der Niere trotz Flüssigkeitseinschränkung einen konzentrierten Harn auszuscheiden.

Die Bestimmung der Urinosmolalität eignet sich vor allem zur Verlaufskontrolle der chronischen Pyelonephritis und der interstitiellen Nephritis.

Osmotische Diurese. Da die Konzentrationsarbeit der Niere auf der Existenz des Gegenstromprinzips beruht, durch den ein **osmotischer Längsgradient** aufgebaut wird, führt jeder Abbau des osmotischen Längsgradienten zu einer geringeren Konzentration des Endharns und zu einer Zunahme der Diurese. Osmotisch wirksame Substanzen – wie z. B. Mannitol, das in 20 proz. hypertonischer Lösung zur Durchbrechung eines akuten funktionellen Nierenversagens infundiert wird (s. u.) – werden nach ihrer Filtration im Tubulussystem nicht rückresorbiert und nehmen eine entsprechende Menge Lösungswasser mit. Da hierdurch die proximale Tubulusflüssigkeit isotonisch bleibt, ist auch die Na^+-Rückresorption herabgesetzt.

Renaler Diabetes insipidus s. Kapitel Innere Sekretion (S. 163).

3. Proteinurie

Bei der glomerulären Filtration wird unter physiologischen Bedingungen eine Proteinmenge von etwa 10–30 g/24 h filtriert. Es handelt sich um niedermolekulare normale Serumproteine (z. B. Präalbumin, β_2-Mikroglobulin, α-Antitrypsin und Proteohormone). Die Proteine werden jedoch von den proximalen Tubuluszellen durch Endozytose wieder aufgenommen und nahezu quantitativ rückresorbiert, so daß der 24 h-Harn beim Menschen $<0,15$ g Protein enthält.

Unter Berücksichtigung der Filtration und Rückresorption von Blutplasmaproteinen in der Niere kann eine Proteinurie über folgende Mechanismen zustande kommen:

- **Prärenale Proteinurie.** Ist die Konzentration eines Proteins mit hoher renaler Clearance, d.h eines Proteins, das physiologischerweise das glomeruläre Filter passiert, stark erhöht, wird die Kapazität der tubulären Rückresorption überschritten. Dies ist z. B. bei Albumininfusion der Fall, bei exzessiver Vermehrung der L-Ketten des IgG im Serum (Bence-Jones-Protein, Plasmozytom, Myelom) oder bei Hämolyse mit Auftreten nicht an Haptoglobin gebundenen Hämoglobins bzw. bei Myolyse mit Myoglobinämie.
- **Glomeruläre Proteinurie.** Bei Schädigung des glomerulären Filters werden infolge einer gesteigerten Permeabilität nicht nur niedermolekulare Proteine

(molekulare Masse bis ≈65000) ausgeschieden, sondern auch größere Proteinmoleküle. Je nach Ausmaß der Schädigung kommt es entweder zu einer **selektiven Proteinurie**, bei der vorwiegend Proteine mit geringerem Mol.-Gew. ausgeschieden werden oder aber – bei schweren Schäden – zu einer **nicht-selektiven Proteinurie**, bei der Proteine aller Molekulargewichtsklassen das glomeruläre Filter passieren, und das Proteinverteilungsmuster der Harnproteine dem des Serums weitgehend gleicht. Die glomeruläre Proteinurie ist die häufigste Form der Proteinurie. Auslösende Schädigung der Filtermembran können **Immunkomplexe, Autoantikörper, Diabetes mellitus** oder **Toxine** sein. Eine Ausscheidung von >3,5 g Protein/24 h wird als **nephrotisches Syndrom** bezeichnet. Eine erhöhte Permeabilität des glomerulären Filters wird auch als Ursache der Proteinurie bei **kardialer Stauung** und **Nierenvenenthrombose** angenommen.

- **Tubuläre Proteinurie**. Werden infolge einer tubulären Schädigung und Beeinträchtigung der Funktion der Tubuluszellen (z. B. bei interstitieller Nephritis) die im Primärharn erscheinenden Proteine nicht rückresorbiert, kommt es zur Ausscheidung aller derjenigen Proteine, die nach Passage des Glomerulusfilters im Primärharn erscheinen. Hierzu gehören Proteine mit einer Molmasse von <65000 (z. B. Lysozym, Retinol-bindendes Protein, β_2-Mikroglobuline u. a.).

- **Postrenale Proteinurie.** Bei Entzündung oder neoplastischen Veränderungen des Nierenbeckens und/oder der ableitenden Harnwege kommt es zu vermehrter Sekretion von Gewebs- bzw. Blutflüssigkeit, zu Zellabstoßung und Zytolyse. Die dann im Harn nachweisbaren Proteine stammen jedoch nicht aus dem Blut.

4. Harnkonkremente

Da der Harn bei Körpertemperatur in bezug auf viele Inhaltsbestandteile gesättigt ist, kann es bei Stoffwechselstörungen mit Konzentrationsveränderungen oder bei entzündlichen Vorgängen in den ableitenden Harnwegen zur Bildung von Harnsedimenten und zu Harnsteinen kommen. Epithelien, Fibrinflocken oder Bakterien wirken als **Kristallisationskeime**.

Etwa die Hälfte aller Harnkonkremente besteht aus Calciumoxalat, ≈25% aus Calciumphosphat (Apatit, Struvit), 6% aus Magnesiumammoniumphosphat ($MgNH_4PO_4$) oder einer Mischung dieser Verbindungen. Der Rest sind Urate (Natrium- oder Ammoniumsalz <1%) bzw. freie Harnsäure (≈17%) und seltenere Konkremente.

Die Ursachen für die Entstehung von Harnsteinen sind

- Stenose und/oder Infekt der ableitenden Harnwege,
- Stoffwechselstörungen (Hyperoxalurie, Hyperparathyreoidismus, Hypercalcurie, Hyperurikämie und Hyperurikosurie) oder
- bleiben unbekannt.

Die Kristallisation bzw. Ausfällung von Salzen aus gesättigten oder übersättigten Lösungen wird physiologischerweise durch Hemmstoffe verhindert. Zu diesen mit dem Harn ausgeschiedenen Hemmstoffen gehören Pyrophosphat (0,82–1,22 mmol/d, 80–120 mg/24 h als Phosphor), Glykoproteine (200–300 mg/24 h) und saure Glykosaminoglykane (20–40 mg/24 h). Die Uringlykoproteine sind heterogen und enthalten auch Glykopeptide.

Andererseits kann die erhöhte Konzentration eines noch löslichen Salzes einen „Aussalzeffekt" auf ein anderes, schwerer lösliches Salz ausüben. So kann z. B. eine **Hyperurkämie** die Bildung von unlöslichem **Calciumoxalat** begünstigen.

Calciumoxalatsteine. Die Bildung von Calciumoxalat (Mono- oder Dihydrat) in der Niere bzw. den ableitenden Harnwegen hat ihre häufigsten Ursachen

- in einer Erhöhung der Calciumkonzentration des Harns oder in einem
- „Aussalzeffekt" für Calciumoxalat, der bei Erhöhung der Urat- oder Phosphatkonzentration im Harn eintritt.

Eine übermäßige Zufuhr von Oxalat mit der Nahrung (z. B. Rhabarber, Tomaten, Schokolade) führt wegen der schlechten Resorbierbarkeit des Oxalats bzw. wegen der Bildung von Calciumoxalat im Intestinaltrakt – mit Ausnahme der Hyperoxalaturie (S. 259) – selten zu Oxalurie bzw. Oxalatsteinen.

Auch ein **gestörter Glyoxylsäurestoffwechsel** kann zu einer vermehrten Ausscheidung von Oxalat mit dem Harn und zur Bildung von Oxalatsteinen Anlaß geben. Das mit dem Harn ausgeschiedene Oxalat stammt physiologischerweise zu 60% aus dem Stoffwechsel des Glycins und seinen Vorstufen bzw. aus Glyoxylsäure, zu 25–30% aus dem Abbau von Ascorbinsäure und zu 10% aus exogenem (Nahrungs-) Oxalat. Eine erhöhte renale Oxalatausscheidung (>100 mg/24 h) tritt ein, wenn eine der physiologisch bevorzugten Weiterreaktionen der Glyoxylsäure im Stoffwechsel vermindert oder blockiert ist (Schema).

Außer der Bildung von Oxalat-Nierensteinen, die häufig zu Nierenversagen und zum Tod schon im 20. Lebensjahr führen, kommt es zu Calciumoxalatablagerungen auch in verschiedenen Organen (z. B. Milz, Herz, Knochenmark).

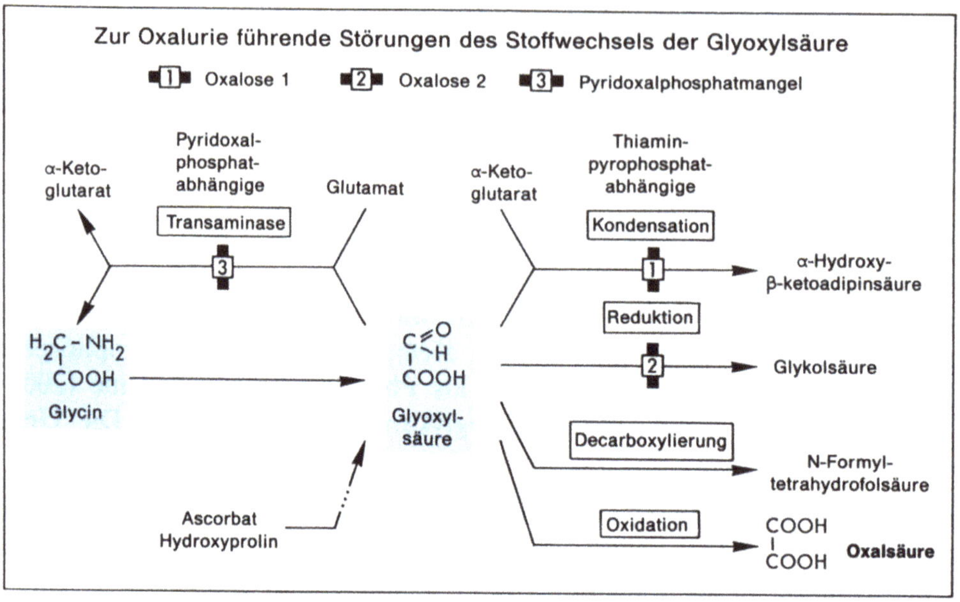

Eine Prophylaxe (bzw. Metaphylaxe) mit Mg^{2+} (300 mg/24 h) und Orthophosphat (1,5 – 2,0 g/24 h), das die Pyrophosphatausscheidung steigert, die Calciumausscheidung dagegen senkt, ist sinnvoll.

Calciumphosphatsteine. Die Löslichkeit von Calciumphosphat nimmt mit steigendem pH ab. Daher treten Calciumphosphatsteine bevorzugt bei alkalischen Harn-pH-Werten bzw. bei einem Infekt mit NH_4^+-bildenden (harnstoffspaltenden) Bakterien auf (z. B. Proteus vulgaris), sie werden aber häufig auch sekundär gebildet, wenn eine erhöhte Calcium- oder Phosphatausscheidung (z. B. Hyperparathyreoidismus, S. 170) vorliegt. Gleichzeitig ist auch die Bildung von unlöslichem Magnesium-Ammoniumphosphat begünstigt. Ist eine Infektion auszuschließen, weist ein Calciumphosphatstein auf eine Tubulusfunktionsstörung oder einen Stoffwechseldefekt (z. B. renaltubuläre Acidose, Phosphatdiabetes) hin. Die therapeutisch indizierte Ansäuerung des Urins auf pH 5,4 – 6,0 kann durch Ammoniumchlorid erreicht werden. Zur Hemmung der enteralen Phosphatresorption ist Aluminiumhydroxid (2,2 – 3,5 g/24 h) geeignet.

Harnsäuresteine. Harnsäure fällt bei saurer Reaktion als freie Säure, im neutralen Urin (Infektion mit NH_4^+-bildenden Bakterien) als schwer lösliches Ammoniumurat aus. Die zu einer Hyperurikämie und vermehrten Harnsäureausscheidung führenden Bedingungen und die sich ergebenden therapeutischen Möglichkeiten sind in Kap. Nucleinsäuren (S. 57) behandelt.

Patienten mit Hyperurikämie haben etwa 1000mal häufiger Harnsteine als Stoffwechselgesunde, aber nur etwa 25% aller Harnsteine sind Harnsäure- bzw.

Uratsteine. Das bei Allopurinolbehandlung renal ausgeschiedene **Xanthin** besitzt eine bessere Löslichkeit als Harnsäure.

Seltene Steine. Die schwer löslichen Aminosäuren Cystin und Homocystin werden bei **Cystinurie** (S. 65) bzw. bei **Homocystinurie**, Tyrosin und Leucin bei schwerem Leberschaden in hoher Konzentration mit dem Harn ausgeschieden und können dort auskristallisieren.

Bei der **Cystinurie** liegt eine Transportstörung für Cystin, Lysin, Arginin und Ornithin vor. Sie ist charakterisiert durch eine 20 – 30-mal gegenüber der Norm erhöhten Auschscheidung von Cystin, Lysin, Arginin und Ornithin im Urin, die durch eine Rückresorptionsstörung im Nierentubulussystem bedingt ist (S. 65).

Xanthin- und Indigosteine sind sehr selten. Unter den Medikamenten können die **Sulfonamide** in ihrer schwer löslichen (acetylierten) Ausscheidungsform Kristalle bilden.

5. Akutes Nierenversagen (ANV)

Das akute Nierenversagen bezeichnet eine plötzliche und kritische Herabsetzung der Ausscheidungsfunktion der Niere, die folgende Ursachen haben kann:

- **prärenale** (hypovolämischer Schock, Kreislaufversagen, intravasale Hämolyse, Myoglobinurie),
- **renale** (akute Glomerulonephritis, Nephropathien, Nephrotoxine wie z. B. Schwermetalle, organische Lösungsmittel, Antibiotika, Kontrastmittel) oder
- **postrenale** (beidseitige Ureterobstruktion durch Steine, Neoplasmen, Vernarbungen, Prostatahypertrophie oder Fehlbildungen).

Die beim akuten Nierenversagen eintretenden Veränderungen betreffen primär den Wasser- und Elektrolythaushalt. Initial führen Schock oder toxische Schädigung des Nierenparenchyms zur renalen Ischämie mit Verminderung des Glomerulumfiltrats und Hemmung des tubulären Na^+-Transports. Der daraufhin einsetzende Anstieg der Na^+-Konzentration in den distalen Tubuli führt über eine Wirkung auf die Macula densa zu einer präglomerulären Vasokonstriktion (Drosselung der Vasa afferentia) und zum Sistieren der glomerulären Filtration in dem betreffenden Nephron. Die Wasserausscheidung geht auf geringe Volumina zurück (Oligurie = $<0{,}41$ l/d, 400 ml/24 h, Anurie $<0{,}1$ l/d, 100 ml/24 h). Die konsequent sich entwickelnde **Hyperkaliämie** und die – als **Azotämie** bezeichnete – Stickstoffretention (Kreatin, Harnstoff, Harnsäure) beherrschen die klinische Symptomatik (EKG-Störungen, Herzversagen, Urämie). Bei Anurie kann es auch bei kaliumfreier Ernährung zu einer **Hyperkaliämie** kommen, die durch Freisetzung von K^+ im Rahmen des physiologischen Zellverfalls entsteht. Liegt gleichzeitig ein schwerer Nierenparenchymschaden vor, treten infolge erhöhter Durchlässigkeit der Glomeruli auch **Proteinurie** und **Hämaturie** auf.

Bei Oligurie und Anurie dürfen – zur Verhütung einer **Hyperhydratation** S. 139) – lediglich die renalen und extrarenalen Flüssigkeitsverluste (intestinale Flüssigkeitsausscheidung, Perspiratio insensibilis) ergänzt werden ($\approx$0,3 l/d, 300 ml/24 h).

Nach einer u.U. bis zu 3 Wochen dauernden oligurischen Phase setzt die Diurese mit zunehmenden Urinvolumina ein (**polyurische Phase**). Eine Funktionschwäche der Niere (Na^+- und K^+-Verlustsyndrom) kann bis zu einer vollen Restitution über mehrere Wochen oder Monate bestehen bleiben. Ein **funktionelles** (meist prärenales) **Nierenversagen** kann durch Volumen- und Elektrolytsubstitution sowie durch osmotisch wirksame Diuretika (250 ml einer 20 proz. Mannitollösung) durchbrochen werden. Die Behandlung eines **organischen Nierenversagens** (renale oder postrenale Tubulusschäden) beschränkt sich auf symptomatische Maßnahmen. Die Differentialdiagnose ergibt sich aus klinischen Parametern.

Differentialdiagnose von funktionellen und organisch bedingtem akuten Nierenversagen
(Urinvolumen < 400 ml/24 h)

Urinanalyse	Meßgröße	Nierenversagen funktionell	Nierenversagen organisch
$[Na^+]$	mmol/l	< 20	60 – 80
Osmolalität	mosmol/kg	> 300	≈ 300*
[Harnstoff]	mmol/l	> 180	< 170

* Plasma-isoton

6. Chronische Niereninsuffizienz (CNI)

Bei zunehmender Zerstörung oder bei vollständigem Funktionsausfall von Nephronen entwickelt sich eine chronische Niereninsuffizienz. Häufige Ursachen sind

- Glomerulonephritis

- diabetische Nephropathie
- Harnabflußstörungen (z. B. Nephrolithiasis)
- Tubulopathien
- ischämische Nephropathie (z. B. Stenosen, Arteriosklerose)

Der progressive Verlauf hat zu einer Stadieneinteilung geführt:

- Im ersten Stadium werden exkretorische und regulatorische Funktionen der Niere noch durch Vergrößerung der Glomeruli und Hypertrophie der intakten Tubuli kompensiert. Der Defekt läßt sich nur durch Funktionstests aufdecken. Die endogene Kreatinin-Clearance ist geringfügig eingeschränkt.
- Im Stadium der kompensierten (und später dekompensierten) Retention sind eine herabgesetzte Konzentrationsfähigkeit (Hyposthenurie, Isosthenurie), Calciumverlust (hypochlorämische Acidose) und **Retention harnpflichtiger stickstoffhaltiger Substanzen** (Kreatinin, Harnstoff, Harnsäure) nachweisbar. Eine Tetanie tritt trotz Calciumverlust selten auf, da die Acidose für verstärkte Freisetzung von Calcium aus der Blutplasma-Proteinbindung sorgt. Auch der sich entwickelnde sekundäre Hyperparathyreoidismus wirkt einer Hypocalcämie entgegen, ohne sie jedoch vollständig zu kompensieren. Proteinurie, Makrohämaturie und Hypertonie sind häufig.
- Eine nicht kompensierte unbehandelte chronische Niereninsuffizienz endet im Stadium der **Urämie**, die unbehandelt im **Coma urämicum** zum Tode führt.

Bei Einschränkung der glomerulären Filtrationsleistung auf 60% der Norm kommt es zum Anstieg des Serumkreatinins, bei Einschränkung auf 30–35% zum Anstieg des Serumharnstoffs und bei Einschränkung unter 20% zum Anstieg der Harnsäure- und Phosphatkonzentration im Serum. Die in % der Norm angegebene Ausscheidungsleistung entspricht der Zahl noch intakter Nephrone.

Die bei chronischem und fortschreitendem Nierenversagen sich entwickelnden Symptome der dekompensierten Niereninsuffizienz lassen sich z. T. aus der Einschränkung der Nierenfunktion ableiten, z. T. sind sie als komplexe Auswirkungen des chronischen Nierenversagens auf den Gesamtorganismus (extrarenale Manifestationen) zu werten (Tabelle).

Neben einer Retention von Kreatinin, Harnsäure und Harnstoff kommt es zu einem Anstieg vermutlich toxischer Metabolite des Proteinstoffwechsels (Guanidin, Phenolderivate, Indol, Peptide).

Pathobiochemie der chronischen Niereninsuffizienz

Stoffwechselstörung		Symptome
Gestörte glomeruläre Filterpermeabilität und Tubulusfunktion	→	Proteinurie, Hämaturie
Retention von Produkten des Stickstoff-Stoffwechsels (Harnstoff, Harnsäure, Kreatinin u. a.)	→	Urämiesyndrom (Komplexe neurologische, gastroenterologische u. a. toxische Symptome)
Eingeschränkte Reaktion 25-Hydroxycalciferol → 1,25-Dihydroxycalciferol	→	Verminderte intestinale Calciumresorption, sekundärer Hyperparathyreoidismus, Hypocalcämie, renale Osteopathie
Störungen der Elektrolytausscheidung	→	Hypokaliämie, Hyponatriämie, Hypochlorämie, im terminalen Stadium Hyperkaliämie
Verminderte renale H^+-Exkretion	→	metabolische Acidose mit teilweiser Kompensation durch Hyperventilation und Senkung des pCO_2
Ausfall der Erythropoetinbildung der Niere	→	Anämie
Hyperhydratation und Gefäßveränderungen der Niere	→	Hypertonie, dekompensierte Linksherzinsuffizienz
Komplexe toxische Einflüsse auf den Stoffwechsel durch unbekannte Metabolite („Urämiegifte")	→	Anämie aufgrund verkürzter Lebenszeit endogener oder transfundierter Erythrozyten, Thrombopenie und Thrombopathie mit okkulten Blutverlusten, zentrale und periphere Neuropathie, endokrine Funktionsstörungen (Veränderungen des Insulinstoffwechsels, Hypogonadismus)

Durch Einschränkung der täglich zugeführten Nahrungsproteinmenge auf 20–40 g ist es möglich, den Proteinstoffwechsel der eingeschränkten Eliminationsleistung der Niere anzugleichen und damit die erhöhte Konzentration der harnpflichtigen Substanzen wieder zu senken und die retentionsbedingte Intoxikation zu bessern. Das Problem einer **bilanzierten Proteindiät** besteht darin, daß einerseits – um einen katabolen Proteinstoffwechsel zu vermeiden – eine ausreichende Menge essentieller Aminosäuren (6–7 g/24 h) zugeführt, andererseits die Gesamtproteinmenge reduziert bleiben, aber eine ausreichende Kalorienzufuhr erreicht werden muß.

7. **Renaler Hochdruck** (s. Kapitel Kreislauf, S. 340)

8. Glomerulonephritis-Formen

Die Glomerulonephritis – die mit 50% häufigste Ursache der chronischen Niereninsuffizienz – bezeichnet eine Reihe akuter oder chronisch-entzündlicher herdförmiger oder diffuser Nierenerkrankungen, die vorwiegend die Glomeruli betreffen. Bei der Schädigung der Glomeruli spielen häufig folgende immunpathogenetische Mechanismen eine Rolle:

- Extrarenal gebildete Immunkomplexe gegen exogene Antigene.
- Zirkulierende Antibasalmembran-Autoantikörper (IgG-Typ gegen Kollagen und Glykoproteine der glomerulären Basalmembran).
- Lokale Aktivierung des Komplementsystems (z. B. idiopathische membranproliferierende Glomerulonephritis).

Das resultierende glomeruläre Schädigungsmuster zeigt unterschiedliche histologische Erscheinungsformen: u. a. Einwanderung von Entzündungszellen, Verdickung der Basalmembran, Proliferation der Endokapillaren und Kapselendothelzellen, Vermehrung der mesangialen Grundsubstanz.

Eine Klassifikation der akuten Glomerulonephritis läßt sich auch nach den Ursachen vornehmen:

- Infektionskrankheiten. Immunkomplexbildung nach Infektion mit Streptokokken (Poststreptokokken-Nephritis) sowie mit Erregern der endokardialen oder viszeralen Sepsis, der Malaria und Hepatitis B,
- primäre glomeruläre Erkrankungen wie z. B. IgA-Nephropathie (M. Berger) als Sonderform der mesangioproliferierenden Glomerulonephritis mit erhöhten Serum IgA-Spiegeln bei 50% der Patienten,
- Systemerkrankungen (sekundäre Glomerulonephritis) wie z. B. Lupus erythematodes, Purpura Schoenlein-Henoch, Goodpasture-Syndrom (Autoantigenbildung gegen glomeruläre **und** alveoläre Basalmembran mit Lungenblutung als Komplikation), Kryoimmunoglobulinämie.

Die Symptome der Glomerulonephritis in der Reihenfolge ihrer Häufigkeit sind

- selektive und unselektive Proteinurie und Zylindrurie,
- Verminderung der glomerulären Filtrationsrate,
- Hypertonie durch vermehrte proximale und distale Na^+-Rückresorption, Linksherzinsuffizienz und Lungenstauung.

Nephrotisches Syndrom. Eine massive unselektive Proteinurie mit Ausscheidung von >3,5 g Protein/24 h, Hypoalbuminämie und relativer Vermehrung der α- und β-Globuline und Lipoproteine kennzeichnet die **nephrotische Verlaufsform der Glomerulonephritis.** Neben Albumin passieren auch hochmolekulare Proteine das geschädigte glomeruläre Filter. Der Verlust von Antithrombin III kann zu erhöhter **Thromboseneigung**, von Transferrin zur **Anämie** und von Immunglobulinen zu erhöhter **Infektanfälligkeit** führen.

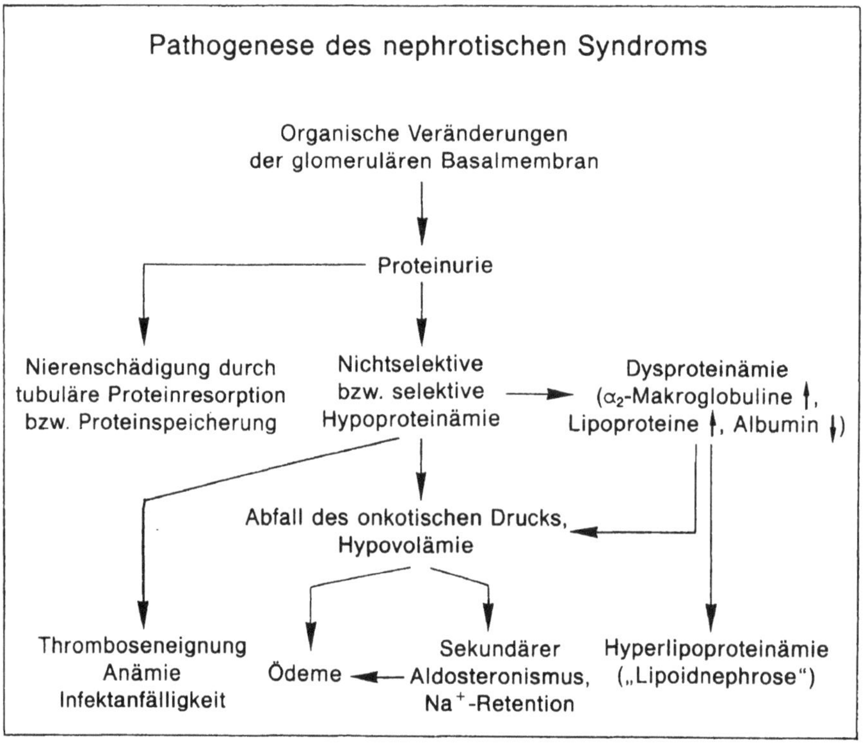

Dysproteinämie führt – insbesondere, wenn die Serumalbuminkonzentration unter einen Wert von 14 g/l (1,4 g/dl) sinkt (Hypoalbuminämie) – zum Abfall des onkotischen Drucks und zur Verminderung des zirkulierenden Plasmavolumens (Hypovolämie). Die direkte Folge sind Wasserretention im Gewebe und die Entstehung von **Ödemen**. Sekundär entwickelt sich aufgrund der verminderten Nierendurchblutung über den Renin-Angiotensin-Mechanismus ein Hyperaldosteronismus mit Na^+-Retention.

Proteinverlust bzw. Dysproteinämie lösen ferner eine Regulationsstörung der Lipoproteinsynthese der Leber aus, die zu **sekundärer Hyperlipoproteinämie** (S. 123) und zu einem Übertritt von Lipoproteinen in den Urin (Lipidurie) führen kann.

9. Klinisch-chemische Untersuchungsmethoden

Kreatinin im Serum/Urin. Für die quantitative Bestimmung des Kreatinins in Serum und Urin stehen 3 verschiedene Methoden zur Verfügung:

- Die (1886!) beschriebene Pikrinsäurereaktion nach Jaffé basiert auf der Eigenschaft des Kreatinins, mit alkalischer Pikratlösung einen roten Farbkomplex zu bilden. Die Bildung des Farbstoffs wird durch kinetische Messung (Endpunktbestimmung) während 5 min nach Start der Reaktion als Extinktionszunahme bei 492 nm gemessen. Störfaktoren können erhöhte (Harnsäure, Cephalosporine, Ketonkörper) oder erniedrigte (Bilirubin) Kreatininwerte vortäuschen.
- In einer enzymatischen Reaktion mit Kreatinin-Iminohydrolase kann Kreatinin zu N-Methylhydantoin und NH_4^+ umgesetzt werden. In einer Folgereaktion reagiert das freigesetzte NH_4^+ mit 2-Ketoglutarat und NADPH unter katalytischer Wirkung der GLDH zu Glutamat und $NADP^+$. Die Abnahme der Extinktion im UV-Bereich ist der Kreatininkonzentration proportional.
- Wird Kreatinin zunächst mit Kreatininase zu Kreatin und das gebildete Kreatin mit Hilfe der bakteriellen Kreatinase zu Sarkosin und Harnstoff umgesetzt, kann Sarkosin in Gegenwart von Sauerstoff zu Formaldehyd, Glycin und H_2O_2 reagieren, das in einer Peroxidase-Indikator-Reaktion durch Bildung eines roten Farbstoffs (4-Aminophenazon als Chromogen) nachgewiesen wird.

Die enzymatischen Methoden sind spezifisch für Kreatinin. Störungen können durch gefärbte Serumbestandteile (Bilirubin) auftreten. Die enzymatischen Methoden geben ($\approx$10%) geringere Werte als die kolorimetrische Methode.

Referenzbereich Serum (chemische Methode)

Männer:	62–106 µmol/l (0,7–1,2 mg/dl)
Frauen:	53– 97 µmol/l (0,6–1,1 mg/dl)
Neugeborene:	2–100 µmol/l (0,02–1,17 mg/dl)
Kinder bis 6 Monate:	10– 80 µmol/l (0,11–0,9 mg/dl)

Referenzbereich Urin (für die Analyse mit dest. Wasser 1 + 49 verdünnen)

Männer:	7– 18 µmol/24 h	(790–2000 mg/24 h)
Frauen:	5– 16 µmol/24 h	(560–1800 mg/24 h)
Kinder:	70–200 µmol/kg/24 h	(8–23 mg/kg/24 h)

Die renale Ausscheidung von Kreatinin hängt von der Gesamtmuskelmasse ab (Männer > Frauen). Bei Jugendlichen steigt das Plasmakreatinin während der ersten 20 Lebensjahre auf Erwachsenenwerte an.

Eine Hyperkreatininämie ist am häufigsten durch **akutes Nierenversagen, chronische Niereninsuffizienz** oder fortgeschrittene Stadien des **Diabetes mellitus** (diabetische Nephropathie) bedingt. Eine vermehrte Ausscheidung von Kreatinin mit dem Urin kann auch nach Traumen und Verbrennungen auftreten oder durch degenerative Prozesse (z. B. akute Muskeldystrophie) verursacht sein.

Kreatinin-Clearance. Die renale Clearance wird als diejenige Plasmamenge definiert, die in der Zeiteinheit von einer gemessenen Substanz durch die Niere befreit wird. Für alle Moleküle, welche nicht proteingebunden, nicht verstoffwechselt und im Tubulussystem weder reabsorbiert noch sezerniert werden, ist die renale Clearance identisch mit der glomerulären Filtrationsrate. Dies trifft z. B. für das **Inulin** (ein pflanzliches Polyfructosan) zu, dessen quantitative Bestimmung jedoch aufwendig und für den Patienten belastend ist. Häufig verwendet wird die Bestimmung der **endogenen Kreatinin-Clearance** zur Messung der **glomerulären Filtrationsrate**, obwohl Kreatinin in Abhängigkeit von der Plasmakonzentration nicht nur filtriert, sondern (zu $\approx 20\%$) auch sezerniert wird.

Alle Pharmaka, welche die Nierenfunktion beeinflussen, müssen – soweit ärztlich vertretbar – vor der Bestimmung abgesetzt werden.

Die renale Kreatinin-Clearance wird nach folgender Formel berechnet

$$\text{Renale Clearance (ml/min)} = \frac{C_U\ (\mu\text{mol/l}) \times V_U\ (\text{ml})}{C_P\ (\mu\text{mol/l}) \times \text{Urinsammelzeit (min)}}$$

C_U = Konzentration im Urin
C_P = Konzentration im Plasma
V_U = Urinvolumen während Sammelperiode

Während der Urinsammelperiode (24 h = 1440 min) sollen ungewöhnliche körperliche Belastungen sowie die Aufnahme kreatininhaltiger Speisen (Fleisch und Fleischprodukte) vermieden werden. Durch ausreichende Trinkmenge ist ein Urinvolumen von mindestens 1000 ml/24 h sicherzustellen. Vom Urin, dessen Volumen exakt zu bestimmen ist, werden 5–10 ml zusammen mit einer venösen Blutprobe zur Kreatininbestimmung eingesetzt.

Referenzbereich	(endogene Kreatinin-Clearance)	
	Männer:	80–160 ml/min
	Frauen:	75–130 ml/min

Der Clearancewert wird auf 1,73 m^2 Körperoberfläche bezogen. Die Körperoberfläche steht in Beziehung zu Körper-Gewicht und -Größe. Der Korrekturfaktor beträgt

$$\frac{\text{Clearance} \times 1{,}73}{\text{Körperoberfläche } (m^2)}$$

Nach dem 40. Lebensjahr fällt die Kreatinin-Clearance um etwa 8–10 ml/min/10 Jahre ab. Als Clearance-Substanzen werden auch radioaktiv markierte Verbindungen (z. B. ^{51}Cr-EDTA, ^{125}I-Phthalamat) verwendet.

Harnstoff im Serum. Harnstoff wird durch Urease zu CO_2 und Ammoniak gespalten. In einer enzymatischen Folgereaktion wird das gebildete Ammoniak durch die Glutamat-Dehydrogenase-Reaktion bestimmt.

Die Reaktion ist hochspezifisch. Ammoniak, das im Blut <1% des Harnstoffs ausmacht, stört die Reaktion nicht.

Referenzbereich: 3–8 µmol/l (20–50 mg/dl)

Bei Neugeborenen ist der Harnstoffspiegel des Serums erniedrigt und steigt innerhalb der ersten Lebensjahre bis zum Erwachsenenwert an.

Bei kataboler Stoffwechsellage, die mit raschem Abbau des Muskelproteins einhergeht (Corticoidbehandlung, Diabetes mellitus, Fieber, metastasierende Tumoren, postoperative Zustände) kommt es zu vorübergehendem Anstieg des Harnstoffs im Serum. **Isolierte Erhöhungen des Harnstoffs** im Serum, die nicht mit einer entsprechenden Erhöhung des Kreatinins im Serum einhergehen, haben meist extrarenale Ursachen (z. B. Exsikkose, proteinreiche Nahrung, Blutungen im Magen-Darmtrakt, Aminosäureinfusionen), während Erhöhungen der Kreatininkonzentration (s. o.) bei normalen Harnstoffwerten auf Störungen der Nierenfunktion hinweisen. Hemmstoffe der Urease in der Blutprobe (z. B. Fluorid, Formaldehyd, Thymol) können zu Meßfehlern führen.

Einschränkungen der Leberfunktion und metabolische Acidose (verminderte hepatische Harnstoffsynthese) führen zum Absinken des Harnstoffwertes im Blut.

Harnsstoff im Urin. Als Endprodukt des Aminosäurestoffwechsels wird Harnstoff in der Leber synthetisiert, in die Zirkulation abgegeben, von den Glomerula filtriert und in den Tubuli anschließend entsprechend dem Grad der Wasserresorption rückresorbiert. Die **Harnstoff-Clearance** hängt damit von der **Diurese** ab, ist also bei erhöhter Diurese erhöht und umgekehrt. Der Stoffwechselgesunde scheidet pro Tag 30–40 g Harnstoff (0,5–0,7 mol) aus. Bei hoher Proteinzufuhr kann die Harnstoffbildung und -ausscheidung bis auf das 3-fache ansteigen.

Für die Nierenfunktionsdiagnostik spielt die Bestimmung des Harnstoffs im Urin keine Rolle, wird jedoch für die Erstellung einer **Stickstoffbilanz** (S. 67) herangezogen.

Osmolalität und spezifisches Gewicht des Urins. Das spezifische Gewicht (relative Dichte) des Urins wird bei Zimmertemperatur mit dem Urin-Aräometer bestimmt, die Messung der Osmolalität erfolgt nach dem Prinzip der Gefrierpunktserniedrigung (S. 145). Abweichungen bei Hypo- bzw. Isosthenurie s. Tabelle (S. 370).

Protein im Serum s.S. 74

Protein im Urin. Die qualitative und ggf. quantitative Messung des Gesamtproteins im 24 h-Harn stellt ein zentrales und wichtiges Verfahren zum Auschluß oder Nachweis von Nierenerkrankungen dar.

- **Qualitative Bestimmung mit Träger-gebundenen Reagenzien (Teststreifenmethode).** Der Teststreifen enthält einen Säure-Basen-Indikator (z. B. β-Chlorphenoltetrabromsulphthalein) und einen sauren Puffer, dessen pH-Wert niedriger als der pK-Wert des reinen Indikators ist. Der Indikator liegt dadurch in der protonierten Form (gelb) vor. Durch Anlagerung von Proteinen an den Indikator sinkt dessen pK-Wert unter den Puffer-pH-Wert (Prinzip des Proteinfehlers eines Indikators). Dadurch kommt es zum Farbumschlag (deprotonierter Indikator = grün). Die halbquantitative Methode reagiert bei Werten von >200 mg Protein/l Urin positiv und ist unterhalb 150 mg/l negativ.

Ein falschpositives Ergebnis wird bei einem Urin-pH über 9 und bei Ausscheidung von Blutersatzmitteln (z. B. Polyvinylpyrrolidon) erhalten. Saure Proteine und Glykoproteine (z. B. Bence-Jones-Protein, Tamm-Horsfall-Protein) reagieren nicht.

- **Quantitative Bestimmung.** Bei positiver Teststreifenanalyse wird die quantitative Bestimmung mit Hilfe der **Biuret-Methode** (S. 74) durchgeführt, für die 1–5 ml Urin eingesetzt werden. Aus dem Harn wird das Protein mit Trichloressigsäure oder Perchlorsäure präzipitiert und der abzentrifugierte Niederschlag in Biuret-Reagenz aufgelöst. Die Extinktion des gebildeten Farbkomplexes wird photometrisch gemessen.
  Referenzbereich bis 70 mg/24 h.
  Im Gegensatz zur Teststreifenmethode erfaßt die Biuret-Methode auch tubuläre und glomeruläre Proteinurien.

Eine weitergehende Differenzierung einer Proteinurie ist durch **Polyacrylamidgel-Elektrophorese** möglich, bei der die Proteine nach ihrem Molekulargewicht getrennt werden, und die eine Differenzierung von glomerulärer und tubulärer Proteinurie erlaubt. Bei Funktionsstörungen der Glomeruli werden überwiegend Albumin und höher molekulare Proteine ausgeschieden, bei tubulären Defekten vor allem niedermolekulare Proteine. Die Elektrophorese gestattet außerdem eine Identifizierung pathologischer Eiweißkörper (z. B. Bence-Jones-Protein).

N-Acetyl-β-D-Glucosaminidase (NAG) im Urin. Unter den zahlreichen von der Niere mit dem Urin ausgeschiedenen Enzymen besitzt die NAG (empfohlener Name: N-Acetyl-β-D-Hexosaminidase) diagnostische Relevanz, da dieses lysosomale Enzym frühzeitig tubuläre Dysfunktionen anzeigt und in erhöhter Konzentration im Urin bis zu 2 Tagen stabil bleibt. Indikationen zur quantitativen Bestimmung der NAG im Urin sind: Verdacht auf primäre Nierenerkrankung oder Erkrankungen mit sekundärer Nierenbeteiligung (z. B. Hypertonie, Diabetes mellitus), renale Schädigung durch nephrotoxische Substanzen (z. B. Cadmium), Abstoßungsreaktionen nach Nierentransplantation.

Weitere Teststreifen-Verfahren. Für die qualitative Urinuntersuchung stehen trägergebundene Reagenzien (Teststreifen) zur Verfügung, bei denen ein Nachweis (bzw. eine halbquantitative Bestimmung) mehrerer Komponenten gleichzeitig möglich ist:

- Nachweis von **Erythrozyten** bzw. **Hämoglobin**. Der Nachweis beruht auf der Peroxidase-Aktivität des Hämoglobins. Erythrozyten erscheinen als punktförmige Verfärbungen auf dem Teststreifen, Hämoglobin dagegen als homogene Verfärbung. Es können noch 10 Erythrozyten/μl im Urin (Mikrohämaturie) nachgewiesen werden.
  Mit dem Test wird auch **Myoglobin** erfaßt. Falsch-negative Ergebnisse finden sich in Anwesenheit hoher Ascorbinsäurekonzentrationen. Hohe Nitritkonzentrationen im Harn verzögern den Reaktionsablauf (fälschlich zu niedrige Werte).
  Eine **Makrohämaturie**, die oft schon mit bloßem Auge erkennbar und regelmäßig von einer Proteinurie begleitet ist, bedarf der weiteren Abklärung und Differenzierung in:
  - Prärenale Ursachen: z. B. Antikoagulantien-Überdosierung, Purpura Schoenlein-Henoch, Herzinsuffizienz, Nierenversagen.
  - Renale Ursachen: Glomerulonephritisformen, Kryoglobulinämie, Hypernephrom.
  - Postrenale Ursachen: Harnkonkremente, Tumoren der ableitenden Harnwege, Uretritis, Cystitis, Prostatitis, Prostatahyperplasie, Prostatacarcinom.

  Blutungen aus dem Bereich der Uretra, Prostata oder Blase machen 90% aller Hämaturien aus. Eine Hämaturie aus dem Bereich der Niere findet man am häufigsten beim Hypernephrom. Einen Hinweis zur Lokalisation einer Hämaturie gibt die 3-Gläserprobe, bei der der Urin in 3 Portionen aufgefangen wird. Blut in der 1. Probe = Uretra, in der 2. + 3. Probe = Blase, Prostata und in der 1. 2. + 3. Probe = Niere.
- Nachweis von Leukozyten im Harn. Mit der Teststreifenmethode werden Granulozyten in einer Empfindlichkeit von ≈20 Leukozyten/μl nachgewie-

sen. Die Spezifität beruht auf der in Granulozyten vorhandenen Leukozyten-Esterase.

- Weitere Teststreifenverfahren stehen für den Nachweis von **Bilirubin, Urobilinogen, Nitrit** und **Ketonkörper** im Harn zur Verfügung.

Harnsedimentanalyse. Indikationen für eine Sedimentanalyse ergeben sich aus dem Nachweis einer Proteinurie, Erythrozyturie oder Leukozyturie, die den Verdacht auf eine Erkrankung der Niere oder der ableitenden Harnwege begründen. Dazu wird frisch-gemischter Harn 3–5 min bei 800 × g (3000 Umdrehungen/min) zentrifugiert, der Überstand wird abgegossen und das Sediment durch kurzes Schütteln aufgeschwemmt, ggf. durch eine Methylviolett enthaltende Färbelösung zur besseren Sichtbarmachung von Leukozyten und Zellzylindern behandelt, auf einen Objektträger aufgegeben, mit einem Deckglas abgedeckt und bei 100-facher Vergrößerung betrachtet.

Normale Harnbestandteile: Vereinzelt auftretende Leukozyten, Erythrozyten (pro Gesichtsfeld 0–2 bei 100-facher Vergrößerung) und vereinzelt Epithelien, Kristalle und hyaline Zylinder stellen keinen pathologischen Befund dar.

Pathologische Sedimentbestandteile: Vermehrung von Leukozyten, Bakterien, Zylindern. Zylinder bestehen aus Serumproteinen, die nach glomerulärer Filtration im distalen Tubulus bzw. Sammelrohr ausgefallen sind und dabei Zellen und Zellreste mit einschließen (Epithelzylinder, granulierte Zylinder, Leukozytenzylinder, Erythrozytenzylinder).

Harnkonkrementanalyse. Die Analyse von Harnsteinen ist notwendig, da ihr Ergebnis häufig einen Schluß auf die Pathogenese und stets eine sinnvolle Rezidivprophylaxe ermöglicht, die sich bei den verschiedenen Steinarten unterscheidet.

Chemische Analyse: Durch Veraschen der Konkremente lassen sich organische und anorganische Bestandteile differenzieren. Kommerziell erhältliche Testkombinationen beruhen auf folgendem Prinzip: Eine möglichst homogene Probe des zu untersuchenden Steins wird in konzentrierter Schwefelsäure in Lösung gebracht. Aus dieser Lösung werden Calcium titrimetrisch, Oxalat, Phosphat, Magnesium, Ammonium, Harnsäure und Cystin kolorimetrisch durch visuellen Farbvergleich halbquantitativ bestimmt. Aus den erhaltenen Werten wird mit einer Rechenhilfe die Zusammensetzung des Harnsteins ermittelt.

Wesentlich genauere Ergebnisse liefern die Infrarotspektroskopie und die Röntgendiffraktometrie.

Calciumhaltige Steine (Ca-Oxalat, Ca-Phosphat, Mischformen) entstehen bei Überschreiten des Löslichkeitsproduktes u. a. bei Störungen des Glyoxylsäurestoffwechsels (Oxalose I und II), bei Hyperoxalurie (Pankreasinsuffizienz), idiopathischer Hypercalcurie (renal-tubuläre Acidose), Hyperparahyreoidismus und Hyperurikämie („Aussalzeffekt").

Uratsteine (Harnsäure, Ammoniumurat) werden bei allen Formen der Hyperurikämie (S. 52) gefunden. Ihre Entstehung wird durch einen Urin-pH-Wert <6 begünstigt.

Phosphathaltige Steine ($MgNH_4PO_4$, Calciumphosphat) sind für Pyelonephritis kennzeichnend, pH-Werte $>7,5$ (Alkalisierung durch mikrobiell aus Harnstoff gebildetes NH_4^+) fördern die Steinbildung.

10. Klinisch-chemische Diagnostik bei Erkrankungen der Prostata

Erkrankungen der Prostata (benigne Prostatahyperplasie, Prostatacarcinom, Prostatitis) können Ursache einer Hämaturie sein (S. 372).

Saure Prostata-Phosphatase. Aktivitäten der sauren Phosphatase, von der 5 Isoenzyme bekannt sind, und die Phosphatester optimal bei pH-Werten von 4–5 hydrolysiert, sind in vielen Blutzellen (Erythrozyten, Granulozyten, Thrombozyten) und Geweben (als lysosomale Enzyme) nachweisbar. Das Prostata-spezifische Isoenzym 2 der sauren Phosphatase besitzt eine ≈ 1000-fach höhere spezifische Aktivität als dasjenige anderer Organe und läßt sich durch Zusatz von Tartrat hemmen. Im Blutplasma ist physiologischerweise die saure Phosphatase des Knochens, im Serum zusätzlich die (ebenfalls Tartrat-sensitive) saure Thrombozyten-Phosphatase vorhanden.

Bei Erkrankungen oder (palpatorisch erfaßten) Vergrößerungen der Prostata ist eine Bestimmung der **Tartrat-hemmbaren sauren Phosphatase** im Serum/ Plasma indiziert. Sie wird mit und ohne Tartratzusatz vorgenommen

- mit α-Naphthylphosphat als Substrat (kolorimetrische Bestimmung bei 405 nm)
- mit α-Naphthylphosphat als Substrat nach Bindung der Enzymaktivität an Prostata-Isoenzym-spezifische Antikörper
- als immunologische Bestimmung mit Prostata-Isoenzym-spezifischen Antikörpern.

Referenzbereich Männer: bis 4 U/l (kolorimetrische Bestimmung)
bis 10 µg/l (immunologische Bestimmung)

Die saure Phosphatase ist bei pH 7 instabil, die Probe wird durch Verwendung von Citratpuffer auf einen pH-Wert von 4,8 gebracht. Fluorid und Heparin hemmen das Enzym.

Geringgradige Erhöhungen finden sich bei benigner Prostatahyperplasie, deutliche Erhöhungen bei Prostatacarcinom. Falsch-positive Ergebnisse werden bei Thrombozythämie und Leukämie erhalten.

Prostata-spezifisches Antigen. Aus den Epithelzellen der Prostatagänge wird ein Prostata-spezifisches Glykoprotein an das Blutplasma abgegeben, das durch Enzymimmunoassay bzw. Radioimmunoassay nachgewiesen und bestimmt werden kann. Die diagnostische Empfindlichkeit ist mit derjenigen der sauren Prostata-Phosphatase vergleichbar.

Mit der Bestimmung der Tartrat-sensitiven Prostata-Phosphatase und des Prostata-spezifischen Antigens werden bei **Prostatacarcinom** im allgemeinen erhöhte Werte erst dann erzielt, wenn bereits Metastasen vorliegen, so daß beide Verfahren zur **Frühdiagnose** eines Prostatacarcinoms **nicht geeignet** sind. Sie sind jedoch für die Verlaufs- und Therapiekontrolle von Nutzen.

VIII. Lungenatmung

1. Obstruktive Ventilationsstörungen

Definition. Eine Ventilationsstörung durch Erhöhung der Strömungswiderstände in den Atemwegen wird **obstruktive Ventilationsstörung** genannt. Im klinischen Sprachgebrauch wird unter Obstruktion meist die Bronchialobstruktion verstanden, jedoch auch Strömungsbehinderungen in der Trachea, im Larynx und den oberen Luftwegen können obstruktive Ventilationsstörungen verursachen.

Extrathorakale Obstruktion. Eine „fixierte" extrathorakale Atemwegsstenose behindert Ein- und Ausatmung fast gleichermaßen. Sind jedoch die Knorpelspangen der extrathorakalen Trachea oder das Knorpelgerüst des Larynx angeboren oder kompressionsbedingt (z. B. von außen bei Struma oder von innen nach fehlerhafter Intubation) zu weich (**Tracheo- bzw. Laryngomalazie**), so verengt sich das Lumen in der Inspiration (Minimum des intraluminalen Drucks) so sehr, daß überwiegend oder ausschließlich der **inspiratorische Atemwegswiderstand** erhöht ist. Dasselbe Phänomen ist bei Lähmung der Stimmbänder zu beobachten.

Intrathorakale Obstruktion. Eine intrathorakale Tracheomalazie führt dagegen nur zur Behinderung bei forcierter Exspiration, wenn der dem Intrapleuraldruck entsprechende intrathorakale Druck den intratrachealen übersteigt. Dem drohenden Kollaps in der Exspiration können (im Gegensatz zur Trachea und den großen Bronchien mit ihren knorpeligen Stützstrukturen) die kleinen Bronchien nur die elastischen Retraktionskräfte des Lungengewebes entgegensetzen. Bei Zerstörung der sie umgebenden elastischen Fasern verengen sich die kleinen Bronchien, was sich als **Entspannungsobstruktion** besonders am Schluß einer forcierten Exspiration bemerkbar macht. Aber auch schon jede andere Verengung des Lumens kleiner Bronchien kann durch den erhöhten Strömungswiderstand zu einem Überwiegen des peribronchialen Drucks über den elastischen Retraktionsdruck und den intraluminalen Druck mundwärts der Stenosen führen. Kennzeichnend für Bronchialobstruktionen ist also die vorwiegend exspiratorische Erhöhung des Atemwegswiderstands. Kollabieren Bronchien gegen Ende der Exspiration völlig, so verbleibt „gefesselte Luft" (trapped air) in den nachgeschalteten Bereichen des Respirationstrakts zurück.

Häufige (Mit-)Ursachen einer Bronchialobstruktion sind (außer der schon angesprochenen Abnahme der elastischen Zugspannung) Schwellung der Bronchialschleimhaut, Bronchokonstriktion und Schleimansammlung. Das **Bronchialwandödem** kann viral, bakteriell, allergisch, toxisch (z. B. SO_2-Inhalation) und durch eine chronische Lungenstauung (S. 409) bedingt sein.

Entzündungsmediatoren wie Leukotriene (z. B. LTD_4), Serotonin, PAF (Platelet Activating Factor), Prostaglandin D_2 (PGD_2), Prostaglandin $F_{2\alpha}$ ($PGF_{2\alpha}$) und Histamin wirken wie Acetylcholin direkt kontraktorisch auf die glatten Bronchialmuskelzellen. $PGF_{2\alpha}$, Histamin (auch aus Bakterien) und Acetylcholin können außerdem insbesondere zusammen mit Proteasen im Sekret zu einer Erregbarkeitssteigerung von in der Bronchialschleimhaut befindlichen polymodalen Sinnesrezeptoren (**irritant receptors**) auf Rauch, Staub, SO_2, Abkühlung der Bronchialschleimhaut durch Mehratmung kalter Luft bei körperlicher Anstrengung usw. führen. Ihre Erregung wird über Afferenzen des N. vagus dem Hirnstamm gemeldet, was eine **Reflexbronchokonstriktion** durch vermehrte Freisetzung von Acetylcholin aus efferenten bronchialen Vagusfasern zur Folge hat. Das Auftreten einer Reflexbronchokonstriktion wird auch durch eine Lungenstauung begünstigt. Die gesteigerte Ausschüttung von Acetylcholin fördert wiederum die Freisetzung von Histamin aus Mastzellen und die Bildung von Leukotrienen wie LTD_4 und LTB_4.

Der Bronchialschleim wird normal durch die Zilientätigkeit des respiratorischen Flimmerepithels in den Rachen befördert und verschluckt. Zu **Schleimansammlungen** kommt es, wenn die sezernierte Menge die Abtransportkapazität übersteigt (**Hyperkrinie**), der Schleim zu zähflüssig ist (**Dyskrinie**) oder eine **Störung der Zilientätigkeit** vorliegt. Entzündungsmediatoren und Acetylcholin bewirken eine Zunahme der Zahl und Aktivität schleimbildender Zellen und oft auch eine Dyskrinie. Eine Störung der Zilientätigkeit kann durch angeborene Strukturanomalien der Zilien bedingt sein, ist jedoch viel häufiger exogen verursacht. So lähmt z. B. inhalierter Zigarettenrauch die Zilien. Bronchiale Infekte werden dadurch begünstigt, die selbst wiederum die Zilien lähmen oder zerstören.

Bei **zystischer Fibrose (Mucoviscidose, CF)** führt ein autosomal-rezessiv erblicher Defekt des cAMP regulierten Cl^--Kanals in der luminalen Zellmembran der respiratorischen Flimmerepithelzellen zu verminderter Cl^--Sekretion und vermehrter Na^+-Reabsorption, wodurch sich der Wassergehalt der Atemwegssekrete vermindert. Die Retention des hochviskösen Schleims regt eine Hyperkrinie an, die die Schleimansammlung zusätzlich vermehrt. Infektionen werden begünstigt, wodurch in einem Circulus vitiosus noch mehr zäher Schleim gebildet und vermindert abtransportiert wird. Etwa eines von 2500 Neugeborenen leidet an zystischer Fibrose. Das CF-Gen ist auf dem langen Arm des Chromosoms 7 lokalisiert. Die häufigste Mutation ist die Deletion eines DNA-Stücks von drei Basenpaaren, wodurch die Kodierung von Phenylalanin in Position 508 der normal 1480 Aminosäuren langen Kette ausfällt. Außer der

Bronchialobstruktion mit rezidivierenden bronchopulmonalen Infekten und der Bildung von Bronchiektasen kommt es zu einer exokrinen Pankreasinsuffizienz (S. 265), Fertilitätsstörungen und einer diagnostisch verwertbaren **erhöhten NaCl-Konzentration im Schweiß** aufgrund verminderter Rückresorption in den Schweißdrüsenausführungsgängen.

Die WHO fordert für die Diagnose einer **chronischen Bronchitis** Husten mit Auswurf (Sputum) an den meisten Tagen während mindestens je drei Monaten in zwei aufeinanderfolgenden Jahren. Die häufige, ohne nachweisbare obstruktive Ventilationsstörung einhergehende (einfache) chronische Bronchitis ist vor allem Ausdruck der Störung der Zilientätigkeit, Hyper- und Dyskrinie infolge Rauchens und Luftverschmutzung z. B. mit SO_2 oder Staub. Besonders bei anlagebedingt schon verminderter mukoziliarer Clearance, dem Aufpfropfen von rezidivierenden Infekten und zunehmendem Bronchospasmus kann sich aus einer chronischen einfachen Bronchitis mehr oder weniger rasch eine chronische obstruktive Bronchitis mit oftmals eitrigem Sputum entwickeln. Seltener entsteht sie unmittelbar aus einer akuten obstruktiven Bronchitis im Rahmen eines Bronchialinfekts.

Anfälle von Atemnot infolge bronchialer Hyperreaktivität werden **Asthma bronchiale** genannt. Beim **exogen-allergischen Bronchialasthma** besteht eine Überempfindlichkeit z. B. gegen Gräserpollen, Ausscheidungen von Hausstaubmilben, Schimmelpilzsporen oder Hornschuppen von Tieren. **IgE-Antikörper** gegen das Antigen werden vermehrt gebildet und binden mit ihrem Fc-Ende an Fcε-Rezeptoren von **Mastzellen**. Bindung des Antigens an die Fab-Enden verkoppelt IgE-Antikörper und damit Fcε-Rezeptoren der Mastzellen, was zur Degranulation mit Freisetzung von **Histamin** (**Sofortreaktion**) und innerhalb von Sekunden bis Minuten zur Bildung und Freisetzung aus Zellmembranlipiden von u. a. **PAF, LTD_4, PGD_2, $PGF_{2\alpha}$ (verzögerte Reaktion)** führt, wodurch es zu **Bronchokonstriktion, Bronchialwandödem, Hyper- und Dyskrinie** kommt. Dabei freigesetztes **LTB_4** und andere auf Granulozyten und Makrophagen chemotaktisch wirkende Mediatoren verursachen eine Entzündung, die eine evtl. erst einige Stunden nach Allergenkontakt auftretende massive Atemwegsobstruktion hervorrufen kann (**Spätreaktion**). Nicht selten sind beim Asthmatiker aufgrund der genetischen Disposition die allergischen Reaktionen gegen mehrere Stoffe gerichtet und auch z. B. im Bereich der oberen Atemwege (Heuschnupfen) oder der Haut zu finden („Atopie"). Bei Bronchialasthma mit häufigen Anfällen kann eine durch Schleimansammlungen bedingte Atemwegsobstruktion zurückbleiben. Auch die u. a. durch $PGF_{2\alpha}$, Histamin und Acetylcholin bewirkte Übererregbarkeit der irritant receptors auf unspezifische (d. h. nicht als Allergen wirkende) Reize überdauert meist den Anfall. Nur wenn die bronchiale Hyperreaktivität ohne jede allergische Komponente auftrat, sollte von **nichtallergischem Bronchialasthma** gesprochen werden. Anfälle können außer durch spezifische und unspezifische Reize bei entsprechender Disposition auch durch psychische Belastungen ausgelöst werden. Zudem treten Anfälle bevorzugt zwischen 3 und 5 Uhr morgens auf. Zu dieser Zeit ist der Parasympathikotonus am höchsten und die Plasmakonzentration der über β_2-Rezeptoren bronchodilatatorisch und mastzellstabilisierend wirkenden Katecholamine am geringsten. Eine erhöhte Histaminkonzentration könnte durch das allerdings schon gegen Mitternacht bestehende Minimum der Glucocorticoidkonzentration mitbegünstigt sein.

Das **Lungenemphysem** ist eine irreversible Erweiterung alveolentragender Räume infolge Destruktion des Lungenparenchyms im Bereich distal der Bronchioli terminales. Hauptursache ist die Zerstörung des Lungengerüsts durch **Proteasen**, die Granulozyten, Makrophagen und evtl. auch Bakterien entstammen. Besondere Bedeutung kommt hierbei der **Elastase neutrophiler Granulozyten** zu. Die Proteasen werden durch Proteaseinhibitoren wie α_1-Proteaseinhibitor (α_1-Antitrypsin) oder α_2-Makroglobulin gehemmt. Inhalierter Tabakrauch wirkt durch Bildung von Superoxid-, Peroxid- und Hydroxyl-Radikalen destruktiv, führt zu entzündungsbedingter vermehrter Proteasen-Freisetzung, hemmt die Proteaseinhibitoren und stört die Reparaturmechanismen. Zusätzlich kann ein **genetischer Mangel an Proteaseinhibitoren** vorliegen. Bei fast 1 ‰ unserer Bevölkerung ist die Plasmakonzentration des (vor allem in den Hepatozyten synthetisierten) α_1-Proteaseinhibitors auf etwa 10–15% vermindert (meist infolge Homozygotie für das Allel Z des Pi-Gens) und das Risiko für ein späteres Lungenemphysem enorm erhöht. Schon als Jugendliche können diese Personen durch Rauchen ein schwerstes Lungenemphysem entwickeln! Schreitet die Zerstörung elastischer Fasern fort, entwickelt sich eine Entspannungsobstruktion (S. 389). Diese behindert die mucociliare Clearance und das Abhusten, wodurch das Entstehen einer chronischen Bronchitis gefördert oder eine schon bestehende (Rauchen!) unterhalten bzw. verstärkt wird. Inwieweit ein erhöhter exspiratorischer Atemwegswiderstand durch zunehmende Aufblähung der Alveolen mechanisch zur Zerstörung elastischer Strukturen führen und so zur Entwicklung eines Lungenemphysems beitragen kann, ist umstritten. Sicherlich können jedoch narbige Schrumpfungsprozesse, Atelektasen und Lungenresektionen irreversible Überdehnungen von benachbarten oder auch entfernteren Lungenbereichen verursachen.

Die ausgedehnte Zerstörung von Alveolarwänden beim schweren Lungenemphysem führt zu einer **Diffusionsstörung** (S. 402) durch Verminderung der Gasaustauschfläche und zu einer **Widerstandserhöhung im Pulmonalgefäßsystem** (S. 411) durch Rarefizierung des Lungengefäßbetts, die sich besonders bei körperlicher Belastung bemerkbar macht. Die Widerstandserhöhung im Pulmonalgefäßsystem ist zusätzlich Folge des bei jeder schweren obstruktiven Ventilationsstörung verminderten O_2-Partialdrucks und vermehrten CO_2-Partialdrucks in schlecht belüfteten Alveolen mit Vasokonstriktion benachbarter kleiner Pulmonalarterien durch den Euler-Liljestrand-Effekt. Schließlich verursachen fast alle intrathorakalen obstruktiven Ventilationsstörungen **Verteilungsstörungen** (S. 403).

Beurteilung obstruktiver Ventilationsstörungen. Zur Diagnose bzw. Differentialdiagnose obstruktiver Ventilationsstörungen lassen sich folgende Nachweisverfahren heranziehen:

- Bestimmung der **relativen Sekundenkapazität**. Als einfacher Suchtest auf eine intrathorakale obstruktive Ventilationstörung dient die Bestimmung der relativen Sekundenkapazität (Tiffenau-Index), d. h. die Sekundenkapazität in % der Vitalkapazität. Hierzu atmet der Proband durch den Mund nach mehreren Ruheatmungen möglichst weit aus und ein, um dann, so rasch er kann, auszuatmen. Bei Papierregistrierung hält der Proband nach der maximalen Einatmung kurz den Atem an, und es wird am Gerät auf schnellen Vorschub umgeschaltet (Abbildung). Die relative Sekundenkapazität ist altersabhängig und sollte mindestens 75% bei jungen Erwachsenen bzw. 65% bei sehr alten Patienten betragen.

Bestimmung der relativen Sekundenkapazität (FEV_1/VC)

Spirogramme

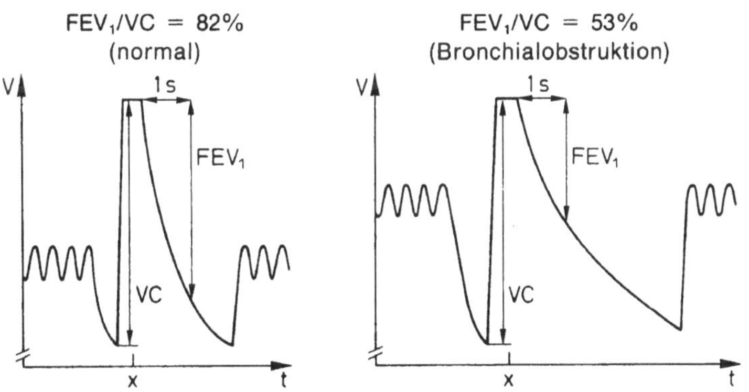

V : Gasvolumen im Respirationstrakt (bei unbekanntem Residualvolumen)
t : Zeit
FEV_1 : Sekundenkapazität (= aus maximaler Einatemstellung innerhalb einer Sekunde maximal ausatembares Gasvolumen = forciertes exspiratorisches Volumen in 1 s)
VC : (inspiratorische) Vitalkapazität (= aus maximaler Ausatemstellung maximal einatembares Gasvolumen)
x : Umschaltung auf schnelle Registrierung

- Registrierung der **Fluß-Volumen-Kurve**. Die beginnende und vorwiegend in den kleineren Atemwegen lokalisierte Obstruktion wird noch besser durch die Verminderung des von der Mitarbeit weitgehend unabhängigen exspiratorischen Flusses bei 25% der forcierten exspiratorischen Vitalkapazität in der Fluß-Volumen-Kurve erfaßt. Üblicherweise werden zusätzlich die maximalen exspiratorischen Strömungswerte bei 75 und 50% der Vitalkapazität und der exspiratorische Spitzenfluß (Peak Flow, PEF) angegeben, für die es ebenfalls von Lebensalter, Körperlänge, Geschlecht und Total- bzw. Vitalkapazität abhängige Grenzwerte gibt. Extrathorakale obstruktive Ventilationsstörungen führen zu einer in- und exspiratorischen Abflachung der Fluß-Volumen-Kurve. Instabilitäten der kleinen Bronchien können sehr empfindlich am exspiratorischen abrupten Abfall des Flusses mit Ausbildung eines Knickes erkannt werden (Abbildung).

Fluß-Volumen-Kurven
bei rascher maximaler Inspiration und Exspiration

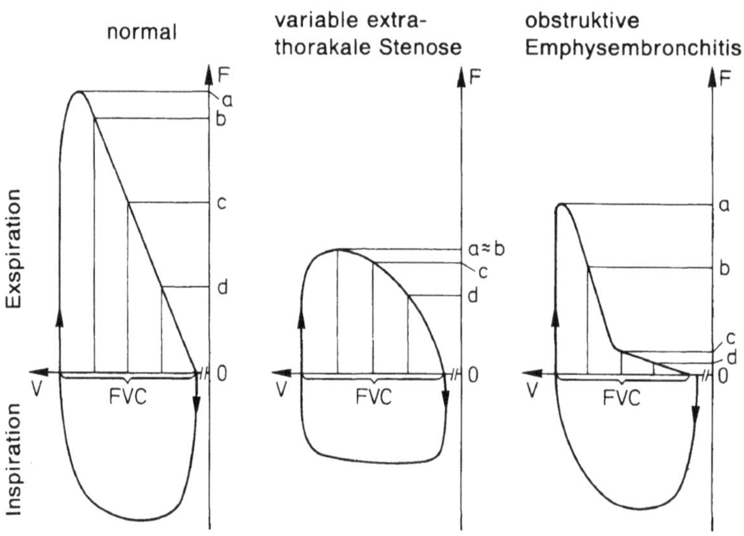

F : Fluß (= Atemstromstärke = $\dot{V}$)

V : Gasvolumen im Respirationstrakt (bei unbekanntem Residualvolumen)

FVC : forcierte exspiratorische Vitalkapazität (= aus maximaler Einatemstellung bei raschestmöglicher Ausatmung maximal ausatembares Gasvolumen)

a : exspiratorischer Spitzenfluß (peak flow, PEF)
b : maximaler exspiratorischer Fluß bei 75% der FVC
c : maximaler exspiratorischer Fluß bei 50% der FVC
d : maximaler exspiratorischer Fluß bei 25% der FVC

Kleine Geräte, die nur die Bestimmung des exspiratorischen Spitzenflusses (Peak Flow, PEF) erlauben, dienen zur Verlaufsbeobachtung des Asthma bronchiale.

Die Bestimmung der relativen Sekundenkapazität und des Fluß-Volumen-Diagramms erfordert Atemmanöver wie sie im täglichen Leben nicht vorkommen. Die maximale Inspiration kann die Atemwege vorübergehend so aufweiten, daß die Obstruktion unterschätzt wird. Umgekehrt kann die forcierte Ausatmung ein bedeutungsloses „Spirometerasthma" erzeugen.

- Die Registrierung der **Druck-Stromstärke-Kurve am Ganzkörperplethysmographen**. Sie erfolgt in Ruheatmung, wodurch zudem Fehler durch mangelnde Mitarbeit weitgehend vermieden werden. Der Proband sitzt mit einer Nasenklemme in einer geschlossenen Kabine und atmet Luft von außerhalb der Kammer durch einen Pneumotachographen, der eine kontinuierliche Messung der Atemstromstärke (über den Druckabfall an einem sehr kleinen Strömungswiderstand im Rohr) ermöglicht. Der intrapulmonale Druck kann nach Bestimmung des intrathorakalen Gasvolumens (s. u.) und entsprechender Eichung über die kleinen Änderungen des Drucks in der sonst luftdichten Kabine registriert werden (Abbildung).

Schematisierte Druck-Stromstärke-Kurven

(A) : Normalbefund
(B) : fixierte Trachealstenose
(C) : fixierte Stenose eines Hauptbronchus
(D) : Obstruktion kleinerer Bronchien
(E) : Obstruktion kleinerer Bronchien mit viel gefesselter Luft

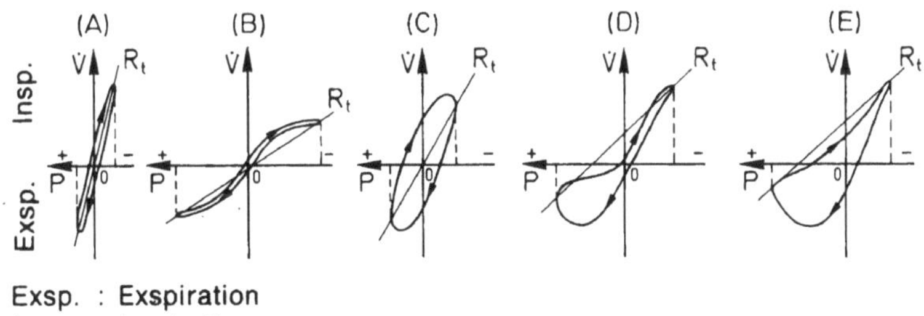

Exsp. : Exspiration
Insp. : Inspiration
V̇ : Atemstromstärke
P : intrapulmonaler Druck
R_t : Gerade, die die beiden Druckextrempunkte verbindet (der Kehrwert ihrer Steigung ist die sog. totale Resistance)

Der Quotient $\Delta P / \Delta \dot{V}$ ergibt die **Resistance** (den Atemwegswiderstand). Jedoch nur beim Gesunden (oder bei geringen obstruktiven Ventilationsstörungen, die lediglich zu einem flacheren Kurvenverlauf führen), ergeben sich für nahezu jeden Punkt der Kurve etwa gleiche Resistance-Werte (Kehrwerte der Tangentensteigungen an den abgebildeten Kurven). Die Angabe eines einzigen Resistance-Wertes kann deshalb die Beurteilung der Form der Kurve nicht ersetzen. Als Maß für die Schwere einer Obstruktion eignet sich noch am besten die **totale Resistance**, bei der die beiden Druckextrempunkte der Kurve zur Bildung von $\Delta P \ / \ \Delta\dot{V}$ herangezogen werden. Normobergrenze für Erwachsene ist $0{,}30-0{,}35 \text{ kPa} \times l^{-1} \times s$. Durch vermehrte Turbulenzen in den zentralen Atemwegen mit Zunahme der Resistance bei hohen Stromstärken wird die Druck-Stromstärke-Kurve s-förmig. Dabei ist zu beachten, daß auch beim Gesunden die Resistance bei einer Atemstromstärke über 0,6 l/s merklich abfällt. Regionale Unterschiede des Atemwegswiderstands bewirken eine Schleifenbildung in der Druck-Stromstärke-Kurve. Zu Beginn der In- bzw. Exspiration sind die Gebiete mit geringer Resistance kurvenbestimmend. Sind diese weitgehend gefüllt bzw. entleert, treten die sich verzögert füllenden bzw. entleerenden Gebiete mit höherer Resistance in den Vordergrund. Die exspiratorische Instabilität der intrathorakalen Atemwege führt zu einer Kurvenform, die einem Golfschläger oder bei zunehmendem Anteil an „gefesselter Luft“ (S. 389) einer Keule gleicht, weil mit im Laufe der Exspiration abnehmendem Lungenvolumen trotz relativ hohem intrapulmonalem Druck immer weniger strömt. Da beim Gesunden ab etwa der 6. Teilungsgeneration (von 23) des Tracheobronchialbaums der Anteil an der Resistance aufgrund der enormen Zunahme des Gesamtquerschnitts stetig abnimmt und höchstens 40% der Resistance bei Mundatmung auf die Bronchien peripher der 10. Verzweigung entfallen, müssen von den kleineren Bronchien schon sehr viele betroffen sein, bis die Resistance meßbar ansteigt.

- **Nachweis einer bronchialen Hyperreaktivität auf unspezifische Reize**. Findet sich zum Untersuchungszeitpunkt keine (deutliche) Atemwegsobstruktion, so wird geprüft, ob die Atemwegsobstruktion nach Inhalation von Histamin oder Metacholin (einem Parasympathomimetikum) unter definierten Bedingungen ein bestimmtes Ausmaß (z. B. Verminderung der Sekundenkapazität um 20% oder Verdoppelung der Resistance) übersteigt. Um den Patienten möglichst wenig zu gefährden und um den Schweregrad besser beurteilen zu können, wird zuerst die Lösung mit dem geringsten Gehalt an Histamin bzw. Metacholin verwandt und dann die Konzentration langsam gesteigert.

- Messung des **intrathorakalen Gasvolumens**. Die **Atemmittellage** ist bei Patienten mit obstruktiven Ventilationsstörungen meist in Richtung Inspiration verschoben. Dadurch werden die Bronchien am Ende der Ausatmung besser offen gehalten, und es stehen infolge der vermehrten Lungenvordehnung zusätzliche elastische Retraktionskräfte für die möglichst passiv erfolgende Ausatmung zur Verfügung. Statt der z. B. mit der Heliumeinwaschmethode bestimmten **funktionellen Residualkapazität (FRC)** wird mit dem Ganzkörperplethysmographen das **intrathorakale Gasvolumen (IGV)** gemessen. Während eines vorübergehenden Verschlusses des Atemrohrs hinter dem Mundstück am Ende einer normalen Ruheausatmung versucht der Patient vergeblich weiterzuatmen. Aus den dabei simultan registrierten Schwankungen des Drucks in der luftdichten Kabine und im Mund kann bei bekanntem Volumen der Kabine abzüglich des Körpervolumens des Probanden und unter definierten Temperaturverhältnissen das IGV erschlossen werden. Die **FRC** erfaßt nur das **Gasvolumen in den Lungen**, das noch ausreichend für die Bestimmungszeit von etwa 10 min ventiliert wird, das **IGV** hingegen **alle Gasvolumina im Thorax**. So ist das IGV bei obstruktiven Ventilationsstörungen aufgrund „gefesselter Luft“ oft noch stärker als die FRC erhöht. Die Überblähung der Lunge kann ohne Verlust elastischer Elemente einhergehen und vollständig reversibel sein (**Volumen pulmonum auctum**) oder durch ein **Lungenemphysem** (S. 392) bedingt sein. Die Größe des reversiblen Anteils des IGV läßt sich anhand der totalen Resistance abschätzen.

Die **Totalkapazität** der Lungen (das nach maximaler Einatmung in den Lungen enthaltene Gasvolumen) und das **Residualvolumen** (das nicht ausatembare Gasvolumen in den Lungen) wird durch die obstruktive Ventilationsstörung nicht verringert. Bei ausgeprägtem Lungenemphysem ist die Totalkapazität durch vermehrte Dehnbarkeit der Lungen und noch mehr das Residualvolumen durch irreversible Erweiterung alveolentragender Räume sogar erhöht. Auch „gefesselte Luft“ vergrößert das Residualvolumen. Da also eine Abnahme der **Vitalkapazität**, die der Differenz von Totalkapazität und Residualvolumen entspricht, durch eine obstruktive Ventilationsstörung verursacht sein kann, wird üblicherweise von einer (zusätzlichen) restriktiven Ventilationsstörung nur gesprochen, wenn außerdem die Totalkapazität verkleinert ist (S. 400).

2. Restriktive Ventilationsstörungen

Definition. Eine Ventilationsstörung durch verminderte Ausdehnungsfähigkeit der Lungen oder des Thorax wird restriktive Ventilationsstörung genannt und kann pulmonal oder extrapulmonal bedingt sein.

Extrapulmonale restriktive Störungen. Sie können folgende Ursachen haben:

- **Schwere Kyphoskoliosen** beschränken den intrathorakalen Raum und versteifen den Thorax.
- **Pleuraerguß**. Eine Ansammlung von Flüssigkeit im Pleuraraum komprimiert bei entsprechendem Ausmaß die Lunge. Die Flüssigkeit kann u. a. Trans-

sudat bei Linksherzinsuffizienz oder Eiweißmangel (Hydrothorax), Exsudat bei infektiöser Pleuritis oder malignen Erkankungen (Serothorax), Eiter bei bakterieller Pleuritis (Pyothorax oder Pleuraempyem), Chylus nach Ruptur oder Perforation des Ductus thoracicus (Chylothorax), Blut nach Traumen, bei Lungeninfarkten oder malignen Pleuratumoren (Hämatothorax) sein.

- **Pleuraverwachsungen** können im Gefolge von Pleuritiden, insbesondere auch bei Tuberkulose, Pleuraasbestose, malignen Pleuraerkrankungen sowie nach einem Hämatothorax die Lunge „fesseln".

- **Pneumothorax**. Wird eine Verbindung zwischen der Außenluft und dem Pleuraspalt hergestellt, so wird aufgrund des (gegenüber außen) negativen intrapleuralen Drucks Luft in den Pleuraspalt gesogen, und es entsteht ein Pneumothorax. Dem **äußeren Pneumothorax** liegt eine direkte Verbindung durch Verletzung der Brustwand einschließlich der Pleura parietalis zugrunde, dem **inneren Pneumothorax** hingegen eine indirekte Verbindung über die Atemwege durch einen Riß in der Lunge und der Pleura visceralis (z. B. „spontan" über einer Emphysemblase oder iatrogen als Komplikation einer Pleurapunktion). Die betroffene Lunge schrumpft durch ihre innere Zugspannung, die von der Oberflächenspannung in den Alveolen und gedehnten elastischen Fasern herrührt, auf etwa Faustgröße, sofern nicht Pleuraverwachsungen die Ablösung beschränken. Wenn kein Spannungspneumothorax (s. u.) besteht und der Betroffene sonst gesund ist, entsteht trotz des Funktionsausfalls einer total kollabierten Lunge keine Hypoxämie oder gar Hyperkapnie, weil die betroffene Lunge fast nicht mehr durchblutet und das Blut stattdessen in der Lunge der gesunden Seite arterialisiert wird. So macht sich ein Spontanpneumothorax evtl. nur als Atemnot bei körperlicher Belastung bemerkbar.
  Besonders beim inneren Pneumothorax besteht jedoch die Gefahr, daß die Verbindung zum Pleuraraum sich in der Exspiration ventilartig schließt, während weiterhin in der Inspiration Luft in den Pleuraraum gelangt. Der Druck im Pleuraraum der betroffenen Seite steigt. Das Mediastinum wird zur gesunden Seite hin verdrängt, wodurch die Hohlvenen komprimiert werden. Die Störung des venösen Rückflusses zum rechten Herzen gefährdet bei diesem **Spannungspneumothorax** akut das Leben. Die durch Kompression der gesunden Lunge noch verstärkte Atmungsbehinderung spielt dagegen meist eine untergeordnete Rolle.

- **Verminderte Kontraktionskraft der Atemmuskeln**. Die Störung kann im Muskel selbst (z. B. progressive Muskeldystrophie) bzw. in der neuromuskulären Übertragung (z. B. Myasthenia gravis) liegen oder neurogen bedingt sein (z. B. Poliomyelitis, Phrenikusparese). Das Zwerchfell kann außerdem durch eine große Stauungsleber und Aszites an einer ausreichenden Kontraktion gehindert werden. Dies ist auch bei einer extremen Adipositas durch die enorme intraabdominale Fetteinlagerung der Fall, wobei hier zudem der Einatemmuskulatur des Thorax das vermehrte Thoraxgewicht zu schaffen macht.

Pulmonale restriktive Störungen. Als Ursachen verminderter Lungengasvolumina kommen in Betracht:

- **Fehlen einer Lunge bzw. von Lungenteilen** z. B. nach **Lungenresektionen** (einschließlich Lobektomie und Pneumektomie).
- **alveoläres Lungenödem und Atelektasen**. Beim **alveolären Lungenödem** (S. 410) sind die Alveolen mit Flüssigkeit gefüllt, bei **Atelektasen** liegen ihre Wände aneinander. **Okklusionsatelektasen** (Resorptionsatelektasen) entstehen durch vollständigen Verschluß zugehöriger zuführender Atemwege (z. B. Bronchialcarcinom, Fremdkörper, Schleimpfröpfe) und alveolärer Resorption der eingeschlossenen Luft. **Kompressionsatelektasen** entstehen z. B. bei großem Pleuraerguß, Kyphoskoliose (S. 397) oder Lungentumoren. **Mangel an (wirksamem) Surfactant**, das die Oberflächenspannung des Flüssigkeitsfilms auf dem Alveolarepithel besonders während der Exspiration senkt und so einem Kollaps der Alveolen vorbeugt, bewirkt Atelektasen, meist begleitet von tapetenartiger Auskleidung der Alveoleninnenflächen mit einer hyalinen Membran. Surfactant-Mangel tritt entweder erworben (z. B. beim Schocklungensyndrom, S. 411) oder bei lungenunreifen Neugeborenen auf. Surfactant ist ein Gemisch aus Lipiden und Lipo- bzw. Glykoproteinen. Der Lipidanteil beträgt $\approx 90\%$ und besteht vor allem aus Dipalmitylphosphatidylcholin. Surfactant wird durch die Alveolarzellen vom Typ II in Menge und wirksamer Zusammensetzung erst ab einem Gestationsalter von 34 Wochen ausreichend gebildet, bei verzögerter Lungenreifung (z. B. infolge schlecht eingestelltem Diabetes mellitus der Mutter) noch später. Schließlich sind noch die **Infiltrationsatelektasen** z. B. bei Lymphangiosis carcinomatosa oder infektiöser Pneumonie anzuführen. Infiltrative Erkrankungen versteifen auch ohne Atelektasen erheblich die betroffenen Lungenteile. Durch vermehrte Blutfülle und Lungenödem setzt eine **Lungenstauung** (S. 409) die Dehnbarkeit der Lungen herab. Bei längerem Bestehen kommt noch eine Pulmonalgefäßsklerosierung infolge der pulmonalen Hypertonie und eine interstitielle Fibrosierung hinzu.
- **Lungenfibrosen**. Kennzeichnend ist ein bindegewebig-narbiger Umbau des Lungengerüsts. Vorausgegangen ist meist eine akute intraalveoläre und intramurale Entzündung der Alveolen (Alveolitis), die chronisch wurde und auf das angrenzende Interstitium und Gefäßsystem übergriff. Durch von Alveolarmakrophagen freigesetze Faktoren werden die Fibroblasten zur Proliferation und vermehrten Bildung von Kollagen angeregt, während die Alveolen und die Gefäße durch die Entzündung zunehmend zerstört werden.

Lungenfibrosen können im Rahmen von Systemerkrankungen unbekannter Ätiologie (z. B. **Sarkoidose, rheumatoide Arthritis, Sklerodermie**) oder **idiopathisch** (Hamman-Rich-Syndrom) auftreten. Sie können durch **Röntgenstrahlen** (Strahlenfibrose) oder **Medikamente** (z. B. Bleomycin, Busulfan, Nitrofurantoin) verursacht sein. Atmung von etwa 0,7 bar **Sauerstoff** ($\hat{=}$ 70% O_2 bei normalem Atmosphärendruck) über mehrere Tage kann schon zu fibrotischen Veränderungen in den Lungen führen. Vermutlich führt bei der Hyperoxie eine primäre Schädigung der Kapillarendothelzellen (und des Surfactant) zu interstitiellem Ödem, Schädigung der Alveolarepithelzellen vom Typ I, alveolärem Ödem, hyalinen Membranen, interstitieller Fibrose, Proliferation der Alveolarepithelzellen vom Typ II, die nicht mehr genügend Surfactant produzieren, und Atelektasen.

Pneumokoniosen werden durch Einlagerung **anorganischer Stäube** in der Lunge hervorgerufen. Bestimmte Pneumokoniosen gehen mit Lungenfibrosen einher, so z. B. bei chronischer Einatmung von freiem SiO_2 bzw. kristallinem Quarz (Silikose), von Asbestfäserchen (Asbestose) oder von kobalthaltigen Stäuben bei der Herstellung oder Bearbeitung von Hartmetallen. Diese Erkrankungen sind häufig durch chronische obstruktive Bronchitis und Emphysem kompliziert. Keine Lungenfibrose verursacht z. B. reiner Kohlenstaub (Anthrakose).

- **Exogen-allergische Alveolitis**. Durch eine granulomatöse Überempfindlichkeitsreaktion gegen Antigene in eingeatmeten Stäuben mit Antigen-IgG-Komplexbildung setzen 4–8 h nach Exposition mehr oder weniger starke Atemnot, Husten und Fieber ein und beginnen bei fehlender Reexposition im allgemeinen nach 1–2 Tagen wieder zu verschwinden. Diese restriktive Ventilationsstörung geht allenfalls mit geringer Obstruktion einher. Bei wiederholter oder chronischer Exposition entwickelt sich daraus eine Lungenfibrose. Als Allergen können z. B. Sporen thermophiler Aktinomyzeten aus Futter oder Einstreu (Farmerlunge) oder Bestandteile von Vogelmist oder von Federn bzw. dem Einfettsekret (Vogelhalterlunge) wirken.

Besonders fibrotische Veränderungen des Lungenparenchyms gehen mit Verengung und Untergang von Lungengefäßen einher (S. 412). Restriktive Ventilationsstörungen führen durch Reduktion der Gasaustauschfläche und/oder Verdickung der alveolokapillären Membran zu **Diffusionsstörungen** (S. 402). Inhomogene Verteilung der Behinderung der Perfusion, der Diffusion und der die Ventilation beeinflussenden Dehnbarkeit verursachen **Verteilungsstörungen** (S. 403).

Beurteilung restriktiver Störungen. Bei restriktiven Ventilationsstörungen verändern sich folgende Parameter:

- **Lungenvolumina**. Eine gleichzeitige Verminderung von **Vitalkapazität und Totalkapazität** der Lungen beweist eine restriktive Ventilationsstörung. Da die Vitalkapazität genauso oder noch stärker als die (absolute) Sekundenkapazität abnimmt, ist nur bei einer zusätzlichen obstruktiven Ventilationsstörung die relative Sekundenkapazität (S. 393) vermindert. Restriktive Ventilationsstörungen gehen im allgemeinen mit einer Abnahme der funktionellen Residualkapazität (FRC) bzw. des (am Ende einer normalen Exspiration ganzkörperplethysmographisch gemessenen) **intrathorakalen Gasvolumens** (IGV) und auch des Residualvolumens einher. Beim Pneumothorax ist das IGV allerdings erhöht, weil die Luft in der Pleura miterfaßt wird.

- **Compliance der Lungen**. Wird die Brustwand bei offener Glottis zuerst in Atemruhelage und dann in normaler Inspirationsstellung durch die Atemmuskulatur gehalten, so ist das Verhältnis von Zunahme des Gasvolumens in den Lungen (V) zu Abnahme des intrapleuralen Drucks (P_{pl}) ein von der Dehnbarkeit des Thorax unabhängiges Maß für die Dehnbarkeit der Lungen (und der Pleura):

$$C_L = -\frac{\Delta V}{\Delta P_{pl}}$$

C_L wird statische **Compliance der Lungen** genannt. Ihr **Referenzbereich** ist für Erwachsene etwa 1,2–3,5 l/kPa und für Kinder um so niederer, je kleiner sie sind. C_L wird durch pulmonale restriktive Ventilationsstörungen oder Pleuraverwachsungen bzw. Pleuraschwarten vermindert. Bei reinen obstruktiven Ventilationsstörungen dagegen ist C_L entweder normal oder im Falle eines ausgeprägten Emphysems aufgrund der verminderten elastischen Retraktionskräfte der Lungen sogar erhöht. Bei der Bestimmung von C_L wird aus praktischen Gründen statt der Zunahme des Gasvolumens in der Lunge das eingeatmete Volumen und statt der intrapleuralen die weitgehend gleich große Druckänderung im Ösophagus mittels einer peroralen Ballonsonde gemessen. Daß zu den beiden Meßzeitpunkten die Glottis offen sein muß und keine Atemströmung erfolgen darf, bereitet besonders Patienten mit respiratorischen Erkrankungen Probleme. So werden im allgemeinen die statischen Bedingungen durch eine sehr niedrige Atemfrequenz nur angenähert und C_L aus der Neigung des linearen Anteils (also im mittleren Teil) der Druck-Volumen-Kurve bestimmt. Dieser lineare Anteil mit der höchsten Dehnbarkeit ist bei Patienten mit restriktiven Lungenerkrankungen verkürzt, weshalb sie typischerweise flach und schnell atmen.

3. Störungen der Arterialisierung

Hypoventilation. Bei einer Hypoventilation werden die Alveolen so wenig belüftet, daß der arterielle CO_2-Partialdruck auf über 6,0 kPa (45 mm Hg) ansteigt. Sofern die Einatemluft nicht mit Sauerstoff angereichert ist, wird die

arterielle Hyperkapnie hierbei von einer **arteriellen Hypoxie** begleitet. Eine Hypoventilation entsteht bei Änderungen des Atmungsantriebs (S. 406) und bei jeder schweren obstruktiven bzw. restriktiven Ventilationsstörung, wenn die erforderliche Atemarbeit nicht mehr aufgebracht werden kann. Sie verursacht außer eventuellen Sauerstoffmangelschäden eine **respiratorische Acidose** und eine **Widerstandserhöhung im Lungenkreislauf** (S. 411).

Hyperventilation. Bei einer Hyperventilation werden die Alveolen aufgrund einer Änderung des Atmungsantriebs (S. 406) so sehr belüftet, daß der arterielle CO_2-Partialdruck auf unter 4,7 kPa (35 mm Hg) abfällt. Sofern die Hyperventilation nicht der Kompensation einer nicht-respiratorischen Acidose dient, erhöht sie den pH-Wert des Blutes. Diese **respiratorische Alkalose** kann hepatorenal zumindest teilweise kompensiert werden, was allerdings zur vollen Ausprägung knapp eine Woche benötigt. So führt besonders akute, psychogene Hyperventilation zu ausgeprägter Alkalose. Hierdurch binden die Plasmaproteine vermehrt Calciumionen, so daß die Plasmakonzentration an freiem Ca^{2+} trotz Normocalcämie sinkt. Durch die verminderte extrazelluläre Konzentration an Ca^{2+} und H^+ steigt die Natriumpermeabilität der Nervenzellmembranen schon bei geringerer Depolarisation an. Die Erregbarkeitssteigerung macht sich in Muskelkrämpfen und Parästhesien bemerkbar. Die **normocalcämische Tetanie** ist weitaus häufiger als die hypocalcämische und meist durch psychogene Hyperventilation bedingt. Die O_2-Sättigung des arteriellen Blutes beträgt normal schon mindestens 95% und wird durch Hyperventilation kaum erhöht. Eine schwere Hypokapnie und Alkalose kann die Hirndurchblutung und durch den Bohr-Effekt die O_2-Abgabe des Hämoglobins so sehr reduzieren, daß Hirnzellen unter O_2-Mangel leiden, wodurch sogar Bewußtlosigkeit eintreten kann. Die Hyperventilationstetanie ist vom selteneren durch Hyperventilation ausgelösten epileptischen Anfall zu trennen.

Diffusionsstörungen. Aufgrund des ≈20-fach höheren Kroghschen Diffusionskoeffizienten von CO_2 gegenüber O_2 reicht die Kontaktzeit des Blutes mit dem Alveolarraum während der Lungenkapillarpassage nur dann nicht mehr aus, den CO_2-Partialdruck des Blutes an den des Alveolarraumes vollständig anzugleichen, wenn die Diffusionsstörung schon zu einer mit dem Leben kaum mehr zu vereinbarenden verminderten O_2-Aufnahme führt. Diffusionsstörungen führen deshalb zu **arterieller Hypoxie** und **selten zu Hyperkapnie**. Diffusionsstörungen durch **Reduktion der Gasaustauschfläche, Verdickung der alveolokapillären Membran** und/oder **Verminderung der Diffusionsleitfähigkeit im Kapillarblut** (Tabelle) vermindern die **Lungendiffusionskapazität** (D_L) für O_2.

In die Gleichung

$$D_L = \frac{\dot{V}}{\Delta P}$$

ist hierzu für $\dot{V}$ die O_2-Aufnahme pro Zeit und für ΔP die mittlere alveolokapilläre O_2-Partialdruckdifferenz einzusetzen. Die O_2-Diffusionskapazität beträgt beim gesunden Erwachsenen in Ruhe etwa 230 $ml \times min^{-1} \times kPa^{-1}$ (30 $ml \times min^{-1} \times mm\ Hg^{-1}$). Aus praktischen Gründen wird die O_2-Diffusionskapazität durch Bestimmung des CO-Transferfaktors abgeschätzt, der allerdings je nach Methode z. B. auch durch Ventilationsinhomogenitäten beeinflußt wird. Während normal die **Kontaktzeit** selbst bei der vermehrten Lungenperfusion unter körperlicher Belastung genügt, um das arterielle Blut weitgehend mit O_2 aufzusättigen, ist dies bei leichten Diffusionsstörungen ab einer bestimmten Perfusion nicht mehr der Fall. Bei schweren Diffusionsstörungen tritt schon in Ruhe eine arterielle Hypoxie auf, die sich bei Zunahme der **Perfusion** (z. B. körperliche Arbeit, Anämie) noch verstärkt.

Ursachen für eine Abnahme der Lungendiffusionskapazität
Reduktion der Gasaustauschfläche: „gefesselte Luft" bei Bronchialobstruktion Lungenemphysem Pneumothorax Lungenresektion alveoläres Lungenödem, Atelektase maligner Tumor Narbe, Lungenfibrose Lungengefäßverschlüsse
Verdickung der alveolokapillären Membran: Alveolarcarcinom, Lymphangiosis carcinomatosa interstitielle Pneumonie Alveolitis, Lungenfibrose Lungenstauung, interstitielles Lungenödem Schocklungensyndrom
Verminderung der Diffusionsleitfähigkeit im Kapillarblut: verminderte O_2-Transportkapazität (z. B. Anämie) verlängerte mittlere kapilläre Diffusionsstrecke infolge vergrößertem mittlerem Kapillardurchmesser (z. B. der verbliebenen Kapillaren bei Lungenemphysem oder Lungengefäßverschlüssen)

Verteilungsstörungen. Vermehrte Inhomogenitäten des Atemwegswiderstands bei obstruktiven Ventilationsstörungen, der Dehnbarkeit von Lunge und Thorax bei restriktiven Ventilationsstörungen oder von beidem (z. B. bei Lungenemphysem) bewirken vermehrte regionale Unterschiede der alveolären Ventilation. Da eine Erniedrigung des alveolären O_2-Partialdrucks und (in geringerem Maße) eine Erhöhung des alveolären CO_2-Partialdrucks zu einer Konstriktion kleiner Pulmonalarterien im minderbelüfteten Bereich führt, sog. **Euler-Liljestrand-Mechanismus,** wird dort die Perfusion zugunsten besser ventilierter Gebiete gedrosselt. Trotzdem führen diese **ventilatorischen Verteilungsstörungen** zu vermehrten Inhomogenitäten des regionalen Verhältnisses von alveolärer Ventilation zur Perfusion. Außer einer **Widerstandserhöhung im Pulmonalgefäßsystem** (S. 411) bei großem Anteil hypoventilierter Lungenbereiche verursachen bedeutsame ventilatorische Verteilungsstörungen eine **arterielle Hypoxie**; denn die erheblich verminderte O_2-Sättigung in Gebieten mit einem Ventilations-Perfusion-Verhältnis weit unter dem mittleren Normalwert von 0,8 – 1,0 kann nicht durch Gebiete mit erhöhtem Ventilations-Perfusions-Verhältnis kompensiert werden, da das Hämoglobin schon bei einem Ventilations-Perfusions-Verhältnis von 1,0 fast vollständig mit O_2 gesättigt ist. Solange die (mittlere) alveoläre Ventilation und damit das globale Verhältnis von alveolärer Ventilation zur Perfusion weitgehend erhalten bleibt bzw. eine Shuntperfusion (s. u.) durch vermehrte Ventilation kompensiert wird, tritt keine arterielle Hyperkapnie ein; denn CO_2 wird in den Bereichen mit erhöhtem Ventilations-Perfusions-Verhältnis entsprechend vermehrt abgegeben. Wenn als Extremform einer ventilatorischen Verteilungsstörung eine Alveole überhaupt nicht belüftet, aber durchblutet wird, entsteht eine **Shunt-Perfusion** (s. u.).

Vermehrte Inhomogenitäten der Ventilations-Perfusions-Verhältnisse können auch durch regionale Unterschiede der Lungenperfusion verursacht sein. Solche **zirkulatorischen Verteilungsstörungen** können durch Lungengefäßverschlüsse (z. B. Lungenembolien) oder Rarefizierungen der Lungenkapillaren (z. B. Lungenemphysem) entstehen. Die relative Minderbelüftung erheblich hyperperfundierter Areale läßt dort den arteriellen O_2-Partialdruck sinken bzw. CO_2-Partialdruck steigen. Dies kann die relative Mehrbelüftung hypoperfundierter Areale wegen der sigmoiden O_2-Dissoziationskurve des Blutes nicht in Bezug auf O_2, jedoch in Bezug auf CO_2 kompensieren. Eine **regionale Totraumventilation** als Extremform einer zirkulatorischen Verteilungsstörung liegt vor, wenn Alveolen überhaupt nicht durchblutet, aber belüftet werden (z. B. Lungenembolie).

Sind Verdickungen der alveolokapillären Membran in allen Alveolen gleich stark ausgeprägt und die durch die Diffusionsstörung bedingte Abnahme des O_2-Partialdrucks in den Kapillaren noch im oberen, flacheren Verlauf der O_2-Bindungskurve des Blutes, so nimmt die arterielle O_2-Sättigung nur wenig ab. Sind die Verdickungen jedoch sehr ungleich auf die Alveolen verteilt, so fällt die O_2-Sättigung in den besonders betroffenen Alveolen stark ab. So können die bei Lungenfibrosen häufig stark ausgeprägten **Inhomogenitäten der regionalen Diffusions-Perfusions-Verhältnisse** zu einer arteriellen Hypoxie erheblich beitragen.

Shunt-Perfusion. Bei aufrechter Körperhaltung nehmen $\approx 2-5\%$, im Liegen bis zu 10% des Herzzeitvolumens nicht am alveolären Gasaustausch teil. Die **venös-arterielle Shunt-Perfusion** (der Rechts-Links-Shunt) nimmt zu, wenn entweder ein größerer Anteil der Alveolen nicht ventiliert, aber durchblutet wird (z. B. Atelektasen) oder vermehrt Blut an den Alveolen vorbei kurzgeschlossen wird. Der extraalveoläre Shunt kann **intrapulmonal** (z. B. arteriovenöse Lungenfisteln zwischen Ästen der Pulmonalarterien und -venen) oder **extrapulmonal** (z. B. durch einen offenen Ductus arteriosus Botalli oder Ventrikelseptumdefekt mit Shunt-Umkehr zum Rechts-Links-Shunt) gelegen sein.

Bei **körperlicher Arbeit** fällt aufgrund vermehrter O_2-Ausschöpfung des Blutes durch die arbeitende Muskulatur die O_2-Konzentration im venösen Blut ab. Eine arterielle Hypoxie aufgrund Gefäßmißbildung oder Herzfehler mit Rechts-Links-Shunt wird durch körperliche Arbeit verstärkt, da der Anteil der Shunt-Perfusion am Herzzeitvolumen während der Arbeit etwa gleich bleibt. Bei Atelektasen fehlt im allgemeinen dieser arbeitsbedingte Abfall des arteriellen O_2-Partialdrucks, da in den nicht ventilierten Bezirken die Perfusion weniger als in der übrigen Lunge ansteigt, und durch die Ventilationssteigerung sogar die eine oder andere Alveole wieder belüftet wird.

Eine durch einen venös-arteriellen Shunt verursachte Hypoxie bessert sich charakteristischerweise bei **Atmung von reinem O_2** kaum, da einerseits das Blut im Shunt überhaupt nicht am Gasaustausch in der Lunge teilnimmt und andererseits das Blut der nicht kurzgeschlossenen Durchblutung schon bei Luftatmung weitgehend mit O_2 gesättigt wurde.

Da die Ventilation atemregulatorisch ansteigt, entsteht keine arterielle Hyperkapnie, solange der Shunt nicht zu groß ist. Eine arterielle Hypoxie ohne arterielle Hyperkapnie wird **respiratorische Partialinsuffizienz** genannt. Sie tritt außerdem bei Diffusionsstörungen, bei inspiratorischer Hypoxie (z. B. Höhenatmung) und bei nicht zu schweren Ventilations- bzw. Verteilungsstörungen auf. Bei mangelnder ventilatorischer Kompensation (Ausnahme: reine Diffusionsstöung, S. 402) oder primärer Hypoventilation geht die arterielle Hypoxie jedoch mit einem auf über 6,0 kPa (45 mm Hg) angestiegenen arteriellen CO_2-Partialdruck einher: **respiratorische Globalinsuffizienz**. Der arterielle O_2-Partialdruck fällt ab dem 15. Lebensjahr aufgrund zunehmender Ventilations-Perfusions-Inhomogenitäten kontinuierlich ab. Bei Übergewicht, im Liegen bzw. bei Männern ist er geringer. Die Grenze zur respiratorischen Insuffizienz wird jedoch meist einfach auf 9,3 kPa (70 mm Hg) festgesetzt. Bei diesem O_2-Partialdruck beträgt die arterielle O_2-Sättigung des Blutes normal immer noch etwa 94%.

4. Störungen des Atmungsantriebs

Ursachen für Änderungen des Atmungsantriebs mit der Folge	
von Hyperventilation	**von Hypoventilation**
Blutdruckabfall	Blutdruckanstieg
Fieber, Hyperthermie, geringe Kälte	Körperkerntemperatur <34°C
emotionale Erregung, Schmerzen	Schreck
Adrenalin, Progesteron	–
Pharmaka (z. B. Pentetrazol, Doxapram, Almitrin, Acetylsalicylat)	Pharmaka (z. B. Barbiturate, Opiate)
Hypoxie (z. B. Höhenatmung)	schwere Hypoxie
nicht-respiratorische Acidose	nicht-respiratorische Alkalose
zerebrale Erkrankungen	zerebrale Erkrankungen
–	zentrales oder gemischtes Schlafapnoe-Syndrom

Eine **Hyper- oder Hypoventilation** (S. 401 f) kann durch zahlreiche Faktoren ausgelöst werden:

- **Änderung des Blutdrucks**. Eine Steigerung des arteriellen Blutdrucks mit Zunahme der Impulsrate in den afferenten Fasern der Pressorezeptoren in der Wand der Karotiden, der A. brachiocephalica und des Aortenbogens dämpft den zentralen Atmungsantrieb, Blutdruckabfall erhöht ihn.
- **Änderung der Körpertemperatur**. Sowohl eine Zunahme der Körpertemperatur durch Fieber oder Hyperthermie als auch eine geringe Abnahme bewirkt eine Hyperventilation. Abfall der Körperkerntemperatur auf unter $\approx 34°$ C lähmt jedoch zunehmend das Atemzentrum in der Medulla oblongata. Die Atmung wird flacher und bei tieferen Temperaturen von immer mehr und längeren Atempausen unterbrochen.
- **Emotionale Erregung**. Emotionale Erregung führt zur Hyperventilation. Ein Beispiel ist das mit Angst, Schwitzen, Tachykardie und Herzklopfen oder auch Herzstechen einhergehende **Effort-Syndrom**. Ein Schreck kann vorübergehend die Atmung hemmen.
- **Hormone**. Im Gegensatz zu **Adrenalin** und **Progesteron** steigern Schilddrüsenhormone die Atmung nicht stärker als den Stoffwechsel.
- **Medikamente**. **Pentetrazol** wirkt diffus erregend auf das ZNS und damit auch auf das Atemzentrum. **Doxapram** stimuliert in niederen Dosierungen

wie **Almitrin** die Chemorezeptoren des Glomus caroticum, in höheren Dosen jedoch zusätzlich wie **Acetylsalizylsäure** direkt das Atemzentrum. **Barbiturate** und **Opiate** setzen besonders die Sensibilität der zentralen Chemorezeptoren gegenüber CO_2 herab und können so eine tödliche Atemdepression verursachen.

- **Änderung des inspiratorischen O_2-Partialdrucks**. Eine Hyperventilation kann durch eine arterielle **Hypoxie** beim Aufenthalt in großer Höhe oder z. B. im Rahmen einer Diffusionsstörung (S. 402) auftreten. Lungenerkrankungen und Lungenstauung können zudem unabhängig von den Chemorezeptoren über eine Aktivierung vagaler Afferenzen in Lunge und Atemwegen den Atmungsantrieb steigern. Eine schwere Hypoxie lähmt das Atemzentrum. Eine arterielle Hyperoxie verändert beim Gesunden (unterhalb des akut toxischen Bereichs) den Atmungsantrieb nicht. Andererseits kann aber bei chronischer arterieller Hyperkapnie (z. B. bei chronischen obstruktiven Ventilationsstörungen) eine Kompensation der arteriellen Hypoxie durch therapeutische O_2-Anreicherung der Einatemluft den Atmungsantrieb gefährlich dämpfen, so daß die Atmung genau überwacht und rechtzeitig assistiert werden muß.
- **Nicht-respiratorische Alkalose bzw. Acidose**. Eine **nicht-respiratorische (metabolische) Alkalose** führt zu einer Hypoventilation; der Kompensation durch CO_2-Retention sind jedoch durch die gleichzeitig entstehende Hypoxämie enge Grenzen gesetzt. Eine **nicht-respiratorische Acidose** kann besser kompensiert werden, solange das Atemzentrum unbeschädigt bleibt, und führt besonders bei diabetischer Ketoacidose zu **Kussmaul-Atmung** (einer regelmäßigen, stark vertieften Atmung), während die Hyperventilation z. B. bei urämischer Acidose oft wenig auffällig ist.

Bei der **Cheyne-Stokes-Atmung** nehmen Atemtiefe und z. T. auch Atemfrequenz periodisch zu und ab. Ursachen dieses Schwingens des Atemregelkreises können sein:

- Hyopoxämische Veränderung der Erregbarkeit des Atemzentrums (z. B. infolge Lungenerkrankungen, Kontraktionsschwäche des Zwerchfells, Hirndurchblutungsstörungen, Encephalitis, Schlaf, Opiate, Barbiturate, Höhenhypoxie, nicht-respiratorische Alkalose) und/oder
- verzögerte Rückkopplung zwischen Alveolargasen und zentraler Atemregulation infolge verlängerter Kreislaufzeit bei Herzinsuffizienz.

Bei der Cheyne-Stokes-Atmung wechseln sich Hypo- und Hyperventilation periodisch ab. Im Mittel liegt meist eine Hypoventilation und selten (z. B. bei Höhenhypoxie, nicht-respiratorischer Alkalose oder Herzinsuffizienz) eine Hyperventilation vor. Während der Hypoventilationsphasen besteht in allen Fällen die Gefahr hypoxämischer Schäden.

Schematisierte Spirogramme bei normaler Atmung und pathologischen Atmungsformen

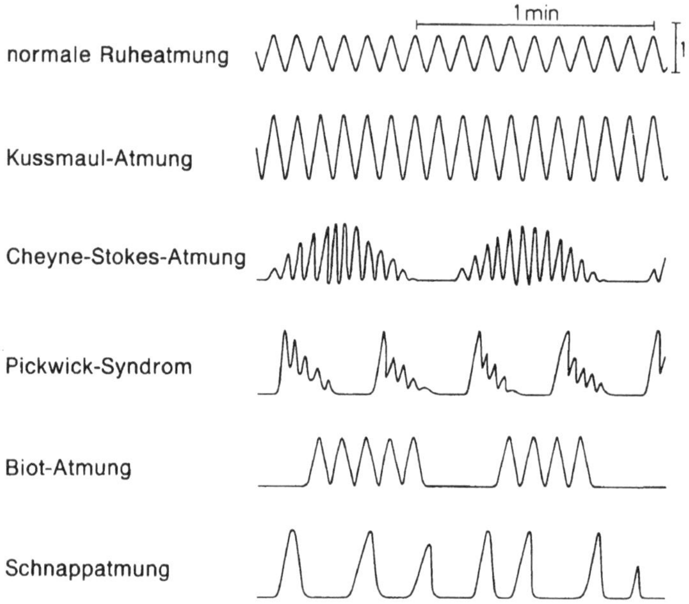

Die Atmung beim **Pickwick-Syndrom** ist ebenfalls periodisch, jedoch setzt hier die Atmung nach einer Atempause mit einem tiefen „Seufzer" ein, dem sich abflachende Atemzüge folgen. Diese Form der Hypoventilation tritt bei stark Übergewichtigen zusammen mit Schläfrigkeit auf. Die Atmung normalisiert sich meist während körperlicher Arbeit und nach Gewichtsreduktion.

Bei der **Biot-Atmung** wird die Atmung von plötzlichen Atempausen durch Unreife (bei Frühgeborenen) oder Schädigung des Atemzentrums (z. B. bei Meningitis, Hirntraumen, Hirndruck) unterbrochen. Die **Schnappatmung** sind krampfartig erscheinende, vereinzelte, tiefe Atemzüge in der Agonie.

Beim **Schlafapnoe-Syndrom** sistiert die Luftströmung an Nase und Mund mindestens fünfmal/h Schlafzeit für jeweils mindestens 10 s. Ein rein zentrales (d. h. allein durch Ausfall des Atmungsantriebs bedingtes) Schlafapnoe-Syndrom ist selten und kann durch die bei der Cheyne-Stokes- und Biot-Atmung schon genannten Faktoren verursacht werden. Beim obstruktiven Schlafapnoe-Syndrom werden die Atembewegungen aufgrund eines Pharynxverschlusses frustran. Begünstigt wird dies z. B. durch Zurückfallen der Zunge in Rückenlage, abnorm rückwärtige Lage des Unterkiefers (Retrognathie), vergrößerte Zunge (Makroglossie), vergrößerte Tonsillen, nasale Obstruktion und Fettsucht mit engem Pharynx. Eine große Rolle spielt eine Tonusverminderung der die oberen Atemwege offenhaltenden oropharyngealen Muskulatur. Ein erhöhter oropharyngealer Strömungswiderstand verstärkt den inspiratorischen Unterdruck im ohnehin schon verengten Pharynx, so daß aufgrund des verminderten oropharyngealen Muskeltonus ein Verschluß eintritt. REM-Schlaf und Alkohol senken den Tonus zusätzlich. Das o.g. Pickwick-Syndrom geht typischerweise mit einem extremen obstruktiven Schlafapnoe-Syndrom einher.

Der Anstieg der CO_2- und Abfall der O_2-Konzentration im Blut während der Schlafapnoe führt zu einer unbewußten Weckreaktion aus dem Tiefschlaf und die Atmung setzt wieder ein. Tagsüber sind die Patienten aufgrund der Schlaffragmentation sehr müde. Die nächtlichen Hypoventilationsepisoden können mit der Zeit zu bleibender pulmonaler Hypertonie, Polyglobulie, Rechtsherzinsuffizienz und arterieller Hypertonie führen. Besonders gefürchtet ist die Auslösung kardialer Arrhythmien.

5. Störungen der Lungenperfusion

Lungenstauung und Lungenödem. Eine Lungenstauung entsteht durch Rückstau in die Lungenvenen und Lungenkapillaren (z. B. bei Mitralklappenstenose, linksventrikulärer Herzinsuffizienz nach Myokardinfarkt oder bei dekompensierter arterieller Hypertonie) und nimmt durch körperliche Belastung zu. Steigt der hydrostatische Druck in den Kapillaren so sehr an, daß F in der folgenden Gleichung positiv wird, sammelt sich Flüssigkeit im Lungeninterstitium an:

$$F = K \times [(P_k - P_i) - \sigma \times (\pi_p - \pi_i)] - Q_l$$

F = interstitielle Flüssigkeitsansammlung
K = Filtrationskoeffizient
P_k = mittlerer hydrostatischer Druck in den Kapillaren
P_i = mittlerer hydrostatischer Druck im Interstitium
σ = Reflexionskoeffizient für Makromoleküle (<1)
π_p = kolloidosmotischer Druck des Plasmas
π_i = kolloidosmotischer Druck des Interstitiums
Q_l = lymphatischer Abstrom

Erst wenn die Abtransportkapazität der Lymphgefäße überschritten wird, entsteht das **interstitielle Lungenödem**. Dies wird verstärkt, wenn Zellverbindungen des Kapillarendothels auseinanderweichen ($K \uparrow$) und für Makromoleküle durchlässig werden ($\sigma \downarrow$, $\pi_i \uparrow$).

Die Hyperämie und das interstitielle Ödem führen zu

- einer restriktiven Ventilationsstörung durch **Abnahme der Lungencompliance,**

- einer Diffusionsstörung durch **Verlängerung der Diffusionsstrecke** zwischen Alveolen und Erythrozyten und
- einer obstruktiven Ventilationsstörung durch **Einengung der kleinen Atemwege** (vermehrte Blutfüllung im Bronchialgefäßsystem, Bronchialwandödem und Reflexbronchokonstriktion).

Die **Tachypnoe**, die u. a. durch Reizung juxtakapillärer Rezeptoren im alveolären Interstitium erklärt wird, fördert den Flüssigkeitsabtransport in den mit Klappen versehenen Lymphgefäßen.

Bei **chronischer Lungenstauung** verbreitert sich die Basalmembran der Kapillaren, was zwar den Flüssigkeitsstrom ins Interstitium vermindert und so dem Lungenödem entgegenwirkt, jedoch zusammen mit der Vermehrung kollagenen Fasergewebes im Lungeninterstitium die Compliance verschlechtert und die alveolokapilläre Gasdiffusion behindert. Im weiteren Verlauf führt die Blutdruckerhöhung im Lungenkreislauf zur Verdickung der Intima und Media von Arteriolen und Arterien (**Pulmonalgefäßsklerose**), wodurch die Lungencompliance weiter abfällt und der Lungengefäßwiderstand mit der Zeit irreversibel ansteigt.

Ein **alveoläres Lungenödem** folgt, wenn die Verbindungen zwischen den Alveolarepithelzellen aufgehen, so daß Flüssigkeit einschließlich Makromolekülen und gegebenenfalls Erythrozyten in die Alveolen strömen. Die Zunahme der Verteilungsstörungen, der Diffusionsstörung, der restriktiven Ventilationsstörung durch Verminderung der Gasaustauschfläche und der venös-arterielle Shunt bei flüssigkeitsgefüllten Alveolen verstärkt die respiratorische Störung massiv.

Lungenödeme aus anderen Ursachen. Abfall des kolloidosmotischen Drucks des Plasmas (π_p in obiger Gleichung) z. B. durch Hypoalbuminämie kann die Entstehung eines Lungenödems allein nicht verursachen, jedoch begünstigen bzw. ein schon bestehendes verstärken. Wird bei einem Pneumothorax durch Anlegen einer **intrapleuralen Saugdrainage mit hohem Unterdruck** versucht, eine durch eine Pleuraschwarte teilweise gefesselte Lunge wieder voll zu entfalten, so kann der hydrostatische Druck im Interstitium (P_i) auf so tiefe, subatmosphärische Werte absinken, daß ein radiologisch darstellbares Lungenödem resultiert.

Schädigung des Kapillarendothels erhöht den Filtrationskoeffizienten (K) und senkt den Reflexionskoeffizienten für Makromoleküle (σ), wodurch auch der kolloidosmotische Druck des Interstitiums (π_i) ansteigt. Dem interstitiellen, zellreichen Ödem folgt ab einem gewissen Grad ein alveoläres Ödem durch Schädigung der Alveolarepithelbarriere. Mögliche Ursachen sind:

- infektiöse Lungenerkrankungen,
- Aspiration,
- Sepsis,
- akute Pankreatitis,
- Schock (s. u.),
- Inhalation von z. B. Stickstoffdioxid, Phosgen, Cadmiumoxid-Rauch, Nickeltetracarbonyl, Dimethylsulfat, Ozon (O_3),
- zu hohe inspiratorische O_2-Konzentration (S. 400).

Schocklungensyndrom. Dieser Begriff wird meist synonym für alle durch **Schädigung des Lungenkapillarendothels** hervorgerufenen Lungenfunktionsstörungen verwandt, die mit Lungenödem und respiratorischer Insuffizienz einhergehen (Adult Respiratory Distress Syndrom, ARDS). Sie entsprechen sich im pathophysiologischen Ablauf weitgehend und können oftmals nicht voneinander getrennt werden. Im engeren Sinn wird darunter die Lungenfunktionsstörung nach Kreislaufschock (S. 344) verstanden. **Hypoperfusion, Thrombozytenaggregationen** und die **Adhäsion von Monozyten und Granulozyten** an die Endotheloberfläche der Lungenkapillaren stehen am Anfang einer Kette, die nach mehreren Stunden trotz Behebung des Schocks zur respiratorischen Insuffizienz führen kann. Aus den Thrombozyten werden z. B. aggregationsförderndes und vasokonstriktorisches Thromboxan A_2 und aus den Granulozyten eine Vielzahl anderer Entzündungsmediatoren sowie toxische O_2-Metabolite und lysosomale Enzyme frei. Die Abgabe lysosomaler Enzyme wird zudem durch Mediatoren aus Makrophagen gefördert, die selbst Oxidantien und Enzyme freisetzen und das Kapillarendothel schädigen. Die **Mikroembolien und Mikrothromben** sowie eine mediatorbedingte **präkapilläre Vasokonstriktion** verschlechtern die Mikrozirkulation immer mehr. Zunehmend nimmt auch das Alveolarepithel Schaden und die Zahl der Alveolarepithelzellen vom Typ I nimmt ab, wozu die Aktivierung von Alveolarmakrophagen erheblich beiträgt. Zum interstitiellen Ödem kommt so das alveoläre hinzu. Der Surfactant wird einerseits trotz Hyperplasie (jedoch auch Dysplasie) der Alveolarepithelzellen vom Typ II nur noch eingeschränkt produziert, andererseits durch freiwerdende Oxidantien und Enzyme alteriert und durch in die Alveolen eindiffundierende Plasmaproteine in seiner Funktion gehemmt. Hyaline Membranen kleiden tapetenartig die Alveoleninnenflächen aus. Der **Mangel an oberflächenaktiver Substanz** führt zum Alveolarkollaps (S. 399). Besonders bei Langzeitbeatmung kann nach etwa 10 Tagen eine Lungenfibrosierung einsetzen, die nach Überwinden des Schocklungensyndroms zum Stillstand kommt.

Widerstandserhöhung im Lungenkreislauf. Eine alveoläre Hypoxie (und in geringerem Maß eine alveoläre Hyperkapnie) führt über den Euler-Liljestrand-Mechanismus zur Vasokonstriktion von Pulmonalgefäßen. Diese **hypoxische**

Vasokonstriktion wird bei entzündlichen Lungenveränderungen durch Peptide und Metabolite der Arachidonsäure verstärkt. Derartige funktionelle Widerstandserhöhungen im Lungenkreislauf führen mit der Zeit durch Pulmonalgefäßsklerose (S. 410) auch zu strukturellen Veränderungen. Primäre strukturelle Verengung, Verlegung bzw. Untergang von kleinen pulmonalen Blutgefäßen finden sich z. B. bei **Lungenfibrose, Lungenembolien und Lungenemphysem.**

Eine **pulmonale Hypertonie** liegt vor, wenn der mittlere Pulmonalarteriendruck schon in Ruhe mehr als 20 mm Hg oder unter körperlicher Belastung mehr als 28 – 32 mm Hg beträgt. Eine Polyglobulie (z. B. infolge arterieller Hypoxie bei chronischen Lungenerkrankungen) kann durch Erhöhung der Blutviskosität eine pulmonale Hypertonie intensivieren. Eine Hypertrophie bzw. Dilatation des rechten Herzventrikels aufgrund einer pulmonalen Hypertonie, die **nicht** durch eine Funktionsstörung der linken Herzhälfte mit Lungenstauung (S. 323) verursacht ist, wird **Cor pulmonale** genannt. Einem chronischen Cor pulmonale liegt am häufigsten eine chronische obstruktive Bronchitis bzw. ein Lungenemphysem zugrunde.

Lungenembolie. Die meisten Emboli in den Lungen entstammen Thromben der tiefen Beinvenen. Trotz arterieller Hypoxie infolge regionaler Totraumventilation (S. 404) ist der arterielle CO_2-Partialdruck meist erniedrigt, weil (insbesondere durch die Reizung intrapulmonaler Rezeptoren) der Atmungsantrieb gesteigert wird. Sistiert der Blutstrom in Lungenkapillaren, so beginnt der Surfactantgehalt in den zugehörigen Alveolen nach einigen Stunden abzunehmen. Die sich dadurch bildenden **Atelektasen** erreichen nach ein bis zwei Tagen ihr Maximum. Eine zunehmende Kollateralversorgung aus dem Bronchialgefäßsystem führt selbst bei länger bestehenden Verschlüssen (insbesondere mittelkalibriger Pulmonalarterien) nach einigen Wochen zur Erholung der Surfactantbildung. Ein Lungeninfarkt bildet sich nur in einem kleinen Teil der Fälle, da Lungengewebe mit Sauerstoff aus den Atemwegen, dem Pulmonal- und dem Bronchialgefäßsystem versorgt werden kann.

Eine Unterbindung der Blutzufuhr zu einer der beiden Lungen im Rahmen einer Pneumektomie bleibt aufgrund der großen Kapazitätsreserve des Lungengefäßbetts ohne gravierende hämodynamische Folgen, sofern keine weiteren Störungen vorliegen. Dagegen kann die akute Verlegung schon von $<50\%$ der Lungenstrombahn durch eine Lungenembolie unbehandelt zu tödlichem Rechtsherzversagen führen. Als Ursache wird die Auslösung pulmonaler Vasokonstriktionen durch Mediatoren aus dem embolisierten Bereich bzw. Reflexmechanismen angenommen. Im Verlauf einer Lungenembolie können zudem Reflexbronchokonstriktionen auftreten. Rezidivierende Lungenembolien, bei denen statt spontanen oder therapeutischen Lysen narbige Organisationen erfolgen, können eine chronische pulmonale Hypertonie und ein chronisches Cor pulmonale verursachen.

6. Dyspnoe

Eine **Dyspnoe** liegt vor, wenn in abnormer Weise die Atemtätigkeit unangenehm zu Bewußtsein gelangt. Wird dagegen während oder nach erschöpfender körperlicher Arbeit die Atmung zwar belästigend vermehrt empfunden, die Atemanstrengung jedoch nicht als krankhaft, sondern als angemessen für die Schwere der Arbeit und als vorübergehend angesehen, so wird dieser Zustand nicht als Dyspnoe bezeichnet.

Die Dyspnoe korreliert eng sowohl positiv mit dem **Atemwegswiderstand** bei obstruktiven Ventilationsstörungen als auch negativ mit der **Compliance von Lungen und Thorax** bei restriktiven Ventilationsstörungen. Auch die kardial bedingte Dyspnoe ist in erster Linie Folge der durch die **Lungenstauung** hervorgerufenen restriktiven und obstruktiven Ventilationsstörungen. Dyspnoe kann bei pulmonaler und kardialer Dyspnoe ohne verminderten arteriellen oder venösen O_2-Partialdruck entstehen. Anheben des O_2-Partialdrucks allein (z. B. O_2-Beatmung) beseitigt die Dyspnoe im allgemeinen nicht. Körperliche **Belastung** oder sonstige zusätzliche Atemantriebe (z. B. Hypoxie bzw. Hyperkapnie) lassen eine Dyspnoe erst auftreten oder verschlechtern eine schon in **Ruhe** auftretende Dyspnoe, weil die Grenze der Ventilierbarkeit der Lunge zunehmend erreicht wird. Beispielsweise führt tiefere Ausatmung beim Asthma bronchiale in einen Bereich stark ansteigender Atemwegswiderstände und tiefere Einatmung aus der ohnehin erhöhten Atemmittellage in einen Bereich stark verminderter Dehnbarkeit. Eine Lungenstauung vergrößert sich zudem mit der Belastung des linken Herzens.

Schwäche der Atemmuskeln (z. B. durch neuromuskuläre Blockade) kann trotz fehlender Hypoxie und trotz künstlicher Beatmung Dyspnoe verursachen. Bei **psychogener Hyperventilation** kann Dyspnoe auftreten, obwohl der Betroffene unbehindert und mehr als notwendig atmet. Umgekehrt entsteht bei Hyperventilation als Kompensation einer metabolischen Acidose trotz erhöhter Atemarbeit nur selten Dyspnoe.

Zur Einschätzung der Atemanstrengung und des Ventilationserfolgs, deren subjektives Mißverhältnis die Dyspnoe begründet, verwendet das Gehirn nicht nur Informationen von **Chemorezeptoren**, sondern vor allem auch von **Mechanosensoren**, die sich intrathorakal, in den Atemmuskeln (z. B. Muskelspindeln) und der Brustwand befinden.

Leidet ein Patient im Liegen an starker Dyspnoe, die sich durch Aufrichten des Oberkörpers vermindert, so liegt eine **Orthopnoe** vor. **Abnahme des intrathorakalen Blutvolumens** durch Aufrichten erhöht bei der Lungenstauung die Lungencompliance, vermindert das Lungenödem und, zusammen mit dem **Tiefertreten des Zwerchfells**, die Einengung der kleinen Atemwege. Da der Patient in sitzender Position durch Aufstützen der Arme den Schultergürtel fixieren und so die **auxiliären Atemmuskeln** besser einsetzen kann, wird eine Orthopnoe selten auch bei obstruktiven Ventilationsstörungen beobachtet (z. B. Asthmaanfall). Bei beidseitiger Zwerchfellparese tritt aus demselben Grund und, weil im Liegen die Baucheingeweide in die Brusthöhle und auf die Lungen drücken, regelmäßig eine Orthopnoe auf.

7. Zyanose

Die Haut bzw. Schleimhaut verfärbt sich oberhalb einer mittleren Konzentration im Kapillarblut an **desoxygeniertem Hämoglobin von $\approx$50 g/l** (normal $\approx$25 g/l) oder an **Methämoglobin von $\approx$15 g/l** (normal $<$4 g/l) deutlich bläulich. Das Erkennen der Zyanose wird durch geringen Blutgehalt von Haut und Schleimhäuten, dicke Epidermis, Pigmentierung (z. B. Sonnenbräune) oder andere Verfärbung (z. B. Ikterus) erschwert.

Der **arteriellen (zentralen) Zyanose** liegt entweder eine verminderte Oxygenierung des Hämoglobins aufgrund inspiratorischer Hypoxie, Störung der Lungenatmung bzw. eines Rechts-Links-Shunts oder aber eine erhöhte Konzentration an verändertem Hämoglobin im Blut wie bei der Methämoglobinämie zugrunde. Eine **venöse (periphere) Zyanose** entsteht infolge vermehrter O_2-Ausschöpfung aus dem Kapillarblut z. B. bei zu geringem Herzzeitvolumen durch Herzinsuffizienz oder lokal bei Blutstau durch Venenthrombose. Bei der peripheren Zyanose ist im Gegensatz zur zentralen Zyanose die Schleimhaut der Mundhöhle nicht zyanotisch und die Ohrläppchen erhalten durch Reiben aufgrund der vermehrten Durchblutung einen frischen roten Farbton.

Da die absolute Konzentration an desoxygeniertem Hämoglobin sehr viel bedeutsamer als dessen relativer Anteil am Hämoglobin für die Entstehung einer Zyanose ist, wird bei einer schweren **Anämie** trotz sehr geringen Sauerstoffgehalts des arteriellen Blutes und hoher relativer Desoxygenierung im Kapillarblut eine Zyanose meist fehlen. Umgekehrt wird bei einer **Polyglobulie bzw. Polyzythämie** eine Zyanose schon bei geringer Abnahme der kapillären O_2-Sättigung zu beobachten sein.

IX. Binde- und Stützgewebe

Trotz vielfältiger morphologischer Erscheinungsformen läßt jedes **Bindegewebe** einen typischen Aufbau aus Zellen und Extrazellulärsubstanz erkennen. Die extrazellulären Bestandteile – gewebespezifische Kollagentypen, Elastin, Proteoglykane, Proteine und Glykoproteine – bilden die Hauptmasse des Bindegewebes.

Die extrazellulären **Basalmembranen** enthalten u. a. Kollagentyp IV und VII, Heparansulfat, Fibronectin, Laminin und Nidogen (Entactin) als Strukturbestandteile.

In der extrazellulären Matrix des **Knochengewebes** sind Calcium und Phosphat als Apatit deponiert. Da der Prozeß der Mineralisierung von der Bereitstellung einer skelettspezifischen extrazellulären bindegewebigen Grundsubstanz (Osteoid) abhängt, bestehen weiterhin enge Beziehungen zwischen dem Stoffwechsel des Knochens und des Bindegewebes. Bei Systemerkrankungen des Bindegewebes ist häufig auch das Skelettsystem betroffen.

Die Systemerkrankungen des Bindegewebes umfassen:

- vererbbare, durch einen Enzymdefekt bedingte Störungen des Proteoglykan-, Elastin- und Kollagenstoffwechsels, zu denen u. a. die **Mucopolysaccharidspeicherkrankheiten** und die sog. **Kollagenkrankheiten** gehören,
- komplexe, bezüglich ihrer molekular-biologischen Pathogenese noch unvollständig geklärte, degenerative oder entzündliche Stoffwechselstörungen, zu denen z. B. die **Osteoarthrose**, die **chronische Polyarthritis**, die Erkrankungen des **rheumatischen Formenkreises** und die **Arteriosklerose** gerechnet werden,
- endokrine Fehlsteuerungen und Vitaminmangel, die zu einer gestörten Bilanz des Knochenstoffwechsels führen, können sich u. a. als **Osteoporose, Osteomalazie oder Rachitis** manifestieren und
- **alternsbedingte Veränderungen** des Bindegewebsstoffwechsels, die auf Bindegewebserkrankungen einen begünstigenden oder modifizierenden Einfluß ausüben können.

1. Störungen des Kollagen-, Elastin- und Proteoglykanstoffwechsels

Störungen des Kollagenstoffwechsels. Die Biosynthese des Kollagens vollzieht sich nach den gleichen Prinzipien wie die Biosynthese anderer Proteine, weist jedoch Besonderheiten auf:

Die primären Syntheseprodukte, die Präpro-α-Ketten der (genetisch und strukturell) verschiedenen Kollagentypen unterliegen einer co- und posttranslationalen Modifikation, die sich z. T. intrazellulär vollzieht (Hydroxylierung von Prolin- und Lysinresten, Glykosylierung, Tripelhelixbildung), z. T. im Extrazellulärraum abläuft (Abspaltung N- und C-terminaler Peptide, inter- und intramolekulare Quervernetzung und Faserbildung).

Jeder der durch spezifische Enzyme gesteuerten Syntheseschritte kann Sitz einer Störung des Kollagenstoffwechsels sein und bedingt charakteristische Krankheitsbilder (Tab.).

Bei der **Osteogenesis imperfecta**, für die 4 verschiedene Unterformen beschrieben wurden, ist die Synthese des für die Knochenbildung notwendigen Kollagen Typ I reduziert, so daß eine normale Tripelhelixbildung des Hauptkollagentyps des Knochens ($[\alpha_1 I]_2\alpha_2$) ausbleibt. Der Knochen enthält lediglich calcifizierten Knorpel, der zu Frakturen neigt, die die Symptome des Krankheitsbildes bestimmen. Der Erbgang der verschiedenen Formen ist z. T. dominant, z. T. rezessiv.

Das **Ehlers-Danlos-Syndrom** ist durch Hyperelastizität und abnorme Zerreißbarkeit der Haut, Überstreckbarkeit der Gelenke, Aortenklappeninsuffizienz, Aortenaneurysmen und hämorrhagische Diathese charakterisiert. Die individuelle Variabilität des Krankheitsbildes und des Erbgangs deuten auf die Existenz verschiedener Formen hin. Je nach Ausprägung der klinischen Symptomatik werden **9 Formen des Ehlers-Danlos-Syndroms** unterschieden. Die in ihrer Ursache noch ungeklärten Formen I-III, V und VIII werden autosomal-dominant, die Formen IV-IX (Tab.) z. T. rezessiv, z.T dominant vererbt. Die Formen V und IX sind X-chromosomal gebunden. Allen Formen gemeinsam ist eine Synthesestörung bzw. eine mangelhafte oder ausbleibende Vernetzung der extrazellulären Kollagenmoleküle mit der Folge einer unzureichenden mechanischen Belastbarkeit der kollagenen Fibrillen.

Marfan-Syndrom. Das klinische Bild der dominant-erblichen Erkrankung ist durch Hochwuchs, Arachnodaktylie, Linsenektopie, Aortenaneurysma und Skelettveränderungen gekennzeichnet. Der molekulare Defekt liegt in einer Mutation des Fibrillin-Gens (Chromosom 15q), das für das **Fibrillin** – ein Glykoprotein der extrazellulären Mikrofibrillen des Bindegewebes – codiert. Der Defekt des Fibrillin-Moleküls, der sich (bei den meisten Patienten) in allen vom Marfan-Syndrom betroffenen Geweben nachweisen läßt, hat sekundäre Störungen bei der Bildung und Vernetzung extrazellulärer Kollagen- und Elastin-Fibrillen zur Folge. Beim **sporadischen Marfan Syndrom** wurden de novo-Punktmutationen des Fibrillin-Gens nachgewiesen.

Genetische und erworbene Störungen des Kollagenstoffwechsels
(ED = Ehlers-Danlos*)

Kollagenbiosynthese und Reaktionen der posttranslationalen Modifikation	Gestörtes genetisches Programm bzw. Enzymdefekt	Krankheitsbild bzw. Symptom	
		angeboren	erworben
Synthese von Pro-α-Ketten	mRNA gesteuerte ribosomale Proteinbiosynthese	Osteogenesis imperfecta Marfan-Syndrom ED-Syndrom IV	
Hydroxylierung von Lysin-Resten der Pro-α-Kette	Lysyl-Hydroxylase	ED-Syndrom VI (okularer Typ)	Ascorbinsäure-Mangel, Fe^{2+}-, O_2-Mangel
Glykosylierung von Hydroxylysin-Resten	Galaktosyl-Hydroxylysyl-Galaktosyltransferase	Epidermolysis bullosa (dominanter, generalisiserter Typ)	
Abspaltung terminaler Extensionspeptide des Prokollagens	Prokollagen-Peptidase	ED-Syndrom VII, Dermatosparaxis (Rind, Schaf, Katze)	
Oxidative Desaminierung von Lys (Hyl)-Resten des Kollagens	Lysyloxidase (sekundär aufgrund Kupferstoffwechselstörung)	ED-Syndrom IX, Mencke-Syndrom, Cutis laxa (X-chromosomal)	Kupfermangel, β-Aminopropionitril-Vergiftung, D-Penicillamin-Medikation
Intra- und intermolekulare Vernetzung des Kollagens	spontane Reaktion	Homocystinurie	D-Penicillamin-Medikation
Enzymatischer Abbau von Kollagen	Strukturveränderte Kollagenase mit erhöhter Aktivität, Strukturdefekt des Kollagen VII	Epidermolysis bullosa (rezessiver, dystrophischer Typ)	
	Verminderte Kollagenase-aktivität	Osteosklerose	

* Die Formen I–III, V und VIII weisen unbekannte molekulare Defekte auf.

Störungen des Elastinstoffwechsels. Elastopathien sind genetisch bedingte oder erworbene Erkrankungen, die mit reduzierten (oder verstärkten) mechanischen Eigenschaften des Elastins einhergehen. Beim **Ehlers-Danlos-Syndrom Typ VI** (Lysyl-Hydroxylase-Defizienz) ist die für die Vernetzungsreaktion der Elastase notwendigen Bildung von Hydroxylysin herabgesetzt, beim **bullösen Lungenemphysem** kommt es zu einer verstärkten Elastolyse, weil der α_1-Proteinaseinhibitor der Granulozyten (α_1-Antitrypsin) der Elastase fehlt oder durch Oxidation des Methioninrestes (in Position 358) im aktiven Zentrum des Inhibitors inakativiert wird. Die Elastase der aktivierten Granulozyten zerstört das Netzwerk der elastischen Fibrillen des Lungengewebes.

Das mit Zunahme elastischer Fasern einhergehende juvenile Elastom und die kongenitale Fibroelastose des Herzens sind selten.

Störungen des Proteoglykanstoffwechsels. Proteoglykane mesenchymaler Organe (z. B. Haut, Knorpel) werden von der synthetisierenden Zelle, nach Verpackung in Sekretionsvesikel, in den Extrazellulärraum abgegeben, ein Teil der Proteoglykane bleibt jedoch mit der Zellmembran assoziiert. Auch in allen nicht-mesenchymalen Organen lassen sich zellmembranassoziierte Proteoglykane nachweisen.

Im Rahmen des Stoffumsatzes werden die extrazellulären und zellmembranassoziierten Proteoglykane von der Gewebszelle durch rezeptorvermittelte Endozytose aufgenommen. Innerhalb der Gewebszelle vereinigt sich das Endosom mit einem primären Lysosom zum sekundären Lysosom, in dem der hydrolytische Abbau der Proteoglykane bis zu den monomeren Bestandteilen erfolgt.

Mucopolysaccharidspeicherkrankheiten. Beim intralysosomalen Abbau der Proteoglykane wird die Glykosaminoglykankomponente – z. T. nach Depolymerisation unter Einwirkung von Endoglykosidasen – durch sukzessive Wirkung von Glykosidasen und Sulfatasen vom nicht-reduzierenden Ende her schrittweise unter Abspaltung von Monosacchariden abgebaut. Fehlt ein am Abbau beteiligtes Enzym, ist der weitere Abbau blockiert, und Polysaccharid- bzw. Oligosaccharidfragmente reichern sich in den Lysosomen der betroffenen Gewebe und Organe an. Dies ist bei den **Mucopolysaccharidspeicherkrankheiten** der Fall, bei denen als Ursache ein Mangel eines am Abbau der Glykosaminoglykankomponente beteiligten Enzyms erkannt worden ist (Tab.).

Der Enzymdefekt betrifft besonders häufig den Abbau des Dermatansulfats und Heparansulfats, die bei den Mucopolysaccharidosen vom Typ I und II meist gemeinsam – bei den einzelnen Patienten jedoch in wechselndem Mengenverhältnis – in zahlreichen Organen gespeichert und auch mit dem Harn ausgeschieden werden (bis 0,5 g/24 h). Die aufgrund des Abbaudefekts gespeicherten Mucopolysaccharide lassen sich in den Zellen des Knorpels, der Fas-

Mucopolysaccharidspeicherkrankheiten

Typ	Name	Abbaustörung von	Symptome	Enzymdefekt
I	Hurler'sche Erkrankung (IH) Scheie'sche Erkrankung (IS)	Dermatansulfat Heparansulfat	Zwergwuchs, „Wasserspeiergesicht", Schwachsinn (IH), Corneatrübung (IH und IS)	α-L-Iduronidase
II	Hunter'sche Erkrankung	Dermatansulfat Heparansulfat	Zwergwuchs, „Wasserspeiergesicht", weniger schwer als Hurler'sche Erkrankung	Iduronid-2-sulfat-Sulfatase
III	Sanfilippo'sche Erkrankung (Polydystrophische Oligophrenie): Typ A, Typ B, Typ C, Typ D	Heparansulfat	geringe körperliche und schwere geistige Entwicklungsstörung	(A) Heparansulfat-sulfamat-Sulfatase (B) α-N-Acetylglucosaminidase (C) Acetyl-CoA-α-glucosaminid-N-Acetyltransferase (D) Heparansulfat-N-Acetylglucosamin-6-sulfat-Sulfatase
IV	Morquio-Brailsford'sche Erkrankung (Osteochondrodystrophie) Typ A, Typ B	Keratansulfat Chondroitin-6-sulfat	Zwergwuchs, Skelettdeformitäten, Corneatrübung	(A) N-Acetylgalaktosamin-6-sulfat-Sulfatase (B) β-Galaktosidase
VI	Maroteaux-Lamy'sche Erkrankung	Dermatansulfat Chondroitin-4-sulfat	Skelettdeformitäten, Corneaveränderungen, geistige Entwicklung normal	N-Acetylgalaktosamin-4-sulfat-Sulfatase (Arylsulfatase)
VII	β-Glucuronidase-Defizienz	Chondroitinsulfat Dermatansulfat Heparansulfat	ähnlich dem Typ I, jedoch variabler Schweregrad	β-Glucuronidase

zien, der Sehnen, des Periosts, der Blutgefäße, Meningen und der Hornhaut, aber auch in Leber- und Milzzellen nachweisen.

Das klinische Bild der Mucopolysaccharidosen zeigt dysproportionierten Zwergwuchs mit Kurzhalsigkeit, großem Kopf und fratzenhaftem Gesichtsausdruck (Gargoylismus) sowie geistige Retardierung. Weitere Symptome sind Hepatosplenomegalie, Taubheit und Hornhauttrübungen. Die Diagnose wird als Suchtest aufgrund einer vermehrten Ausscheidung von **Mucopolysacchariden** mit dem **Harn** (normal 5 – 10 mg/24 h) und durch Nachweis des **Enzymdefekts** in **Leukozyten** oder kultivierten **Hautfibroblasten** gestellt. Eine frühzeitige genotypspezifische Diagnose der kranken Patienten macht eine genetische Beratung von Mitgliedern der betroffenen Familien möglich. Bei Vorliegen einer Risikoschwangerschaft ist eine pränatale Diagnostik nach Anzüchtung von Zellen aus der Amnionflüssigkeit bzw. aus Chorionzellen der Plazenta angezeigt.

Mit Ausnahme der Hunterschen Erkrankung (Mucopolysaccharidose Typ II), die X-chromosomal-rezessiv vererbt wird, zeigen die Mucopolysaccharidosen autosomal rezessiven Erbgang. Ihre Prävalenz beträgt etwa $1{:}10^5$.

Einige am Mucopolysaccharid-(Glykosaminoglykan-)Katabolismus beteiligten Enzyme sind auch für den Abbau von Gangliosiden und Glykoproteinen erforderlich. Dies erklärt, warum es auch bei der **Mucolipidosis II** (fehlende Phosphorylierung von Mannoseresten lysosomaler Enzyme), bei den **Gangliosidosen** vom Typ G_{M1} und G_{M2} (S. 128) und bei der **Mucosulfatidose** (multiple Sulfatase-Defizienz) zur Speicherung von Mucopolysacchariden kommt.

2. Degenerative Erkrankungen des Binde- und Stützgewebes

Degenerative Gelenkveränderungen umfassen eine heterogene Gruppe von Erkrankungen, die durch Fissuren und Defekte im Gelenkknorpel, Sklerose des subchondralen Knochens und sekundär durch Hypertrophie des randständigen Knorpels, aus dem sich durch Verkalkung und Verknöcherung Osteophyten bilden, gekennzeichnet sind. Auch die unphysiologische Ablagerung von Zwischen- oder Endprodukten des Stoffwechsels gehört in diese Kategorie. Traumen, chronische Überlastungsschäden (z. B. Übergewicht), Fehlsteuerung des Stoffwechsels und fortgeschrittenes Lebensalter sind als prädisponierende Faktoren bzw. auslösende Ursachen bekannt.

Arthrosis deformans (Osteoarthrosis, Osteochondrose). Charakteristisch für die Osteoarthrose ist ein Mißverhältnis zwischen Syntheseleistungen der Knorpelzellen und Abbauprozessen. Die vermehrte Synthese und Freisetzung von Proteasen (u. a. Stromelysin-1 und Kollagenase) aus den funktionell insuffizienten bzw. geschädigten Knorpelzellen erfolgt unter der Einwirkung von Zytokinen der Synovialzellen und führt zu einem kontinuierlichen Verlust an Proteoglykanen und zur Fragmentierung ihrer Struktur. (Abb.). An der fortschreitenden Chondrolyse beteiligen sich auch aus der Synovia eingewanderte mononukleäre Phagozyten und Entzündungszellen.

Die Veränderungen des Knorpelgewebes betreffen

- Schwund des Gelenkknorpels,
- Zunahme des Wassergehaltes,
- leichtere Extrahierbarkeit der Proteoglykane aus dem Knorpelgewebe durch isotone NaCl-Lösung,
- geringeres Molekulargewicht und relativ geringeren Proteinanteil der Proteoglykanmoleküle und Verlust ihrer Fähigkeit, mit Hyaluronat spezifische Aggregate zu bilden (Abbildung).

Schematische Darstellung des großen Proteoglykan-Moleküls (Aggrecan) aus Knorpelgewebe und dessen proteolytische Fragmentierung bei Osteoarthrose

$G_1 - G_3$ = Globuläre Domänen des Proteinfilaments
G_1 = Hyaluronat-bindende Domäne
(dicke Linie) = Zentrales Proteinfilament
(dünne Linie) = Chondroitinsulfat (CS)-reiche Domäne
---- = Keratansulfat (KS)-reiche Domäne

N- und O- glykosidisch gebundene Oligosaccharide sind nicht dargestellt

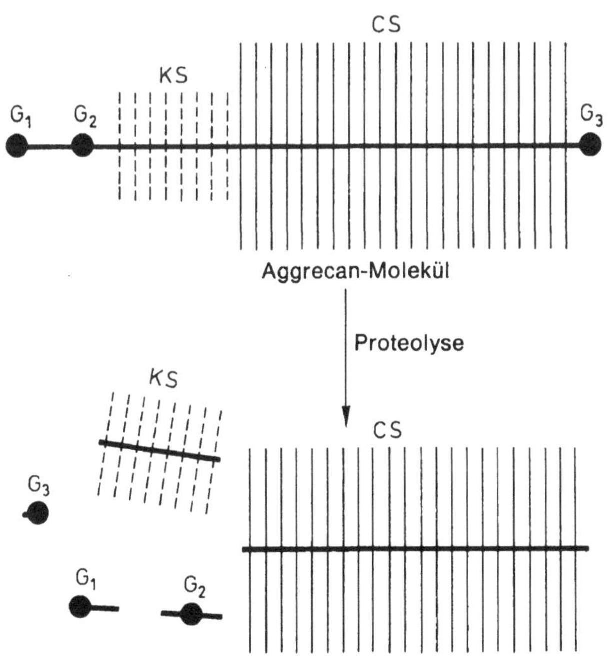

Da Proteoglykane einen höheren Stoffumsatz aufweisen als Kollagen, sind die Störungen des Kollagenstoffwechsels (vermehrtes Auftreten von Kollagenabbauprodukten, Umschaltung der Synthese von knorpelspezifischem Typ II auf Typ I) vermutlich sekundärer Natur.

Die durch Knorpelzerstörung und zelluläre Infiltration ausgelösten lokalen sekundären Veränderungen betreffen:

- Neubildung von Knochensubstanz (Knochenspangen, Spondylophyten) als Versuch einer reparativen Kompensation des Knorpelschwundes.
- Reaktive Entzündungsprozesse an der Synovialis mit Reizerscheinungen am Gelenk, Schwellung und Ergußbildung.
- Das von der Synovia produzierte Hyaluronat wird durch (von den Entzündungszellen produzierte) Sauerstoffradikale (S. 490) depolymerisiert und weist herabgesetzte Viskosität und Scherkraft auf.
- Erhöhte Proteaseaktivität und Proteoglykanfragmente lassen sich in der Synovialflüssigkeit nachweisen.

Allgemeine Entzündungsparameter (z. B. Erhöhung des C-reaktiven Proteins) fehlen, Rheumafaktoren (s. u.) sind nicht nachweisbar.

Kristalline, amorphe und fibrilläre Ablagerungen in Binde- und Stützgewebe. In der extrazellulären Matrix des Bindegewebes können physiologische oder atypische Stoffwechselprodukte deponiert werden und zu spezifischen Krankheitsbildern führen. Dazu gehören:

- **Kristallines Mononatriumurat**. Bei erhöhtem Harnsäuregehalt des Blutes (Hyperurikämie) kommt es vorzugsweise im Großzehengrundgelenk sowie im Daumengelenk (aber auch in anderen Gelenken) zur Auskristallisation von Harnsäure als Natriumsalz (**Arthritis urica**, Harnsäuregicht) durch Phagozytose der Kristalle im Gelenk durch Granulozyten und Makrophagen kommt es zur Freisetzung von Entzündungsmediatoren und chemotaktischen Wirkstoffen, die das klinische Bild der akuten Kristallsynovitis (Gichtanfall) beherrschen (S. 52).
- **Calciumpyrophosphat**. Bei einer Vielzahl metabolischer (Hämochromatose, Harnsäuregicht, Hypomagnesie u. a.) und endokrinologischen Erkrankungen (primärer Hyperparathyreoidismus, Hypothyreose u. a.) kann es zum Auftreten einer **Chondrocalcinose** kommen, die durch Ablagerung von kristallinem Calciumpyrophosphat, Calciumhydroxylapatit und/oder Calcium-o-phosphat im Gelenk charakterisiert ist, und zum Bild einer **Kristallsynovitis** führt.
- **Homogentisinsäure**. Die bei einem primären Defekt der Homogentisinsäure-Dioxygenase (Stoffwechsel des Tyrosins) sich anreichernde Homogentisin-

säure führt zu einer **braun-schwarzen Pigmentierung von Knorpel**, Sehnen, Blutgefäßen, Endokard und Skleren, in deren Folge sich degenerative Veränderungen der Gelenke, Herzklappenfehler und Aortenaneurysmen ausbilden. Das schwarze Pigment (Alkapton) entsteht durch enzymatische und nicht-enzymatische Polymerisation der Homogentisinsäure, die zu chinoiden Farbstoffen umgewandelt wird, „Vernetzungsreaktionen" am Bindegewebe verursacht und auch mit dem Harn ausgeschieden wird (**Alkaptonurie**).

- **Cholesterin**. Vorzugsweise im Bereich **arteriosklerotischer Plaques** lassen sich Ablagerungen von kristallinem Cholesterin nachweisen, das aus zugrundegegangenen Schaumzellen stammt, deren Kapazität zur endozytotischen Aufnahme modifizierter LDL (Scavenger-Rezeptor!) überschritten wurde. Cholesterinablagerungen in der Haut (**Xanthome**) und in der **Cornea** (Arcus corneae) sind typische Begleiterscheinungen verschiedener Hyperlipoproteinämieformen (S. 119).

- **Amyloid**. Ohne erkennbare Vorerkrankung oder aber nach chronischen Infektionskrankheiten oder malignen monoklonalen Gammopathien kann es in der Niere, im Herzmuskel, im Verdauungstrakt und in der Leber, aber auch in allen anderen Organen zur Ablagerung eines fibrillären Proteins – des **Amyloids** – kommen. Dabei handelt es sich um nicht einheitliche, aus Vorläuferproteinen gebildete Aggregate, die z. T. aus den κ- und λ-Leichtketten der variablen Region von Immunglobulin (Amyloid L), z. T. aus einem spezifischen Plasmaprotein (Amyloid A), z. T. aus anderen Proteinen (familiäre Amyloide) stammen. Der histologische Nachweis gelingt aus Biopsiematerial (z. B. Rektumschleimhaut).

- Amyloid βA4-Protein der **Alzheimer Erkrankung**. Die Alzheimerschen Erkrankung ist eine irreversible, vorwiegend nach dem 65. Lebensjahr auftretende, autosomal dominant vererbbare neurologische Molekularkrankheit. Charakteristisch sind Amyloidablagerungen in Form intrazellulärer Neurofibrillenbündel, extrazellulärer amorpher Plaques und als vaskuläres Amyloid. Die Amyloidablagerungen wurden als Amyloid βA4-Protein identifiziert und sind atypische Spaltprodukte eines Amyloid-Vorläuferproteins (APP, Amyloid Precursor Protein, 695–730 Aminosäuren). Beim APP handelt es sich um ein physiologisches transmembranöses Protein der Nervenzellen, aus dem nach Membranschädigung unter der Wirkung einer Protease das Amyloid βA4 als unlösliches Spaltprodukt entsteht. Das aus 42–43 Aminosäuren bestehende (den transmembranösen und cytosolischen Anteil des APP enthaltende) Spaltprodukt hat die Fähigkeit zur Bildung von Aggregaten und Fibrillen, die durch ihre Ablagerung vorwiegend im Hippocampus in Verbindung mit der drastischen Reduktion von Nervenzellen die klinische Symptomatik (Demenz, Depression, Aggressivität und Verwirrtheitszustände) erklären.

3. Gewebsreparatur

Regenerative, durch eine de novo Synthese von kollagenem Bindegewebe gekennzeichnete Prozesse laufen bei der **Wundheilung** ab (S. 501). Sie können in bindegewebigen Organen (z. B. Haut) zu einer Restitutio ad integrum mit geringfügiger Texturstörung des Gewebes (Narbe) führen, bilden aber auch die Basis des Gewebsersatzes bei begrenzter Regenerationsfähigkeit parenchymatöser Organe (Substitution).

Die Wundheilung unterliegt einer Kontrolle durch Hormone und Wirkstoffe. Hormone, die an der Einstellung einer **anabolen Stoffwechsellage** beteiligt sind (STH, Glucocorticoide, Progesteron, Insulin, Androgene, Estrogene) oder **Vitamine**, die bei der Bindegewebssynthese direkt (Ascorbinsäure) oder indirekt (Vitamin A) mitwirken, fördern und beschleunigen die Wundheilung, während Vitaminmangelzustände und eine **katabole Stoffwechsellage** herbeiführende Hormone (hohe Dosen Glucocorticoide oder Schilddrüsenhormone) das Wachstum von Fibroblasten und die Synthese von Kollagen und Proteoglykanen hemmen. Wachstumsfaktoren und Reparaturprozesse s.S. 501.

Störungen der Wundheilung. Eine überschießende Narbenbildung mit erhöhter Zelldichte, exzessiver Kollagensynthese und Ausbildung wulstförmiger Erhebungen über das Niveau der Epidermis bezeichnet man als **Keloid**. Es liegt eine Regulationsstörung im Kollagenstoffwechsel vor, die durch eine Hemmung des Kollagenabbaus charakterisiert ist. Die von den Granulozyten, Makrophagen und Mesenchymzellen produzierte Kollagenase wird durch eine im Keloidgebiet erhöhte Konzentration von Kollagenaseinhibitoren (α_1-Antitrypsin, α_2-Makroglobulin) gehemmt. Die resultierende Akkumulation von Kollagen ist von einer erhöhten Gewebskonzentration an Proteoglykanen begleitet. Keloide entwikkeln sich häufig nach Verbrennungen, Verätzungen oder Impfungen, lassen sich aber durch lokale Anwendung von Glucocorticoiden verhindern.

4. Arthritis

Unter den entzündlichen Gelenkprozessen nimmt die **rheumatoide Arthritis** (früher primär oder progredient chronische Polyarthritis) wegen ihrer weltweiten Verbreitung und Prävalenz (1 – 3% der erwachsenen Bevölkerung) eine Sonderstellung ein. Die rheumatoide Arthritis ist eine chronische, durch unspezifische Entzündungen in peripheren Gelenken charakterisierte Krankheit, die schließlich zu progressiver Zerstörung des gelenkeigenen periartikulären Gewebes führt.

Für die multifaktorielle – bisher nur in Teilbereichen bekannte – Pathogenese sind folgende Befunde und Aspekte von Bedeutung:

- Primärereignis ist eine Knorpelschädigung mit Freisetzung von **Autoantigenen**.
- Auslösemechanismus ist eine – genetisch kontrollierte – T-Zell-vermittelte Reaktion gegen nicht bekannte Autoantigene.
- In einem Prozentsatz von 80–90% lassen sich sowohl im Serum als auch in der Synovia **Rheumafaktoren** nachweisen, die als Produkte synovialer **Plasmazellen** entstehen. Rheumafaktoren sind definiert als polyklonale Antikörper vom Typ IgM, die mit der Fc-Region auto-, iso- und heterologer Immunglobuline vom Typ IgG spezifisch unter Bildung von Immunkomplexen (IC) reagieren.
- Die Anlagerung von Immunkomplexen an Synovialzellen bzw. Granulozyten der Synovia lösen eine charakteristische immunologische Folgereaktion aus, an der auch das Komplementsystem beteiligt ist. Die bei dieser Reaktionsfolge entstehenden Komplement-Fragmente C3a und C3b erklären die Anaphylatoxinwirkung, die unter Histaminfreisetzung zur Gefäßreaktion („Vaskulitis“) führt, die die **Chemotaxis** (Einwanderung von Makrophagen, Granulozyten, Lymphozyten und Plasmazellen in die Synovia) und die reaktive, an dem gesteigerten ^{3}H-Thymidineinbau erkennbare, Bildung eines **pannikulären Granulationsgewebes** (Synovitis) erklärt.
- Die pathogenetische Potenz der T-Lymphozyten liegt u. a. in der Sekretion von Cytokinen (Interleukine, Interferon), welche ihrerseits immunologische Effektormechanismen steuern und die Freisetzung von **Entzündungsmediatoren** (Prostaglandine, Leukotriene, toxische O_2-Metabolite) ingangsetzen und die Proteoglykansynthese hemmen.
- Aus den eingewanderten Entzündungszellen und dem enzymatisch hoch aktiven Pannusgewebe werden knorpelaggressive **Proteasen** (Kathepsin G, Elastase, Kollagenase) und **Glykosidasen** (u. a. N-Acetylhexosaminidase, β-Glucuronidase, Sulfatasen) freigesetzt. Diese am katabolen Stoffwechsel beteiligten Enzyme entfalten vor allem auf Gelenkknorpel und den Knochen eine chondrolytische bzw. osteolytische Wirkung. Sie führt zum Abbau von Proteoglykanen, Kollagen und den übrigen Bestandteilen der extrazellulären Matrix des Gelenkknorpels, dessen Spaltprodukte in der Synovialflüssigkeit nachweisbar werden.
- Die bei der Phagozytose der Immunkomplexe durch Granulozyten und Makrophagen freigesetzten **Superoxid- und Hydroxylradikale** (S. 490) depolymerisieren das makromolekulare Hyaluronat der Synovialflüssigkeit, das damit seine funktionellen Eigenschaften als Gleitmittel einbüßt.

- In der **Synovialflüssigkeit** ist die Zahl der Leukozyten, die Konzentration des Gesamtproteins und die Aktivität der Enzyme heraufgesetzt, diejenige des Hyaluronats dagegen herabgesetzt.

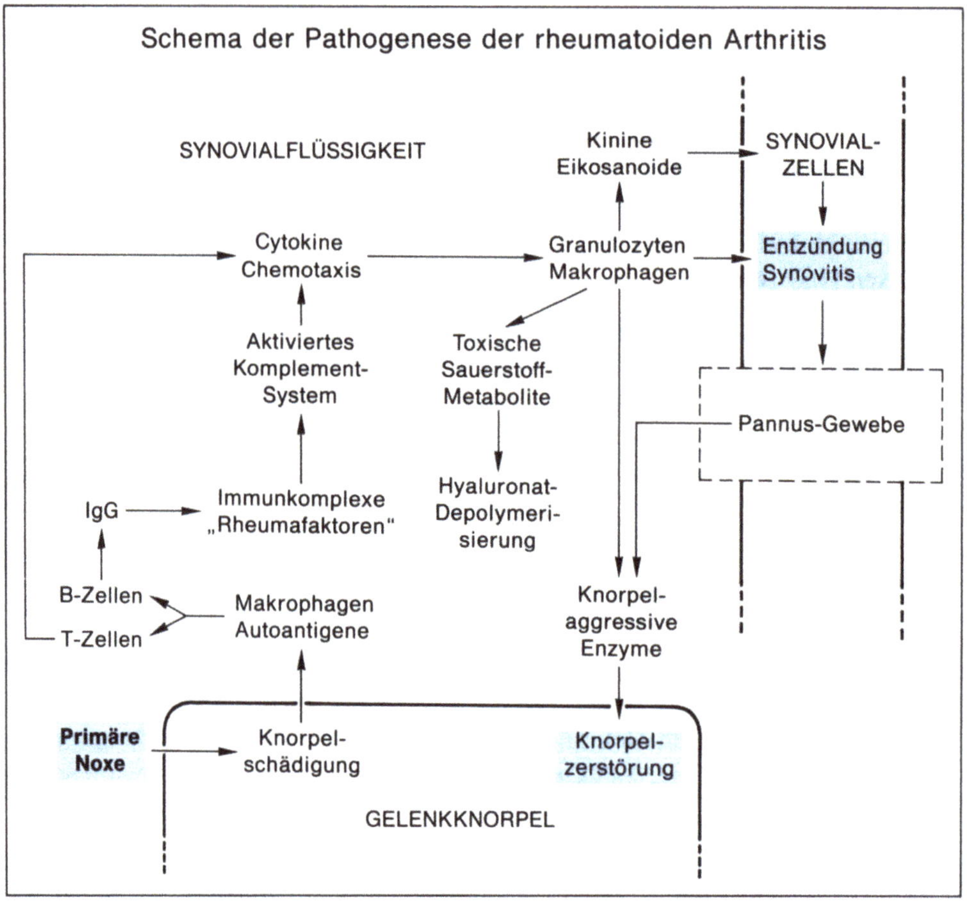

5. Knochenstoffwechsel

Homöostase des Calcium- und Phosphathaushalts. Im Blutplasma existiert Calcium z.T. in freier biologisch wirksamer (ionisierter) Form (40%), z.T. als Claciumproteinat (60%). Seine Gesamtkonzentration beträgt 2,25–2,75 mmol/l (9–11 mg/dl). Der normale Phosphatgehalt des Blutserums wird als anorganisches Phosphat angegeben und beträgt 0,65–1,94 mmol/l (2–6 mg/dl).

Die Homöostase des Calcium- und Phosphatspiegels unterliegt einer hormonellen Kontrolle (Abbildung). Bei Abnahme des ionisierten Calciums – **Hypocalcämie** – unter Werte von 0,5–0,75 mmol/l (2–3 mg/dl) im Blut kommt es zu neuromuskulärer Übererregbarkeit und Tetanie (tonische Krämpfe). Der Blutcalciumspiegel wird auch durch die Konzentration anderer Elektrolyte des Blutplasmas und den pH-Wert des Blutes positiv oder negativ beeinflußt, so daß die neuromukuläre Erregbarkeit nicht ausschließlich durch die Konzentration an freiem Ca^{2+} bestimmt wird.

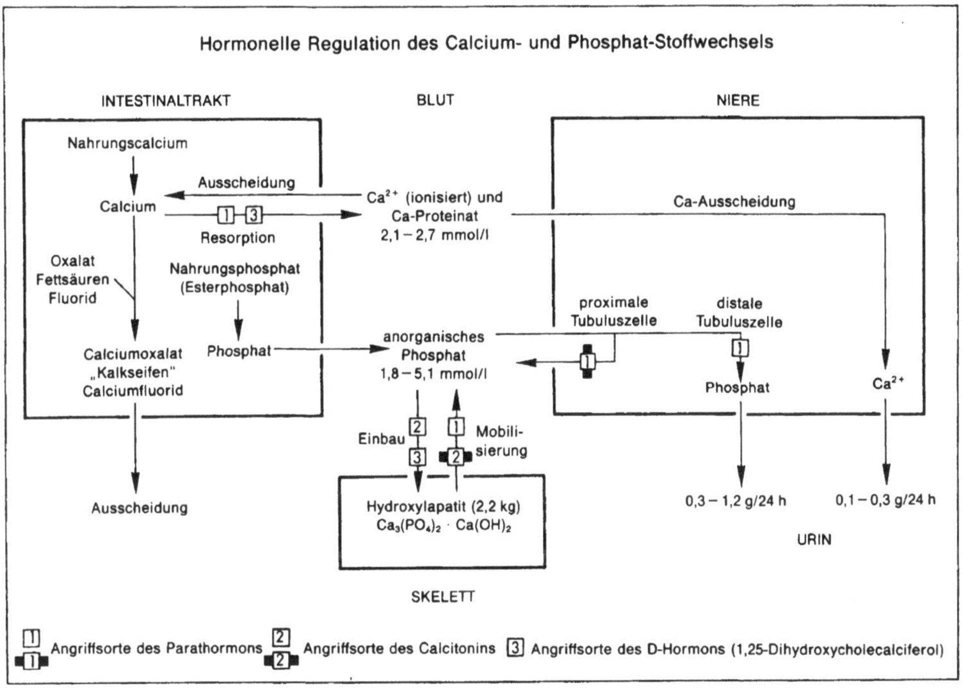

Ausdruck einer neuromuskulären Übererregbarkeit sind EKG-Veränderungen und tonische Muskelkontraktionen, die bis zum Spasmus gehen können. Weitere Symptome der Hypocalcämie sind eine Eintrübung der Augenlinse (Cataracta tetanica), Hautveränderungen und psychische Störungen.

Eine Erhöhung des Blutcalciumspiegels – **Hypercalcämie** – führt, vor allem in Verbindung mit einer Hyperphosphatämie, bei Überschreitung des physiologischen Ionenprodukts

$$[Ca^{2+}] \times [\text{Phosphat}] \approx 60 \text{ mg/dl Serum}$$

zu atypischen Calciumeinlagerungen in verschiedene Organe. Prädestinationsorte solcher metastatischen Verkalkungen sind die Cornea, Synovia („Kristall-

Synovitis", S. 422) und die Pankreasgänge (Pankreatitis durch calcifizierende Obstruktion).

Eine Hypercalcämie, die klinische Symptome (Tachykardie, Rhythmusstörungen, Herzstillstand, Verwirrtheit, Unruhe, Somnolenz) verursacht, wird als **Hypercalcämiesyndrom** bezeichnet. Ursachen können u. a. ein primärer oder tertiärer Hyperparathyreoidismus (S. 170), Nebennierenrindeninsuffizienz und Vitamin D- oder A-Intoxikation sein. Durch Verschlechterung eines solchen Zustands kann plötzlich und ohne Vorboten eine lebensbedrohliche Krise eintreten.

Die intestinale **Resorption von Calcium** wird durch die Anwesenheit von Citrat (Bildung eines löslichen Calciumkomplexes) und Vitamin D gefördert. Unlösliche Calciumsalze, wie das Calciumoxalat, das sich in Gegenwart von Nahrungsoxalsäure bildet, oder die unlöslichen Calciumsalze der Fettsäuren („Kalkseifen"), die bei Störungen der Fettverdauung auftreten, verhindern die Resorption. Auch der Calciumphytinsäurekomplex wird nicht resorbiert. Phytinsäure ist ein in Getreidekörnern vorkommendes Inositolhexaphosphat.

Negative Bilanz des Knochenstoffwechsels. Unter den Regulationsstörungen, die zu einer negativen Bilanz des Knochen- bzw. Calciumstoffwechsels führen, sind **Osteoporose, Osteomalazie** sowie **primärer und sekundärer Hyperparathyreoidismus** am häufigsten. Zum Teil haben sie ihre Ursache in endokriner Fehlsteuerung, Vitaminmangel oder sind die Folge einer Grundkrankheit, z. T. ist ihre Pathogenese unklar („idiopathische" Formen). Die Tabelle gibt eine Übersicht.

- **Osteoporose.** Die Osteoporose ist eine lokalisierte oder generalisierte Atrophie des knöchernen Skeletts, die über die physiologische Altersatrophie hinausgeht. Sie ist das Ergebnis eines pathologisch gesteigerten Knochenabbaus bei normaler Knochenneubildung. Pro Volumenanteil sind organische Matrix und Mineral gleichmäßig vermindert. Frauen sind häufiger betroffen als Männer.

  Bei der **primären Osteoporose** ist die Ursache unbekannt (idiopathische Form). Obgleich sie gehäuft nach der Menopause bzw. im Senium auftritt, läßt sich ein Defizit an Sexualhormonen als alleinige Ursache ausschließen, da bei Postmenopause-Osteoporose die therapeutische Gabe von Estrogenen zwar zum Sistieren des Prozesses, nicht jedoch zu einer Heilung mit Restitution führt. In den schweren Formen führt die Postmenopause-Osteoporose zu Kompressionsfrakturen der Wirbelkörper sowie zu Schenkelhals- und Unterarmbrüchen.

  Eine **sekundäre Osteoporose** kann als Folge langdauernder Glucocorticosteroidmedikation, Hyperthyreose oder einer Cushingschen Erkrankung auf-

Negative Bilanz des Knochenstoffwechsels

Biochemie: Anaboler Stoffwechsel < kataboler Stoffwechsel
⟶ Abbau, Demineralisation

Pathobiochemie: Osteoporose (Atrophie), Osteomalazie, primärer und sekundärer Hyperparathyreoidismus, Ostitis deformans (Paget)

Ursachen:	Hemmung der Osteoblasten	und/oder Stimulation der Osteoklasten
Hormone	Glucocorticoide, Estrogenmangel	Parathormon, Thyroxin, Glucocorticoide
Vitamine	Ascorbinsäuremangel, Vitamin D-Mangel	Hohe Dosen Vitamin D oder A
Andere Faktoren	Malnutrition, Maldigestion, Malabsorption, Inaktivität, Alter	Erhöhte Ca-Ausscheidung, Acidose, Heparin

treten, da sich der antianabole Effekt der Glucocorticoide bzw. Schilddrüsenhormone auch in einer Abnahme des Proteingehalts im Knochen mit Verlust des Kollagens und begleitender Entmineralisierung bemerkbar macht. Inaktivität bzw. Immobilisierung des Skeletts sind weitere pathogenetische Faktoren. Bei **rheumatischer Arthritis** und der **Sudeckschen Erkrankung** tritt eine lokalisierte Inaktivitätsosteoporose auf.

- **Osteomalazie**. Als Osteomalazie wird die isolierte Störung des Mineralisationsvorgangs bei normaler Bildung der organischen Matrix (Osteoidbildung) bezeichnet. Morphologisch ist sie an dem breiten nicht-verkalkten Osteoidsaum erkennbar. Eine Osteomalazie tritt bei allen pathologischen Zuständen mit Mangel an disponiblem Calcium oder Phosphat ein und kann auf einem **Vitamin D-Mangel** (D-Hormon-Mangel), auf **Phosphatverlust bei Tubulopathie** oder einen congenitalen Mangel an alkalischer Knochenphosphatase beruhen.
- **Osteodystrophia deformans Paget**. Zu einer negativen, jedoch lokal begrenzten Bilanz des Knochenstoffwechsels kommt es bei der Osteodystrophia deformans Paget, die – aus unbekannter, aber wahrscheinlich genetisch bedingter Ursache – durch massive **lokale Steigerung des Knochenabbaus** durch Destruktionen, Deformierung und Steigerung der Hydroxyprolin-

ausscheidung einerseits, sowie reaktive gesteigerte Osteoblastentätigkeit mit überschießender Knochenneubildung und Erhöhung der Aktivität der alkalischen Phosphatase des Serums andererseits gekennzeichnet ist. Die Krankheit betrifft vorzugsweise Skelettanteile mit starker mechanischer Beanspruchung (Becken und Extremitäten). Der gesteigerte osteoklastische Knochenabbau kann durch **Calcitonin** therapeutisch beeinflußt werden.

- **Rachitis, Hyperparathyreoidismus** S. 170

Positive Bilanz des Knochenstoffwechsels. Ist pro Volumeneinheit mehr Knochengewebe vorhanden als es dem physiologischen Normbereich entspricht, liegt eine **Hyperostose** (synonym: Osteosklerose) vor.

- Beim **Hypoparathyreoidismus** und Pseudohypoparathyreoidismus (S. 171) fehlt die stimulierende Wirkung des Parathormons auf die Osteoklasten, so daß die Osteoblastentätigkeit überwiegt. Auch Weichteilverknöcherungen (Muskulatur und Stammganglien) werden beobachtet.

Positive Bilanz des Knochenstoffwechsels

Biochemie: Anaboler Stoffwechsel > kataboler Stoffwechsel
⟶ Aufbau, Mineralisation, Wachstum

Pathobiochemie: Hyperostosen (Fluorose, Somatomedin-Hyperostose), Osteopetrose

Ursachen:	Stimulation der Osteoblasten	und/oder Hemmung der Osteoklasten
Hormone	Parathormonmangel, Calcitonin, Estrogene, Androgene, STH	Parathormonmangel, Calcitonin, Estrogene
Vitamine	1,25-Dihydroxycalciferol (Vitamin D)	
Andere Faktoren	Ca-reiche Diät, Protein-reiche Diät, mechanische Belastung, Fluorid	Fluorid (?)

- **Fluorose**. Langdauernde therapeutische Zufuhr von Fluoriden in hohen Dosen bewirkt einen zunehmenden Ersatz des Hydroxylapatits durch den schwer abbaubaren Fluorapatit. Dies Prinzip wird unterstützt durch eine

Stimulation der Osteoblasten durch Fluorid mit Anstieg der alkalischen Phosphatase, die von einer weniger intensiven Osteoklastentätigkeit (Abnahme der Ausscheidung von Hydroxyprolin und Hydroxyprolinpeptiden) begleitet ist. Dieser als Fluorose bezeichnete Zustand läßt sich auch für die Therapie der Osteoporose mit Natriumfluorid ausnützen (z. B. 1,25–2,50 mmol (50–100 mg) NaF/24 h über 1–2 Jahre).

- **Osteosklerose** (Osteopetrose). Bei der Osteosklerose (Marmorknochenkrankheit), einem seltenen kongenitalen Leiden, liegt vermutlich eine Rezeptordefizienz der Osteoklasten für Parathormon vor. Die Kollagenaseaktivität ist vermindert. Die Folge ist ein permanentes Überwiegen des anabolen Knochenstoffwechsels mit umschriebener oder generalisierter Verdichtung des Knochens, Zunahme der Knochenhärte, jedoch Verminderung der dynamischen Belastbarkeit.

6. Klinisch-chemische Untersuchungen des Binde- und Stützgewebes

Proteoglykan- und Kollagenstoffwechsel. An Zellkulturen von Fibroblasten (aus bioptisch entnommenen Gewebsproben) lassen sich unter Anwendung der Isotopentechnik und elektrophoretischem Nachweis oder durch immunzytochemische Verfahren verschiedene Kollagentypen identifizieren. Störungen des Proteoglykanstoffwechsels können in Zellkulturen an der Akkumulation von inkorporiertem [^{35}S]Sulfat und durch Aktivitätsbestimmungen lysosomaler Enzyme erkannt werden.

Rheumafaktoren. Für den Nachweis und die Bestimmung von Rheumafaktoren sind Agglutinationsmethoden ausgearbeitet, bei denen mit heterologen bzw. isologen IgG-beladene Schafserythrozyten (Waaler-Rose-Test) bzw. Polystyrolpartikel (Latextest) durch Rheumafaktoren enthaltene Seren zur Agglutination gebracht werden. Durch Einsatz von Radioimmunoassay bzw. Enzymimmunoassay und Lasernephelometrie kann die Empfindlichkeit und die Spezifität des Nachweises gesteigert werden.

Synovialflüssigkeit. Zellzählung und Zelldifferenzierung, Viskositätsmessungen, Bestimmung der Gesamtproteinkonzentration und der Aktivität von Hauptketten- sowie lysosomalen Enzymen (LDH, MDH, β-N-Acetylhexosaminidase, β-Glucuronidase) und gegebenenfalls der polarisationsoptische und infrarotspektrophotometrische Nachweis von kristallinen Ablagerungen tragen zur organspezifischen Diagnostik von Gelenkerkrankungen bei. Mit immunologischen Methoden lassen sich bei Osteoarthrose Fragmente der Knorpelproteoglykane (Aggrecan, Decorin), ferner Proteasen und Proteaseinhibitoren in der Synovialflüssigkeit, z. T. auch im Serum, nachweisen.

Calcium und Phosphat im Serum und Urin s. Kap. Innere Sekretion (S. 174). Weitere Hinweise gibt die Tabelle.

Klinisch-chemische Differentialdiagnostik der Osteopathien

	Serum Calcium	Serum Phosphat	Alkalische Phosphatase	Parat-hormon
Osteoporose (Altersatrophie)	N	N	N	N
Osteomalazie	↓ (N)	↓ (N)	↑	↑ (N)
Osteodystrophia deformans Paget	N	N	↑↑	N
Primärer Hyperparathyreoidismus	↑	↓ (N)	↑ (N)	↑

X. Skelettmuskel

1. Primäre Myopathien

Mopathien sind ätiologisch unterschiedliche Erkrankugen der Skelettmuskulatur, die durch Kontraktionsschwäche und Belastungsintoleranz bzw. rasche Ermüdbarkeit charakterisiert sind, bei denen jedoch keine nukleäre oder periphere Schädigung des Motoneurons vorliegt.

Die **primären Myopathien** können genetisch oder nicht-genetisch bedingt sein, die **sekundären Formen** sind Folge eines Grundleidens, das nicht die Muskulatur betrifft.

Hereditäre progressive Muskeldystrophie. Die X-chromosomale rezessiv vererbbare Muskeldystrophie hat wegen ihrer hohen Prävalenz (1:5000 männliche Nachkommen) und ihrer hohen spontanen Neumutationsrate besondere Bedeutung. Ursache ist ein Defekt des für das Muskelprotein **Dystrophin** (Mol.-Gew. 430000) codierenden Gens, für das z.T. eine Doppelung, z.T. eine Deletion nachgewiesen wurde. Die Krankheit manifestiert sich als rasch fortschreitender – vorwiegend den Beckengürtel betreffenden – Muskelschwund, bei dem ein **maligner Typ** (Duchenne) und ein **gutartiger Typ** (Becker) unterschieden wird. Die maligne Form führt meist innerhalb der ersten 2 Dezennien zum Tod, die gutartige Form manifestiert sich zwischen dem 6. und 19. Lebensjahr, die Patienten können das fortpflanzungsfähige Alter erreichen. Der klinischen Symptomatik der malignen Form (ab 3. Lebensjahr) geht eine Erhöhung der Kreatin-Kinase-Aktivität (CK-Aktivität) im Serum voraus, an der das Isoenzym CK-MB bis zu 22% beteiligt sein kann. Auch die Aktivitäten der LDH (insbesondere des Isoenzym 5 der LDH), der Aldolase, der Pyruvat-Kinase und der AST sind in der Regel erhöht. Die **Kreatinurie** (normal 11,4–15,3 mmol/d, 1,5–2,0 g/Tag) ist eine Folge der Unfähigkeit des Muskels, das von der Leber synthetisierte und auf dem Blutwege angebotene Kreatin zu utilisieren. Im Muskelgewebe selbst findet man eine korrespondierende Erniedrigung der Glykogenolyse, der Aktivität der Enzyme des oxidativen Stoffwechsels, des Phosphokreatins und des ATP-Gehalts.

Das Serum-Myoglobin kann erhöht sein. Bei 70–80% der weiblichen Merkmalsträger lassen sich Enzymaktivitätserhöhungen der CK im Serum nachweisen. Eine Erkennung von Konduktorinnen und eine pränatale Diagnostik ist durch RFLP (Defekt oder Fehlen des Dystrophie-Gens) möglich (S. 6).

Weitere **seltene Formen** der progressiven Muskeldystrophie werden autosomal-rezessiv (Genlokus 15p) bzw. autosomal dominant (Genlocus 44q, 19q, 13) vererbt und betreffen entweder Becken- und Schultergürtel, faciale, okuläre, oropharyngeale oder distale Muskelbereiche.

Myotonia congenita (Thomsen). Bei diesem autosomal vererbbaren Leiden liegt eine Störung der Muskelfasermembran mit abnormer Durchlässigkeit für K^+, Veränderung der sarkolemmalen Na^+-Kanäle und gestörter elektrischer Aktivität vor, die sich in einem herabgesetzten Membranruhepotential (-62 bis -68 mV) äußert und zu tetanischen Kontraktionen führt, die durch Elektromyographie nachweisbar sind.

Die beeinträchtigte Rückresorption des K^+ in das Cytosol, die verzögerte Ausschleusung des Na^+ und Wiederaufnahme des Ca^{2+} in das longitudinale Tubulussystem führen zu einer verzögerten Relaxation, da die Entspannungszeit von Herz- und Skelettmuskel durch die Geschwindigkeit des Calciumrücktransports bestimmt wird.

Die CK- und LDH-Aktivitäten im Serum sind meist normal. Klinische Symptome sind (wegen des Befalls der Gesichts- und Kaumuskulatur) faciale Dysplegie, Dysphagie und Dysphonie sowie mentale Retardation. Eine Beteiligung des Herzmuskels, Kataraktbildung und abnorme Glucosetoleranz sind häufig.

Hereditäre mitochondriale Myopathien. Die mitochondrialen Myopathien sind eine Gruppe genetischer Erkrankungen, für die eine schon im frühen Lebensalter auftretende Atrophie der Skelettmuskulatur und neurologische Störungen charakteristisch sind. Ihre Ursache liegt in einem **Defekt von mitochondrialen Enzymen des Muskelenergiestoffwechsels**, wobei die Carnitin-Acyltransferase, die Aufnahme des Carnitins in die Muskelzelle durch ein spezifisches Transportsystem (Carnitinmangel-Myopathie), der Pyruvatstoffwechsel (Pyruvat-Dehydrogenasemangel) oder Komponenten der Atmungskette betroffen sein können.

Myotonien können auch Folge von erblichen Störungen des **Glykogenstoffwechsels** (Glykogenosen S. 93) oder Defekten der **Glykolyse-Enzyme** sein. Klinische Symptome sind Schwäche, Steifheit, Krämpfe und Schmerzen der Muskulatur bei Belastung.

Polymyositis und Dermatomyositis. Die Ursache dieses seltenen Krankheitsbildes (Prävalenz $5:10^6$) sind Autoimmunprozesse. Eine genetische Prädisposition besteht nicht. Charakteristisch sind entzündliche Reaktionen der symmetrisch befallenen proximalen Skelettmuskulatur, der Muskulatur des Hüftgürtels, des Nackens, des Pharynx und der Atemmuskulatur. EKG-Veränderungen zeigen eine Beteiligung des Herzmuskels an. Bei gleichzeitigem Befall der Haut liegt eine Dermatomysositis vor. Die Aktivitäten der CK, der LDH, der Aldolase und der Transaminasen im Serum sind häufig erhöht. Weitere diagnostische Kriterien ergeben sich aus der Muskelbiopsie, die fokale Degeneration und Nekrosen der Muskelfasern, interstitielle Infiltrate und Fibrosen erkennen läßt, sowie aus der Elektromyographie.

Traumatische Schädigungen der Skelettmuskulatur. Polytrauma, intramuskuläre Injektionen, chirurgische Eingriffe, Drucknekrosen, Verbrennungen oder Stromunfall, aber auch Alkoholintoxikation, Hypo- bzw. Hyperthyreose und Medikamente können Ursache für eine Muskelschädigung und den dadurch bedingten Anstieg des Isoenzyms der Kreatin-Kinase CK-MM sein, wobei der Anteil der Isoenzym-CK-MB-Aktivität (sofern nicht auch das Myokard betroffen ist) bis 6% der Gesamtaktivität der CK betragen kann. Das bei traumatischer Schädigung frei werdende Myoglobin kann zur Myoglobinurie und u. U. zum akuten Nierenversagen führen.

2. Sekundäre Myopathien

Bei zahlreichen Erkrankungen äußert sich eine Mitbeteiligung der Skelettmuskulatur in Schwäche, Paresen, Atrophie oder erhöhter Krampfbereitschaft und läßt sich durch Aktivitätsanstieg der CK (vorzugsweise des Isoenzyms CK-MM) im Serum nachweisen. Beispiele für verursachende Grundleiden sind

- Störungen des Kaliumhaushalts. Lähmungen der peripheren Muskulatur sind sowohl bei Hyper- als auch bei Hypokaliämie möglich (Kap. Elektrolythaushalt, S. 143).
- Endokrine Störungen. Eine verminderte Bereitstellung von ATP besteht bei Hyperthyreose, die bei der **akuten thyreotoxischen Myopathie** unter dem Bild einer bulbären Paralyse mit Schluck- und Sprachstörungen und der Erhöhung der CK im Serum verlaufen kann. Die **hypothyreotische Myopathie** ist durch schmerzhafte tonische Krämpfe der meist hypertrophierten Muskeln und degenerative Veränderungen der Muskelfasern mit Muskelschwäche und Muskelschwund gekennzeichnet. Die Muskelatrophie beim **Cushing-Syndrom** geht auf eine vermehrte Utilisation des Muskelproteins für die Gluconeogenese zurück. Mangel an Mineralocorticoiden (Addison Erkrankung) beeinträchtigt die Muskelfunktion durch Hyperkaliämie und Kaliumverlust der Muskelzelle.
- Exzessive Proteinverluste (z. B. bei exsudativer Enteropathie) können Muskelschwäche und Muskelatrophie zur Folge haben.
- Muskelkrämpfe entstehen bei der (seltenen) Glykogenose Typ V (McArdle), da es infolge des gestörten Glykogenabbaus (Phosphorylasemangel) bei

schwerer Muskelarbeit zu einem akuten Energiedefizit (ATP-Mangel) kommt. Auch bei den Glykogenosen vom Typ II und IV (S. 93) ist die Skelettmuskulatur befallen.

- Reduzierte O_2-Versorgung mit Ischämie oder vollständiger Okklusion des Gefäßes (Infarkt, Embolie) führt zunächst zu reversiblen (durch Störung der Erregungsleitung und der Kontraktilität gekennzeichneten), später zu irreversiblen Schäden (Zelltod) der quergestreiften Muskulatur bzw. des Herzmuskels (S. 315). Amorphe Verdichtungen der Mitochondrienmembranen sind kennzeichnend für irreversible Veränderungen.
- Eine toxische Muskelschädigung kann durch Ethanol, Medikamente (z. B. Clofibrat, trizyklische Antidepressiva) oder Rauschgifte (z. B. Heroin, Kokain) bedingt sein.

3. Endplattendefekte

Muskelschwächen, die durch prä- oder postsynaptische Übertragungsstörungen an der neuromuskulären Endplatte bedingt sind, können verschiedene Ursachen haben (Abbildung).

- Bei der **Myasthenia gravis** – der häufgisten Form der Endplattendefekte – liegt eine Blockierung des Acetylcholinrezeptors durch Autoantikörper vor, die bei der Mehrzahl der Patienten (jedoch nicht regelmäßig) nachgewiesen werden können. Die Konzentration der Autoimmunantikörper ist mit der klinischen Symptomatik jedoch nur schwach korreliert. Bei einem Teil der Myastheniker ist zusätzlich ein beschleunigter Abbau des Acetylcholinrezeptors nach endozytotischer Aufnahme nachweisbar. Die schubweise verlaufende, einzelne Muskelgruppen (z. B. Lidheber, äußere Augenmuskeln, Schluckmuskeln) betreffende oder generalisiert auftretende Krankheit ist durch abnorme Ermüdbarkeit der Muskulatur, Erholung erst nach längeren Ruhepausen, Empfindlichkeit gegenüber Curare und Besserung durch Cholin-Esterasehemmer gekennzeichnet.
  Für die Diagnostik und Verlaufsbeobachtung der Myasthenia gravis hat die Bestimmung der meist nur geringfügig erhöhten Aktivität der CK keine Bedeutung. Da die Myasthenia gravis in die Gruppe der Autoimmunkrankheiten einzuordnen ist, bietet eine immunsuppressive Therapie Erfolgsaussichten.
- Seltene genetische Formen der Myastenie sind die **kongenitale Acetylcholin-Esterase-Defizienz** (S. 525) und die **Lambert-Eaton-Myasthenie**, bei der eine präsynaptische Störung der Calcium-abhängigen Freisetzung des Acetylcholins vorliegt.

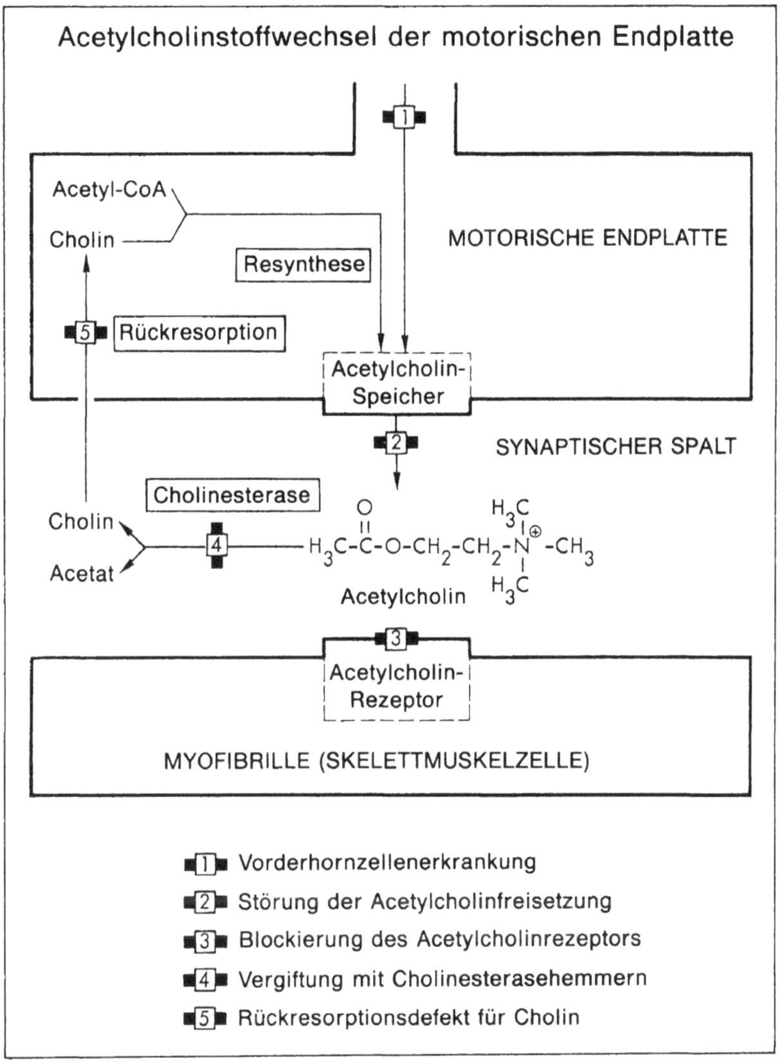

- Vergiftungen mit dem **Botulinustoxin** bewirken eine präsynaptische Blockierung der Acetylcholinfreisetzung. Das **Spinnengift** der Schwarzen Witwe führt zu einer Entleerung der präsynaptischen Transmitterspeicher mit kurzer Muskelkontraktion und anschließender Lähmung.

4. Klinisch-chemische Untersuchungen

Kreatin-Kinase (CK). Die Aktivitätsbestimmung der Kreatin-Kinase erfolgt im zusammengesetzten optischen Test (Schema). Die pro Zeiteinheit registrierte Zunahme der Extinktion bei 366 nm ist der Kreatin-Kinase-Aktivität proportional.

Bestimmung der Kreatinkinase (CK)-Aktivität

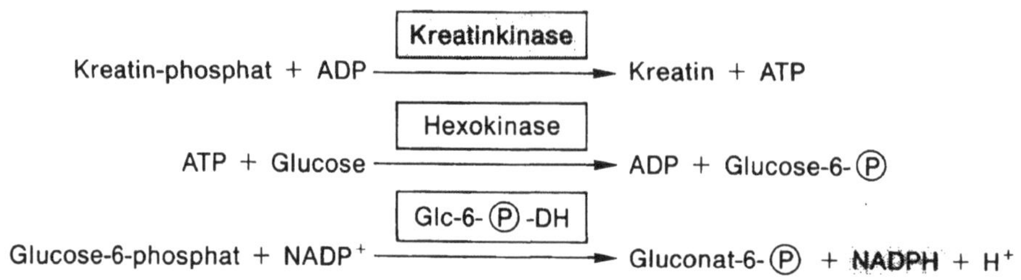

In vitro wird die CK durch Oxidation schnell aktiviert, ist durch Zugabe von SH-Reagenzien (z. B. N-Acetylcystein) jedoch vollständig reaktivierbar.

Referenzbereich	Männer:	bis 80 U/l
	Frauen:	bis 70 U/l
	Neugeborene (1. – 3. Tag):	370 U/l
	Neugeborene (11. – 31. Tag):	bis 100 U/l

Isoenzym CK-MB der Kreatin-Kinase. Nach Zugabe von Antikörpern gegen die CK-M-Untereinheit der Kreatin-Kinase, wird die katalytische Aktivität der Kreatin-Kinase im optimierten optischen Test analog zur CK-Gesamtaktivität bestimmt. Da die Antikörper gegen CK-M die Aktivität der M-Untereinheiten der CK vollständig inhibieren, und das Isoenzym CK-BB im Serum vernachlässigbar geringe (meist nicht meßbare) Aktivitäten aufweist, läßt sich aus der gemessenen CK-B-Aktivität durch Multiplikation mit dem Faktor 2 die Aktivität des Isoenzyms CK-MB berechnen.

Nachweisgrenze (Immuninhibitionstest) 3 U/l.

Im Rahmen der Diagnostik und Verlaufsbeobachtung von Erkrankungen der quergestreiften Muskulatur und des Herzmuskels (S. 318) ist die Aktivitätsbestimmung der Kreatin-Kinase und des Isoenzyms CK-MB von richtungsweisender Bedeutung. Ein Anstieg der Aktivität des Isoenzyms CK-MB ergibt einen Hinweis auf eine Schädigung der Herzmuskulatur, wenn die Gesamtaktivität über 100 U/l beträgt und der prozentuale Anteil der CK-MB an der Gesamt-CK-Aktivität 6% übersteigt. Weiterführende diagnostische Hinweise können durch die Bestimmung des CK/AST-Quotienten erhalten werden. Bei Ausschluß leberbedingter Erhöhung der AST sprechen Quotientenwerte von <10 für **Myokardnekrosen**, >10 für **Nekrosen der Skelettmuskulatur**.

Ein Anstieg der Aktivität von CK, Aldolase und der LDH (Isoenzym 5 der LDH) wird bei primären und sekundären Myopathien beobachtet. Er erlaubt bei homozygoten männlichen Kindern mit einer progressiven Muskeldystrophie eine Frühdiagnose bereits im 1. Lebensmonat aufgrund eines Anstiegs der CK. Heterozygote Anlageträgerinnen zeigen in 70–80% der Fälle ebenfalls erhöhte CK-Aktivitäten (s. o.).

Auch nach ungewohnter Muskelarbeit (exzessive Muskelbelastungen bei Untrainierten, wie z. B. Skigymnastik oder „Garten-Umgraben") können starke Erhöhungen der CK (10–20faches des Referenzbereichs) entstehen und bis zu 7 Tagen nach der Belastung nachweisbar bleiben. Der dabei auftretende „Muskelkater" hat seine Ursache in Mikrotraumen der Myofibrillen mit Sarkolemmdefekten, die den Eintritt CA^{2+}-reicher Extrazellulärflüssigkeit in die Fasern begünstigt.

Lactat-Dehydrogenase (LDH). Die Lactat-Dehydrogenase des Serums (aus venösem Blut) wird nach der Reaktion

$$\text{Pyruvat} + \text{NADH} + H^+ \rightarrow \text{Lactat} + \text{NAD}^+$$

photometrisch über Extinktionsabnahme des NADH quantitativ bestimmt (optischer Test).

Referenzbereich	Erwachsene:	120–240 U/l
	Kinder:	200–830 U/l

Wegen des ubiqutitären Vorkommens der LDH im menschlichen Organismus haben LDH-Aktivitätsanstiege im Serum keine diagnostische Bedeutung, können jedoch für die Verlaufskontrolle von Krankheiten herangezogen werden. Körperliche Belastung kann zu einem LDH-Aktivitätsanstieg im Serum führen. Bei hämolytischen Seren werden infolge der LDH-Aktivität der Erythrozyten fälschlich zu hohe Werte bestimmt.

α-Hydroxybutyrat-Dehydrogenase (α-HBDH). Die Isoenzyme 1 und 2 der LDH setzen neben Pyruvat auch α-Ketobutyrat um nach der Reaktion

$$\alpha\text{-Ketobutyrat} + \text{NADH} + H^+ \rightarrow \alpha\text{-Hydroxybutyrat} + \text{NAD}^+$$

Referenzbereich α-HBDH (Erwachsene): 68–135 U/l

Bei der Beurteilung der LDH- und α-HBDH-Aktivitäten im Serum ist das unterschiedliche Isoenzymverteilungsmuster in den verschiedenen Organen zu beachten (Abb.), das nach elektrophoretischer Trennung und Quantifizierung der NAD^+-Fluoreszenz erhalten wird.

Bei Schäden der Skelettmuskulatur ist das Isoenzym 5 der LDH stärker am Anstieg beteiligt, während die LDH des Herzmuskels vorwiegend die Isoenzyme 1 und 2 der LDH (α-HBDH) enthält. Die Bestimmung der Isoenzyme der LDH im Serum kann in Einzelfällen die klinisch-chemische Organdiagnostik ergänzen.

Isoenzyme der Lactatdehydrogenase

○ = H (Herzmuskeltyp) ● = M (Skelettmuskeltyp)

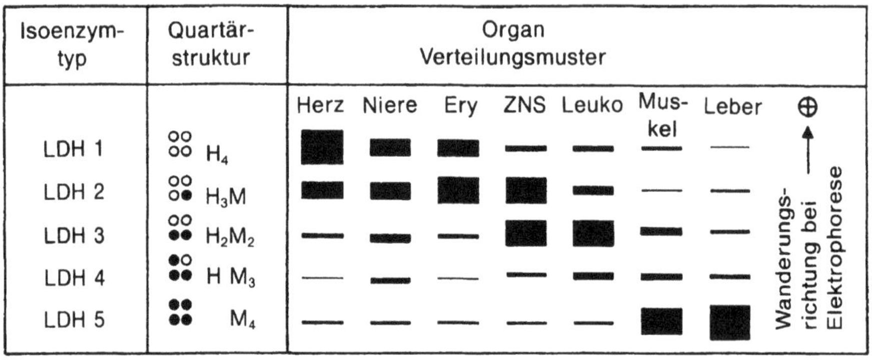

Nachweis von Antikörpern gegen Acetylcholinrezeptoren. Die bei Myasthenia gravis nachweisbaren Autoantikörper sind heterogen und gegen verschiedene immunologische Determinanten auf den Untereinheiten des Acetylcholinrezeptors an der postsynaptischen Membran gerichtet. Die Serumkonzentration der Antikörper gegen den Acetylcholinrezeptor kann durch Immunpräzipitationsverfahren mit Hilfe eines aus humaner Muskulatur isolierten und mit $[^{125}I]$Bungarotoxin markierten Rezeptors quantifiziert werden.

Myoglobin. Das in Herz- und Skelettmuskel vorhandene O_2-bindende Myoglobin tritt bei Schädigung der Muskelzellen in die Zirkulation über und wird renal eliminiert. Ein Konzentrationsanstieg (**Referenzbereich** Serum (Erwachsene): 16 – 70 µg/l) kann bei einer Vielzahl primärer und sekundärer Muskelschäden (z. B. Myositis, progressive Muskeldystrophie, Muskeltrauma, Myokardinfarkt) auftreten und hat daher nur geringe diagnostische Spezifität, beim **Myokardinfarkt** (S. 0●) kann der Anstieg der Myoglobinkonzentration jedoch dem Aktivitätsanstieg der CK-MB vorausgehen.

Elektromyographische und bioptische Untersuchungen. Membrandefekte der Myofibrillen werden mit elektrophysiolgischen Methoden, Stoffwechselerkrankungen mit Hilfe der Muskelbiopsie unter Einbeziehung histochemischer, immunzytochemischer und biochemischer Methoden untersucht.

Bei der Elektromyographie (Registrierung im Bizeps bei leichter willkürlicher Muskelanspannung) werden physiologischerweise ≈8 Impulse/s registriert. Bei Muskeldystrophie ist die Impulsrate normal, die Amplitude jedoch abnorm niedrig und schmal. Bei spinaler Muskelatrophie kann die Zahl der Impulse der motorischen Einheit bis 21/s betragen mit abnorm großen Potentialen.

XI. Nervensystem und Sinnesorgane

1. Sensibilitätsstörungen

Nervus trigeminus. Periphere Läsion des N. trigeminus oder eines seiner Äste verursacht eine gleichzeitige Störung der Berührungs-, Schmerz- und Temperaturempfindung in einer Gesichtshälfte (Abb.). Auch die Schleimhäute von Auge, Mund, Nase und Nebenhöhlen sowie die Zähne und die Dura mater der vorderen und mittleren Schädelgrube werden vom N. trigeminus sensibel versorgt. Bei Ausfall im Versorgungsgebiet des N. ophthalmicus droht eine trophische Läsion der Augenhornhaut (Keratopathia neuroparalytica), die durch die afferente Störung verstärkt wird, weil der Ausfall des Kornealreflexes kleine Verletzungen begünstigt und warnende Schmerzen fehlen.

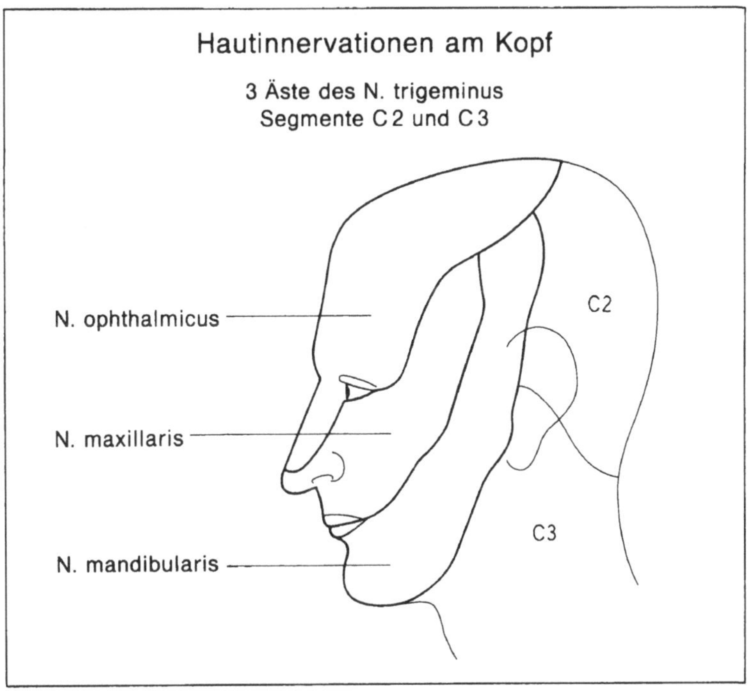

Die Schmerz- und Temperaturfasern aus dem scheitelwärtigen und lateralen Hautinnervationsgebiet des N. trigeminus ziehen im Tractus spinalis n. trigemini am weitesten kaudal (maximal bis zum Rückenmarkssegment C2), um im Nucleus spinalis n. trigemini umgeschaltet zu werden. Läsionen im Bereich des

Übergangs vom Hirnstamm zum Halsmark können deshalb eine **dissoziierte Empfindungsstörung** (Störung der Schmerz- und Temperaturempfindung bei erhaltener Tiefensensibilität und Berührungsempfindung) verursachen.

Das Fehlen einer Sensibilitätsstörung im Gebiet des N. mandibularis trotz Lähmung des M. masseter deutet auf einen Prozeß im Nucleus motorius n. trigemini (im Tegmentum mesencephali). Dagegen sind rein sensible Symptome im Gebiet des N. mandibularis überraschenderweise am häufigsten peripher verursacht. Die sensiblen Fasern reagieren auf eine chronische Schädigung empfindlicher als die motorischen.

Periphere Nerven. Durch Prüfen der Berührungsempfindung bei Funktionsausfall eines peripheren Nerven ist dessen Hautinnervationsgebiet gut umgrenzbar. Der analgetische Bereich ist dagegen aufgrund stärkerer Überlappung der Schmerzempfindung benachbarter Innervationsgebiete kleiner und schwieriger

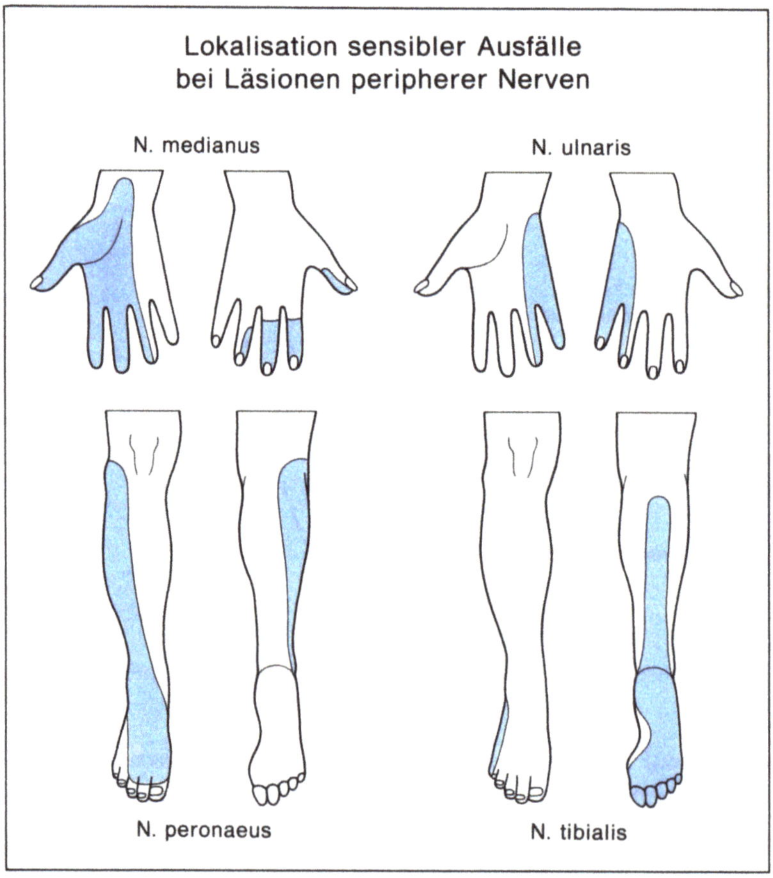

nachzuweisen. Mißempfindungen (Parästhesien) und Schmerzen strahlen bei peripheren Nervenläsionen zudem manchmal nach proximal aus.

So können bei der häufigsten Schädigung des N. medianus, die durch einengende Bindegewebsvermehrung, Entzündung bzw. Ödembildung zwischen Handwurzelknochen und Retinaculum flexorum im Canalis carpi verursacht wird (Karpaltunnelsyndrom), Schmerzen bis in den Oberarm hinauf auftreten. Läsionen des N. ulnaris werden meist durch Druck im Bereich des Sulcus n. ulnaris am Ellenbogen, Läsionen des N. peronaeus durch Druck am Fibulaköpfchen (z.B bei falscher Lagerung in Narkose, Bettlägerigen oder Druck eines Gipsverbandes) verursacht. Kniegelenksluxationen, Tibiafrakturen und das Tarsaltunnelsyndrom (z. B. nach Sprunggelenksverletzungen) sind die wichtigsten Ursachen der seltenen Schädigung des N. tibialis.

Rückenmarkswurzeln. Eine Störung der Berührungsempfindung bei radikulären Läsionen wird erst bei Schädigung von mindestens zwei benachbarten, gleichseitigen Rückenmarkswurzeln deutlich, weil sich die Dermatome hierfür überlappen. Monoradikuläre Defekte verursachen jedoch eine Störung der Schmerzempfindung im betreffenden Dermatom.

Rückenmark. Die Kenntnis der Dermatomanordnung dient auch der Höhenlokalisation spinaler Schädigungen. So fallen z. B. bei kompletter Querschnittsläsion des Rückenmarks alle sensiblen Qualitäten in den Dermatomen der kaudal der Läsion liegenden Rückenmarkssegmente aus. Hierbei ist jedoch zusätzlich die topographische Beziehung zwischen Rückenmarkssegmenten und Wirbelkörpern beim Erwachsenen zu berücksichtigen (Abbildung S. 444).

Tumoren oder Durchblutungsstörungen im unteren Teil des Conus medullaris, des inneren oder unteren Teils der Cauda equina bewirken eine sogenannte **Reithosenanästhesie** (Sensibilitätsausfall in den Dermatomen S3 – S5) mit Miktions-, Defäkations- und Sexualfunktionsstörungen. Lähmungen an den Beinen treten erst bei Schädigung der im oberen Teil der Cauda equina außen verlaufenden Wurzelfasern L3 – S2 auf.

Durchtrennung eines **Hinterstrangs** unterbricht die Fasern, die ungekreuzt aus den kaudal davon gelegenen Segmenten aufsteigen. Sie informieren über Lage und Bewegung der Muskeln und Gelenke und vermitteln den wichtigsten Teil der taktilen Sensibilität. Aufgrund der spinalen Ataxie (Koordinationsstörung) droht der Hinterstranggeschädigte bei geschlossenen Augen umzufallen. Es leiden insbesondere Vibrationssinn, Abschätzen der aufgewendeten Kraft (Gewichtschätzen) und 2-Punkte-Diskrimination. Ist die Hand mitbetroffen, so können Gegenstände durch Betasten nicht mehr erkannt werden. Primitives, undifferenziertes Berührungsempfinden bleibt erhalten (Tractus spinothalamicus anterior des Vorderseitenstrangs). Bei isolierter Hinterstrangschädigung

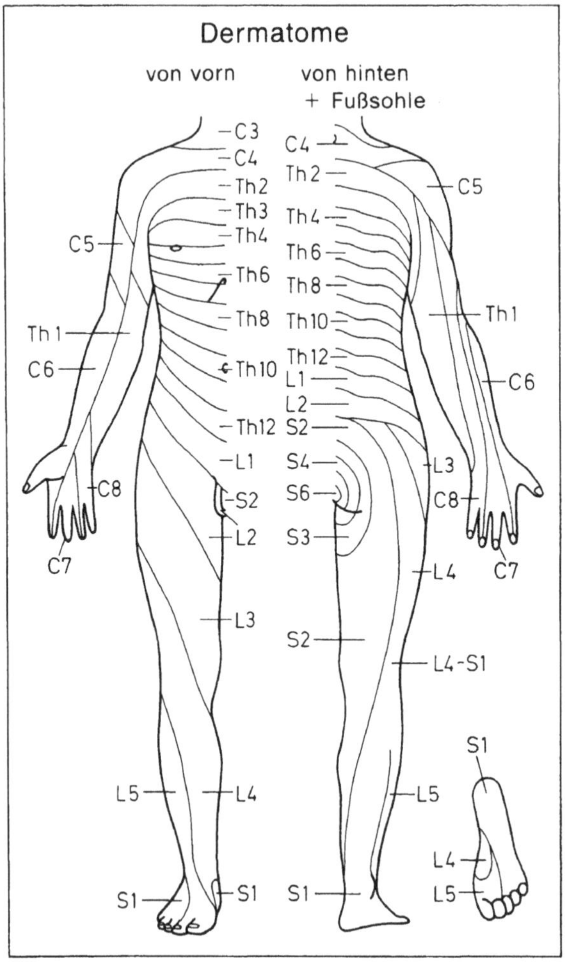

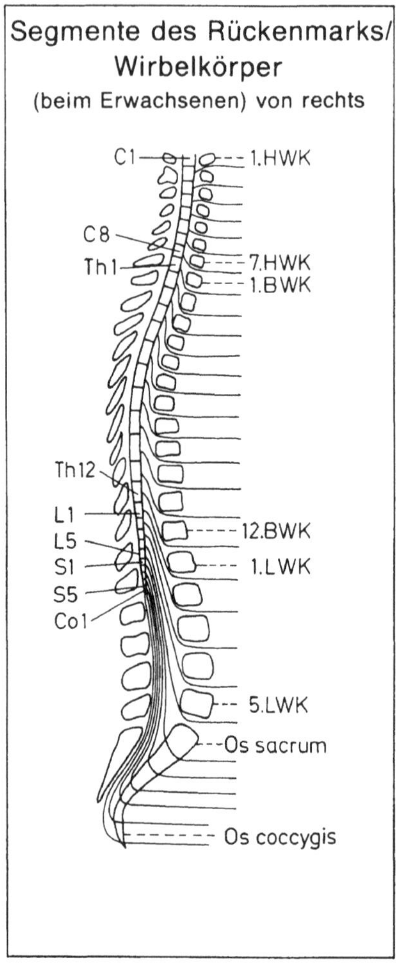

findet sich vorübergehend oft eine **Hyperpathie** in den betroffenen Dermatomen, d. h. jeder überschwellige sensible Reiz verursacht unabhängig von seiner Qualität einen weit ausstrahlenden und langanhaltenden Schmerz, so daß eine hemmende Wirkung des Hinterstrangs auf den Tractus spinothalamicus lateralis angenommen wird.

Bei Schädigung des **Vorderseitenstrangs** ist die Berührungsempfindung kaum gestört. Eine Durchtrennung des im Vorderseitenstrang gelegenen Tractus spinothalamicus lateralis hebt jedoch in einem kaudalen Körperabschnitt die Schmerz- und Temperaturempfindung kontralateral auf (Analgesie und Thermanästhesie), weil die zugehörigen Afferenzen (nach Umschaltung in den Hinterhörnern) spätestens einige Segmente kranial des Eintritts in das Rückenmark nahezu vollständig zur Gegenseite kreuzen.

Aus dem gleichen Grund führt eine **Läsion vor dem Zentralkanal kreuzender Fasern** zu einem beidseitigen Verlust der Temperatur- und Schmerzempfindung im Bereich der von der Läsion betroffenen Segmente. Hauptursachen sind die Syringomyelie, intramedulläre Tumoren und Durchblutungsstörungen im Bereich der A. spinalis anterior. Werden dabei zusätzlich die Vorderhörner mit den α-Motoneuronen und die Seitenhörner mit den präganglionären vegetativen Neuronen geschädigt, so treten ipsilateral segmentale schlaffe Paresen und vegetative (z. B. trophische) Störungen hinzu. Ist auch die Pyramidenbahn einbezogen, entstehen kaudal der Läsion Paresen, die spastisch werden.

Syringomyelie und intramedulläre Tumoren können aber auch (selten) ein isoliertes **Hinterhornsyndrom** verursachen. Da die Fasern der Hinterstränge nicht durch das Hinterhorn ziehen, wird nur das Temperatur- und Schmerzempfinden ipsilateral in den betroffenen Segmenten gestört. Außer Ausfallserscheinungen treten häufig Reizsymptome wie Parästhesien und Schmerzen auf. Zudem erlöschen im typischen Fall die den geschädigten Segmenten zugehörigen Muskeleigenreflexe durch Unterbrechung des Reflexbogens.

Eine Kombination vorgenannter Störungen tritt bei querer Durchtrennung der rechten oder linken Rückenmarkshälfte auf (**Brown-Séquard-Syndrom**):

- Ipsilateral unterhalb der Läsion Aufhebung der Tiefensensibilität und der taktilen Diskrimination mit vorübergehender Hyperpathie (Hinterstrangläsion) und Lähmungen, die spastisch werden (Pyramidenbahnläsion),
- kontralateral unterhalb der Läsion Aufhebung der Temperatur- und Schmerzempfindung mit geringer Herabsetzung der Berührungsempfindung (Vorderseitenstrangläsion),
- ipsilateral in Höhe des geschädigten Segments Ausfall aller sensiblen Qualitäten (Läsion der aus der Hinterwurzel ins Rückenmark eintretenden Fasern) und schlaffe Lähmungen (Vorderhorn-/Vorderwurzelläsion).
  Wegen der bilateralen Innervation bleiben die Blasen-, Mastdarm- und Genitalfunktionen meist erhalten.

Hirnstamm und Großhirnhemisphären. Die Afferenzen der Hinterstrangbahn kreuzen unmittelbar nach Umschaltung in den Nuclei gracilis und cuneatus noch in der Medulla oblongata über die Decussatio lemniscorum zur Gegenseite und ziehen mit den schon gekreuzten Fasern des Tractus spinothalamicus und den sich anschließenden gekreuzten Trigeminusafferenzen zum Thalamus. Nach erneuter Umschaltung ziehen die Sensibilitätsafferenzen hinter den motorischen Efferenzen durch die Capsula interna zur Hirnrinde.

Ein Herd in der **sensomotorischen Region der Großhirnhemisphäre** bewirkt eine kontralaterale Sensibilitätsstörung. Okzipital im Parietallappen gelegene Schäden können dabei eine isolierte Störung der Tiefensensibilität und des taktilen Erkennens hervorrufen. Entsprechend der somatotopischen Gliederung macht sich ein an der Mantelkante gelegener Herd am Bein, ein mehr lateral gelegener Herd z. B. an der Hand und ein noch weiter in Richtung Sulcus lateralis gelegener Herd im Gesicht bemerkbar.

2. Schmerz

Qualitäten. Als Qualitäten der Schmerzempfindung wird der Eingeweide- oder viszerale Schmerz vom somatischen Schmerz abgetrennt. Der somatische Schmerz wird in die Subqualitäten Oberflächenschmerz (von der Haut) und Tiefenschmerz (z. B. Gelenk-, Muskel- oder Kopfschmerzen) eingeteilt. Innerhalb des Oberflächenschmerzes wird schließlich ein gut lokalisierbarer 1. Schmerz von einem dumpfen, erst nach etwa einer Sekunde auftretenden, dafür aber langsamer abklingenden 2. Schmerz unterschieden.

Nozizeptoren. Schmerz wird durch Erregung bestimmter nichtkorpuskulärer („freier“) Nervenendigungen hervorgerufen. Ihre Erregbarkeit wird durch **Prostaglandine** erhöht. Hemmung der Prostaglandinbiosynthese z. B. durch Einnahme von Acetylsalizylsäure (S. 491) wirkt deshalb analgetisch. Eine vorübergehende Betäubung einer kleinen Hautstelle ist durch Abkühlen der Nozizeptoren mittels einer aufgesprühten, rasch verdampfenden Flüssigkeit möglich (oft fälschlich **Vereisen** genannt).

Afferenzen. Die periphere Weiterleitung erfolgt über dünne markhaltige (Klasse III bzw. Aδ) oder marklose (Klasse IV bzw. C) Nervenfasern. Beim Oberflächenschmerz wird der 1. Schmerz durch Fasern der Klasse III und der 2. Schmerz durch die der Klasse IV vermittelt. Die Fasern der Klasse IV sind gegenüber **Lokalanästhetika** am empfindlichsten. Lokalanästhetika werden in die Nähe von Nervenfasern gespritzt oder auf Schleimhautoberflächen gesprüht. Sie stoppen die Weiterleitung von Aktionspotentialen durch Blockade der spannungsabhängigen Natriumkanäle.

Schmerzen können nicht nur von den Nozizeptoren ausgehen, sondern auch durch Reizung afferenter Fasern der Schmerzbahn, wobei die Schmerzen im zugehörigen Versorgungsgebiet empfunden werden (Projektion). Typisches Beispiel ist der durch **Kompression einer Spinalwurzel** (in absteigender Häufigkeit S1, L5, L4) ausgelöste Projektionsschmerz im Bein („Ischialgie“). Die Bandscheiben zwischen dem letzten Lendenwirbel und dem Kreuzbein sowie zwischen den letzten Lendenwirbeln unterliegen aufgrund des Übergangs von beweglicher zu unbeweglicher Wirbelsäule, der lordotischen Abknickung und des großen zu tragenden Gewichtes einer besonderen Belastung. Mit zunehmendem Alter verringern sich das Wasserbindungsvermögen des Nucleus pulposus (Stoßdämpferfunktion) und die mechanische Widerstandskraft des Anulus fibrosus. Der geschwächte Anulus fibrosus buckelt sich vor (Protrusion), oder Teile des Nucleus pulposus werden durch Spalten und Risse des Anulus fibrosus und des Ligamentum longitudinale posterius gepreßt (Prolaps). Während die Verschmälerung der Bandscheibe zu lokalen Rückenschmerzen (**Lumbago**) durch Irritationen von Bändern und Intervertebralgelenken sowie Muskelverspannungen infolge Gefügelockerung der Wirbelsäure führen kann, komprimiert eine Protrusion oder ein Prolaps nach dorsolateral die Spinalwurzel und (seltener) nach dorsomedial das Rückenmark bzw. die Fasern der Cauda equina. Einschießende Schmerzen bzw. Schmerzverstärkung bei bestimmten Bewegungen oder Körperstellungen, die die Schmerzafferenzen zusätzlich irritieren, können die Folge sein. Länger anhaltender und stärkerer Druck führt schließlich zu sensiblen und motorischen Funktionsausfällen. An der durch Drehbewegungen stark belasteten Halswirbelsäule sind Protrusion und Prolaps zwar viel seltener, jedoch Beschwerden aufgrund der Gefügelokkerung ebenfalls häufig. Hier werden auch eher Einengungen der Foramina intervertebralia mit Spinalwurzelirritation allein durch Verschmälerung der Bandscheiben und reaktive Knochenneubildungen (Osteophyten) beobachtet.

Neuralgie bezeichnet einen hellen (nicht dumpfen), episodisch auftretenden Schmerz, der einer Wurzel, einem Nervenplexus oder einem peripheren Nerven zugeordnet werden kann und das zugehörige sensible Versorgungsareal nicht überschreitet. Von „symptomatischen Trigeminusneuralgien" (z. B. infolge tumoröser Kompression des N. trigeminus) wird die „idiopathische Trigeminusneuralgie" abgegrenzt. Doch auch ihr liegt vermutlich zumindest in einem Teil der Fälle eine mechanische Läsion der Myelinscheiden des N. trigeminus durch Alterungsprozesse und pulsierende Gefäßschlingen zugrunde, wodurch über unphysiologische Kontaktstellen (Ephapsen) Erregungen auf Schmerzfasern überspringen können. Dies würde auch die Auslösbarkeit der heftigen Schmerzattacken durch Berührungs- oder Kältereize an „Triggerpunkten" im betroffenen Gebiet erklären.

Ephapsen zwischen efferenten vegetativen und afferenten sensiblen Fasern (insbesondere den C-Fasern) könnten (Mit-)Ursache der **Kausalgie** sein, eines dumpfen, schlecht lokalisierbaren und wellenförmig auftretenden Schmerzes nach partiellen Nervenverletzungen (z. B. Schuß), der durch sensible Reize, aber auch sensorische Reize, affektive Erregung oder Bewegungen verstärkt wird. Die Kausalgie tritt meist im Versorgungsgebiet der besonders viele vegetative Fasern enthaltenden Nn. medianus oder tibialis auf und ist von trophischen Hautveränderungen und Durchblutungsstörungen begleitet, die sich oft auf die ganze Extremität ausbreiten. Kühlfeuchte Umschläge lindern. Eine Sympathikusblockade ist meist wirksam.

Eine Durchtrennung des Tractus spinothalamicus lateralis im Vorderseitenstrang (anterolaterale **Chordotomie**) kann auf andere Weise nicht mehr beherrschbare kontralaterale Schmerzen an Rumpf bzw. Extremitäten meist beseitigen. Sogar nach beidseitiger anterolateraler Chordotomie können sie jedoch nach Wochen oder Jahren diffus und quälend wieder auftreten.

Afferenzkontrolle. Die Umschaltung der Schmerzafferenzen im Hinterhorn des Rückenmarks (mit Substanz P als Neurotransmitter) auf das zweite Neuron wird durch Mechano-, Thermo- und Schmerzafferenzen sowohl auf spinaler Ebene als auch von supraspinal (durch u. a. serotoninerge, noradrenerge und somatostatinerge Bahnen) insbesondere über segmentale Interneurone mit Enkephalinen als Neurotransmitter gehemmt.

Zerstörung der spezifischen hinteren Ventralkerne des Thalamus, in denen u. a. oligosynaptische, spinothalamische Schmerzafferenzen umgeschaltet werden, führt zu einem **Thalamusschmerzsyndrom** durch Wegfall ihrer hemmenden Kontrolle auf die polysynaptischen, spinoretikulothalamischen Schmerzafferenzen in den unspezifischen intralaminären Thalamuskerne. Es entstehen kontralateral Spontanschmerzen oder eine Hyperpathie bei Herabsetzung der taktilen, Temperatur- und Tiefensensibilität. Selbst vorher gern gehörte Musik kann dann als sehr unangenehm empfunden werden.

Im System der Afferenzkontrolle spielen außer den Enkephalinen noch andere schmerzhemmende **endogene Opioidpeptide** (z. B. β-Endorphin unter starkem Streß) eine wichtige Rolle. Bei der Schmerzbehandlung mit **Opiaten** werden dieselben Rezeptoren genutzt. Durch mechanische und vor allem elektrische Reizung von Hautafferenzen oder durch elektrische Stimulation des Hinterstrangs oder des periaquäduktalen Graus lassen sich Schmerzen therapeutisch angehen. Eine Schmerzlinderung kann jedoch auch schon allein durch den Glauben an die Wirksamkeit einer Heilmethode (Placeboeffekt) eintreten.

3. Periphere Lähmungen

Periphere Lähmungen beruhen auf Läsionen der peripheren motorischen Neurone (α-Motoneurone). Deren Somata befinden sich in den Vorderhörnern des Rückenmarks und in den motorischen Hirnnervenkernen. Ihre Axone verlaufen im letzteren Fall in den Hirnnerven, sonst in den Vorderwurzeln des Rückenmarks, Spinalnerven, Plexus und peripheren Nerven. Sie enden nach Aufzweigung an jeweils mehreren motorischen Endplatten, von denen jede Skelettmuskelfaser eine besitzt. Ein α-Motoneuron bildet zusammen mit den von ihm innervierten Skelettmuskelfasern eine motorische Einheit. Die zugehörigen Muskelfasern liegen jedoch über einen größeren Bereich verstreut im Muskel, so daß sich die motorischen Einheiten innerhalb eines Muskels meist beträchtlich räumlich überlappen.

Bei einer **peripheren Lähmung** ist in Abhängigkeit davon, wie viele α-motorische Zuflüsse eines Muskels unterbrochen sind, die Willkürkraft vermindert (**Parese**) oder fehlend (**Paralyse**). Aufgrund unterbrochenem efferenten Schenkel des Reflexbogens sind der phasische Muskeldehnungsreflex („Eigenreflex"), die polysynaptischen Reflexe („Fremdreflexe") und der **Tonus** (statischer Muskelspindel-Reflex) am zugehörigen Muskel abgeschwächt oder erloschen. Die muskuläre Hypotonie oder Atonie zeigt sich bei willkürlich entspannter Muskulatur als abnorm geringer Widerstand bei passiven Bewegungen und ist besonders beim Überstrecken von Gelenken auffällig. Die periphere Lähmung bleibt eine schlaffe Lähmung und wird nicht spastisch.

Eine periphere Lähmung macht sich zudem nach etwa 3 Wochen (frühestens nach 10 Tagen) durch eine nur hierbei auftretende **neurogene Muskelatrophie** bemerkbar, die viel stärker als eine allein durch mangelnden Gebrauch eines Muskels entstehende Inaktivitätsatrophie ist.

Elektromyographie (EMG). Für die EMG wird eine konzentrische Nadelelektrode eingestochen. Diese besteht aus einem bis auf die Spitze isolierten Platindraht, der den einen elektrischen Pol bildet und von einer Stahlhülle als Gegenpol umgeben ist. Sie greift extrazellulär Potentialschwankungen ab, die von einer oder mehreren motorischen Einheiten erzeugt werden.

Nach einer kurzen Einstichaktivität ist ein völlig entspannter Muskel normal (von evtl. Endplattenrauschen durch Miniaturendplattenpotentiale abgesehen) bei der EMG still. Im Gegensatz hierzu findet sich bei peripherer Lähmung nach etwa 2–3 Wochen (frühestens nach 7 Tagen) eine pathologische Spontanaktivität in Form von **Fibrillationspotentialen** und **positiven scharfen Wellen**. Diese Spontanaktivität verschwindet wieder, wenn die Muskelfasern reinnerviert oder in Bindegewebe umgebaut sind. Häufig können sie noch nach einigen Jahren abgeleitet werden. Die Fibrillationspotentiale könnten Folge der Überempfindlichkeit der Muskelmembran auf zirkulierendes Acetylcholin sein. Nach Denervierung breiten sich die normal auf die postsynaptische Membran der motorischen Endplatte beschränkten Acetylcholinrezeptoren über die Muskelmembran aus und nehmen erheblich an Zahl zu. Das Ruhepotential fällt durch verminderte Kaliumpermeabilität der Membran ab (Depolarisation). Spontane Oszillationen des Membranpotentials überschreiten in der Gegend einer Endplatte die Schwelle, wodurch ein Aktionspotential über die Muskelfaser läuft, das entweder als Fibrillationspotential oder, wenn die Fortleitung auf dem Weg zur Elektrode unterbrochen ist, als positive scharfe Welle im EMG erscheint.

Fibrillationen sind bei der Inspektion im Gegensatz zu Faszikulationen allenfalls an der Zunge erkennbar, da sie den Kontraktionen einzelner Muskelfasern entsprechen. **Faszikulationen** sind spontane Kontraktionen der Muskelfasern ganzer motorischer Einheiten und können bei peripheren Lähmungen infolge Irritationen im Bereich der Vorderhörner und seltener der peripheren Nerven auftreten. Faszikulationen allein besitzen allerdings noch keinen Krankheitswert.

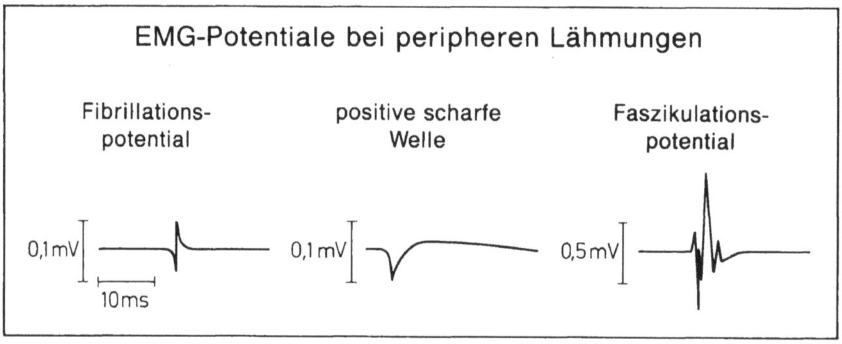

Bei maximaler Willküraktivität werden beim Gesunden so viele motorische Einheiten rekrutiert, daß durch Überlagerung ihrer Potentiale bei der EMG die Grundlinie als solche nicht mehr erkennbar ist. Sind bei peripheren Lähmungen einzelne motorische Einheiten ausgefallen, so treten in diesem Interferenzmuster Lücken auf. Je weniger motorische Einheiten rekrutiert werden können, desto ausgeprägter ist die **Lichtung** des Aktivitätsmusters. Bei kompletter Lähmung ist keine Willküraktivität mehr nachweisbar.

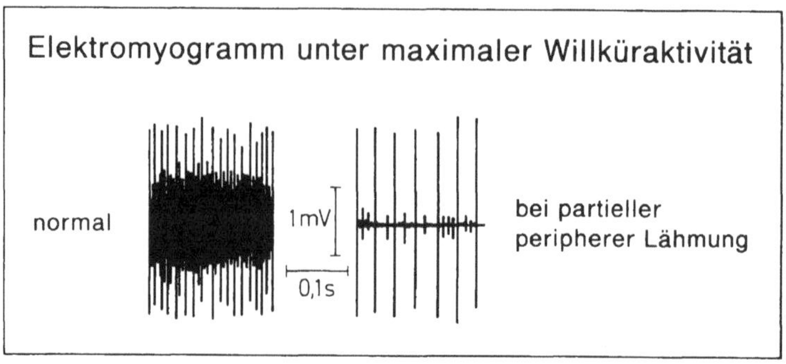

Bei inkompletter peripherer Lähmung wachsen terminale Nervenaufzweigungen von gesunden motorischen Einheiten zu einem Teil der Muskelfasern in den ausgefallenen motorischen Einheiten. Besonders bei chronischen Erkrankungen im Vorderhorn des Rückenmarks können sehr große motorische Einheiten entstehen, die bei der EMG durch hochamplitudige Potentiale auffallen. Da die Amplitude sehr von der Lage der Elektrode abhängt, kann eine Erhöhung nur in diesen eher seltenen Fällen diagnostiziert werden. Häufig jedoch dauern die **Potentiale motorischer Einheiten** im Durchschnitt länger als am entsprechenden Muskel bei Gesunden (bei leichter Willküraktivität meßbar) und polyphasische (= mehr als 4 Phasen) Potentiale treten vermehrt auf. Dies wird auch bei Reinnervation nach kompletter Nervendurchtrennung beobachtet, wenn durchtrennte Axone wieder zu den Muskelfasern ausgesprossen sind und solange die Reinnveration unvollständig bleibt. Ursache für die Potentialverlängerung und vermehrte Polyphasie ist eine mehr oder weniger verlangsamte Erregungsleitung in den Aussprossungen sowie in den reinnervierten motorischen Endplatten und Muskelfasermembranen.

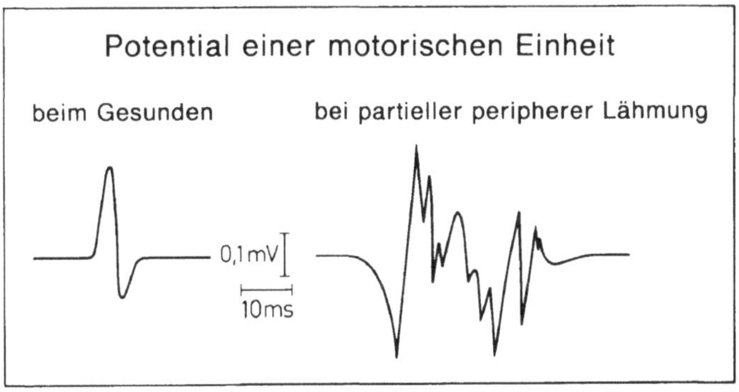

Bei **elektromyographischen Befunden**, die **nicht** durch eine **Nervenläsion** bedingt sind, kann es sich handeln um:

- **Myogene Prozesse**. Die Muskelfasern gehen diffus, d. h. ohne Bindung an motorische Einheiten, zugrunde. Daher ist im Gegensatz zur peripheren Lähmung nicht die Zahl der rekrutierbaren motorischen Einheiten, sondern die Anzahl der von ihnen jeweils versorgten Muskelfasern vermindert. Die Potentiale motorischer Einheiten werden niedriger, kürzer und durch muskuläre Leitungsunterschiede polyphasisch. Schon bei geringer Willkürkraft wird das Interferenzmuster durch frühzeitige Rekrutierung vieler motorischer Einheiten dichter. Die niedrigen Amplituden zeigen sich durch Verschmälerung des Interferenzbandes. Bei **Myositiden** greift die entzündliche Schädigung häufig auf die motorische Endplatte und die terminalen Nervenaxone über, wodurch (wie bei der peripheren Lähmung) als Denervierungszeichen spontane Fibrillationspotentiale auftreten. Bei sehr aggressiv verlaufenden entzündlichen Muskelerkrankungen können sogar positive scharfe Wellen gefunden werden.

- **Myotonia congenita** (S. 434). Bei mechanischer Reizung, nach Beendigung einer Willküraktivität oder spontan treten Serien kleiner Potentiale auf. Diese Potentiale ähneln Fibrillationspotentialen; ihre Amplitude und Frequenz (bis maximal $\approx 150/s$) schwillt jedoch rasch an und ab.
- **Myasthenia gravis** (S. 436). Wird der zu einem betroffenen Muskel ziehende motorische Nerv mit einer Frequenz von 3/s elektrisch gereizt, so nimmt die Amplitude des mit einer Oberflächenelektrode an dem Muskel abgegriffenen Summenaktionspotentials während der ersten Stimulationen im Gegensatz zum Gesunden sukzessiv ab.

Elektroneurographie. Wird eine periphere Lähmung durch Schädigung eines großen Extremitätennerven vermutet, so wird dieser Nerv nacheinander an mindestens zwei Stellen durch einen kurzen Rechteckimpuls von mindestens zweifachem Schwellenwert über bipolare Elektroden (Kathode 2 cm distal der Anode) gereizt und die Antwort (pseudo-)unipolar an einem zugehörigen distalen Muskel abgegriffen. Meist genügen Oberflächenelektroden. Für die (pseudo-)unipolare Messung wird die „differente" Elektrode an der vermutlich endplattenreichsten Stelle des Muskelbauchs und die Bezugselektrode („indifferente" Elektrode) distal über der Ansatzsehne als elektrisch weitgehend inaktive Region angebracht. Wie bei der EMG wird die Ableitung so gepolt, daß ein Ausschlag nach oben eine negative Spannungsänderung an der „differenten" Elektrode bedeutet. Die **Latenzzeit** ist die Zeit zwischen Beginn des Reizartefakts und Beginn des muskulären Summenpotentials. Wird die Distanz zwi-

Bestimmung der maximalen motorischen Nervenleitgeschwindigkeit

N. medianus, linker Unterarm, R = Reizung, A = Ableitung

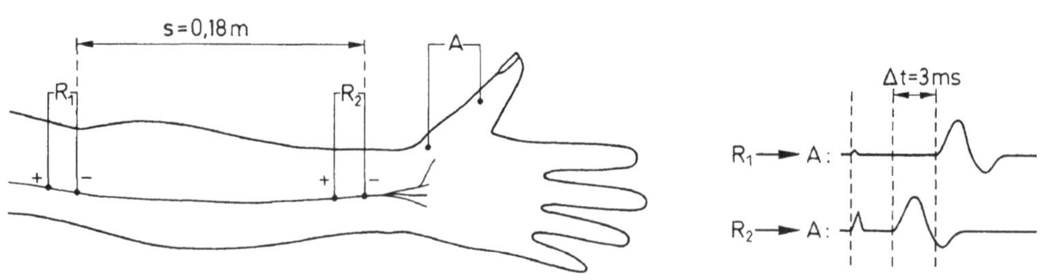

$v = s / \Delta t = 0{,}18 \text{ m} / 3{,}0 \text{ ms} = 60 \text{ m/s}$

schen zwei Reizkathoden gemessen und durch die Differenz der zugehörigen Latenzzeiten dividiert, so ergibt sich die **Nervenleitgeschwindigkeit** der am schnellsten leitenden motorischen Fasern zwischen den beiden Reizkathoden (Abbildung).

Diese Leitgeschwindigkeit wird durch **Schädigungen der Markscheiden** der schnell leitenden **motorischen Nerven** im Bereich zwischen den Reizkathoden verlangsamt. Bei völligem **Leitungsblock** zwischen den Reizkathoden wird nur nach Reizung über die distale Kathode eine Antwort ausgelöst. Solange das Axon nicht mitgeschädigt ist, bleibt das von distal der Läsion ausgelöste muskuläre Summenpotential unauffällig, und es treten auch keine Fibrillationspotentiale und positive scharfe Wellen im EMG auf. **Axonotmesis** (unterbrochene Axone bei noch intakter Nervenhülle) führt zu nur geringer Verminderung der Leitgeschwindigkeit, allerdings wird das muskuläre Summenpotential niedriger und breiter. Zudem treten innerhalb weniger Wochen Spontanaktivitäten im EMG auf. Bei der Axonotmesis wachsen die proximalen Nervenfaserstümpfe leicht wieder zum Zielorgan aus, wenn die Schädigung nicht zu lange anhielt und zu perineuraler Fibrosierung führte. Bei ebenfalls unterbrochenen Hüllstrukturen (**Neurotmesis**) droht dagegen ohne chirurgische Naht die Bildung eines Neuroms, weil den auswachsenden proximalen Nervenenden die Leitschienen fehlen. Neurotmesis führt zum Erlöschen der distalen Erregbarkeit in etwa 6–10 Tagen. Bei der Regeneration eines durchtrennten Nerven sind die von den Schwannschen Zellen erneut gebildeten Markscheiden vor allem in den ersten Monaten noch erheblich dünner als normal, was sich in einer verminderten Nervenleitgeschwindigkeit wiederspiegelt.

Aus anatomischen Gründen kann nur an bestimmten Stellen bestimmter Nerven eine Reizelektrode angebracht werden. Die Nervenleitgeschwindigkeitsbestimmung ist aber nur zwischen zwei Reizorten des Nerven möglich, die zudem aus Gründen des Meßfehlers einen Mindestabstand besitzen müssen. Liegt der Schädigungsort ungünstig, so bleibt nur die Bestimmung der Latenzzeit, z. B. die sog. **distale Latenzzeit**, bei einer Schädigung distal des distalsten Reizorts, wofür es ebenfalls altersabhängige Tabellen für die Normwertgrenzen gibt. In die Latenzzeit geht jedoch auch in erheblichem Maße die langsame Erregungsleitung in den markarmen Endaufzweigungen des Nerven und die neuromuskuläre Überleitung ein. Zusätzlich kann die **Amplitude des muskulären Summenpotentials**, insbesondere durch Rechts-Links-Vergleich, zur Beurteilung der axonalen Kontinuität herangezogen werden.

Druckschädigung eines gemischten Nerven und **chronische Polyneuropathien**. Hierbei wird die sensible Erregungsleitung früher gestört als die motorische. Zur Messung der **sensiblen antidromen Nervenleitgeschwindigkeit** wird der Nerv gerade so stark elektrisch gereizt, daß noch keine motorische Antwort entsteht, und distal (z. B. am Finger mit Ring-Elektroden) das sensible Antwortpotential abgegriffen. Da die Latenz einer elektromechanischen Koppelung nicht beachtet werden muß, ergibt sich die Leitgeschwindigkeit der am schnellsten leitenden sensiblen Nervenfasern einfach als Distanz von Reiz- und Ableitelektrode dividiert durch die Latenzzeit. Die Messung der **sensiblen orthodromen Nervenleitgeschwindigkeit** (d. h. bei distaler Reizung) ist aufwendiger, weil sie eine elektronische Signalmittlung und oft den Einstich einer Nadelelektrode zur Ableitung in Nervennähe erfordert. Sie besitzt jedoch eine höhere Aussagekraft. Dazu trägt auch die nur bei orthodromer Technik ausreichend zuverlässige Untersuchung auf verminderte Amplitude und vermehrte Polyphasie des Nervenantwortpotentials bei.

Zerstörung einer Hinterwurzel ohne Untergang des Spinalganglions ergibt bei der Messung der sensiblen Nervenleitgeschwindigkeit keinen pathologischen Befund. Der Sensibilitätsausfall kann durch Ableitung **spinaler oder kortikaler somatosensorisch evozierter Potentiale** meist objektiviert werden.

Kennmuskeln bei Hirnnervenläsionen:

N. trigeminus/N. mandibularis: M. masseter
N. facialis: M. orbicularis oculi, M. orbicularis oris
N. accessorius: M. sternocleidomastoideus, mittlerer und unterer Anteil des M. trapecius
N. hypoglossus: Binnenmuskulatur der Zunge

Kennmuskeln bei Schädigungen von Rückenmarkswurzeln:

C3/4:	Zwerchfell
C6:	M. biceps brachii (C5-C6), M. brachioradialis (C5-C6)
C7:	Daumenballenmuskeln, M. pronator teres (C6 – C7), M. triceps brachii (C6-C8), M. pectoralis major (C5-Th1)
C8:	Kleinfingerballenmuskeln (C8-Th1)
L4:	M. quadriceps femoris (L2-L4, L4 hpts. M. vastus medialis), M. tibialis anterior (L4-L5)
L5:	M. extensor hallucis longus (L4-S1), M. tibialis posterior (L4-L5)
S1:	Mm. peronaei (L5-S1), M. glutaeus maximus (L5-S1), M. triceps surae (L5-S2)

Motorische Syndrome bei Läsionen peripherer Nerven am Oberarm:

N. radialis: Fallhand (Ausfall der Handstrecker)
N. medianus: Schwurhand (beim Versuch die Faust zu schließen)
N. ulnaris: Krallenhand (Daumen: Überstreckung im Grundgelenk, Ring- und Kleinfinger: Überstreckung und Abduktion im Grundgelenk, Beugung im Mittel- und Endgelenk)

Motorische Syndrome bei Läsionen peripherer Nerven am Bein:

N. peronaeus communis/profundus: Steppergang (Fallfuß)
N. tibialis: Krallenfuß (Zehengang unmöglich)

4. Akute vollständige Querschnittsläsion des Rückenmarks

In den Dermatomen der Rückenmarkssegmente kaudal einer vollständigen Querschnittsläsion ist die Sensibilität ausgefallen (S. 443 f). Zugleich werden alle Muskeln gelähmt, die von dem betroffenen und den kaudal davon liegenden Rückenmarkssegmenten innerviert werden. Bei einer akuten Querschnittsläsion im Hals- oder Brustmark bleiben die von Segmenten **kaudal** der Läsion innervierten Muskeln allerdings nur während des **spinalen Schocks** schlaff gelähmt und areflektorisch bei gleichzeitiger Atonie von Harnblase und Mastdarm. Bei einer Lähmung der Beine spricht man von **Paraplegie**, bei zusätzlicher Lähmung der Arme von **Tetraplegie**. Durch eine sog. **Reorganisation spinaler Reflexmechanismen** werden, obwohl die Läsion von supraspinal deszendierende und in ihrer Summe letztlich erregend wirkende Einflüsse unterbrach, die Schwellen zur Auslösung von Reflexen wieder erreicht und es entstehen **spastische** Lähmungen (s. u.).

Die Harnblase beginnt sich nach mehreren Wochen ab einer gewissen Füllung reflektorisch zu entleeren (**Reflexblase**). Sobald nur noch eine geringe Restharnmenge nach der Entleerung verbleibt, erübrigen sich Harnkatheterisierungen, die bei der Harnverhaltung mit Überlaufblase während des spinalen Schocks unverzichtbar waren. Die reflektorische Entleerung kann durch sensible Reize am Unterleib in Gang gesetzt werden (am besten alle 3–6 h). Auch können Darmentleerungen und Erektionen reflektorisch auslösbar werden, Ejakulationen als ein zu komplexer Reflex im allgemeinen jedoch nicht.

Die **Unterbrechung** präganglionärer **sympathischer Fasern** führt zu Störungen der Schweißsekretion, Piloarektion und des Gefäßtonus. Bei einer Läsion oberhalb Th3 sind die sudorimotorischen Fasern für den gesamten Körper unterbrochen, und durch den Ausfall der Schweißsekretion (**Anhidrose**) droht eine **Hyperthermie**. Mit der Zeit bildet sich wieder, wenn auch in verminderter Form, thermoregulatorisches Schwitzen aus, wobei sich jedoch ein durch infraläsionale Reize (z. B. überfüllte Harnblase) auslösbares **„Reflexschwitzen“** einstellen kann. Gleiches gilt für die infraläsionale Piloarektion und den Gefäßtonus. Während im spinalen Schock die auch durch Rötung der Haut erkennbare Verminderung vasokonstriktorischer Impulse bei Läsionen oberhalb Th5 zu oftmals massivem **Blutdruckabfall** führt, können nach 6–8 Monaten überschießende reflektorische Vasokonstriktionen **Bluthochdruckkrisen** verursachen. Bei zervikalen Läsionen tritt ein beidseitiges, präganglionäres **Horner-Syndrom** auf: Ptosis und Miosis durch Lähmung des sympathisch innervierten M. tarsalis superior und M. dilatator pupillae.

Nach 3–6 Wochen beginnen sich von den Zehen aufsteigend allmählich polysynaptische Beugereflexe einzustellen, die sogar stärker als bei Gesunden werden. Das positive **Babinski-Zeichen** (tonische Dorsalflexion der Großzehe bei druckvollem Bestreichen der lateralen Fußsohle) belegt jenseits der Säuglingsperiode eine Unterbrechung im Bereich der Pyramidenbahn. Des weiteren treten Extensorreflexe hinzu, die zuerst gekreuzt sind, d. h. von der Gegenseite ausgelöst werden. Schon leichte Berührungsreize (insbesondere am Fuß) oder brüske, passive Extremitätenstreckungen, aber auch viszerale Reize (cave Harnblasenentzündung) lösen **Beugereflexsynergien** aus, so daß bei mangelhafter Pflege Beugekontrakturen entstehen. Durch Aufrichten können Streckreflexsynergien ausgelöst werden, die jedoch selten ein kurzfristiges, nichtunterstütztes Stehen ermöglichen. Auch die phasischen **Muskeldehnungsreflexe** stellen sich nicht nur wieder ein, sondern werden teilweise überschießend. Durch ruckartige Bewegung der Kniescheibe fußwärts oder der Fußspitze nach dorsal können mehrfache rhythmische Zuckungen (Patellar- oder Fußklonus) auslösbar sein.

Die **Spastizität** ist eine Tonuserhöhung bei passiven Dehnungen der betroffenen Skelettmuskeln, insbesondere an den Extremitätenbeugern. Während der Basistonus normal ist, wird einer passiven Bewegung ein ansteigender Widerstand entgegengesetzt, der um so größer ist, je rascher die Dehnung durchgeführt wird. Gegen Ende einer raschen Dehnung kann der nunmehr maximale Tonus durch autogene Hemmung über Ib-Afferrenzen von den Golgi-Sehnenorganen plötzlich erlöschen. Dies wird **Taschenmesserphänomen** genannt, weil auch beim Zusammenklappen eines Taschenmessers der Widerstand plötzlich wegfällt.

Bei der Reorganisation spinaler Reflexmechanismen kann eine Aussprossung („Sprouting“) segmentaler spinaler Nervenfasern zu den denervierten Synapsen eine wichtige Rolle spielen. Als (Mit-)Ursache für die gesteigerten phasischen Muskeldehnungsreflexe wird jedoch auch eine verminderte präsynaptische Hemmung von Gruppe-Ia-Fasern (primären Muskelspindelafferenzen) und für die spastische Muskelhypertonie eine Transformation der Muskelfasern diskutiert.

Bei Querschnittsläsionen des **Lendenmarks** bleibt eine spinale Reorganisation oft aus, weil die zumeist eine linke Wurzel des oberen Lumbal- bzw. unteren Thorakalmarks begleitende A. radicularis magna bzw. deren absteigender Ast ebenfalls unterbrochen ist, was zu einer Mangeldurchblutung der kaudalen Segmente führt, oder aber ohnehin ein zu kleines Neuronennetz verbleibt. Statt einer „Reflexblase“ entsteht eine **„autonome Blase“**, bei der die intramuralen Ganglien nur kurze unausgiebige Kontraktionen der Blasenwand bei großer Restharnmenge bewirken. Läsionen unterhalb L2/3 führen zu keinen Störungen der Schweißsekretion, da alle präganglionären sympathischen Fasern bis spätestens L3 das Rückenmark verlassen haben.

5. Störungen des supraspinalen motorischen Systems

Kortikale Lähmung. Schädigungen des motorischen Kortex führen zu kontralateralen Lähmungen, die entsprechend der somatotopischen Gliederung bei Läsionen im Bereich der Fissura longitudinalis cerebri bzw. der Mantelkante (Margo superior cerebri) am Bein, bei mehr lateralen Läsionen an der oberen Extremität und bei Läsionen im Bereich des Sulcus lateralis im Gesicht und am Schlund/Kehlkopf lokalisiert sind. Werden durch einen Tumor oder eine Thrombose des Sinus sagittalis superior beide Mantelkanten betroffen, kann eine Paraplegie und Blasenentleerungsstörung resultieren, die von einer spinalen Läsion nur schwer zu unterscheiden ist.

Die Läsion verschont in den meisten Fällen auch Kortexareale rostral des Gyrus praecentralis nicht. Besonders aus diesen Gebieten sind viele Projektionen zum Hirnstamm nachweisbar, die die Motorik u. a. über retikulospinale Bahnen beeinflussen. Diese Bahnen ziehen besonders zur Rumpf- und proximalen Extremitätenmuskulatur und besitzen eine erhebliche ipsilaterale Komponente. Die Folgen der Läsion für die Motorik sind einschließlich der **Spastizität** dieselben wie bei einer hohen Querschnittsläsion des Rückenmarks (S. 455). Die Reflexsteigerung und die Spastizität entwickeln sich allerdings schon nach Stunden bzw. Tagen. Am Arm überwiegt die Spastik der Beuger und am Bein die der Strecker. Rumpf- und proximale Extremitätenmuskulatur sind meist weniger betroffen und erholen sich leichter.

Schäden, die streng auf die Fibrae corticonucleares und corticospinales (Pyramidenbahn) beschränkt sind (z. B. isolierte Läsion im Gyrus praecentralis), führen zu **schlaffen Lähmungen**. Der Ausfall der für die Feinmotorik so bedeutsamen Pyramidenbahn führt beim Versuch differenzierter Bewegungen zur Mitaktivierung proximaler Muskelgruppen (Massenbewegungen). Bei Lähmungen an der unteren Extremität wird das **Babinski-Zeichen** (S. 456) positiv.

Kapsuläre Lähmung. In der Capsula interna sind die Pyramidenbahnfasern so mit anderen motorischen Fasern vermischt, daß sie niemals isoliert betroffen sind und resultierende Lähmungen stets **spastisch** werden. Zwar sind auch hier die Fasern somatotopisch angeordnet (hinten zum Bein, vorne zum Gesicht). Sie liegen jedoch sehr viel dichter beisammen als in der Hirnrinde, so daß häufig gleich eine gesamte Körperhälfte gelähmt wird: **kontralaterale Hemiplegie**. Der Betroffene nimmt die Prädilektionshaltung nach Wernicke und Mann ein:

- Im Knie gestrecktes Bein, das wegen der Plantarflexion des Fußes beim Gehen unter Anheben der Hüfte in einem nach außen gerichteten Bogen nach vorn geführt (zirkumduziert) werden muß,

- adduzierter, im Ellenbogen gebeugter Arm,
- pronierte Hand und
- in die Hohlhand eingeschlagene Finger.

Häufigste Ursache ist ein Verschluß oder Blutung der A. cerebri media. Da durch die innere Kapsel auch die sensiblen Afferenzen und im hinteren Teil die Sehstrahlung zieht, können zusätzlich eine kontralaterale **Hemihypästhesie**, **Hemihypalgesie** und **homonyme Hemianopsie** (S. 471) bestehen.

Gekreuzte Syndrome bei Hirnstammläsionen. Der N. oculomotorius verläßt ventral den Hirnstamm nahe der Mittellinie in der Fossa interpeduncularis. Ventrolateral seiner Wurzelfasern steigen in den Crura cerebri die noch ungekreuzten motorischen Fasern ab, die an weiter kaudal gelegenen Hirnnervenkernen und im Rückenmark enden. Eine Läsion in einem Mittelhirnfuß (Pedunculus cerebri) kann so ipsilateral zur Okulomotoriuslähmung und kontralateral zur Hemiplegie einschließlich zentraler Facialis- und Hypoglossuslähmung führen (Hemiplegia alternans oculomotoria). Als zweites Beispiel sei die Hemiplegia alternans facialis genannt, bei der durch Schädigung der ventrokaudalen Brückenhaube eine ipsilaterale Facialislähmung (und evtl. Abduzenslähmung) mit einer kontralateralen Hemiplegie kombiniert ist.

Funktionsstörungen der Stammganglien. Im klinischen Sprachgebrauch wird unter Striatum das Corpus striatum, bestehend aus Nucleus caudatus und Putamen, verstanden. Zur Verdeutlichung, daß der (mit dem Putamen den Nucleus lentiformis bildende) Globus pallidus (im klinischen Sprachgebrauch „Pallidum" genannt) nicht zum Striatum gerechnet wird, spricht man auch vom Neostriatum. Gelegentlich werden nur **Striatum** und **Pallidum** zu den Stamm- oder Basalganglien gezählt. Aus funktionellen Gesichtspunkten sollten jedoch zumindest die **Substantia nigra** und der **Nucleus subthalamicus** hinzugenommen werden.

Die Stammganglien korrigieren Ausmaß und Richtung im Bewegungsprogramm des Cortex cerebri. Zudem sind sie insbesondere über die Hemmung von Neuronen im Tectum mesencephali an der Abstimmung der Stütz- und Haltemotorik beteiligt. Die Aktivität der dopaminergen, melaninhaltigen Neurone in der Pars compacta der Substantia nigra ist kaum bewegungsabhängig und moduliert stattdessen tonisch die Neurone des Striatums. Die inhibitorischen Stachelzellen vom Typ I (über 95% der Striatum-Neurone) werden durch die dopaminergen Fasern schwach exzitatorisch beeinflußt, die exzitatorischen Stachelzellen vom Typ II dagegen vermutlich vor allem über eine Hemmung exzitatorischer, cholinerger Interneurone stark gehemmt. Die dopaminergen Neurone der Substantia nigra fördern also in beiden Fällen die hemmende

Verschaltungen der Basalganglien und Neurotransmitter-Aktivität

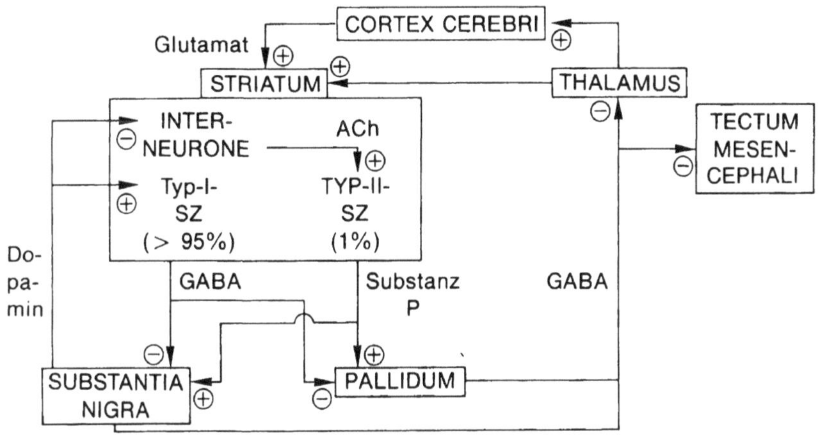

(⊕ = erregend, ⊖ = hemmend, ACh = Acetylcholin, GABA = γ-Amino-Buttersäure, SZ = STACHELZELLEN)

Wirkung des Striatum auf die Substantia nigra und das Pallidum, wobei **Acetylcholin** und **Dopamin** in gewissem Umfang antagonistisch wirken. Ebenfalls einen modulierenden Einfluß besitzt der in der Abbildung nicht eingezeichnete Nucleus subthalamicus, der auf Pallidum und Substantia nigra erregend wirkt und selbst vom Pallidum gehemmt wird.

Im Gehirn von Patienten mit manifestem **Morbus Parkinson** ist der **Dopamingehalt** des Striatum als Folge einer Schädigung der Substantia nigra um mindestens 80% **verringert**. Mehr als 50% der melaninhaltigen Neurone sind zu diesem Zeitpunkt schon zugrunde gegangen. Die pathologischen Veränderungen der Substantia nigra beginnen in der ventrolateralen Region, die mit dem Putamen in Verbindung steht, und sind auch dort am ausgeprägtesten. Die verbliebenen Nervenzellen der **Substantia nigra** und anderer melaninhaltiger Hirnstammkerne enthalten **typische Einschlüsse** (Lewy-Körperchen), die vor allem aus phosphorylierten Neurofilamenten, Ubiquitin und Phospholipiden bestehen. In etwa jedem zehnten Gehirn alter Menschen, die (noch?) keine Symptome eines M. Parkinson aufweisen, finden sich allerdings ebenfalls Lewy-Körperchen. Der Dopaminmangel einschließlich des daraus folgenden Überwiegens des Acetylcholins im Striatum bewirkt eine Disinhibition von Pallidum und Substantia nigra. Eine verstärkte Hemmung des Thalamus und der motorischen Mittelhirnkerne ist die Folge. Die klinischen Symptome sind Hypokinese (oder Akinese), Rigor und meist Tremor.

Die **Hypokinese** ist eine allgemeine Bewegungsarmut. Ein mit einer Extremität angestrebtes Ziel (z. B. Mund beim Trinken) wird nur in Etappen erreicht, da die Bewegungen in geringfügig falscher Richtung und zu kurz angelegt sind. Mitbewegungen (z. B. Schwingen der Arme beim Gehen) und Ausdrucksbewegungen (z. B. Mimik) schwinden. Der Gang ist kleinschrittig, schlecht mit der Gleichgewichtsregulation abgestimmt, vornübergebeugt, schwer zu starten und zu stoppen.

Der **Rigor** ist eine Verstärkung des Muskeltonus, die bei einer passiven Extremitätenbewegung während des gesamten Bewegungsablaufs und unabhängig von der Bewegungsgeschwindigkeit bei Beugung und Streckung in gleichem Ausmaß als Widerstand auftritt, der an das Biegen einer Wachskerze erinnert. Im Gegensatz zur Spastik zeigt sich nicht nur bei Dehnung, sondern auch bei Entdehnung eines Muskels eine Steigerung der elektromyographischen Aktivität. Dabei sind nicht die distalen Muskeln der Extremitäten am stärksten betroffen, sondern die Nacken- und Schulterregion. Häufig wird zusätzlich ein **Zahnradphänomen** , d. h. ein ruckartiges Nachlassen des Widerstands während der passiven Bewegung beobachtet. Außerdem ist der Haltetonus erhöht.

Der **Tremor** beim M. Parkinson ist Ausdruck rhythmisch abwechselnder Aktivität der α-Motoneurone von agonistischen und antagonistischen Muskeln. Seine Frequenz beträgt 3–8/s und die Extremitäten sind distal stärker betroffen. Typischerweise ist er ein Ruhetremor, d. h. er nimmt während Intentionsbewegungen ab. Emotionen verstärken ihn, während er durch Entspannung und im Einschlafen nachläßt oder ganz verschwindet. Tremor und Rigor scheinen im Gegensatz zur Hypokinese besonders durch das Überwiegen des cholinergen Systems im Striatum bedingt zu sein. Sie werden überdies durch die heute nur noch selten durchgeführte operative Ausschaltung von Teilen des Pallidum, Thalamus oder Nucleus subthalamicus gebessert und verschwinden in kapsulär gelähmten Muskeln.

Überwiegen des dopaminergen Systems im Striatum führt zur **Chorea**: Regellos und asymmetrisch einschießende, kurzdauernde, mit Willkürbewegungen sehr störend interferierende, unwillkürliche Bewegungen besonders distal an den Extremitäten bei sonst meist vermindertem Muskeltonus.

Funktionsausfall eines Nucleus subthalamicus (z. B. infolge Gefäßverschluß) verursacht einen kontralateralen **Hemiballismus**: Halbseitige, plötzlich beginnende, schleudernde, weit ausfahrende, wuchtige Gliedmaßenbewegungen durch plötzliche Kontraktion vieler Muskelgruppen, insbesondere im Bereich des Schulter- und Beckengürtels.

Einseitige Schäden im Striatum können eine kontralaterale **Hemiathetose** bzw. beidseitige Schäden (meist infolge perinataler Hypoxie oder Kernikterus) eine Athétose double verursachen. Bei **Athetose** treten unregelmäßig unwillkürliche, langsame, wurmförmige, schraubende, durch Anspannung von Agonisten und Antagonisten verkrampft wirkende, zu bizarren Stellungen führende Bewegungen besonders distal an den Extremitäten auf, die therapeutisch kaum beeinflußbar sind.

Störungen der Basalganglienfunktionen verursachen auch zumindest einen Teil der **Dystonien**. Die unwillkürlichen Bewegungen sind im allgemeinen noch langsamer als bei den Athetosen und führen zu langanhaltenden, verkrampften und verdrehten Stellungen, die mehr die rumpfnahen Muskeln betreffen. Chorea, Hemiballismus, Athetose und Dystonie verstärken sich bei intendierten Bewegungen und emotionaler Erregung, während sie im Schlaf verschwinden.

Störungen des Kleinhirns. Das mediobasal gelegene Vestibulocerebellum (Archicerebellum, Lobus flocculonodularis) erhält vestibuläre und visuelle Afferenzen und beeinflußt über Efferenzen zur Formatio reticularis bzw. zu den lateralen Vestibulariskernen (Deiters-Kernen) die Spinal- bzw. Blickmotorik. Die Efferenzen werden (mit Ausnahme eines Teils der Efferenzen zu den Deiters-Kernen) vorher in den beiden am weitesten medial gelegenen Kleinhirnkernen (Nuclei fastigii) umgeschaltet. Läsionen des Vestibulocerebellums führen zu Gleichgewichtsstörungen, die bei Augenschluß nicht zunehmen. Diese Form der **Ataxie** (Koordinationsstörung von Bewegungsabläufen) wird **Rumpfataxie** (in Abgrenzung zur Extremitätenataxie) genannt. Der Gang ist breitbeinig und torkelnd (Gangataxie) oder ganz unmöglich (Abasie). Im Stehen gerät der Patient ins Schwanken (Standataxie). In ausgeprägten Fällen kann er nicht mehr stehen (Astasie) und fällt sogar schon im Sitzen um. Zusätzlich sind die Augenfolgebewegungen gestört und der vestibulo-okuläre Reflex kann durch visuelles Fixieren eines Gegenstandes nicht mehr unterdrückt werden. Es treten spontan grobschlägige, meist horizontale, von der Kopfhaltung unabhängige, schnelle Augenbewegungen (**Nystagmus**) auf, die bei Augenschluß (ebenso wie das nach akuten Läsionen ausgeprägte subjektive Schwindelgefühl) nachlassen. Beim Blick in Richtung der Herdseite ist die Amplitude des Nystagmus am größten und der Nystagmus (mit seiner schnelleren Phase) nach ipsilateral gerichtet. Nystagmus kann auch bei Schäden in anderen Bereichen des Kleinhirns auftreten.

Das Spinocerebellum (Paläocerebellum, Lobus anterior) vergleicht die zu den Skelettmuskeln laufenden Befehle mit Informationen von den propriozeptiven Afferenzen des Bewegungsapparats. Über die Nuclei emboliformes und globosi des Kleinhirns wird zum einen der Nucleus ruber und zum anderen der Thalamus und die motorischen Kortexareale beeinflußt, wobei besonders bezüglich der Stütz- und Haltemotorik korrigierend in den Bewegungsablauf eingegriffen wird. So verursacht eine Läsion auch hier eine **Rumpfataxie**. Jedoch im Gegensatz zu Läsionen des Vestibulocerebellums weisen die Patienten im

Stehen nur eine nach vorn und hinten gerichtete Fallneigung auf, fallen nicht um und schwanken nach Augenschluß stärker. Das Sitzen ist ungestört. Es ist schon eine gewisse Extremitätenataxie an den Beinen festzustellen, z. B. seitliches Wackeln beim Knie-Hacken-Versuch.

Das Pontocerebellum (Neocerebellum, Lobus posterior), die in den lateralen Hemisphären gelegene Hauptmasse des Kleinhirns, erhält vor allem über pontocerebellare Bahnen Informationen aus dem Assoziationskortex. Es wirkt über die in den beiden am weitesten lateral gelegenen Kernen des Kleinhirns (Nuclei dentati) und nochmals in den Thalamuskernen umgeschalteten Efferenzen zu den motorischen Kortexarealen (und etwas weniger durch Efferenzen zum Nucleus ruber) am Erstellen des Bewegungsprogramms mit. Bei Läsionen kommt es zur ipsilateralen **Extremitätenataxie** mit

- **Dyssynergie/Asynergie** (mangelnde Koordination verschiedener Muskelgruppen bei komplexen Bewegungen),
- **Dysmetrie** (falsche Abmessung einer Bewegung, so daß sie zu kurz oder häufiger zu weit geführt wird),
- **pathologischem Rebound-Phänomen** (ungenügende Abbremsreaktion einer Bewegung) und
- **Dysdiadochokinese/Adiadochokinese** (mangelnde Fähigkeit, antagonistische Bewegungen wie Pronation/Supination der Hand rasch auszuführen).

Bei jeder ipsilateralen zielgerichteten Bewegung tritt ein unregelmäßiger Tremor (Frequenz etwa 2–3/s) auf, der mit zunehmender Annäherung an das Ziel immer grobschlägiger wird (**Intentionstremor**). Bei passivem Schütteln einer Extremität kann besonders bei akuten Schädigungen eine ipsilaterale **Muskelhypotonie** bemerkt werden. Die verminderte tonische Innervation führt zum Absinken der Arme, wenn diese mit geschlossenen Augen vorgehalten werden, und läßt die Muskeln schneller ermüden (**Asthenie**). Gewichte werden zu schwer geschätzt. Auch die Blickbewegungen sind dysmetrisch. Das Sprechen wird aufgrund Dyssynergie der Sprechmuskeln verwaschen und aufgrund einer zur Dysmetrie analogen Störung **skandierend** (explosives Hervorstoßen einzelner Silben). Bei ausgedehnten Kleinhirnschädigungen spricht der Patient langsam, leise und monoton. Zentral bedingte Störungen der Sprechartikulation werden als **Dysarthrie** oder, um auf die im allgemeinen ebenfalls gestörte Phonation hinzuweisen, als **Dysarthrophonie** bezeichnet. Vermutlich führen auch Störungen des Spinocerebellum zu Sprechstörungen und zu einer gewissen allgemeinen Muskelhypotonie.

6. Neuropsychologische Syndrome

Aphasie. Eine Sprachstörung durch Läsion cerebraler Sprachregionen (Sprachzentren), bei der nicht oder nicht nur (wie bei der Dysarthrie) die Artikulation und Phonation gestört ist, wird **Aphasie** genannt. Zumindest die entscheidenden Teile dieser Sprachregionen liegen bei etwa 95% der Menschen nur in der linken Großhirnhemisphäre. Auch bei den meisten Linkshändern ist die linke die **sprachdominante Hemisphäre**, seltener die rechte. Die durchschnittlich raschere und bessere Rückbildung einer Aphasie bei Linkshändern läßt darauf schließen, daß bei einem Teil der Linkshänder die Regionen in gewissem Umfang bilateral repräsentiert sind. In den ersten Lebensjahren, mit Einschränkungen vermutlich sogar bis zur Pubertät, kann bei Schädigung der sprachdominanten Hemisphäre die andere Hemisphäre noch deren Sprachfunktionen übernehmen.

Folgende Aphasieformen werden unterschieden:

- **Broca-Aphasie**. Läsionen insbesondere des unmittelbar vor dem kaudalen Teil des Gyrus praecentralis gelegenen Gyrus frontalis inferior der sprachdominanten Hemisphäre z. B. durch Verschluß der A. sulci praecentralis (einem Ast der A. cerebri media) führt zur Broca-Aphasie (motorischen Aphasie). Typisch ist eine zögerliche, stockende, mühsame Sprache mit durch Agrammatismus bedingtem Telegrammstil, phonematischen Paraphasien (Ersetzen, Umstellen, Auslassen und Hinzufügen einzelner Laute oder Silben) und Dysprosodie (falscher Silbenbetonung und Satzintonisation) und meist zusätzlicher Dysarthrie. Sprachverständnisstörungen treten zwar bei Sätzen mit komplexer Syntax auf, beeinträchtigen die Kommunikation aber kaum.

- **Wernicke-Aphasie**. Ist der hintere Bereich des Gyrus temporalis superior der sprachdominanten Hemisphäre z. B. durch Verschluß der A. temporalis superior (einem Ast der A. cerebri media) geschädigt, entsteht eine Wernicke-Aphasie (sensorische Aphasie). Das Sprachverständnis ist schwer beeinträchtigt. Artikulation und Prosodie sind nicht gestört, die Sprachproduktion ist flüssig, ja oft übermäßig (Logorrhoe). Viele phonematische und semantische Paraphasien, die der Patient spontan meist nicht zu verbessern versucht, können die Sprache völlig unverständlich werden lassen. Eine semantische Paraphasie bedeutet das Hervorbringen eines anderen Wortes statt des erwarteten. Der Patient spricht in normal langen und komplex angelegten Sätzen, jedoch mit durch falsche Wortstellungen und Endungen, Satzabbrüchen, Verschränkung von Sätzen und Satzteilverdoppelungen gestörtem Satzbau (Paragrammatismus).

- **Globale Aphasie**. Werden z. B. durch einen Infarkt der A. cerebri media der sprachdominanten Hemisphäre sowohl die frontale (Broca-) als auch die temperoparietale (Wernicke-) Sprachregion lädiert, entsteht eine globale Aphasie, bei der eine sprachliche Kommunikation oft ganz unmöglich ist. Sprachproduktion und Sprachverständnis sind stark gestört. Die Patienten sprechen kaum noch. Typischerweise äußern sie wenig variierte Neologismen (Wortneubildungen), sterotyp wiederholte Worte bzw. Wortfragmente und (überwiegend unpassende) emotionale Floskeln. Zusätzlich besteht meist eine Dysarthrie.

- **Amnestische Aphasie**. Sie ist durch massive Wortfindungsstörungen bei höchstens gering gestörtem Sprachverständnis charakterisiert. Durch semantische Paraphasien, die dem Sinn nach nur gering vom Zielwort abweichen, und umschreibende, oft aber außerordentlich vage Floskeln erhält sich der Patient eine relativ gute Kommunikationsfähigkeit. Die verursachende Läsion ist in der sprachdominanten Hemisphäre sehr unterschiedlich, jedoch am häufigsten im temperoparietalen Grenzbereich lokalisiert.

Alexie. Im allgemeinen gilt, daß aphasische Patienten lesen und schreiben wie sie sprechen. Beispielsweise bereitet Lesen, Abschreiben und Diktat-Schreiben dem Patienten mit amnestischer Aphasie keine Probleme, jedoch beim spontanen Schreiben muß er wiederum Worte, die ihm nicht einfallen, umgehen. Aber auch eine Alexie (**Unfähigkeit zu lesen**) mit höchstens geringer Aphasie wird beobachtet. Sie kann durch eine Schädigung des Okzipitallappens der sprachdominanten Hemisphäre und des Splenium corporis callosi entstehen (z. B. Infarkt im Bereich der linken A. cerebri posterior). Der Funktionsausfall eines Okzipitallappens bewirkt einen Gesichtsfeldausfall beider Augen zur Gegenseite. In seltenen Fällen ist aber auch nur die Verbindung des Okzipitallappens der sprachdominanten Hemisphäre zur Wernicke-Region unterbrochen. Da auch die visuellen Informationen aus dem gegenseitigen Okzipitallappen (und damit den ipsilateralen Gesichtsfeldhälften) nicht mehr über das Splenium corporis callosi zur sprachdominanten Hemisphäre und zur dortigen Wernicke-Region weitergeleitet werden können, kann der Patient das von ihm selbst Geschriebene nicht mehr lesen und auch keine Farben vorgelegter Gegenstände mehr benennen, wohl aber noch Gegenstände nach Farbgleichheit zu sortieren.

Agraphie. Geht die Alexie mit Agraphie (**Unfähigkeit zu schreiben**) einher, so ist der Gyrus angularis (im Versorgungsgebiet der A. cerebri media) der sprachdominanten Hemisphäre zerstört. Hierbei bringen auch taktile Informationen (z. B. Hautschrift oder Plastikbuchstaben) keine Verbesserung. Agraphien können aber auch Ausdruck einer ideomotorischen Apraxie sein.

Apraxie. Eine Unfähigkeit zur Ausführung erlernter zweckmäßiger Bewegungen oder Handlungen trotz erhaltener Wahrnehmungs- und Bewegungsfähigkeit liegt vor bei Patienten mit:

- **ideomotorischer Apraxie**. Sie können bestimmte Bewegungsfolgen nicht mehr richtig nachmachen oder nach verbaler Aufforderung vorführen, jedoch ohne weiteres erkennen, ob jemand anderes die Bewegung korrekt ausführt. Entscheidend ist das Auftreten an sich richtiger Elemente in falscher zeitlicher Reihenfolge oder für den intendierten Bewegungsablauf fremder Elemente (Parapraxien, z. B. Faustschluß beim „lange Nase Machen"). Die motorische Bewegungsfähigkeit als solche ist erhalten, ebenso die Sensibilität. Die verursachenden Läsionen sind auch hier in der sprachdominanten Hemisphäre lokalisiert und gaben Anlaß zu folgendem Modell: Informationen aus der (temperoparietalen) Wernicke-Sprachregion und vom (okzipitalen) visuellen Assoziationskortex gelangen über den Fasciculus arcuatus zum (frontalen) motorischen Assoziationskortex der sprachdominanten Hemisphäre, der für die richtige Auswahl und spezielle Anordnung der Bewegungselemente notwendig ist. Dieser schickt Befehle über durch den Balken ziehende Kommissurenfasern zum gegenseitigen motorischen Assoziationskortex. Der primär-motorische Kortex jeder Seite schließlich wird über Assoziationsfasern vom gleichseitigen motorischen Assoziationskortex instruiert.

- **ideatorischer Apraxie**. Aufgrund einer temperoparietalen Läsion in der sprachdominanten Hemisphäre sind einzelne Bewegungsfolgen noch möglich, jedoch nicht mehr komplexe Handlungsfolgen, die den Gebrauch verschiedener Gegenstände erfordern (z. B. Kaffeekochen).

- **konstruktiver Apraxie**, die durch eine **räumliche Orientierungsstörung** bedingt ist. Nicht nur das Zusammenfügen von Gegenständen zu einem räumlichen Gebilde mißlingt, sondern auch in Zeichnungen ist die räumliche Zuordnung der Teile falsch. Die räumliche Orientierungsstörung geht häufig soweit, daß sich die Patienten nicht mehr ankleiden können, weil ihnen die räumlichen Zusammenhänge zwischen Kleidungsstück und Körper nicht mehr vorstellbar sind. Auch hier können Lese- und Schreibstörungen auftreten, weil die räumliche Ordnung von Buchstaben, Worten und Zeilen nicht mehr verfolgt bzw. eingehalten werden kann. Ursache der räumlichen Orientierungsstörung sind Läsionen im hinteren Scheitellappen, die häufiger in der rechten als in der linken Hemisphäre lokalisiert sind. Überhaupt darf die rechte Hemisphäre keinesfalls als die im allgemeinen minderwertige angesehen werden. So ist sie z. B. beim Erkennen und Unterscheiden von Gesichtern, beim Bewerten des mimischen Ausdrucks oder beim Wiedererkennen und Reproduzieren von Klangsequenzen der linken Hemisphäre überlegen.

7. Funktionsausfall eines Labyrinthus vestibularis

Eine Haarzelle in den Vestibularorganen wird durch Abscheren ihrer Sinneshaare in Richtung Kinozilium depolarisiert, in Gegenrichtung hyperpolarisiert. Depolarisation von Haarzellen erhöht die Aktionspotentialfrequenz zugehöriger Vestibularganglienzellen und Hyperpolarisation senkt sie. Funktionsausfall eines Labyrinthus vestibularis, kurz **Labyrinthausfall** genannt, verursacht also die Falschmeldung einer Auslenkung der Sinneshaare zur dem Kinozilium abgewandten Richtung aller Haarzellen im Gleichgewichtsorgan dieser Seite. Der Utriculus liegt im Recessus ellipticus und die Cupula eines Bogengangs in der zugehörigen Ampulla (Abbildung).

Ausgußpräparat eines rechten knöchernen Labyrinths

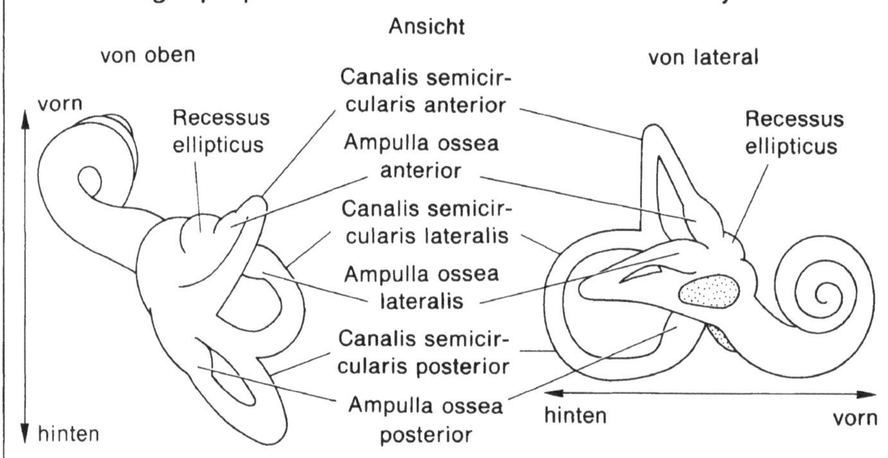

Da die Kinozilien der Haarzellen des lateralen (in aufrechter Körperstellung nahezu horizontalen) Bogengangs alle in Richtung Utriculus stehen, wird bei Labyrinthausfall fälschlich eine utriculofugale Auslenkung der Cupula im horizontalen Bogengang, d. h. eine Drehung des Kopfes zur Gegenseite gemeldet. Im realen Fall würde sich die Umgebung in Richtung erkrankter Seite am Auge vorbeibewegen. Dann wäre es zur Stabilisierung des Bildes der Umgebung auf der Retina sinnvoll, die Augen würden in diese Richtung langsam folgen, unterbrochen von durch Neurone der pontinen Formatio reticularis bewirkten, schnellen Rückstellbewegungen zur gesunden Seite. Da die Richtungsbezeichnung eines Nystagmus nach der schnellen Phase erfolgt, spricht man von einem Nystagmus zur gesunden Seite. In der Tat sind die Vestibularganglienzellen über die Neurone der Vestibulariskerne so mit den motorischen Kernen der Augenmuskeln verschaltet, daß ein akuter Labyrinthausfall einen **Spontannystagmus zur gesunden Seite** entstehen läßt, der durch Blickfixation vermindert wird. Das gesunde Gleichgewichtsorgan der Gegenseite sowie visuelle und propriozeptive Informationen widersprechen der fälschlich gemeldeten Drehung. Dieser Widerspruch wird von den Vestibulariskernen über den Thalamus dem der bewußten Raumorientierung dienenden Teil des Kortex weitergeleitet und führt zu **akutem Drehschwindel**. Da die Vestibulariskerne zudem über den Hypothalamus mit den vegetativen Zentren des Hirnstamms verbunden sind, verursacht die Informationskonfusion **Übelkeit, Erbrechen** und evtl. Schweißausbruch und Blässe.

Die Kinozilien der Haarzellen der vertikalen Bogengänge stehen auf der dem Utriculus abgewandten Seite, wodurch bei Labyrinthausfall fälschlich eine utrikulopetale Auslenkung in den vertikalen Bogengängen der kranken Seite und damit eine Neigung des Kopfes zur gesunden Seite gemeldet wird, was bei unveränderter Position des Kopfes gegenüber dem Rumpf einem Umfallen zur gesunden Seite entspräche. Diesem vermeintlichen Umfallen wirkt eine Verminderung der Aktivität der im Stehen gegen die Schwerkraft gerichteten Muskulatur auf der kranken Seite entgegen, was jedoch nun zu einer **Fallneigung zur kranken Seite** beiträgt.

Da die Kinozilien der Haarzellen der Makulaorgane (Utriculus und Sacculus) in komplizierter Weise ausgerichtet stehen und deshalb eine Änderung der Lage der Otolithen (Statokonien) normal immer zugleich Vermehrung und Verminderung afferentieller Aktivität bewirkt, läßt sich ihr Beitrag zur Symptomatik schwerer ableiten. Leicht zu erkennen ist allerdings, daß besonders auch hierdurch bei Labyrinthausfall einander widersprechende Informationen entstehen.

Da beim Labyrinthausfall auch das Kleinhirn und die Formatio reticularis falsche Informationen von den untereinander in Verbindung stehenden Vestibulariskernen erhalten, entsteht eine **vestibuläre Ataxie**. Es handelt sich hierbei um eine durch jede Kopfdrehung verstärkte Rumpfataxie mit Fallneigung zur erkrankten Seite und ohne Zeigeataxie (vgl. S. 461 f).

Im Verlauf von Wochen stellen sich die Vestibulariskerne auf Verwertung der Impulse von nur einem, dem verbleibenden Labyrinth um, wodurch die Symptomatik weitgehend verschwindet. Um die zentrale Kompensation zu beschleunigen, sollen Medikamente gegen Schwindel und Übelkeit, die die cholinerge Übertragung an den Synapsen der Vestibulariskerne hemmen, nur wenige Tage gegeben und mit Augenbewegungs- und Gleichgewichtsübungen begonnen werden, sobald sich die Übelkeit (etwa am 3. Tag) zurückbildet.

Übersicht über Ursachen für Störungen des Körpergleichgewichts:

- **Vestibuläre** Gleichgewichtsstörungen: Sie betreffen Störungen
  - des Labyrinthus vestibularis (z. B. Morbus Menière, entzündliche, traumatische, toxische und vaskuläre Labyrinthstörungen),

- der Radix vestibularis mit dem Ganglion vestibulare des N. vestibulocochlearis (z. B. Akustikusneurinom, das als Kleinhirnbrückenwinkeltumor zudem cerebelläre Symptome besonders am Lobus flocculonodularis verursachen kann),
- der Nuclei vestibulares mit ihren Bahnen (z. B. bulbopontine Tumore) oder
- eine Kombination davon (z. B. vertebrobasiläre Insuffizienz, d. h. Durchblutungsstörungen im Bereich der A. vertebralis, A. basilaris und damit meist auch der A. labyrinthi).

- **Cerebelläre** Gleichgewichtsstörungen: z. B. Abszesse, Intoxikationen, Tumore des Kleinhirns (S. 461).
- **Sensible** Gleichgewichtsstörungen: Durch Verlust an propriozeptiver Information infolge Läsionen peripherer Nerven (Polyneuropathien), Nervenwurzeln (Polyradikulitis) oder des Hinterstrangs (z. B. funikuläre Spinalerkrankung infolge Vitamin- B_{12}-Mangel, Tabes dorsalis als Manifestion einer Lues). Sie werden besonders deutlich in der Dämmerung bzw. bei Augenschluß oder raschen Kopfbewegungen, d. h. bei Störung der noch verbliebenen Informationsquellen über die Stellung und Bewegung der Glieder und des Körpers im Raum. Im typischen Fall wird der Rumpf durch die cerebelläre Kontrolle beim Gehen weitgehend geordnet bewegt, während die Beine nur durch optische, konzentrierte Kontrolle am Ausbrechen gehindert werden können.
- **Okuläre** Gleichgewichtsstörungen: Bei peripheren oder zentralen Augenmuskellähmungen sowie refraktionsbedingten Störungen. Sie treten nur bei geöffneten Augen auf.
- **Cerebrale** Gleichgewichtsstörungen: Der Begriff müßte (wörtlich genommen) auch Störungen des zentralen vestibulären Systems beinhalten. Zumeist wird darunter jedoch nur die Gleichgewichtsstörung im Rahmen einer leichten **Bewußtseinsstörung** verstanden, wie sie bei Hirndurchblutungsstörung (z. B. bei orthostatischer Hypotonie), Anämien, Substrat-Versorgungs-Störungen (z. B. Hypoglykämie), Intoxikationen (z. B. Psychopharmaka), intrakraniellen Raumforderungen (Tumoren, Hirnödem, Blutungen), Entzündungen oder epileptischen Anfällen (z. B. Temporallappenepilepsie) auftreten kann.

8. Hörstörungen

Bei **Schalleitungsschwerhörigkeit** ist die Schallzufuhr zum Innenohr, bei **Schallempfindungsschwerhörigkeit** sind das Innenohr (Innenohrschwerhörigkeit) oder Teile der Hörbahn bis zur Hirnrinde (retrocochleäre Schwerhörigkeit) gestört.

Schalleitungsschwerhörigkeit. Ein völliger Verschluß des äußeren Gehörgangs durch Mißbildungen (Gehörgangsatresie), Ceruminalpfropf, Fremdkörper, Otitis externa diffusa oder circumscripta (Gehörgangsfurunkel), Gehörgangsexostosen oder andere Tumoren führt zu einer Hörminderung (lockere Watte ≈10 dB, Gehörgangsstöpsel bis ≈40 dB) besonders bei höheren Frequenzen (= hochtonbetont). Wird das Trommelfell berührt und im Schwingen behindert, ist die Hörminderung noch größer.

Die Schalldruckaufnahme des Trommelfells kann durch Aplasie, Perforation oder hauchdünne Narben gestört sein. Eine Versteifung des Schallübertragungsapparats mit meist tieftonbetonter Schwerhörigkeit resultiert bei Entzündungen (Myringitis) und Kalknarben des Trommelfells, bei gespanntem Trommelfell durch Spasmus des M. tensor tympani, Unterdruck (Tubenbelüftungsstörung, z. B. Tubenkatarrh) oder Überdruck (akute Otitis media) im Mittelohr, bei Adhäsionen (z. B. Tympanosklerose und Paukenfibrose als Komplikationen einer Otitis media chronica), bei Mißbildungen und Mittelohrtumoren. Bei akuter Otitis media und z. T. auch bei Tubenbelüftungsstörungen wird der Schallübertragungsapparat durch Flüssigkeit gedämpft, was meist zu hochtonbetonter Höreinschränkung führt.

Wird die Gehörknöchelchenkette durch traumatische Luxation oder entzündliche Zerstörung (z. B. Otitis media chronica, Cholesteatom) völlig unterbrochen, erfolgt eine weitgehend frequenzunabhängige Hörminderung, die bei fehlendem Trommelfell geringer als bei erhaltenem ist. Das erhaltene Trommelfell verhindert den unmittelbaren Schallzutritt zum ovalen Fenster, so daß der Schall nur Druckänderungen in der Paukenhöhle verursacht, die annähernd phasengleich auf das ovale und das runde Fenster wirken. Sind Defekte der Gehörknöchelchenkette bei intaktem Trommelfell bindegewebig überbrückt, ist die Hörminderung geringer und hochtonbetont.

Schließlich kann eine schwere Schalleitungsschwerhörigkeit durch knöcherne Fixation der Stapesfußplatte im ovalen Fenster (Stapesankylose z. B. bei Otosklerose) verursacht sein.

Schallempfindungsschwerhörigkeit. Ab dem 5. – 6. Lebensjahrzehnt findet sich bei allen Menschen eine bei etwa 1 kHz beginnende und mit steigender Frequenz zunehmende Höreinbuße, die im Mittel um so ausgeprägter ist, je älter die untersuchten Personen sind (Presbyakusis). Als Ursache werden degenerative Veränderungen der Haarzellen, der Stria vascularis, der Basilarmembran (Verdickung) und der Neurone des Ganglion spirale sowie zusätzlich das Nachlassen cerebraler Funktionen beschrieben.

Schallintensitäten über 85 dB(A) können in Abhängigkeit von der Einwirkdauer und besonders, wenn Lärmpausen zur Erholung fehlen, Haarzellen des Corti-

Organs schädigen. Der Untergang der Haarzellen beginnt in jenem Bereich der Basalwindung der Schnecke, der der Analyse von ≈ 4 kHz entspricht, und breitet sich von hier in beide Richtungen aus, so daß sich eine c^5-Senke im Audiogramm ergibt.

Außer durch akustische Einwirkung kann eine Innenohrschwerhörigkeit auch durch andere **Traumen** hervorgerufen werden, die z. B. zu einer Pyramidenquerfraktur oder zu einer Ruptur des runden oder ovalen Festers führten. Weitere Beispiele für Ursachen einer Schallempfindungsschwerhörigkeit sind Schädigung des Ganglion spirale beim Zoster, Streptomycin-Schädigung der Haarzellen, Labyrinthitis, Akustikusneurinom und Durchblutungsstörungen im Bereich der A. labyrinthi. Eine einseitige Läsion im Bereich der Hörbahn zentral der Nuclei cochleares führt zu keiner merklichen Hörminderung, da Querverbindungen zur anderen Seite auf mehreren Ebenen bestehen, und ein Ohr nur vorwiegend zur kontralateralen Seite des Cortex projiziert.

Der schon bei den vestibulären Gleichgewichtsstörungen erwähnte **Morbus Menière** entsteht durch mangelndes Resorptionsvermögen der Endolymphe, was zu einem Endolymphhydrops führt. Reißt die Membran zwischen Endolymphe und Perilymphe ein, so erfolgt an der Stelle eine Druckentlastung im Endolymphraum, und die kaliumreiche Endolymphe vermischt sich mit der natriumreichen Perilymphe. Dies äußert sich als Anfall mit Drehschwindel, Schwerhörigkeit und Ohrgeräusch (Tinnitus). Je öfter die Anfälle auftreten, desto weniger bildet sich die Schwerhörigkeit im Intervall zurück.

Tests zur Unterscheidung von Hörstörungen. Beim **Weber-Versuch** soll der Patient angeben, ob der Ton einer auf die Kopfmitte aufgesetzten Stimmgabel auf einer Seite stärker empfunden wird. Bei einseitiger Schalleitungsschwerhörigkeit „lateralisiert" der Patient zum kranken Ohr, bei einseitiger Schallempfindungsschwerhörigkeit zum gesunden Ohr.

Beim **Rinne-Versuch** wird eine auf den Schläfenknochen aufgesetzte Stimmgabel, sobald der Proband den Ton nicht mehr hört, mit den Zinken ohne neuerliches Anschlagen vor das Ohr gehalten. Da bei einer Schallempfindungsschwerhörigkeit die Knochen- und Luftleitung gleichermaßen herabgesetzt ist, wird der Ton dann wie beim Gesunden wieder gehört („Rinne positiv"). Der Patient mit einer Schalleitungsstörung von über 25 dB hört den Ton jedoch nicht mehr, da nur die Luftleitung gestört ist („Rinne negativ").

Bei der **Tonschwellenaudiometrie** wird bei unterschiedlichen Frequenzen gemessen, um wieviel dB die Schallintensität eines Tones stärker als normal sein muß, damit er vom Patienten gehört wird. Die Töne werden zur Messung der Luftleitung über Kopfhörer und zur Messung der Knochenleitung über einen dem Mastoid anliegenden Knochenleitungshörer angeboten. Eine Hörminderung für Luftleitung ab 50–60 dB und für Knochenleitung ab 0–10 dB kann durch Überhören per Knochenleitung auf das andere, im Moment nicht geprüfte Ohr unterschätzt werden. Deshalb wird das andere Ohr durch ein Geräusch angemessener Schallintensität per Luftleitung „vertäubt", d. h. das Frequenzband des Geräusches verdeckt den Prüfton. Bei reiner Schallempfindungsschwerhörigkeit ist die Hörminderung für Luft- und Knochenleitung nahezu identisch. Bei reiner Schalleitungsschwerhörigkeit besteht eine Hörminderung für Luftleitung, jedoch eine Hörminderung für Knochenleitung nur in seltenen Ausnahmen und allenfalls in geringem Ausmaß (z. B. 15 dB im mittleren Frequenzbereich bei knöchernem Verschluß des ovalen Festers). Bei kombinierter Schwerhörigkeit besteht eine stärkere Hörminderung für Luftleitung als für Knochenleitung.

Nur bei Schäden am Corti-Organ des Innenohrs nimmt am kranken Ohr bei überschwelligen Tönen die Lautstärkeempfindung mit zunehmender Schallintensität stärker zu als am gesunden Ohr, so daß schließlich bei einer bestimmten Schallintensität ein Ton auf beiden Ohren gleich laut empfunden wird (Lautheitsausgleich, positives **Recruitment**). Beim seitengetrennt durchführbaren **SISI-Test** wird die Schallintensität eines um 20 dB überschwelligen Dauertons für jeweils 0,2 s um 1 dB erhöht und der Prozentsatz der wahrgenommenen Lautstärkezunahme bestimmt. Ein SISI (Short Increment Sensitivity Index) ab 60–80% zeigt eine Innenohrschädigung an.

9. Sehstörungen

Gesichtsfeldausfälle bei Störungen der Sehbahn. Amaurose bedeutet die Erblindung eines Auges, **Skotom** einen Sehverlust in einem umschriebenen Teil des Gesichtsfelds. Bei einem Zentralskotom ist der zentrale Bereich des Gesichtsfelds gestört (z. B. durch eine Schädigung der Macula lutea der Retina). Als Hemianopsie wird ein (ungefähr) halbseitiger Gesichtsfeldausfall an einem oder beiden Augen bezeichnet. Ausfall auf der gleichen Seite an beiden Augen wird homonym, gekreuzter Ausfall heteronym (bitemporal oder binasal) genannt (Abbildung).

Die sehr seltene binasale Hemianopsie tritt auf, wenn das Chiasma opticum von beiden Seiten her bedrängt wird (z. B. Tumoren, die das Chiasma umwachsen, oder Aneurysmen beider Aa. carotides internae). Die häufigere **bitemporale Hemianopsie** wird meist durch einen Hypophysentumor hervorgerufen, der von unten gegen das Chiasma drückt. Da zuerst nur die unteren Fasern des Chiasma geschädigt werden, die von den unteren Retinahälften kommen, beginnt ein Hypophysentumor im typischen Fall als obere bitemporale Qua-

Gesichtsfeldausfälle bei Störungen der Sehbahn

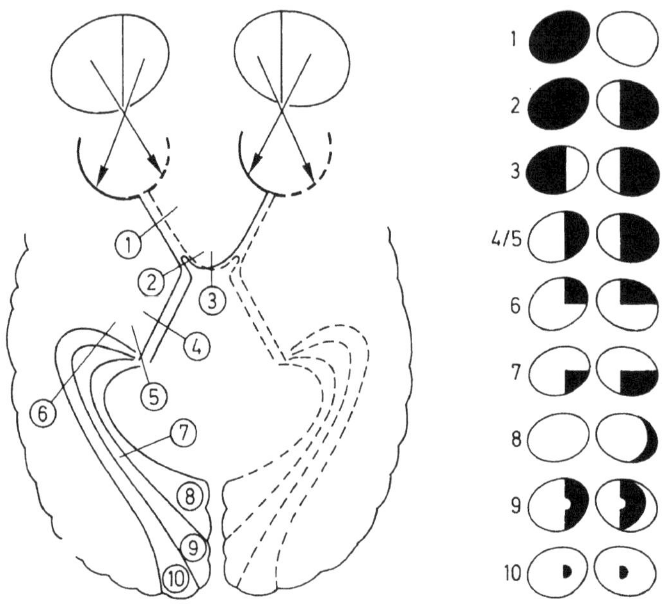

Ort der Läsion	Bezeichnung der Schädigung
1: linker Nervus opticus	Amaurose links
2: Chiasma anterolateral links	Amaurose links, temporale Hemianopsie rechts
3: Chiasma medial	bitemporale Hemianopsie
4: linker Tractus opticus	homonyme Hemianopsie rechts
5: linkes Corpus geniculatum lat.	homonyme Hemianopsie rechts
6: vorderes Knie der Sehstrahlung im linken Temporallappen	homonyme obere Quadrantenanopsie rechts
7: innerer Teil der Sehstrahlung lateral des Thalamus im linken Parietallappen	homonyme untere Quadrantenanopsie rechts
8: anteriorer Bereich um den linken Sulcus calcarinus	Ausfall einer temporalen Gesichtsfeldsichel rechts
9: mittlerer Bereich um den linken Sulcus calcarinus	homonyme Hemianopsie rechts bei erhaltener temporalen Gesichtsfeldsichel rechts
10: linker Okzipitalpol	homonymes hemianopisches Zentralskotom

drantenanopsie. Eine Hemianopsia superior bzw. inferior entsteht bei gleichzeitiger Läsion des rechten und linken Okzipitallappens unterhalb bzw. oberhalb der Fissura calcarina (z. B. durch eine Schlußverletzung). Bei kortexnahen Läsionen ist in einem Teil der Fälle das Gebiet um den Fixationspunkt verschont („Makulaaussparung"), was durch zur Gegenseite kreuzende Fasern aus dem zur Makula gehörenden Rindenareal jedes Okzipitallappens erklärt werden könnte.

Akkommodationsstörungen. Trotz ständiger appositioneller Anlagerung neugebildeter Linsenfasern nimmt die Augenlinse des Erwachsenen kaum mehr an Größe zu, weil sich die Linse von innen her verdichtet. Dies vermindert die Elastizität der Linse, so daß sie sich bei Kontraktion des M. ciliaris (Nahakkommodation) weniger abrundet. Die Differenz zwischen der Brechkraft des dioptrischen Apparats des Auges bei maximal kontrahiertem und der bei erschlafftem M. ciliaris sinkt von etwa 14 dpt bei Kindern auf etwa 10 dpt bei Zwanzigjährigen. Mit 40–50 Jahren hat die Akkomodationsbreite auf 3 dpt abgenommen, womit sich der Nahpunkt beim normalen Auge auf 33 cm entfernt. Da für diese Leseentfernung nun schon die maximale Nahakkommodation eingesetzt wird, kann bei längerem Lesen ein dumpfes Druckgefühl in der Stirn auftreten und das Buch wird weiter weg gehalten: Die **Presbyopie** (Alterssichtigkeit) hat begonnen. Mit 60 Jahren ist schließlich fast keine Akkommodation mehr möglich.

Der Ziliarmuskel wird durch **parasympathische** Fasern des **N. oculomotorius** (mit Umschaltung im **Ganglion ciliare**) innerviert. Parasympatholytika (z. B. Atropin), Botulismus, Erkrankungen des Ganglion ciliare, Läsion des N. oculomotorius (z. B. Schädelbasisbruch) oder seines Kerngebiets (z. B. durch Lues) verursachen eine Akkommodationslähmung, d. h. eine Unfähigkeit zur Nahakkommodation, die nicht durch eine Presbyopie bedingt ist. Durch Parasympathomimetika, lange Naharbeit oder Prellung kann ein vorübergehender Akkommodationsspasmus, d. h. Unfähigkeit zur Fernakkommodation, auftreten. Dauernde Nahakkommodation kann durch Abriß eines Teils der Fibrae zonulares entstehen, in denen die Linse unter Zug aufgehängt ist.

Refraktionsanomalien. Die Refraktion (der Brechungszustand) des Auges hängt vom Verhältnis der Brechkraft des dioptrischen Apparates des Auges zur Achsenlänge des Augenbulbus ab. **Myopie** bzw. **Hypermetropie** (Hyperopie) sind meist durch zu langen bzw. zu kurzen Augapfel bedingt (Achsenametropie), selten durch zu große bzw. zu kleine Brechkraft. Die Brechkraft steigt mit zunehmender Krümmung (d. h. abnehmendem Krümmungsradius) der Hornhaut bzw. der Linse, mit dem Brechungsindex der Linse und bei einer Linsenverlagerung nach vorn. Bei **Linsenlosigkeit** (Aphakie) ist die Brechkraft um knapp 16 dpt für die Ferne vermindert und eine Akkommodation unmöglich.

Hypermetropie. Beim Hypermetropen schneiden sich bei erschlafftem M. ciliaris die aus der Ferne nahezu parallel einfallenden Lichtstrahlen noch nicht, wenn sie auf die Retina treffen. Meist kann bei jungen Hypermetropen durch unwillkürliche Kontraktion des M. ciliaris die Linsenbrechkraft so weit erhöht werden, daß die aus der Ferne einfallenden Strahlen doch noch auf der Retina gebündelt werden und sich ein scharfes Bild ergibt. Da jedoch hierbei schon ein Teil der Akkommodationsbreite zum Sehen in die Ferne benötigt wird, können nur Gegenstände scharf gesehen werden, die sich in einem größeren Mindestabstand als bei Emmetropen (Normalsichtigen) befinden. Ein um 3 dpt beidseitig hypermetroper Zwanzigjähriger mit einer Akkommodationsbreite von 10 dpt kann in die Ferne und bis in eine Nähe von $1/(10-3)$ m = 14 cm scharf sehen, d. h. er bemerkt seine Refraktionsanomalie nicht. Ist jedoch mit 40 Jahren seine Akkommodationsbreite unter 6 dpt abgefallen, so kann er schon in 33 cm Entfernung nicht mehr scharf lesen. Sinkt seine Akkommodationsbreite nach dem 45. Lebensjahr auf unter 3 dpt ab, kann er nicht einmal mehr in die Ferne scharf sehen. Die Koppelung von Akkommodation und Konvergenz begünstigt bei hypermetropen Kindern das Entstehen von Einwärtsschielen.

Myopie. Der Myope sieht in der Nähe gut, jedoch die aus der Ferne von einem Punkt eintreffenden Lichtstrahlen schneiden sich bereits im Glaskörper und treffen divergierend auf die Retina, wodurch ein unscharfes Bild entsteht. Ein um 3 dpt beidseitig Myoper benötigt auch in jungen Jahren eine Sehhilfe, um in die Ferne scharf sehen zu können. Wird er alterssichtig, so kann er seine ursprüngliche Brille weiterhin zum Blick in die Ferne benutzen und zum Lesen in 33 cm Entfernung einfach abnehmen.

Myopie wird mit Zerstreuungslinsen (Konkavgläsern), Hypermetropie mit Sammellinsen (Konvexgläsern) in Form von Brillen, Kontaktlinsen oder (bei Aphakie) mit intraokularen Kunstlinsen korrigiert. Da die Brechkraft von Zerstreuungslinsen negativ ist, werden diese auch **Minusgläser** und Sammellinsen **Plusgläser** genannt. Die Ametropie des Auges wird vom Augenarzt nach der Dioptrienzahl des korrigierenden Brillenglases bezeichnet. Die Brechkraft einer (direkt der Cornea anliegenden) Kontaktlinse muß allerdings beim Plusglas stärker und beim Minusglas schwächer sein als die eines Brillenglases, das sich etwa 12 mm vor der Hornhaut befindet. Obwohl die Brechkraft der etwa 6 mm hinter der Cornea befindlichen Augenlinse im flachsten Zustand etwa +19 dpt beträgt, benötigt ein Brillenglas zum Ausgleich einer Aphakie nur rund +12 dpt für die Ferne und rund +15 dpt für die Nähe. Ein Brillenglas verändert zudem die Größe des Netzhautbildes: Ein Plusglas vergrößert und ein Minusglas verkleinert, so daß bei einem Refraktionsunterschied der Augen von mehr als 4 dpt die unterschiedlich großen Bilder nicht mehr vom Gehirn fusioniert werden können.

Bei **regulärem Astigmatismus** ist die Hornhaut nicht rotationssymmetrisch, sondern in eine Richtung stärker gewölbt. Da der Meridian in dieser Richtung eine geringere Brennweite als der dazu senkrechte hat, kann ein Punkt nicht als Punkt, sondern allenfalls als Linie auf der Retina abgebildet werden. Meist bricht der vertikale Meridian stärker als der horizontale (Astigmatismus nach der Regel). Bricht der horizontale Meridian am stärksten, wird dies als Astigmatismus gegen die Regel (nicht zu verwechseln mit irregulärem Astigmatismus!) bezeichnet. Beim schrägen Astigmatismus weicht der am stärksten brechende Meridian deutlich von der Vertikalen oder Horizontalen ab. Alleiniger Ausgleich des regulären Astigmatismus kann durch Brillen mit zylindrisch gewölbten konvexen oder konkaven Gläsern (Zylindergläsern) erfolgen. Meist soll zugleich eine Myopie oder Hpermetropie korrigiert werden. In diesem Fall erhält das Glas einen zylindrischen Anteil, d. h. es ist in einer Richtung stärker gewölbt.

Im Gegensatz zur Brille kann eine Kontaktlinse auch einen **irregulären Astigmatismus** infolge unregelmäßiger Wölbung der Hornhautoberfläche (z. B. Narben) korrigieren, weil sich der Brechungsindex des Tränenfilms, auf dem die Kontaklinse schwimmt, nur wenig von dem der Hornhaut unterscheidet und damit eine optische Ankoppelung an die Kontaktlinse erfolgt.

10. Epilepsien

Durch eine synchrone Salve in den afferenten Fasern oder durch spontane Depolarisationen einer labilen Neuronengruppe des Gehirns können synchrone Depolarisationen des Ruhemembranpotentials von Pyramidenzellen (mit kurzen, hochfrequenten Aktionspotentialsprüngen) ausgelöst werden, die sich im **EEG** (Elektroencephalogramm) als nach oben gerichtete (= negative), kurze, hohe Auslenkung (**Spitze**) über dem betroffenen Gebiet äußern. Folgen die Depolarisationen rasch aufeinander und schwindet die sich jeweils anschließende Hyperpolarisationsphase, so entsteht als Folge der plötzlichen übermäßigen Entladung von Gehirnzellen ein **epileptischer Anfall,** bei dem die extrazelluläre Konzentration von Calcium abfällt und die von Kalium ansteigt. Die Generalisierung einer fokalen, z. B. im Gyrus praecentralis lokalisierten Entladungsaktivität wird durch Aktivierung hemmender, GABAerger Neurone verhindert. Nach raschen Wiederholungen kann jedoch die exzitatorische Neurotransmission überwiegen, wodurch sich die synchronisierten Entladungen z. B. von der Hirnrinde zu den Basalganglien und dem Thalamus oder innerhalb des limbischen Systems ausbreiten. Der Anfall endet, wenn die paroxysmalen Depolarisationsverlagerungen wieder von Hyperpolarisationsphasen durch noch unbekannte aktive inhibitorische Prozesse abgelöst werden. Signale der Substantia nigra und des Pallidum scheinen eine wichtige Rolle beim Rückgang der generalisierten Anfallsaktivität zu spielen.

Gewisse extreme Bedingungen, wie sie z. B. bei Sauerstoffmangel, Urämie oder massiver Hypoglykämie auftreten können, lösen vermutlich bei jedem Menschen einen epileptischen Anfall aus. Die individuelle **Anfallsbereitschaft** ist jedoch genetisch sehr unterschiedlich angelegt. So erleiden in den ersten 5 Lebensjahren $\approx 3\%$ der Menschen einen epileptischen Anfall im Rahmen einer fieberhaften, extracerebralen Infektion, meist im initialen Anstieg des Fiebers (Fieberkrampf, Infektkrampf). Bei nur 4–15% davon treten jedoch ohne fieberhaften Infekt noch weitere epileptische Anfälle auf, weshalb auch nur dann die Diagnose „Epilepsie“ gestellt werden sollte. Auslöser eines epileptischen Anfalls können überdies Alkohl(-entzug), bestimmte Medikamente, aber auch z. B. rasche Wechsel der Lichtintensität (Fotostimulation), Hyperventilation (S. 402), Schlaf bzw. Erwachen oder Schlafmangel sein. In mindestens 30% aller Epilepsien läßt sich eine eindeutige anfallsauslösende Hirnschädigung (hauptsächlich Infektionen, Tumoren, vaskuläre Schäden, Mißbildungen, Geburtsschäden, Verletzungsfolgen) nachweisen.

Das **EEG** zeigt außerhalb des Anfalls nur bei etwa der Hälfte der Patienten mit Epilepsie fokal oder generalisiert **Spitzen** (Spikes), **Polyspikes** (Komplexe aus mindestens zwei Spitzen) und **Spitze-Welle-Komplexe** (bestehend aus einer Spitze und einer hohen, langsamen Welle). Selbst bei strengen Kriterien finden sich jedoch bei mindestens 1% der Bevölkerung dieselben Veränderungen, ohne daß diese jemals einen Anfall erlitten oder erleiden werden. Bei nachgewiesener Epilepsie weisen insbesondere fokale langsame Wellen (δ-Wellen) im Wach-EEG auf eine strukturelle Läsion (Hirntumor!) als Ursache hin. Das EEG im Anfall dient zusammen mit der klinischen Symptomatik außer der Diagnose auch der Differenzierung von fokalen und primär generalisierten Anfällen.

Während bei primär generalisierten Anfällen sich die epileptischen Entladungen von Nervenzellen von Anfang an gleichzeitig auf weite Gebiete beider Hirnhemisphären erstrecken, sind sie bei fokalen (partiellen, lokalisationsbedingten) Anfällen zumindest zu Beginn des Anfalls auf einen umschriebenen Bereich des Gehirns begrenzt, der jedoch bei manchen Epilepsien im Kindesalter nicht bei jedem Anfall gleich lokalisiert ist, sondern z. B. die Seite wechselt. Die fokalen Anfälle werden bei erhaltenem Bewußtsein als **einfach**, bei gestörtem Bewußtsein als **komplex** bezeichnet. Breitet sich die epileptische Aktivität eines fokalen Anfalls über beide Hirnhemisphären aus, so wird von einem sekundär generalisierten Anfall gesprochen. Vielleicht unterscheiden sich die primär generalisierten Anfälle von den sekundär generalisierten aber auch nur durch äußerst schnelle Generalisation.

Generalisierte Anfälle. Hierzu gehören:

- **Generalisierte tonisch-klonische Anfälle** (Grand mal). Sie beginnen manchmal durch einen Schrei, der durch Kontraktion der Atemmuskulatur bei fast geschlossener Stimmritze entsteht. Der Patient stürzt bewußtlos zu Boden. **Tonische Krämpfe**, d. h. starke, langanhaltende Kontraktionen der Extremitäten- und langen Rückenmuskulatur, die an Bein und Rumpf als Streckkrampf imponieren, werden nach einigen Sekunden durch heftige **klonische Konvulsionen**, d. h. rasch aufeinanderfolgende Zuckungen antagonistischer Muskeln, abgelöst. Vermehrte **Speichelsekretion** (Hypersalivation) und Zungenkontraktionen lassen Schaum vor den Mund treten, der durch **Zungenbisse** oft blutig ist. Der Patient ist stark zyanotisch und näßt meist ein. Nach einigen Minuten endet der Anfall typischerweise in einem tiefschlafähnlichen **Terminalschlaf**, der Minuten bis Stunden dauert und aus dem der Patient in der ersten Minute nicht erweckbar ist. Kurz vor dem Anfall flacht das EEG ab, im Anfall zeigen sich Spitzen und Muskelartefakte und nach dem Anfall ist der Grundrhythmus zumindest für einige Minuten verlangsamt. Tonische oder klonische Anfälle können auch isoliert auftreten.

- **Absencen**. Während einer Absence schwindet für einige Sekunden bis eine halbe Minute das Bewußtsein, ohne daß der Betroffene hinstürzt. Er starrt ins Leere und reagiert nicht auf Anruf. Im EEG treten regelmäßige, beidseitige Spitze-Welle-Komplexe mit einer Frequenz von etwa 3 Hz auf (Abbildung).

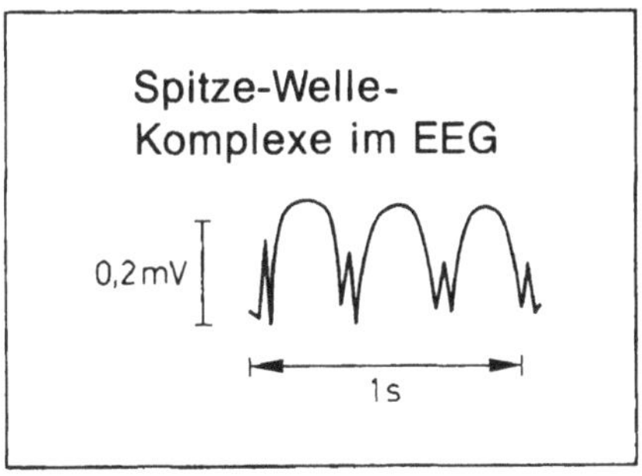

Die Grundlage bilden rhythmische Erregungs- oder Ladungswechsel zwischen Hirnrinde und Thalamus. Hierzu synchrone, geringe klonische Muskelkontraktionen, z. B. an den Lidern, können oft beobachtet werden. Seltener sind Automatismen wie Schmatzen oder Greifbewegungen. Genauso plötzlich wie das Bewußtsein schwand, kehrt es wieder.

- **Myoklonische Anfälle**. Bei den oft serienweise für 1–5 Sekunden auftretenden myoklonischen Anfällen stehen klonische Krämpfe von Armen und Beinen ganz im Vordergrund. Im EEG werden bilateral synchrone, irreguläre Salven von Spitzen und Spitze-Welle-Komplexe aufgezeichnet.
- **Atonische (astatische) Anfälle**. Der Betroffene stürzt durch plötzlichen und für wenige Sekunden anhaltenden Muskeltonusverlust zu Boden mit der Gefahr schwerer Kopfverletzungen. Im EEG findet sich neben Polyspikes und irregulären Salven von Spitze-Welle-Komplexen eine schnelle flache Aktivität.

Mischformen der genannten Anfallsformen sind häufig. Bei rund 40% der Patienten mit klassischen Absencen treten zwischendurch seltene Grand-Mal-

Anfälle auf. Als anderes Beispiel seien die myoklonisch-atonischen Anfälle genannt, bei denen Myoklonien vom atonischen Hinstürzen gefolgt werden. Einem generalisierten Anfall kann ein fokaler Anfall als **Aura** vorangehen.

Fokale Anfälle. Sie zeigen je nach betroffenem Hirnlappen Besonderheiten:

- **Parietallappenanfälle** gehen mit kontralateralen Mißempfindungen und/oder motorischen Symptomen einher. Bei Lokalisation im Bereich der Mantelkante (Margo superior cerebri) ist das Bein, bei basolateraler Lokalisation das Gesicht und im Gebiet dazwischen der Arm betroffen. Selten entstehen Schmerzsensationen. Ohne Generalisierung ist das Bewußtsein nicht beeinträchtigt. Breiten sich die Symptome wie in einem Marsch (meist an einer Extremität von distal nach proximal) aus, spricht man von einem Jackson-Anfall.
- Bei **Frontallappenepilepsien** sind motorische Jackson-Anfälle noch häufiger. Frontallappenanfälle gehen oft mit tonischer Kopfdrehung zur Gegenseite (Adversivdrehung) sowie ausgeprägten kontralateralen tonisch-klonischen Krämpfen einher. Trotz evtl. Bewußtseinstrübung im Anfall fehlt eine nennenswerte Verwirrtheit im Anschluß an den Anfall.
- **Temporallappenanfälle** sind gewöhnlich komplex. Bei Anfällen unter Beteiligung des Hippokampus und Corpus amygdaleum bestehen typischerweise Geschmacks- und Geruchshalluzinationen, psychische Symptome, wie beispielsweise Angst, das Gefühl der Entfremdung gegenüber der vertrauten Umgebung (jamais vu = nie gesehen) oder umgekehrt der besonderen Bekanntheit der Umgebung (dêja vu), und vegetative Symptome, zu denen auch das Gefühl gerechnet wird, der Magen steige zum Hals empor. Anschließend folgen orale Automatismen und bewegungsloses Starren. Lateral-posteriore und operculäre Anfälle führen zu akustischen, visuellen bzw. vestibulären Halluzinationen. Zusätzlich können Zuckungen und Parästhesien im Gesicht und bei Herden in der sprachdominanten Hemisphäre Sprachstörungen auftreten. Im Gegensatz zu den Absencen ist das Anfallsende allmählich und der Patient bleibt noch Minuten oder gar länger als eine halbe Stunde verwirrt.
- **Okzipitallappenanfälle** führen ohne Generalisierung nur zu einfachen, formlosen visuellen Phänomenen wie Funken oder Blitzen.

11. Sauerstoff- und Glucosemangel des Gehirns

Wenn die Durchblutung in einem Gehirnareal für mindestens 5 min auf 15% der Norm sinkt, nimmt die Nervenzellstruktur Schaden. Bei unterbrochener Durchblutung ist nach 6–8 s in der grauen Substanz der **Sauerstoff** und nach

3–4 min die **Glucose** verbraucht. Durchblutungsstopp im gesamten Gehirn führt nach 4–6 s zu ersten EEG-Veränderungen, nach 10–12 s zu Bewußtlosigkeit, nach 20–30 s zum Nullinien-EEG, nach 4–5 min zu ersten Ganglienzellnekrosen und bei 37° C nach 8–10 min zum irreversiblen Hirntod. Die Hirndurchblutung nimmt normal erst ab, wenn der mittlere arterielle Blutdruck auf unter 70 mm Hg sinkt. Bei chronischer arterieller Hypertonie ist der Autoregulationsbereich der Hirndurchblutung jedoch zu höheren Werten verschoben. Eine **Hypoxie** kann außer durch eine Ischämie auch durch eine verminderte Sauerstofftransportkapazität des Blutes (z. B. Anämie, Kohlenmonoxidvergiftung), eine Blockade der Zellatmung (z. B. Cyanid-Vergiftung) oder einen verminderten arteriellen O_2-Partialdruck (Hypoxie im engeren Sinn) bedingt sein. Erst wenn der arterielle O_2-Partialdruck unter 8 kPa (60 mm Hg) bei unverändertem CO_2-Partialdruck sinkt, beginnt die Hirndurchblutung anzusteigen. Ein arterieller O_2-Partialdruck unter 4 kPa (30 mm Hg) ist mit dem Leben nicht mehr vereinbar.

Normal deckt das Gehirn seinen **Energiebedarf** fast ausschließlich mit der auf dem Blutweg kontinuierlich angelieferten Glucose, wovon mindestens 80% zu CO_2 und H_2O, der Rest zu Lactat und etwas Pyruvat abgebaut werden. Lactat wird durch einen Carrier des Kapillarendothels im Austausch gegen β-Hydroxybutyrat und Acetacetat ins Blut transportiert. Bei schwerem Sauerstoffmangel des Gehirns fällt durch vermehrte anaerobe Glykolyse so viel **Lactat** an, daß die Transportkapazität des Carriers überschritten wird und überschüssiges Lactat in den Liquor diffundiert.

Unter Hungerbedingungen kann das Gehirn bis zu 2/3 seiner Energie aus dem Abbau der Ketonkörper β-Hydroxybutyrat und Acetacetat gewinnen. Eine **Hypoglykämie** (Blutglucosekonzentration $<2{,}5$ mmol/l) ist um so gefährlicher für die Hirnzellen, je rascher sie erfolgt. Die Neuroglykopenie kann Kopfschmerzen, Verstimmung, Reizbarkeit, Konzentrations- und Merkschwäche, Verwirrtheit, Halluzinationen, Sprachstörungen, fokale und generalisierte Krampfanfälle, Lähmungen und Koma verursachen. Die Funktionsstörungen sind reversibel, wenn das Gehirn nicht zu sehr und zu lange unter Glucosemangel zu leiden hatte. Außer diesen durch den Energiemangel der Hirnnervenzellen hervorgerufenen Symptomen ruft ein rascher Abfall der Blutglucosekonzentration Tachykardie, Schwitzen, Mydriasis, Hypertonie, Unruhe, Hyperventilation, Angst und Zittern durch eine Sympathikusaktivierung mit massiver **Adrenalinausschüttung** aus dem Nebennierenmark hervor.

12. Hirndrucksteigerung

Jede Volumenvermehrung des Schädelinhalts durch Tumor, Abszeß, Blutung, Hirnödem oder Liquorvermehrung führt zumindest beim Erwachsenen, der aufgrund der Unnachgiebigkeit der knöchernen Schädelkapsel nur etwa 10% des Volumens als Reserveraum besitzt, frühzeitig zu einem Anstieg des intrakraniellen Drucks.

Als **Hirnödem** wird eine vermehrte interzelluläre und/oder intrazelluläre **Einlagerung von Wasser** ins Gehirn bezeichnet. Die Interzellularräume können nur im Marklager in größerem Umfang anschwellen. Intrazelluläre Einlagerungen von Wasser finden sich dagegen besonders in der Rinde und zwar in erster Linie in den Astrozytenfortsätzen, die relativ viel Wasser aufnehmen können, ohne daß ihre Zellstruktur Schaden nimmt.

In den neurohämalen Regionen der zirkumventrikulären Organe (z. B. Eminentia mediana) sind die Kapillaren fenestriert, so daß im angrenzenden Hirnparenchym die interstitiellen Spalten mit dem Blutmilieu in Verbindung stehen, und erst zum Ventrikelraum hin dichten Tanizyten ab, die im Gegensatz zu benachbarten Ependymzonen durch Tight junctions verbunden sind. Außerhalb der neurohämalen Regionen sind im Gehirn die Gefäßendothelzellen durch Tight junctions verbunden und bilden die **Blut-Hirn-Schranke**. Ist diese gestört, treten Makromoleküle und Elektrolyte über und bedingen primär ein interzelluläres Hirnödem, das **vasogene Ödem**. Die wichtigsten Ursachen sind Traumen, Entzündungen (Abszesse, Encephalitis) und Tumoren des Gehirns. Bei raschem Anstieg des arteriellen Blutdrucks über die obere Grenze des Autoregulationsbereichs, d. h. normal 160 mm Hg bzw. bei chronischer arterieller Hypertonie höher, kommt es zu druckpassiver Überperfusion, die durch Endothelschädigung vor allem in der Hirnrinde zu lokalen Ödemen und Blutungen führt.

Liquorabflußstörungen führen außer zu einer Erweiterung der Liquorräume (Hydrocephalus) primär ebenfalls zu einem interzellulären Hirnödem, indem Liquor durch das Ependym der Hirnventrikel in die Marksubstanz zurück-

Behinderung der Liquorzirkulation

- aus einem der Seitenventrikel in den III. Ventrikel am Foramen interventriculare (Monroi)
- aus dem III. in den IV. Ventrikel am Aquaeductus cerebri (Sylvii)
- am IV. Ventrikel mit seinen Aperturae mediana (Magendii) und laterales (Luschkae) ventriculi quarti zu den Cisternae cerebellomedullaris und pontis laterales

Behinderung der Liquorresorption in den Granulationes arachnoidales (Pacchionii)

- durch eine posthämorrhagische bzw. postmeningitische Arachnopathie (zugleich Zirkulationsstörung im Subarachnoidalraum)
- durch einen Rückstau bei ausgedehnter Sinusthrombose

strömt. Eine Liquorabflußstörung kann durch eine Behinderung der Liquorzirkulation und der Liquorresorption verursacht sein (Tabelle).

Eine Vergrößerung der Liquorräume kann schließlich infolge vermehrter **Bildung des Liquors** aus dem Plexus chorioideus bei einem Plexuspapillom oder einer Ependymitis auftreten, wobei zusätzlich die Liquorzirkulation behindert werden kann.

Bei rascher **Abnahme der Plasmaosmolalität** strömt Wasser vom Blut in das Gehirn und den Liquor, weil die Blut-Hirn- und Blut-Liquor-Schranke Elektrolyte und andere osmotisch aktive Teilchen nur sehr langsam oder (wie Glucose) mit begrenzter Transportkapazität aus dem Gehirn ins Blut übertreten lassen.

Erhält die Na^+/K^+-ATPase in den Zellmembranen der Glia- und Nervenzellen nicht mehr genug ATP, z. B. infolge Sauerstoff- oder Glucose-Mangel, entsteht primär ein intrazelluläres Hirnödem, das **zytotoxische** (metabolische) **Hirnödem**. Mehrere Stunden nach Ischämie oder Hypoxie kommt durch Schädigung des Endothels zum intrazellulären Ödem ein interstitielles hinzu.

Folgen einer Hirndrucksteigerung. Der erhöhte Hirndruck komprimiert die arteriellen und venösen Gefäße des Gehirns. Venöse Abflußbehinderung und Drosselung der arteriellen Zufuhr vermindern den Perfusionsdruck, wodurch ein zytotoxisches Hirnödem entstehen oder zunehmen kann. Eine venöse Abflußbehinderung vermag ein vasogenes Hirnödem durch Steigerung des Filtrationsdrucks zu verstärken und die Resorption des Liquors zu behindern. Anstieg des Hirndrucks kann außerdem die Liquorzirkulation durch Zusammenpressen der Liquorräume verschlechtern.

In diesem Circulus vitiosus kann der Hirndruck schließlich so stark zunehmen, daß Kompression des Mittelhirns durch in den Tentoriumsschlitz gepreßte mediale Temporalhirnanteile und Kompression der Medulla oblongata durch ins Foramen magnum gepreßte Kleinhirntonsillen zu schwersten Funktionsausfällen und zum **Hirntod** führen.

Die Hirndrucksteigerung kann sich in Kopfschmerzen, Schwindel, psychischen Veränderungen, Bewußtseinsstörungen, Erbrechen (bei langsamer Hirndrucksteigerung zuerst nur morgens), Singultus, anfangs Blutdruckanstieg, bei zunehmender Einklemmung der Medulla oblongata Blutdruckabfall und Atemregulationsstörungen, Mydriasis bis hin zur kompletten Okulomotoriuslähmung (durch Druck des Nerven gegen die Klivuskante), Abduzensparese (durch Druck des Nerven gegen die Felsenbeinkante) und eine Schwellung der Sehnervenpapille (Stauungspapille) am Augenhintergrund eines oder beider Augen äußern.

Prinzipien der Prophylaxe und Therapie des Hirnödems. Nach einem schweren Schädel-Hirn-Trauma verstärken Hyperkapnie und Acidose durch Gefäßerweiterung im Gehirn das vasogene Ödem und die Blutfülle des Gehirns, weshalb eine leichte Hyperventilation angestrebt werden soll. Oberkörperhochlagerung um 30° mit möglichst gerade und unverdreht gelagertem Kopf verbessert den venösen Abfluß aus dem Schädelinnern und senkt den Hirndruck. Atmung und Kreislauf müssen in ausreichendem Maß gesichert werden, um einem zusätzlichen zytotoxischen Ödem vorzubeugen. Umgekehrt ist ein zu hoher Blutdruck bei hypertensiver Krise zu senken. Ein zytotoxisches Hirnödem darf, sofern die Blut-Hirn-Schranke intakt ist, mit Osmotherapeutika (20 proz. Mannit-, 10 proz. Glycerin- oder 40 proz. Sorbitlösung i.v.) behandelt werden. Der Osmolalitätsgradient zwischen Plasma und Hirngewebe vermindert das Hirnödem. Jedoch selbst bei intakter Blut-Hirn-Schranke sammeln sich allmählich auch im Hirngewebe osmotisch wirksame Substanzen an, weshalb zur Vermeidung eines Rebound-Effekts Osmotherapeutika nur jeweils kurzzeitig gegeben werden dürfen. Glucocorticoide eignen sich zur Behandlung einer gestörten Blut-Hirn-Schranke zumindest bei malignen Tumoren, bei denen zur Förderung der Diurese zusätzlich Furosemid gegeben wird.

13. Klinisch-chemische Untersuchungen des Liquor cerebrospinalis

Lumbalpunktion. Der Liquor wird gewöhnlich mit einer Nadel zwischen den Dornfortsätzen des 3. und 4. oder 4. und 5. Lendenwirbels hindurch aus dem Subarachnoidalraum gewonnen. Die Einstichstelle befindet sich in der dorsalen Medianlinie etwa auf der Verbindungslinie zwischen den kranialsten Punkten der beiden Darmbeinkämme. Das Rückenmark reicht beim Erwachsenen bis in Höhe des 1., des 2. oder selten des 3. Lendenwirbels. Die Fasern der Cauda equina werden von der Nadelspitze zur Seite geschoben. Die Punktion muß unter streng aseptischen Kautelen und darf nicht durch Eiterherde hindurch erfolgen. Erhebliche Gerinnungsstörungen können zu Cauda und untere Rükkenmarksanteile komprimierenden subarachnoidalen oder subduralen Blutungen führen. Bei Hirndruckzeichen, z. B. Stauungspapille am Augenhintergrund, ist eine Lumbalpunktion allenfalls mit einer speziellen Technik erlaubt. Absenken des Liquordrucks des Rückenmarks durch Abfließen des Liquors über die Punktionskanüle vergrößert die Druckdifferenz zum erhöhten intrakraniellen Druck mit der **Gefahr lebensbedrohlicher Hirneinklemmungen** im Foramen magnum und im Tentoriumschlitz.

Die Liquorentnahme durch **Punktion der Cisterna cerebellomedullaris** (Subokzipitalpunktion) ist gefährlicher als die Lumbalpunktion, da die Medulla oblongata und größere Arterien angestochen werden können, und speziellen

Fällen vorbehalten. Der Primärliquor erhält auf seinem Wege bis zum Lumbalkanal zunehmend Proteine und Zellen beigemischt. Im folgenden wird nur noch auf den **Lumballiquor** eingegangen.

Makroskopische Liquorbeurteilung. Liquor ist normal **klar und farblos**. Vermehrter Gehalt an Zellen läßt ihn trüb erscheinen, wobei weiße bis grüngelbe Farbe auf Leukozyten und rote Farbe auf Erythrozyten hinweist. Blut kann durch Verletzung eines Gefäßes im Stichkanal, was bei portioniertem Auffangen des Liquors an der Abnahme der Verfärbung von Portion zu Portion im allgemeinen zu erkennen ist, oder durch eine subarachnoidale bzw. ventrikuläre Blutung in den Liquor gelangt sein. Begann die Blutung schon vor mindestens 2–3 h und liegt nicht länger als 2–3 Wochen zurück, so ist der durch Abzentrifugation der Erythrozyten gewonnene Überstand rotbraun oder gelb gefärbt. Diese **Xanthochromie** entsteht durch Hämoglobin aus zerfallenen Erythrozyten und seinem Abbauprodukt Bilirubin. Eine Xanthochromie kann aber auch durch eine ausgeprägte Hyperbilirubinämie bei Ikterus bedingt sein.

Zellen im Liquor. Die Untersuchung darf **nicht später als 1 h nach der Abnahme** erfolgen, weil sich die Leukozyten aufzulösen beginnen. Die Zählung der Leukozyten und Erythrozyten erfolgt in der Fuchs-Rosenthal-Kammer. Die Kammer weist 16 mal 16 Quadrate auf insgesamt 16 mm^2 bei einer Höhe von 0,2 mm auf. Entweder werden die Zellen durch Vitalfarbstoffe (z. B. Toluidinblau) angefärbt oder der Liquor wird zur alleinigen Zählung der Leukozyten mit Eisessig im Verhältnis 9:1 verdünnt, um die Erythrozyten zu lysieren und die Leukozyten zu fixieren. Die Zelldifferenzierung erfolgt – ggf. nach Anreicherung durch eine Zytozentrifuge – wie bei Blutausstrichen.

Referenzbereiche:	Erythrozyten	keine
	Leukozyten	bis 5/µl
	lymphozytäre Zellen	60–85%
	monozytäre Zellen	15–40%
	Granulozyten	keine

Bei Säuglingen können höhere Zellzahlen noch normal sein. Bei der Zelldifferenzierung ist auch auf Tumorzellen zu achten. Erythrozyten weisen auf Blutbeimengung hin. Bei bakterieller Meningitis finden sich im akuten (eitrigen) Stadium 1000 - 20000 Leukozyten/µl und überwiegend (neutrophile) Granulozyten. In der nachfolgenden subakuten Proliferationsphase, die durch wirksame Antibiotikatherapie rascher erreicht wird, sinkt die Leukozytenzahl auf 100–1000/µl mit >80% lymphozytären Zellen. In der Reparationsphase schließlich finden sich nur noch bis 100 Leukozyten/µl mit >40% monozytären Zellen. Bei viraler Meningitis ist die granulozytäre Phase nur flüchtig, jedoch die lymphozytäre Phase lang. Tuberkulöse, luetische und mykotische Meningitiden zeigen eine unspezifische Mischpleozytose. Viele eosinophile Granulozyten sprechen für eine parasitäre Erkrankung des ZNS. Von der Reparationsphase bei Infektionen sind unspezifische meningeale Reaktionen bei Traumen oder Durchblutungsstörungen des ZNS nicht zu unterscheiden. Neuroimmunologische Prozesse führen zu einem schubweisen, lymphozytären Ansteigen der Zellzahlen auf selten mehr als 50/µl.

Proteine im Liquor. Zur Messung der Gesamtproteinkonzentration werden die Zellen durch Abzentrifugation aus dem Liquor entfernt. Anschließend werden die Liquorproteine mit Phosphorwolframsäure oder Trichloressigsäure ausgefällt und nach der Biuret-Methode quantitativ bestimmt. Die Konzentrationen von Albumin und α_2-Makroglobulin werden durch Immun-Turbidimetrie oder -Nephelometrie, die von Immunglobulin G (IgG) durch radiale Immundiffusion im Liquor und im Serum gemessen. Oligoklonale Immunglobuline werden durch spezielle elektrophoretische Methoden nachgewiesen.

Referenzbereiche:	Gesamtprotein	200 – 400 mg/l
	Immunglobulin G (IgG)	15 – 40 mg/l
	Liquor/Serum-Quotient von Albumin	bis 0,008

Die Gesamtproteinkonzentration ist erhöht, wenn Primärliquor vermindert gebildet wird oder durch eine Liquorzirkulationsstörung vermindert zum Abnahmeort gelangen kann, weil dann der Anteil des proteinreicheren Sekundärliquors steigt. Ferner kann die Liquorproteinkonzentration durch eine Störung der Blut-Hirn- bzw. Blut-Liquor-Schranke erhöht sein, besonders bei eitrigen Entzündungen. Bei vermehrter Bildung von Primärliquor oder bei Liquorresorptionsstörungen kann die Proteinkonzentration dagegen vermindert sein.

Ist die Gesamtproteinkonzentration im Liquor erhöht, gibt der Liquor/Serum-Quotient von Albumin Auskunft über eine Schrankenstörung, da Albumin nicht lokal im ZNS gebildet werden kann. Zusätzliche Erhöhung des Liquor/Serum-Quotienten von **α_2-Makroglobulin** zeigt eine Durchlässigkeit der Schranke für noch größere Moleküle an. IgG kann im Liquor sowohl aufgrund einer Schrankenstörung als auch einer Produktion innerhalb des ZNS vermehrt sein. **Wird der Liquor/Serum-Quotient von IgG durch den von Albumin geteilt, so spricht ein Wert > 0,7 gegen eine alleinige Schrankenstörung.** In diesen Fällen kann in Nomogrammen mit dem Liquor/Serum-Quotienten von IgG und von Albumin der Anteil der ZNS-lokalisierten IgG-Produktion abgeschätzt werden. Der qualitative Nachweis einer Immunglobulinproduktion im ZNS kann besonders bei protrahiert verlaufenden entzündlichen Erkrankungen (z. B. Multiple Sklerose) durch **Nachweis oligoklonaler Immunglobuline** möglich sein. Diese entstammen selektiv vermehrten B-Lymphozytenklonen im ZNS. Sie müssen von zugleich im Serum vorkommenden monoklonalen Immunglobulinen bei Plasmozytom oder Morbus Waldenström unterschieden werden.

Glucose und Lactat im Liquor. Die Glucose- und Lactat-Bestimmung im Nativliquor erfolgt mit den gleichen Methoden wie im Serum. Zusätzlich wird Glucose in einer mit einem Glykolysehemmer versetzten Kapillarblutprobe gemessen. Die Lactatkonzentration im Liquor nimmt altersabhängig zu.

Referenzbereiche:	Glucose	60–90% der Blutglucose	
	Lactat	1,1–1,8 mmol/l	(0,5–15 Jahre)
		1,5–2,1 mmol/l	(16–50 Jahre)
		1,7–2,6 mmol/l	(51–75 Jahre)

Bei bakterieller Meningitis ist Glucose stark vermindert und Lactat stark vermehrt. Tumoren können ebenfalls zu einer verminderten Glucose- und erhöhten Lactatkonzentration führen. Bei blutigem Liquor spricht eine deutlich erhöhte Lactatkonzentration gegen eine artifizelle Beimengung bei der Punktion und für eine cerebrale oder subarachnoidale Blutung. Cerebrale Ischämien führen je nach Ausmaß zu mehr oder weniger erhöhten Lactatkonzentrationen infolge Sauerstoffmangel der Gehirnzellen.

XII. Entzündung

Die Entzündung ist eine Gegenreaktion des Gewebes auf eine Zell- bzw. Gewebsschädigung, die durch unterschiedliche
Faktoren ausgelöst werden kann:

- Physikalische Schäden (Verbrennung, ernergiereiche Strahlung, mechanische Schäden, Hypoxie),
- chemische Agenzien („Zell- und Membrangifte", starke Säuren und Basen),
- Mikroorganismen (Inhaltsstoffe, Stoffwechselprodukte oder Bestandteile von Zellwänden und Kapseln von Bakterien, Viren, Protozoen, Parasiten, Pilzen (u. a.),
- Antigen-Antikörperreaktionen mit Komplementaktivierung (allergische Reaktionen).

Art und Umfang der Zellschäden variieren in Abhängigkeit vom schädigenden Agens, das nicht nur lokale Sekundärreaktionen des betroffenen Gewebes auslöst, sondern – in Abhängigkeit von Umfang und Ausdehnung des Entzündungsprozesses – heftige Allgemeinreaktionen hervorrufen kann.

Die akute Entzündung ist ein komplexer Prozeß kausal und zeitlich verknüpfter Vorgänge, an denen humorale Faktoren, zelluläre Elemente und immunologische Reaktionen beteiligt sind. Die synergistische Aktivität aller Faktoren dient der Abwehr der schädigenden Noxe und bereitet die Reparaturprozesse vor.

1. Toxine und Enzyme von Mikroorganismen

Viele Mikroorganismen (z. B. Bakterien) besitzen nicht nur antigene Strukturen, die eine aktive Immunisierung (S. 495) induzieren, sondern wirken häufig direkt toxisch. Die Toxizität beruht auf der Produktion und Freisetzung von bakteriellen **Exotoxinen** (Ektotoxine) bzw. auf der Wirkung von **Endotoxinen**, die bei Absterben der Mikroorganismen frei werden. Während die Antigenwirkung erst nach einem Zeitraum von 8 – 10 Tagen an dem Auftreten von spezifischen Antikörpern erkennbar ist, setzt die toxische (zellschädigende) Wirkung unmittelbar nach der Infektion ein und ist häufig nicht nur lokal begrenzt, d. h. im Entzündungsgebiet nachweisbar, sondern auch von starken

Allgemeinreaktionen begleitet (Fieber, Leukozytose). Bei gramnegativen Bakterien ist das **Lipopolysaccharid A** für diese Wirkungen verantwortlich, das noch in einer Dosis von 0,001 μg/kg Körpergewicht pyrogen (fiebererzeugend) wirkt.

Aus der Kulturflüssigkeit von Pseudomonas- bzw. Streptomyces-Arten wurde das Toxoflavin isoliert. Choleravibrionen produzieren ein Enterotoxin, das die Adenyl-Cyclase der Darmepithelien stimuliert und dadurch die Na^+-Resorption blockiert. Bei gleichzeitig gesteigerter aktiver Cl^-- und Wassersekretion resultieren wäßrige Diarrhoen und metabolische Acidose.

Andere Exotoxine sind Enzyme (s. u.) bzw. Proteine wie z. B. das Botulismustoxin (Mol.-Gew. 9×10^5) aus Clostridium botulinum, das die Acetylcholinfreisetzung aus den cholinergischen Nervenendigungn blockiert, das Tetanospasmin (Clostridium tetani), das Scharlachtoxin oder das Diphtherietoxin, die alle systemische Toxinwirkung entfalten.

Die vorstehenden Beispiele verdeutlichen, daß die Zellmembran- bzw. Zellstoffwechsel-schädigenden Effekte von Stoffwechselprodukten oder Inhaltsstoffen von Mikroorganismen eine reiche Skala der verschiedensten chemischen Strukturen umfaßt.

Die aus kollagenen und elastischen Fibrillen und makromolekularen Proteinen und Proteoglykanen aufgebaute Zwischenzellsubstanz (Kap. Bindegewebe, S. 415) stellt eine natürliche Barriere für die eingedrungenen Mikroorganismen dar, wirkt also einer Infektionsausbreitung entgegen. Dieser Schutz geht bei enzymatischem Abbau der Zwischenzellsubstanz verloren. Einige Bakterien vermögen Enzyme zu produzieren und abzugeben, die Kollagen, Proteoglykane und Proteine der extrazellulären Matrix hydrolytisch abbauen. So produzieren Clostridium histolyticum-Arten und Choleravibrionen eine **Kollagenase**, die bezüglich Spezifität und Wirkungsweise nicht mit der Säugetier-Kollagenase identisch ist, und Kollagen hydrolytisch spaltet. Manche Streptokokkenarten verfügen über eine **Hyaluronat-Lyase**, die Hyaluronat zu ungesättigten Disacchariden depolymerisiert und damit die makromolekulare Organisation der extrazellulären Proteoglykan-Hyaluronat-Komplexe zerstört.

Andere Mikroorganismen eliminieren $\Delta^{4,5}$-D-Glucuroniddisaccharide aus Chondroitinsulfat bzw. Dermatansulfat mit Hilfe einer **Chondroitinsulfatlyase AC** bzw. **ABC**. **Proteolytische Enzyme** aus Bakterien vervollständigen die Desintegration der Zwischenzellsubstanz und bauen auch Fibrin ab (z. B. Streptolysin). Die mikrobielle Phospholipase C katalysiert die zellmembranschädigende Reaktion.

$$\text{Lecithin} \longrightarrow \text{Diacylglycerol} + \text{Phosphorylcholin}$$

Die Stärke der entzündlichen Gewebsreaktion und die Ausbreitung der Infektion werden durch das Ausmaß der Freisetzung mikrobieller Toxine und gewebszerstörender Enzyme bestimmt.

2. Primäre Entzündungsreaktionen

Die Initialphase des Entzündungsprozesses ist durch Aktivierung humoraler Systeme gekennzeichnet. Dazu gehören:

- **Aktivierung des Gerinnungssystems.** Durch Schädigung des Gefäßendothels (z. B. durch bakterielle Endotoxine) über eine Aktivierung des Faktor XII wird das plasmatische (intrinsic) Gerinnungssystem ausgelöst. Sekundär wird durch den aktivierten Faktor XIIa die Fibrinolyse (nach Konversion des Plasminogens zu Plasmin) inganggesetzt.
- **Aktivierung des Komplementsystems.** Neben der klassischen durch Antigen-Antikörper-Komplexe ausgelösten Reaktionssequenz des Komplementsystems spielt in der Frühphase der Entzündung der **alternative Weg der Komplementaktivierung** eine wichtige Rolle (Abb.). Er wird Antikörper-unabhänging durch Endotoxine (z. B. bakterielle Lipopolysaccharide), Zymosan (Polysaccacharide aus Hefezellwänden) oder Proteasen (Plasmin, Gewebsproteasen) inganggesetzt. Die bei der Komplementreaktion gebildeten Reaktionsprodukte C3a und C5a wirken als „Anaphylatoxine" entzündungssteigernd, da sie chemotaktisch auf Granulozyten wirken und

Aktivierungsmöglichkeiten und Reaktionssequenz des Komplementsystems

(Die Hydrolyse der Komplementproteine 2, 4 und 5 in die Komponenten a und b ist nicht dargestellt. Ag = Antigen, Ak = Antikörper)

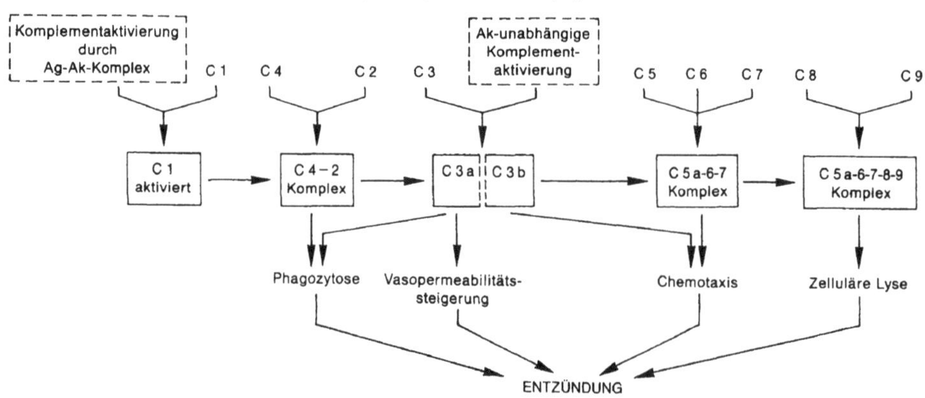

deren unspezifische Abwehrreaktion (s. u.) verstärken. Außerdem regen sie die Histaminfreisetzung aus Mastzellen, die Kontraktion glatter Muskelzellen des Gefäßsystems, die Synthese von Thromboxan A_2 in Thrombozyten und die Prostaglandin- und Leukotriensynthese im Lungengewebe an. Durch Erhöhung der Gefäßpermeabilität begünstigen sie den Austritt von Blutplasma in den extravasalen Raum (Exsudation). Ihre biologische Wirkung entfalten C3a und C5a (in geringem Maße auch C4a) schon in extrem niedrigen Konzentrationen (10^{-6} bis 10^{-14} mol/l).

- Die **Aktivierung des Kallikrein/Kininsystems** ist eng an die Aktivierung des Faktor XII gekoppelt. Der aktivierte Faktor XIIa (s. o.) setzt aus Präkallikrein das enzymaktive Kallikrein frei, das wiederum aus Kininogen (α_2-Globulinfraktion des Blutplasmas) die biologisch aktiven Oligopeptide Kallidin bzw. Bradykinin abspaltet. Die Kinine sind für die im Entzündungsgebiet erhöhte Gefäßpermeabilität und Gefäßdilatation (Hyperämie) mitverantwortlich.

Die proteolytische Aktivität der genannten humoralen Systeme steht unter Kontrolle zahlreicher Proteaseinhibitoren des Blutplasmas (u. a. Antithrombin III, C1-Inaktivator, α_2-Antiplasmin). Die Proteaseinhibitoren greifen durch Bildung äquimolarer Komplexe mit den Proteasen regulierend in den Entzündungsprozeß ein, in dessen Verlauf es zu einer Verschiebung des Protease/Proteaseinhibitor-Gleichgewichts kommen kann.

Die durch die Aktivierung der humoralen Systeme eingeleitete Entzündungsreaktion löst weitere unspezifische Abwehrmechanismen und – in zeitlichem Abstand – auch spezifische (klonale) Immunreaktionen aus.

3. Unspezifische Abwehrmechanismen

An der Induktion und Erhaltung lokaler Entzündungsprozesse sind zahlreiche zelluläre Elemente und die von ihnen produzierten Entzündungsmediatoren beteiligt. Ihre Funktion im Entzündungsgebiet ist unspezifischer (angeborener) Natur und zielt auf einen Abbau zelltoten körpereigenen Materials und auf eine Schädigung eingedrungener Mikroorganismen. Hierbei sind beteiligt:

- **Polymorphkernige Leukozyten**. Chemotaxis und Adhäsion der Leukozyten an (geschädigten) Endothelzellen bzw. subendothelialen Strukturen werden durch den Komplementfaktor C5a gefördert und durch spezifische **Adhäsionsmoleküle** bzw. Rezeptoren, die mit Membranproteinen der Leukozyten reagieren, vermittelt. Ihre Fähigkeit zur Adsorption und Phagozytose von

Fremdmaterial, die durch **Opsonine** (z. B. Fibronektin, Komplementspaltstück C3b) gesteigert wird, sowie ihre Sekretionsleistungen (Abgabe neutraler Proteasen, lysosomaler Hydrolasen, Bildung zellschädigender O_2-Metabolite und Synthese von Eikosanoiden) machen die Leukozyten zu einem wirksamen Instrument der unspezifischen Infektabwehr.

Die „Opsonierung" von Mikroorganismen erfolgt durch Anlagerung der Komplementspaltstücke C3b und C3bi, sowie von IgG an die Bakterienoberfläche. Der neutrophile Granulozyt „erkennt" das zu phagozytierende Objekt mit Hilfe seiner Rezeptoren CR1 und CR2, die an C3b bzw. C3bi binden. Das IgG-Molekül lagert sich an den Fc-Rezeptor (FcR) der Granulozyten an.

Das phagozytierte Material (Phagosom) fusioniert intrazellulär mit Lysosomen, deren Enzyme (Proteasen, Glykosidasen, Nucleasen, Lipasen, Esterasen u. a.) zu einem hydrolytischen Abbau der eingedrungenen Partikel führen. Gleichzeitig gelangen jedoch lysosomale Enzyme über inkomplett verschlossene Phagolysosomen in das Interstitium. Die Freisetzung von Proteasen und toxischen O_2-Metaboliten in den extrazellulären Raum kann dabei auch zu einer Gefährdung intakter extrazellulärer Matrixbestandteile führen. Insbesondere die **Leukozyten-Elastase** und das **Leukozyten-Kathepsin G** können eine Vielzahl physiologischer Substrate abbauen.

Auf einen unspezifischen Entzündungsreiz antworten die polymorphkernigen Leukozyten mit einem spontanen **Anstieg des O_2-Verbrauchs** und des Glucoseumsatzes im Pentosephosphatzyklus (sog. „respiratory burst"). Der aufgenommene Sauerstoff wird unter Mitwirkung einer membranintegrierten NAD(P)H-abhängigen Oxidase und eines Flavinenzyms zur Bildung von Superoxidanionen (O_2^-) verbraucht. In einer spontanen oder Superoxid-Dismutase-katalysierten Folgereaktion wird das Superoxidanion zu H_2O_2 und O_2 bzw. zum Hydroxylradikal (OH·) umgewandelt. Die Myelo-Peroxidase bildet aus H_2O_2 in Gegenwart von Halogenionen (Cl^-, I^-) Hypohalite (z. B. HOCl). Die hohe **Zytotoxizität aller Sauerstoffmetabolite** und Radikale beruht auf einem oxidativen bzw. peroxidativen Angriff auf Carbonylgruppen, SH-Gruppen und Lipide der Membranen von Mikroorganismen. Im Rahmen des Entzündungsprozesses können sich toxische O_2-Metabolite aber auch gegen körpereigene Zellen richten.

Die aus den neutrophilen (polymorphkernigen) Granulozyten freigesetzten neutralen Proteasen **Elastase** und **Kathepsin G** können mit Proteaseinhibitoren des Blutplasmas (α_1-Proteaseinhibitor, α_2-Makroglobulin, α_1-Antitrypsin und α_1-Antichymotrypsin) bimolekulare (enzyminaktive) Komplexe bilden und so das Ausmaß der Proteolyse limitieren.

- **Makrophagen/Monozyten** haben mit den polymorphkernigen Leukozyten die hohe Phagozytosekapazität, die Ausstattung mit einer breiten Palette lysosomaler Hydrolasen und die Fähigkeit zur Bildung toxischer O_2-Metabolite gemeinsam, zeichnen sich darüberhinaus aber durch spezifische Stoffwechsel- und Sekretionsleistungen aus:

- **Interleukin-1**, das B- und T-Lymphozyten zur Bildung von Interleukin-2 und anderen Lymphokinen sowie Fibroblasten zur Kollagensynthese anregt. In der Leber induziert Interleukin-1 die Synthese von Akute-Phase-Proteinen (s. u.).
- **TNF** (Tumornecrosisfaktor) supprimiert die Aktivität der Lipoprotein-Lipase und die Speicherung von Triglyceriden im Fettgewebe. Systemische Effekte des TNF sind Fieber, Kachexie und Schocksymptome.
- **α-Interferon** schützt gegen Virusinfektionen und wirkt antiproliferativ gegen bestimmte Tumorzellen. Auf T-Lymphozyten hat α-Interferon eine stimulierde Wirkung.
- **Eikosanoide**. Prostaglandin E_2, Thromboxan A_2 und die Leukotriene B_4 und C_4 unterdrücken einerseits die Proliferation und Differenzierung unreifer Stammzellen, wirken andererseits aber chemotaktisch und de-

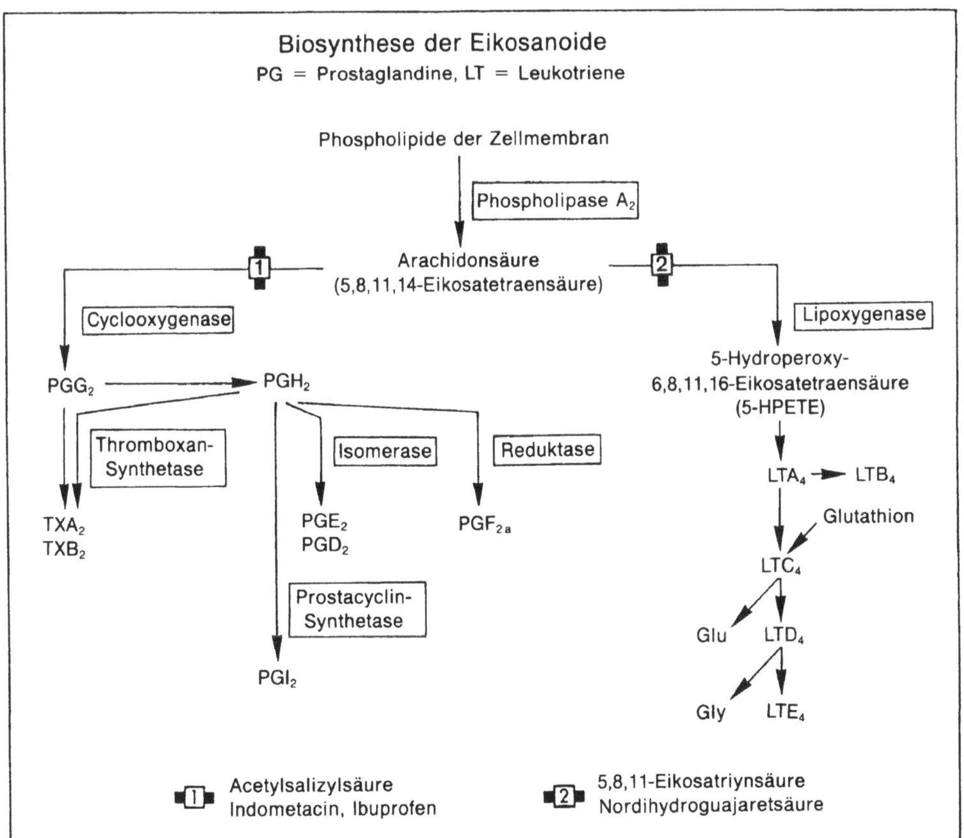

granulierend (enzymfreisetzend) auf Leukozyten. Synthese und weitere Effekte der Eikosanoide sind der Abbildung und der Tabelle zu entnehmen.

Wirkung der Eikosanoide als Entzündungsmediatoren

Effekt	Eikosanoidtyp
Pyrogene Wirkung	PG_2
Chemotaxis	HETE, PG_2, LTB_4, LTC_4
Vasodilatation	PGE_2
Vasokonstriktion	PGA_2, LTC_4
Kapillarpermeabilitäts-Steigerung	PGD_2, HETE, HPETE, LTC_3, LTE_4
Thrombozytenaggregation	PGA_4
Broncho-, Bronchiolokonstriktion	$PGF_{2\alpha}$, LTC_4, LTD_4, LTE_4
Stimulation der T-Suppressor-Zellen	$LTB4_4$
Senkung der Schmerzschwelle	PGE_2

Abkürzungen: PG = Prostaglandine, LT = Leukotriene

Im Rahmen der spezifischen immunologischen Abwehr (s. u.) haben die Makrophagen die zentrale Funktion, Antigenmoleküle zu verarbeiten und an ihrer Oberfläche zusammen mit dem MHC-Proteinen der Klasse I und II den T- und B-Lymphozyten zu präsentieren (S. 496).

- **NK-Zellen** (natural killer cells, große granulierte Lymphozyten) gehören zum Repertoire der unspezifischen Abwehr, da sie ohne Vorsensibilisierung und ohne Beteiligung von Antigenen zytotoxisch wirken und Zellen, die mit nicht-viralen Erregern infiziert sind, sowie Tumorzellen angreifen.

- **Basophile Granulozyten und Mastzellen** vermitteln anaphylaktische Reaktionen im Rahmen der immunologischen Abwehr (s. u.), da sie auf ihrer Oberfläche Rezeptoren für die Fc-Region von IgE- und bestimmten IgG_1-Molekülen tragen. Ein Kontakt zellgebundener IgE- bzw. IgG_1-Moleküle mit dem Antigen führt zur Degranulierung der basophilen Granula und Freisetzung entzündungsfördernder Mediatoren, deren Hauptkomponente das **Histamin** darstellt. Histamin ist in den Granula an Carboxyl- bzw. Sulfatgruppen heparinhaltiger Proteoglykane gebunden und für die Ausprägung lokaler und systemischer anaphylaktischer Schockreaktionen verantwortlich (S. 499). Die von Mastzellen bzw. basophilen Granulozyten ausgehenden anaphylaktischen Sofortreaktionen können jedoch auch Antigen-unabhängig durch den Komplementfaktor C3b nach Kontakt mit Membran-integrierten C3b-spezifischen Rezeptoren ausgelöst werden.

Bei der unspezifischen Abwehr aus Zellen freigesetzte Entzündungsmediatoren

Zellen	Mediatoren
Polymorphkernige Granulozyten	Neutrale Proteasen (Elastase, Kathepsin G) saure (lysosomale) Hydrolasen Eikosanoide (PGE_2, PGI_1, TXA_2, 5-HETE, LTB_4) PAF Sauerstoffmetabolite ($O_2^{\cdot-}$, H_2O_2, $OH^{\cdot}$)
Aktivierte Makrophagen	Proteasen (Kollagenase, Elastase, lysosomale Hydrolasen, Plasminogenaktivator) Protease-Inhibitoren (α_1-Protease-Inhibitor, α_2-Makroglobulin) Cytokine (IL-1, TNF, GM-CSF) Fibronectin Eikosanoide (5-HETE, LTC_4, LTB_4, LTE_2, PGE_2, TXA_2) Sauerstoffmetabolite (s. o.) α-Interferon
Mastzellen, basophile Granulozyten	Histamin, Serotonin, Heparin Chemotaktische Peptide (z. B. Val-Gly-Ser-Glu) Neutrale Proteasen IL-1 Fibronectin Eikosanoide (5-HPETE, 5-HETE, LTB_4) PAF
Endothelzellen	Eikosanoide (Prostazyklin, PGI_2, PGE_2) PAF NO (Stickstoffmonoxid) Endothelin
Thrombozyten	TXA_2 PAF

Abkürzungen: GM-CSF = Kolonie-stimulierender Faktor für Granulozyten und Makrophagen, 5-HETE = 5-Hydroxyeikosatetraensäure, 5-HPETE = 5-Hydroperoxieikosatetraensäure, IL = Interleukin, LT = Leukotriene, PAF = Plättchenaktivierender Faktor (1-O-Alkyl-2-acetyl-glyceryl-3-phosphorylcholin), PG = Prostaglandine, TNF = Tumornecrosisfaktor, TX = Thromboxan

- **Gefäßendothelzellen und Thrombozyten** beteiligen sich durch Sekretion von Eikosanoiden und dem Plättchen-aktivierenden Faktor (PAF) an der Entzündungsreaktion. Gefäßendothelzellen und Makrophagen verfügen über eine Tetrahydropterin-abhängige Oxygenase (NO-Synthetase), die aus Arginin den Signaltransmitter **Stickstoffmonoxid** (NO) freisetzt. Das in Endothelzellen entstehende NO aktiviert die Guanyl-Cyclase in glatten Muskelzellen und Thrombozyten und erhöht die intrazelluläre Konzentration an cGMP, das wiederum die Kontraktion der glatten Muskelzellen und die Aktivierung der Thrombozyten hemmt. NO wird als Endothelzell-Relaxierender-Faktor (Endothelium Derived Relaxing Factor, **EDRF**) bezeichnet. Das aus Makrophagen freigesetzte NO – ein farbloses giftiges Gas – ist an der Zytotoxizität der Makrophagen beteiligt.

Das aus geschädigten Endothelzellen stammende Peptid **Endothelin** ist ein potenter Vasokonstriktor und als Mediator von Gefäßspasmen wirksam (z. B. renale Ischämie).

Eine Übersicht über die von Entzündungszellen freigesetzten Mediatoren gibt die Tabelle.

4. Allgemeinreaktionen (Akute-Phase-Reaktionen)

Die nach Eintritt einer akuten Entzündung (Infekt, Verbrennung, aseptische Gewebsnekrosen verschiedener Ursachen u. a.) oder die während chronischer Entzündungen einsetzenden systemischen unspezifischen Allgemeinreaktionen des Organismus werden als **Akute-Phase-Reaktion** bezeichnet. Sie umfaßt eine Vielzahl komplexer metabolischer Veränderungen, zu denen die Erhöhung der Körpertemperatur, die Stimulation der Myelopoese mit verstärkter Mobilisierung unreifer Granulozyten im peripheren Blut und die Änderung der Syntheserate verschiedener Proteine durch die Leber gehören. Die gesteigerte Synthese und Sekretion von Plasmaproteinen durch die Leber setzt 6–12 h nach Beginn der Entzündungsreaktion ein und erreicht nach 24–36 h ein Maximum. Sie wird vorwiegend durch Interleukin 6, ferner durch Interleukin 1 und TNF-α ausgelöst, die von Makrophagen unter der Einwirkung entzündungserregender Substanzen (aus Viren, Bakterien, nekrotischem Gewebe) gebildet und abgegeben werden. Glucocorticoide fördern die Synthese. Von den Akute-Phase-Proteinen hat das **C-reaktive Protein** (CRP) wegen seines 100 bis 1000 fachen Konzentrationsanstiegs (**Referenzwert** <3 mg/l) die höchste klinische Relevanz und seine immunologische Bestimmung gilt als empfindlicher Indikator für die Aktivität und das Ausmaß des Entzündungsprozesses. Krankheitsspezifität hat die CRP-Erhöhung jedoch nicht, sein diagnostischer Wert besteht aber darin, daß ein Anstieg der CRP-Konzentration bei Entzündungsprozessen schneller erfolgt als die Erhöhung der Blutkörperchensenkungsgeschwindigkeit und der Körpertemperatur und auch nach Abklingen des entzündlichen Prozesses zuerst wieder verschwindet. Andere Akute-Phase-Proteine (z. B. Haptoglobin, α_1-Protease-Inhibitor, α_1-Antichymotrypsin, saures α_1-Glykoprotein, Fibrinogen) zeigen einen 2 bis 3 fachen Anstieg ihrer Plasmakonzentration. Umgekehrt nimmt in der Akuten-Phase-Reaktion die Konzentration von Albumin, Präalbumin, α-Lipoprotein und Transferrin durch reduzierte Synthese ab (negative Reaktanten), so daß in der Serum-Protein-Elektrophorese eine dysproteinämische Reaktionskonstellation nachweisbar wird. Sie gibt sich durch einen Anstieg der α_1- und α_2-Globulinfraktion zu erkennen.

Globale Änderungen der Zusammensetzung der Plasmaproteine lassen sich auch durch die **Blutkörperchensenkungsgeschwindigkeit** (BSG) erfassen (S. 503). Die bei der Akuten-Phase-Reaktion erhöhte BSG erklärt sich u. a. daraus, daß Fibrinogen, α_2-Makroglobulin und (in höherer Konzentration) auch Haptoglobin und Caeruloplasmin eine Aggregation von Erythrozyten begünstigen, die zu einer erhöhten Sedimentationsrate der Erythrozyten führt.

Die bei bakteriell-entzündlichen Prozessen auftretenden Allgemeinreaktionen (Fieber, Granulozytose) können durch die von Mikroorganismen stammenden **Endo- und Exotoxine** (S. 486) erheblich verstärkt werden.

5. Antigenspezifische zelluläre und humorale Abwehr

Die antigenspezifische Abwehr von Infektionen (Mikroorganismen, Toxine, antigene Strukturen) erfolgt über das **zelluläre** und **humorale Immunsystem**, die stets beide – wenn auch in unterschiedlichem Ausmaß und in zeitlichem Abstand nach den unspezifischen Reaktionen (s. o.) – am immunologischen Abwehrprozeß beteiligt sind. Träger des Immunsystems sind T- und B-Lymphozyten und Antikörper(Ig)-Moleküle.

T- und B-Lymphozyten exprimieren auf ihrer Oberfläche zahlreiche Rezeptoren („Adressine"), u. a. das CD44- Rezeptorprotein, das eine spezifische Bindungsfähigkeit an Hyaluronat aufweist. Die Adressine reagieren mit Oberflächenstrukturen lymphatischer Gewebe. Der CD44-Rezeptor (CD = Cluster of Differentiation) befähigt die langlebigen Lymphozyten zur Rezirkulation in Lymphgewebe und in den Thymus („homing receptor") und auch zur Adhäsion an Strukturen des Entzündungsgebietes, in dem Zellmembran- oder Matrix-assoziiertes Hyaluronat exponiert wird.

Die Aktivierung des Immunsystems setzt den direkten Kontakt präformierter immunkompetenter Zellen mit dem **Antigen** (Immunogen) voraus. Antigenität (Immunogenität) besitzen xenogene, allogene oder autologe Substanzen mit chemisch charakterisierten Gruppierungen (Antigendeterminanten, Epitope), die vom Organismus als „fremd" („not self") erkannt werden und die Fähigkeit besitzen, eine Immunantwort auszulösen, die durch folgende immunkompetente Zellen realisiert wird:

- **Makrophagen**, die im Rahmen der unspezifischen Abwehr Fremdmaterial phagozytieren, werden durch Bildung immunogener (antigene) Strukturen in das Immunabwehrsystem einbezogen, indem sie das Antigen bearbeiten und zusammen mit dem MHC-Protein der Klasse I zytotoxischen T-Lymphozyten (T_8-Zellen) präsentieren und diese zur spezifischen klonalen Vermehrung anregen.
- Die **zytotoxische T-Zelle** erkennt das Antigen der zu zerstörenden Zielzelle über spezifische T-Zellrezeptoren und scheidet über einen Exozytoseprozeß das **Perforin** aus, das in die Membran der Zielzelle eindringt und dort zu porenförmigen Strukturen polymerisiert, durch die Wasser und Elektrolyte in die Zielzelle eindringen und diese schließlich lysieren.
- **T-Helferzellen**. Für die klonale Vermehrung bedürfen die zytotoxischen T-Zellen der Mitwirkung der T-Helferzellen (T_4-Zellen), die ihrerseits von einem Makrophagentyp auf dessen Oberfläche MHC-Proteine der Klasse II lokalisiert sind, das Antigen angeboten bekommen. Bei Kontakt des Antigen-präsentierenden Makrophagen mit dem Rezeptor der T_4-Lymphozyten sezerniert der Makrophage Interleukin-1, das die T_4-Zellen zur Bildung und Sekretion von Interleukin-2 anregt. Das Interleukin-2 induziert die Differenzierung und klonale Vermehrung der zytotoxischen T-Zellen (s.o).
- **B-Lymphozyten**. Die Aktivierung der B-Lymphozyten und ihre Einbeziehung in die Immunabwehr wird durch die T- Helferzellen vermittelt, kann jedoch auch direkt durch das Antigen erfolgen. Der Kontakt mit dem Antigen, das u.U. durch die vorangehende Aufnahme in Makrophagen eine verstärkte Immunogenität erhalten hat, regt die B-Lymphozyten zur Differenzierung und klonalen Teilung in Antikörper-bildende **Plasmazellen** an. Dazu ist jedoch die Anlagerung von T-Helferlymphozyten, die auf der Oberfläche das Antigen zusammen mit dem MHC-Protein der Klasse II darbieten, erforderlich. Das von der Helferzelle sezernierte Interleukin-2 regt die Konversion von B-Lymphozyten in Plasmazellen an. Die durch klonale Vermehrung entstehenden Plasmazellen setzen ihre antigenspezifischen Oberflächen-Rezeptoren in Form von Immunglobulinen in die Zirkulation frei (**humorale Antikörper**).

Ein Teil der zytotoxischen T-Lymphozyten und Helferlymphozyten zirkulieren im Blut oder in der Lymphflüssigkeit als langlebige **Gedächtniszellen** (Memoryzellen), die bei einem erneuten Kontakt mit dem geichen Antigen eine schnelle Immunantwort auslösen. Andere Differenzierungsformen der T- und B-Lymphozyten sind **Suppressorzellen**, die die Immunreaktion nach erfolgreicher Abwehr abschalten.

6. Defekte der unspezifischen und spezifischen Abwehr

Die Komplexität der unspezifischen und immunologischen Abwehrprozesse spiegelt sich in zahlreichen Störungen und den daraus resultierenden Erkrankungen wieder. Sie können angeboren oder erworben sein und die unspezifischen Abwehrmechanismen oder das B- und das T-Zell-System betreffen, aber auch in kombinierten Defekten bestehen.

Beispiele für primäre (nicht-antigenspezifische) Abwehrdefekte gibt die nachfolgende Tabelle.

Beispiele für Defekte unspezifischer Abwehrreaktionen

Defekt	Krankheitsbild
Erblicher Mangel an NADPH-Oxidase, Glutathion-Oxidase oder Glucose-6-phosphat-Dehydrogenase (mangelhafte H_2O_2-Bildung)	Chronische Granulomatose
Erblicher Mangel an C1-Inhibitor (C1-Inaktivator)	Hereditäres angioneurotisches Ödem
Erhöhte Plasmakonzentrationen der Komplementfaktoren C3a und C3d	Chronische Polyarthritis
Mangelnde phagozytotische Aktivität polymorphkerniger Leukozyten und Makrophagen	Chronische Entzündungen
Defekt der Cytochromoxidase b_{245}	Septische Granulomatose
Mangelhafte Ausbildung von Aktinfilamenten neutrophiler Granulozyten („lazy-leucocyte syndrome“)	Rekurrierende schwere Infektionen

Primäre (angeborene) **Immundefekte**. Die Tabelle gibt die Klassifizierung primärer Immundefekte wieder. Besonderheiten (z. B. Ataxie, Thrombozytopenie, Ekzeme, Zwergwuchs) sind aus der Terminologie der Immundefekte ersichtlich.

Die klinische Symptomatik der Immundefekte ist durch gestörte humorale und/oder zelluläre immunologische Reaktion gekennzeichnet. Erhöhte Infektanfälligkeit gegenüber Bakterien (humorale Immundefekte) bzw. Viren und Pilzen (zelluläre Immundefekte) sind charakteristisch, rekurrierende Infekte des Respirations- und Intestinaltrakts häufig.

Die in der Tabelle aufgeführten Immundefekte lassen sich aufgrund immunologischer, morphologischer und genetischer Kriterien definieren, die Diagnose

Klassifizierung primärer Immundefekte

Klassifizierung primärer Immundefekte
1. Humorale Immundefektzustände (B-Zell-Defekte)
Infantile X-chromosomale Agammaglobulinämie (Bruton)
Selektiver Immunglobulin-A-Mangel
Selektiver Immunglobulin-E-Mangel
Transitorische Hypogammaglobulinämie des Kleinkindes
X-chromosomaler Immundefekt mit Hyper-IgM-Globulinämie
2. Zelluläre Immundefektzustände (T-Zell-Defekte)
Thymushypoplasie (Nezelof-Syndrom)
Thymushypoplasie und Hypoplasie der Nebenschilddrüse (Di George-Syndrom)
Episodische Lymphopenie mit Lymphozytotoxin
3. Kombinierte T- und B-Zelldefekte (z. T. auch Stammzelldefekte)
Immundefekt mit Normo- oder Hyperimmunoglobulinämie
Immundefekt bei Ataxia teleangiectasia
Immundefekt mit Thrombozytopenie und Ekzem (Wiscott-Aldrich-Syndrom)
Immundefekt mit Thymom
Immundefekt mit kurzgliedrigem Zwergwuchs
Immundefekt mit generalisierter hämopoetischer Hypoplasie
Schwere kombinierte Immundefekte (autosomal rezessiv, X-chromosomal, sporadisch)
Kombinierter Immundefekt mit Adenosin-Desaminasemangel
Variabler Immundefekt (nicht klassifizierbar, häufig)

erfolgt jedoch unter Einbeziehung zahlreicher Laboruntersuchungen (Zytohämagglutination, Stimulation der Lymphozyten, gemischte Lymphozytenkultur (MCL, Mixed Lymphocyte Culture), da eine Differenzierung allein nach klinischen Kriterien nicht möglich ist.

Allerdings läßt sich der weitaus größere Teil der Patienten mit Immundefektsyndromen nicht einem bestimmten Defekt zuordnen, sondern bildet eine heterogene Gruppe, die sich einer klaren nosologischen Zuordnung entzieht.

Sekundärer Mangel an Immunglobulinen. Erworbene immunologische Defektsyndrome manifestieren sich z. T. in schwerer Form bei malignen Erkrankungen (insbesondere bei malignen Systemerkrankungen und hämatologischen Erkrankungen), bei renalen oder enteralen Eiweißverlustsyndromen oder Verbrennungen, bei Proteinmangelernährung und nach Milzentfernung. Immundefekte können auch durch therapeutische Maßnahmen (langfristige Verabfolgung von Steroidhormonen, immunsuppressiv-wirksame Medikamente, Zytostatika) ausgelöst werden (Tabelle).

Chronische Entzündung. Persistiert die Zellschädigung aufgrund wiederholter oder dauernder Einwirkung der Noxe, weil ungenügende oder falsche Ab-

Erworbene Immundefekte
+ deutlicher Defekt, (+) verminderte Immunität, – kein Defekt

Erkrankung	Humorale Immunität	Zelluläre Immunität	Phagozytose
Hodgkin-Erkrankung	(+)	+	–
Leukosen			
akute lymphatische	–	–	+
akute myeloische	–	–	+
chronisch myeloische	–	–	+
chronisch lymphatische	+	+	–
Multiples Myelom	+	–	–
Exsudative Enteropathie	+	selten (+)	–
Nephrotisches Syndrom	+	–	–
Verbrennungen	+	+	+
Kwashiorkor	–	+	–
Splenektomie	+	–	–
Sarkoidose	–	+	–

wehrleistungen (Immundefekte, Autoimmunmechanismen) vorliegen, resultiert eine **chronische Entzündung**. Sie ist dadurch gekennzeichnet, daß Entzündungsstoffwechsel (Zellschädigung, Einwanderung von Entzündungszellen, Freisetzung von Entzündungsmediatoren) und Reparaturstoffwechsel (S. 501) mit Teilung von Bindegewebszellen, Synthese von Extrazellulärsubstanz und Narbenbildung nebeneinander und gleichzeitig ablaufen.

7. Allergische Reaktionen

Allergie ist ein Zustand gesteigerter Reaktionsfähigkeit bzw. spezifischer Überempfindlichkeit, der nach Erstkontakt mit einem Antigen („Sensibilisierung") durch Bildung spezifischer Antikörper entsteht. In diesem Zustand kann die spätere Exposition gegenüber dem gleichen Antigen (oder Hapten) schädliche Folgen haben und zur **Allergie** (Anaphylaxie) führen. Die allergische Reaktion wird durch Reaktion des Antigens mit freien oder zellgebundenen Antikörpern ausgelöst und kann akut (Sofortreaktion) oder später (verzögerte Reaktion) eintreten.

- **Typ I.** An der **anaphylaktischen Sofortreaktion** vom **„Reagintyp"**, die 20–30 min nach Antigenkontakt einsetzt, sind Immunglobuline der Klasse E beteiligt. Die IgE-Moleküle können mit ihrem Fc-Stück eine feste unspezifische Bindung an die Membran von Mastzellen eingehen. Auf die Reaktion des Antigens mit dem oberflächenfixierten IgE-Molekül antwortet die Mastzelle mit einer massiven Ausschüttung von Histamin, Serotonin, Heparin und den Leukotrienen, die eine langsame Kontraktion der glatten Muskulatur bewirken. Außer an Mastzellen können sich IgE-Moleküle auch an Leukozyten und Thrombozyten anlagern.
  Die Freisetzung der Mediatorsubstanzen erklärt die Symptomatik der anaphylaktischen Reaktion, die lokal (z. B. Konstriktion der Bronchialmuskulatur → allergisches Bronchialasthma bei Überempfindlichkeit gegen Pollen, Hausstaub u. a.) oder generalisiert (z. B. nach intravenöser Antigengabe) innerhalb weniger Minuten auftreten und dann zu tödlichem Kreislaufschock führen kann.

- **Typ II.** Bei Überempfindlichkeitsreaktion vom zytotoxischen Typ beladen sich antigentragende Zellen mit dem korresponierenden Antikörper (IgM, IgG). Werden solche Zellen an dem Fc-Fragment oder nach Bindung an das Komplement von Makrophagen erkannt, können sie phagozytiert werden oder einer antikörperbedingten Zytolyse unterliegen. Auf solchen, erst nach Stunden einsetzenden, Reaktionen beruhen eine Reihe Immunkrankheiten (z. B. Hashimoto-Thyreoiditis, Goodpasture-Syndrom) sowie immunologisch bedingte Transfusionszwischenfälle, arzneimittelbedingte Hämolysen, Thromobzytopenie und Granulozytopenie.

- **Typ III.** Bei der **Sofortreaktion vom Arthustyp**, die etwas verzögert erst nach 2–3 h einsetzt, kommt es zur intravasalen Bildung von – infolge Antigenüberschuß – löslichen Antigen-Antikörper-Komplexen. Sie gelangen durch die Gefäßwand an die Elastica interna der Gefäße oder die Basalmembran der Nierenglomeruli und lösen eine Komplementaktivierung aus, die wiederum zu Permeabilitätserhöhung, Ödembildung und Vasodilatation führt, aber auch eine chemotaktische Anlockung polymorphkerniger Leukozyten bewirkt. In diese Kategorie allergischer Reaktionen gehört die **Serumkrankheit**, die auftritt, wenn größere Mengen eines heterologen Serums (nach früherem Erstkontakt) appliziert werden.

- **Typ IV.** Bei der **Reaktion vom verzögerten Typ** handelt es sich nicht um eine Reaktion humoraler Antikörper mit einem Antigen, sondern um ein Phänomen der zellvermittelten Immunität. Allergische Reaktionen vom verzögerten Typ werden bevorzugt von bestimmten Antigenen gegeben und erreichen erst nach 24–48 h ihr Maximun.
  Allergische Reaktionen vom verzögerten Typ werden nach Infektionen mit Tuberkulose-, Brucellose-, Lepraerregern, zahlreichen Viren (z. B. Mumps,

Psittakose) und bei Mykosen (z. B. Candidiasis) beobachtet, können aber ebenso durch niedermolekulare Substanzen ausgelöst werden (z. B. durch Dinitrochlorbenzol (DNCB), Pikrylchlorid, Chromate, Nickelsalze), die bei perkutaner Exposition zum Kontaktekzem führen. Auch die **Transplantatabstoßung** ist eine allergische Reaktion vom verzögerten Typ.

8. Gewebsschädigung und Gewebsreparatur

Im entzündeten Gewebe treten Stoffwechselveränderungen ein, die durch verstärkte Glykogenolyse, erhöhte Glykolyserate und vermehrte Lactatbildung mit entsprechender pH-Absenkung, drastischem Abfall der intrazellulären ATP-Konzentration und intra- und extrazellulären Proteolyse gekennzeichnet sind. Dem Zusammenbruch des Stoffwechsels voraus geht eine Membranschädigung und die Freisetzung von intrazellulären Elektrolyten (K^+), zytoplasmatischen und lysosomalen Enzymen, welche durch die funktionsgeschädigte Membran der Zelle in den Extrazellulärraum gelangen und dort makromolekulare Substrate angreifen. Da gleichzeitig die de novo Synthese der Extrazellulärsubstanz blockiert ist, sind Ordnungszustand der extrazellulären Matrix und Wechselwirkung ihrer Baubestandteile aufgehoben.

Die durch Infekte oder andere gewebsschädigende Ereignisse (s. o.) ausgelöste Entzündungsreaktion hat nicht nur die Ausschaltung der Noxe zum Ziel, sondern setzt gleichzeitig Reaktionen in Gang, die für Trümmerbeseitigung sorgen und durch Anregung der Zellteilung im Entzündungs- bzw. Wundgebiet schließlich zur Gewebsneubildung (Substitution bzw. Restitution) führen.

Die Gewebsreparatur wird durch Entzündungsmediatoren und Wachstumsfaktoren (Zytokine) gesteuert, die z. T. aus den primär geschädigten Zellen des Wund- bzw. des Entzündungsgebietes, z. T. aus Fibrozyten bzw.eingewanderten Entzündungszellen stammen. Vorläuferzellen der in das Wundgebiet eingewanderten Makrophagen sind die Monozyten des peripheren Blutes, die unter dem Einfluß der Komplementfaktoren C3b und C5a, von Plättchenfaktor 4, Fibronectin und TGF-β zu Makrophagen heranreifen und durch Interferon zu speziellen Wundmakrophagen konditioniert werden. Sie inkorporieren nicht nur Zelltrümmer, sondern sezernieren auch Proteasen (u. a. Kollagenase), die die extrazelluläre Matrix im Entzündungsgebiet angreifen und damit die Aufbauarbeit der Fibroblasten vorbereiten. Der **Thrombozytenwachstumsfaktor** (PDGF), der nicht nur aus Thrombozyten (Synthese in Megakaryozyten), sondern auch von Makrophagen und ortsständigen Gewebszellen abgegeben werden kann, der saure und basische **Fibroblastenwachstumsfaktor** (aus Makrophagen), der **epidermale Wachstumsfaktor** (EGF), der transformierende

Wachstumsfaktor (TGF-ß) aus Thrombozyten (Synthese in Megakaryozyten) und die von Hepatozyten gebildeten **insulinähnlichen Wachstumsfaktoren** (IGF I und II, S. 160) sind Beispiele für mitogene, an der Gewebsneubildung beteiligte Faktoren. Sie regen die Proliferation und Produktion extrazellulärer Matrix der eingewanderter Fibroblasten und die Zellen des geschädigten Gewebes zur Teilung an, soweit diese noch Teilungspotenz besitzen.

Ist ein Gewebsregeneration nicht möglich, erfolgt eine Substitution des verlorengegangenen Gewebes durch ein fibrilläres Bindegewebe („Narbengewebe") und führt zu einer bleibenden Störung der Gewebstextur.

Die Bildung eines kollagenen Bindegewebes ist durch lebhafte Biosynthese der Bestandteile der extrazellulären Matrix durch die Fibroblasten gekennzeichnet. Dabei werden zunächst Matrix-Glykoproteine synthetisiert, denen in kurzem zeitlichen Abstand eine Biosynthese von Proteoglykanen und Kollagen folgt. Während die Glykoproteine, welche die Bildung kollagener Fibrillen verzögern, nach kurzer Zeit verschwinden, nimmt die Intensität der Proteoglykansynthese kontinuierlich zu, jedoch unter Verschiebung des Proteoglykan-Verteilungsmusters (Abnahme des Hyaluronat- und Chondroitin-4-sulfatgehalts, Zunahme

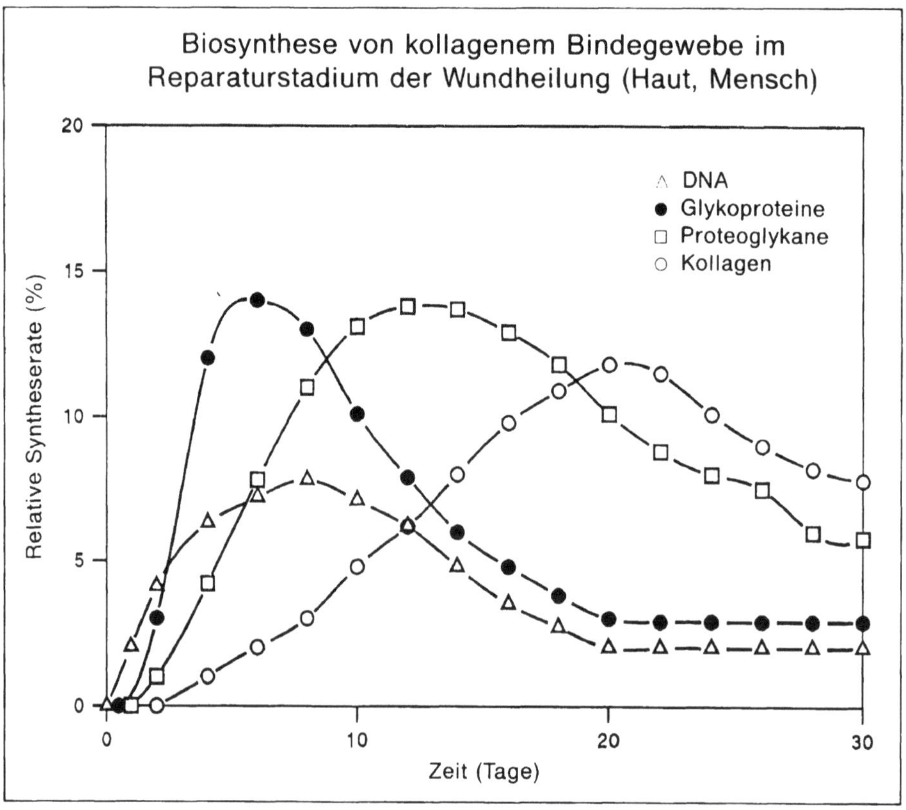

des Chondroitin-6-sulfat- und Dermatansulfatgehalts). Nach Einsetzen der Kollagenfibrillenbildung wird die Proteoglykansynthese auf ein physiologisches Maß reduziert, während ddie gesteigerte Kollagensynthese nach Erreichen eines Maximums zwischen dem 15. und 25. Tag unter der Einwirkung von γ-Interferon und TNF zurückgeschaltet wird. (Abbildung).

9. Klinisch-chemische Untersuchungen

Die **Erythrozyten-Sedimentationsrate** (Blutkörperchensenkungsgeschwindigkeit, BSG) wird mit durch Natriumcitrat ungerinnbar gemachtem Vollblut in einer genormten Glaskapillare (Methode nach Westergreen) während der ersten und zweiten Stunde gemessen.

Referenzwert	1. h	Männer:	0 – 20 mm
		Frauen:	0 – 28 mm

Die Blutkörperchensenkungsreaktion (BSG) wird durch das Plasma-Proteinverteilungsmuster, durch Plasmaviskosität sowie durch Ladung, Form Größe und Aggregationstendenz der Erythrozyten und andere Faktoren beeinflußt. Die BSG ist analytisch und diagnostisch unspezifisch, wegen ihrer leichten Durchführbarkeit als globaler Suchtest (Erhöhung bei akuten und chronischen Entzündungen, aseptischen Nekrosen, Tumoren, monoklonalen Gammopathien) jedoch weit verbreitet. Die Schwere des Krankheitsbildes ist allerdings nicht mit dem Ausmaß der Senkungsbeschleunigung korreliert und nicht jeder Krankheitsprozeß führt zu einer beschleunigten Blutkörperchensenkungsreaktion.

Das **C-reaktive Protein** (CRP) kann immunologisch mit Hilfe der Nephelometrie oder des Radioimmunoassay quantifiziert werden (**Referenzmittelwert** ≈0,8 mg/l) und kann bei entzündlichen, nekrotischen (z. B. Myokardinfarkt) oder neoplastischen Erkrankungen innerhalb weniger Tage bis auf Werte über 1000 mg/l ansteigen. Bei viralen und chronisch-entzündlichen Erkrankungen sind die Anstiege weniger stark ausgeprägt. Eine erhöhte CRP-Konzentration ohne klinisches Korrelat (Fieber, Leukozytose, erhöhte BSG) kann dem Auftreten diagnostizierbarer Symptome längere Zeit vorausgehen. In der Elektrophorese wandert das CRP mit der β-Globulinfraktion, bewirkt aber wegen der absolut geringen Konzentration keinen Anstieg der β-Globuline.

Die quantitative Bestimmung des **Elastase-α_1-Proteinaseinhibitorkomplex** im EDTA-Plasma durch Enzymimmunoassay gibt Auskunft über die Phagozytoseaktivität und den Turnover polymorphkerniger Leukozyten bei akut entzündlichen Erkrankungen (Erhöhung z. B. bei Sepsis, Polytrauma, Verbrennungen, Nekrosen). Für eine direkte Messung der enzymatischen Aktivität im Blutplasma sind Elastase und auch Kathepsin G (s. o.) nicht geeignet, weil beide Enzyme im Plasma als Enzym-Inhibitor-Komplexe vorliegen.

Komplementbestimmung. Die Konzentration von C3 kann immunchemisch (radiale Immundiffusion, Laser-Nephelometrie oder Turbidimetrie) bestimmt werden, wobei allerdings auch inaktiver (funktionell nicht mehr wirksamer) C3-Faktor erfaßt wird.

Die Bestimmung des Komplementfaktors C3 gilt als Meßgröße für die Aktivierung des Komplementsystems, da Faktor C3 sowohl an der klassischen als auch an der alternativen Aktivierung des Komplementsystems beteiligt ist. Erniedrigte C3-Werte sprechen für eine Aktivierung des Komplementsystems. Der C3-Faktor gehört jedoch zu den Akute-Phase-Proteinen, die bei infektiösen Prozessen vermehrt gebildet werden. Aussagen über die Aktivierung des Komplementsystems über eine Bestimmung des Faktors C3 sind daher begrenzt, da Verbrauch und Neusynthese in einem nicht bekannten Verhältnis zueinander stehen.

Immunglobuline im Serum. Die als Immunantwort von Plasmazellen gebildeten Immunglobuline sind Proteine der Globulinfraktion des Blutplasmas. Ihr Anteil beträgt etwa 20% der Gesamtplasmaproteine. In der Serumelektrophorese (S. 25) wandern sie in der γ-(und β-)Globulinfraktion.

Die Konzentration der Immunglobuline im Blutserum kann durch **radiale Immundiffusion** bestimmt werden.

Referenzbereiche (Erwachsene)

IgG	8 – 18 g/l
IgA	0,9 – 4,5 g/l
IgM	0,6 – 2,0 g/l
IgD	0,02 – 0,06 g/l
IgE	< 240 µg/l

XIII. Malignes Wachstum

Die Erforschung der Pathogenese, der Diagnostik und Behandlung maligner Tumoren (Synonyma: bösartige Gechwulst, maligne Neoplasie, Malignom, „Krebs" („Cancer") hat sich zu einer umfangreichen Spezialdisziplin der Medizin – der **Onkologie** – entwickelt.

Tumorzellen entstehen durch Umwandlung körpereigner Zellen. Die meisten malignen **Tumoren des Menschen** sind **monoklonal**, gehen also von einer Zelle aus. Die Bösartigkeit der Krebszellen drückt sich in einer Autonomie des Wachstums aus, d. h. in ihrer Fähigkeit, ungehemmt und ohne Einordnung in den Bauplan der Organe und unter Gewebszerstörung infiltrierend zu wachsen. Ein sicheres Zeichen der Malignität ist die Bildung tumorferner Absiedlungen (**Metastasen**) nach hämatogener oder lymphogener Ausbreitung von Tumorzellen.

1. Cancerogenese

Tumorinitiation und Tumorpromotion. Die Umwandlung einer Normalzelle in eine Tumorzelle vollzieht sich in verschiedenen Phasen. Mutationen oder maligne Transformationen, die als **Tumorinitiation (Tumorinduktion)** bezeichnet werden, sind meist irreversible, primäre Ereignisse und erfolgen innerhalb von Tagen oder Wochen. Chemische Cancerogene (Carcinogene) – wie z. B. Benzpyren oder Dimethylbenzanthracen (DMBA) – sind als **Tumorinitiatoren** wirksam. Die Zeichen der malignen Transformation sind nach Zellteilung auch in den Tochterzellen nachweisbar. In diesem Stadium braucht es jedoch nicht zur Manifestation der Malignität zu kommen. Die Zellen sind **potentielle Tumorzellen**. Erst in der zweiten Phase, die nach Monaten oder Jahren der ersten Phase folgt, wird die potentielle Tumorzelle zur manifesten Tumorzelle mit allen Zeichen der Malignität. Dieser Prozeß, der als **Tumorpromotion (Tumorprogression)** bezeichnet wird, kann durch **Tumorpromotoren** (Tabelle) ausgelöst werden. Tumorpromotoren alleine sind unwirksam.

Auf die Phase der Tumorinduktion mit Bildung potentieller Tumorzellen (sog. Präcancerose) kann jedoch eine Tumorregression, d. h. Rückwandlung der potentiellen Tumorzellen in eine Normalzelle erfolgen.

Die auslösende Ursache für die spontane Entstehung menschlicher Tumoren ist – von Einzelfällen abgesehen – unbekannt. Im Tierexperiment lassen sich Tumoren durch

- Viren (Tumorviren, onkogene Viren),
- Chemikalien (Carcinogene bzw. Cancerogene, Cocarcinogene),
- ionisierende Strahlen (energiereiche Strahlen),
- Übertragung von DNA aus Tumorzellen in Normalzellen (Transfektion) und durch
- Verschmelzung von Normalzellen mit Tumorzellen (Hybridisierung)

erzeugen.

Es ist nicht auszuschließen, daß auch menschliche Tumoren auf diese Ursachen zurückgehen.

Tumorviren. In der Tabelle sind Beispiele für DNA- und RNA-Tumorviren aufgeführt. Eine Eigenart der Tumorviren besteht darin, daß sie jeweils nur bei einer bestimmten Species maligne Erkrankungen auslösen. Im Gegenssatz zur üblichen Virusinfektion rufen Tumorviren jedoch keine oder eine nur geringe produktive Infektion hervor. Es findet meist auch keine Vermehrung der Viruspartikel in der Wirtszelle statt, vielmehr wird die Virus-DNA in das Genom der Wirtszelle integriert. Ehe **RNA-Viren** ihr Genom in den DNA-Bestand der Wirtszelle integrieren können, müssen sie ihre RNA mit Hilfe der reversen Transkriptase in die korrespondierende informationstragende DNA umschreiben. Die tumorerzeugenden RNA-Viren werden daher auch als **Retroviren** bezeichnet.

Veränderte Eigenschaften von Zellen nach maligner Transformation durch DNA- oder RNA-Tumorviren

Wachstum

- Bildung von metastasierenden Tumoren bei Injektion in entsprechende Versuchtstiere
- Wachstum zu höherer Zelldichte als nichttransformierte Zellen
- Nichtorientiertes Wachstum (Multilayer), Ablösung der Zellen von der festen Phase des Kulturgefäßes
- Proteaseaktivatoren werden in das Medium sezerniert, wodurch die Zellen invasive Eigenschaften erhalten
- Abnehmender Bedarf für Serumfaktoren (Wachstumsfaktoren)

Zelloberflächeneigenschaften

- Erscheinen Virus-spezifischer Antigene
- Veränderungen des Glykoprotein-, Glykolipid- und Proteinmusters und der Permeabilitätseigenschaften der Zellmembran

Zeichen der Anwesenheit eines Tumorvirus

- Nachweis von Virus-DNA-spezifischen Sequenzen
- Nachweis von Virus-messenger-RNA
- Nachweis Virus-spezifischer Antigene

Die Integration der Tumorvirus-DNA wird als **maligne Transformation** bezeichnet, wenn sie der Wirtszelle die charakteristischen Eigenschaften einer Tumorzelle verleiht (Tabelle). Dies muß nicht notwendigerweise bei jeder Integration von Virus-DNA in das Genom der Wirtszelle der Fall sein.

Eine Tumorauslösung durch Viren gelingt bei zahlreichen Versuchstieren. Humanpathogenität ist bisher nur für das **Epstein-Barr-Virus** bewiesen, das durch Genumlagerung des c-myc-Gens (S. 511) die humane Wirtszelle maligne zu verändern in der Lage ist. Das Epstein-Barr-Virus ist Erreger des **Burkitt-Lymphoms**. Eigenartig bleibt jedoch, daß das Epstein-Barr-Virus häufig als Erreger der infektiösen Mononucleose beobachtet wurde, während das Burkitt-Lymphom selten und geographisch streng abgesetzt (Zentralafrika, Asien) auftritt.

Beispiele für DNA- und RNA-Tumor-Viren

Virustyp	Beispiele	Tumortyp bei Versuchstieren
DNA-Viren	Papillomaviren	Papillome (Warzen)
	Polyomaviren	Sarkome, Adenome
	Simian Virus (SV40)	Sarkome
	Epstein-Barr-Virus	Burkitt-Lymphom*
	Marek-Virus	Lymphome
RNA-Viren	Rous-Sarkom-Virus	Sarkome
	Bittner-Faktor	Mammacarcinom
	Leukämie-Viren	Leukämie
	HTLV-I-Virus	T-Zelleukämie*
	HTLV-II-Virus	Haarzelleukämie*

* Menschliche Tumoren

Chemische Cancerogene. Zahlreiche Chemikalien haben sich im Tierexperiment als cancerogen (carcinogen, krebserzeugend) erwiesen (Tabelle). Ein Teil der Cancerogene entfaltet seine krebserzeugende Wirkung nicht direkt, sondern erst nach chemischer Veränderung im tierischen (oder menschlichen) Organismus. Es handelt sich z. T. um **synthetische Kohlenwasserstoffe** (Fremdstoffe), Produkte der **Mineralöl**-Verarbeitung, anorganische Verbindungen oder **Metalle** (Arsen, Cadmium, Beryllium), z. T. aber auch um **Naturstoffe**, die in Nahrungs- und Genußmitteln vorkommen oder entstehen können. Aufgrund tierexperimenteller Untersuchungen oder casuistischer Mitteilungen muß weiterhin eine Reihe von **Arzneimitteln** als potentiell carcinogen gelten. Hierzu gehören z. B. Diethylstilbestrol und das Zytostatikum Procarbazin.

Nitrosamine, die zu den stärksten krebserregenden Substanzen gehören, können aus sekundären Aminen und Nitrit auch im menschlichen Organismus (z. B.

im salzsauren Milieu des Magensaftes) entstehen. Nitrit kann unter Umständen aus Ammoniak oder organischen Stickstoffverbindungen im oberen aeroben Teil des Intestinaltrakts gebildet werden.

Einige chemische Carcinogene müssen durch Biotransformation im Stoffwechsel aktiviert werden, bevor sie mit DNA reagieren und Mutationen auslösen können. Hierzu gehört z. B. das Aflatoxin (Tabelle), das durch die Cytochrom

Beispiele für chemische Cancerogene (A) und Tumorpromotor-Substanzen (B)*

	Bezeichnung	Vorkommen	Möglicher Carcinomtyp
A.	Arsen	Lebensmittel, Zigarettenrauch	Lebercarcinom, Bronchialcarcinom
	Asbest (faserförmiges Mg-Silikat)	Asbest-Zement-Baustoffe	Bronchialcarcinom, Mesotheliom
	Benzpyren (3,4-Benzo-a-pyren)	Abgase von Verbrennungsmotoren, Steinkohlenteer	Hautcarcinom, Bronchialcarcinom
	Nitrosamine	Geräucherte Lebensmittel (Fleisch, Fisch), Nitrit-behandeltes Heringsmehl	Wechselnde Organmanifestation je nach Nitrosaminderivat
	2-Naphthylamin	Steinkohlenteer	Harnblasencarcinom
	Aflatoxine	Toxische Stoffwechselprodukte von Schimmelpilzen (z. B. in Erdnußöl)	Lebercarcinom, Magencarcinom
	Benzol	Mineralöl	Leukämie
	Vinylchlorid	Zwischenprodukt der PVC-Herstellung	Angiosarkom der Leber
B.	Phorbolester (Diterpene)	Crotonöl (Samenöl der Wolfsmilchpflanzen)	Hautcarcinom
	Basische Fraktion des Kreosotöls	Steinkohlenteer (Holzschutzmittel)	Hautcarcinom
	Tetrachlor-dibenzo-p-dioxin	Nebenprodukt bei chemischen Synthesen, bei Verbrennungsvorgängen von Chemikalien und Holz	Hautcarcinom, Lebercarcinom

* Tumorpromotoren wirken nur in Verbindung mit anderen Substanzen bei gleichzeitiger oder zeitlich folgender Einwirkung krebserzeugend. Sie lassen z. B. die unterschwellige Dosis eines Cancerogens wirksam werden.

P_{450}-abhängige Oxidase zum Aflatoxin-2,3-Epoxid biotransformiert und dadurch befähigt wird, mit Guaninresten der DNA zu reagieren.

Ionisierende Strahlen. Unter der Wirkung von UV-Licht und ionisierenden Strahlen lassen sich Chromosomenbrüche und Mutationen erzeugen. An ihrer Entstehung sind Sauerstoffradikale beteiligt, die Epoxide und Peroxide bilden und mit Nucleotiden der DNA (z. B. unter Bildung von Thymindimeren) reagieren. Sofern es sich nicht um eine Letalmutation handelt oder der Schaden durch Reparaturenzyme beseitgt wird, können diese Einwirkungen zu einer malignen Veränderung von Normalzellen führen.

2. Onkogene und Tumorsuppressor-Gene

Zelluläre und virale Onkogene. Aus der Klasse der RNA-Viren (Retroviren) lassen sich Gene isolieren, die nach Übertragung und Einbau in tierische Zellen die normale Zelle in eine Krebszelle umwandeln (maligne Transformation). Die Bedeutung der **viralen Onkogene** (v-Onkogene), von denen >35 verschiedene Typen bekannt sind, liegt in der Tatsache, daß analoge Onkogene auch zum Genbestand aller **normalen eukaryoten Zellen** (auch humaner Zellen!) gehören, dort als **Protoonkogene** bzw. als nicht-aktivierte **zelluläre Onkogene** (c-Onkogene) aber keine maligne Transformation der Zelle bewirken.

Die **viralen Onkogene** (v-Onkogene) leiten sich (mit großer Wahrscheinlichkeit) von den **zellulären Onkogenen** (c-Onkogenen) ab und nicht umgekehrt. Diese Auffassung stützt sich auf die Beobachtung, daß in eukaryoten Zellen die c-Onkogene immer von zahlreichen Introns unterbrochen sind und daß ein zelluläres Onkogen in allen Organismen immer auf den gleichen Chromosomen gefunden wird. Dies spricht dafür, daß Viren ursprünglich im Rahmen einer Transduktion c-Onkogene der infizierten eukaryoten Wirtszelle akquiriert und als virale Onkogene übernommen haben.

Unter physiologischen Bedingungen sind c-Onkogene an der **Regulation der Zellproliferation** und des Zellstoffwechsels sowie an der **Zelldifferenzierung** mit folgenden Funktionen beteiligt:

- Tyrosin-spezifische Protein-Kinasen, die die ATP-abhängige Phosphorylierung von Proteinen katalysieren, die am intrazellulären Signalsystem beteiligt sind.
- Wachstumsfaktoren (z. B. PDGF-BB), die auf andere Zielzellen wirken, aber auch mit Rezeptoren der den Wachstumsfaktor synthetisierenden Zelle reagieren können (autokrine Stimulation).

- Wachstumsfaktor-Rezeptoren, die mit Liganden autokriner oder von anderen Zellen gebildeten Wachstumsfaktoren wirken.
- GTP-bindende Plasmamembran-assoziierte Proteine, die als Kopplungsfaktoren bei der Signalübertragung von Hormonrezeptoren (z. B. Katecholaminrezeptoren) auf intrazelluläre Reaktionskaskaden mitwirken.
- Zellkern-assoziierte DNA-bindende Proteine, die bei der Replikation der DNA eine Rolle spielen.

Alle Genprodukte der Onkogene greifen durch Signaltransfer direkt oder indirekt in den Prozeß des Zellwachstums und der Zellteilung ein. Ihre Überproduktion ist für die maligne Transformation der Zelle charakteristisch (Tabelle). Die Überexpression eines einzelnen c-Onkogens führt jedoch noch nicht zur malignen Transformation. Erst bestimmte Zweierkombinationen – z. B. c-myc und c-ras als Paar – können die Umwandlung einer Primärzelle (direkt aus einem Gewebe entnommene Zelle) in eine Tumorzelle bewirken.

Beispiele zellulärer Onkogene (c-Onkogene)

Die korrespondierenden viralen Onkogene (v-Onkogene) leiten sich phylogenetisch von den zellulären c-Onkogenen ab

c-Onkogen	c-Onkogen-Produkt		Retrovirus mit korrespondierendem v-Onkogen
	Lokalisation	Funktion	
c-src	Plasmamembran	Tyrosin-spez. Protein-Kinase	Rous-Sarkom-Virus
c-abl	Cytosol	Tyrosin-spez. Protein-Kinase	Abelson-Mausleukämie-Virus
c-erb A	Cytosol	Glucocorticoid-Rezeptor	Vogel-Erythroblastose-Virus
c-erb B	Plasmamembran	EGF-Rezeptor	Vogel-Erythroblastose-Virus
c-mos	Plasmamembran	STH-Rezeptor	Maus-Sarkom-Virus
c-HA-ras	Plasmamembran	GTP-Bindung	Harvey-Maus-Sarkom-Virus
c-Ki-ras	Plasmamembran	GTP-Bindung	Kirsten-Maus-Sarkom-Virus
c-sis	extrazellulär*	β-Kette des PDGF	Simian-Sarkom-Virus
c-fos	Zellkern	DNA-Bindung	FBJ-Osteosarkom-Virus
c-myc	Zellkern	DNA-Bindung	Vogel-Myelozytomatose-Virus

* Sekretionsprodukt

Die **Aktivierung eines Proto-c-Onkogens zum c-Onkogen** und die damit verbundene **Umwandlung einer Normalzelle zu einer malignen transformierten Zelle** (Tumorzelle) kann erfolgen

- durch **Punktmutation**. Dies ist z. B. beim c-Ha-ras-Onkogen der Fall, das bei einigen menschlichen Blasencarcinomen mit einer veränderten DNA-Sequenz (Austausch **eines** Guaninrestes gegen einen Thyminrest) und entsprechend veränderter Aminosäuresequenz (Austausch eines Valinrestes gegen einen Glycinrest) gefunden wurde,
- durch **Genamplifikation**, die zu einer mehrhundertfachen Vermehrung des Protoonkogens führen kann und bei der die vielfachen Kopien des Protoonkogens entweder auf einem Chromosom lokalisiert sein können oder unabhängig als extrachromosomale Partikel existieren,
- durch **Genumlagerung**. Beim humanen Burkitt-Lymphom kommt es z. B. zu einer Umlagerung (Rearrangement) des c-myc-Gens vom Chromosom 8 auf 14. Als Folge dieser Rearrangements sind die Genprodukte des c-myc-Gens in Burkitt-Zellen in 5-fach höherer Konzentration vorhanden als in normalen lymphoiden Zellen,
- durch **Virusinfektion** und Insertion eines v-Onkogens bzw. dessen Promotors in die DNA der Wirtszelle. Die Expression des c-Onkogens ist entsprechend gesteigert.

Einige menschliche Tumortypen sind häufig mit der Aktivierung von Protoonkogenen assoziiert. Die Aktivierung kann in einer Mutation, Translokation oder Amplifikation z. T. mit Rearrangement bestehen. Beispiele sind:

c-myc → Cervixcarcinom, Burkitt-Lymphom (s.o)
c-L-myc → kleinzelliges Bronchialcarcinom
c-erb-B2 → Mammacarcinom
c-N-ras → akute Leukämie
c-ets 2 → akute myeloische Leukämie

Tumorsuppressor-Gene. Die maligne Transformation einer Normalzelle kann nicht nur durch Überexpression wachstumskontrollierender Protoonkogene ausgelöst werden, sondern auch durch **Verlust von Tumorsuppressor-Genen** zustandekommen. Ein gut untersuchtes Beispiel ist das **Retinoblastom**, ein seltener Krebs der Netzhaut des Auges im Kindesalter. Bei Patienten mit dieser Krankheit fehlt das Tumorsuppressor-Gen RB1, das ein DNA-bindendes Protein kodiert, jedoch nicht nur in der Retina, sondern auch in vielen anderen Geweben exprimiert wird. Eine Deletion des Rb1 Gens (auf Chromosom 13), der ein (vererbbarer) genetischer Defekt oder eine Neumutation zugrundeliegen kann, konnte mit Hilfe von DNA-Sonden nachgewiesen werden.

Das **Tumorsuppressor-Gen MCC** (Mutated in Colorectal Cancer), das in der Region 21 des langen Arms von Chromosom 5 lokalisiert ist, weist bei Patienten mit familiärer Adenopolyposis, aber z. T. auch bei spontanen Coloncarcinomen, Defekte der DNA-Sequenz auf, die die Funktion des Suppressor-Gens beeinträchtigen. Das MCC Genprodukt gehört in die Gruppe der **G-Proteine** und besitzt inhibitorische Wirkung auf die Zellteilung. Beim Bronchialcarcinom lassen sich Deletionen auf dem Chromosom 3 nachweisen, die einem Verlust von Tumorsuppressor-Genen entsprechen. Tumorsuppressor-Gene werden auch als **Antionkogene** bezeichnet.

Ist bei Tumorsuppressor-Genen nur eine der beiden funktionsfähigen Kopien des Tumorsuppressor-Gens durch eine Deletion verlorengegangen (Heterozygotie), kommt es nicht zur Ausbildung des Tumors. Wird die zweite Kopie jedoch durch eine im Laufe des Lebens erworbene Mutation ebenfalls inaktiviert, wird der Tumor manifest. Durch molekulargenetische Analyse der Tumor-DNA läßt sich entscheiden, ob der Tumor durch primären (genetischen) Defekt beider Suppressor-Gene oder durch Neumutation des noch intakten zweiten Suppressor-Gens entstanden ist.

3. Stoffwechsel und molekulare Biologie der malignen Tumoren

Die verschiedenen Tumortypen zeigen – ähnlich wie ihre Muttergewebe – eine große Vielfalt und Unterschiedlichkeit in ihrer Enzymausstattung und ihrem Stoffwechsel. Die beobachteten Abweichungen vom Normalgewebe sind jedoch nur quantitativer, nicht aber qualitativer Natur.

Glykolyse und Glucosestoffwechsel. Ein häufig feststellbares, jedoch nicht obligates Merkmal maligner Tumorzellen ist ihre hohe Glykolyserate und ihre geringe Sauerstoffaufnahme, die – im Gegensatz zum normalen ausgewachsenen Körpergewebe – auch bei ausreichender Sauerstoffversorgung beibehalten wird.

Die Energiegewinnung aus Glucose mit Hilfe der anaeroben Glykolyse ist für den Tumor bei genügend hohem Glucoseangebot und Glucosedurchsatz ausreichend. Das dabei gebildete Lactat kann ein Absinken des pH-Wertes im Tumor zur Folge haben. Die Aktivität der Glykolyseenzyme ist häufig erhöht.

Der im Vergleich mit Stoffwechselgesunden stark gesteigerte Glucoseverbrauch von Tumorpatienten (4,4 mol/d, 800 g/24 h statt 0,56–0,83 mol/d, 100–150 g/24 h) und die u.U. daraus resultierende **Tumorhypoglykämie** haben ihre Ursache jedoch offenbar nicht allein in dem Glucosemehrverbrauch durch den

Tumor selbst, sondern scheinen auch mit einer generellen Hemmung der Lipolyse und der hepatischen Glykogenolyse zusammenzuhängen.

Enzyme der Tumorzelle. In Tumorzellen wurde auch ein Aktivitätsanstieg anderer Enzyme als derjenigen der Glykolyse, z. B. bei den RNA-methylierenden Enzymen und bei der Tumor-Kollagenase beobachtet, die bevorzugt die Kollagentypen IV, III und I spaltet. Der Angriff der Tumorzellen auf die Bindegewebsmatrix ist die Basis des invasiven Wachstums und der Metastasenbildung. Umgekehrt führt eine mit zunehmender Malignität fortschreitende Entdifferenzierung der Tumorzelle zum Verlust organspezifischer Enzyme. In Rhabdomyomen verändert sich das Isoenzymverteilungsmuster der LDH gegenüber der quergestreiften Muskulatur. In Hepatomen gehen z. B. Glucokinase-, Aldolase- und Glykogen-Synthetase-Aktivität verloren. Manche Tumoren sind auf die Versorgung mit Asparagin angewiesen, da ihnen das Enzym zur endogenen Asparaginsynthese (Asparaginsäure + Glutamin → Asparagin + Glutaminsäure) fehlt. Auch die Fähigkeit, Hemmstoffe der Nucleinsäurebiosynthese (5-Fluoruracil, 6-Mercaptopurin) enzymatisch abzubauen, kann herabgesetzt sein. Der Pentosephosphatzyklus wird jedoch nicht aufgegeben. Der wachsende Tumor ist somit von einer Versorgung mit Pentosephosphat für die Nucleinsäuresynthese abhängig. Eine geringe Restatmung scheint für die Teilung der Tumorzelle notwendig zu sein.

Tumorspezifische Modifikation der Tumorzellmembran. Die Umwandlung einer Normalzelle in eine Tumorzelle ist mit dem Zugewinn zellmembrangebundener tumorspezifischer Antigene verbunden, kann aber gleichzeitig auch zu einem Verlust physiologischer Zellantigene führen. Die immunologisch differenzierbaren Abweichungen im Antigenmuster der Zellmembran haben ihre Basis in Veränderungen der chemischen Zusammensetzung und der makromolekularen Organisation der Zellmembran. In zahlreichen Fällen ließen sich an Tumorzellen – auch solchen menschlichen Ursprungs – folgende Veränderungen registrieren:

- Verlust oder Modifikation von **Membran-Glykoproteinen** und **-Glykolipiden** (Veränderungen des Oligosaccharidmusters). Verlust der Fähigkeit zur Zell-Matrixinteraktion aufgrund verminderter Synthese von **Fibronectin, Laminin** und **Proteoheparansulfat**, die als Adhäsionsmoleküle an der Verankerung der Zelle mit der extrazellulären Matrix beteiligt sind.
- Veränderte Zahl, Ladung und Dichte zellmembrangebundener ionisierter Gruppen, die zum Teil durch einen veränderten Neuraminsäuregehalt bedingt sind.
- Beeinträchtigte Permeabilität, Transportmechanismen, Phagozytose- und Pinozytoseprozesse.

- Veränderte (erhöhte) Mobilität durch reduzierte Verankerung der zytoplasmatischen Domäne von transmembranösen Adhäsionsmolekülen (z. B. Integrine) mit den Zytoskelett-Proteinen (Aktin, Talin, Tubulin, Vinculin, p60src u. a.).
- Veränderte Aktivität von Zelloberflächenenzymen.
- Herabgesetzte oder aufgehobene Zell-Zell-Kontakte durch Verlust von Zelladhäsionsmolekülen (Cell Adhesion Molecules, CAM).
- Verlust der Mitosehemmung bei Zell-Zell-Kontakt, Übergang vom Wachstum in einzelliger Schicht zum Wachstum in mehrzelliger Schicht bei Kultivierung.
- Überproduktion der von c-Onkogenen (s.o) codierten Proteine.

Metastasenbildung. Maligne transformierte Zellen können die Fähigkeit erlangen, die Adhäsion zu ihren Nachbarzellen zu lockern, den Primärtumor zu verlassen und über das Blut oder Lymphgefäßsystem in andere Organe oder Gewebe einzudringen, dort zu überleben und sich weiter zu vermehren. Für die Metastasierung müssen Krebszellen die Endothelschicht und Basalmembran von Blutgefäßen durchstoßen. Diese Eigenschaft erfordert vermutlich weitere Mutationen und epigenetische Veränderungen. Hierzu gehört u. a. die Ausbildung von **Lamininrezeptoren**, die den metastasierenden Tumorzellen die Anheftung an die Basalmembran ermöglichen und die Synthese und Sekretion von **Proteasen** (Kollagenase vom Typ IV, Kathepsin B, D) und **Glykosidasen** (Heparansulfat-Endoglykosidase), um die Basalmembran abzubauen. Lediglich diejenigen Krebszellen, die diese zur Metastasenbildung nötige Fähigkeit erlangt haben, sind in der Lage, sekundäre Tumoren auszubilden (invasive Tumorzellen).

Invasives Wachstum und Angiogenese. Da das Wachstum eines soliden Tumors durch seine Blutversorgung begrenzt wird, muß der Tumor die Bildung eines die Tumormasse durchdringenden Kapillarnetzwerks induzieren. Tumorzellen sind in der Lage, das Wachstum von Endothelzellen (von denen die Bildung neuer Kapillaren ausgeht) zu stimulieren und durch Abgabe von Proteasen bzw. dem Plasminogenaktivator und von Glykosidasen den Weg für die neugebildeten Kapillaren frei zu machen. An der Vaskularisierung eines Tumors sind auch die Endothelzellen selbst durch Sekretion von Enzymen und durch Abgabe des sauren und basischen **Fibroblastenwachstumsfaktors** beteiligt.

Tumorassoziierte-Antigene und Tumormarker. Tumorassoziierte Antigene werden von den Tumorzellen gebildet, lassen sich in oder auf ihr nachweisen, werden aber auch im Serum von Tumorkranken oft in **stark erhöhter Konzentration** gefunden. Es sind Glykoproteine bzw. Glykolipide, die sich z. T. von den Lewis Blutgruppensubstanzen ableiten, häufig während des Fetallebens im Serum vorhanden sind (onkofetale Antigene), bei bestimmten Tumoren jedoch in **quantitativ vermehrter**, topochemisch veränderter und qualitativ abgewandelter Form vorkommen. Dazu gehören die **primären** (mit der Tumorzelle assoziierten) und die **sekundären** (aus der Tumorzelle stammenden) **Tumormarker:**

- α-Fetoprotein (AFP),
- Carcinoembryonales Antigen (CEA),
- Tissue Polypeptide Antigen (TPA), ein Zytokeratin-Antigen,
- durch monoklonale Antikörper charakterisierte Antigene wie z. B. CA 125, CA 15−3 (CA = Cancer Antigen),
- Derivate von Blutgruppensubstanzen wie z. B. CA 19−9 (CA = Carbohydrate Antigen).

Die Tabelle gibt Auskunft über die klinische Relevanz und das Einsatzgebiet (kommerziell verfügbarer) Tumormarker.

Weitere Tumormarker. Das Schwangerschafts-spezifische **ß1-Glykoprotein** (Sp-1) findet sich außer bei Gravidität auch bei trophoblastischen Tumoren. Eine **Neuronen-spezifsche Enolase** (NSE) kann als Tumormarker bei Neuroblastomen, kleinzelligem Bronchialcarcinom, Carcinoiden und medullärem Schilddrüsencarcinom eingesetzt werden.

Einige Tumoren sind zu **ektoper Hormonproduktion** fähig. So können z. B. **ACTH** und **Calcitonin** von kleinzelligen Lungen/Bronchialarcinomen und medullären Schilddrüsencarcinomen, **Parathormon** von Nierencarcinomen, Lebercarcinom oder Plattenepithelcarcinomen, das **Wachstumshormon** von Lungen- oder Magencarcinomen und **HCG** von Chorioncarcinomen und Keimzelltumoren gebildet werden.

Das **α_1-Fetoprotein** (Mol.-Gew. 65 000) kommt physiologischerweise in der fetalen Leber und im Dottersack vor und erreicht während des 6. Schwangerschaftsmonats im fetalen Plasma eine Konzentration bis zu 1 g/l, sinkt danach auf Werte zwischen 50 und 150 mg/l zum Zeitpunkt der Geburt ab. Beim gesunden Erwachsenen ist α_1-Fetoprotein in einer Konzentration von 1−4 µg/l vorhanden und durch Radioimmunoassay quantitativ bestimmbar. Erhöhte Spiegel findet man bei primärem Lebercarcinom und embryonalen Tumoren der Genitalorgane, aber auch bei Hepatitis, Leberzirrhose und hepatischem Coma.

Das **carcinoembryonale Antigen** (CEA) ist beim gesunden Erwachsenen in einer Menge von 2,5 µg/l Serum nachweisbar (Radioimmunoassay). Beim Coloncarcinom kommt es in dem lumenwärts gerichteten Anteil der Drüsenzellen vor,

Klinisch relevante biochemische Tumormarker

Abkürzungen: AFP = α-Fetoprotein,
CA 19-9, 125, 15-3 = durch monoklonale Antikörper charakterisierte Tumorantigene,
CEA = Carcino-Embryonales Antigen,
HCG = Humanes Choriongonadotropin
PAP = Tartrathemmbare saure Prostataphosphatase
PLAP = Plazentare alkalische Phosphatase
TPA = Tissue Polypeptide Antigen

Organlokalisation des Primärtumors	CEA	AFP	TPA	CA 19-9	CA 125	CA 15-3	PAP	HCG	PLAP
Leber		++		+				+	
Gallenwege				+					
Pankreas				++	+			+	
Magen	+							+	
Colon	++								
Lunge/Bronchien	+		++						
Mamma	++		++			++		+	
Thyreoidea	(+)		+			+			
Thyreoid. C-Zellen	+		+						
Ovar			+		++				
Chorion								++	
Hoden		++						++	+
Prostata							++		

ferner bei Carcinomen des Pankreas, Magens, der Mamma und der Bronchien. Das CEA wurde allerdings auch bei entzündlichen Erkrankungen des Magen-Darmtraktes und der Bronchialschleimhaut in erhöhter Konzentration im Serum nachgewiesen.

Eine ähnliche Bedeutung wie das α-Fetoprotein und carcinoembryonale Antigen hat das **Tissue Polypeptide Antigen** (TPA).

Eine weitere Gruppe von Tumormarkern, die nicht tumorzellspezifisch sind oder durch die Tumorerkrankung induziert werden, sind u. a. Enzyme (z. B. saure Prostata-Phosphatase, plazentale alkalische Phosphatse), Akute-Phase-Proteine (S. 494) und Metabolite (z. B. Neopterine).

Die Aktivität der Prostata-spezifischen **sauren Phosphatase** ist bei Prostatacarcinomen deutlich erhöht und korreliert mit dem Ausbreitungsgrad der Erkrankung. Bei benigner Prostatahyperplasie sind geringgradige Erhöhungen möglich.

Die Anforderungen an einen Tumormarker

- qualitative und quantitative Unterscheidung zwischen gesunden Personen, Personen mit benignen Erkrankungen und Personen mit malignen Erkrankungen,
- hohe Spezifität (geringe Rate falsch positiver Ergebnisse),
- hohe Sensitivität (niedrige Rate falsch negativer Befunde) und
- einfache und reproduzierbare quantitative Bestimmungsmethoden

werden bisher von **keinem der Tumormarker** erfüllt.

Auch in ihrer Kombination bleibt ihre Aussagekraft beschränkt, doch tragen sie in Verbindung mit anderen klinischen und histologischen Befunden zur Einschätzung der Ausbreitung der malignen Erkrankung (clinical staging) zur **Überwachung der Therapie** (Nachsorge) und zur **Früherkennung eines Rezidivs** bzw. einer Metastasierung (Verlaufskontrolle) bei.

Tumorimmunologie. Das von der Normalzelle abweichende Antigenmuster der Membran von Tumorzellen ist die Basis der immunologischen Erkennung der Tumorzelle durch den Wirtsorganismus und die Voraussetzung für eine wirksame immunologische Abwehr. Es gilt als erwiesen, daß im menschlichen Organismus entstehende Tumorzellen vom immunologischen Abwehrsystem als „fremd“ erkannt und durch spezifische zytolytische Mechanismen vernichtet werden können.

Bei der immunologischen Abwehr von Tumorzellen ist die zellvermittelte Immunität entscheidend. Eine Aktivierung von Makrophagen durch γ-Interferon führt zu vermehrter Bildung und Freisetzung des Tumornecrosisfaktors (= Kachektin), der (bei Versuchstieren) Nekrosen in transplantierten Tumoren sowie Appetit- und Gewichtsverlust verursacht (S. 198). An der Vernichtung von Tumorzellen sind neben Makrophagen vor allem NK-Zellen, zytotoxische T-Lymphozyten (S. 496) und das aktivierte Komplementsystem (S. 480) beteiligt. Für die Abtötung einer Tumorzelle sind $\approx 1\,000$ differenzierte T-Lymphozyten notwendig. Ein Tumor mit einem Volumen von etwa 1 cm^3 (ca. 1 g) setzt sich aus 1×10^9 Zellen zusammen.

Die Tumorzelle besitzt jedoch eine Reihe von Mechanismen, um sich der immunologischen Abwehr zu entziehen. So können die Antigendeterminanten der Tumorzelloberfläche durch nicht-antigene Strukturen (z. B. Neuraminsäure-haltige Glykoproteine) maskiert sein. Eine andere Möglichkeit besteht darin, daß die Tumorzelle ihr Antigen bzw. den Antigen-Antikörper-Komplex von der Zelloberfläche abstößt („Shedding"). Eine weitere, die immunologische Abwehr erschwerende, Eigenschaft der Tumorzellen ist die mangelnde Fixierung ihrer Oberflächenantigene, für die offenbar das Fehlen einer transmembranösen Verankerung der Antigenstrukturen an das Zytoskelett (Mikrotubuli, Aktinfilamente) verantwortlilch ist. Die fehlende Fixierung bzw. erhöhte Mobilität der Tumorantigene führt dazu, daß die Tumorantigene nach ihrer Bindung an Antikörper konfluieren und auf der Zellmembran „Kappen" oder dicht gedrängte Haufen („Cluster") bilden oder sich in Einstülpungen der Zellmembran aufhalten.

Chemotherapie. Viele Hemmstoffe der Purin-, Pyrimidin-, Nucleinsäure- und Proteinbiosynthese haben sich für eine Chemotherapie von Tumoren als wirksam erwiesen und werden als **Zytostatika** eingesetzt. Ihr Effekt beruht allerdings zum großen Teil auf der höheren Mitoserate der Krebszellen. Eine gleichzeitige Schädigung der Normalzellen – insbesondere derjenigen mit hoher Mitosefrequenz (z. B. hämatopoetisches System, Epithelzellen der Magen-Darm-Schleimhaut, Keimzellen, Haarfollikel) – muß in Kauf genommen werden.

- **Alkylantien**. Verbindungen, die Alkylgruppen (Methyl-, Ethyl-, Propyl- usw. Gruppen) in Nucleinsäuren (DNA, RNA) u. a. Zellbausteine einführen und sie damit funktionell schädigen. Beispiele sind: N-Oxid-Lost, Cyclophosphamid, Busulphan und cis-Platindiamin-dichlorid.
- **Interkalantien** binden reversibel an DNA, verändern dadurch die Struktur der Doppelhelix und verhindern die DNA-Replikation. Beispiele sind Actinomycin D, Daunomycin und Adriamycin.
- **Mitosehemmstoffe** (z. B. Vincristin und Vinblastin) blockieren den Zellzyklus in der Mitosephase durch Interaktion mit dem Mikrotubulusapparat.
- **Antimetabolite**. Kompetitive Inhibitoren definierter Reaktionen des Zellstoffwechsels sind u. a. Folsäureantagonisten (z. B. Methotrexat), Pyrimidinantagonisten (z. B. 5-Fluorouracil), Purinantagonisten (z. B. 6-Merkaptopurin).
- **Asparaginase** katalysiert die Reaktion Asparagin $\rightarrow$ Asparaginsäure + NH_3 und reduziert damit den Stoffwechsel derjenigen Tumorzellen, die von der Zufuhr von exogenem Asparagin abhängig sind, d. h. die Fähigkeit zur Asparaginsynthese verloren haben.
- **Hormone und Hormonantagonisten** sind keine Zytostatika im eigentlichen Sinne, können aber das Wachstum hormonabhängiger maligner Tumoren beeinflussen. **Gonadoliberin-Analoge** (z. B. Goserelin) und Antiandrogene (z. B. Cyproteronacetat) werden bei fortgeschrittenem Prostatacarcinom eingesetzt. **Estrogenrezeptor-Antagonisten** (z. B. Tamoxifen) blockieren die

periphere Wirkung der Estrogene durch Bindung an die Estrogenrezeptoren und wirken bei metastasierenden oder inoperabelem Mammacarcinom. Die antiproliferative Wirkung der Glucocorticoide wird zur Behandlung von akuten lymphatischen Leukämien, Lymphomen und Hirntumoren eingesetzt.

Es hat sich gezeigt, daß eine kombinierte bzw. sequentielle Anwendung von Zytostatika die Wirksamkeit eines einzelnen Zytostatikums (Monotherapie) übertrifft und dadurch möglich ist, daß sich die z. T. erheblichen Nebeneffekte bei der **Polychemotherapie** nicht addieren.

Entsprechend ihrer Zellzyklus-abhängigen Wirkung unterscheidet man

- Phasen-spezifische, d. h. nur in einer speziellen Zellzyklusphase einwirkende – wie z. B. Vinca-Alkaloide, die nur in der Mitosephase wirken – und
- Phasen-unspezifische, d. h. während des Gesamtzellzyklus wirkende Zytostatika (z. B. Alkylantien).

4. Klinisch-chemische Untersuchungen bei malignen Erkrankungen

Tumorassoziierte Antigene und Tumormarker. Die quantitative Bestimmung von Tumormarkern läßt sich mit Radio- bzw. Enzym-immunologischen Methoden durchführen. Der diagnostische Wert eines Tumormarkertests ist durch seine Empfindlichkeit und Spezifität charakterisiert. Tumormarker mit nahezu 100% Spezifität (bei benignen Erkrankungen bzw. gesunden Personen nicht nachweisbar) und 100% Sensitivität (bei Tumoren stets nachweisbar) gibt es bisher nicht. Für die **Tumordiagnostik** spielen die tumorassoziierten Antigene und Tumormarker wegen ihrer geringen Trefferquote (ca. 25% falsch-negative, ca. 12% falsch-positive Ergebnisse) **keine Rolle**, sie können jedoch für die Verlaufskontrolle nach Operationen und/oder während einer Radio-, Chemo- bzw. Hormontherapie herangezogen werden.

Bei der Therapiebeurteilung und Verlaufskontrolle ist somit die Erfassung der **Tumormarker-Kinetik** und nicht die Erfassung des Einzelwertes von Bedeutung. Die Konzentration des Tumormarkers hängt jedoch nicht nur von der Tumormarker-Expression und -Exkretion, sowie von der Tumormasse und Tumorausbreitung ab, sondern wird auch von der Blutversorgung des Tumors und von dem Katabolismus des Tumormarkers beeinflußt. Ansteigende Tumormarkerwerte können somit auch bei zunehmender Niereninsuffizienz, bei Leberinsuffizienz und insbesondere bei Cholestase beobachtet werden.

Je nach Art des Markers kommt es bei radikalen Operationen nach Tagen oder Wochen, bei anderen Behandlungsverfahren nach einem längeren Zeitraum zur Normalisierung der zunächst erhöhten Werte. Ein Wiederanstieg der Konzentration im Serum deutet auf ein Rezidiv oder eine Metastasierung hin. Hier kann das Ergebnis einer Tumormarker-Bestimmung mehrere Monate früher auf eine Änderung des Tumorverhaltens hinweisen als andere diagnostische (auch invasive) Verfahren.

Tumormarkerwerte sind z. T. stark Methoden-abhängig. Mit kommerziell verfügbaren Testpackungen verschiedener Hersteller können im **gleichen Serum unterschiedliche Werte** gemessen werden (auch dann, wenn es sich im Prinzip um die gleiche Methode handelt). Auf diese Weise können Tumor-Remissionen oder -Progressionen vorgetäuscht werden. Bei der Interpretation der Ergebnisse und bei einem Wechsel der Methodik ist dies zu berücksichtigen.

Referenzbereiche:	Carcinoembryonales Antigen (CEA)	2,5 – 10 µg/l
	α-Fetoprotein (AFP)	6,0 – 20 µg/l

Im Serum schwangerer Frauen sind die AFP-Konzentrationen erhöht (s. o.).

- **Humanes Choriongonadotropin** (HCG) s. Kap. Innere Sekretion (S. 190)
- **Prostata Isoenzyme der sauren Phosphatase** s. Kap. Niere (S. 387)
- **Prostata-spezifisches Antigen** (PSA) s. Kap. Niere (S. 388).

F. Bestimmung von Pharmakakonzentrationen im Plasma (Drug Monitoring) und klinisch-toxikologische Analytik

1. Drug Monitoring

Bei der Therapie mit pharmakologischen Wirkstoffen ist eine Überwachung der Serumkonzentration des betreffenden Pharmakons unter folgenden Voraussetzungen indiziert und für eine Therapiekontrolle notwendig:

- Enger therapeutischer Konzentrationsbereich (Gefahr einer Überdosierung) und enge Beziehung zwischen Serumkonzentration und Medikamentenwirkung
- steile Dosiswirkungskurve
- lebensbedrohliche Erkrankungen
- Langzeittherapie bzw. häufige Anwendung (z. B. Antiepileptika)
- Störungen oder interindividuelle Unterschiede in der Pharmakokinetik (verminderte Bioverfügbarkeit, Verteilungsstörung, eingeschränkte Ausscheidung)

Voraussetzung für die Serumspiegelkontrolle des Pharmakons ist eine zuverlässige und spezifische Bestimmungsmethode. Hierfür stehen u. a. zur Verfügung:

- Proteinbindungsanalyse (S. 28) und Immunoassays (S. 30, 32)
- Chromatographische Verfahren (HPLC, Gaschromatographie), wenn Immunoassays nicht zur Verfügung stehen sowie zur Kontrolle der Spezifität immunchemischer Verfahren
- Atomabsorptionsspektrometrie, UV-Spektrometrie, Fluorometrie, NMR-Spektroskopie u. a.

Probennahme. Der Zeitpunkt der Blutentnahme ist abhängig von der klinische Fragestellung und richtet sich nach der Pharmakokinetik des analysierten Medikaments. Die Probe wird in der Regel nach Abschluß der Verteilung des Pharmakons auf ein oder mehrere Kompartimente (α-Phase) gewonnen. Die Verteilungsphase ist bei intravenöser Gabe z. B. von Aminoglykosiden (Gentamycin) wegen der geringen Plasmaproteinbindung nach 20 min abgeschlossen (Halbwertszeit $\approx$2,5 h), bei oraler Gabe z. B. Digoxin jedoch erst nach 6 – 10 h (Halbwertszeit 36 h). Die Tabelle gibt weitere Beispiele.

Zur Abschätzung der toxischen Gefährdung wird die Gipfelkonzentration (nach Abschluß der α-Phase) herangezogen. Zur Prüfung, ob über das gesamte Dosierungsintervall eine ausreichende therapeutische Konzentration erreicht wurde, erfolgt die Probenahme unmittelbar vor der Gabe der nächsten Dosis. Bei konstanter Dosierung wird die „Steady State- Konzentration" nach ≈ 5 Halbwertszeiten des Pharmakons erreicht.

Beispiele für Pharmaka, deren therapeutischer Einsatz durch Bestimmung der Plasma/Serum-Konzentration überwacht werden kann

Hauptgruppe	Beispiel	Protein-bindung (%)	Plasmahalb-wertszeit (h)	Elimination (%) hepatisch	renal
Antiarrhythmika	Lidocain	70	2	95	5
Antibiotika	Gentamycin	10	2,5	<1	>98
Antiepileptika	Phenobarbital	50	96	75	25
Bronchospasmolytika	Theophyllin	40	9	90	10
Immunsuppressiva	Cyclosporin	90	10–30	99	<1
Kardiaka	Digoxin	25	36	10–20	60–80
Psychopharmaka	Lithium	<1	24		95
Zytostatika	Methotrexat	50	2,5	25	75

Interpretation. Die aktuelle therapeutisch wirksame Serum/Plasma-Konzentration eines Pharmakons ist abhängig

- bei peroraler Applikation von der gleichzeitig aufgenommenen Nahrung, von der gastralen/intestinalen Resorptionsrate, von der Sekretion in Galle und Pankreassaft,
- von der Durchblutung und Größe der Verteilungsräume,
- von der Proteinbindung (Albuminkonzentration, bei basischen Medikamenten auch abhängig von der Konzentration des sauren α_1-Glykoproteins) und anderen Medikamenten, die das zu bestimmende Pharmakon aus der Proteinbindung verdrängen,
- von der Kapazität metabolisierender bzw. abbauender Enzymsysteme (verzögerter Abbau bei Leberschädigung, beschleunigter Abbau bei Induktion der Cytochrom P_{450}-Monooxygenase durch Phenobarbitalpräparate),
- von der Eliminationsrate (verzögerte Elimination lipidlöslicher Pharmaka, herabgesetzte renale Ausscheidung bei Niereninsuffizienz, herabgesetzte biliäre Ausscheidung bei Cholestase).

2. Klinisch-toxikologische Untersuchungen

Bei Verdacht auf oder Nachweis von **akuten Vergiftungen** ist neben den klinischen Sofortmaßnahmen (Erhaltung von Vitalfunktionen, Unterdrückung von Krampfzuständen, Verhinderung weiterer intestinaler Giftresorption) stets Untersuchungsgut für einen eventuellen Giftnachweis oder für mögliche forensische Untersuchungen zu asservieren:

- Venenblut (10 ml nativ, 10 ml EDTA-Blut)
- Harn (100 ml)
- Mageninhalt, Magenspülwasser (200 ml), Erbrochenes, Faeces
- Atemluft (15 – 20 l in einem Plastiksack, bei Bewußtlosen aus dem Auslaßventil des Beatmungsgeräts)
- Giftreste, verschmutze Kleidung

Zur Asservierung des Untersuchungsguts sind vorzugsweise gut verschließbare Einweggefäße aus Glas oder Kunststoff zu verwenden, um eine Reaktion mit dem asservierten Material zu vermeiden.

Die Giftaufnahme erfolgt bei Erwachsenen (akute Vergiftungen) meist in suicidaler Absicht. Als Giftstoffe spielen Psychopharmaka, Schlafmittel und Schmerzmittel, häufig in Verbindung mit Alkohol, eine besondere Rolle. Bei Kindern sind Intoxikationen mit Haushaltsgiften, Medikamenten und Giftpflanzen häufig. Chronische Vergiftungen sind für die Gewerbe- und Umwelttoxikologie von Bedeutung.

Für die klinisch-chemische Diagnostik der Giftstoffe ist die Kenntnis von

- Stoffdaten (chemische Eigenschaften, Stoffwechsel, Toxizität)
- analytischen Daten (Nachweismethoden und ihre Spezifität und Nachweisgrenze)
- casuistischen Daten (Symptomatik, Verlauf, Prognose)

von Bedeutung. Sind zuverlässige hinreichend empfindliche und selektive Verfahren zur Identifizierung und Quantifizierung des Giftstoffes nicht verfügbar, sind klinisch-toxikologische Laboratorien mit spezieller apparativer Ausrüstung und Erfahrung einzuschalten.

3. Beispiele für klinisch-chemische Diagnostik akuter Vergiftungen

Blutalkohol-Bestimmung. Die Verbreitung von Ethanol als Genuß- und Suchtmittel erklärt die hohe Zahl akuter und chronischer Ethanolvergiftungen. Eine akute lebensbedrohliche mit tiefem Coma einhergehende Ethanolvergiftung tritt bei Blut-Alkoholkonzentration von 3,5–4,0 g/l (‰) ein. Chronische Alkoholintoxikation s. Kap. Leber (S. 277).

Die quantitative Bestimmung des Blutalkohols kann über eine **enzymatische Bestimmung** mit Hilfe der Alkohol-Dehydrogenase nach der Reaktion

$$\text{Ethanol} + \text{NAD}^+ \rightarrow \text{Acetaldehyd} + \text{NADH} + \text{H}^+$$

(Meßgröße NADH) durchgeführt werden, wobei auch (praktisch bedeutungslose) andere Alkohole (z. B. Propanol, Ethylenglykol, nicht jedoch Methanol) erfaßt werden. Eine Quantifizierung des Blutalkohols mit höherer Spezifität ist durch die **Gaschromatographie** möglich.

Die Blutalkoholkonzentration wird bei beiden Verfahren in g/l (mol/l) erhalten, aus historischen Gründen jedoch in Promille (‰ = g/kg Vollblut) angegeben. Zur Umrechnung ist das spezifische Gewicht von Vollblut (1,057) bzw. Plasma/Serum (1,026) und der Wasserverteilungskoeffizient Serum bzw. Plasma/Vollblut (1,2) zu berücksichtigen, woraus sich folgende Formel ergibt:

$$\text{Promille (‰)} = \frac{[\text{Ethanol}] \text{ in Serum/Plasma}}{1{,}026 \times 1{,}2}$$

Da die Hautdesinfektion immer eine Kontamination mit dem Desinfektionsmittel bewirkt, dürfen bei der Blutentnahme zur Ethanolbestimmung keine alkoholischen Lösungen verwendet werden.

Menschliches Blut enthält auch bei vollständiger Alkoholabstinenz ≈0,0025‰ Ethanol, der aus intestinalen oder endogenen Stoffwechselprozessen stammt.

Kohlenmonoxid. Neben Rauchen führt langdauernde CO-Exposition durch Umwelteinflüsse (z. B. Straßenverkehr) zu einem Anstieg des Kohlenmonoxidgehalts im Blut. Durch Spektrophotometrie wird der prozentuale Anteil des HbCO am Gesamthämoglobin ermittelt (Kapillarblut, Heparin- oder EDTA-Blut).

Referenzbereich	Nichtraucher:	<1,2%
	Raucher:	bis 8%

Vergiftungsymptome machen sich bei 15–20% HbCO bemerkbar, bei 60% HbCO kommt es zu Krämpfen und schließlich zum Atemstillstand.

Methämoglobin. Indikationen für eine Methämoglobinbestimmung sind **Vergiftungen mit Oxidationsmitteln** (z. B. nitrithaltiges Pökelsalz, Nitrobenzol, Chlorate, Anilin u. a.) oder Arzneimittel, die zu diesen Verbindungsklassen gehören. Erhöhte Methämoglobinkonzentrationen findet man ferner bei der **familiären Methämoglobinämie** (Hämoglobinopathien mit Aminosäureaustausch der β-Ketten in Position 63, 67 oder 76) und bei einem genetisch bedingten **Methämoglobin-Reduktasemangel**.

Zur Methämoglobinbestimmung werden 0,5 ml Venenblut mit 9,5 ml Wasser für Injektionszwecke verdünnt. In vollmechanisierten Geräten ist eine Bestimmung des Absorptionsspektrums (Absorptionsmaximun des MetHb bei 630 nm) und eine Berechnung über den molaren Extinktionskoeffizienten möglich.

Die Angabe der MetHb-Konzentration erfolgt in% des Gesamt-Hb

Referenzbereich: 0,5 – 2,0%
Lebensbedrohlich sind Konzentrationen von >20% MetHb

Cholinesteraseaktivität als Parameter für Intoxikationen. Das auch als Serum- oder Pseudocholinesterase bezeichnete – **nicht** mit der Acetylcholinesterase cholinerger Synapsen identische – Enzym wird von der Leber synthetisiert und an das Blutplasma abgegeben. Eine erniedrigte Aktivität ist Ausdruck einer gestörten Leberfunktion mit herabgesetzter Proteinbiosynthese (Kap. Enzyme S. 84). Indikationen für eine Bestimmung der Cholinesteraseaktivität im Serum sind:

- Vergiftungen mit **Alkylphosphaten** (Insektizide vom (Thio)Phosphorsäureestertyp wie z. B. Nitrostigmin = E 605, Paraoxon = E 600), die das Enzym durch Phosphorylierung des Serinrestes im aktiven Zentrum inaktivieren.
- Vergiftungen mit **chlorierten Kohlenwasserstoffen** (z. B. CCl_4 oder Knollenblätterpilzgiften).
- Beabsichtigte Anwendung von **Muskelrelaxantien** (Suxamethoniumchlorid) zur kurzdauernden Muskelerschlaffung (z. B. bei Intubationsnarkose oder Elektroschock). Suxamethoniumchlorid wird durch die Serumcholinesterase innerhalb mehrerer Minuten wieder abgebaut. Bei **genetischem Mangel an Cholinesterase** bzw. Vorliegen eines Enzympolymorphismus mit herabgesetzter Cholinesteraseaktivität oder bei Leberschaden kann es zu starker und lang anhaltender Wirkung des Muskelrelaxans kommen (Narkosezwischenfall!).

Zur Blutentnahme darf die Haut nicht mit quarternären Ammoniumverbindungen (z. B. Zephirol[R]) desinfiziert werden, die Cholinesterase-Hemmstoffe sind.

Bleivergiftung. Die akute Bleivergiftung (gastronintestinale und neurologische Symptomatik, hämolytische Anämie, Hämoglobinurie) ist selten. Als Suchtest für eine **chronische Bleivergiftung** wird die Konzentration der mit dem Urin ausgeschiedenen δ-Aminolävulinsäure eingesetzt. Sind deren Werte normal (1 – 2 mg/24 h), kann eine Bleieinwirkung mit großer Wahrscheinlichkeit ausgeschlossen werden. Auch die erhöhte Ausscheidung von Koproporphyrin im Urin und der Anstieg der Zink-Protoporphyrinkonzentration in Erythrozyten können auf eine chronische Bleiintoxikation hinweisen. Beweisend ist die Feststellung einer erhöhten Bleikonzentration im Blut und Bleiausscheidung im Urin, die Kenngrößen des Porphyrinstoffwechsels sind für eine Differentialdiagnose jedoch meist ausreichend.

Die Inzidenz von Bleivergiftungen ist durch die Beschränkung bleihaltiger Kraftstoffe, die verbesserte Überwachung in Akkumulatoren- und Metallfabriken und den Einsatz bleifreier Technologien im Druckereigewerbe stark rückläufig. Die Wirkung des Bleis auf die Porphyrinbiosynthese ist im Kap. Blut (S. 225) beschrieben.

Sachregister

Die Seitenzahlen, auf denen das Stichwort ausführlich behandelt wird, sind durch halbfette Schrift hervorgehoben

E. Buddecke/M. Fischer

Pathophysiologie, Pathobiochemie, Klinische Chemie

Korrelationsregister zum neuen Gegenstandskatalog 2 (GK 2, 1992) „Pathophysiologie/Pathobiochemie/Klinische Chemie" für den ersten Abschnitt der ärztlichen Prüfung

Walter de Gruyter · Berlin · New York 1992

Hinweise für Benutzer

Der vom Institut für medizinische und pharmazeutische Prüfungsfragen herausgegebene Gegenstandskatalog ist eine Sammlung von Themen, Stoffgebieten und Lerninhalten, auf die sich der erste Abschnitt der ärztlichen Prüfung bezieht. Er zeigt dem Studierenden der Medizin, welches Wissen für eine erfolgreiche Prüfung erwartet wird.

Das vorliegende Register bezieht sich auf die Prüfungsgegenstände, die im neuen Gegenstandskatalog 2 (GK 2) für die Sachgebiete „Pathophysiologie, Pathobiochemie, Klinische Chemie“ wiedergegeben sind. **Der neue GK 2 ist ab Herbst 1992 Grundlage der** vom Institut für medizinische und pharmazeutische Prüfungsfragen zusammengestellten **Multiple-Choice-Fragen für den ersten Abschnitt der ärztlichen Prüfung.**

Für alle durch Klassifikation geordnete Prüfungsgegenstände sind diejenigen Seiten des Lehrbuchs „Pathophysiologie, Pathobiochemie, Klinische Chemie“ angegeben, die eine vollständige Information über die angegebenen Stichworte gestatten.

Da der Gegenstandskatalog nach einer begrifflichen Systematik und nicht nach didaktischen Gesichtspunkten geordnet wurde, ergeben sich auch Seitenhinweise auf verschiedene Lehrbuchkapitel.

GK Pathophysiologie – Pathobiochemie – Klinische Chemie

6 Lipide und Lipoproteine

7 Salz-, Wasser- und Säure-Basen-Haushalt

8 Innere Sekretion

20 Skelettmuskel

21 Nervensystem und Sinnesorgane

22 Bestimmung von Pharmakonzentrationen im Plasma (Drug Monito ring) und klinisch-toxikologische Analytik

www.ingramcontent.com/pod-product-compliance
Lightning Source LLC
LaVergne TN
LVHW070905300926
849162LV00012B/1860
* 9 7 8 3 1 1 0 1 2 8 4 4 4 *